Lehr- und Übungsbuch Mathematik
für Informatiker

Herausgeber

Prof. Dr. Wolfgang Preuß, Hochschule für Technik und Wirtschaft Dresden
Prof. Dr. Günter Wenisch, Fachhochschule Darmstadt

Autoren

Prof. Dr. Gerhard Aulenbacher, Darmstadt
Prof. Dr. Herwig Meyer, Darmstadt
Dipl.-Math. Ulrike Wabel-Frenk, Darmstadt
Prof. Dr. Günter Wenisch, Darmstadt

Lehr- und Übungsbuch
MATHEMATIK

für Informatiker

– Lineare Algebra und Anwendungen –

Mit 104 Bildern, 174 Beispielen und 222 Aufgaben mit Lösungen

Fachbuchverlag Leipzig
im Carl Hanser Verlag

Autoren

Prof. Dr. Gerhard Aulenbacher, (Kapitel 0, 4 und 6)
Fachhochschule Darmstadt,
FB Mathematik/Naturwissenschaften

Prof. Dr. Herwig Meyer, (Kapitel 8 bis 10)
Fachhochschule Darmstadt,
FB Mathematik/Naturwissenschaften

Dipl.-Math. Ulrike Wabel-Frenk, (Kapitel 1, 2 und 7)
Fachhochschule Darmstadt,
FB Mathematik/Naturwissenschaften

Prof. Dr. Günter Wenisch, (Kapitel 3 und 5)
Fachhochschule Darmstadt,
FB Mathematik/Naturwissenschaften

Die Deutsche Bibliothek – CIP-Einheitsaufnahme

Lehr- und Übungsbuch Mathematik für Informatiker : Lineare Algebra und Anwendungen / [Hrsg. Wolfgang Preuss ; Günter Wenisch. Autoren Gerhard Aulenbacher ...]. – München ; Wien : Fachbuchverl. Leipzig im Hanser-Verl., 1997
ISBN 3-446-18702-2
NE: Preuss, Wolfgang [Hrsg.]

Fachbuchverlag Leipzig im Carl Hanser Verlag

Druck und Binden: Druckhaus „Thomas Müntzer“ GmbH, Bad Langensalza
Satz: Dr.-Ing. Steffen Naake

Printed in Germany

Vorwort

Die bisher erschienenen Bände des Lehr- und Übungsbuches Mathematik decken die Grundlagenausbildung im Fach Mathematik ab.
Der vorliegende Band ist nun der erste von drei weiteren Bänden, die in ihrem mathematischen Angebot über die Grundlagenbände hinausgehen und sich an spezielle Fachrichtungen wenden. Er umfaßt die Lineare Algebra sowie einige wichtige Anwendungsgebiete und richtet sich vor allem an Informatik-, aber ebenso an interessierte Mathematikstudenten an Fachhochschulen. Auch von Studierenden der Technischen Universitäten kann dieser Band vorlesungsbegleitend als Übungsbuch verwendet werden.
Die Autoren sind erfahrene Dozenten der Fachhochschule Darmstadt, das Buch ist aus deren Lehrveranstaltungen für die Studierenden des Fachbereichs Informatik hervorgegangen.
Bei der Stoffauswahl wird aufgebaut auf den Bänden 1 und 3 des Lehr- und Übungsbuches Mathematik, dennoch erfolgt im Kapitel 1 eine kurze Zusammenfassung der Grundlagen über Mengen, Abbildungen und Vektorrechnung aus den genannten Bänden. Mit den folgenden Kapiteln über Körper, Vektorräume, lineare Abbildungen, Skalarprodukträume und Eigenwertprobleme werden die Anforderungen der Informatik auf einem entsprechenden Anspruchsniveau erfüllt. Auch in diesem wegen des Abstraktheitsgrades für Studierende erfahrungsgemäß schwierigen Bereich der Mathematik wird versucht, durch zahlreiche Beispiele, anschauliche Erklärungen und dem Verständnis dienende Herleitungen dem Leser einen soliden Überblick über die Begriffe der Linearen Algebra zu verschaffen. Das Kapitel 4 über lineare Abbildungen enthält wegen des starken Bezuges zur Computergeometrie und grafischen Datenverarbeitung besonders viele Anwendungsbeispiele. In den abschließenden Kapiteln über lineare Optimierung, Graphentheorie und Kryptologie werden drei für künftige Informatiker wichtige Anwendungsgebiete der linearen Algebra vorgestellt.
Dieser Band enthält ebenso wie schon die Hauptbände neben einer Vielzahl ausführlich durchgerechneter Beispiele zahlreiche Aufgaben mit Lösungen, die dem Festigen der erlernten mathematischen Kenntnisse dienen. Mit Hilfe dieser Beispiele und Aufgaben können einerseits mathematische Methoden trainiert, andererseits logisch kreative Denkprozesse geübt werden.
In Kürze folgen weitere Ergänzungsbände für die Studierenden der Elektro- und Automatisierungstechnik sowie der Wirtschaftswissenschaften.
Autoren, Herausgeber und Verlag hoffen, auch mit diesem Buch den Studierenden die erforderliche Studienhilfe zu bieten. Hinweise, Erfahrungen und Anregungen nehmen wir gern entgegen.

Herausgeber und Verlag

Inhaltsverzeichnis

Verzeichnis der verwendeten Symbole

$\{a; b; c\}$	Menge
$(a; b)$	geordnetes Paar
$(a_1; \ldots; a_n)$	geordnetes n-Tupel
$a \sim b$	a äquivalent b
$a \equiv b \bmod n$	a kongruent b modulo n
$\boldsymbol{a}, \boldsymbol{b}$	Vektoren
$\boldsymbol{o}$	Nullvektor
$\boldsymbol{a} = \begin{pmatrix} a_1 \\ \vdots \\ a_n \end{pmatrix}$	Vektor des $\mathbf{R}^n$
$\boldsymbol{a} \cdot \boldsymbol{b}$	Skalarprodukt
$\boldsymbol{a} \times \boldsymbol{b}$	Vektorprodukt
$\mathbf{Z}$	Körper der ganzen Zahlen
$\mathbf{Q}$	Körper der rationalen Zahlen
$\mathbf{R}$	Körper der reellen Zahlen
$\mathbf{C}$	Körper der komplexen Zahlen
$\mathbf{Z}_n$	Restklasse modulo n
$U_1 + U_2$	Summe der Unterräume U_1 und U_2
$U_1 \oplus U_2$	direkte Summe der Unterräume U_1 und U_2
$L(\boldsymbol{a}_1, \ldots, \boldsymbol{a}_n)$	der von den Vektoren $\boldsymbol{a}_1, \ldots, \boldsymbol{a}_n \in V$ aufgespannte lineare Teilraum des Vektorraumes V
$\boldsymbol{A}, \boldsymbol{B}$	Matrizen
$\boldsymbol{0}$	Nullmatrix
$\mathbf{1}$	Einheitsmatrix
$K^{m \times n}$	Menge der $m \times n$-Matrizen mit Elementen aus K
$\boldsymbol{C}[a, b]$	Vektorraum der auf $[a, b]$ stetigen Funktionen
$\boldsymbol{B} = \{\boldsymbol{b}_1, \ldots, \boldsymbol{b}_n\}$	Basis eines Vektorraumes
$\boldsymbol{\Phi}, \boldsymbol{\Psi}$	lineare Abbildungen von V in W
$\mathcal{L}(V, W)$	Vektorraum der linearen Abbildungen von V in W
$\boldsymbol{v}[\boldsymbol{B}]$	Spaltenmatrix des Vektors $\boldsymbol{v}$ bez. der Basis $\boldsymbol{B}$
$\boldsymbol{\Phi}[\boldsymbol{B}_2, \boldsymbol{B}_1]$	Abbildungsmatrix bez. der Basen $\boldsymbol{B}_2$ und $\boldsymbol{B}_1$
V^*	Dualraum des Vektorraumes V
$s(\boldsymbol{a}, \boldsymbol{b})$	Skalarprodukt in V
$\lvert\boldsymbol{x}\rvert_s$	s-Betrag von $\boldsymbol{x}$
$\angle_s(\boldsymbol{x}, \boldsymbol{y})$	s-Winkel von $\boldsymbol{x}$ und $\boldsymbol{y}$
$\lVert\boldsymbol{x}\rVert$	Norm von $\boldsymbol{x}$
$\boldsymbol{A}^{\mathrm{T}}$	die zu $\boldsymbol{A}$ transponierte Matrix
$\boldsymbol{A}^*$	die zu $\boldsymbol{A}$ transponierte konjugiert komplexe Matrix
$\boldsymbol{A}^{-1}$	die zu $\boldsymbol{A}$ inverse Matrix
$\boldsymbol{E}(\lambda, \boldsymbol{\Phi})$	Eigenraum von $\boldsymbol{\Phi}$ zum Eigenwert λ
$ch_{\boldsymbol{\Phi}}(\lambda)$	charakteristisches Polynom von $\boldsymbol{\Phi}$
$E(G)$	Eckenmenge eines Graphen G
$K(G)$	Kantenmenge eines Graphen G

0 Einleitung: „Was ist Lineare Algebra?“

Wenn man diese Frage innerhalb einer Einleitung beantworten könnte, brauchte man natürlich den Rest des Buches nicht mehr – wer also die Antwort wissen will, muß schon das ganze Buch lesen!
Aber einen vorläufigen Eindruck davon, um was es geht, wollen wir Ihnen hier schon zu vermitteln versuchen.

0.1 Drei typische Beispiele

0.1.1 Gegeneinander verschobene Koordinatensysteme und die „Normalparabel“

Beginnen wir mit etwas „Nichtlinearem“: Das wohl zeitlich im Mathematikunterricht zuerst behandelte und einfachste nichtlineare Objekt ist die Funktion $f(x) = x^2$! Man schreibt dann zunächst lieber $y = x^2$, um die Schüler nicht dadurch zu verwirren, daß man die Werte einer Funktion – hier mit y bezeichnet – unterscheiden muß von der Funktion selbst als Rechenvorschrift, hier mit f bezeichnet. Wir wollen es daher bei $y = x^2$ belassen.
Die allbekannte Plastikschablone „Normalparabel“ beweist, wie bekannt der Graph dieser Funktion ist. Damit ist die Menge aller derjenigen Punkte der Ebene gemeint, deren Koordinaten x bzw. y gerade die Gleichung $y = x^2$ erfüllen. Dabei denkt man sich stillschweigend die Koordinatenachsen senkrecht zueinander und gleichgeteilt, was gar nicht selbstverständlich ist, siehe Kapitel 5 dieses Buchs. Weiterhin lernt man, daß der Graph einer Funktion der Bauart

$$y = x^2 + px + q$$

genauso aussieht wie die Normalparabel:

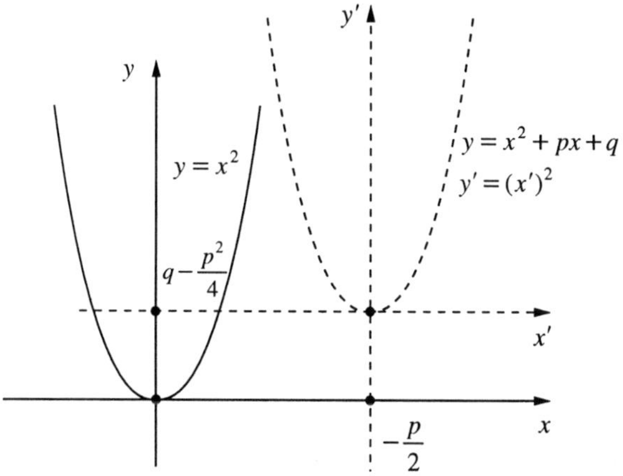

Bild 0.1

In der Tat, eine „quadratische Ergänzung“

$$\begin{aligned} y &= x^2 + px + q \\ &= \left(x^2 + 2\frac{p}{2}x + \frac{p^2}{4}\right) + q - \frac{p^2}{4} \\ &= \left(x + \frac{p}{2}\right)^2 + \left(q - \frac{p^2}{4}\right) \end{aligned}$$

zeigt: In einem neuen (x', y')-Koordinatensystem, dessen Ursprung im Punkt $\left(-\frac{p}{2}, q - \frac{p^2}{4}\right)$ liegt, ist der Graph wieder die Menge aller Punkte, die die Gleichung $y' = (x')^2$ erfüllen, (vgl. Bild 0.1). Für den Übergang zwischen den beiden Koordinatensystemen gilt die „lineare“ Beziehung

$$\begin{aligned} x' &= x + \frac{p}{2} \\ y' &= y - \left(q - \frac{p^2}{4}\right) \end{aligned}$$

Wir können also sagen:
Durch geschickte Koordinatenwahl kann die kompliziertere Relation

$$y = x^2 + px + q$$

durch die einfachere Relation

$$y' = (x')^2$$

ersetzt werden. An den geometrischen Eigenschaften des durch die Relationen beschriebenen Objekts – eben der Normalparabel – ändert sich dadurch nichts.

0.1.2 Gegeneinander gedrehte Koordinatensysteme und die „Normalparabel“

Wir denken uns ein (x', y')-Koordinatensystem, das bei gleichem Ursprung gegen das (x, y)-Koordinatensystem um den Winkel α gedreht ist, vgl. Bild 0.2.
Wir wollen wieder die neuen Koordinaten (x', y') durch die alten (x, y) ausdrücken, vgl. Bild 0.2. Ist P ein Punkt mit Koordinaten (x, y) und θ sein Polarwinkel im (x, y)-Koordinatensystem, r sein Abstand vom Ursprung, so gilt

$$\begin{aligned} x &= r\cos\theta \\ y &= r\sin\theta \end{aligned}$$

Im (x', y')-Koordinatensystem hat P den Polarwinkel $\theta - \alpha$, so daß

$$\begin{aligned} x' &= r\cos(\theta - \alpha) = r\cos\theta\cos\alpha + r\sin\theta\sin\alpha \\ y' &= r\sin(\theta - \alpha) = r\sin\theta\cos\alpha - r\cos\theta\sin\alpha \end{aligned}$$

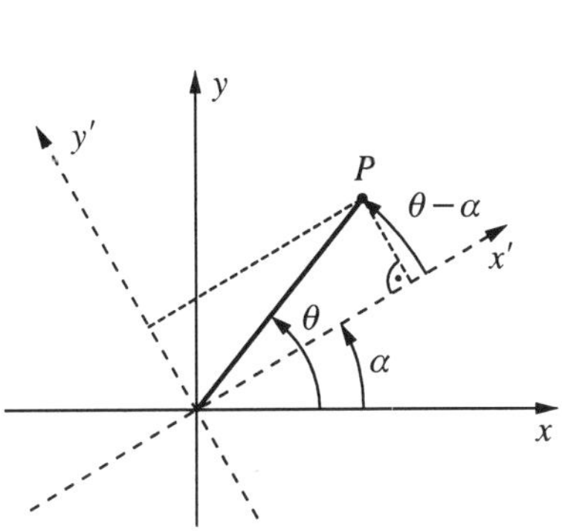

Bild 0.2

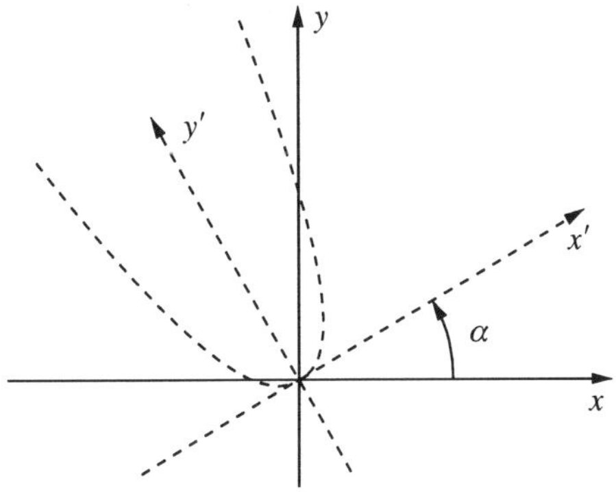

Bild 0.3

oder

$$\begin{aligned} x' &= x\cos\alpha + y\sin\alpha \\ y' &= -x\sin\alpha + y\cos\alpha \end{aligned}$$

Damit sind die Formeln für den Übergang vom (x, y)-Koordinatensystem zum (x', y')-Koordinatensystem gefunden. Wenn wir die Konstanten $A = \cos\alpha$, $B = \sin\alpha$ abkürzen, so lauten sie:

$$\begin{aligned} x' &= Ax + By \\ y' &= -Bx + Ay \end{aligned} \qquad (0.1)$$

Natürlich wird die Normalparabel im (x', y')-Koordinatensystem wieder durch die Relation $y' = (x')^2$ beschrieben, vgl. Bild 0.3.

Mit den soeben gefundenen Umrechnungsformeln läßt sich diejenige Relation angeben, mit der der Graph im (x, y)-Koordinatensystem beschrieben wird:

$$\begin{aligned} -Bx + Ay = &= y' = (x')^2 \\ &= (Ax + By)^2 \\ &= A^2x^2 + 2ABxy + B^2y^2 \end{aligned}$$

oder

$$A^2x^2 + 2ABxy + B^2y^2 + Bx - Ay = 0.$$

Sie werden sagen: Das ist aber viel komplizierter als das gute, alte $y' = (x')^2$!

Es wäre tatsächlich nicht sehr sinnvoll, hier vom (x', y')-Koordinatensystem ins (x, y)-Koordinatensystem zu wechseln – aber: üblicherweise stellt sich das Problem genau umgekehrt! **Vorgelegt** ist eine komplizierte „quadratische Gleichung mit zwei Unbekannten x und y", etwa wie die eben berechnete. **Gesucht** ist ein (x', y')-Koordinatensystem, in dem das durch die komplizierte Relation beschriebene Objekt durch eine einfache Relation beschrieben wird.

Für unseren Fall der gedrehten Normalparabel können wir sagen:

Durch geschickte Koordinatenwahl kann die kompliziertere Relation

$$A^2x^2 + 2ABxy + B^2y^2 + Bx - Ay = 0$$

durch die einfachere Relation

$$y' = (x')^2$$

ersetzt werden. An den geometrischen Eigenschaften des durch die Relationen beschriebenen Objekts – eben der Normalparabel – ändert sich dadurch nichts.

0.1.3 Gegeneinander gedrehte Koordinatensysteme und die Lösungskurven von Differentialgleichungen

Im folgenden schreiben wir $\dot{u}$ für die Ableitung einer Funktion $u = u(t)$, und interpretieren t als Zeit. Wichtig ist jetzt die durch Ableiten leicht nachprüfbare Tatsache:

Wenn u die Differentialgleichung

$$\dot{u}(t) = \alpha \cdot u(t)$$

erfüllt, so ist u eine Funktion der Bauart

$$u(t) = u_0 \cdot e^{\alpha t}$$

u_0 ist eine Konstante und gleich dem Wert der Funktion u zur Zeit $t = 0$.

Wir denken uns nun wieder ein (u, v)-Koordinatensystem, das gegen das (x, y)-Koordinatensystem um den Winkel α gedreht ist, wir benutzen die Bezeichnungen u, v statt x', y' für die neuen Koordinaten wegen der jetzt ins Spiel kommenden Ableitungen.

$(u(t), v(t))$ soll der – noch unbekannte und zu bestimmende – Ort zur Zeit t eines sich in der Ebene bewegenden Punkts sein, der zur Zeit $t = 0$ am Punkt (u_0, v_0) war, vgl. Bild 0.4.

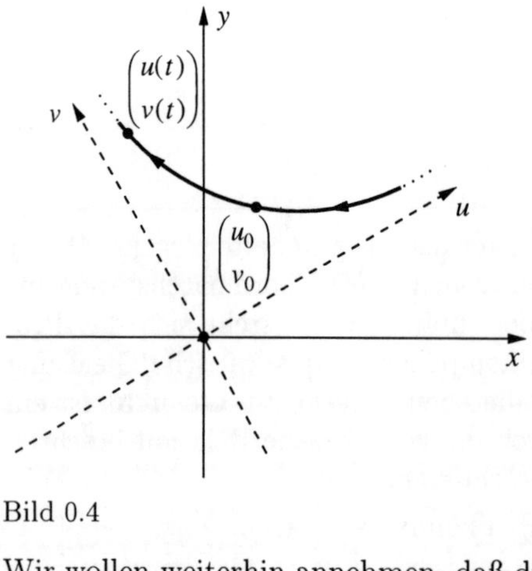

Bild 0.4

Wir wollen weiterhin annehmen, daß die Funktionen $u(t), v(t)$ die beiden Differentialgleichungen

$$\dot{u}(t) = \alpha \cdot u(t)$$

$$\dot{v}(t) = \beta \cdot v(t)$$

erfüllen.
Dann läßt sich der Ort des Punktes zu jeder Zeit t angeben zu:

$$u(t) = u_0 \cdot e^{\alpha t}$$
$$v(t) = v_0 \cdot e^{\beta t}$$

Daß dies so einfach war, liegt daran, daß die beiden Differentialgleichungen für $u(t), v(t)$ „entkoppelt" sind, das heißt, in der ersten Differentialgleichung kommt kein v und in der zweiten kein u vor. Das ändert sich, wenn man die Differentialgleichungen im (x, y)-Koordinatensystem hinschreibt!
Unser Punkt hat im (x, y)-Koordinatensystem die Koordinaten $(x(t), y(t))$. Mit den Umrechnungsformeln (0.1) gilt:

$$u(t) = Ax(t) + By(t)$$
$$v(t) = -Bx(t) + Ay(t)$$

Hieraus erhalten wir

$$\begin{aligned} \dot{u}(t) &= A\dot{x}(t) + B\dot{y}(t) = \alpha \cdot u(t) = \alpha(Ax(t) + By(t)) \\ \dot{v}(t) &= -B\dot{x}(t) + A\dot{y}(t) = \beta \cdot v(t) = \beta(-Bx(t) + Ay(t)) \end{aligned}$$

Nach $\dot{x}(t), \dot{y}(t)$ aufgelöst ergeben sich schließlich die Differentialgleichungen für die Bahn des Punkts im (x, y)-Koordinatensystem zu:

$$\begin{aligned} \dot{x}(t) &= \left[\frac{\alpha A^2 + \beta B^2}{A^2 + B^2}\right] x(t) + \left[\frac{AB}{A^2 + B^2}(\alpha - \beta)\right] y(t) \\ \dot{y}(t) &= \left[\frac{AB}{A^2 + B^2}(\alpha - \beta)\right] x(t) + \left[\frac{\alpha A^2 + \beta B^2}{A^2 + B^2}\right] y(t) \end{aligned}$$

oder abgekürzt:

$$\begin{aligned} \dot{x}(t) &= Cx(t) + Dy(t) \\ \dot{y}(t) &= Dx(t) + Cy(t) \end{aligned}$$

Wieder werden Sie sagen: Das ist aber viel komplizierter als das ursprüngliche $\dot{u}(t) = \alpha \cdot u(t)$, $\dot{v}(t) = \beta \cdot v(t)$. In der Tat läßt sich die Bahn in (u, v)-Koordinaten besser beschreiben als in (x, y)-Koordinaten, aber: üblicherweise stellt sich das Problem genau umgekehrt! **Vorgelegt** ist ein „gekoppeltes Paar von Differentialgleichungen für die zwei unbekannten Funktionen x und y", etwa wie das eben berechnete Paar. **Gesucht** ist ein (u, v)-Koordinatensystem, in dem die Bahn durch zwei entkoppelte Differentialgleichungen beschrieben wird.

Für unseren Fall gilt:

Durch geschickte Koordinatenwahl können die gekoppelten Differentialgleichungen

$$\begin{aligned} \dot{x}(t) &= Cx(t) + Dy(t) \\ \dot{y}(t) &= Dx(t) + Cy(t) \end{aligned}$$

durch die entkoppelten

$$\begin{aligned} \dot{u}(t) &= \alpha \cdot u(t) \\ \dot{v}(t) &= \beta \cdot v(t) \end{aligned}$$

ersetzt werden. An den geometrischen Eigenschaften der durch die Differentialgleichungen beschriebenen Bahn ändert sich dadurch nichts.

0.2 Kommentar zu den Beispielen und Ausblick

Die drei Beispiele kommen aus verschiedenen Teilen der Mathematik: das erste aus der Analysis, das zweite aus der analytischen Geometrie und das dritte aus der Theorie der Differentialgleichungen. Allen drei Beispielen ist gemeinsam, daß sich ein Problem in den „richtigen“ Koordinaten einfach, in den „falschen“ aber kompliziert darstellt und daß die Umrechnungsformeln von den einen in die anderen Koordinaten **lineare** Gleichungen sind.

Die Schwierigkeit besteht darin, diese Umrechnungsformeln zu finden! Gerade dies soll die Lineare Algebra leisten!

Die Umrechnungsformeln lassen sich als Funktionen auffassen, deren Werte linear von den Variablen abhängen, sie sind „lineare Abbildungen“. Es hat sich gezeigt, daß es sich lohnt, solche Abbildungen in allgemeinem Zusammenhang zu studieren, das geschieht in Kapitel 4 „**Lineare Abbildungen**“.
Der erwähnte allgemeine Zusammenhang erfordert, daß man sich zunächst mit den Definitions- und Wertebereichen dieser linearen Abbildungen befaßt. Dies sind die **Vektorräume**, die in Kapitel 3 behandelt werden. Der wichtigste Begriff dieses Kapitels heißt Basis, er verallgemeinert den Begriff des (zwei- oder dreidimensionalen, linearen) Koordinatensystems. Die bekanntesten Vektorräume $\mathbf{R}^m$, und $\mathbf{C}^m$ kennen Sie schon lange, sie werden auch hinfort die wichtigsten Beispiele bilden.
Der jetzt schon zweimal strapazierte allgemeine Zusammenhang verlangt es, zusätzlich zu den Mengen $\mathbf{R}$ und $\mathbf{C}$ auch andere Mengen, in denen die vier Grundrechnungsarten möglich sind, in die Betrachtung einzubeziehen. Solche Mengen heißen **Körper** und sind das Thema von Kapitel 2.
Schließlich wurde schon erwähnt, daß Koordinatensysteme nicht unbedingt aufeinander senkrechte und gleichgeteilte Achsen haben müssen. Die Sonderstellung dieser „kartesischen“ Koordinatensysteme wird in Kapitel 5 „**Unitäre Räume**“ unter dem Begriff der Orthonormalbasis klargelegt. In Kapitel 6 „**Eigenwerte**“ besprechen wir dann einige wichtige Methoden, die oben erwähnten Koordinatenumrechnungsformeln systematisch zu finden.
Von da ab stehen nun so viele Begriffe und Methoden zur Verfügung, daß wir noch einige sehr wichtige Anwendungsgebiete der linearen Algebra behandeln können, nämlich die **Lineare Optimierung** (Kapitel 8), die **Graphentheorie** (Kapitel 9) und die **Kryptologie** (Kapitel 10).

1 Grundbegriffe – Mengen, Abbildungen, Vektoren

In diesem Abschnitt sind diejenigen Begriffe, die in den folgenden Kapiteln vorausgesetzt und benutzt werden, noch einmal kurz erläutert und zusammengefaßt. Das Kapitel soll eher ein „Wörterverzeichnis“ zum Nachschlagen der Bedeutung und Schreibweise wichtiger Fachausdrücke sein als eine ausführliche Herleitung oder anschauliche Erklärung dieser Begriffe.

1.1 Mengen

Zur Abgrenzung des mathematischen Mengenbegriffs von dem der Umgangssprache soll hier die Definition von Cantor (1895) genügen:

> „Eine **Menge** ist die Zusammenfassung wohldefinierter, unterscheidbarer Objekte.“

Es wird deutlich, daß es sich bei Ausdrücken wie „eine Menge Wolken am Himmel“ oder „eine Menge Leute laufen auf den Straßen herum“ nicht um unterscheidbare bzw. wohldefinierte Objekte handelt, daher bilden weder die Wolken noch die Leute auf der Straße Mengen im mathematischen Sinne.

1.1.1 Darstellung von Mengen

Natürlich kann man auch „mathematische“ Mengen **mit Worten beschreiben**:

BEISPIEL

1.1 M_1 ist die Menge der Namen aller Wochentage
M_2 ist die Menge der verschiedenen Buchstaben im Wort „MATHEMATIK“
M_3 ist die Menge der sechs kleinsten Primzahlen
M_4 ist die Menge der Punkte auf der Geraden $y = 3x + 4$ ∎

Die Objekte, die zu einer Menge gehören, heißen **Elemente** der Menge, man schreibt $x \in M$, falls x zu M gehört, oder $y \notin M$, falls y nicht in M liegt.
Viele Mengen kann man auch durch **Aufzählen ihrer Elemente** in geschweiften Klammern beschreiben wie in folgenden Beispielen:

BEISPIEL

1.2 $M_1 = \{$Montag; Dienstag; Mittwoch; Donnerstag; Freitag; Samstag; Sonntag$\}$
$M_2 = \{M; A; T; H; E; I; K\}$ oder $M_3 = \{2; 3; 5; 7; 11; 13\}$ ∎

Bei M_4 wird allerdings das Aufzählen schwierig, da unendlich viele Elemente zu M_4 gehören. Hier ist die **Darstellung mit** Hilfe einer **Aussageform**, die für die Elemente der Menge erfüllt sein muß, sinnvoll:

BEISPIEL

1.3 $M_4 = \{(x; y) \mid y = 3x + 4 \text{ und } x \text{ reelle Zahl}\}$ oder

$M_3 = \{x \mid x \text{ Primzahl und } x < 15\}$ ■

Bei mehreren verschiedenen Darstellungsmöglichkeiten muß festgelegt werden, wann **zwei Mengen gleich** sind: Beide müssen die gleichen Elemente enthalten; unterschiedliche Reihenfolge, Schreibweise oder mehrfaches Vorkommen der Elemente spielen keine Rolle wie im folgenden Beispiel:

BEISPIEL

1.4 Für $A = \{1; 2; 3; 4\}$ und $B = \{2; 2-1; 2; 2+1; 2; 2^2\}$ gilt $A = B$. ■

Enthält die Menge B alle Elemente der Menge A, so heißt A **Teilmenge** von B, abgekürzt: $A \subseteq B$. A heißt **echte Teilmenge** von B, wenn A Teilmenge von B ist und zudem B mindestens ein Element enthält, das nicht Element von A ist, in Zeichen $A \subset B$.

BEISPIEL

1.5 Für A, B aus Beispiel 1.4 und $C = \{1; 2; 3; 4; 5; 6; 7; 8\}$ gilt $A \subset C$, $B \subset C$ und $A \subseteq B$ sowie $B \subset A$. ■

1.1.2 Mengenverknüpfungen

Zwei Mengen kann man mit vier typischen Rechenoperationen verknüpfen:

Die **Schnittmenge** $\boldsymbol{A \cap B}$ („A geschnitten B") von A und B enthält alle Elemente, die sowohl in A wie in B vorkommen.
Die **Vereinigungsmenge** $\boldsymbol{A \cup B}$ („A vereinigt B") von A und B enthält alle Elemente, die in einer der Mengen oder in beiden vorkommen.
Die **Differenzmenge** $\boldsymbol{A \backslash B}$ („A ohne B") von A und B enthält alle Elemente, die nur in A und nicht in B vorkommen.
Das **kartesische Produkt** $\boldsymbol{A \times B}$ („A kreuz B") von A und B enthält alle geordneten Paare $(a; b)$ von Elementen $a \in A$ und $b \in B$.

Die Produktmenge hat hier eine Sonderstellung, denn sie kann weder Teilmenge von A oder B sein noch umgekehrt, weil sie völlig andere Elemente als A oder B besitzt: Elementpaare statt einzelner Elemente. Bei den anderen Verknüpfungen dagegen gibt es jeweils Teilmengenbeziehungen, die man besonders gut im Mengendiagramm erkennen kann:

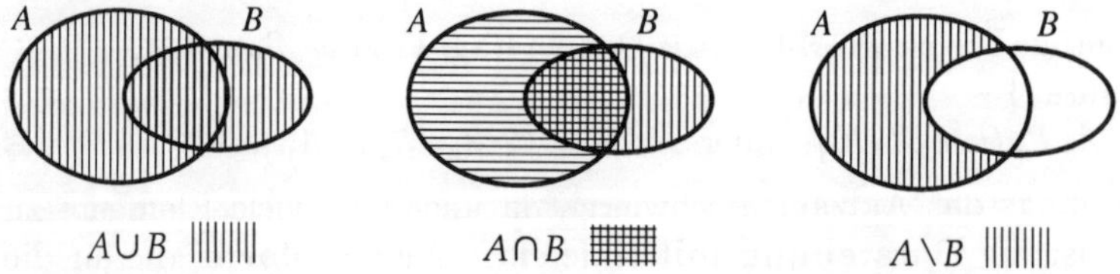

Bild 1.1

BEISPIEL

1.6 Für $A = \{2; 3; 4; 5; 6\}$ und $B = \{1; 3; 5\}$ gilt:

$$A \cap B = \{3; 5\}, \quad A \cup B = \{1; 2; 3; 4; 5; 6\},$$
$$A \backslash B = \{2; 4; 6\}, \quad B \backslash A = \{1\},$$
$$A \times B = \{(2;1); (2;3); (2;5); (3;1); (3;3); (3;5); (4;1); (4;3); (4;5); (5;1); (5;3); (5;5); (6;1); (6;3); (6;5)\}$$ ■

An einem weiteren, ganz anderen Beispiel aus der Geometrie sollen nun die Verknüpfungen gezeigt werden. Hier bestehen die Elemente aller Mengen aus bestimmten Punkten einer Ebene oder des Raumes:

BEISPIELE

1.7 Die Schnittmenge von einer Geraden g und einer Ebene E kann $g_1 \cap E = g_1$ sein, falls die Gerade in der Ebene liegt, oder $g_2 \cap E = \emptyset$, d. h., sie enthält kein Element, wenn g_2 und E parallel verlaufen; in den anderen Fällen gibt es einen gemeinsamen Punkt S: $g_3 \cap E = \{S\}$. Bei dieser Lage von g_3 und E kann man durch $g_3 \times E$ alle Punkte des Raumes beschreiben.

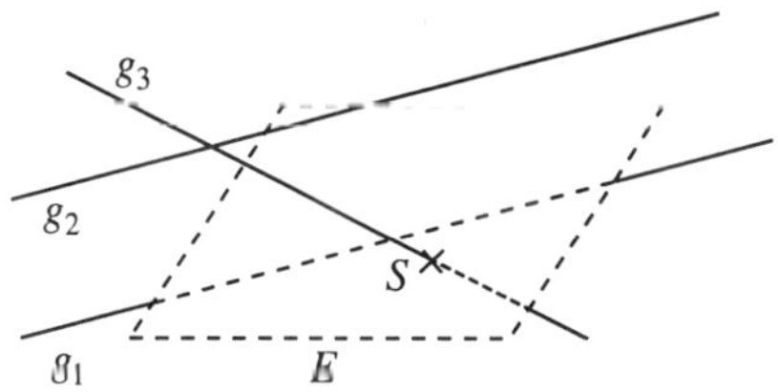

Bild 1.2 ■

1.8 Hier geht es um Punktmengen einer Ebene: D_1 soll alle Punkte im Inneren und auf dem Rand des Dreiecks ABC und D_2 die Punkte des Dreiecks ABD enthalten. Dann ist $D_1 \cap D_2$ die Strecke $\overline{AB}$, $D_1 \cup D_2$ das Viereck $ABCD$ (in Sonderfällen sind Vereinigungs- und Schnittmenge auch Dreiecke) und $D_1 \backslash D_2$ das Dreieck ABC, aber von A bis B ohne Rand.

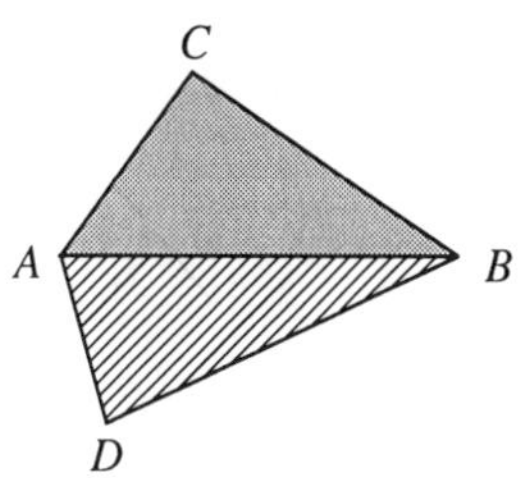

Bild 1.3 ■

1.1.3 Spezielle Mengen, Zahlbereiche

Einige Mengen, die besonders häufig vorkommen, werden mit bestimmten Buchstaben bezeichnet:

$\mathbf{N} = \{1; 2; 3; 4; \ldots\}$ Menge der natürlichen Zahlen
$\mathbf{Z} = \{0; 1; -1; 2; -2; \ldots\}$ Menge der ganzen Zahlen
$\mathbf{Q} = \{\frac{a}{b} \mid a \in \mathbf{Z},\ b \in \mathbf{N}\}$ Menge der rationalen Zahlen
$\mathbf{R} = \{x \mid x$ endliche oder unendliche Dezimalzahl $\}$ Menge der reellen Zahlen
$\mathbf{C} = \{a + \mathrm{i}b \mid a, b \in \mathbf{R}$ und $\mathrm{i}^2 = -1\}$ Menge der komplexen Zahlen
$\emptyset$ **leere Menge**, enthält kein Element; (auch $\{\,\}$ gebräuchlich)
Gilt für zwei Mengen $A \cap B = \emptyset$, so heißen A und B **disjunkt**.

Kleinere Änderungen werden häufig mit Hilfe der Mengenverknüpfungen dargestellt, beispielsweise:

BEISPIEL

1.9 $\mathbf{N}_0 = \mathbf{N} \cup \{0\}$, $\mathbf{R} \setminus \mathbf{Q}$ Menge der irrationalen Zahlen,
$\mathbf{Z} \times \mathbf{N} = \mathbf{Q}$ (Schreibweise jedoch anders: $\frac{a}{b}$ statt $(a; b)$!) ■

AUFGABEN

1.1 Beschreiben Sie die folgenden Mengen mit Hilfe einer passenden Aussageform:

$A = \{4; 9; 25; 49; 121; 169; \ldots\}$ $B = \{3; 7; 11; 15; 19; \ldots\}$

$C = \{1; 2; 6; 24; 120; 720; \ldots\}$ $D = \{1{,}1; 1{,}01; 1{,}001; 1{,}0001; \ldots\}$

1.2 Bestimmen Sie für $A = \{x \mid x = 2n,\ n \in \mathbf{N}\}$ und $B = \{x \mid x = 3n,\ n \in \mathbf{N}\}$ die Mengen $A \cap B$, $A \setminus B$, $B \setminus A$, $A \cup \mathbf{N}$, $B \cap \mathbf{N}$, $\mathbf{N} \setminus A$, $B \setminus \mathbf{N}$!

1.3 Welche geometrischen Figuren können entstehen, wenn man
a) Schnittmengen,
b) Vereinigungsmengen
aus zwei Parallelenstreifen bildet, die in unterschiedlicher Weise in einer Ebene zueinander liegen? (Ein Parallelenstreifen besteht aus allen Punkten auf und zwischen zwei parallenen Geraden.)

1.4 Bestimmen Sie alle Teilmengen der Menge $M = \{a; b; c; d\}$!

1.5 a) Schreiben Sie die Produktmenge $\{a; b; c\} \times \{x; y\}$ in aufzählender Form!
b) Begründen Sie die Gültigkeit der Formel $A \times (B \cap C) = (A \times B) \cap (A \times C)$!

1.6 Zeigen Sie mit Hilfe eines Mengendiagramms, daß die folgenden Rechenregeln richtig sind:
a) $A \cap (B \cup C) = (A \cap B) \cup (A \cap C)$
b) $A \setminus B = \emptyset$ gilt genau dann, wenn $A \subseteq B$
c) $(A \setminus B) \cup (B \setminus A) = (A \cup B) \setminus (A \cap B)$
d) $A \cup B = A$ gilt genau dann, wenn $B \subseteq A$

1.7 Welche der Gesetze aus Aufgaben 1.5 und 1.6 gelten weiterhin, wenn das Zeichen $\cup$ in $\cap$ verändert wird und umgekehrt?

1.2 Relationen und Abbildungen

Relationen und Abbildungen beschreiben bestimmte Beziehungen zwischen einigen oder allen Elementen von zwei Mengen. Da alle möglichen Kombinationen von je einem Element aus Menge A und aus Menge B im kartesischen Produkt vorkommen, definiert man:

> Eine Teilmenge R des kartesischen Produkts $A \times B$ heißt **Relation zwischen A und B**.

1.2.1 Beispiele für Relationen

Als Relationen kann man viele häufig benutzte Beziehungen zwischen zwei Zahlen (z. B. Gleichheit, größer-kleiner, Teilbarkeit), zwischen geometrischen Figuren (z. B. Parallelität oder Orthogonalität bei Geraden) oder zwischen anderen mathematischen Objekten ansehen.

BEISPIEL

1.10 Hier folgen einige einfache Relationen R, die Teilmengen von $A \times B$ sind, wobei $A = \{2; 3; 4; 5\}$ und $B = \{2; 4; 6; 8; 10; 12\}$ gilt:

Gleichheit $R_1 = \{(x; y) \mid x = y\} = \{(2; 2); (4; 4)\}$

Größer $R_2 = \{(x; y) \mid x > y\} = \{(3; 2); (4; 2); (5; 2); (5; 4)\}$

Teilbarkeit $R_3 = \{(x; y) \mid x \text{ ist Teiler von } y\} = \{(2; 2); (2; 4); (2; 6); (2; 8); (2; 10); (2; 12); (3; 6); (3; 12); (4; 4); (4; 8); (4; 12); (5; 10)\}$

$R_4 = \{(x; y) \mid y = 2x\} = \{(2; 4); (3; 6); (4; 8); (5; 10)\}$ ■

1.2.2 Äquivalenzrelationen

Eine besondere Art von Relationen sind **Äquivalenzrelationen**, eine Verallgemeinerung der Gleichheit. Dabei wird meistens die Äquivalenz zwischen *allen* Elementen *einer* Menge A untersucht, so daß die Relation $\ddot{A}$ Teilmenge von $A \times A$ ist. Dabei schreibt man auch $a \sim b$, falls $(a; b) \in \ddot{A}$ ist, und man sagt: a ist äquivalent zu b. $\ddot{A}$ bzw. $\sim$ muß drei charakteristische Eigenschaften erfüllen:

(i) *Reflexivität:* $a \sim a$ für alle $a \in A$

(ii) *Symmetrie:* Wenn $a \sim b$, dann ist auch $b \sim a$ für alle $a, b \in A$ (1.1)

(iii) *Transitivität:* Aus $a \sim b$ und $b \sim c$ folgt $a \sim c$ für alle $a, b, c \in A$

Von den in Beispiel 1.10 definierten Relationen $R \subseteq A \times A$ mit $A = \mathbf{N}$ erfüllt nur R_1 diese Eigenschaften, R_2 erfüllt (i), (ii) nicht, für R_3 gilt (ii) nicht und R_4 erfüllt keine Eigenschaft der Äquivalenzrelation.

BEISPIEL

1.11 Eine Äquivalenzrelation aus der Geometrie ist die *Parallelität von Geraden.*

Beweis:

(i) Jede Gerade ist zu sich selbst parallel;

(ii) Ist g_1 parallel zu g_2, so gilt auch g_2 parallel zu g_1;

(iii) Aus g_1 parallel zu g_2 und g_2 parallel zu g_3 folgt, daß g_1 parallel zu g_3 ist. ■

Ein wichtiges Zahlenbeispiel ist die *Kongruenzrelation* zwischen zwei ganzen Zahlen, die so definiert ist:

> x ist kongruent y modulo z, kurz: $\boldsymbol{x \equiv y}$ **mod** $\boldsymbol{z}$, wenn sich beim Teilen durch z für x und y der gleiche Rest ergibt, oder einfacher: wenn die Differenz von x und y durch z teilbar ist.

BEISPIEL

1.12 $7 \equiv 22 \bmod 5$, da $22-7$ durch 5 teilbar ist, aber $7 \not\equiv 20 \bmod 5$, da $20-7=13$ nicht durch 5 geteilt werden kann. ■

Daß die Kongruenzrelation eine Äquivalenzrelation ist, ergibt sich aus der Gültigkeit der drei charakteristischen Eigenschaften, die unmittelbar einleuchtet.

Durch eine Äquivalenzrelation zerfällt die Menge A vollständig in **Äquivalenzklassen**, von denen jede nur jeweils zueinander äquivalente Elemente enthält. Deshalb sind Äquivalenzklassen paarweise disjunkte Mengen, deren Vereinigung gerade A ergibt.

BEISPIEL

1.13 Welche Äquivalenzklassen entstehen durch die Relation „Parallelität von Geraden“ und durch die Kongruenzrelation?

Lösung: Betrachtet man die Äquivalenzrelation „Parallelität von Geraden“, so gibt es zu jeder denkbaren Richtung einer Geraden je eine Äquivalenzklasse, daher zerfällt die Menge aller Geraden in unendlich viele verschiedene Klassen.

Bei der Kongruenzrelation gehört zu jedem möglichen Rest eine Äquivalenzklasse, die hier **Restklasse** heißt. Für die Kongruenz modulo 5 sehen die 5 Restklassen so aus:

$\{0; 5; -5; 10; -10; \ldots\}$, $\{1; 6; -4; 11; -9; \ldots\}$, $\{2; 7; -3; 12; -8; \ldots\}$, $\{3; 8; -2; 13; -7; \ldots\}$ und $\{4; 9; -1; 14; -6; \ldots\}$

Die Menge der ganzen Zahlen $\mathbf{Z}$ *zerfällt* also modulo z in endlich viele, nämlich in genau z *Restklassen.* ■

1.2.3 Abbildungen und einige Eigenschaften

Nur bei einem kleinen Teil der Relationen handelt es sich um Abbildungen oder Funktionen, sie spielen jedoch eine herausragende Rolle in der linearen Algebra. Man definiert sie so:

> Eine Relation $f \subset A \times B$ heißt **Abbildung oder Funktion**, wenn durch f *jedem* Element von A *genau ein* Element von B zugeordnet wird.

BEISPIEL

1.14 Wir untersuchen die ersten Beispiele 1.10 für Relationen, R_1 bis R_4, daraufhin, ob es sich um Abbildungen handelt!

Lösung: Man erkennt leicht, daß bei R_1 und R_2 nicht jedes Element aus A vorkommt, bei R_3 und R_4 kommt jedes Element von A vor, jedoch bei R_3 zusammen mit mehreren verschiedenen Elementen aus B, nur beim letzten Beispiel wird jedem Element aus A genau eins aus B zugeordnet. Daher ist nur R_4 eine Abbildung. ■

Für Abbildungen gibt es noch einige besondere Bezeichnungen:

Die Menge A heißt **Definitionsbereich**.

Wird $x \in A$ auf $f(x) = y \in B$ abgebildet, so ist y ein **Bild** oder **Funktionswert** von x, umgekehrt bezeichnet man $x \in A$ auch als **Urbild** von y.

Die Menge $W = \{y \mid y = f(x), x \in A\} \subseteq B$ heißt **Bildmenge** oder **Wertebereich** von f.

Die Abbildung selbst wird oft so beschrieben: durch Angabe der Mengen A und B sowie einer *Zuordnungsvorschrift*, die häufig in Form einer Funktionsgleichung angegeben wird:

$$f : A \to B, \quad y = f(x)$$

BEISPIEL

1.15 Für einige einfache Abbildungen soll die Wertemenge bestimmt werden.

Lösung: Bei Abbildungen f_1 bis f_4 ist die Definitionsmenge $A = \{1; 2; 3; 4; 5\}$, die Funktionswerte stehen in einer Wertetabelle:

	x	1	2	3	4	5
f_1: $A \to \mathbf{N}$, $f(x) = 3x - 1$	$f_1(x)$	2	5	8	11	14
f_2: $A \to \mathbf{N}$, $f(x) = x^2 - 6x + 10$	$f_2(x)$	5	2	1	2	5
f_3: $A \to \{1; 2; 5\}$, $f(x) = x^2 - 6x + 10$	$f_3(x)$	5	2	1	2	5
f_4: $A \to \{2; 5; 8; 11; 14\}$, $f(x) = 3x - 1$	$f_4(x)$	2	5	8	11	14

■

Obwohl bei je zwei Funktionen Zuordnungsvorschrift und Bildmenge übereinstimmen, unterscheiden sich die Funktionen in einigen wichtigen Eigenschaften:

Bei f_1 sind verschiedenen Urbildern auch verschiedene Bilder zugeordnet, eine Funktion mit dieser Eigenschaft heißt **injektiv**.

Bei f_3 kommen alle Elemente der Menge B auch als Bilder vor, eine Funktion mit dieser Eigenschaft heißt **surjektiv**.

Bei f_4 gehört zu jedem x ein y und umgekehrt, eine Funktion mit dieser Eigenschaft heißt **bijektiv**.

f_2 hat keine dieser drei Eigenschaften.

1.2.4 Bijektive Abbildungen

Bijektivität ist die stärkste der obigen drei Eigenschaften, denn *bijektiv sind genau die Abbildungen, die injektiv und surjektiv zugleich sind.* Bei diesen Abbildungen müssen die Mengen A und B so große Übereinstimmungen aufweisen, daß sie sogar austauschbar sind:

Zu jeder bijektiven Abbildung f gibt es nämlich eine **Umkehrabbildung** f^{-1}, die jedem Element y von B genau das $x \in A$ zuordnet, für das $f(x) = y$ gilt, und die damit die Abbildung f wieder „rückgängig" macht. Kurz definiert ist $f^{-1}\colon B \to A$, $f^{-1}(y) = x$, wenn $y = f(x)$ gilt.

BEISPIEL

1.16 Für die Abbildung f_4 aus Beispiel 1.15 ist die Umkehrabbildung f_4^{-1} gesucht:

Lösung: Wegen $y = 3x - 1$ ist $x = \frac{1}{3}(y + 1)$ oder mit der „normalen" Bezeichnung der Variablen $f_4^{-1}(x) = y = \frac{1}{3}(x + 1)$. ■

Bevor das „Rückgängigmachen" einer Abbildung mathematisch genauer beschrieben werden kann, muß man sich klar machen, was es bedeutet, zwei Abbildungen nacheinander anzuwenden:

Dieses **Hintereinanderausführen von zwei Abbildungen** geht natürlich auch, wenn es sich nicht um die Umkehrabbildung handelt; wenn für f gilt $f\colon A \to B$, $f(x) = y$ und für $g\colon B \to C$, $g(y) = z$, so kann man den Zwischenschritt über B auslassen und A direkt in C abbilden, indem man f und g so zusammenfaßt: $g \circ f\colon A \to C$, $g\,(f(x)) = z$.

BEISPIEL

1.17 Die Abbildungen f und g mit $f\colon A \to B$, $f(x) = \frac{x-1}{x}$, $g\colon B \to C$, $g(x) = 1 - x$ sollen hintereinander ausgeführt werden, wobei die Mengen A, B und C so aussehen:

$$A = \{1; 2; 3; 4; 5\}, \quad B = \left\{0; \frac{1}{2}; \frac{2}{3}; \frac{3}{4}; \frac{4}{5}\right\}, \quad C = \left\{1; \frac{1}{2}; \frac{1}{3}; \frac{1}{4}; \frac{1}{5}\right\}.$$

Lösung:

$$g \circ f\colon A \to C, \quad g\,(f(x)) = g\left(\frac{x-1}{x}\right) = 1 - \frac{x-1}{x} = \frac{x-(x-1)}{x} = \frac{1}{x} \qquad ■$$

Jetzt kommen wir zurück zur Umkehrabbildung. Wird durch f die Zahl x auf $y = f(x)$ abgebildet und durch f^{-1} y „zurück" auf x, so muß gelten

$$f^{-1}(y) = f^{-1}\,(f(x)) = x.$$

Das Beispiel 1.16 bestätigt diese charakteristische Formel:

$$f_4^{-1}\,(f_4(x)) = f_4^{-1}(y) = \frac{1}{3}(y+1) = \frac{1}{3}\,((3x-1)+1) = \frac{1}{3} \cdot 3x = x.$$

BEISPIEL

1.18 Eine spezielle Art bijektiver Abbildungen, die häufig vorkommen, sind *Permutationen*: alle möglichen Anordnungen der ersten n natürlichen Zahlen werden so bezeichnet.

Oft findet man folgende Darstellung z. B. für Permutationen der Zahlen 1 bis 4: (1 3 4 2) oder (4 3 2 1) oder (2 1 3 4). Dabei sind alle Funktionswerte aufgezählt, ihre Urbilder bzw. x-Werte tauchen nur indirekt als Platznummer auf, in ausführlicher Schreibweise müßte die erste Permutation so geschrieben werden: $p_1(1) = 1$, $p_1(2) = 3$, $p_1(3) = 4$, $p_1(4) = 2$. Zu p_1 gehört auch das folgende Beispiel einer Umkehrabbildung: $p_1^{-1} = (1\ 4\ 2\ 3)$ angewandt auf p_1, bringt die Zahlen von 1 bis 4 wieder in die „richtige" Reihenfolge, nämlich die vierte auf den zweiten Platz, die zweite auf den dritten, usw. ■

Mit Hilfe von bijektiven Abbildungen können alle Mengen in Äquivalenzklassen eingeteilt werden: Gibt es mindestens eine bijektive Abbildung von A in B, so gehören A und B zur gleichen Klasse. Alle Mengen solch einer Klasse werden als **gleichmächtig** bezeichnet. Für endliche Mengen ist die Mächtigkeit ganz einfach zu beschreiben: Gleichmächtige Mengen müssen die *gleiche Anzahl von Elementen* besitzen, denn bijektive Abbildungen sind nur dann möglich – z. B. als Permutationen. Hätte jedoch B mehr Elemente als A, so gäbe es keine surjektive Abbildung, wenn umgekehrt A mehr Elemente als B hätte, könnte die Abbildung nicht injektiv sein.

Für unendlich große Mengen ist Mächtigkeit schwerer zu veranschaulichen, wie das folgende Beispiel zeigt:

BEISPIEL

1.19 Die Mächtigkeit der Mengen $\mathbf{N}$ und $\{2; 4; 6; \ldots; 2n; \ldots\}$ soll verglichen werden.

Lösung: Wir betrachten dazu die Funktion $f\colon \mathbf{N} \to \{2; 4; 6; \ldots, 2n, \ldots\}$, $f(x) = 2x$. Obwohl $\{2; 4; 6; \ldots; 2n; \ldots\}$ eine Teilmenge von $\mathbf{N}$ mit weniger Elementen ist, ist f bijektiv! Jedes Element der Menge B kommt als Bild vor, also ist f surjektiv; zwei natürliche Zahlen haben auch zwei verschiedene Bilder, denn es gilt $2x_1 \neq 2x_2$, wenn $x_1 \neq x_2$ ist, das bedeutet Injektivität von f; aus beiden Eigenschaften zusammen folgt, daß f bijektiv ist. Hier sind also $\mathbf{N}$ und eine echte Teilmenge gleichmächtig. ■

Trotzdem kann man zwei Äquivalenzklassen aus unendlichen Mengen bilden: Die Mächtigkeit von $\mathbf{N}$, $\mathbf{Q}$, usw. heißt *abzählbar*, die von $\mathbf{R}$, $\mathbf{C}$, usw. heißt *überabzählbar*. Daß es eine bijektive Abbildung zwischen $\mathbf{N}$ und $\mathbf{Q}$ gibt, aber nicht zwischen $\mathbf{N}$ und $\mathbf{R}$, beweisen zwei berühmte Diagonalverfahren, die hier nicht wiederholt werden können.

AUFGABEN

1.8 Geben Sie an, ob die Relationen reflexiv, symmetrisch oder transitiv sind! (Siehe Formeln (1.1))

$R_1 = \{(g_1; g_2) \mid g_1 \perp g_2,\ g_1, g_2 \text{ Geraden}\}$

$R_2 = \{(x; y) \mid [x] = [y],\ x, y \in \mathbf{R}\}$

$R_3 = \{(P; Q) \mid P, Q \text{ Punkte einer Ebene mit } |OP| = |OQ|\}$

$R_4 = \{(A; B) \mid A \subset B,\ A, B \subset \mathbf{N},\ A, B \text{ Mengen}\}$

Welche davon sind Äquivalenzrelationen? Wie sehen die Äquivalenzklassen aus? *Hinweis*: $[x] = z$, für alle $x \in \mathbf{R}$ mit $z \leqq x < z + 1$, $z \in \mathbf{Z}$.

1.9 Welche der folgenden Relationen $R \subset \mathbf{R} \times \mathbf{R}$ sind Funktionen, welche nicht? Warum?

$R_1 = \{(x;y) \,|\, x^2 = y^3\}$ $\quad$ $R_2 = \{(x;y) \,|\, x^3 = y^2\}$

$R_3 = \{(x;y) \,|\, y = ||x| - 2|\}$ $\quad$ $R_4 = \{(x;y) \,|\, y = |x| - |x-2|\}$

$R_5 = \{(x;y) \,|\, |x| + |y| = 5\}$ $\quad$ $R_6 = \{(x;y) \,|\, x^2 + y^2 = 5\}$

1.10 Bestimmen Sie für die folgenden Funktionen $f\colon D \subset \mathbf{R} \to \mathbf{R}$ den größtmöglichen Definitionsbereich D sowie den Wertebereich W!

$f_1(x) = \dfrac{2-x}{3+x}$ $\quad$ $f_2(x) = \dfrac{1}{2}x^3 - 4x$ $\quad$ $f_3(x) = \dfrac{1}{2}x^3 - 4$

$f_4(x) = -\sqrt{25 - x^2}$ $\quad$ $f_5(x) = 2\,\mathrm{e}^x - 1$ $\quad$ $f_6(x) = \sqrt{|x+1|}$

1.11 Untersuchen Sie, ob die Funktionen der vorigen Aufgabe injektiv, surjektiv oder bijektiv sind!
Ist f bijektiv, dann bestimmen Sie die Umkehrfunktion f^{-1}!

1.12 Welche Abbildungen ergeben sich für $f \circ g$ und für $g \circ f$?
a) $f(x) = \sqrt[3]{x}$, $\quad g(x) = x^2 + 1$
b) $f(x) = 4x - 2$, $\quad g(x) = 2^x - 4$

1.13 Geben Sie alle Permutationen der Zahlen $1, 2, 3$ an! Bestimmen Sie zu jeder außerdem die Umkehrabbildung!

1.14 Finden Sie bijektive Abbildungen, die zeigen, daß die angegebenen Mengen jeweils gleichmächtig sind!
a) $\mathbf{Z}$ und $\mathbf{N}$,
b) $\{x \,|\, x \geqq 1,\ x \in \mathbf{R}\}$ und $\{x \,|\, 0 < x \leqq 1,\ x \in \mathbf{R}\}$

1.3 Vektoren im anschaulichen Raum

In diesem Abschnitt geht es um Vektoren, mit denen geometrische Fragestellungen im anschaulichen Raum oder in einer Ebene beschrieben und gelöst werden können. Ihre Eigenschaften werden zusammengefaßt dargestellt und höchstens anschaulich erläutert, damit bei der abstrakten Behandlung von allgemeineren Vektorräumen in späteren Kapiteln auf den Spezialfall des dreidimensionalen Raumes unserer Anschauung zurückgegriffen werden kann. Eine ausführlichere Darstellung ist in [3] zu finden.

1.3.1 Darstellung und charakteristische Rechenoperationen

Ursprünglich wurden Vektoren zur Darstellung physikalischer Größen wie Kraft, Geschwindigkeit oder Verschiebung benutzt, daher veranschaulicht man sie als **Pfeile**. Da bei einer Verschiebung alle Punkte eines Körpers um den gleichen Weg vorgerückt werden, spielt die Lage des Anfangspunktes keine Rolle: man legt fest, daß alle Pfeile gleicher Länge und Richtung Veranschaulichungen des gleichen Vektor sind. Etwas exakter ausgedrückt:

Ein **Vektor** ist eine Äquivalenzklasse gleichlanger und paralleler Pfeile.

Vektoren werden mit kleinen Buchstaben, häufig mit einem Pfeil darüber, oder durch Anfangs- und Endpunkt bezeichnet: $\boldsymbol{a}$, $\vec{a}$, AB, usw.

Vektoren lassen sich wie Verschiebungen durch Hintereinanderausführen **addieren**: man hängt den Vektorpfeil des zweiten Summanden $\boldsymbol{b}$ an die Spitze des ersten Summanden $\boldsymbol{a}$ und zeichnet den Summenvektor $\boldsymbol{a}+\boldsymbol{b}$ vom Anfangspunkt von $\boldsymbol{a}$ zur Spitze von $\boldsymbol{b}$ hin. (Bild 1.4)

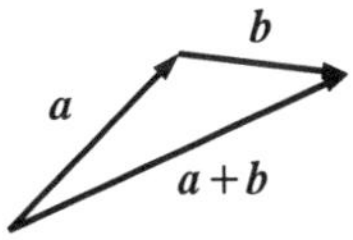

Bild 1.4

Durch **Multiplikation mit einer reellen Zahl t** wird die Länge des Pfeils auf das $|t|$-fache verändert, ist t negativ, wird die Pfeilspitze verlegt (Orientierungsumkehr), sonst bleibt die Richtung erhalten.

Beim Zusammensetzen neuer Vektoren entstehen oft Ausdrücke der Form $t_1\boldsymbol{a}_1 + t_2\boldsymbol{a}_2 + \ldots + t_n\boldsymbol{a}_n$ mit reellen Zahlen t_i. Sie werden **Linearkombination** der Vektoren $\boldsymbol{a}_1, \boldsymbol{a}_2, \ldots, \boldsymbol{a}_n$ genannt.

Durch Zeichnungen mit Pfeilen können die folgenden **Rechenregeln** für die beiden oben beschriebenen charakteristischen Verknüpfungen leicht überprüft werden:

$\boldsymbol{a}+\boldsymbol{b}=\boldsymbol{b}+\boldsymbol{a}$, *Kommutativgesetz*

$(\boldsymbol{a}+\boldsymbol{b})+\boldsymbol{c}=\boldsymbol{a}+(\boldsymbol{b}+\boldsymbol{c})$ und $s\cdot(t\boldsymbol{a})=(st)\cdot\boldsymbol{a}$ *Assoziativgesetze*

$t\boldsymbol{a}+t\boldsymbol{b}=t(\boldsymbol{a}+\boldsymbol{b})$ und $(t+s)\cdot\boldsymbol{a}=t\boldsymbol{a}+s\boldsymbol{a}$ *Distributivgesetze*

Es gibt einen *Nullvektor* $\boldsymbol{o}$ (dieser Pfeil hat die Länge Null und keine Richtung!) so, daß $\boldsymbol{a}+\boldsymbol{o}=\boldsymbol{a}$ für jeden Vektor $\boldsymbol{a}$ gilt.

Zu jedem Vektor $\boldsymbol{a}$ existiert ein *inverser Vektor* $-\boldsymbol{a}$ (der sich nur durch die Orientierung von $\boldsymbol{a}$ unterscheidet), so daß $\boldsymbol{a}+(-\boldsymbol{a})=\boldsymbol{o}$ gilt. (1.2)

Diese Rechenregeln garantieren, daß man Terme umformen, vereinfachen, Gleichungen lösen und in vielen Fällen so rechnen kann, wie wir es von den reellen Zahlen her gewohnt sind. Ein wichtiger Unterschied sollte nicht in Vergessenheit geraten: man kann zwar eine Multiplikation eines Vektors mit der Zahl r durch eine zweite Multiplikation mit $1/r$ rückgängig machen, aber es gibt keine Division durch Vektoren!

BEISPIEL

1.20 Im skizzierten Prisma (Bild 1.5) sind z. B.

- gleiche Vektoren $AB = DE$ oder $AD = CF = BE$,
- Vektoren verschiedener Orientierung $ED = -AB$,

– verlängerte bzw. verkürzte Vektoren $AM = \frac{1}{2}AD$ oder $3ET = -BE$,
– Diagonalenvektoren $AE = AB + BE$ oder $CD = -AC + 2AM$ oder $BC = BA + AC$,

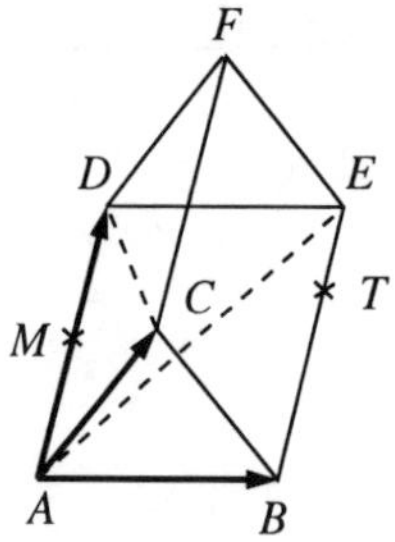

Bild 1.5

– Anwendung der Rechenregeln bei der Bestimmung von TM als Linearkombination von AB und AD:
$$TM = TB + BA + AM = -BT + AM - AB$$
$$= -\frac{2}{3}AD + \frac{1}{2}AD - AB = -AB - \frac{1}{6}AD.$$ ■

Möchte man einen Vektor durch Zahlen ausdrücken, so benötigt man ein **Koordinatensystem**. Ein Nullpunkt und drei Pfeile als Koordinatenachsen bilden ein solches Koordinatensystem, wenn sich jeder Vektor als Linearkombination der Koordinatenvektoren darstellen läßt und wenn die drei Pfeile ein Rechtssystem bilden, d. h. wenn eine Reihenfolge unter ihnen durch Daumen (1), Zeigefinger (2) und Mittelfinger (3) der rechten Hand so festgelegt ist, daß die Pfeile in die Richtungen der gespreizeten Finger zeigen.

Die reellen Faktoren a_1, a_2 und a_3 in der Linearkombination aus den Koordinatenvektoren heißen **Koordinaten des Vektors** $\boldsymbol{a}$ und man schreibt
$$\boldsymbol{a} = \begin{pmatrix} a_1 \\ a_2 \\ a_3 \end{pmatrix}.$$
In der *Koordinatendarstellung* beschreiben alle diejenigen Zahlentripel den **gleichen Vektor**, die in allen drei Koordinaten übereinstimmen.
Man **addiert** Vektoren in *Koordinatenschreibweise*, indem man die entsprechenden Koordinaten addiert, man **multipliziert** einen Vektor mit einer reellen Zahl s, indem man alle Koordinaten mit dieser Zahl multipliziert:
$$\begin{pmatrix} x \\ y \\ z \end{pmatrix} + \begin{pmatrix} u \\ v \\ w \end{pmatrix} = \begin{pmatrix} x+u \\ y+v \\ z+w \end{pmatrix} \text{ und } s \cdot \begin{pmatrix} x \\ y \\ z \end{pmatrix} = \begin{pmatrix} sx \\ sy \\ sz \end{pmatrix} \qquad (1.3)$$

Diese drei Definitionen, die zunächst auch unabhängig von der Pfeildarstellung festgelegt werden können, haben eine vollständige Übereinstimmung der **Rechenregeln** und alle Konsequenzen daraus zur Folge. Wir können also von Vektoren sprechen, ohne uns vorher für eine der Darstellungen, mit Koordinaten oder durch Pfeile, entscheiden zu müssen.

BEISPIEL

1.21 Das Beispiel 1.20 läßt sich auch rechnen, wenn man für einige Vektoren Koordinaten vorgibt:

$$AB = \begin{pmatrix} 2 \\ 2 \\ 0 \end{pmatrix}, \quad AC = \begin{pmatrix} 1 \\ 1 \\ 2 \end{pmatrix}, \quad AD = \begin{pmatrix} -3 \\ 6 \\ 0 \end{pmatrix}:$$

$$ED = \begin{pmatrix} -2 \\ -2 \\ 0 \end{pmatrix}, \quad AM = \frac{1}{2}\begin{pmatrix} -3 \\ 6 \\ 0 \end{pmatrix} = \begin{pmatrix} -1,5 \\ 3 \\ 0 \end{pmatrix},$$

$$BE = \begin{pmatrix} 3 \\ -6 \\ 0 \end{pmatrix} = 3 \cdot \begin{pmatrix} 1 \\ -2 \\ 0 \end{pmatrix}, \quad AE = \begin{pmatrix} 2 \\ 2 \\ 0 \end{pmatrix} + \begin{pmatrix} -3 \\ 6 \\ 0 \end{pmatrix} = \begin{pmatrix} -1 \\ 8 \\ 0 \end{pmatrix},$$

$$CD = -\begin{pmatrix} 1 \\ 1 \\ 2 \end{pmatrix} + 2 \cdot \begin{pmatrix} -1,5 \\ 3 \\ 0 \end{pmatrix} = \begin{pmatrix} -1-3 \\ -1+6 \\ -2+0 \end{pmatrix} = \begin{pmatrix} -4 \\ 5 \\ -2 \end{pmatrix}$$ ■

1.3.2 Punkte, Geraden und Ebenen in Vektordarstellung

Die geometrischen Objekte, die in der Vektorrechnung am einfachsten ausgedrückt werden können, sind **Strecken** oder Linien, die durch einen Vektor von einem Endpunkt der Strecke zum anderen beschrieben werden. In komplizierteren Figuren können etwa Kanten oder Diagonalen häufig aus wenigen vorgegebenen Vektoren errechnet werden.

Wenn man die Lage von geometrischen Figuren zueinander untersuchen möchte, genügen Vektoren, die von einem beliebigen Punkt ausgehen, nicht; es ist ein festes Bezugssystem nötig. Dafür bietet sich ein Koordinatensystem an, denn es muß ein Nullpunkt festgelegt sein.

Diejenigen Vektoren, die den Nullpunkt mit anderen Punkten verbinden und etwa mit der Spitze in P liegen, werden durch die Bezeichnung als **Ortsvektoren** hervorgehoben; ordnet man jedem Punkt P die Koordinaten des Ortsvektors OP zu, so sind Verwechslungen unmöglich. Obwohl es keine Rechenoperationen für Punkte gibt, kann man durch diese Zuordnung Punkte „ausrechnen", indem man den entsprechenden Ortsvektor bestimmt.

BEISPIEL

1.22 A hat die Koordinaten $A(-1;0;1)$, die des Punktes B sind gesucht. (Vektoren wie in Beispiel 1.21)

Lösung: Der Ortsvektor ist $OA = \begin{pmatrix} -1 \\ 0 \\ 1 \end{pmatrix}$ und

$$OB = OA + AB = \begin{pmatrix} -1 \\ 0 \\ 1 \end{pmatrix} + \begin{pmatrix} 2 \\ 2 \\ 0 \end{pmatrix} = \begin{pmatrix} 1 \\ 2 \\ 1 \end{pmatrix}$$ bzw. $B(1;2;1)$ (Bild 1.5). ■

Auch für die vektorielle Beschreibung von Geraden sind Ortsvektoren unverzichtbar:

> Eine **Gerade** durch den Punkt P ist die Menge aller Punkte an der Spitze der folgenden Ortsvektoren: $\boldsymbol{x} = \boldsymbol{g}_P(t) = OP + t \cdot \boldsymbol{a}$, wobei t die reellen Zahlen durchläuft. (1.4)

Der Vektor $\boldsymbol{a}$ heißt *Richtungsvektor* dieser Geraden; seine Richtung stimmt mit der der Geraden überein.
Die Schreibweise heißt *Parameterform* der Geradengleichung (t ist der Parameter) und sie ist nicht eindeutig (vgl. Beispiel 1.23).
Aus einer anderen Perspektive kann man auch in der Geradengleichung eine *Abbildungsvorschrift* sehen, durch die alle reellen Zahlen t – die jeweils Punkten auf einer Zahlen„geraden“ entsprechen – auf die verschiedenen Punkte einer Gerade im Raum abgebildet werden. Kurz: die Gerade ist die Bildmenge der Zahlengeraden bezüglich der Abbildung g.

BEISPIEL

1.23 Für die Gerade g durch die Punkte A und E sind zwei Gleichungen gesucht (Bild 1.6).

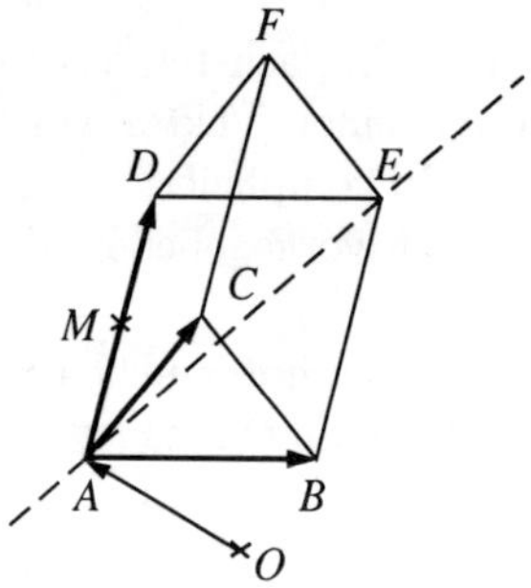

Bild 1.6

Lösung:

$$\boldsymbol{g}_1(t) = \boldsymbol{x} = OA + tAE = \begin{pmatrix} -1 \\ 0 \\ 1 \end{pmatrix} + t \begin{pmatrix} -1 \\ 8 \\ 0 \end{pmatrix} \quad \text{oder}$$

$$\boldsymbol{g}_2(s) = \boldsymbol{x} = OE + s \cdot (-0,5) \cdot AE = \begin{pmatrix} -2 \\ 8 \\ 1 \end{pmatrix} + s \begin{pmatrix} 0,5 \\ -4 \\ 0 \end{pmatrix}$$

sind solche Gleichungen, denn mit g_1 wird der Parameter 0 auf den Punkt A und 1 auf E abgebildet, mit g_2 dagegen 0 auf E und 2 auf A; ein negativer Parameter erreicht mit g_1 Punkte „vor“ A, mit g_2 „hinter“ E (Bild 1.6). ■

> Auf ganz ähnliche Art wie bei Geraden kann man an der **Ebenen**gleichung
> $\boldsymbol{x} = \boldsymbol{E}(s,t) = OA + s\boldsymbol{b} + t\boldsymbol{c}$ für alle $s, t \in \mathbf{R}$ (1.5)

erkennen, daß sie durch den Punkt A geht und ihre Lage durch die Vektoren $\boldsymbol{b}$ und $\boldsymbol{c}$ bestimmt ist, die ganz in der Ebene $\boldsymbol{E}$ liegen. Jeder Punkt der Ebene wird durch einen bestimmten Ortsvektor $\boldsymbol{x} = OA + s\boldsymbol{b} + t\boldsymbol{c}$ beschrieben.

Es handelt sich wie bei der Geradengleichung um eine *Parameterform* der Ebenengleichung mit den Parametern s und t. Sie ist auch in diesem Fall nicht eindeutig.

Man kann aber auch die Ebene als Bildmenge einer *Abbildung* $\boldsymbol{E}$ sehen, die alle Punkte einer Zahlenebene, – sie werden durch die Punkte mit den Koordinaten s und t dargestellt, – auf die Punkte einer beliebigen Ebene im Raum abbildet.

Für jede Ebene gibt es außerdem eine *Koordinatengleichung* der Form

$$Ax_1 + Bx_2 + Cx_3 = D, \tag{1.6}$$

wobei x_1, x_2 und x_3 die Koordinaten eines Punktes der Ebene sind. Die Koordinatenform entsteht aus der Parameterform der Ebenengleichung, wenn man die Vektorgleichung in drei Koordinatengleichungen umschreibt und durch Eliminierung von zwei der fünf Variablen (s und t) in eine Gleichung umformt, in der nur noch die restlichen drei Variablen x_1, x_2 und x_3 vorkommen.

BEISPIEL

1.24 Für die Ebene $\boldsymbol{E}$, in der das Viereck $ACFD$ liegt, sind zwei Parametergleichungen und eine Koordinatengleichung gesucht (Bild 1.7).

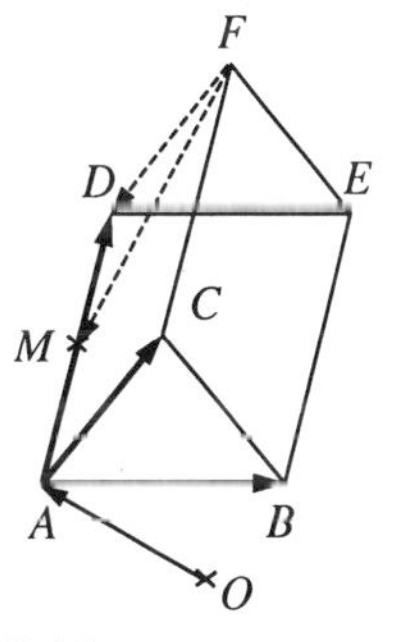

Bild 1.7

Lösung: $\boldsymbol{E}$ läßt sich etwa durch die Richtungsvektoren AC und AD, die vom Punkt A ausgehen, beschreiben:

$$\boldsymbol{E}_1(s,t) = \boldsymbol{x} = OA + sAC + tAD = \begin{pmatrix} -1 \\ 0 \\ 1 \end{pmatrix} + s\begin{pmatrix} 1 \\ 1 \\ 2 \end{pmatrix} + t\begin{pmatrix} -3 \\ 6 \\ 0 \end{pmatrix} \quad \text{oder}$$

z. B. auch von F aus mit den Vektoren FD und FM:

$$\boldsymbol{E}_2(u,v) = \boldsymbol{x} = OF + uFD + vFM = \begin{pmatrix} -3 \\ 7 \\ 3 \end{pmatrix} + u\begin{pmatrix} -1 \\ -1 \\ -2 \end{pmatrix} + v\begin{pmatrix} 0,5 \\ -4 \\ -2 \end{pmatrix}.$$

Identische Punkte haben verschiedene Darstellungen: $\boldsymbol{E}_1(0,0)$ ergibt $A(-1;0;1)$ ebenso wie $\boldsymbol{E}_2(-1,2)$ oder $F(-3;7,3)$ ist $\boldsymbol{E}_1(1,2)$ und $\boldsymbol{E}_2(0,0)$. Um eine Koordinatengleichung dieser Ebene zu finden, schreibt man die Vektorgleichung für $\boldsymbol{E}_1$ – $\boldsymbol{E}_2$ führt hierbei zum gleichen Ergebnis – in drei

Zahlengleichungen:

(i) $x_1 = -1 + s - 3t$

(ii) $x_2 = s + 6t$

(iii) $x_3 = 1 + 2s.$

Aus (iii) und (ii) ergibt sich $s = 0,5x_3 - 0,5$ und $3t = 0,5x_2 - 0,25x_3 + 0,25$; beides wird in (i) eingesetzt und am Schluß mit 4 erweitert: $4x_1 + 2x_2 - 3x_3 = -7$ ist die gesuchte Form. ■

Die Umwandlung der einen Ebenengleichung in eine andere Form zeigt die Bedeutung *linearer Gleichungssysteme* in der Vektorrechnung. Ihre Rolle als wichtiges Hilfsmittel wird besonders deutlich bei der Untersuchung, wie Ebenen, Geraden und Punkte jeweils zueinander liegen. Aus den drei Koordinaten der Vektorgleichungen entstehen dabei lineare Gleichungssysteme, deren Variablen im allgemeinen die gesuchten reellen Parameter der ursprünglichen Vektorgleichung sind.

BEISPIEL

1.25 Der Schnittpunkt S der Linien CD und MF soll berechnet werden (Bild 1.8).

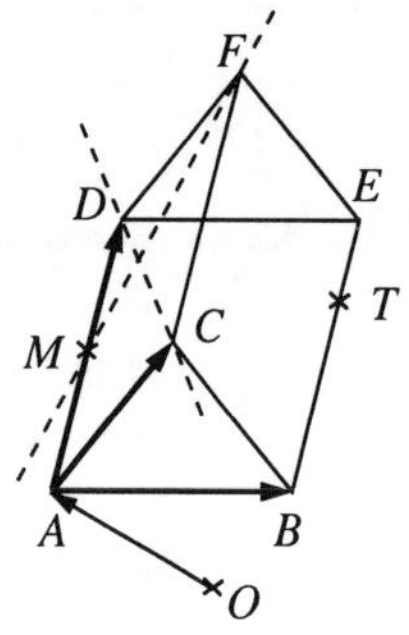

Bild 1.8

Lösung: Zuerst kann man für die beiden Geraden durch C und D bzw. durch M und F Gleichungen aufstellen und anschließend den Schnittpunkt beider Geraden bestimmen:

$$g_{CD}\colon\ \boldsymbol{x} = OC + tCD = \begin{pmatrix} 0 \\ 1 \\ 3 \end{pmatrix} + t \begin{pmatrix} -4 \\ 5 \\ -2 \end{pmatrix} \quad \text{und}$$

$$g_{MF}\colon\ \boldsymbol{x} = OF + sMF = \begin{pmatrix} -3 \\ 7 \\ 3 \end{pmatrix} + s \begin{pmatrix} -0,5 \\ 4 \\ 2 \end{pmatrix}.$$

Da S auf beiden Geraden liegt, muß OS durch beide Geradengleichungen ausgedrückt werden können, also gilt:

$$\begin{pmatrix} 0 \\ 1 \\ 3 \end{pmatrix} + t \begin{pmatrix} -4 \\ 5 \\ -2 \end{pmatrix} = \begin{pmatrix} -3 \\ 7 \\ 3 \end{pmatrix} + s \begin{pmatrix} -0,5 \\ 4 \\ 2 \end{pmatrix}.$$

Die beiden Parameterwerte für t und s, die gerade den Schnittpunkt beschreiben, kann man aus den drei Koordinatengleichungen

(i) $-4t = -3 - 0{,}5s$,

(ii) $1 + 5t = 7 + 4s$,

(iii) $3 - 2t = 3 + 2s$

bestimmen: Die eindeutige Lösung dieses linearen Gleichungssystems ist $s = -t = -2/3$. Setzt man diese Zahl in eine der beiden Geradengleichungen ein, so erhält man den gesuchten Schnittpunkt $S(-8/3; 13/3; 5/3)$. ■

Im Zusammenhang mit der Betrachtung, wie zwei Ebenen oder zwei Geraden zueinander verlaufen, sind folgende Begriffe nützlich:

Wenn mehrere Vektoren parallel verlaufen, heißen sie *kollinear.*

Wenn mehrere Vektoren in einer Ebene oder in parallelen Ebenen liegen, heißen sie *komplanar.*

Da beide geometrischen Eigenschaften mit Hilfe von Linearkombinationen überprüft werden können, bezeichnet man beide mit dem gleichen Ausdruck, der in dieser Form noch weiter verallgemeinert werden kann:

> Die Vektoren $\boldsymbol{v}_1, \boldsymbol{v}_2, \ldots, \boldsymbol{v}_n$ heißen **linear abhängig**, wenn einer der Vektoren als Linearkombination der übrigen darstellbar ist.
> Sind sie nicht linear abhängig, so werden sie **linear unabhängig** genannt.

Dabei sind *zwei* linear abhängige Vektoren immer kollinear und *drei* linear abhängige komplanar und umgekehrt.

BEISPIEL

1.26 In der Figur aus Bild 1.8 sind kollineare und komplanare Vektoren gesucht.

Lösung: Kollinear sind die Vektoren AD, DM, ET, BT, EB. Je zwei dieser Vektoren sind daher linear abhängig, es gilt $-2 \cdot DM = AD$ oder $DM = 0{,}5 \cdot EB$ und $BT = -2 \cdot ET$ usw.
Komplanar sind AC, AD und FM – sie liegen in der Ebene des Vierecks $ACFD$ – oder AC, AB und EF, denn sie liegen in parallelen Ebenen. Als Linearkombination kann man schreiben $FM = -AC - 0{,}5 \cdot AD$ bzw. $EF = -AB + AC$, die drei Vektoren in den beiden Gleichungen sind also jeweils linear abhängig.
Linear unabhängig sind offensichtlich die Vektoren AB, AC, AD, weil ihre Linearkombinationen den gesamten Raum erfassen können. Deutlich sichtbar ist dies auch bei der Koordinatenschreibweise:

$$AC = \begin{pmatrix} 1 \\ 1 \\ 2 \end{pmatrix} = s \begin{pmatrix} 2 \\ 2 \\ 0 \end{pmatrix} + t \begin{pmatrix} -3 \\ 6 \\ 0 \end{pmatrix} = sAB + tAD.$$

Diese Gleichung ist offenbar nicht zu lösen, was hier schon an der dritten Koordinate ohne Rechnung zu erkennen ist. ■

1.3.3 Berechnung von Abständen, Längen und Winkeln

Den Längenmaßstab, der durch ein Koordinatensystem festgelegt ist, kann man auf Vektoren beliebiger Richtung anwenden, indem man mit dem Satz des Pythagoras rechnet. Als Ergebnis entsteht dabei folgende Definition:

Die **Länge oder der Betrag eines Vektors $\boldsymbol{a}$** ist

$$|\boldsymbol{a}| = \left|\begin{pmatrix} a_1 \\ a_2 \\ a_3 \end{pmatrix}\right| = \sqrt{a_1^2 + a_2^2 + a_3^3}, \tag{1.7}$$

wobei a_1, a_2 und a_3 die Koordinaten bezüglich eines „kartesischen" (d. h. rechtwinkliges Rechtssystem) Koordinatensystems sein müssen.

BEISPIEL

1.27 Die Kantenlängen des Prismas (Bild 1.9) sind gesucht.

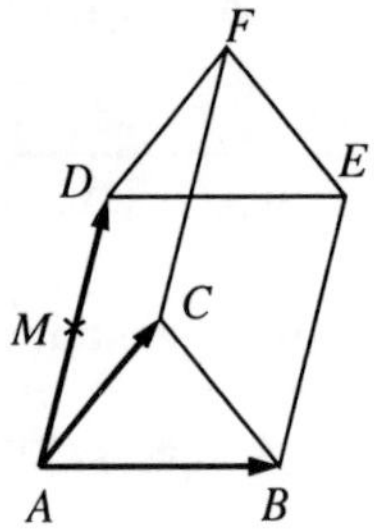

Bild 1.9

Lösung: Sie betragen

$|AB| = \sqrt{2^2 + 2^2 + 0^2} = \sqrt{8} = 2,82$

$|AC| = \sqrt{1^2 + 1^2 + 2^2} = \sqrt{6} = 2,45$

$|CB| = |AB - AC| = \sqrt{1^2 + 1^2 + (-2)^2} = \sqrt{6} = 2,45$ und

$|AD| = \sqrt{(-3)^2 + 6^2 + 0^2} = \sqrt{45} = 6,71.$ ■

Abstände können ebenfalls als Vektorlängen angesehen werden, man muß jedoch berücksichtigen, daß die Abstandsvektoren – sobald Abstände zu Geraden oder Ebenen gesucht sind – *senkrecht* verlaufen müssen.

Um eine solche Winkelberechnung zu ermöglichen, ist die Definition einer weiteren Rechenoperation, die in engem Zusammenhang zum Betrag eines Vektors steht, notwendig:

Die reelle Zahl $\boldsymbol{a} \cdot \boldsymbol{b} = \begin{pmatrix} a_1 \\ a_2 \\ a_3 \end{pmatrix} \cdot \begin{pmatrix} b_1 \\ b_2 \\ b_3 \end{pmatrix} = a_1 b_1 + a_2 b_2 + a_3 b_3$ heißt **Skalarprodukt der Vektoren $\boldsymbol{a}$ und $\boldsymbol{b}$.** (1.8)

In einem rechtwinkligen Koordinatensystem verlaufen die Vektoren $\boldsymbol{a}$ und $\boldsymbol{b}$ genau dann *orthogonal* zueinander, wenn $\boldsymbol{a} \cdot \boldsymbol{b} = 0$ ist.

Für den *Winkel* α, der von den Vektoren $\boldsymbol{a}$ und $\boldsymbol{b}$ eingeschlossen wird, gilt:

$$\cos\alpha = \frac{\boldsymbol{a} \cdot \boldsymbol{b}}{|\boldsymbol{a}| \cdot |\boldsymbol{b}|} \tag{1.9}$$

Für beliebige Vektoren $\boldsymbol{a}$ gilt $|\boldsymbol{a}| = \sqrt{\boldsymbol{a} \cdot \boldsymbol{a}} = \sqrt{\boldsymbol{a}^2}$ für den *Zusammenhang zwischen Skalarprodukt und Länge.*

BEISPIELE

1.28 Die Winkel α, β und γ im Dreieck ABC des Prismas (Bild 1.10) sind gesucht.

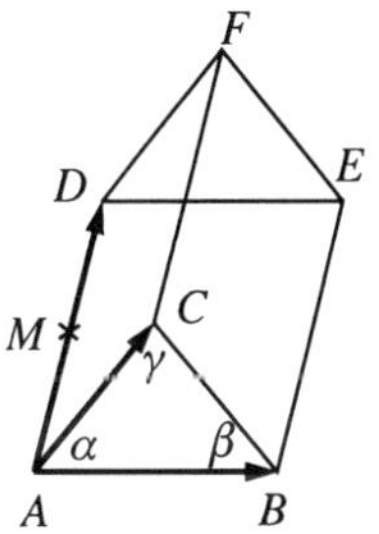

Bild 1.10

Lösung: Die Winkel betragen nach Formel (1.9)

$$\cos\alpha = \frac{AB \cdot AC}{|AB| \cdot |AC|} = \frac{2 \cdot 1 + 2 \cdot 1 + 0 \cdot 2}{\sqrt{8} \cdot \sqrt{6}} = \frac{4}{4\sqrt{3}} = \frac{1}{\sqrt{3}} \quad \rightarrow \alpha = 54,73^\circ$$

$$\cos\gamma = \frac{CB \cdot CA}{|CB| \cdot |AC|} = \frac{1 \cdot (-1) + 1 \cdot (-1) + (-2) \cdot (-2)}{\sqrt{6}\sqrt{6}} = \frac{1}{3} \quad \rightarrow \gamma = 70,53^\circ$$

Außerdem gilt $\beta = \alpha$, da $|AC| = |CB|$ gilt. ■

1.29 Ein Vektor $\boldsymbol{n}$, der senkrecht zum Dreieck ABC (Bild 1.10) verläuft, ist gesucht.

Lösung: Man kann $\boldsymbol{n}$ durch die Orthogonalitätsbedingung finden: $\boldsymbol{n} \cdot AB = 0$ und $\boldsymbol{n} \cdot AC = 0$ muß gelten, d. h. $2n_1 + 2n_2 = 0$ und $n_1 + n_2 + 2n_3 = 0$. Hieraus ergibt sich $n_2 = -n_1$ und $n_3 = 0$, also keine eindeutige Lösung. Alle Vektoren der Form $\boldsymbol{n} = \begin{pmatrix} 1 \\ -1 \\ 0 \end{pmatrix} \cdot n_1$ mit gleicher Richtung, jedoch unterschiedlicher Länge verlaufen orthogonal zum Dreieck ABC. ■

Für den praktischen Gebrauch von Betrag und Skalarprodukt ist es – wie bei jeder Rechenoperation – wichtig zu wissen, welche Rechengesetze gültig sind. Den engen Zusammenhang zwischen beiden Rechenarten verdeutlichen noch einmal die beiden ersten Rechenregeln; sie entsprechen sich fast wörtlich.

Rechengesetze für Betrag (Länge) von Vektoren:
Für alle Vektoren $\boldsymbol{a}$ gilt $|\boldsymbol{a}| \geqq 0$ und $|\boldsymbol{a}| = 0$ genau dann, wenn $\boldsymbol{a} = \boldsymbol{o}$ (*positiv definit*).
Für alle Vektoren $\boldsymbol{a}$ gilt $|r \cdot \boldsymbol{a}| = |r| \cdot |\boldsymbol{a}|$ mit $r \in \mathbf{R}$.
Für beliebige Vektoren $\boldsymbol{a}$, $\boldsymbol{b}$ gilt die *Dreiecksungleichung*:

$$|\boldsymbol{a}+\boldsymbol{b}| \leqq |\boldsymbol{a}| + |\boldsymbol{b}|. \qquad (1.10)$$

Der Betrag eines Vektors ist wegen dieser drei charakteristischen Eigenschaften eine **Norm**. Ein Vektor $\boldsymbol{a}^0$ der Länge 1 heißt daher auch *normierter* Vektor. Jeder Vektor $\boldsymbol{a}$ wird so normiert:

$$\boldsymbol{a}^0 = \frac{1}{|\boldsymbol{a}|} \cdot \boldsymbol{a}. \qquad (1.11)$$

BEISPIEL

1.30 Der Vektor $AD = \begin{pmatrix} -3 \\ 6 \\ 0 \end{pmatrix}$ soll normiert werden.

Lösung: Er hat die Länge oder Norm $\sqrt{45} = 3 \cdot \sqrt{5}$; ein normierter Vektor ist daher $AD^0 = \frac{1}{3 \cdot \sqrt{5}} \cdot \begin{pmatrix} -3 \\ 6 \\ 0 \end{pmatrix} = \frac{1}{\sqrt{5}} \cdot \begin{pmatrix} -1 \\ 2 \\ 0 \end{pmatrix}$. ■

Rechengesetze für das Skalarprodukt:
Das Skalarprodukt ist für beliebige Vektoren $\boldsymbol{a}$ positiv definit, d. h. $\boldsymbol{a} \cdot \boldsymbol{a} \geqq 0$ und $\boldsymbol{a} \cdot \boldsymbol{a} = 0$ genau dann, wenn $\boldsymbol{a} = \boldsymbol{o}$,
für beliebige Vektoren $\boldsymbol{a}$, $\boldsymbol{b}$, $\boldsymbol{c}$ gelten außerdem:

$$\begin{array}{ll} \text{das } \textit{Assoziativgesetz} & (\lambda \cdot \boldsymbol{a}) \cdot \boldsymbol{b} = \lambda \cdot (\boldsymbol{a} \cdot \boldsymbol{b}) \text{ mit } \lambda \in \mathbf{R} \\ \text{das } \textit{Kommutativgesetz} & \boldsymbol{a} \cdot \boldsymbol{b} = \boldsymbol{b} \cdot \boldsymbol{a} \text{ und} \\ \text{das } \textit{Distributivgesetz} & \boldsymbol{a} \cdot (\boldsymbol{b}+\boldsymbol{c}) = \boldsymbol{a} \cdot \boldsymbol{b} + \boldsymbol{a} \cdot \boldsymbol{c} \end{array} \qquad (1.12)$$

Besonders deutlich sichtbar wird die Benutzung der Rechenregeln bei Beweisen von Eigenschaften, die mit Orthogonalität zu tun haben.

BEISPIEL

1.31 Hier soll gezeigt werden: Wenn uns ein Skalarprodukt zur Verfügung steht, dann sind die Koeffizienten A, B, C in der Koordinatengleichung $Ax_1+Bx_2+Cx_3 = D$ einer Ebene $\boldsymbol{E}$ gleichzeitig Koordinaten eines *Normalenvektors* dieser Ebene (das ist ein Vektor, der senkrecht zu $\boldsymbol{E}$ verläuft).
Die Gleichung $Ax_1+Bx_2+Cx_3 = D$ kann als Skalarprodukt gelesen werden: $\begin{pmatrix} A \\ B \\ C \end{pmatrix} \cdot \boldsymbol{x} = D$ oder, wenn man für $\boldsymbol{x}$ eine Parameterdarstellung einsetzt,

$D = \begin{pmatrix} A \\ B \\ C \end{pmatrix} \cdot (OP + u \cdot \boldsymbol{q} + v \cdot \boldsymbol{r})$ mit den Richtungsvektoren $\boldsymbol{q}$ und $\boldsymbol{r}$.

Ausmultiplizieren (Distributivgesetz!) ergibt

$D = \begin{pmatrix} A \\ B \\ C \end{pmatrix} \cdot OP + \begin{pmatrix} A \\ B \\ C \end{pmatrix} \cdot u\boldsymbol{q} + \begin{pmatrix} A \\ B \\ C \end{pmatrix} \cdot v\boldsymbol{r}.$

Da hierbei P ein Punkt der Ebene sein muß, erfüllt OP die Koordinatengleichung $\begin{pmatrix} A \\ B \\ C \end{pmatrix} \cdot OP = D$. Daher gilt $\begin{pmatrix} A \\ B \\ C \end{pmatrix} \cdot u\boldsymbol{q} + \begin{pmatrix} A \\ B \\ C \end{pmatrix} \cdot v\boldsymbol{r} = 0$ bzw. mit Assoziativ- und Kommutativgesetz $u \cdot \left(\boldsymbol{q} \cdot \begin{pmatrix} A \\ B \\ C \end{pmatrix} \right) + v \cdot \left(\boldsymbol{r} \cdot \begin{pmatrix} A \\ B \\ C \end{pmatrix} \right) = 0.$

Weil diese Gleichungen jeweils für alle reellen Zahlen u und v zutreffen müssen, ergibt sich daraus zwangsläufig $\boldsymbol{q} \cdot \begin{pmatrix} A \\ B \\ C \end{pmatrix} = 0$ und $\boldsymbol{r} \cdot \begin{pmatrix} A \\ B \\ C \end{pmatrix} = 0.$

Das bedeutet aber Orthogonalität von $\begin{pmatrix} A \\ B \\ C \end{pmatrix}$ zu beiden Richtungsvektoren

oder anders ausgedrückt, $\begin{pmatrix} A \\ B \\ C \end{pmatrix}$ ist Normalenvektor der Ebene. ■

1.3.4 Volumina und senkrechte Vektoren

Um Volumina, Flächeninhalte oder senkrechte Vektoren zu bestimmen, sind eigentlich das Skalarprodukt sowie Längen- und Winkelformeln völlig ausreichend. Elegant, kurz und übersichtlich werden diese Rechnungen jedoch erst, wenn man das Vektorprodukt benutzt. Allerdings ist es weder auf andere Räume noch auf abweichend definierte Skalarprodukte übertragbar, daher ist seine Bedeutung in der Linearen Algebra für den Mathematiker gering, jedoch für den Physiker oder bei Anwendungen in der räumlichen Geometrie spielt das Vektorprodukt durchaus eine Rolle.

> Die Rechenoperation $\boldsymbol{a} \times \boldsymbol{b}$, die den Vektoren $\boldsymbol{a}$ und $\boldsymbol{b}$ den Vektor
> $\boldsymbol{a} \times \boldsymbol{b} = \begin{pmatrix} a_2b_3 - a_3b_2 \\ a_3b_1 - a_1b_3 \\ a_1b_2 - a_2b_1 \end{pmatrix}$ zuordnet, heißt **Vektorprodukt** oder Kreuzprodukt.
> (1.13)

Voraussetzung ist ein rechtwinkliges Koordinatensystem und ein Skalarprodukt.

Hier sind die wichtigsten geometrischen Anwendungen und Eigenschaften des Vektorprodukts, die sich mit einfachen Rechnungen aus seiner Definition ergeben:

Der Vektor $\boldsymbol{a} \times \boldsymbol{b}$ verläuft *orthogonal* zu den Vektoren $\boldsymbol{a}$ und $\boldsymbol{b}$.
Die Vektoren $\boldsymbol{a}$, $\boldsymbol{b}$, $\boldsymbol{a} \times \boldsymbol{b}$ bilden in dieser Reihenfolge ein *Rechtssystem*.
Für den *Flächeninhalt* des von $\boldsymbol{a}$ und $\boldsymbol{b}$ aufgespannten Parallelogramms gilt

$$A = |\boldsymbol{a} \times \boldsymbol{b}|. \tag{1.14}$$

Für das Volumen eines von $\boldsymbol{a}$, $\boldsymbol{b}$ und $\boldsymbol{c}$ aufgespannten Spat gilt

$$V = |(\boldsymbol{a} \times \boldsymbol{b}) \cdot \boldsymbol{c}|. \tag{1.15}$$

Der Term $(\boldsymbol{a} \times \boldsymbol{b}) \cdot \boldsymbol{c}$ heißt daher *Spatprodukt*. (1.16)

$\boldsymbol{a} \times \boldsymbol{b} = \boldsymbol{o}$ gilt genau dann, wenn die Vektoren $\boldsymbol{a}$ und $\boldsymbol{b}$ *kollinear* sind;
$(\boldsymbol{a} \times \boldsymbol{b}) \cdot \boldsymbol{c} = 0$ gilt genau dann, wenn die Vektoren $\boldsymbol{a}$, $\boldsymbol{b}$ und $\boldsymbol{c}$ *komplanar* sind.
Die letzte Formel zeigt noch einmal, daß das Vektorprodukt tatsächlich durch Betrag und Skalarprodukt ersetzbar ist:
Den *Zusammenhang zwischen Vektorprodukt und Skalarprodukt* beschreibt die Formel

$$|\boldsymbol{a} \times \boldsymbol{b}|^2 = |\boldsymbol{a}|^2 \cdot |\boldsymbol{b}|^2 - (\boldsymbol{a} \cdot \boldsymbol{b})^2. \tag{1.17}$$

BEISPIEL

1.32 a) *Vektorprodukt* aus AB und AC:

$$AB \times AC = \begin{pmatrix} 2 \\ 2 \\ 0 \end{pmatrix} \times \begin{pmatrix} 1 \\ 1 \\ 2 \end{pmatrix} = \begin{pmatrix} 2 \cdot 2 - 0 \cdot 1 \\ 0 \cdot 1 - 2 \cdot 2 \\ 2 \cdot 1 - 2 \cdot 1 \end{pmatrix} = \begin{pmatrix} 4 \\ -4 \\ 0 \end{pmatrix} = 4 \begin{pmatrix} 1 \\ -1 \\ 0 \end{pmatrix}$$

b) Das Ergebnis, ein Vielfaches des auf dem Dreieck ABC senkrechten Vektors $\boldsymbol{s} = \begin{pmatrix} 1 \\ -1 \\ 0 \end{pmatrix}$, bestätigt die *Orthogonalität* zu beiden Faktoren, den Dreiecksseiten (Bild 1.10).

c) Daß AB, AC und $\boldsymbol{s}$ ein *Rechtssystem* bilden, daß also $\boldsymbol{s}$ von A aus zum Betrachter hinzeigt, sieht man deutlich, wenn man die drei Vektoren als Koordinatensystem auffaßt und beispielsweise AD als Linearkombination von AB und $\boldsymbol{s}$ schreibt:

$$AD = \begin{pmatrix} -3 \\ 6 \\ 0 \end{pmatrix} = 0,75 \cdot AB - 4,5 \cdot \boldsymbol{s} = \begin{pmatrix} 0,75 \cdot 2 \ -4,5 \cdot 1 \\ 0,75 \cdot 2 \ -4,5 \cdot (-1) \\ 0 \end{pmatrix} = \begin{pmatrix} -3 \\ 6 \\ 0 \end{pmatrix}$$

Weil der Faktor $-4,5$ von $\boldsymbol{s}$ negativ ist, ist $\boldsymbol{s}$ nicht ins Innere des Prismas (Bild 1.10) gerichtet sondern zum Betrachter hin.

d) Als *Flächeninhalt* für die „Bodenfläche" der Figur von Bild 1.10, deren Kanten AD und AB sind, ergibt sich

$$|AB \times AD| = \left| \begin{pmatrix} 2 \cdot 0 - 0 \cdot 6 \\ 0 \cdot (-3) - 2 \cdot 0 \\ 2 \cdot 6 - 2 \cdot (-3) \end{pmatrix} \right| = \left| \begin{pmatrix} 0 \\ 0 \\ 18 \end{pmatrix} \right| = 18.$$

e) Da das Prisma gerade halb so groß ist wie der Spat, ist sein *Volumen*

$$V = 0,5 \cdot |(AB \times AD) \cdot AC| = 0,5 \cdot \left| \begin{pmatrix} 0 \\ 0 \\ 18 \end{pmatrix} \cdot \begin{pmatrix} 1 \\ 1 \\ 2 \end{pmatrix} \right| = 0,5 \cdot 36 = 18$$

oder

$$V = 0,5 \cdot |(AB \times AC) \cdot AD| = 0,5 \cdot \left| \begin{pmatrix} 4 \\ -4 \\ 0 \end{pmatrix} \cdot \begin{pmatrix} -3 \\ 6 \\ 0 \end{pmatrix} \right|$$

$$= 0,5| - 12 - 24| = 0,5 \cdot 36 = 18$$

f) Dagegen ergibt sich wie zu erwarten

$$(AB \times AC) \cdot EF = \begin{pmatrix} 4 \\ -4 \\ 0 \end{pmatrix} \cdot \begin{pmatrix} -1 \\ -1 \\ 2 \end{pmatrix} = -4 + 4 = 0,$$

denn die drei Vektoren sind *komplanar.*

g) Entsprechend ist

$$AD \times ET = \begin{pmatrix} -3 \\ 6 \\ 0 \end{pmatrix} \times \begin{pmatrix} 1 \\ -2 \\ 0 \end{pmatrix} = \begin{pmatrix} 6 \cdot 0 - 0 \cdot (-2) \\ 0 \cdot 1 - (-3) \cdot 0 \\ -3 \cdot (-2) - 6 \cdot 1 \end{pmatrix} = \begin{pmatrix} 0 \\ 0 \\ 0 \end{pmatrix}$$

wegen der *Kollinearität* – aber das sieht man fast immer ohne Rechnung. ■

AUFGABEN

1.15 $\boldsymbol{E}_1\colon \boldsymbol{x} = \begin{pmatrix} 1 \\ -2 \\ 1 \end{pmatrix} + r \begin{pmatrix} 2 \\ -1 \\ -1 \end{pmatrix} + s \begin{pmatrix} 1 \\ -1 \\ 0 \end{pmatrix}$ $\boldsymbol{E}_2\colon 2x_1 + 2x_2 + x_3 = 3$

a) Geben Sie die Normalenform (s. Beispiel 1.31) der Ebene $\boldsymbol{E}_1$ an!

b) Berechnen Sie den Schnittwinkel zwischen $\boldsymbol{E}_1$ und $\boldsymbol{E}_2$!

c) Bestimmen Sie eine Gleichung der Schnittgeraden von $\boldsymbol{E}_1$ und $\boldsymbol{E}_2$!

d) Zeigen Sie, die Gerade $g\colon \boldsymbol{x} = \begin{pmatrix} 2 \\ -4 \\ 2 \end{pmatrix} + t \begin{pmatrix} 3 \\ -1 \\ -2 \end{pmatrix}$ liegt in der Ebene $\boldsymbol{E}_1$!

1.16 a) Zeigen Sie, daß die Vektoren AB, AC, AD mit $A(1;0;0)$, $B(1;2;1)$, $C(2;1;3)$ und $D(1;-2;4)$ weder kollinear noch komplanar sind!

b) Berechnen Sie das Volumen des Spats (Bild 1.11), der von den Vektoren AB, AC, AD aufgespannt wird und die Ecken $A(1;0;0)$, $B(1;2;1)$, $C(2;1;3)$ und $D(1;-2;4)$ hat!

c) Bestimmen Sie die Oberfläche A des gleichen Spats!

1.17 a) Stellen Sie die Raumdiagonalen AE und BF des Spats (Bild 1.11) als Linearkombination aus AB, AC und AD dar!

b) Beweisen Sie allgemein für ein Spat, das von $\boldsymbol{a}$, $\boldsymbol{b}$, $\boldsymbol{c}$ aufgespannt wird, daß sich zwei Raumdiagonalen in einem Punkt schneiden!

(Anleitung: Stellen Sie die Gleichungen für die beiden Geraden auf, auf denen die Raumdiagonalen – z. B. AE und BF – liegen, berechnen Sie dann den Schnittpunkt der Geraden!)

1.18 a) Geben Sie je eine Parameter- und eine Koordinatengleichung für die Ebene $\boldsymbol{E}_1$ an, die durch die Punkte $B(1;2;1)$, $C(2;1;3)$ und $D(1;-2;4)$ geht, und für die Gerade g, auf der die Punkte $A(1;0;0)$ und E liegen!

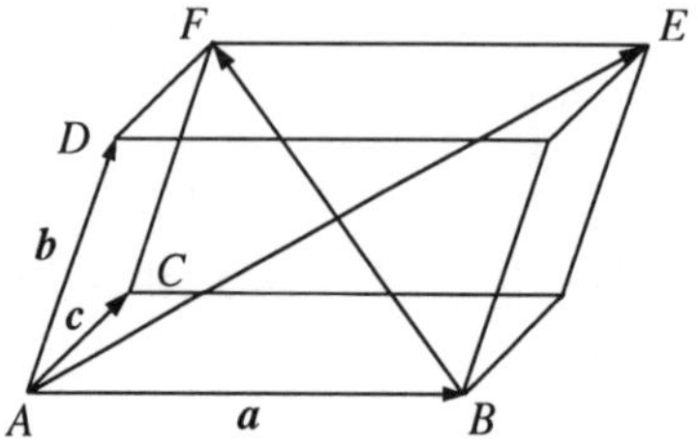

Bild 1.11

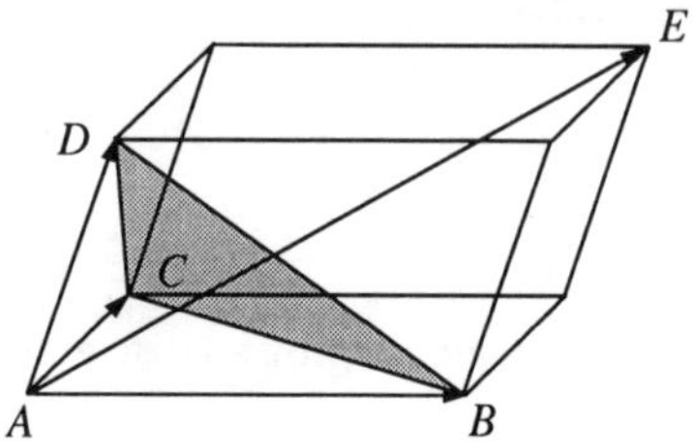

Bild 1.12

Bestimmen Sie außerdem eine Parametergleichung für die Ebene $\boldsymbol{E}_2$ durch A, B und C, auf der der „Boden" des Spats (Bild 1.12) liegt!

b) Wie groß ist der Abstand des Punktes A von der Ebene $\boldsymbol{E}_1$ bzw. von D und $\boldsymbol{E}_2$?

1.19 a) Berechnen Sie die Winkel zwischen je zwei Kanten AB, AC, AD des Spats aus Aufgabe 1.18!

b) Welche Winkel α_B, α_C und α_D schließt die Gerade g mit den Kantenvektoren AB, AC und AD ein und welchen Winkel β mit der Ebene $\boldsymbol{E}_1$?

c) Berechnen Sie den Winkel zwischen den Ebenen $\boldsymbol{E}_1$ und $\boldsymbol{E}_2$ mit Hilfe von Normalenvektoren dieser Ebenen!

1.20 In welchem Punkt schneidet die Gerade g die Ebene $\boldsymbol{E}_1$ (g und $\boldsymbol{E}_1$ aus Aufgabe 1.18)? Geben Sie auch noch eine Gerade g_2 an, die keinen gemeinsamen Punkt mit $\boldsymbol{E}_1$ hat!

1.21 Beweisen Sie: Wenn für die Vektoren $\boldsymbol{a}$, $\boldsymbol{b}$ mit $\boldsymbol{a} \neq \boldsymbol{o}$ und $\boldsymbol{b} \neq \boldsymbol{o}$ gilt $|\boldsymbol{a} + \boldsymbol{b}| = |\boldsymbol{a} - \boldsymbol{b}|$, dann verlaufen sie orthogonal! Skizze!

2 Körper

2.1 Reelle Zahlen und Vektorräume

Bei allen Vektoren, die bisher vorkamen, spielten die reellen Zahlen eine wichtige Rolle: Im $\mathbf{R}^3$, dem Raum unserer Anschauung, sind die Vektoren in Koordinatenschreibweise aus reellen Zahlen „zusammengesetzt“. Genauer ausgedrückt: Alle Vektoren können durch Basisvektoren und reelle Koordinaten beschrieben werden. Bei den grundlegenden Rechenarten der Vektorrechnung wiederholt sich die Sonderrolle der reellen Zahlen, mit ihnen können Vektoren multipliziert werden und es ergeben sich wieder Vektoren.

Untersucht man die Rechengesetze für die beiden charakteristischen Rechenarten – außer der Multiplikation mit reellen Zahlen ist die Addition zweier Vektoren gemeint –, so trifft man bei der Koordinatenschreibweise wieder auf Terme aus reellen Zahlen, mit denen wir rechnen können wie gewohnt. Das bedeutet, daß die Gesetze der reellen Zahlen unmittelbar zu den Rechenregeln für Vektoren führen, und damit eine Grundlage für die Lineare Algebra darstellen.

In diesem Kapitel sollen diese Gesetze, also die wichtigsten algebraischen Eigenschaften der reellen Zahlen herausgestellt und im Begriff des Körpers verallgemeinert werden. Anschließend werden andere Körper beschrieben, die ebenfalls in der linearen Algebra in manchen Abschnitten eine Rolle spielen: das sind neben den Restklassenkörpern hauptsächlich die komplexen Zahlen.

2.2 Definition eines Körpers

2.2.1 Algebraische Axiome der reellen Zahlen

Wenn man sich die vielen verschiedenen Rechengesetze und Formeln vor Augen hält, die die Algebra der reellen Zahlen ausmachen und die immer wieder als Beweismittel in der Vektorrechnung herangezogen werden, so hat man es zunächst mit einer ziemlich unübersichtlichen Menge zu tun.

Betrachten wir zunächst die Rechenarten, mit denen man im allgemeinen arbeitet: Addition, Subtraktion, Multiplikation, Division sowie Potenzieren, Wurzelziehen, usw. Eine Hierarchie innerhalb dieser Operationen wird leicht folgendermaßen sichtbar:

Potenzieren kann als wiederholtes Multiplizieren definiert werden; Subtraktion, Division und Wurzelziehen haben ihre praktische Bedeutung als Umkehroperationen von Addition, Multiplikation und Potenzieren. Die Rechengesetze dieser „abgeleiteten“ Rechenarten ergeben sich daher auch beinahe zwangsläufig aus denen der Addition und Multiplikation. Es wird deutlich, daß diese beiden Verknüpfungen und ihre Gesetze eine grundlegende Funktion besitzen und alle anderen Operationen nachgeordnet sind.

Wie bei den Rechenarten läßt sich auch die zunächst unstrukturiert erscheinende große Anzahl von Formeln und Regeln auf wenige wichtige Gesetze reduzieren, aus denen alle anderen hergeleitet werden können. Diese kleine Menge möglichst einfach formulierter Rechengesetze enthält daher zunächst verdeckt alle strukturellen algebraischen Eigenschaften, die man in den vielfältigen Formeln wiederfindet.

Eine solche minimale „Basis" für die gesamten algebraischen Möglichkeiten, mit reellen Zahlen zu rechnen, bezeichnet man als **Axiome**. Sie bilden das Fundament für alle Regeln und Formeln, für zusätzliche Rechenarten, denn nur die Axiome sind – außer einigen Definitionen – zum Beweisen dieser Regeln nötig. Daher wird oft von der algebraischen Struktur der reellen Zahlen gesprochen, die allein durch die Gültigkeit bestimmter Gesetze gekennzeichnet ist.

Dieser axiomatische Aufbau ist typisch für die Mathematik, nicht nur auf algebraische Strukturen bezogen, sondern beispielsweise auch in der Geometrie, in der Analysis oder Wahrscheinlichkeitsrechnung gibt es dazu viele Beispiele.

Hier folgt nun eine Aufzählung der

Axiome, die die algebraische Struktur der reellen Zahlen charakterisieren.

Für alle $x, y, z \in \mathbf{R}$ gilt:

Ab+, Ab· Abgeschlossenheit:

$$x + y \in \mathbf{R} \qquad x \cdot y \in \mathbf{R}$$

A+, A· Assoziativgesetze:

$$(x + y) + z = x + (y + z) \qquad (x \cdot y) \cdot z = x \cdot (y \cdot z)$$

K+, K· Kommutativgesetze:

$$x + y = y + x \qquad x \cdot y = y \cdot x$$

N+, N· Es existiert je ein neutrales Element, dessen Verknüpfung die andere Zahl nicht verändert:

$$x + 0 = x \qquad x \cdot 1 = x$$

I+, I· Es existieren inverse Elemente, deren Verknüpfung das neutrale Element ergeben:

$$x + (-x) = 0 \qquad x \cdot \frac{1}{x} = 1 \quad \text{für alle } x \neq 0.$$

D Distributivgesetz:

$$x \cdot (y + z) = x \cdot y + x \cdot z \tag{2.1}$$

Bei diesen Axiomen sind *Kommutativ-* und *Assoziativgesetze* reine Rechenregeln; die Assoziativgesetze ersparen bei mehreren Summanden bzw. Faktoren praktischerweise das Benutzen von Klammern.

Die anderen Axiome haben noch weitere, leicht zu erkennende Auswirkungen:

Die *Abgeschlossenheitsgesetze* etwa bedeuten, daß die beiden Rechenarten uneingeschränkt ausgeführt werden können, egal, auf welche reellen Zahlen sie angewendet werden, und daß es immer eine reelle Zahl als Ergebnis gibt. Das ist beispielsweise beim Wurzelziehen aus negativen Zahlen nicht der Fall, d. h., die reellen Zahlen sind bez. des Wurzelziehens nicht abgeschlossen.

Durch die Definition von *neutralen Elementen* – beim Addieren die 0, beim Multiplizieren die 1 – wird schließlich die Einführung von *Inversen* möglich, d. h., anstatt eine neue Rechenoperation einzuführen, die die alte rückgängig macht, wird jeder Zahl ein inverses Element für jede Verknüpfung zugeordnet, so daß das neutrale Element Ergebnis beim Addieren bzw. Multiplizieren des passenden inversen Elements ist. In den Axiomen der neutralen und inversen Elemente steckt also die Beschreibung von Subtraktion und Division. An dieser Stelle wird außerdem deutlich, daß die beiden Verknüpfungen nicht austauschbar sind: bezüglich der Addition hat jede reelle Zahl ein inverses Element, das multiplikative Inverse fehlt jedoch für eine einzige Zahl, die Null, also das additive neutrale Element.

Der Zusammenhang von beiden Rechenoperationen wird schließlich durch das *Distributivgesetz* geregelt; auch hier kommen Addition und Multiplikation nicht symmetrisch vor.

2.2.2 Einfache Folgerungen aus den Axiomen

Ein Rechenbeispiel sollen nun zeigen, wie aus diesen Axiomen Formeln – hier die dritte binomische Formel – hergeleitet werden können. Zuerst beweisen wir zwei einfache Rechnenregeln, mit deren Hilfe anschließend die binomische Formel entwickelt werden kann. Die angegebenen Buchstaben verweisen auf die jeweils benutzten Axiome (2.1):

BEISPIEL

2.1 Beweis der Formel $(a+b)\cdot(a-b) = a^2 - b^2$ für alle $a, b \in \mathbf{R}$:

a) $a \cdot 0 \underset{N+}{=} a \cdot (0+0) \underset{D}{=} a \cdot 0 + a \cdot 0$, Addition von $-(a \cdot 0)$ auf beiden Seiten: $0 \underset{I+,\,N+}{=} a \cdot 0$

b) $a{\cdot}b + (-a){\cdot}b \underset{K\cdot}{=} b{\cdot}a + b(-a) \underset{D}{=} b{\cdot}(a+(-a)) \underset{N+}{=} b{\cdot}0 \underset{a)}{=} 0 \rightarrow (-a){\cdot}b \underset{I+}{=} -(a{\cdot}b)$

c) $(a+b)\cdot(a-b) = (a+b)(a+(-b)) \underset{D}{=} (a+b)\cdot a + (a+b)\cdot(-b)$

$\underset{K\cdot}{=} a\cdot(a+b) + (-b)\cdot(a+b) \underset{D}{=} a\cdot a + a\cdot b + (-b)\cdot a + (-b)\cdot b$

$\underset{K\cdot}{=} a\cdot a + a\cdot b + a\cdot(-b) + (-b)\cdot b \underset{D,\,b)}{=} a\cdot a + a(b+(-b)) + (-(b\cdot b))$

$\underset{I+}{=} a\cdot a + a\cdot 0 + (-(b\cdot b)) \underset{N+,\,a)}{=} a\cdot a + (-b\cdot b) = a^2 - b^2$

■

An diesem Beispiel ist deutlich zu sehen, daß für die Herleitung der Rechenregeln außer den elf Axiomen (und der Definition abkürzender Schreibweisen) keine andere Eigenschaft der reellen Zahlen nötig ist.

Auch Vorzeichenregeln, Bruchrechenregeln, Potenzgesetze sowie das Lösen von linearen Gleichungen lassen sich aus den Körperaxiomen herleiten.

Nur noch wenige Beispiele sollen die Art des Vorgehens illustrieren:

BEISPIELE

2.2 Beweis der Vorzeichenregel $(-a)\cdot(-b) = a\cdot b$:

$$(-a)\cdot(-b) \underset{2.1\,\mathrm{b)}}{=} -a\cdot(-b) \underset{\mathrm{K}\cdot}{=} -(-b)\cdot a \underset{\mathrm{I}+}{=} b\cdot a \underset{\mathrm{K}\cdot}{=} a\cdot b$$ ■

2.3 Beweis der Bruchrechenregel $\frac{1}{a}\cdot\frac{1}{b} = \frac{1}{a\cdot b}$:

$$(a\cdot b)\cdot\left(\frac{1}{a}\cdot\frac{1}{b}\right) \underset{\mathrm{K}\cdot}{=} (b\cdot a)\cdot\left(\frac{1}{a}\cdot\frac{1}{b}\right) \underset{\mathrm{A}\cdot}{=} b\cdot\left(a\cdot\frac{1}{a}\right)\cdot\frac{1}{b} \underset{\mathrm{I}\cdot}{=} b\cdot\frac{1}{b} \underset{\mathrm{I}\cdot}{=} 1, \text{ d. h. } \left(\frac{1}{a}\cdot\frac{1}{b}\right)$$

invers zu $a\cdot b$. ■

2.4 Beweis des Potenzgesetzes $a^n\cdot b^n = (a\cdot b)^n$:

$$a^n\cdot b^n = \underbrace{(a\cdot\ldots\cdot a)\cdot(b\cdot\ldots\cdot b)}_{\text{je } n \text{ Faktoren}} = (a\cdot b)\cdot\ldots\cdot(a\cdot b) = (a\cdot b)^n \text{ mit A}\cdot \text{ und K}\cdot$$ ■

2.5 Die eindeutige Lösbarkeit von linearen Gleichungen $ax + b = c$ mit $a \neq 0$ soll gezeigt werden:

$$\begin{aligned}
ax + b &= c && \text{Addition von } -b\\
ax + b + (-b) &= c - b && \text{mit I+, A+}\\
ax + 0 &= c - b && \text{mit N+}\\
ax &= c - b && \text{Mult. von } 1/a, \text{ da } a \neq 0\\
\frac{1}{a}\cdot ax &= \frac{1}{a}\cdot(c-b) && \text{mit I}\cdot, \text{ A}\cdot\\
1\cdot x &= \frac{1}{a}\cdot(c-b) && \text{mit N}\cdot \text{ und D}\\
x &= \frac{c}{a} - \frac{b}{a}
\end{aligned}$$ ■

2.2.3 Verallgemeinerung: Axiome eines Körpers

Die Beispiele im vorigen Abschnitt haben zunächst erläutern sollen, wie die Vielzahl der Formeln, das Lösen von Gleichungen, die ganze Arithmetik der reellen Zahlen tatsächlich aus der kleinen Menge von elf Axiomen hergeleitet werden kann.
Da diese Rechnungen fast ausschließlich mit Variablen durchgeführt werden, bedeutet dies für die reellen Zahlen, daß es völlig gleichgültig ist, wie sie dargestellt werden, das heißt, ob sie mit arabischen Ziffern im Dezimalsystem, wie wir es gewohnt sind, aufgeschrieben werden, oder ob man stattdessen das binäre System oder gar die römischen Ziffern wählt.
Wir können sogar noch einen Schritt weitergehen und folgendes behaupten: Sollte es noch eine andere Zahlenmenge mit Addition und Multiplikation – vielleicht sogar zwei anderen Operationen – geben, die alle elf oben aufgezählten Axiome erfüllt, so müssen auch alle daraus entwickelten Formeln und Rechenregeln in der anderen Menge ihre Gültigkeit behalten! Denn als einzige Hilfsmittel wurden die Axiome benutzt, jedoch keine andere Eigenschaft der reellen Zahlen. (Daß es solche zusätzlichen charakteristischen Merkmale gibt, zeigt etwa die Anordnungseigenschaft, die die Verwendung von $<$ oder $>$ in einer Rechnung möglich macht und regelt.)

Alle diese Mengen, in denen auf irgendeine Art multipliziert $\circledast$ und addiert $\oplus$ werden kann, und zwar so, daß alle elf Axiome Gültigkeit besitzen, werden wegen ihrer weitgehenden Übereinstimmung im Algebraischen mit dem gleichen Begriff, nämlich als Körper, bezeichnet.

Wir fassen daher zusammen:

Eine Menge K, für deren Elemente zwei Verknüpfungen $\oplus$ und $\circledast$ definiert sind, heißt **Körper**, wenn die folgenden Axiome für alle Elemente $x, y, z \in K$ erfüllt sind:

Abgeschlossenheit für beide Verknüpfungen und alle Elemente von K:

$$x \oplus y \in K \qquad x \circledast y \in K$$

Assoziativgesetze und Kommutativgesetze für beide Verknüpfungen und alle Elemente von K, Distributivgesetz für alle Elemente von K:

$$(x \oplus y) \oplus z = x \oplus (y \oplus z) \qquad (x \circledast y) \circledast z = x \circledast (y \circledast z)$$

$$x \oplus y = y \oplus x \qquad x \circledast y = y \circledast x$$

$$x \circledast (y \oplus z) = (x \circledast y) \oplus (x \circledast z)$$

Existenz je eines neutralen Elements für beide Verknüpfungen:

$$x \oplus 0 - x \qquad x \circledast 1 = x$$

Existenz je eines Inversen zu jedem Element von K für beide Verknüpfungen:

$$x \oplus (-x) = 0 \qquad x \circledast x^{-1} = 1 \text{ für alle } x \neq 0,\ x \in K$$

(Ausnahme: Ein multiplikatives Inverses zum additiven neutralen Element gibt es nicht!) (2.2)

Ein Körper ist also nicht dadurch bestimmt, wie die einzelnen Elemente aussehen oder geschrieben werden, sondern nur durch die Art und Weise, wie das Rechnen mit ihnen funktioniert. Wegen dieser Gemeinsamkeit haben alle Mengen, die die Körperaxiome erfüllen, die gleiche **algebraische Struktur**.

Wie andere Körper tatsächlich „aussehen" können und wie sie sich trotzdem unterscheiden, wird im nächsten Abschnitt gezeigt.

AUFGABEN

2.1 Erläutern Sie mit Gegenbeispielen, daß für das Potenzieren weder das Assoziativ- noch das Kommutativgesetz gilt!

2.2 Neben der Addition für Vektoren gibt es zwei Möglichkeiten, zwei Vektoren zu multiplizieren: man kann das Skalarprodukt und das Vektorprodukt bilden (vgl. Abschn. 1.3). Trotzdem bilden die Vektoren keinen Körper. Gegen welche Körperaxiome wird verstoßen, welche sind gültig?
Finden Sie Gegenbeispiele bzw. Begründungen für beide Produkte heraus!

2.3 Zeigen Sie: Aus den Körperaxiomen folgt, daß $a \circledast b = 0$ genau dann gilt, wenn $a = 0$ oder $b = 0$ ist!
(Diese Eigenschaft wird in der Fachsprache so beschrieben: Ein Körper besitzt keine **Nullteiler**.)

2.4 Leiten Sie die folgenden Formeln für reelle Zahlen ausschließlich aus den Körperaxiomen her:

a) die Additionsregel für Brüche: $\frac{a}{b} + \frac{c}{d} = \frac{ad + bc}{bd}$

b) das Potenzgesetz: $(a^m)^n = a^{m \cdot n}$

c) die Formel $(a + b)^3 = a^3 + 3a^2b + 3ab^2 + b^3$

2.3 Körper mit den Rechenoperationen der reellen Zahlen

2.3.1 Untersuchung der bekannten Zahlbereiche N, Z, Q

Sucht man andere Beispiele für Körper, so kann man zunächst fragen, ob nicht auch Teilmengen von **R**, die weniger Elemente als die reellen Zahlen enthalten, den Körperaxiomen genügen. Daher betrachen wir zuerst die bekannten Zahlenmengen **N**, **Z** und **Q** mit der „normalen" Addition und Multiplikation. Man stellt schnell fest, daß es sich bei **N** – es gibt nicht einmal additive inverse Elemente (negative Zahlen) – und bei **Z** – hier fehlen offenbar Inverse bezüglich der Multiplikation (Brüche) – *nicht um Körper* handeln kann.

Bei den rationalen Zahlen muß man genauer hinsehen: Weil sowohl Brüche wie auch negative Zahlen zu **Q** gehören, sind zu jeder rationalen Zahl – außer zu Null – inverse Elemente bezüglich beider Verknüpfungen vorhanden, ebenso wie beide neutralen Elemente 0 und 1. Die Rechenregeln unter den Axiomen wie Assoziativ- und Kommutativgesetze und das Distributivgesetz gelten allein deshalb, weil **Q** Teilmenge der reellen Zahlen ist. Zur Überprüfung der Abgeschlossenheit müssen wir uns nur an die Bruchrechnung erinnern: Addition und Multiplikation zweier Brüche ergeben immer wieder Brüche – ohne Einschränkung.

Damit haben wir in der *Menge der rationalen Zahlen* einen weiteren *Körper* gefunden.

Noch eine kurze Bemerkung zu der Bedeutung der reellen gegenüber den rationalen Zahlen: Algebraisch unterscheiden sich beide Zahlbereiche nicht, denn es handelt sich in beiden Fällen um Körper. Der Unterschied liegt eher im geometrischen Bereich, wenn man etwa feststellt, daß jedem Punkt einer Geraden eine reelle, aber nicht unbedingt eine rationale Zahl zugeordnet werden kann, oder in der Topologie, wenn man berücksichtigt, daß konvergente Folgen in **R** immer einen Grenzwert besitzen, in **Q** jedoch nicht in jedem Fall. Zur Untersuchung dieser Eigenschaften müßten weitere Begriffe wie „Betrag" oder „Distanz" und eine Ordnungsrelation axiomatisch beschrieben werden. Erst dann kann durch die Verschiedenheit der Zahlbereiche die Bedeutung von beiden Mengen erfaßt werden. Das soll hier aber nicht geschehen.

Zusammengefaßt bedeutet das:

R und **Q** sind Körper, **Z** und **N** sind keine Körper.

2.3.2 Körper „zwischen“ Q und R

Wie die Überlegungen oben zeigen, fehlen in **Z** und erst recht in **N** fast alle inversen Elemente, daher sind **Z** und **N** keine Körper. Solange wir die üblichen Rechenarten benutzen, hat deshalb die Suche nach weiteren Körpern bei Teilmengen von **Q** keine Aussicht auf Erfolg.

Wir wenden uns deshalb den Mengen mit mehr Elementen als **Q** und weniger Elementen als **R** zu, indem wir zuerst eine einzige irrationale Zahl zu **Q** hinzufügen, hier soll es $\sqrt{2}$ sein. Beim Durchsehen der Axiome nehmen wir jeweils soviele weitere irrationale Zahlen dazu, wie es unbedingt nötig ist, damit das Gesetz auch erfüllt wird:

Die reinen Rechenregeln, Assoziativ- und Kommutativgesetze sowie das Distributivgesetz gelten von vornherein, da wir eine Teilmenge von **R** untersuchen.

Auch bei den neutralen Elementen müssen wir, da sich ja die Rechenarten nicht geändert haben, auf 0 und 1 zurückgreifen, das heißt, auf Zahlen, die schon in **Q** vorhanden sind.

Aus der Abgeschlossenheit ergibt sich nun leicht, welche Elemente der neue Körper noch haben muß: alle Summen und Produkte, die $\sqrt{2}$ enthalten. Weil aber $\sqrt{2} \cdot \sqrt{2} = 2$ gilt, kommen als Produkte nur Zahlen der Form $a\sqrt{2}$ hinzu. Die möglichen Summen sehen dann so aus: $a \cdot \sqrt{2} + b$.

Unsere Menge hat nun folgende Gestalt: $\{a \cdot \sqrt{2} + b \,|\, a \in \mathbf{Q}, b \in \mathbf{Q}\}$. Sie wird abgekürzt mit $\mathbf{Q}(\sqrt{2})$ bezeichnet.

Die additiven Inversen entstehen nur durch Vorzeichenänderung von a und b, sie liegen daher mit Sicherheit in der Menge. Wenn auch alle multiplikativen Inversen darin enthalten sind, haben wir tatsächlich einen Erweiterungskörper von **Q** gefunden. Die folgende Rechnung beweist es:

$(a\sqrt{2} + b) \cdot (c\sqrt{2} + d) = 1$ muß gelten, wenn $c\sqrt{2} + d$ invers zu $a\sqrt{2} + b$ ist.
Es folgt $2ac + bc\sqrt{2} + ad\sqrt{2} + bd = 1$ nach Ausmultiplizieren.
Da $a, b, c, d \in \mathbf{Q}$, ergeben sich daraus zwei Gleichungen für c und d:
$2ac + bd = 1$ und $bc + ad = 0$. Aus der zweiten erhält man $c = -\dfrac{ad}{b}$.
Wird dieser Term in die erste Gleichung eingesetzt, ergibt sich
$-\dfrac{2a^2 d}{b} + bd = 1$ oder $\left(-\dfrac{2a^2}{b} + b\right) d = 1$, dann für d und für c:
$d = \dfrac{b}{b^2 - 2a^2}$ $\quad c = \dfrac{-a}{b^2 - 2a^2}$. Diese Zahlen gibt es für alle $a, b \in \mathbf{Q}\backslash\{0\}$, denn der Nenner ist Null nur für $a = b = 0$ (für die Zahl 0 gibt es nie multiplikative Inverse) oder falls $b^2 = 2a^2$, eine Gleichung, die in **Q** unlösbar ist.

> Wir haben also mit $\mathbf{Q}(\sqrt{2})$ einen Körper gefunden, der die rationalen Zahlen erweitert und „zwischen“ **Q** und **R** liegt.

Ähnliche Erweiterungskörper kann man mit anderen Wurzeln bzw. algebraischen Zahlen konstruieren, die Lösungen x einer Gleichung der Form $x^n = a$ sind, wobei a eine positive rationale Zahl sein muß.

AUFGABEN

2.5 Zeigen Sie:
$K_1 = \{x \mid x = a + b \cdot \sqrt{5},\ a, b \in \mathbf{Q}\} = \mathbf{Q}(\sqrt{5})$ ist ein Körper,
$K_2 = \{x \mid x = a + b \cdot \sqrt[3]{2},\ a, b \in \mathbf{Q}\}$ ist kein Körper!

2.6 In welchen der Körper $\mathbf{Q}$, $\mathbf{Q}(\sqrt{2})$, $\mathbf{Q}(\sqrt{5})$ sind die Gleichungen
a) $2x^2 - 90 = 0$
b) $x^2 - 2x - 3 = 0$
c) $x^2 + 6x + 1 = 0$
lösbar? Geben Sie die Lösungen an!

2.4 Die komplexen Zahlen als Körpererweiterung von R

2.4.1 Einige Bemerkungen zur Verwendung komplexer Zahlen

Ein Körper, der auch bei praktischen Anwendungen häufig gebraucht wird, ist der die reellen Zahlen als Teilmenge enthaltende Körper der komplexen Zahlen.

Ein wichtiger Grund für die Erweiterung der reellen Zahlen liegt in ihrer *Unabgeschlossenheit bezüglich des Potenzierens*: Wurzeln, d. h. Potenzen mit gebrochenen Exponenten, sind im Körper der reellen Zahlen für negative Zahlen nicht definiert, oder anders ausgedrückt: Gleichungen der Form $x^n = a$ sind häufig unlösbar. Die komplexen Zahlen dagegen sind so aufgebaut, daß all diese Gleichungen lösbar sind – zwar nicht eindeutig, aber durch jeweils genau n verschiedene komplexe Zahlen.

Fragt man nun, weshalb der Gebrauch der komplexen Zahlen nicht die reellen Zahlen völlig verdrängt hat, so ist das leicht zu beantworten mit der viel komplizierteren Darstellung komplexer Zahlen.

Wie schon angedeutet besteht ein Vorteil der reellen Zahlen gegenüber den rationalen in geometrischen bzw. topologischen Argumenten: nämlich der Möglichkeit, jedem Punkt der Zahlengeraden genau eine reelle Zahl umkehrbar eindeutig zuordnen zu können (Isomorphie), während bei den rationalen „Lücken" bleiben. Für die neuen Zahlen, die zu den reellen hinzukommen müssen, damit die komplexen entstehen, bleibt daher kein Platz mehr auf einer Geraden. Für eine anschauliche, d. h. zeichnerische Darstellung muß schon bei einzelnen komplexen Zahlen die Ebene zu Hilfe genommen werden („Gaußsche Zahlenebene"), manchmal wird stattdessen auch die Oberfläche einer Kugel benutzt. Entsprechend kommen bei der Schreibweise einer komplexen Zahl immer zwei Teile als Summanden oder Faktoren vor, so daß die Rechnungen schwerfälliger, komplizierter als im reellen geraten.

Im folgenden Abschnitt werden die Körpereigenschaften nicht aufgezählt und anschließend vollständig bewiesen, das geschieht nur an Beispielen. Häufig erscheint eine neue mathematische Definition als willkürlich und von außen herangetragen, deshalb soll hier die Konstruktion eines neuen mathematischen Gegenstands im Vordergrund stehen; aus ungelösten Fragen und aus der Einbindung in bereits bekannte Strukturen wird das neue mathematische Objekt entwickelt.

2.4.2 Körpereigenschaften von C

Wie man vorgehen kann, um die reellen Zahlen zu komplexen zu erweitern, hat eigentlich schon das Beispiel $\mathbf{Q}(\sqrt{2})$ im vorigen Abschnitt gezeigt. Der Körper **R** wird zunächst durch eine einzige Zahl ergänzt, nämlich durch die Lösung einer der einfachsten, im Reellen unlösbaren Gleichung: $x^2 = -1$. Diese Zahl nennt man meistens i (In der Technik wird manchmal auch j geschrieben). Zusammen mit den Summen und Produkten, die i enthalten, entsteht daraus die

Menge der komplexen Zahlen

$$\mathbf{C} = \{z \mid z = a + \mathrm{i}b,\ a, b \in \mathbf{R} \text{ und } \mathrm{i}^2 = -1\} \tag{2.3}$$

Wegen $\mathrm{i}^2 = -1$ kommen nur Produkte der Form ib mit $b \in \mathbf{R}$ neu hinzu, außerdem natürlich alle Summen aus diesen Produkten und reellen Zahlen.

Da **C** keine Teilmenge eines bereits bekannten Körpers ist, können in diesem Fall die Körperaxiome nicht einfach übernommen werden wie bei $\mathbf{Q}(\sqrt{2})$. Trotzdem möchte man schon aus praktischen Gründen weiterrechnen wie gewohnt. Deshalb überträgt man die Addition und die Multiplikation der reellen Zahlen auf den neuen Zahlbereich, indem man mit i wie mit einer Variablen in **R** rechnet – das führt nach den Körperaxiomen D, A+ und A·, K+ und K· zur folgenden Festlegung der Rechenarten:

$$\begin{aligned} z_1 + z_2 &= (a_1 + \mathrm{i}b_1) + (a_2 + \mathrm{i}b_2) = (a_1 + a_2) + \mathrm{i}(b_1 + b_2) \text{ und} \\ z_1 \cdot z_2 &= (a_1 + \mathrm{i}b_1) \cdot (a_2 + \mathrm{i}b_2) \\ &= a_1 \cdot a_2 + a_1 \cdot \mathrm{i}b_2 + \mathrm{i}b_1 \cdot a_2 + \mathrm{i}^2 \cdot b_1 \cdot b_2 \\ &= (a_1a_2 - b_1b_2) + \mathrm{i}(a_1b_2 + a_2b_1) \end{aligned} \tag{2.4}$$

Man sieht sofort, daß sich die gewohnten Rechenoperationen ergeben, falls $b_1 = b_2 - 0$, also falls beide Zahlen reell sind.

Nun bleibt zu zeigen, daß tatsächlich alle *Körperaxiome* erfüllt sind:

Bei der Abgeschlossenheit ist es einfach: sie ist schon formal durch die Definition vorgegeben, denn es entstehen beim Addieren wie beim Multiplizieren wieder komplexe Zahlen – egal, wie a_1, a_2, b_1 und b_2 gewählt wurden.

Auch beide Kommutativgesetze – wir wissen um ihre Gültigkeit in **R** – sind mit wenig Mühe nach Vertauschen von a_1 und a_2, b_1 und b_2 aus der Definition ablesbar.

Die neutralen Elemente 0 und 1 müssen aus **R** übernommen werden, denn die reellen Zahlen kommen ja auch in **C** vor.

Während das additive inverse Element von $z = a + ib$ als $-z = -a - ib$ mit der gewohnten Rechnung bestimmt werden kann, muß das multiplikative etwas umständlicher berechnet werden: Hat die gesuchte Zahl die Form $x + iy$, so muß bei dem Produkt mit z das Ergebnis 1 sein, also $ax - by = 1$ und $ay + bx = 0$ gelten. Löst man dieses lineare Gleichungssystem nach x und y auf, so erhält man für alle $a^2 + b^2 \neq 0$ eine eindeutige Lösung: $x = \dfrac{a}{a^2 + b^2}$ und $y = \dfrac{-b}{a^2 + b^2}$; das bedeutet aber genau, daß alle komplexen Zahlen außer der Null ein multiplikatives inverses Element besitzen. Und dies ist genau das Körperaxiom!

Es fehlen nun noch die Beweise für beide Assoziativgesetze und für das Distributivgesetz. Da alle drei Beweise in sehr ähnlicher Form die Körperaxiome der reellen Zahlen verwenden, soll ein einziger ausführlicher Beweis hier genügen:

BEISPIEL

2.6 Beweis des Distributivgesetzes:

$$\begin{aligned}
z_1 \cdot (z_2 + z_3) &= (a + ib) \cdot ((c + id) + (e + if)) \\
&= (a + ib) \cdot (c + id + e + if) \\
&\quad \text{Assoziativgesetz } (+) \quad \text{in } \mathbf{R} \\
&= ac + a\,id + ae + a\,if + ibc + ib\,id + ibe + ib\,if \\
&\quad \text{Distributivgesetz} \quad \text{in } \mathbf{R} \\
&= ac + i^2 bd + iad + ibc + ae + i^2 bf + iaf + ibe \\
&\quad \text{Kommutativgesetz } (+,\cdot),\ \text{Assoziativgesetz } (+,\cdot) \quad \text{in } \mathbf{R} \\
&= ac - bd + i(ad + bc) + ae - bf + i(af + be) \\
&\quad i^2 = -1,\ \text{Distributivgesetz} \quad \text{in } \mathbf{R} \\
&= (a + ib) \cdot (c + id) + (a + ib) \cdot (e + if) = z_1 z_2 + z_1 z_3 \\
&\quad \text{Definition der Multiplikation in } \mathbf{C}
\end{aligned}$$

■

Nun können wir in einem wichtigen Satz zusammenfassen:

> Die Menge der komplexen Zahlen (2.3) bildet mit der in (2.4) definierten Addition und Multiplikation einen Körper.

Obwohl sich die Rechnungen nur wenig von den entsprechenden Termumformungen bei reellen Zahlen unterscheiden, ist es nicht ganz einfach, beispielsweise einen Quotienten zweier komplexer Zahlen in die Form $a + ib$, die sogenannte Normalform zu bringen.

Deshalb folgen einige Beispiele zu den „Grundrechenarten“:

BEISPIEL

2.7 Mit $z_1 = 3 - 2\,i$, $z_2 = -1 + i$ und $z_3 = -4\,i$ sollen folgende Terme berechnet werden: a) $3z_1 - 2z_2 + z_3$ b) $2z_1 \cdot z_2$ c) $\dfrac{z_3}{z_1}$!

Lösung:

a) $3z_1 - 2z_2 + z_3 = 3(3-2\,i) - 2(-1+i) + (-4\,i) = 9 - 6\,i + 2 - 2\,i - 4\,i = 11 - 12\,i$

b) $2z_1 \cdot z_2 = 2(3-2\,i)\cdot(-1+i) = 2\cdot(-3-2\,i^2+3\,i+2\,i) = 2(-1+5\,i) = -2+10\,i$

c) $\dfrac{z_3}{z_1} = \dfrac{-4\,i}{3-2\,i} = \dfrac{-4\,i\cdot(3+2\,i)}{(3-2\,i)(3+2\,i)} = \dfrac{-8\,i^2 - 12\,i}{9 - 4\,i^2} = \dfrac{8 - 12\,i}{13} = \dfrac{8}{13} - \dfrac{12}{13}\,i$ ■

Indem man mit einer geeigneten Zahl erweitert, gelingt es immer, den Nenner zu einer reellen Zahl zu machen und damit auch, den Quotienten in Normalform anzugeben. Ausführliche Erläuterungen der Rechenmethoden sollen an dieser Stelle nicht gegeben werden (vgl. [1]).

Noch eine Bemerkung zum Vergleich der beiden Erweiterungskörper $\mathbf{Q}(\sqrt{2})$ und $\mathbf{C}$: Manchmal wird gefragt, weshalb die „Formel" $\mathrm{i} = \sqrt{-1}$ nicht benutzt wird. Hier ist ein einfaches Beispiel, wobei ihre Verwendung zu einem offenbar falschen Ergebnis führt:

Normalerweise rechnet man $\frac{1}{\mathrm{i}}$ so aus: $\frac{1}{\mathrm{i}} = \frac{1\cdot(-\mathrm{i})}{\mathrm{i}\cdot(-\mathrm{i})} = \frac{-\mathrm{i}}{1} = -\mathrm{i}$.

Aber mit der „Formel" $\frac{1}{\mathrm{i}} = \frac{1}{\sqrt{-1}} = \sqrt{\frac{1}{-1}} = \sqrt{-1} = \mathrm{i}$, was offensichtlich falsch ist!

2.4.3 Algebraische Struktur der Einheitswurzeln

Das folgende Beispiel in diesem Abschnitt stellt eine Brücke dar zwischen dem Körper der komplexen Zahlen und den Restklassenkörpern: es soll daran deutlich werden, durch welche mathematischen Auffälligkeiten die Untersuchung einer endlichen Menge auf ihre algebraischen Strukturen hin motiviert sein kann. Gleichzeitig läßt das Beispiel erkennen, wie sich für dieselbe Struktur gleich drei Interpretationen anbieten, wenn man sie von verschiedenen Blickwinkeln aus betrachtet. Außerdem macht unser ausgewählter Gegenstand Zusammenhänge sichtbar zwischen komplexen Zahlen und Restklassen, die sonst mehr oder weniger zufällig als Beispiele für Körper nebeneinander aufgezählt sind.

Wir kommen auf das Hauptproblem zurück, das zur Verwendung komplexer Zahlen führte, nämlich die Unlösbarkeit vieler Gleichungen mit reellen Zahlen. Hier sollen die Lösungen der einfachen, übersichtlichen Gleichung $x^5 = 1$ als Beispiel dienen. Außer der reellen Zahl $x_1 = 1$ erfüllen vier komplexe Zahlen (näherungsweise auf 3 Dezimalstellen angegeben) die Gleichung:

$$x_2 = 0,309 + 0,951\,\mathrm{i}, \quad x_3 = -0,809 + 0,588\,\mathrm{i}, \quad x_4 = -0,809 - 0,588\,\mathrm{i},$$
$$x_5 = 0,309 - 0,951\,\mathrm{i}$$

Diese ziemlich unübersichtlichen Zahlen, die sogenannten **„fünften Einheitswurzeln"**, reizen zunächst dazu zu überprüfen, ob es sich tatsächlich um Lösungen der Gleichung $x^5 = 1$ handelt. Geht man dabei schrittweise mit elementaren Mitteln vor, so zeigen sich unerwartete Ergebnisse:

$$\begin{aligned} x_2^2 &= (0,309 + 0,951\,\mathrm{i})^2 = 0,309^2 + 2\cdot 0,309\cdot 0,951\,\mathrm{i} - 0,951^2 \\ &= -0,809 + 0,588\,\mathrm{i} = x_3, \\ x_2^4 &= x_3^2 = 0,309 - 0,951\,\mathrm{i} = x_5, \quad x_2^5 = x_2^4\cdot x_2 = x_5\cdot x_2 = 1 = x_1. \end{aligned}$$

Neben dem nicht sehr überraschenden Resultat, daß nämlich x_2 die Ausgangsgleichung erfüllt, erstaunt es beim Rechnen, daß sämtliche Zwischenergebnisse ebenfalls Lösungen der gewählten Gleichung sind! Die Vermutung drängt sich geradezu auf, daß alle Multiplikationen innerhalb der fünf Einheitswurzeln wieder Einheitswurzeln ergeben. Andere Aufteilungen der Potenzen in Faktoren sowie einige weitere Rechnungen bestätigen die Vermutung: Die Menge der fünf Lösungen von $x^5 = 1$ ist abgeschlossen bezüglich der Multiplikation. Zur besseren Übersicht ist hier eine Verknüpfungstabelle aufgeschrieben:

$*$	x_1	x_2	x_3	x_4	x_5
x_1	x_1	x_2	x_3	x_4	x_5
x_2	x_2	x_3	x_4	x_5	x_1
x_3	x_3	x_4	x_5	x_1	x_2
x_4	x_4	x_5	x_1	x_2	x_3
x_5	x_5	x_1	x_2	x_3	x_4

Durch diese Tabelle kann man weitere Eigenschaften der fünf Zahlen mit einem Blick erkennen: Zu jeder Lösung gibt es eine „inverse" Lösung, die beide miteinander multipliziert 1 ergeben. Neutralität von 1 genauso wie Assoziativität und Kommutativität der Multiplikation übertragen sich ja wegen ihrer Gültigkeit für alle komplexen Zahlen. Dadurch sind für eine Operation alle Körperaxiome innerhalb der Menge der fünf Einheitswurzeln erfüllt. Eine solche algebraische Struktur heißt **Gruppe** (dazu mehr im Kapitel 7).

Eine anschauliche Bedeutung erhalten diese fünf Zahlen zusammen mit ihrer Struktur, wenn man sie in der Gaußschen Zahlenebene als Pfeile grafisch darstellt:

Die Zahlen x_1 bis x_5 bilden ein *regelmäßiges Fünfeck* (Bild 2.1), oder anders ausgedrückt: zwei benachbarte Pfeile schließen immer den gleichen Winkel ein: $360°/5 = 72°$, und alle Pfeile sind gleichlang: $\sqrt[5]{1} = 1$.

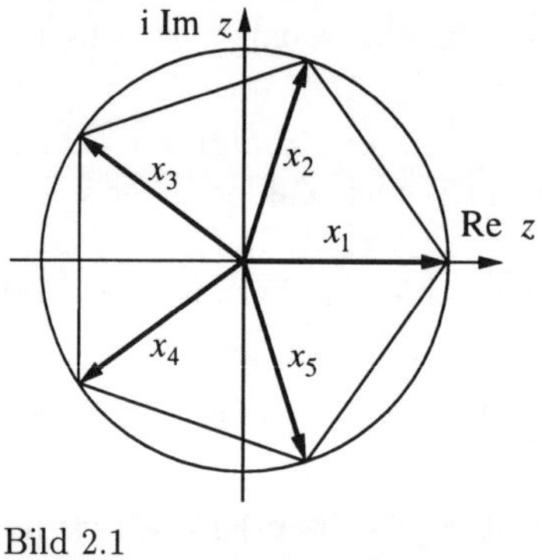

Bild 2.1

Vergleicht man dieses Fünfeck (Bild 2.1) mit einer Uhr, die nur fünf Zeigerstellungen zuläßt, so bekommt die Verknüpfungstafel eine ganz neue Bedeutung: Wenn wir x_1 bis x_5 als „Zeigerdrehung um 0°, 72°, 144°, 216° und 288°" und die Operation $*$ als „*Hintereinanderausführen von zwei Zeigerdrehungen*" interpretieren, auch dann behält die Tabelle vollständig ihre Gültigkeit!

Der Zusammenhang zwischen den fünf komplexen Zahlen und dem Fünfeck (Bild 2.1) wird verständlicher, wenn man den üblichen Rechenweg betrachtet, der zur Bestimmung der Lösungen einer Gleichung wie $x^n = a$, hier $x^5 = 1$, gegangen wird:

Zunächst wird die Zahl $a = 1$, die im allgemeinen ja komplex ist, in der Exponentialform (vgl. [1]) geschrieben: $a = r\,\mathrm{e}^{\mathrm{i}\varphi}$, hier $1 = 1\,\mathrm{e}^{\mathrm{i}\cdot 0°}$.

Der Winkel φ ist jedoch nicht eindeutig, denn $\mathrm{e}^{\mathrm{i}\cdot 0°} = \mathrm{e}^{\mathrm{i}\cdot 360°} = \mathrm{e}^{\mathrm{i}\cdot 720°} = \ldots$ usw. Das leuchtet sofort ein, wenn man die trigonometrische Schreibweise einer komplexen Zahl mit der Exponentialform vergleicht und die Periodizität von Sinus und Kosinus berücksichtigt:

$$r \cdot e^{i \cdot \varphi} = r \cdot (\cos\varphi + i \cdot \sin\varphi) = r \cdot (\cos(\varphi + 360°) + i \cdot \sin(\varphi + 360°))$$

Potenziert man nun die Zahl in der Exponentialform mit $1/n = 1/5$ – es sollen ja Lösungen von $x^5 = 1$ gefunden werden –, so führen die fünf ersten Winkel, die im Exponenten von $a = 1$ keinen Unterschied bewirken, gerade zu den fünf Winkeln, die im Fünfeck vorkommen, nämlich zu $0°/5 = 0°$, $360°/5 = 72°$, $720°/5 = 144°, \ldots$ usw. Die Länge des Pfeils bzw. der Betrag der fünf Lösungszahlen entsteht ebenso durch Potenzieren mit $1/5$, das bedeutet, alle fünf Werte haben den gleichen Betrag: $\sqrt[5]{1} = 1$.

Da außerdem eine Multiplikation von zwei Potenzen mit gleicher Basis zu einer Addition der Exponenten wird, ist der Schritt zu einer dritten Bedeutung unserer fünfelementigen Gruppe schon fast vollzogen: Außer dem Namen der Rechenoperation ändern wir die Bezeichnungen der fünf Zahlen noch einmal um und schreiben jetzt statt x_1 bis x_5 $0, 1, 2, 3$ und 4, also die Faktoren, mit denen der Winkel 360° multipliziert wurde bevor wir durch 5 geteilt haben. Wie die Tabelle nun aussieht, ist hier aufgeschrieben. Sie unterscheidet sich nicht mehr von der Verknüpfungstafel für die Addition von Restklassen modulo 5!

+	0	1	2	3	4
0	0	1	2	3	4
1	1	2	3	4	0
2	2	3	4	0	1
3	3	4	0	1	2
4	4	0	1	2	3

Daß es sich bei dieser Restklasse sogar um einen Körper handelt, untersuchen wir im folgenden Abschnitt.

AUFGABEN

2.7 Berechnen Sie die folgenden komplexen Zahlen:

$$(-4 + 3i)(2,5 - 5i) - 2,5i \qquad \frac{6i}{-3 + 4i} \qquad (5 + 2i)^3$$

2.8 Bestimmen Sie die Lösungen der Gleichung $x^2 + 6x + 13 = 0$!

2.9 Zeigen Sie die Gültigkeit des Assoziativgesetzes bez. der Multiplikation komplexer Zahlen!

2.10 Bestimmen Sie die Lösungen von $x^3 = 1$ (dritte Einheitswurzeln) in der Normalform $z = a + ib$!

2.11 $x = 0,6235 + 0,7818i$ ist eine Lösung von $x^n = 1$. Bestimmen Sie n!

2.5 Restklassen als Beispiele für endliche Körper

2.5.1 Beispiele und Gegenbeispiele für Körpereigenschaften bei Restklassen

Es gibt noch weitere übersichtliche Körper, solche, die nur aus wenigen Zahlen bestehen: Mindestens zwei müssen es sein, nämlich die beiden neutralen Elemente 0 und 1.
Bevor die Gültigkeit der Körperaxiome überprüft werden kann, müssen bei endlich vielen Elementen die beiden Verknüpfungen in Form zweier Verknüpfungstafeln definiert werden.
Sehen wir uns zuerst den kleinsten **endlichen Körper** $\{0;1\}$ genauer an:

BEISPIEL

2.8 Wie muß gerechnet werden, damit $\{0;1\}$ ein Körper ist?

Lösung: Für die Rechenoperationen gibt es nicht viel Auswahl: $0+0=0$, $1+0=0+1=1$ und $0\cdot 0=0\cdot 1=1\cdot 0=0$, $1\cdot 1=1$ sind bereits feststehende Ergebnisse wegen der Eigenschaft von 1 und 0 als neutrale Elemente. Für die letzte noch fehlende Rechnung $1+1=0$ gibt es auch keine andere Möglicheit, denn sonst hätte 1 kein additives Inverses.
Aus diesen Festlegungen sind die meisten Axiome – Abgeschlossenheit, Kommutativität, neutrale und inverse Elemente – unmittelbar ablesbar. Die übrigen Regeln müssen jedoch für alle Fälle einzeln überprüft werden; z. B. das additive Assoziativgesetz:

$$(1+1)+1=1+(1+1), \quad (0+0)+0=0+(0+0) \quad \text{und}$$
$$(0+1)+0=0+(1+0), \quad (1+0)+1=1+(0+1)$$

wegen **K**+,

$$(0+1)+1=1+1=0+(1+1) \quad \text{und} \quad (1+1)+0=1+1=1+(1+0),$$
$$(1+0)+0=1+0=1+(0+0) \quad \text{und} \quad (0+0)+1=0+1=0+(0+1)$$

wegen **N** + .

Ebenso können die anderen Axiome bewiesen werden. ■

Besonders deutlich kann man bei der Definition der beiden Rechenoperationen für den zweielementigen Körper erkennen, daß man zwar die Rechenarten und die beiden Elemente umbenennen könnte, aber andere Ergebnisse bei den Rechnungen führen immer zu einem Widerspruch zu den Körperaxiomen, so wie die Festlegung $1+1=1$ das Fehlen des Inversen bedeutet hätte. Man kann daher behaupten: Es gibt nur einen zweielementigen Körper.
Wählt man für andere endliche Körper wie beim vorigen Beispiel die ersten n natürlichen Zahlen als Bezeichnung der n Elemente, so trifft man zwangsläufig auf einen Ausdruck, der sehr ungewohnt erscheint: Die Summe von einer bestimmten Zahl von Einsen muß Null ergeben, so wie $1+1=0$ ist in $\{0;1\}$, denn sonst fehlt wie oben ein additives Inverses.
Wegen dieser Eigenschaft ist es naheliegend, **Restklassen modulo** $\boldsymbol{n}$, kurz mit $\mathbf{Z}_n$ bezeichnet, auf ihre Körpereigenschaften hin zu überprüfen. Sie werden häufig

durch einen Vertreter, nämlich die Zahlen $0, 1, \ldots, n-1$ dargestellt, das Rechnen mit Restklassen ist auch nicht völlig anders als das gewohnte Addieren und Multiplizieren, es müssen nur solche Ergebnisse, die größer als $n-1$ sind, „zurückgerechnet" werden: so ergibt $3 \cdot 4 = 12 \equiv 2 \bmod 5$ oder $4 + 2 = 6 \equiv 1 \bmod 5$. Dabei erhält man die gesuchte Zahl, wie auch die Bezeichnung „Restklasse" nahelegt, als Rest beim Dividieren durch n, hier von 5, oder durch genügend häufige Addition oder Subtraktion von n.

Um die Ergebnisse der Restklassenaddition und -multiplikation besser übersehen zu können, benutzt man **Verknüpfungstafeln**, die alle Ergebnisse der Addition und Multiplikation enthalten. Sie sind hier für zwei Beispiele aufgeschrieben, für die Restklassen modulo 5 und modulo 4, also $\mathbf{Z}_5$ und $\mathbf{Z}_4$.

BEISPIEL

2.9 Verknüpfungstafeln für $\mathbf{Z}_5$:

+	0	1	2	3	4
0	0	1	2	3	4
1	1	2	3	4	0
2	2	3	4	0	1
3	3	4	0	1	2
4	4	0	1	2	3

·	0	1	2	3	4
0	0	0	0	0	0
1	0	1	2	3	4
2	0	2	4	1	3
3	0	3	1	4	2
4	0	4	3	2	1

■

Bei dieser Darstellung kann man viele Axiome mit einem Blick überprüfen: Die Abgeschlossenheit wird aus dem Fehlen von Lücken deutlich, die Kommutativgesetze durch die Symmetrie zur Diagonalen.

Neutrale und inverse Elemente erkennt man sofort: Je eine Zeile und Spalte ist mit der äußeren identisch – hier wird das neutrale Element (wie üblich mit 0 und 1 bezeichnet) verknüpft. Kommt in jeder Zeile und Spalte genau eine 0 bzw. 1 vor, so sind für alle Zahlen eindeutige Inverse vorhanden.

Nur die Assoziativgesetze und das Distributivgesetz müssen gesondert untersucht werden: notfalls durch Testen aller Kombinationen wie oben; hier gibt uns die Restklasseneigenschaft jedoch die Möglichkeit, die Gültigkeit der drei Rechenregeln aus den ganzen Zahlen mit der normalen Multiplikation und Addition zu übertragen. Wir können daher zusammenfassen:

Auch $\mathbf{Z}_5 = \{0; 1; 2; 3; 4\}$ ist ein endlicher Körper.

Daß diese Eigenschaft nicht selbverständlich ist, zeigt das andere Beispiel, nämlich $\mathbf{Z}_4$.

BEISPIEL

2.10 Die Verknüpfungstafeln zeigen, $\mathbf{Z}_4$ ist kein Körper!

+	0	1	2	3
0	0	1	2	3
1	1	2	3	0
2	2	3	0	1
3	3	0	1	2

·	0	1	2	3
0	0	0	0	0
1	0	1	2	3
2	0	2	0	2
3	0	3	2	1

In diesem Fall können zwar die Abgeschlossenheit, die Kommutativität und die neutralen Elemente wie beim ersten Beispiel aus den Tabellen abgelesen werden, aber ebenso, daß die Restklasse 2 kein multiplikatives inverses Element besitzt, denn die 1 kommt weder in der Zeile noch in der Spalte der 2 in der rechten Tabelle vor. $\mathbf{Z}_4$ ist daher kein Körper. ■

Die Algebra liefert in allgemeinerer Form einen Satz über Restklassen:

$\mathbf{Z}_n$ ist genau dann ein Körper, wenn n eine Primzahl ist.

An dieser Stelle soll diese Aussage nicht weiter erläutert werden, es geht dabei nur um einen Hinweis auf einen Anknüpfungspunkt für weitere Untersuchungen an Restklassen.

2.5.2 Lösen von Gleichungen in Restklassenkörpern

In diesem Abschnitt wollen wir noch ein wenig in verschiedenen Restklassenkörpern rechnen. Zwar sehen manche Ergebnisse ziemlich ungewohnt aus, muß doch $3 + 3$ hier nicht in jedem Fall 6 sein, etwa wenn man in $\mathbf{Z}_5$ oder $\mathbf{Z}_3$ rechnet, trotzdem garantiert die Körperstruktur eine weitgehende Übereinstimmung der Rechenmethoden. Das wollen wir uns am Beispiel von einigen Gleichungen etwas näher ansehen.

BEISPIEL

2.11 Die Lösungen der Gleichung $x+2 = 1-2x$ in $\mathbf{Q}$, $\mathbf{Z}_5$, $\mathbf{Z}_7$ und $\mathbf{Z}_3$ sind gesucht!

Lösung:

$x + 2 = 1 - 2x.$

Durch Addition der additiven Inversen von $2x$ und von 2 erhalten wir $3x = -1$. Nehmen wir beide Gleichungsseiten mit dem multiplikativen Inversen von 3 mal, so kann man die Lösung ablesen:

$x = -1 \cdot 3^{-1}$

Diese Lösungszahl sieht in den verschiedenen Körpern ganz unterschiedlich aus: Rechnen wir in $\mathbf{Q}$, so ergibt sich $x = -\frac{1}{3}$.

In $\mathbf{Z}_5$ dagegen sind noch einige Zwischenschritte nötig, bis wir am Ziel sind: $-1 \equiv 4 \bmod 5$, $3^{-1} \equiv 2 \bmod 5$, denn $3 \cdot 2 = 6 \equiv 1 \bmod 5$, d. h. 3 und 2 sind invers zueinander; schließlich ist $-1 \cdot 3^{-1} \equiv 4 \cdot 2 = 8 \equiv 3 \bmod 5$ oder: in $\mathbf{Z}_5$ erfüllt $x = 3$ die Gleichung, wie auch die Probe bestätigt: $3+2 \equiv 1-2\cdot 3 \bmod 5$ bzw. $5 \equiv -5 \bmod 5$ ist eine wahre Aussage!

Entsprechende Rechnungen führen in $\mathbf{Z}_7$ zu $-1 \equiv 6 \bmod 7$, $3^{-1} \equiv 5 \bmod 7$ und $x \equiv 5 \cdot 6 = 30 \equiv 2 \bmod 7$, also zur Lösung $x = 2$.

Im Körper $\mathbf{Z}^3$ dagegen sieht die Rechnung ganz anders aus: wegen $3 \equiv 0 \bmod 3$ hat 3 kein multiplikatives Inverses, und die Zeile vorher ergibt eine falsche Aussage, nämlich $3x \equiv 0 \equiv -1 \bmod 3$. Daher ist in diesem Körper die Gleichung unlösbar! ■

Noch eine Bemerkung zu einer häufig benutzten Kongruenz, deren Beweis als nächstes Beispiel dient:

BEISPIEL

2.12 Es ist zu zeigen, daß $a \cdot b \equiv c \cdot d \mod p$, *falls auch* $a \equiv c \mod p$ *und* $b \equiv d \mod p$ gilt.

Lösung: Diese Aussage kann in wenigen Schritten auf eine „normale" Gleichung zurückgeführt und damit bewiesen werden: Die beiden vorausgesetzten Kongruenzen $a \equiv c \mod p$ und $b \equiv d \mod p$ bedeuten ausführlich geschrieben ja nur $a - c = np$ und $b - d = mp$, wobei n und m ganze Zahlen sind. Der Ausdruck $ab - cd$ läßt sich damit so umformen: $ab - cd = a(mp + d) - cd = amp + ad - cd = amp + (a - c)d = amp + dnp = (am + dn)p$. Weil $ab - cd$ ebenfalls durch p teilbar ist, muß auch $a \cdot b \equiv c \cdot d \mod p$ richtig sein. ■

Auch andere einfache Formeln können mit dieser Methode leicht überprüft werden.

2.5.3 Beispiel eines endlichen Körpers, der nicht aus Restklassen besteht

Als letzes Beispiel dieses Kapitels soll ein Körper dienen, der zwar aus endlich vielen Elementen besteht, aber kein Restklassenkörper ist. In einem früheren Abschnitt wurde gezeigt, daß die Restklassen modulo 4 keinen Körper bilden. Wir wollen an dieser Stelle zeigen, daß trotzdem ein Körper mit vier Elementen existiert.

Weil es für beide Operationen je ein neutrales Element geben muß, wollen wir die vier Elemente $0, 1, a$ und b nennen und die beiden Verknüpfungen „Addition" # und „Multiplikation" $*$, genauso wie wir es von den Zahlen her gewohnt sind.

Zuerst untersuchen wir die Multiplikation: Die Formeln $x*0 = 0$ und $x*1 = x$ gelten in allen Körpern; deshalb, und weil das Kommutativgesetz gelten muß, fehlen für die Multiplikationstafel nur drei Ergebnisse $a * a$, $b * b$ und $a * b = b * a$. Damit a und b inverse Elemente besitzen, muß entweder $a * a = 1$ und $b * b = 1$ oder $a * b = b * a = 1$ festgelegt werden. Die erste Möglichkeit scheidet wieder aus, denn sie führt zu folgendem Widerspruch:

Nehmen wir an, $b * a = a$, dann kann man so rechnen $(b * a) * a = a * a = 1$ oder mit dem Assoziativgesetz $(b * a) * a = b * (a * a) = b * 1 = b$, und $b = 1$ kann offenbar nicht stimmen. Auch die Annahme $b * a = b$ hilft uns nicht weiter: vertauscht man a und b, so erhält man den gleichen Widerspruch. Damit sind alle Multiplikationsergebnisse festgelegt und die Tabelle ist vollständig:

$*$	0	1	a	b
0	0	0	0	0
1	0	1	a	b
a	0	a	b	1
b	0	b	1	a

Bei der Additionstabelle erscheint außer der Addition des neutralen Elements Null zunächst kein Ergebnis zwingend vorgegeben. Ein willkürlich gewählter Anfang soll die Suche eines Inversen von 1 sein: Nehmen wir an, $1\#a = 0$, dann müßte wegen der Gültigkeit des Distributivgesetzes auch $b * (1\#a) = b * 0 = 0$ gelten ebenso wie $b * (1\#a) = b\#b * a = b\#1 = 0$. Das bedeutet aber, daß außer a auch b zu 1 invers ist – im Körper jedoch muß das inverse Element eindeutig sein; daher muß die andere Möglichkeit, nämlich $1\#1 = 0$ zutreffen. Diese Festlegung zieht $a\#a = b\#b = 0$ nach sich, denn wie oben folgt aus dem Distributivgesetz $x\#x = x * (1\#1) = x * 0 = 0$.

Die jetzt noch fehlenden Additionsergebnisse erhält man problemlos,wenn man die Eindeutigkeit von 0 berücksichtigt:

#	0	1	a	b
0	0	1	a	b
1	1	0	b	a
a	a	b	0	1
b	b	a	1	0

Die langweilige Rechenarbeit, die die jetzt eigentlich notwendige Überprüfung von Assoziativ- und Distributivgesetz bedeutet, soll hier ausgespart werden.

Damit die letzte Verknüpfungstafel, die ja gar nichts mehr mit „normalem" Rechnen zu tun hat, nicht nur abstrakte Spielerei bleibt, ist hier zum Abschluß ein Vorschlag für eine konkrete Interpretation: Die vier Elemente können als vier Abbildungen, die die Position einer ebenen Figur in einem rechtwinkligen Koordinatensystem verändern, angesehen werden: die identische Abbildung, Spiegelung an x-Achse und an y-Achse sowie Drehung um 180°. Die Verknüpfung # bedeutet in diesem Zusammenhang „Hintereinanderausführen von zwei Abbildungen".

AUFGABEN

2.12 Zeigen Sie: In $\mathbf{Z}_5$ gilt $(a+b)^n = a^n + b^n$ für $n = 1$ und für $n = 5$, sonst aber nicht!

2.13 Zeigen Sie, daß $\mathbf{Z}_6$ kein Körper ist!

2.14 Schreiben Sie die Verknüpfungstabellen für $\mathbf{Z}_3$ auf!

2.15 Lösen Sie die folgenden Gleichungen in $\mathbf{Z}_5$:
a) $1 - x \equiv 4 \bmod 5$
b) $3x \equiv 2 \bmod 5$
c) $3x - 4 \equiv (2x+1) \bmod 5$

2.16 In welchem der Körper $\mathbf{Z}_5$, $\mathbf{Z}_7$ ist die Gleichung $x^2 = 2$ lösbar? Geben Sie die Lösungen an!

2.17 Warum hat das folgende lineare Gleichungssystem in $\mathbf{Z}_7$ genau eine Lösung, in $\mathbf{Z}_5$ jedoch keine? Bestimmen Sie die Lösung auch in $\mathbf{Q}$!

$$\begin{aligned} x - 2y &= -1\ ; \\ 2x + y &= 1 \end{aligned}$$

2.18 Diese Vernüpfungstafeln gehören nicht zu einem Körper. Warum? Geben Sie Axiome an, die gelten, und andere, gegen die verstoßen wird!

$\sum$	a	b	c	d
a	a	b	c	d
b	b	c	d	a
c	c	d	a	b
d	d	a	b	c

$\times$	a	b	c	d
a	a	a	a	a
b	a	b	c	d
c	a	c	d	b
d	a	d	b	c

2.19 Bestätigen Sie an je vier Beispielen die Gültigkeit von beiden Assoziativgesetzen sowie vom Distributivgesetz für den vierelementigen Körper aus dem letzten Abschnitt!

2.20 Übertragen Sie die Verknüpfungstafel aus dem letzten Abschnitt bez. # auf die vier aufgezählten Abbildungen!

3 Vektorräume

3.1 Allgemeine Vektorräume

In Kap. 1 wurde der Begriff des Vektors in anschaulicher Weise als gerichtete Strecke im dreidimensionalen Raum unserer Anschauung eingeführt. Genauer, als Äquivalenzklasse der gerichteten Strecken, die durch Parallelverschiebung auseinander hervorgehen. Die moderne Auffassung interpretiert diese Vektoren als Abbildungen des Punktraumes $\mathbf{R}^3$ auf sich, als Verschiebungen.

In der Menge der Vektoren wurden als Rechenoperationen zunächst die Addition zweier Vektoren und die Multiplikation eines Vektors mit einer reellen Zahl geometrisch eingeführt.

Mit der Entwicklung der modernen Mathematik insbesondere der Funktionalanalysis hat der Begriff des allgemeinen Vektorraums eine zentrale Bedeutung erlangt. Hier soll nun die Definition vollständig angegeben werden:

> Es sei K ein beliebiger Körper. Eine nichtleere Menge V heißt **Vektorraum über $\boldsymbol{K}$** oder K-Vektorraum, wenn
> (1) für zwei bel. **Vektoren** $\boldsymbol{a}, \boldsymbol{b} \in V$ stets die **Summe** $\boldsymbol{a} + \boldsymbol{b}$,
> (2) für einen bel. **Skalar** $\lambda \in K$ und einen bel. Vektor $\boldsymbol{a} \in V$ stets das **Produkt** $\lambda\boldsymbol{a}$
>
> erklärt und wieder Element von V ist (Abgeschlossenheit), wobei für beliebige Skalare $\lambda, \mu \in K$ und beliebige Vektoren $\boldsymbol{a}, \boldsymbol{b}, \boldsymbol{c} \in V$ die folgenden Rechengesetze gelten:
>
> **Gesetze der Addition**:
> (A1) $\boldsymbol{a} + \boldsymbol{b} = \boldsymbol{b} + \boldsymbol{a}$ (Kommutativgesetz),
> (A2) $\boldsymbol{a} + (\boldsymbol{b} + \boldsymbol{c}) = (\boldsymbol{a} + \boldsymbol{b}) + \boldsymbol{c}$ (Assoziativgesetz).
> (A3) Es gibt einen **Nullvektor** $\boldsymbol{o} \in V$, so daß für alle $\boldsymbol{a} \in V$ gilt:
> $$\boldsymbol{a} + \boldsymbol{o} = \boldsymbol{a}.$$
> (A4) Zu jedem $\boldsymbol{a} \in V$ existiert der **inverse Vektor** $(-\boldsymbol{a}) \in V$ mit
> $$\boldsymbol{a} + (-\boldsymbol{a}) = \boldsymbol{o}.$$
>
> **Gesetze der Multiplikation**:
> (M1) $\lambda(\mu\boldsymbol{a}) = (\lambda\mu)\boldsymbol{a}$,
> (M2) Für das Einselement $1 \in K$ und für alle $\boldsymbol{a} \in V$ gilt: $1\boldsymbol{a} = \boldsymbol{a}$.
>
> **Distributivgesetze**:
> (D1) $\lambda(\boldsymbol{a} + \boldsymbol{b}) = \lambda\boldsymbol{a} + \lambda\boldsymbol{b}$,
> (D2) $(\lambda + \mu)\boldsymbol{a} = \lambda\boldsymbol{a} + \mu\boldsymbol{a}$. (3.1)

In dieser Definition könnte die Erklärung des (äußeren) Produkts $\lambda\boldsymbol{a}$ als Abbildung $K \times V \to V$ willkürlich erscheinen. Nimmt man jedoch $K = \mathbf{R}$ und erinnert sich an die Einführung des Vektorbegriffs in Kap. 1, so zeigt sich, daß zumindest für

$\lambda \in \mathbf{Z} \subset \mathbf{R}$, dieses so erklärte Produkt von der Addition induziert wird:

$$\begin{aligned} &\boldsymbol{a} &&= 1 \cdot \boldsymbol{a} \\ &\boldsymbol{a} + \boldsymbol{a} &&= 2 \cdot \boldsymbol{a} \\ &\dots\dots\dots \\ &\boldsymbol{a} + \boldsymbol{a} + \boldsymbol{a} + \ldots + \boldsymbol{a} &&= k \cdot \boldsymbol{a} \end{aligned}$$

Unter den Teilmengen eines Vektorraums V sind besonders diejenigen ausgezeichnet, die selbst wieder einen Vektorraum bilden. Wir bezeichnen diese als lineare Teilräume oder Untervektorräume.

> Es sei V ein Vektorraum über K. Eine nicht-leere Teilmenge $U \subset V$ heißt **linearer Teilraum von V**, wenn für alle $\lambda \in K$ und $\boldsymbol{a}, \boldsymbol{b} \in U$ gilt:
>
> $$\boldsymbol{a} + \boldsymbol{b} \in U \quad \text{und} \quad \lambda \boldsymbol{a} \in U. \tag{3.2}$$

Ein linearer Teilraum ist natürlich ein Vektorraum, denn die Bedingungen (3.2) garantieren ja, daß die Addition und die Multiplikation nicht aus U herausführt. Und auch die Rechenregeln eines Vektorraums gelten in U, da sie im ganzen Vektorraum V gelten.

Offensichtlich ist $U = \{\boldsymbol{o}\}$, also die Menge, die nur aus dem Nullvektor besteht, ein linearer Teilraum. Bevor wir weitere Beispiele von Untervektorräumen betrachten, wollen wir die Bedingungen (3.2) in eine bequemere und für Untersuchungen günstigere Form bringen:

> Es sei V ein Vektorraum über K. Eine nicht-leere Teilmenge $U \subset V$ ist genau dann ein linearer Teilraum von V, wenn für alle $\lambda, \mu \in K$, $\boldsymbol{a}, \boldsymbol{b} \in U$ gilt:
>
> $$\lambda \boldsymbol{a} + \mu \boldsymbol{b} \in U. \tag{3.3}$$

Für spätere Anwendungen und zur Übung im Umgang mit den neuen Begriffen sollen noch einige Eigenschaften von linearen Teilräumen hergeleitet werden.

> Es sei V ein Vektorraum über einem Körper K. Sind U, U' lineare Teilräume von V, so ist auch der Durchschnitt $U \cap U'$ ein linearer Teilraum von V. (3.4)

Zum Nachweis dieser Aussage nehmen wir zwei beliebige Körperelemente $\lambda, \lambda' \in K$ und zwei beliebige Vektoren $\boldsymbol{a}, \boldsymbol{a}' \in U \cap U'$. Da beide Vektoren in U und in U' liegen müssen, folgt mit Hilfe von (3.3) $\lambda \boldsymbol{a} + \lambda' \boldsymbol{a}' \in U, U'$, d. h., $\lambda \boldsymbol{a} + \lambda' \boldsymbol{a}' \in U \cap U'$. Damit ist (3.4) nachgewiesen.

Daß die entsprechende Aussage nicht für die Vereinigungsmenge $U \cup U'$ zweier linearer Teilräume gilt, zeigt das folgende Beispiel.

BEISPIEL

3.1 Es sei der Vektorraum $V = \mathbf{R}^2$ und die linearen Teilräume

$$U = \{\boldsymbol{x} \mid \boldsymbol{x} = \lambda \begin{pmatrix} 1 \\ 0 \end{pmatrix}, \lambda \in \mathbf{R}\}, \quad U' = \{\boldsymbol{x} \mid \boldsymbol{x} = \lambda' \begin{pmatrix} 0 \\ 1 \end{pmatrix}, \lambda' \in \mathbf{R}\}$$

gegeben. Der Teilraum U umfaßt also alle Vektoren auf einer Geraden mit dem Richtungsvektor $\begin{pmatrix}1\\0\end{pmatrix}$ in der Ebene $\mathbf{R}^2$. Entsprechendes gilt für U'. Mit $\begin{pmatrix}1\\0\end{pmatrix} \in U$ und $\begin{pmatrix}0\\1\end{pmatrix} \in U'$ folgt aber durch Vektoraddition

$$\begin{pmatrix}1\\0\end{pmatrix} + \begin{pmatrix}0\\1\end{pmatrix} = \begin{pmatrix}1\\1\end{pmatrix} \notin U, U', \; U \cup U'.$$ ■

Als weitere Verknüpfung von linearen Teilräumen betrachten wir nun deren **Summe** und deren **Direkte Summe**.

Sind U, U' lineare Teilräume von V, so ist deren **Summe** definiert durch:

$$U + U' = \{\boldsymbol{x} \mid \boldsymbol{x} = \boldsymbol{a} + \boldsymbol{a}', \; \boldsymbol{a} \in U, \; \boldsymbol{a}' \in U'\}. \tag{3.5}$$

Betrachten wir U und U' zur geometrischen Interpretation als die Geraden aus Beispiel 3.1, so stellt sich $U + U'$ als Ebene dar, die von den Geraden aufgespannt wird.

Der Nachweis der Vektorraumstruktur von $U+U'$ ergibt sich wie folgt: Sei $\lambda, \mu \in K$, $\boldsymbol{x}, \boldsymbol{y} \in U + U'$, d. h. $\boldsymbol{x} = \boldsymbol{a} + \boldsymbol{a}'$, $\boldsymbol{y} = \boldsymbol{b} + \boldsymbol{b}'$, wobei $\boldsymbol{a}, \boldsymbol{b} \in U$, $\boldsymbol{a}', \boldsymbol{b}' \in U'$. Dann folgt:

$$\lambda\boldsymbol{x} + \mu\boldsymbol{y} = \lambda(\boldsymbol{a} + \boldsymbol{a}') + \mu(\boldsymbol{b} + \boldsymbol{b}') = \lambda\boldsymbol{a} + \mu\boldsymbol{b} + \lambda\boldsymbol{a}' + \mu\boldsymbol{b}' \in U + U'.$$

Somit gilt:

Sind U, U' lineare Teilräume von V, so ist auch $U + U'$ ein linearer Teilraum von V. (3.6)

An den Begriff der Summe schließt sich unmittelbar der Begriff der Direkten Summe an:

Der Vektorraum V ist die **Direkte Summe** der Untervektorräume (oder kurz Unterräume) U und U', bezeichnet mit $U \oplus U'$, wenn für jeden Vektor $\boldsymbol{x} \in V$ genau eine Darstellung $\boldsymbol{x} = \boldsymbol{a} + \boldsymbol{a}'$ mit $\boldsymbol{a} \in U$ und $\boldsymbol{a}' \in U'$ existiert. In Mengenschreibweise:

$$V = U \oplus U' = \{\boldsymbol{x} \mid \boldsymbol{x} = \boldsymbol{a} + \boldsymbol{a}', \; \boldsymbol{a} \in U, \; \boldsymbol{a}' \in U'\}. \tag{3.7}$$

BEISPIEL

3.2 Es sei der Vektorraum $V = \mathbf{R}^3$ und die linearen Teilräume $U = \{\boldsymbol{x} \mid \boldsymbol{x} = (a, b, 0)^{\mathrm{T}}, \; a, b \in \mathbf{R}\}$ und $W = \{\boldsymbol{x} \mid \boldsymbol{x} = (0, 0, c)^{\mathrm{T}}, \; c \in \mathbf{R}\}$ gegeben. Wir verwenden hier für Vektoren statt der Spaltenschreibweise die platzsparende Schreibweise als Transponierte einer Zeilenmatrix. Der Teilraum U umfaßt also alle Vektoren der (x, y)-Ebene und der Teilraum W alle Vektoren auf der z-Achse.

Es ist unmittelbar zu sehen, daß jeder Vektor $\boldsymbol{x} = (a, b, c)^{\mathrm{T}}$, $a, b, c \in \mathbf{R}$ in eindeutiger Weise nur in der Form $\boldsymbol{x} = (a, b, c)^{\mathrm{T}} = (a, b, 0)^{\mathrm{T}} + (0, 0, c)^{\mathrm{T}}$ geschrieben werden kann. Damit gilt

$V = \mathbf{R}^3 = U \oplus W$ ■

Ein wichtiges Beispiel eines linearen Teilraums ist das Vielfache eines festen Vektors $\boldsymbol{a}_1 \neq \boldsymbol{o}$; im $\mathbf{R}^3$ ist dies eine Gerade.

> Es sei V ein Vektorraum über K. Ist $\boldsymbol{a}_1 \in V$ und $\boldsymbol{a}_1 \neq \boldsymbol{o}$, so ist die Teilmenge
> $$L(\boldsymbol{a}_1) = \{\boldsymbol{a} \mid \boldsymbol{a} = \lambda \boldsymbol{a}_1,\ \lambda \in K\} \qquad (3.8)$$
> ein linearer Teilraum von V.

Der Beweis ist leicht zu führen. Außerdem zeigt sich, daß $L(\boldsymbol{a}_1)$ von einem beliebigen Vektor $\boldsymbol{a}'_1 \in L(\boldsymbol{a}_1)$, $\boldsymbol{a}_1 \neq \boldsymbol{o}$ erzeugt wird:

> Es sei V ein Vektorraum über K. Ist $L(\boldsymbol{a}_1)$ gegeben und $\boldsymbol{a}'_1 \in L(\boldsymbol{a}_1)$, $\boldsymbol{a}'_1 \neq \boldsymbol{o}$, so gilt
> $$L(\boldsymbol{a}'_1) = L(\boldsymbol{a}_1). \qquad (3.9)$$

Der Nachweis für die Gleichheit der beiden Mengen soll hier vorgeführt werden. Er geschieht in der Weise, daß wechselweise die Teilmengeneigenschaft gezeigt wird: Sei $\boldsymbol{a}'_1 = \lambda' \boldsymbol{a}_1 \neq \boldsymbol{o}$, d. h. $\lambda' \neq 0$.

a) Ist $\boldsymbol{a} \in L(\boldsymbol{a}_1)$, so folgt $\boldsymbol{a} = \lambda \boldsymbol{a}_1 = \lambda(\boldsymbol{a}'_1/\lambda') = \lambda/\lambda' \boldsymbol{a}'_1$.

$$\Rightarrow \boldsymbol{a} \in L(\boldsymbol{a}'_1) \Rightarrow L(\boldsymbol{a}_1) \subset L(\boldsymbol{a}'_1)$$

b) Ist $\boldsymbol{a} \in L(\boldsymbol{a}'_1)$, so folgt $\boldsymbol{a} = \lambda \boldsymbol{a}'_1 = (\lambda\lambda')\boldsymbol{a}_1$

$$\Rightarrow \boldsymbol{a} \in L(\boldsymbol{a}_1) \Rightarrow L(\boldsymbol{a}'_1) \subseteq L(\boldsymbol{a}_1)$$

Aus a) und b) folgt $L(\boldsymbol{a}_1) = L(\boldsymbol{a}'_1)$.

AUFGABEN

3.1 Zeigen Sie mit Hilfe der Gesetze des Vektorraums: Es gilt $0 \cdot \boldsymbol{a} = \boldsymbol{o}$ für alle $\boldsymbol{a} \in V$.

3.2 Weisen Sie mit Hilfe der Gesetze des Vektorraums und mit der Aussage aus Aufgabe 3.1 nach: In einem Vektorraum V über dem Körper K gilt für alle $\lambda \in K$ und für alle $\boldsymbol{a} \in V$: $(-\lambda)\boldsymbol{a} = -(\lambda \boldsymbol{a})$.

3.3 Gegeben sei der Vektorraum V über K. Beweisen Sie folgende Aussage: Für alle $\lambda_1, \lambda_2 \in K$ und alle $\boldsymbol{a} \in V$ mit $\boldsymbol{a} \neq \boldsymbol{o}$ gilt:

$\lambda_1 \boldsymbol{a} = \lambda_2 \boldsymbol{a} \Leftrightarrow \lambda_1 = \lambda_2$.

3.4 Prüfen Sie nach, ob die Teilmenge $A \subseteq \mathbf{R}^2$:

a) $A = \left\{ \begin{pmatrix} x_1 \\ x_2 \end{pmatrix} \middle| 3x_1 - 4x_2 = 0 \right\}$, b) $A = \left\{ \begin{pmatrix} x_1 \\ x_2 \end{pmatrix} \middle| x_1 - 2x_2 = 0 \right\}$,

ein linearer Teilraum des $\mathbf{R}^2$ ist und beweisen Sie die Vermutung!

3.5 Gegeben sei ein Körper K mit genau den beiden Elementen 0 und e und den Verknüpfungen

$0 + 0 = e + e = 0, \quad 0 + e = e + 0 = e, \quad 0 \cdot 0 = 0 \cdot e = e \cdot 0 = 0, \quad e \cdot e = e.$

K^3 bezeichne den Vektorraum aller 3-Koordinaten-Vektoren mit Koordinaten aus K und den bekannten Verknüpfungen (Addition und Multiplikation mit einem Skalar aus K koordinatenweise).

a) Geben Sie alle Elemente aus K^3 an!

b) Bestimmen Sie die inversen Vektoren zu $\boldsymbol{a}_1 = \begin{pmatrix} e \\ e \\ 0 \end{pmatrix}$, $\boldsymbol{a}_2 = \begin{pmatrix} 0 \\ e \\ e \end{pmatrix}$, $\boldsymbol{a}_3 = \begin{pmatrix} e \\ 0 \\ e \end{pmatrix}$!

c) Geben Sie alle Elemente des Unterraumes $L(\boldsymbol{a}_1)$ an!

3.6 Zeigen Sie, daß die folgende Teilmenge $A \subset \mathbf{R}^3$

$$A = \left\{ \begin{pmatrix} x_1 \\ x_2 \\ x_3 \end{pmatrix} \middle| 2x_1 - 2x_2 + x_3 = 0 \text{ und } x_2 + x_3 = 0 \right\}$$

ein linearer Teilraum des $\mathbf{R}^3$ ist!

3.2 Der n-dimensionale Vektorraum $\mathbf{R}^n$

In Kapitel 1 wurden Vektoren als Zahlentripel eingeführt. Betrachten wir nun Spaltenvektoren mit n reellen Zahlen, d. h. die Menge der n-Tupel

$$\mathbf{R}^n = \{\boldsymbol{a} \mid \boldsymbol{a} = (a_1, \ldots, a_n)^{\mathrm{T}},\ a_i \in \mathbf{R}\}. \tag{3.10}$$

Der Raum dieser Vektoren ist zwar anschaulich nicht erfaßbar, mathematisch ist er aber genauso einfach handhabbar wie der $\mathbf{R}^3$.
Wir definieren die Addition und die (äußere) Multiplikation für $\boldsymbol{a}, \boldsymbol{b} \in \mathbf{R}^n$ und $\lambda \in \mathbf{R}$ ebenso wie im $\mathbf{R}^3$ „koordinatenweise“ durch

$$\begin{aligned} &\boldsymbol{a} + \boldsymbol{b} = (a_1, \ldots, a_n)^{\mathrm{T}} + (b_1, \ldots, b_n)^{\mathrm{T}} = (a_1 + b_1, \ldots, a_n + b_n)^{\mathrm{T}} \\ &\text{und} \\ &\lambda \boldsymbol{a} = \lambda (a_1, \ldots, a_n)^{\mathrm{T}} = (\lambda a_1, \ldots, \lambda a_n)^{\mathrm{T}}. \end{aligned} \tag{3.11}$$

Es ist leicht nachzuprüfen, daß im $\mathbf{R}^n$ die Axiome eines Vektorraums erfüllt sind. Wir sprechen daher mit Recht vom **Vektorraum $\mathbf{R}^n$** und es können die geometrischen Begriffe aus dem dreidimensionalen Raum unserer Anschauung, wie z. B. der Begriff der Geraden, auf den n-dimensionalen Raum übertragen werden.
Sind im $\mathbf{R}^n$ zwei Punkte P, Q gegeben, so ist eindeutig der Vektor $\boldsymbol{a}$ festgelegt, der den Punkt P in den Punkt Q verschiebt, wir verwenden daher auch die Bezeichnung $\boldsymbol{a} = PQ$. Die Koordinaten von PQ ergeben sich aus den Koordinaten der Punkte P, Q:

$$P(p_1; \ldots; p_n), \quad Q(q_1; \ldots; q_n), \quad \boldsymbol{a} = (q_1 - p_1, \ldots, q_n - p_n)^{\mathrm{T}}. \tag{3.12}$$

Als **Ortsvektor** bezeichnen wir den Vektor, der den Ursprung O des Koordinatensystems in den Punkt P verschiebt. D. h., die Spaltenmatrix des Ortsvektors OP wird von den Punktkoordinaten des Punktes P gebildet:

$$P(p_1; \ldots; p_n), \quad OP = (p_1, \ldots, p_n)^{\mathrm{T}}.$$

Damit kann eine Darstellung der Geraden G, die durch den Punkt P geht und den Vektor $\boldsymbol{a}$ enthält, gegeben werden durch:

$$G(P, \boldsymbol{a}) = \{X \mid OX = OP + \lambda \boldsymbol{a},\ \lambda \in \mathbf{R}\}. \tag{3.13}$$

Diese Darstellung heißt **Parameterdarstellung der Geraden**, wobei λ als **Parameter** bezeichnet wird. Koordinatenweise ausgeschrieben ergibt die Parameterdarstellung ein Gleichungssystem mit n Gleichungen:

$$\begin{aligned} x_1 &= p_1 + \lambda a_1, \qquad \text{wobei } P(p_1;\ldots;p_n),\ X(x_1;\ldots;x_n),\\ x_2 &= p_2 + \lambda a_2 \qquad \boldsymbol{a} = (a_1,\ldots,a_n)^{\mathrm{T}},\ \lambda \in \mathbf{R}.\\ &\cdots\cdots\cdots \\ x_n &= p_n + \lambda a_n \end{aligned} \tag{3.14}$$

Die Gerade durch zwei Punkte P, Q des $\mathbf{R}^n$ erhalten wir, indem wir $\boldsymbol{a} = PQ$ setzen.

Als Beispiel für das Rechnen mit Parameterdarstellungen soll der Schnittpunkt zweier Geraden in der Ebene berechnet werden:

BEISPIEL

3.3 Gesucht ist der Schnittpunkt S der Geraden G durch die Punkte $P(1;0)$, $Q(2;2)$ mit der Geraden G' durch die Punkte $P'(0;2)$, $Q'(3;0)$ (s. Bild 3.1).

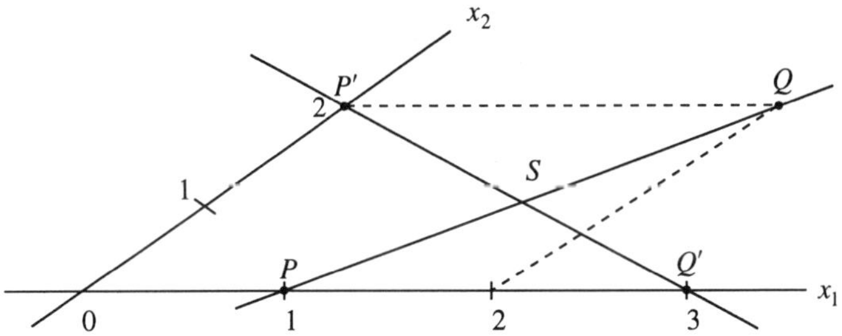

Bild 3.1

Lösung: Die Parameterdarstellung der beiden Geraden ergibt sich unmittelbar zu

$$G\colon\ OX = OP + \lambda PQ = \begin{pmatrix}1\\0\end{pmatrix} + \lambda\begin{pmatrix}1\\2\end{pmatrix} = \begin{pmatrix}1+\lambda\\2\lambda\end{pmatrix}$$

$$G'\colon\ OX = OP' + \lambda P'Q' = \begin{pmatrix}0\\2\end{pmatrix} + \lambda'\begin{pmatrix}3\\-2\end{pmatrix} = \begin{pmatrix}3\lambda'\\2-2\lambda'\end{pmatrix}$$

Im Schnittpunkt S müssen die Koordinaten übereinstimmen, wir erhalten also die Gleichungen:

$$\begin{aligned} 1+\lambda &= 3\lambda'\\ 2\lambda &= 2-2\lambda' \end{aligned}$$

und damit die Lösung

$$\lambda = \lambda' = \frac{1}{2}.$$

Einsetzen in eine der beiden Parameterdarstellungen ergibt den Schnittpunkt

$$S\left(\frac{3}{2};1\right).$$ ■

Bisher haben wir als einziges Beispiel für einen Vektorraum den klassischen Vektorraum der n-Tupel betrachtet. Im folgenden zeigen wir, daß auch Matrizen einen Vektorraum bilden.

Die $(m \times n)$-Matrizen bilden mit den Operationen $\boldsymbol{A}+\boldsymbol{B}$ und $\lambda\boldsymbol{A}$ einen $(m \cdot n)$-dimensionalen Vektorraum.

Die Vektorraumstruktur weisen wir nach, indem wir jeder Matrix $\boldsymbol{A}$ eineindeutig einen Vektor $\boldsymbol{a}$ des $\mathbf{R}^{mn}$ zuordnen:

$$\boldsymbol{A} = \begin{pmatrix} a_{11} & \dots & a_{1n} \\ \vdots & \vdots & \vdots \\ a_{m1} & \dots & a_{mn} \end{pmatrix} \longleftrightarrow \boldsymbol{a} = (a_{11}, \dots, a_{1n}, a_{21}, \dots, a_{m1}, \dots, a_{mn})^{\mathrm{T}}$$

Der Vektor $\boldsymbol{a}$ wird also als (mn)-Tupel gebildet, indem die Spalten der Matrix $\boldsymbol{A}$ untereinander geschrieben werden. Verfahren wir mit der Matrix $\boldsymbol{B}$ entsprechend, so erhalten wir die eineindeutigen Zuordnungen:

$$\boldsymbol{A}+\boldsymbol{B} \longleftrightarrow \boldsymbol{a}+\boldsymbol{b} \quad \text{und} \quad \lambda\boldsymbol{A} \longleftrightarrow \lambda\boldsymbol{a}.$$

Damit gelten alle Rechengesetze für Vektoren auch für Matrizen.

AUFGABEN

3.7 Zeigen Sie, daß sich die Diagonalen in einem Parallelogramm halbieren!

3.8 Beweisen Sie, daß die Verbindungslinien der Mittelpunkte zweier benachbarter Seiten eines Vierecks ein Parallelogramm bilden!

3.9 Zeigen Sie im $\mathbf{R}^2$: Die Seitenhalbierenden eines Dreiecks ABC schneiden sich in einem Punkt, dem Schwerpunkt S. Wie lautet der Ortsvektor zum Punkt S eines Dreiecks im $\mathbf{R}^3$, wenn die Ortsvektoren zu den Eckpunkten A, B, C gegeben sind?

3.10 Bestimmen Sie eine Parameterdarstellung der Geraden durch die Punkte $P(1;2;-1)$, $Q(2;3;1) \in \mathbf{R}^3$. Liegen die Punkte $P_1(0;1;-3)$, $P_2(2;3;-2)$ auf der Geraden?

3.11 Bestimmen Sie den Schnittpunkt der beiden Geraden $G_1(P, \boldsymbol{a})$ und $G_2(Q, \boldsymbol{b})$ mit $P(1;2;0)$, $Q(0;3;2)$ und $\boldsymbol{a} = (-1,1,2)^{\mathrm{T}}$, $\boldsymbol{b} = (1,2,-1)^{\mathrm{T}}$.

3.12 Bestimmen Sie eine Parameterdarstellung der Geraden durch die Punkte $P(1;1;-1;3)$, $Q(2;-2;3;1) \in \mathbf{R}^4$! Liegen die Punkte $P_1(0;1;-1;3)$, $P_2(2;-2;3;1)$ auf der Geraden?

3.3 Lineare Unabhängigkeit

Zu Beginn dieses Abschnitts wollen wir ein weiteres Beispiel für einen Vektorraum geben, der völlig verschieden von den bisher bekannten Vektorräumen ist und dem Bereich der Analysis angehört.

Es sei $[a, b]$ ein abgeschlossenes Intervall aus $\mathbf{R}$. Der Vektorraum $C[a, b]$ ist die Menge aller auf $[a, b]$ stetigen Funktionen:

$$C[a, b] = \{f \mid f(x) \text{ stetig auf } [a, b]\}. \tag{3.15}$$

Zwei Funktionen heißen gleich, wenn ihre Funktionswerte für alle $x \in [a,b]$ gleich sind. Die Vektoroperationen sind folgendermaßen definiert:

Addition: Für $f, g \in C[a,b]$ ist

$$(f+g)(x) = f(x) + g(x), \quad x \in [a,b].$$

Multiplikation: Für $\lambda \in \mathbf{R}$, $f \in C[a,b]$ ist

$$(\lambda f)(x) = \lambda f(x), \quad x \in [a,b].$$

Es läßt sich leicht zeigen, daß alle Vektorraum-Axiome erfüllt sind, d. h., $C[a,b]$ ist tatsächlich ein Vektorraum.

Nachdem wir die Struktur des Vektorraums definiert und verschiedene Beispiele von Vektorräumen erläutert haben, wollen wir jetzt die Grundbegriffe der Vektorraumtheorie studieren. Der erste wichtige Begriff ist der einer Linearkombination.

Es seien die Skalare $\lambda_1, \ldots, \lambda_m \in K$ und die Vektoren $\boldsymbol{a}_1, \ldots, \boldsymbol{a}_m \in V$ gegeben. Ein Vektor der Form

$$\lambda_1 \boldsymbol{a}_1 + \ldots + \lambda_m \boldsymbol{a}_m \tag{3.16}$$

heißt eine **Linearkombination** der Vektoren $\boldsymbol{a}_1, \ldots, \boldsymbol{a}_m$. Diese heißt **trivial**, wenn $\lambda_1 = \ldots = \lambda_m = 0$ ist, sonst **nicht-trivial** (mindestens ein $\lambda_k \neq 0$).

Mit einer nicht-leeren Teilmenge U eines Vektorraums V kann jetzt die Menge der Linearkombinationen von Vektoren aus U gebildet werden.

Für eine nicht-leere Teilmenge $U \subset V$ wird die Menge aller Linearkombinationen von Vektoren aus U mit

$$L(U) = \{\boldsymbol{a} = \sum_i \lambda_i \boldsymbol{a}_i \mid \lambda_i \in K,\ \boldsymbol{a}_i \in U\} \tag{3.17}$$

bezeichnet und man sagt: $L(U)$ wird von den Vektoren $\boldsymbol{a}_i \in U$ **aufgespannt**.

Gilt $U = \{\boldsymbol{a}_1, \ldots, \boldsymbol{a}_m\}$, so schreiben wir $L(U) = L(\boldsymbol{a}_1, \ldots, \boldsymbol{a}_m)$. In diesem Fall benutzt man auch die Schreibweise $L(\boldsymbol{a}_1, \ldots, \boldsymbol{a}_m) = K\boldsymbol{a}_1 + \ldots + K\boldsymbol{a}_m = \sum_i K\boldsymbol{a}_i$ (vgl. Kapitel 4). Enthält U unendlich viele Vektoren, so erstreckt sich die Summation in der Definition von $L(U)$ jeweils über endlich viele Vektoren aus U. Alle diese Mengen von Linearkombinationen sind Vektorräume. Dies zeigt man folgendermaßen:

Zwei beliebige Vektoren $\boldsymbol{a}, \boldsymbol{a}' \in L(U)$ haben die Darstellung

$$\boldsymbol{a} = \sum_i \lambda_i \boldsymbol{a}_i, \quad \boldsymbol{a}' = \sum_i \lambda_i' \boldsymbol{a}_i.$$

Hierbei kann vorausgesetzt werden, daß die Summation über die gleichen $\boldsymbol{a}_i$ geht, denn es können Vektoren $\boldsymbol{a}_i$ mit $\lambda_i = 0$ hinzugefügt werden. Es folgt:

$$\lambda\boldsymbol{a} + \lambda'\boldsymbol{a}' = \lambda \sum_i \lambda_i \boldsymbol{a}_i + \lambda' \sum_i \lambda_i' \boldsymbol{a}_i = \sum_i (\lambda\lambda_i + \lambda'\lambda_i')\boldsymbol{a}_i \in L(U).$$

Somit gilt:

Für eine nicht-leere Teilmenge $U \subset V$ ist $L(U)$ ein linearer Teilraum.

Der zentrale Begriff der Vektorraumtheorie ist der Begriff der linearen Abhängigkeit bzw. Unabhängigkeit von Vektoren.

> Die Vektoren $\boldsymbol{a}_1, \dots, \boldsymbol{a}_m \in V$ heißen
> (1) **linear abhängig**, wenn es eine nicht-triviale Linearkombination gibt mit
> $$\lambda_1 \boldsymbol{a}_1 + \ldots + \lambda_m \boldsymbol{a}_m = \boldsymbol{o}, \tag{3.18}$$
> (2) **linear unabhängig**, wenn sie nicht linear abhängig sind.

Beim praktischen Nachweis der linearen Abhängigkeit bzw. Unabhängigkeit verfährt man folgendermaßen: Man schreibt für die zu untersuchenden Vektoren $\boldsymbol{a}_1, \dots, \boldsymbol{a}_m$ die definierende Vektorgleichung

$$\lambda_1 \boldsymbol{a}_1 + \ldots + \lambda_m \boldsymbol{a}_m = \boldsymbol{o}$$

hin und betrachtet $\lambda_1, \dots, \lambda_m$ als Unbekannte. Gibt es eine nicht-triviale Lösung, so sind die Vektoren linear abhängig, gibt es dagegen nur die triviale Lösung, so sind die Vektoren linear unabhängig. Wir werden dieses Verfahren an verschiedenen Beispielen vorführen.

Ein einzelner Vektor $\boldsymbol{a}_1 \neq \boldsymbol{o}$ ist immer linear unabhängig, denn aus der Gleichung $\lambda_1 \boldsymbol{a}_1 = \boldsymbol{o}$ folgt $\lambda_1 = 0$. Ist ein Vektor $\boldsymbol{a}_2$ ein Vielfaches eines anderen Vektors $\boldsymbol{a}_1$, d. h., $\boldsymbol{a}_2 = \lambda \boldsymbol{a}_1$, so sind diese beiden Vektoren linear abhängig, denn mit dem Faktor 1 des Vektors $\boldsymbol{a}_2$ haben wir eine nichttriviale Linearkombination, wenn wir den Term $\lambda \boldsymbol{a}_1$ auf die linke Seite der Gleichung bringen. Die beiden Vektoren liegen geometrisch betrachtet auf einer Linie und wurden daher in Kap. 1 als **kollinear** bezeichnet. Entsprechend liegen drei linear abhängige Vektoren in einer Ebene und werden daher als **komplanar** bezeichnet.

BEISPIEL

3.4 Ein Beispiel für linear unabhängige Vektoren im $\mathbf{R}^n$ sind die Einheitsvektoren $\boldsymbol{e}_1, \dots, \boldsymbol{e}_n$; für $n = 3$ wurden diese Vektoren im Raum unserer Anschauung in Kapitel 1 geometrisch interpretiert:

$$\boldsymbol{e}_1 = (1, 0, \dots, 0)^{\mathrm{T}}, \quad \boldsymbol{e}_2 = (0, 1, 0, \dots, 0)^{\mathrm{T}}, \dots, \boldsymbol{e}_n = (0, \dots, 1)^{\mathrm{T}}. \tag{3.19}$$

Die definierende Gleichung für lineare Abhängigkeit bzw. Unabhängigkeit lautet:

$\lambda_1 \boldsymbol{e}_1 + \ldots + \lambda_n \boldsymbol{e}_n = \boldsymbol{o}.$

Schreiben wir diese Gleichung koordinatenweise hin, so ergibt sich unmittelbar: $\lambda_1 = \ldots = \lambda_n = 0$, d. h., die Einheitsvektoren sind linear unabhängig. ∎

Die Einheitsvektoren spannen zudem schon den ganzen $\mathbf{R}^n$ auf, denn für einen beliebigen Vektor $\boldsymbol{a} = (a_1, \dots, a_n)^{\mathrm{T}} \in \mathbf{R}^n$ gilt:

$$\begin{aligned} \boldsymbol{a} &= (a_1, \dots, a_n)^{\mathrm{T}} = (a_1, 0, \dots, 0)^{\mathrm{T}} + \ldots + (0, \dots, 0, a_n)^{\mathrm{T}} \\ &= a_1 (1, \dots, 0)^{\mathrm{T}} + \ldots + a_n (0, \dots, 1)^{\mathrm{T}} = \sum_{i=1}^{n} a_i \boldsymbol{e}_i. \end{aligned}$$

Ein tiefer gehendes Verständnis der linearen Abhängigkeit erhalten wir durch folgenden Satz.

> Es seien $\boldsymbol{a}_1, \ldots, \boldsymbol{a}_m \in V$. Die folgenden Aussagen sind äquivalent:
> (1) Die Vektoren $\boldsymbol{a}_1, \ldots, \boldsymbol{a}_m$ sind linear abhängig.
> (2) Mindestens ein Vektor $\boldsymbol{a}_i$, $1 \leqq i \leqq m$, ist Linearkombination der übrigen:
> $$\boldsymbol{a}_i = \sum_{j=1, i \neq j}^{m} \lambda_j \boldsymbol{a}_j. \qquad (3.20)$$

Um die Äquivalenz der Aussagen (1) und (2) zu beweisen, werden wir in a) (1) voraussetzen und (2) folgern, in b) setzen wir (2) voraus und folgern (1):

a) Die Vektoren $\boldsymbol{a}_1, \ldots, \boldsymbol{a}_m$ seien linear abhängig. Dann existiert eine nicht-triviale Linearkombination:
$$\sum_{j=1}^{m} \lambda'_j \boldsymbol{a}_j = \boldsymbol{o},$$
wobei für mindestens ein $j = i$ der Zahlenfaktor $\lambda'_i \neq 0$ ist, $1 \leqq i \leqq m$. Bringen wir alle Terme außer dem i-ten auf die rechte Seite und dividieren wir durch λ'_i, so erhalten wir den Vektor $\boldsymbol{a}_i$ als Linearkombination der übrigen.

b) Gilt für ein i, $1 \leqq i \leqq m$: $\boldsymbol{a}_i = \sum_{j=1, i \neq j}^{m} \lambda_j \boldsymbol{a}_j$, so folgt, indem wir alle Terme nach links bringen:
$$-\lambda_1 \boldsymbol{a}_1 - \ldots - \lambda_{i-1} \boldsymbol{a}_{i-1} + 1 \cdot \boldsymbol{a}_i - \lambda_{i+1} \boldsymbol{a}_{i+1} - \ldots - \lambda_m \boldsymbol{a}_m = \boldsymbol{o}.$$
Wegen des Faktors 1 bei $\boldsymbol{a}_i$ ist dies eine nicht-triviale Linearkombination. Die Vektoren $\boldsymbol{a}_1, \ldots, \boldsymbol{a}_m$ sind also linear abhängig.

Als Umkehrung dieses Satzes können wir jetzt auch die lineare Unabhängigkeit einer Menge von Vektoren etwas griffiger formulieren: Eine Menge von Vektoren ist genau dann linear unabhängig, wenn kein Vektor als Linearkombination der anderen dargestellt werden kann. Eine Erweiterung des vorhergehenden Satzes ist der folgende:

> Sind die Vektoren $\boldsymbol{a}_1, \ldots, \boldsymbol{a}_m$ linear abhängig, r dieser Vektoren – nach Umnumerierung etwa $\boldsymbol{a}_1, \ldots, \boldsymbol{a}_r$ – linear unabhängig, so ist mindestens einer der restlichen Vektoren $\boldsymbol{a}_{r+1}, \ldots, \boldsymbol{a}_m$ als Linearkombination aller übrigen $m - 1$ Vektoren darstellbar. (3.21)

Beweis:

Da die Vektoren $\boldsymbol{a}_1, \ldots, \boldsymbol{a}_m$ linear abhängig sind, gibt es eine nicht-triviale Linearkombination:
$$\lambda_1 \boldsymbol{a}_1 + \ldots + \lambda_r \boldsymbol{a}_r + \lambda_{r+1} \boldsymbol{a}_{r+1} + \ldots + \lambda_m \boldsymbol{a}_m = \boldsymbol{o}.$$

Wären nun die Faktoren $\lambda_{r+1} = \ldots = \lambda_m = 0$, so bliebe eine noch immer nicht-triviale Linearkombination übrig:
$$\lambda_1 \boldsymbol{a}_1 + \ldots + \lambda_r \boldsymbol{a}_r = \boldsymbol{o}.$$

Dies wäre aber ein Widerspruch zur linearen Unabhängigkeit der ersten r Vektoren. Es existiert also mindestens ein i mit $r+1 \leqq i \leqq m$ und $\lambda_i \neq 0$. Dann läßt sich aber $\boldsymbol{a}_i$ durch die anderen Vektoren darstellen, indem wir alle Terme außer dem i-ten auf die andere Seite bringen und durch λ_i dividieren.
Bisher war die lineare Abhängigkeit bzw. Unabhängigkeit nur für eine endliche Menge von Vektoren erklärt, in der folgenden Definition werden diese Begriffe auf unendliche Mengen übertragen.

Eine nicht-leere Teilmenge $U \subset V$ heißt **linear unabhängig**, wenn je endlich viele Vektoren aus U linear unabhängig sind, sonst **linear abhängig**.

BEISPIEL

3.5 $\boldsymbol{P}$ sei der Vektorraum der Polynome:

$$\boldsymbol{P} = \{P_m(x) = a_m x^m + \ldots + a_1 x + a_0 \mid m \in \mathbf{N},\ a_0, \ldots, a_m \in \mathbf{R},\ x \in \mathbf{R}\}.$$

Die Teilmenge $U = \{x^0, x^1, x^2, \ldots\}$ ist auf lineare Unabhängigkeit zu untersuchen.

Lösung: Die Testgleichung lautet:

$$\lambda_0 + \lambda_1 x + \lambda_2 x^2 + \ldots + \lambda_m x^m = 0 \quad \text{für alle } x \in \mathbf{R}.$$

Ein Polynom m-ten Grades kann aber höchstens m reelle Nullstellen besitzen und damit nicht für alle $x \in \mathbf{R}$ verschwinden, außer es gilt

$$\lambda_0 = \lambda_1 = \lambda_2 = \ldots = \lambda_m = 0.$$

U ist somit linear unabhängig. ■

AUFGABEN

3.13 Welche der folgenden Teilmengen von $C[a,b]$ sind lineare Teilräume:

$A_1 = \{f \in C[a,b] \mid f(a) = 5\}$,

$A_2 = \{f \in C[a,b] \mid f(x) \leqq 1,\ x \in [a,b]\}$,

$A_3 = \{f \in C[a,b] \mid \text{Es gibt ein } r \in \mathbf{R} \text{ mit } f(x) \leqq r \text{ für alle } x \in [a,b]\}$,

$A_4 = \{f \in C[a,b] \mid f(x) = 0 \text{ für alle } x \in [a,b]\}$,

$A_5 = \{f \in C[a,b] \mid f(b) = 0\}$.

3.14 Schreiben Sie den Vektor $\boldsymbol{a} = (5,-2,3)^{\mathrm{T}} \in \mathbf{R}^3$ als Linearkombination der Vektoren $\boldsymbol{b}_1 = (1,1,0)^{\mathrm{T}}$, $\boldsymbol{b}_2 = (-1,0,2)^{\mathrm{T}}$ und $\boldsymbol{b}_3 = (-1,1,0)^{\mathrm{T}}$!

3.15 Schreiben Sie die Funktion $f(x) = 2(\sin^2 x - \cos 2x + \cosh x) - 3\,\mathrm{e}^x$ als Linearkombination der Funktionen aus

$U = \{1;\ \mathrm{e}^{-x};\ \mathrm{e}^x; \cos 2x\} \subseteq C[\mathbf{R}]$!

3.16 Welche der folgenden Mengen von Vektoren des $\mathbf{R}^3$ sind linear unabhängig:

$U_1 = \{(1,2,0)^{\mathrm{T}};\ (-2,1,1)^{\mathrm{T}}\}$,

$U_2 = \{(1,-2,8)^{\mathrm{T}};\ (4,5,-3)^{\mathrm{T}};\ (3,2,1)^{\mathrm{T}}\}$,

$U_3 = \{(1,-2,8)^{\mathrm{T}};\ (4,5,-3)^{\mathrm{T}};\ (-2,-9,19)^{\mathrm{T}}\}$,

$U_4 = \{(1,-2,8)^{\mathrm{T}};\ (4,5,-3)^{\mathrm{T}};\ (-2,-9,19)^{\mathrm{T}};\ (3,7,-11)^{\mathrm{T}}\}$?

Bestimmen Sie jeweils eine größtmögliche Untermenge von linear unabhängigen Vektoren!

3.17 Betrachten Sie folgende Mengen von Vektoren des $\mathbf{R}^4$:
a) $\{(1,0,1,0)^T; (1,1,1,1)^T; (0,1,0,1)^T; (2,0,-1,0)^T\}$,
b) $\{(1,1,1,1)^T; (1,-1,1,1)^T; (1,-1,-1,1)^T; (1,-1,-1,-1)^T\}$,
c) $\{(1,1,1,1)^T; (0,1,1,1)^T; (0,0,1,1)^T; (0,0,0,1)^T\}$.
Bestimmen Sie jeweils eine größtmögliche Untermenge von linear unabhängigen Vektoren!

3.18 Zeigen Sie, daß die Funktionen $\sin x$, $\cos x$ in $C[-\pi,\pi]$ linear unabhängig sind!

3.19 V sei der Vektorraum der reellwertigen Funktionen auf $\mathbf{R}$. Prüfen Sie nach, ob die folgenden Mengen linear abhängig oder linear unabhängig in V sind!

a) $U = \{1; e^{ax}; e^{bx}\}$, $a \neq b$, $a \neq 0$, $b \neq 0$, b) $U = \{1; e^{ax}; x\,e^{ax}\}$, $a \neq 0$

c) $U = \{e^x; e^{-x}; \cosh x\}$, d) $U = \{1; \cos 2x; \sin^2 x\}$, e) $U = \{\sin x; \sin 2x\}$.

3.20 U sei eine Teilmenge des Vektorraums V. Beweisen Sie folgende Aussagen:
a) $U \subseteq L(U)$,
b) Wenn $U \subseteq W \subseteq V$ gilt und W Unterraum von V ist, so gilt $L(U) \subseteq W$,
c) Wenn U und W Teilmengen von V sind, dann gilt: $L(U \cap W) \subseteq L(U) \cap L(W)$.

3.4 Der Austauschsatz von Steinitz

Dieser wichtige Satz wird zeigen, daß man eine Menge linear unabhängiger Vektoren gegen eine andere Menge von linear unabhängigen Vektoren austauschen kann.

Bevor wir diesen Satz formulieren, wollen wir eine Vereinbarung treffen, die die folgende Herleitung wesentlich übersichtlicher macht. Bei den folgenden Sätzen wird aus der Menge $\boldsymbol{a}_1, \ldots, \boldsymbol{a}_m$ von Vektoren ein Vektor $\boldsymbol{a}_i$ weggelassen, es bleiben also die Vektoren $\boldsymbol{a}_1, \ldots, \boldsymbol{a}_{i-1}, \boldsymbol{a}_{i+1}, \ldots, \boldsymbol{a}_m$ übrig. Durch Umnumerierung kann erreicht werden, daß die übrigbleibenden Vektoren mit $\boldsymbol{a}_2, \ldots, \boldsymbol{a}_m$ bezeichnet werden. Dieses Vorgehen hat wegen des Kommutativgesetzes keine Auswirkung auf die lineare Abhängigkeit bzw. Unabhängigkeit.

Zur Vorbereitung des Satzes von **Steinitz** wollen wir zunächst zeigen, daß zur Erzeugung eines Vektorraums nur linear unabhängige Vektoren beitragen. Es gilt also

> Sind die Vektoren $\boldsymbol{a}_1, \ldots, \boldsymbol{a}_m$ linear abhängig, so kann man einen Vektor – nach Umnumerierung $\boldsymbol{a}_1$ – weglassen, wobei der aufgespannte lineare Teilraum erhalten bleibt:
>
> $$L(\boldsymbol{a}_1, \ldots, \boldsymbol{a}_m) = L(\boldsymbol{a}_2, \ldots, \boldsymbol{a}_m). \tag{3.22}$$

Der Nachweis der Mengengleichheit erfolgt durch den Nachweis der gegenseitigen Teilmengeneigenschaft:

a) Da die Vektoren $\boldsymbol{a}_1, \ldots, \boldsymbol{a}_m$ linear abhängig sind, kann mit (3.20) und eventuell nach Umnumerierung der Vektor $\boldsymbol{a}_1$ durch eine Linearkombination der übrigen dargestellt werden:

$$\boldsymbol{a}_1 = \sum_{i=2}^{m} \lambda'_i \boldsymbol{a}_i.$$

Ein beliebiger Vektor $\boldsymbol{a} \in L(\boldsymbol{a}_1, \ldots, \boldsymbol{a}_m)$ läßt sich wie folgt schreiben:

$$\boldsymbol{a} = \lambda_1 \boldsymbol{a}_1 + \sum_{i=2}^{m} \lambda_i \boldsymbol{a}_i = \lambda_1 \sum_{i=2}^{m} \lambda'_i \boldsymbol{a}_i + \sum_{i=2}^{m} \lambda_i \boldsymbol{a}_i = \sum_{i=2}^{m} (\lambda_1 \lambda'_i + \lambda_i) \boldsymbol{a}_i.$$

Es ist also $\boldsymbol{a} \in L(\boldsymbol{a}_2, \ldots, \boldsymbol{a}_m)$ und wir haben gezeigt:

$$L(\boldsymbol{a}_1, \ldots, \boldsymbol{a}_m) \subseteq L(\boldsymbol{a}_2, \ldots, \boldsymbol{a}_m).$$

b) Die umgekehrte Inklusion gilt trivialerweise und somit die Aussage 3.22.

Austauschsatz von Steinitz:
Es sei $L(\boldsymbol{a}_1, \ldots, \boldsymbol{a}_m)$ gegeben. Die Vektoren $\boldsymbol{b}_1, \ldots, \boldsymbol{b}_r \in L(\boldsymbol{a}_1, \ldots, \boldsymbol{a}_m)$ seien linear unabhängig. Dann gilt

(1) $r \leqq m$,

(2) r der Vektoren $\boldsymbol{a}_1, \ldots, \boldsymbol{a}_m$ – nach Umnumerierung etwa $\boldsymbol{a}_1, \ldots, \boldsymbol{a}_r$ – können gegen die Vektoren $\boldsymbol{b}_1, \ldots, \boldsymbol{b}_r$ ausgetauscht werden, wobei der aufgespannte lineare Teilraum erhalten bleibt:

$$L(\boldsymbol{b}_1, \ldots, \boldsymbol{b}_r, \boldsymbol{a}_{r+1}, \ldots, \boldsymbol{a}_m) = L(\boldsymbol{a}_1, \ldots, \boldsymbol{a}_m). \tag{3.23}$$

Beweis: (induktiv)

a) Es gilt $\boldsymbol{b}_1 \in L(\boldsymbol{a}_1, \ldots, \boldsymbol{a}_m)$, d. h., $\boldsymbol{b}_1$ ist Linearkombination der Vektoren $\boldsymbol{a}_1, \ldots, \boldsymbol{a}_m$. Wegen (3.22) folgt:

$$L(\boldsymbol{b}_1, \boldsymbol{a}_1, \ldots, \boldsymbol{a}_m) = L(\boldsymbol{a}_1, \ldots, \boldsymbol{a}_m).$$

Da die Vektoren $\boldsymbol{b}_1, \boldsymbol{a}_1, \ldots, \boldsymbol{a}_m$ linear abhängig sind und $\boldsymbol{b}_1 \neq \boldsymbol{o}$ linear unabhängig ist folgt, daß mindestens ein Vektor – $\boldsymbol{a}_1$ nach Umnumerierung – Linearkombination der übrigen ist. Es folgt

$$L(\boldsymbol{b}_1, \boldsymbol{a}_1, \ldots, \boldsymbol{a}_m) = L(\boldsymbol{b}_1, \boldsymbol{a}_2, \ldots, \boldsymbol{a}_m) = L(\boldsymbol{a}_1, \ldots, \boldsymbol{a}_m).$$

b) Wir nehmen nun an, daß für ein i mit $1 \leqq i \leqq \operatorname{Min}(m, r)$ schon i Vektoren ausgetauscht sind, d. h., es gilt

$$L(\boldsymbol{b}_1, \ldots, \boldsymbol{b}_i, \boldsymbol{a}_{i+1}, \ldots, \boldsymbol{a}_m) = L(\boldsymbol{a}_1, \ldots, \boldsymbol{a}_m).$$

c) Austausch eines der Vektoren $\boldsymbol{a}_{i+1}, \ldots, \boldsymbol{a}_m$ gegen $\boldsymbol{b}_{i+1}$:
Nach Voraussetzung ist $\boldsymbol{b}_{i+1} \in L(\boldsymbol{a}_1, \ldots, \boldsymbol{a}_m)$, aus der Induktionsannahme folgt, daß $\boldsymbol{b}_{i+1}$ Linearkombination der Vektoren $\boldsymbol{b}_1, \ldots, \boldsymbol{b}_i, \boldsymbol{a}_{i+1}, \ldots, \boldsymbol{a}_m$ ist. Wegen (3.22) können wir bei der Bildung des linearen Teilraums $\boldsymbol{b}_{i+1}$ weglassen, d. h., es gilt

$$L(\boldsymbol{b}_1, \ldots, \boldsymbol{b}_i, \boldsymbol{b}_{i+1}, \boldsymbol{a}_{i+1}, \ldots, \boldsymbol{a}_m) = L(\boldsymbol{b}_1, \ldots, \boldsymbol{b}_i, \boldsymbol{a}_{i+1}, \ldots, \boldsymbol{a}_m).$$

Andererseits kann nach (3.22) wegen der linearen Abhängigkeit der Vektoren $\boldsymbol{b}_1, \ldots, \boldsymbol{b}_i, \boldsymbol{b}_{i+1}, \boldsymbol{a}_{i+1}, \ldots, \boldsymbol{a}_m$ und der linearen Unabhängigkeit der Vektoren $\boldsymbol{b}_1, \ldots, \boldsymbol{b}_i, \boldsymbol{b}_{i+1}$ einer der restlichen Vektoren – nach Umnumerierung $\boldsymbol{a}_{i+1}$ –

weggelassen werden und es folgt mit b):

$$\begin{aligned} L(\boldsymbol{b}_1, \ldots, \boldsymbol{b}_i, \boldsymbol{b}_{i+1}, \boldsymbol{a}_{i+1}, \ldots, \boldsymbol{a}_m) &= L(\boldsymbol{b}_1, \ldots, \boldsymbol{b}_i, \boldsymbol{b}_{i+1}, \boldsymbol{a}_{i+2}, \ldots, \boldsymbol{a}_m) \\ &= L(\boldsymbol{a}_1, \ldots, \boldsymbol{a}_m). \end{aligned}$$

d) Der Austausch ist möglich für alle i mit $1 \leqq i \leqq \mathrm{Min}\,(m, r)$, solange gibt es nämlich Vektoren $\boldsymbol{a}_j$ und $\boldsymbol{b}_{i+1}$, die ausgetauscht werden können.
Nehmen wir nun an, daß $r > m$, d. h. $\mathrm{Min}\,(m, r) = m$ sei. Dann liefert der m-te Schritt

$$L(\boldsymbol{b}_1, \ldots, \boldsymbol{b}_m) = L(\boldsymbol{a}_1, \ldots, \boldsymbol{a}_m).$$

Es gibt dann noch mindestens den Vektor $\boldsymbol{b}_{m+1}$, der nach Voraussetzung in $L(\boldsymbol{b}_1, \ldots, \boldsymbol{b}_m) = L(\boldsymbol{a}_1, \ldots, \boldsymbol{a}_m)$ liegt. Dann wären aber $\boldsymbol{b}_1, \ldots, \boldsymbol{b}_{m+1}$ linear abhängig im Widerspruch zur Voraussetzung. Es gilt also $r \leqq m$ und damit ist der Satz bewiesen.

AUFGABE

3.21 Gegeben sei die Teilmenge $U = \{(1, -1, 1)^{\mathrm{T}}; (2, -1, 1)^{\mathrm{T}}; (0, -1, 2)^{\mathrm{T}}\}$ des Vektorraums $\mathbf{R}^3$. Ersetzen Sie wie im Beweis des Austauschsatzes von Steinitz zwei Vektoren aus U durch die Vektoren $\boldsymbol{b}_1 = (2, 2, -1)^{\mathrm{T}}$ und $\boldsymbol{b}_2 = (3, -2, 4)^{\mathrm{T}}$.

3.5 Basis von Vektorräumen

In diesem Abschnitt geht es darum, in einem Vektorraum eine möglichst kleine Teilmenge von Vektoren so zu bestimmen, daß von diesen Vektoren der gesamte Vektorraum erzeugt wird. Wir kennen schon einige Beispiele, für die das der Fall ist:
Für den ausführlich behandelten Vektorraum $\mathbf{R}^n$ gilt $\mathbf{R}^n = L(\boldsymbol{e}_1, \ldots, \boldsymbol{e}_n)$. Hier leisten also die n Einheitsvektoren $\boldsymbol{e}_1, \ldots, \boldsymbol{e}_n$ (s. (3.19)) das Gewünschte.
Im Falle des Vektorraums der Polynome $\boldsymbol{P}$ spannt die unendliche Teilmenge $U = \{x_0, x_1, x_2, \ldots\}$ den Vektorraum auf.
Diese Beispiele führen zur folgenden Definition, wobei die oben gebrauchte Charakterisierung einer „möglichst kleinen Teilmenge“ mathematisch durch lineare Unabhängigkeit präzisiert wird.

> Es sei V ein Vektorraum über K. Eine Teilmenge $U \subset V$ von linear unabhängigen Vektoren heißt eine **Basis** von V, wenn gilt
>
> $$L(U) = V.$$
>
> Ein Vektorraum heißt **endlichdimensional**, wenn er eine endliche Basis besitzt.

Daß in dieser Definition die Basisvektoren als linear unabhängig vorausgesetzt werden, bedeutet keine Einschränkung, denn nach dem Austauschsatz können ja linear abhängige Vektoren entfernt werden, wobei der aufgespannte Raum erhalten bleibt.
Ein wichtige Frage ist jedoch, ob diese Dimensionszahl für einen endlichdimensionalen Vektorraum eindeutig bestimmt ist. Diese Frage kann positiv beantwortet werden. Denn nehmen wir an $\{\boldsymbol{a}_1, \ldots, \boldsymbol{a}_m\}$ und $\{\boldsymbol{b}_1, \ldots, \boldsymbol{b}_n\}$ seien zwei Basissysteme von V. Dann gilt:

$$V = L(\boldsymbol{a}_1, \ldots, \boldsymbol{a}_m) = L(\boldsymbol{b}_1, \ldots, \boldsymbol{b}_n)$$

und es folgt $\boldsymbol{a}_1, \ldots, \boldsymbol{a}_m \in L(\boldsymbol{b}_1, \ldots, \boldsymbol{b}_n)$. Da die $\boldsymbol{a}_1, \ldots, \boldsymbol{a}_m$ linear unabhängig sind folgt nach dem Austauschsatz: $m \leqq n$. Eine Vertauschung in der Herleitung ergibt $n \leqq m$ und somit $m = n$. Es gilt somit

In einem endlichdimensionalen Vektorraum V hat jede Basis dieselbe Anzahl von Vektoren. Diese Zahl heißt **Dimension** von V.

Der Vektorraum $\mathbf{R}^n$ hat also die Dimension n und die Vektoren $\boldsymbol{e}_1, \ldots, \boldsymbol{e}_n$ bilden eine (natürliche) Basis von $\mathbf{R}^n$. Es ist nun sinnvoll, dem Vektorraum, der nur den Nullvektor enthält, die Dimension 0 zuzuweisen.

Wie wir gesehen haben, ist die Dimension eines endlichdimensionalen Vektorraums eindeutig bestimmt. Dagegen gibt es in ihm verschiedene Basen, was unmittelbar aus dem Austauschsatz folgt.

Es sei V ein endlichdimensionaler Vektorraum:

$$V = L(\boldsymbol{a}_1, \ldots, \boldsymbol{a}_m).$$

Dann läßt sich jede Teilmenge von linear unabhängigen Vektoren $\boldsymbol{b}_1, \ldots, \boldsymbol{b}_i$, $1 \leqq i < m$, durch Hinzunahme geeigneter Vektoren $\boldsymbol{a}_j$ zu einer Basis vervollständigen.

Hat man allerdings in einem Vektorraum V eine Basis fest gewählt, so ist die Darstellung jedes Vektors aus V in dieser Basis möglich und sogar eindeutig bestimmt:

Es sei V ein endlichdimensionaler Vektorraum und $\{\boldsymbol{a}_1, \ldots, \boldsymbol{a}_m\}$ eine Basis von V. Dann hat jeder Vektor $\boldsymbol{a} \in V$ bez. dieser Basis die eindeutige Darstellung:

$$\boldsymbol{a} = \sum_{i=1}^{m} \lambda_i \boldsymbol{a}_i. \tag{3.24}$$

Zum Nachweis dieser Behauptung nehmen wir wieder an es gäbe zwei Darstellungen:

$$\boldsymbol{a} = \sum_{i=1}^{m} \lambda_i \boldsymbol{a}_i = \sum_{i=1}^{m} \lambda_i' \boldsymbol{a}_i, \quad \text{dann folgt} \quad \boldsymbol{a} - \boldsymbol{a} = \boldsymbol{o} = \sum_{i=1}^{m} (\lambda_i - \lambda_i')\boldsymbol{a}_i.$$

Wegen der linearen Unabhängigkeit der $\boldsymbol{a}_i$ folgt aber $\lambda_i - \lambda_i' = 0$ und $\lambda_i = \lambda_i'$ für alle i, $1 \leqq i \leqq m$.

Die Zahl λ_i in der Darstellung (3.24) heißt ***i*-te Koordinate** von $\boldsymbol{a}$ bez. der Basis $\{\boldsymbol{a}_1, \ldots, \boldsymbol{a}_m\}$.

Die Koordinaten eines Vektors sind also immer nur bezüglich einer festgelegten Basis eindeutig bestimmt. Dies wurde in Kap. 1 nicht besonders herausgehoben, da wir dort vom kartesischen Koordinatensystem ausgegangen sind.

AUFGABEN

3.22 Ist die Menge $U = \{\boldsymbol{x} \mid \boldsymbol{x} = (r, r, s)^{\mathrm{T}},\ r, s \in \mathbf{R}\}$ ein linearer Teilraum des $\mathbf{R}^3$? Ermitteln sie gegebenenfalls eine Basis und die Dimension von U!

3.23 V sei ein n-dimensionaler Vektorraum über K; U sei ein linearer Teilraum von V mit $\dim U = \dim V$. Zeigen sie: $U = V$!

3.24 Berechnen sie die Koordinaten des Vektors $\boldsymbol{b} = (1, 3, 0)^{\mathrm{T}} \in \mathbf{R}^3$ bezüglich der beiden Basissysteme:

$U = \{(1,0,0)^{\mathrm{T}}, (1,1,0)^{\mathrm{T}}, (1,1,1)^{\mathrm{T}}\}$ und

$U' = \{(2,-1,2)^{\mathrm{T}}, (1,0,-1)^{\mathrm{T}}, (2,3,1)^{\mathrm{T}}\}$!

3.25 Ist $m > n$, so ist die Menge $\{\boldsymbol{b}_1, \ldots, \boldsymbol{b}_m\} \in \mathbf{R}^n$ linear abhängig. Verwenden Sie zum Beweis den Austauschsatz von Steinitz.

3.26 Bestimmen Sie die Dimension des Unterraumes $L(\boldsymbol{a}_1, \boldsymbol{a}_2, \boldsymbol{a}_3)$ aus Aufgabe 3.5 b).

3.27 $\boldsymbol{P}_m$ sei der Vektorraum der Polynome von höchstens m-ten Grade, wobei m eine feste natürliche Zahl bezeichne. Untersuchen Sie im folgenden jeweils die Menge U von Polynomen $p(x)$ aus $\boldsymbol{P}_m$, die die angegebene Bedingung erfüllt. Stellen Sie fest, ob U Unterraum von $\boldsymbol{P}_m$ ist und bestimmen Sie gegebenenfalls die Dimension von U.

a) $p(0) = 0$, b) $p'(0) = 0$, c) $p(0) + p'(0) = 0$,

d) $p(x)$ ist gerade, e) $p(x)$ ist ungerade, f) $p(0) = p(1)$.

In b) und c) ist mit dem Strich die Ableitung bezeichnet.

3.28 Es sei folgende Menge von (2×2)-Matrizen gegeben:

$$C = \left\{ \boldsymbol{A} = \begin{pmatrix} a_1 & -a_2 \\ a_2 & a_1 \end{pmatrix} \mid a_1, a_2 \in \mathbf{R} \right\}.$$

Zeigen Sie: C ist mit den Operationen $\boldsymbol{A} + \boldsymbol{B}$ und $\lambda \boldsymbol{A}$, $\lambda \in \mathbf{R}$, ein zweidimensionaler Teilraum des Vektorraums der (2×2)-Matrizen.

3.6 Lösungsraum von linearen Gleichungssystemen

Zum Abschluß des Kapitels soll als Anwendung des Vektorraumbegriffs der Lösungsraum von linearen Gleichungssystemen betrachtet werden.

In Kap. 3 [3] wurde ein lineares Gleichungssystem von m Gleichungen mit den n Unbekannten $x_1, \ldots, x_n$ (kurz: ein $(m \times n)$-Gleichungssystem) eingeführt in der Form:

$$\begin{array}{ccccccc} a_{11}x_1 + & a_{12}x_2 + & \ldots + & a_{1n}x_n = & b_1 \\ a_{21}x_1 + & a_{22}x_2 + & \ldots + & a_{2n}x_n = & b_2 \\ \vdots & \vdots & & \vdots & \vdots \\ a_{m1}x_1 + & a_{m2}x_2 + & \ldots + & a_{mn}x_n = & b_m \end{array} \qquad (3.25)$$

Dabei sind die a_{ij} reelle oder komplexe Zahlen, sie heißen die Koeffizienten des Gleichungssystems. Der erste Index gibt die Nummer der Gleichung an: $1 \leqq i \leqq m$, der zweite die Nummer der Unbekannten: $1 \leqq j \leqq n$.
Den Spaltenvektor $\boldsymbol{b} = (b_1, \ldots, b_m)^{\mathrm{T}} \in \mathbf{C}^m$ oder $\mathbf{R}^m$ nennt man die rechte Seite des Gleichungssystems (3.25). Jeder Spaltenvektor $\boldsymbol{x} = (x_1, \ldots, x_n)^{\mathrm{T}} \in \mathbf{C}^n$ oder $\mathbf{R}^n$, der (3.25) erfüllt, heißt eine Lösung des Gleichungssystems. Gesucht sind alle Lösungen des Gleichungssystems.
Mit Hilfe der Matrixschreibweise läßt sich das lineare Gleichungssystem (3.25) wesentlich übersichtlicher schreiben. Mit der Koeffizientenmatrix

$$\boldsymbol{A} = \begin{pmatrix} a_{11} & a_{12} & \ldots & a_{1n} \\ a_{21} & a_{22} & \ldots & a_{2n} \\ \vdots & \vdots & & \vdots \\ a_{m1} & a_{m2} & \ldots & a_{mn} \end{pmatrix} \in \mathbf{C}^{m\times n} \text{ oder } \mathbf{R}^{m\times n} \tag{3.26}$$

wird aus (3.25) eine Matrixgleichung:

$$\boldsymbol{A}\boldsymbol{x} = \boldsymbol{b} \tag{3.27}$$

Durch das in 3.2.2 [3] beschriebene Eliminationsverfahren erhalten wir (3.27) in der Form

$$\begin{pmatrix} a'_{11} & \ldots & \ldots & a'_{1r} & \ldots & a'_{1n} \\ 0 & a'_{22} & & & & a'_{2n} \\ \vdots & & \ddots & & & \vdots \\ & & & a'_{rr} & \ldots & a'_{rn} \\ 0 & \ldots & & & \ldots & 0 \\ \vdots & & & & & \vdots \\ 0 & \ldots & & & \ldots & 0 \end{pmatrix} \begin{pmatrix} x'_1 \\ \vdots \\ \vdots \\ \vdots \\ \vdots \\ \vdots \\ x'_n \end{pmatrix} = \begin{pmatrix} b'_1 \\ \vdots \\ \vdots \\ b'_r \\ b'_{r+1} \\ \vdots \\ b'_m \end{pmatrix} \tag{3.28}$$

Dabei werden die folgenden Zeilenoperationen vorgenommen:

1. Vertauschung von Zeilen (Gleichungen).
2. Addition eines Vielfachen einer Zeile (Gleichung) zu einer anderen Zeile (Gleichung).
3. Multiplikation einer Zeile (Gleichung) mit einer Zahl $\lambda \neq 0$.

Außerdem können Unbekannte vertauscht worden sein, so daß der Lösungsvektor $\boldsymbol{x}' = (x'_1, \ldots, x'_n)^{\mathrm{T}}$ die Unbekannten in einer anderen Reihenfolge enthält als der Lösungsvektor $\boldsymbol{x} = (x_1, \ldots, x_n)^{\mathrm{T}}$.
Aus (3.28) läßt sich unmittelbar ablesen:

1. Das lineare Gleichungssystem ist genau dann lösbar, wenn $b'_{r+1} = \ldots = b'_m = 0$.
2. Im Falle der Lösbarkeit sind die r Unbekannten $x'_1, \ldots, x'_r$ lineare Funktionen der $n-r$ Unbekannten $x'_{r+1}, \ldots, x'_n$. Die Gesamtheit der Lösungen wird erhalten, wenn diese Unbekannten $x'_{r+1}, \ldots, x'_n$ alle reelle bzw. komplexe Zahlen durchlaufen. Das Gleichungssystem hat genau eine Lösung, wenn $r = n$.

Wir wollen dieses Ergebnis mit Begriffen des Vektorraums formulieren. Dazu brauchen wir die Definition des Rangs einer Matrix, wie sie in 2.3.1. [3] gegeben wurde:

> Der Rang einer $(m \times n)$-Matrix ist gleich der Maximalzahl der linear unabhängigen Zeilen- bzw. Spaltenvektoren (diese Zahl ist eindeutig bestimmt).

Außerdem führen wir die sogenannte **erweiterte Koeffizientenmatrix** ein, die erhalten wird, indem der Koeffizientenmatrix $\boldsymbol{A}$ als weitere Spalte die rechte Seite des Gleichungssystems (3.25) angefügt wird:

$$\boldsymbol{A}_b = \begin{pmatrix} a_{11} & \dots & a_{1n} & b_1 \\ \vdots & & \vdots & \vdots \\ a_{m1} & \dots & a_{mn} & b_m \end{pmatrix}.$$

Wegen der stufenweisen Anordnung der Nullen in (3.28) ist zu ersehen:

> Das lineare Gleichungssystem $\boldsymbol{Ax} = \boldsymbol{b}$ ist genau dann lösbar, wenn der Rang r der Koeffizientenmatrix $\boldsymbol{A}$ mit dem Rang der erweiterten Matrix $\boldsymbol{A}_b$ übereinstimmt: $r(\boldsymbol{A}) = r(\boldsymbol{A}_b)$.
> Die Gesamtheit der Lösungen wird erhalten, indem $n - r$ Unbekannte x_i die reellen oder komplexen Zahlen $c_1, \dots, c_{n-r}$ durchlaufen und die übrigen Unbekannten aus dem Gleichungssystem (3.28) bestimmt werden.

Dieses Lösungsverfahren soll an einem Beispiel demonstriert werden:

BEISPIEL

3.6 Zu lösen ist das lineare Gleichungssystem

$$\begin{aligned} x_1 + x_2 + x_3 - x_4 - 2x_5 &= 1 \\ x_1 + x_2 - x_3 - 3x_4 - x_5 &= -2. \\ x_1 + x_2 + 3x_3 + 3x_4 - 2x_5 &= 5 \end{aligned}$$

Lösung: Durch Addition des (-1)-fachen der ersten Gleichung zur zweiten und zur dritten Gleichung erhalten wir die Form (3.28) des Gleichungssystems:

$$\begin{aligned} x_1 - 2x_5 + x_3 - x_4 + x_2 &= 1 \\ x_5 - 2x_3 - 2x_4 \quad &= -3. \\ 2x_3 + 4x_4 \quad &= 4 \end{aligned}$$

Wir setzen $x_2 = c_1$, $x_4 = c_2$, $c_1, c_2 \in \mathbf{R}$ und erhalten damit die übrigen Unbekannten zu $x_3 = 2 - 2c_2$, $x_5 = 1 - 2c_2$, $x_1 = 1 - c_1 - c_2$. Die Lösungsmenge lautet also:

$$L = \left\{ \boldsymbol{x} \mid \boldsymbol{x} = \begin{pmatrix} x_1 \\ x_2 \\ x_3 \\ x_4 \\ x_5 \end{pmatrix} = \begin{pmatrix} 1 \\ 0 \\ 2 \\ 0 \\ 1 \end{pmatrix} + c_1 \begin{pmatrix} -1 \\ 1 \\ 0 \\ 0 \\ 0 \end{pmatrix} + c_2 \begin{pmatrix} -1 \\ 0 \\ -2 \\ 1 \\ -2 \end{pmatrix}, \; c_1, c_2 \in \mathbf{R} \right\}.$$

Hierbei ist der Zahlenvektor in der Lösung $\boldsymbol{x}$ eine spezielle Lösung ($c_1 = c_2 = 0$) des Gleichungssystems. Die beiden folgenden Vektoren bilden die Gesamtheit der Lösungen des zugehörigen homogenen Gleichungssystems ($\boldsymbol{Ax} = \boldsymbol{o}$). ■

Die Lösungen des homogenen linearen Gleichungssystems $\boldsymbol{A}\boldsymbol{x} = \boldsymbol{o}$ bilden einen linearen Teilraum des $\mathbf{R}^n$, denn mit zwei Lösungen x_1 und x_2 von $\boldsymbol{A}\boldsymbol{x} = \boldsymbol{o}$ ist wegen $\boldsymbol{A}(c_1\boldsymbol{x}_1+c_2\boldsymbol{x}_2) = c_1\boldsymbol{A}(\boldsymbol{x}_1)+c_2\boldsymbol{A}(\boldsymbol{x}_2)=\boldsymbol{o}+\boldsymbol{o}=\boldsymbol{o}$ auch $c_1\boldsymbol{x}_1+c_2\boldsymbol{x}_2$ eine Lösung des homogenen Gleichungssystems. Dieser lineare Teilraum L_{h} hat nach (3.28) die Dimension $n - r$, eine Basis $\{\boldsymbol{a}_1, \ldots, \boldsymbol{a}_{n-r}\}$ von L_{h} wird wie in Beispiel 3.6 dargestellt erhalten: Die Basisvektoren ergeben sich durch Ausklammern der c_i. Somit kann der Lösungsraum der linearen Gleichungssysteme folgendermaßen beschrieben werden:

> Jede Lösung $\boldsymbol{x}$ eines linearen Gleichungssystems $\boldsymbol{A}\boldsymbol{x} = \boldsymbol{b}$ setzt sich additiv zusammen aus einer speziellen Lösung $\boldsymbol{x}_{\mathrm{s}}$ des Gleichungssystems und einer beliebigen Lösung $\boldsymbol{x}_{\mathrm{h}} \in L(\boldsymbol{a}_1, \ldots, \boldsymbol{a}_{n-r})$ des homogenen Gleichungssystems: $\boldsymbol{x} = \boldsymbol{x}_{\mathrm{s}} + \boldsymbol{x}_{\mathrm{h}}$.

AUFGABEN

3.29 Welche der folgenden beiden linearen Gleichungssysteme sind lösbar:

a) $$\begin{aligned} x_1+x_2+x_3&=1\\ x_1+x_3&=1\\ 2x_1+x_2+2x_3&=0, \end{aligned}$$

b) $$\begin{aligned} 2x_1+x_2-2x_3+3x_4&=4\\ 3x_1+2x_2-x_3+2x_4&=6\\ 3x_1+3x_2+3x_3-3x_4&=6? \end{aligned}$$

3.30 Bestimmen Sie den Lösungsraum der homogenen linearen Gleichungssysteme:

a) $2x_1-2x_2+x_3=0,$

b) $$\begin{aligned} 2x_1-2x_2 \quad x_3&=0\\ x_2+3x_3&=0, \end{aligned}$$

c) $$\begin{aligned} 2x_1+x_2-2x_3+3x_4&=0\\ 3x_1+2x_2-x_3+2x_4&=0\\ 3x_1+3x_2+3x_3-3x_4&=0. \end{aligned}$$

3.31 Bestimmen die Lösungsmenge der linearen Gleichungssysteme:

a) $$\begin{aligned} 2x_1+2x_2-3x_3&=6\\ x_2+3x_3&=2, \end{aligned}$$

b) $$\begin{aligned} x_1+2x_2-3x_3&=6\\ 2x_1-x_2+4x_3&=2\\ 4x_1+3x_2-2x_3&=14, \end{aligned}$$

c) $$\begin{aligned} 2x_1+x_2-2x_3+3x_4+2x_5&=4\\ 3x_1+2x_2-x_3+2x_4&=6\\ x_1+3x_2+2x_3-3x_4-x_5&=6. \end{aligned}$$

4 Lineare Abbildungen

4.1 Einleitung

Die linke Seite eines linearen $m \times n$-Gleichungssystems

$$\boldsymbol{A} \cdot \boldsymbol{x} = \boldsymbol{b}$$

mit komplexer $m \times n$-Koeffizientenmatrix $\boldsymbol{A} = (a_{ij})$ läßt sich als Berechnungsvorschrift auffassen, mit der man zu jedem vorgegebenen Spaltenvektor $\boldsymbol{x} \in \mathbf{C}^n$ einen Bildvektor $\boldsymbol{A} \cdot \boldsymbol{x} \in \mathbf{C}^m$ ausrechnen kann:

$$\boldsymbol{A} \cdot \boldsymbol{x} = \begin{pmatrix} a_{11}x_1 & + \ldots + & a_{1n}x_n \\ \vdots & & \vdots \\ a_{m1}x_1 & + \ldots + & a_{mn}x_n \end{pmatrix} \tag{4.1}$$

Die rechte Seite der Gleichung (4.1) nannte man früher einen „linearen Ausdruck in den n Variablen $x_1, \ldots, x_n$" – wir werden von linearen Funktionen oder Abbildungen

$$\boldsymbol{\Phi} : \mathbf{C}^n \to \mathbf{C}^m$$

oder allgemeiner

$$\boldsymbol{\Phi} : V \to W$$

mit Vektorräumen V, W sprechen. Allerdings werden wir diese Abbildungen nicht mittels der Berechnungsvorschrift in (4.1) definieren, weil die Variablen $x_1, \ldots, x_n$ die Koordinaten des Vektors $\boldsymbol{x}$ bezüglich einer speziellen Basis sind und daher die gleiche Abbildung bezüglich einer anderen Basis eine i. allg. andere Berechnungsvorschrift hat.

Wir geben eine „invariante", d. h. basisunabhängige Definition linearer Abbildungen

$$\boldsymbol{\Phi} : V \to W$$

aber vorher sehen wir uns einige Beispiele linearer Abbildungen an.

BEISPIELE

4.1 Parameterdarstellung einer Geraden durch o im Raum $\mathbf{R}^3$.
Hier ist $\boldsymbol{\Phi} : \mathbf{R} \to \mathbf{R}^3$ mit

$$\boldsymbol{\Phi}(t) = t \cdot \boldsymbol{u}.$$

(t Parameter, $\boldsymbol{u}$ Richtungsvektor). Es gilt:

$$\boldsymbol{\Phi}(s + t) = \boldsymbol{\Phi}(s) + \boldsymbol{\Phi}(t)$$
$$\boldsymbol{\Phi}(st) = s \cdot \boldsymbol{\Phi}(t)$$

für alle $s, t \in \mathbf{R}$. ■

4.2 Parameterdarstellung einer Ebene durch o im Raum $\mathbf{R}^3$.
Hier ist $\boldsymbol{\Phi} : \mathbf{R}^2 \to \mathbf{R}^3$ mit

$$\boldsymbol{\Phi}\left(\begin{pmatrix} s \\ t \end{pmatrix}\right) = s \cdot \boldsymbol{u} + t \cdot \boldsymbol{v}.$$

(s, t Parameter, $\boldsymbol{u}, \boldsymbol{v}$ Richtungsvektoren). Es gilt:

$$\boldsymbol{\Phi}\left(\begin{pmatrix} s \\ t \end{pmatrix} + \begin{pmatrix} s' \\ t' \end{pmatrix}\right) = \boldsymbol{\Phi}(\begin{pmatrix} s \\ t \end{pmatrix}) + \boldsymbol{\Phi}(\begin{pmatrix} s' \\ t' \end{pmatrix})$$
$$\boldsymbol{\Phi}(\alpha \begin{pmatrix} s \\ t \end{pmatrix}) = \alpha \cdot \boldsymbol{\Phi}(\begin{pmatrix} s \\ t \end{pmatrix})$$

für alle $\begin{pmatrix} s \\ t \end{pmatrix}, \begin{pmatrix} s' \\ t' \end{pmatrix} \in \mathbf{R}^2$, $\alpha \in \mathbf{R}$. ■

4.3 Skalarprodukt mit einem festen Vektor $\boldsymbol{b}$.
Hier ist $\boldsymbol{\Phi} : \mathbf{R}^3 \to \mathbf{R}$ mit

$$\boldsymbol{\Phi}(\boldsymbol{x}) = \boldsymbol{x} \cdot \boldsymbol{b} = x_1 b_1 + x_2 b_2 + x_3 b_3.$$

($\boldsymbol{x} = \begin{pmatrix} x_1 \\ x_2 \\ x_3 \end{pmatrix} \in \mathbf{R}^3$ variabel, $\boldsymbol{b} = \begin{pmatrix} b_1 \\ b_2 \\ b_3 \end{pmatrix} \in \mathbf{R}^3$ fest). Es gilt:

$$\boldsymbol{\Phi}(\boldsymbol{x} + \boldsymbol{y}) = \boldsymbol{\Phi}(\boldsymbol{x}) + \boldsymbol{\Phi}(\boldsymbol{y})$$
$$\boldsymbol{\Phi}(\alpha \cdot \boldsymbol{x}) = \alpha \cdot \boldsymbol{\Phi}(\boldsymbol{x})$$

für alle $\boldsymbol{x}, \boldsymbol{y} \in \mathbf{R}^3$, $\alpha \in \mathbf{R}$. ■

4.4 Zuordnung einer Koordinatenspalte.
Hier ist $\boldsymbol{\Phi} : V \to K^n$ mit

$$\boldsymbol{\Phi}(\boldsymbol{v}) = \begin{pmatrix} x_1 \\ x_2 \\ \vdots \\ x_n \end{pmatrix}$$

wobei $\boldsymbol{B} = \{\boldsymbol{b}_1, \ldots, \boldsymbol{b}_n\}$ eine feste Basis des K-Vektorraums V und $\boldsymbol{v} = \sum_{k=1}^{n} x_k \boldsymbol{b}_k \in V$ variabel. Es gilt:

$$\boldsymbol{\Phi}(\boldsymbol{x} + \boldsymbol{y}) = \boldsymbol{\Phi}(\boldsymbol{x}) + \boldsymbol{\Phi}(\boldsymbol{y})$$
$$\boldsymbol{\Phi}(\alpha \cdot \boldsymbol{x}) = \alpha \cdot \boldsymbol{\Phi}(\boldsymbol{x})$$

für alle $\boldsymbol{x}, \boldsymbol{y} \in V$, $\alpha \in K$. ■

4.5 Matrix mal Spaltenvektor.
Hier ist $\boldsymbol{\Phi} : \mathbf{C}^n \to \mathbf{C}^m$ mit

$$\boldsymbol{\Phi}(\boldsymbol{x}) = \boldsymbol{A} \cdot \boldsymbol{x}$$

wie in (4.1). Es gilt wieder:

$$\boldsymbol{\Phi}(\boldsymbol{x}+\boldsymbol{y}) = \boldsymbol{\Phi}(\boldsymbol{x}) + \boldsymbol{\Phi}(\boldsymbol{y})$$
$$\boldsymbol{\Phi}(\alpha \cdot \boldsymbol{x}) = \alpha \cdot \boldsymbol{\Phi}(\boldsymbol{x})$$

für alle $\boldsymbol{x}, \boldsymbol{y} \in \mathbf{C}^n$, $\alpha \in \mathbf{C}$. ■

Nach diesen Beispielen können Sie sicher raten, wie die Definition einer linearen Abbildung $\boldsymbol{\Phi} : V \to W$ bei beliebigen K-Vektorräumen lauten wird.

AUFGABEN

4.1 Welche der folgenden Abbildungen $\boldsymbol{\Phi}$ sind linear?

a) $\boldsymbol{\Phi} : \mathbf{R}^2 \to \mathbf{R}$ mit $\boldsymbol{\Phi}(\begin{pmatrix} x_1 \\ x_2 \end{pmatrix}) = \begin{vmatrix} x_1 & a \\ x_2 & b \end{vmatrix}$ wobei $a, b \in \mathbf{R}$ feste Zahlen.

b) $\boldsymbol{\Phi} : \mathbf{R}^2 \to \mathbf{R}$ mit $\boldsymbol{\Phi}(\begin{pmatrix} x_1 \\ x_2 \end{pmatrix}) = \begin{vmatrix} x_1 & a \\ b & x_2 \end{vmatrix}$ wobei $a, b \in \mathbf{R}$ feste Zahlen.

c) $\boldsymbol{\Phi} : \mathbf{R}^6 \to \mathbf{R}^3$ mit $\boldsymbol{\Phi}(\begin{pmatrix} x_1 \\ \vdots \\ x_6 \end{pmatrix}) = \begin{pmatrix} x_1 \\ x_2 \\ x_3 \end{pmatrix} \times \begin{pmatrix} x_4 \\ x_5 \\ x_6 \end{pmatrix}$, (Vektorprodukt).

d) $\boldsymbol{\Phi} : \mathbf{R}^3 \to \mathbf{R}^3$ mit $\boldsymbol{\Phi}(\begin{pmatrix} x_1 \\ x_2 \\ x_3 \end{pmatrix}) = \begin{pmatrix} x_1 \\ x_2 \\ x_3 \end{pmatrix} \times \begin{pmatrix} a \\ b \\ c \end{pmatrix}$, wobei $\begin{pmatrix} a \\ b \\ c \end{pmatrix} \in \mathbf{R}^3$ fest.

e) $\boldsymbol{\Phi} : \mathbf{R}^3 \to \mathbf{R}^6$ mit $\boldsymbol{\Phi}(\begin{pmatrix} x_1 \\ x_2 \\ x_3 \end{pmatrix}) = \begin{pmatrix} \begin{pmatrix} x_1 \\ x_2 \\ x_3 \end{pmatrix} \times \begin{pmatrix} a \\ b \\ c \end{pmatrix} \\ \begin{pmatrix} e \\ f \\ g \end{pmatrix} \times \begin{pmatrix} x_1 \\ x_2 \\ x_3 \end{pmatrix} \end{pmatrix}$,

wobei $\begin{pmatrix} a \\ b \\ c \end{pmatrix}, \begin{pmatrix} e \\ f \\ g \end{pmatrix} \in \mathbf{R}^3$ fest.

f) $\boldsymbol{\Phi} : \mathbf{R}^3 \to \mathbf{R}$ mit $\boldsymbol{\Phi}(\begin{pmatrix} x_1 \\ x_2 \\ x_3 \end{pmatrix}) = \left[\begin{pmatrix} x_1 \\ x_2 \\ x_3 \end{pmatrix} \times \begin{pmatrix} a \\ b \\ c \end{pmatrix}\right] \cdot \begin{pmatrix} e \\ f \\ g \end{pmatrix}$,

(Spatprodukt), wobei $\begin{pmatrix} a \\ b \\ c \end{pmatrix}, \begin{pmatrix} e \\ f \\ g \end{pmatrix} \in \mathbf{R}^3$ fest.

g) $\boldsymbol{\Phi} : \mathbf{R}^6 \to \mathbf{R}$ mit $\boldsymbol{\Phi}(\begin{pmatrix} x_1 \\ \vdots \\ x_6 \end{pmatrix}) = \left[\begin{pmatrix} x_1 \\ x_2 \\ x_3 \end{pmatrix} \times \begin{pmatrix} a \\ b \\ c \end{pmatrix}\right] \cdot \begin{pmatrix} x_4 \\ x_5 \\ x_6 \end{pmatrix}$,

wobei $\begin{pmatrix} a \\ b \\ c \end{pmatrix} \in \mathbf{R}^3$ fest.

h) $\boldsymbol{\Phi} : \mathbf{R}^9 \to \mathbf{R}$ mit $\boldsymbol{\Phi}\left(\begin{pmatrix} x_1 \\ \vdots \\ x_9 \end{pmatrix}\right) = \left[\begin{pmatrix} x_1 \\ x_2 \\ x_3 \end{pmatrix} \times \begin{pmatrix} x_4 \\ x_5 \\ x_6 \end{pmatrix}\right] \cdot \begin{pmatrix} x_7 \\ x_8 \\ x_9 \end{pmatrix}$.

i) $\boldsymbol{\Phi} : \mathbf{R}^6 \to \mathbf{R}^4$ mit $\boldsymbol{\Phi}\left(\begin{pmatrix} x_1 \\ \vdots \\ x_6 \end{pmatrix}\right) = \begin{pmatrix} \begin{pmatrix} x_1 \\ x_2 \\ x_3 \end{pmatrix} \cdot \begin{pmatrix} a \\ b \\ c \end{pmatrix} \\ \begin{pmatrix} x_1 \\ x_2 \\ x_3 \end{pmatrix} - \begin{pmatrix} x_4 \\ x_5 \\ x_6 \end{pmatrix} \end{pmatrix}$.

j) $\boldsymbol{\Phi} : \mathbf{R}^6 \to \mathbf{R}^4$ mit $\boldsymbol{\Phi}\left(\begin{pmatrix} x_1 \\ \vdots \\ x_6 \end{pmatrix}\right) = \begin{pmatrix} \begin{pmatrix} x_1 \\ x_2 \\ x_3 \end{pmatrix} \cdot \begin{pmatrix} x_4 \\ x_5 \\ x_6 \end{pmatrix} \\ \begin{pmatrix} x_1 \\ x_2 \\ x_3 \end{pmatrix} - \begin{pmatrix} x_4 \\ x_5 \\ x_6 \end{pmatrix} \end{pmatrix}$.

k) $\boldsymbol{\Phi} : \mathbf{R}^n \to \mathbf{R}$ mit $\boldsymbol{\Phi}\left(\begin{pmatrix} x_1 \\ \vdots \\ x_n \end{pmatrix}\right) = \begin{vmatrix} x_1 & 0 & 7 \\ 8 & 9 & 0 \\ 4 & 3 & -2 \end{vmatrix}$.

l) $\boldsymbol{\Phi} : \mathbf{R}^n \to \mathbf{R}$ mit $\boldsymbol{\Phi}\left(\begin{pmatrix} x_1 \\ \vdots \\ x_n \end{pmatrix}\right) = \begin{vmatrix} x_1 & 0 & 7 \\ 2 & 4 & 0 \\ 4 & 8 & -2 \end{vmatrix}$.

4.2 Warum sind folgende $\boldsymbol{\Phi} : \mathbf{R} \to \mathbf{R}$ nicht linear?
a) $\boldsymbol{\Phi}(x) = \arcsin(\sin x)$
b) $\boldsymbol{\Phi}(x) = \sqrt{x^2}$
Wie steht es mit $\boldsymbol{\Phi}(x) = \tan(\arctan x)$?

4.2 Definition und Eigenschaften linearer Abbildungen

4.2.1 Definition und einfache Schlußfolgerungen

Definition linearer Abbildungen

V, W seien K-Vektorräume.
Eine Abbildung $\boldsymbol{\Phi} : V \to W$ heißt **linear**, wenn gilt:

$$\begin{aligned} \boldsymbol{\Phi}\,(\boldsymbol{x} + \boldsymbol{y}) &= \boldsymbol{\Phi}(\boldsymbol{x}) + \boldsymbol{\Phi}(\boldsymbol{y}) \\ \boldsymbol{\Phi}(\alpha \cdot \boldsymbol{x}) &= \alpha \cdot \boldsymbol{\Phi}(\boldsymbol{x}) \end{aligned} \tag{4.2}$$

für alle $\boldsymbol{x}$, $\boldsymbol{y} \in V$, $\alpha \in K$.

Beide Bedingungen in (4.2) lassen sich zu einer zusammenfassen:

$$\boldsymbol{\Phi}\,(\alpha\boldsymbol{x} + \beta\boldsymbol{y}) = \alpha\boldsymbol{\Phi}(\boldsymbol{x}) + \beta\boldsymbol{\Phi}(\boldsymbol{y}) \tag{4.3}$$

für alle $\boldsymbol{x}$, $\boldsymbol{y} \in V$, $\alpha, \beta \in K$.

Eine lineare Abbildung respektiert also die Vektorraumstruktur von V und W:
- Das Bild einer Summe ist die Summe der Bilder
- Das Bild eines Vielfachen ist das Vielfache des Bildes.

Nachdem wir den grundlegenden Begriff dieses Kapitels definiert haben, sammeln wir die naheliegenden logischen Folgerungen aus der Definition. $\boldsymbol{\Phi} : V \to W$ sei im folgenden eine beliebige lineare Abbildung.
Wegen

$$o + \boldsymbol{\Phi}(o) = \boldsymbol{\Phi}(o) = \boldsymbol{\Phi}(o + o) = \boldsymbol{\Phi}(o) + \boldsymbol{\Phi}(o) \tag{4.4}$$

muß

$$\boldsymbol{\Phi}(\boldsymbol{o}) = \boldsymbol{o} \tag{4.5}$$

gelten.

Bildraum einer linearen Abbildung

$\boldsymbol{\Phi} : V \to W$ ist eine Abbildung von V nach W, als solche hat sie ein Bild als Teilmenge von W, wir schreiben also:

$$Bild(\boldsymbol{\Phi}) = \{\boldsymbol{\Phi}(\boldsymbol{v}) \mid \boldsymbol{v} \in V\} \tag{4.6}$$

$Bild(\boldsymbol{\Phi})$ ist sogar ein Unterraum von W, was man sofort aus (4.2) entnehmen kann.

Kern einer linearen Abbildung

Zusätzlich zu $\boldsymbol{o} \in V$ kann es noch andere $\boldsymbol{v} \in V$ geben, für die $\boldsymbol{\Phi}(\boldsymbol{v}) = \boldsymbol{o}$. Diese sammeln wir unter der Bezeichnung $Kern(\boldsymbol{\Phi})$, also

$$Kern(\boldsymbol{\Phi}) = \{\boldsymbol{v} \in V \mid \boldsymbol{\Phi}(\boldsymbol{v}) = \boldsymbol{o}\} \tag{4.7}$$

Auch $Kern(\boldsymbol{\Phi})$ ist ein Unterraum, diesmal von V.

4.2.2 Der Vektorraum $\mathcal{L}(V, W)$

Definition von $\mathcal{L}(V, W)$

Sind V und W Vektorräume über K, so fassen wir alle linearen Abbildungen $\boldsymbol{\Phi} : V \to W$ zu einer Menge mit der Bezeichnung

$$\mathcal{L}(V, W) = \{\boldsymbol{\Phi} : V \to W \mid \boldsymbol{\Phi} \text{ linear}\} \tag{4.8}$$

zusammen. Wir werden bald sehen, daß diese Menge sehr viele Elemente hat, wenn nicht gerade $V = \{o\}$ oder $W = \{o\}$ ist. Jedenfalls enthält sie immer die einfachste lineare Abbildung überhaupt, nämlich die **Nullabbildung** $\boldsymbol{0}$:

$$\boldsymbol{0} : V \to W$$

mit

$$\boldsymbol{0}(\boldsymbol{v}) = \boldsymbol{o}, \text{ für alle } \boldsymbol{v} \in V \tag{4.9}$$

Wichtig ist der Fall $V = W \neq \{\boldsymbol{o}\}$, hier können wir sofort noch eine weitere lineare Abbildung ausfindig machen, nämlich die identische Abbildung $\mathbf{1}$ von V auf sich:

$$\mathbf{1} : V \to V$$

mit

$$\mathbf{1}(\boldsymbol{v}) = \boldsymbol{v}, \text{ für alle } \boldsymbol{v} \in V \qquad (4.10)$$

Summe und Vielfaches linearer Abbildungen

Für reell- oder komplexwertige Funktionen mit gleichem Definitionsbereich wissen Sie bereits, wie man deren Summe oder Vielfaches bildet und damit neue Funktionen gewinnt. Hier wird es genauso gemacht:
Für $\boldsymbol{\Phi}$, $\boldsymbol{\Psi} \in \mathcal{L}(V, W)$, $\alpha \in K$ definieren wir

$$\begin{aligned} &\boldsymbol{\Phi} + \boldsymbol{\Psi} : V \to W, \\ &\alpha\boldsymbol{\Phi} : V \to W \quad \text{mit} \\ &(\boldsymbol{\Phi} + \boldsymbol{\Psi})(\boldsymbol{v}) = \boldsymbol{\Phi}(\boldsymbol{v}) + \boldsymbol{\Psi}(\boldsymbol{v}), \\ &(\alpha\boldsymbol{\Phi})(\boldsymbol{v}) = \alpha\boldsymbol{\Phi}(\boldsymbol{v}) \end{aligned} \qquad (4.11)$$

Sie können nachrechnen – was langweilig ist – daß $\boldsymbol{\Phi}+\boldsymbol{\Psi}$ und $\alpha\boldsymbol{\Phi}$ wieder linear sind: $\boldsymbol{\Phi} + \boldsymbol{\Psi}$, $\alpha\boldsymbol{\Phi} \in \mathcal{L}(V, W)$. Genauso langweilig ist es nachzuprüfen, daß $\mathcal{L}(V, W)$ mit den eben definierten Operationen Addition und α-Vielfaches wieder ein Vektorraum über K ist! Diesem jetzt noch sehr abstrakt aussehenden Vektorraum werden wir bald einen sehr konkreten zuordnen, wenn die Dimensionen von V und W endlich sind.

Verknüpfung linearer Abbildungen

Ist $\boldsymbol{\Phi} \in \mathcal{L}(U, V)$, $\boldsymbol{\Psi} \in \mathcal{L}(V, W)$ mit K-Vektorräumen U, V, W, so läßt sich die Verknüpfungsabbildung $\boldsymbol{\Psi} \circ \boldsymbol{\Phi} : U \to W$ bilden (s. Bild 4.1),

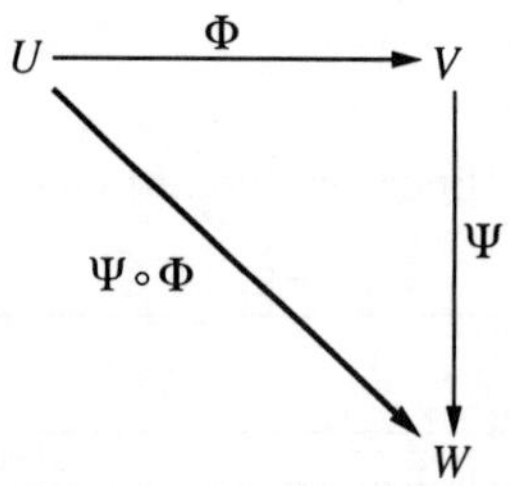

Bild 4.1

also

$$\begin{aligned} &(\boldsymbol{\Psi} \circ \boldsymbol{\Phi})(\boldsymbol{u}) = \boldsymbol{\Psi}(\boldsymbol{\Phi}(\boldsymbol{u})), \\ &\boldsymbol{u} \in U. \end{aligned} \qquad (4.12)$$

Unvermeidlich jetzt:

Die Abbildung $\boldsymbol{\Psi} \circ \boldsymbol{\Phi}$ ist wieder linear wegen

$$\begin{aligned}(\boldsymbol{\Psi} \circ \boldsymbol{\Phi})(\alpha \boldsymbol{u} + \beta \boldsymbol{v}) &= \boldsymbol{\Psi}(\boldsymbol{\Phi}(\alpha \boldsymbol{u} + \beta \boldsymbol{v})) \\ &= \boldsymbol{\Psi}(\alpha \boldsymbol{\Phi}(\boldsymbol{u}) + \beta \boldsymbol{\Phi}(\boldsymbol{v})) \\ &= \alpha \boldsymbol{\Psi}(\boldsymbol{\Phi}(\boldsymbol{u})) + \beta \boldsymbol{\Psi}(\boldsymbol{\Phi}(\boldsymbol{v})) \\ &= \alpha(\boldsymbol{\Psi} \circ \boldsymbol{\Phi})(\boldsymbol{u}) + \beta(\boldsymbol{\Psi} \circ \boldsymbol{\Phi})(\boldsymbol{v})\end{aligned}$$

Jetzt kann man es natürlich noch weiter treiben (s. Bild 4.2):

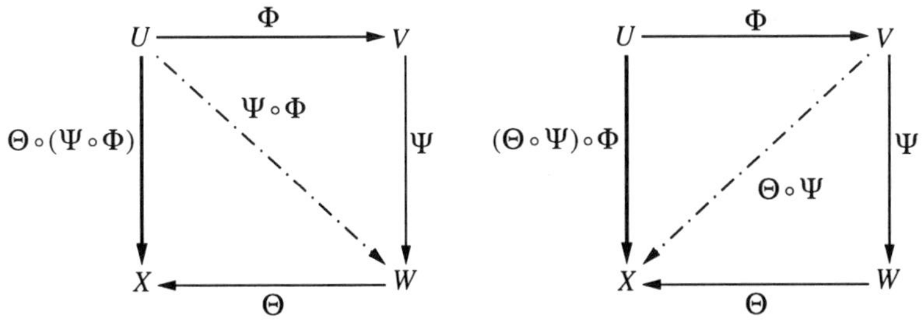

Bild 4.2

Was wir nur tun, um festzustellen, daß ja schon für beliebige (also auch nichtlineare) Funktionen die Assoziativität

$$\boldsymbol{\Theta} \circ (\boldsymbol{\Psi} \circ \boldsymbol{\Phi}) = (\boldsymbol{\Theta} \circ \boldsymbol{\Psi}) \circ \boldsymbol{\Phi} \tag{4.13}$$

gilt, also erst recht für die linearen $\boldsymbol{\Phi}, \boldsymbol{\Psi}, \boldsymbol{\Theta}$.

Schließlich wollen wir festhalten, daß auch die Distributivitäten

$$\begin{aligned}\boldsymbol{\Theta} \circ (\alpha \boldsymbol{\Psi} + \beta \boldsymbol{\Phi}) &= \alpha \boldsymbol{\Theta} \circ \boldsymbol{\Psi} + \beta \boldsymbol{\Theta} \circ \boldsymbol{\Phi}, \\ (\alpha \boldsymbol{\Theta} + \beta \boldsymbol{\Psi}) \circ \boldsymbol{\Phi} &= \alpha \boldsymbol{\Theta} \circ \boldsymbol{\Phi} + \beta \boldsymbol{\Theta} \circ \boldsymbol{\Psi}\end{aligned} \tag{4.14}$$

gelten. Sie sollten hierfür die Voraussetzungen (von wo nach wo gehen $\boldsymbol{\Phi}, \boldsymbol{\Psi}, \boldsymbol{\Theta}$?) selbst formulieren und dann nachrechnen!

Wir vereinbaren die Schreibweise

$$\boldsymbol{\Phi}^n = \boldsymbol{\Phi} \circ \ldots \circ \boldsymbol{\Phi}, \quad \text{(mit } n \text{ Faktoren } \boldsymbol{\Phi}\text{)} \tag{4.15}$$

für $\boldsymbol{\Phi} \in \mathcal{L}(V, V)$

Außer zur Verdeutlichung lassen wir im folgenden das Verknüpfungszeichen „∘" weg und schreiben: $\boldsymbol{\Psi} \circ \boldsymbol{\Phi} = \boldsymbol{\Psi}\boldsymbol{\Phi}$.

Injektiv, surjektiv, bijektiv

Diese Begriffe sind – siehe Kapitel 1 – für beliebige (also auch nichtlineare) Funktionen definiert. Für lineare Abbildungen $\boldsymbol{\Phi} : V \to W$ gilt nun

$$\begin{aligned} &\boldsymbol{\Phi} \text{ ist injektiv } \Leftrightarrow Kern(\boldsymbol{\Phi}) = \{\boldsymbol{o}\} \\ &\boldsymbol{\Phi} \text{ ist surjektiv } \Leftrightarrow Bild(\boldsymbol{\Phi}) = W \end{aligned} \tag{4.16}$$

Ist $\boldsymbol{\Phi}$ bijektiv, so ist $\boldsymbol{\Phi}^{-1} : W \to V$ ebenfalls eine lineare Abbildung.

Die zweite Aussage ist nur eine Wiederholung der Definition von surjektiv.
Zur ersten Aussage: Ist $\boldsymbol{\Phi}$ injektiv und $\boldsymbol{v} \in Kern(\boldsymbol{\Phi})$, so ist $\boldsymbol{\Phi}(\boldsymbol{o}) = \boldsymbol{o} = \boldsymbol{\Phi}(\boldsymbol{v})$, also $\boldsymbol{v} = \boldsymbol{o}$, also $Kern(\boldsymbol{\Phi}) = \{\boldsymbol{o}\}$. Ist umgekehrt $Kern(\boldsymbol{\Phi}) = \{\boldsymbol{o}\}$ und $\boldsymbol{\Phi}(\boldsymbol{v}) = \boldsymbol{\Phi}(\boldsymbol{u})$ für $\boldsymbol{v}, \boldsymbol{u} \in V$, so ist $\boldsymbol{o} = \boldsymbol{\Phi}(\boldsymbol{u}) - \boldsymbol{\Phi}(\boldsymbol{v}) = \boldsymbol{\Phi}(\boldsymbol{u} - \boldsymbol{v})$, also $\boldsymbol{u} - \boldsymbol{v} \in Kern(\boldsymbol{\Phi})$ bzw. $\boldsymbol{u} - \boldsymbol{v} = \boldsymbol{o}$, also $\boldsymbol{u} = \boldsymbol{v}$ und $\boldsymbol{\Phi}$ injektiv.
Die dritte Aussage ergibt sich so:

Falls $\boldsymbol{u}, \boldsymbol{w} \in W$, so $\boldsymbol{u} = \boldsymbol{\Phi}(\boldsymbol{x})$, $\boldsymbol{w} = \boldsymbol{\Phi}(\boldsymbol{y})$, bzw. $\boldsymbol{x} = \boldsymbol{\Phi}^{-1}(\boldsymbol{u})$, $\boldsymbol{y} = \boldsymbol{\Phi}^{-1}(\boldsymbol{w})$, damit ist

$$\begin{aligned} \boldsymbol{\Phi}^{-1}(\alpha\boldsymbol{u} + \beta\boldsymbol{w}) &= \boldsymbol{\Phi}^{-1}(\alpha\boldsymbol{\Phi}(\boldsymbol{x}) + \beta\boldsymbol{\Phi}(\boldsymbol{y})) \\ &= \boldsymbol{\Phi}^{-1}(\boldsymbol{\Phi}(\alpha\boldsymbol{x} + \beta\boldsymbol{y})) \\ &= \alpha\boldsymbol{x} + \beta\boldsymbol{y} \\ &= \alpha\boldsymbol{\Phi}^{-1}(\boldsymbol{u}) + \beta\boldsymbol{\Phi}^{-1}(\boldsymbol{w}) \end{aligned}$$

Eine bijektive lineare Abbildung $\boldsymbol{\Phi} : V \to W$ heißt **Isomorphismus**. Die beiden K-Vektorräume V, W heißen dann **isomorph** unter $\boldsymbol{\Phi}$. Man kann sagen, daß sich dann V, W als Vektorräume nur durch die Schreibweise unterscheiden und $\boldsymbol{\Phi}$ zwischen den verschiedenen Schreibweisen „übersetzt".

Konstruktion linearer Abbildungen mittels Basen: Lineare Fortsetzung

Außer den linearen Abbildungen $\boldsymbol{0} : V \to W$ und $\mathbf{1} : V \to V$ haben wir – trotz etlicher theoretischer Ausführungen – noch keine weiteren Beispiele $\boldsymbol{\Phi} \in \mathcal{L}(V, W)$ angegeben. Wir verweisen dazu auf den folgenden Abschnitt 4.3 und geben hier abschließend an, wie man mit Hilfe einer Basis $\boldsymbol{B}$ von V alle linearen Abbildungen $\boldsymbol{\Phi} : V \to W$ konstruieren kann:
Es sei also jetzt $V \neq \{\boldsymbol{o}\}$ und $\boldsymbol{B} = \{\boldsymbol{b}_1, \ldots, \boldsymbol{b}_n\}$ eine Basis von V. Ist nun $\boldsymbol{\Phi} \in \mathcal{L}(V, W)$, so braucht man zur Berechnung der Werte $\boldsymbol{\Phi}(\boldsymbol{v}) \in W$ nur die n Werte $\boldsymbol{w}_1 = \boldsymbol{\Phi}(\boldsymbol{b}_1), \ldots, \boldsymbol{w}_n = \boldsymbol{\Phi}(\boldsymbol{b}_n)$ zu kennen: Es ist ja jedes $\boldsymbol{v} \in V$ in eindeutiger Weise durch die $\boldsymbol{b}_1, \ldots, \boldsymbol{b}_n$ darstellbar: $\boldsymbol{v} = \alpha_1\boldsymbol{b}_1 + \ldots + \alpha_n\boldsymbol{b}_n$, also ist

$$\begin{aligned} \boldsymbol{\Phi}(\boldsymbol{v}) &= \boldsymbol{\Phi}(\alpha_1\boldsymbol{b}_1 + \ldots + \alpha_n\boldsymbol{b}_n) \\ &= \alpha_1\boldsymbol{\Phi}(\boldsymbol{b}_1) + \ldots + \alpha_n\boldsymbol{\Phi}(\boldsymbol{b}_n) \\ &= \alpha_1\boldsymbol{w}_1 + \ldots + \alpha_n\boldsymbol{w}_n \end{aligned}$$

und damit ist $\boldsymbol{\Phi}$ auch durch die Werte $\boldsymbol{w}_1 = \boldsymbol{\Phi}(\boldsymbol{b}_1), \ldots, \boldsymbol{w}_n = \boldsymbol{\Phi}(\boldsymbol{b}_n)$ eindeutig bestimmt.
Sind umgekehrt die Elemente $\boldsymbol{w}_1, \ldots, \boldsymbol{w}_n \in W$ vorgegeben, so läßt sich ein (und nach obigem auch nur ein) $\boldsymbol{\Phi} \in \mathcal{L}(V, W)$ angeben, so daß $\boldsymbol{\Phi}(\boldsymbol{b}_1) = \boldsymbol{w}_1, \ldots, \boldsymbol{\Phi}(\boldsymbol{b}_n) = \boldsymbol{w}_n$: wir setzen einfach für beliebiges $\boldsymbol{v} = \alpha_1\boldsymbol{b}_1 + \ldots + \alpha_n\boldsymbol{b}_n \in V$ fest:

$$\boldsymbol{\Phi}(\boldsymbol{v}) = \alpha_1\boldsymbol{w}_1 + \ldots + \alpha_n\boldsymbol{w}_n$$

Man kann also die Werte einer zu konstruierenden linearen Abbildung $\boldsymbol{\Phi} : V \to W$ auf einer Basis vorschreiben und erhält dann $\boldsymbol{\Phi}$ durch „lineare Fortsetzung". Es gibt demnach „ebensoviele“ $\boldsymbol{\Phi} \in \mathcal{L}(V, W)$, wie es verschiedene Auswahlen $(\boldsymbol{w}_1, \ldots, \boldsymbol{w}_n)$ von n Vektoren aus W gibt. Hierauf kommen wir in Abschnitt 4.5 zurück.

AUFGABEN

4.3 Bestimmen Sie $Kern(\boldsymbol{\Phi})$ und $Bild(\boldsymbol{\Phi})$ für die linearen Abbildungen aus Aufgabe 4.1

4.4 Es sei $\boldsymbol{\Phi} : \mathbf{R}^3 \to \mathbf{R}^3$ mit $\boldsymbol{\Phi}(\boldsymbol{x}) = \boldsymbol{x} \times \boldsymbol{a}$, wobei $\boldsymbol{a} \in \mathbf{R}^3$ fest, sowie $\boldsymbol{\Psi} : \mathbf{R}^3 \to \mathbf{R}$ mit $\boldsymbol{\Psi}(\boldsymbol{y}) = \boldsymbol{y} \cdot \boldsymbol{b}$, wobei $\boldsymbol{b} \in \mathbf{R}^3$ fest. Was ergibt sich bei Verknüpfung $\boldsymbol{\Psi} \circ \boldsymbol{\Phi}$ der linearen Abbildungen $\boldsymbol{\Psi}$ und $\boldsymbol{\Phi}$?

4.5 Zeigen Sie: Für beliebige lineare Abbildungen $\boldsymbol{\Phi} : V \to W$, $\boldsymbol{\Psi} : U \to V$ mit $Bild(\boldsymbol{\Psi}) \subseteq Kern(\boldsymbol{\Phi})$ ist $\boldsymbol{\Phi} \circ \boldsymbol{\Psi} = \boldsymbol{0}$. Geben Sie zwei lineare Abbildungen $\boldsymbol{\Phi} \neq \boldsymbol{0}$, $\boldsymbol{\Psi} \neq \boldsymbol{0}$ an, so daß $\boldsymbol{\Phi} \circ \boldsymbol{\Psi} = \boldsymbol{0}$!

4.6 Zu einem K-Vektorraum V sind m lineare Abbildungen

$$\boldsymbol{\Phi}_1, \ldots, \boldsymbol{\Phi}_m : V \to K$$

gegeben. Zeigen Sie, daß dann die Abbildung $\boldsymbol{\Phi} : V \to K^m$ mit

$$\boldsymbol{\Phi}(\boldsymbol{v}) = \begin{pmatrix} \boldsymbol{\Phi}_1(\boldsymbol{v}) \\ \vdots \\ \boldsymbol{\Phi}_m(\boldsymbol{v}) \end{pmatrix}$$

ebenfalls linear ist!
Was ergibt sich im Spezialfall $V = \mathbf{R}^3$

$$\boldsymbol{\Phi}_1 \begin{pmatrix} x_1 \\ x_2 \\ x_3 \end{pmatrix} = \begin{vmatrix} x_2 & a_2 \\ x_3 & a_3 \end{vmatrix},$$

$$\boldsymbol{\Phi}_2 \begin{pmatrix} x_1 \\ x_2 \\ x_3 \end{pmatrix} = -\begin{vmatrix} x_1 & a_1 \\ x_3 & a_3 \end{vmatrix},$$

$$\boldsymbol{\Phi}_3 \begin{pmatrix} x_1 \\ x_2 \\ x_3 \end{pmatrix} = \begin{vmatrix} x_1 & a_1 \\ x_2 & a_2 \end{vmatrix},$$

wobei $a_1, a_2, a_3 \in \mathbf{R}$ fest?

4.7 Es sei $\boldsymbol{\Phi} : V \to V$ eine lineare Abbildung des K-Vektorraums V und $\boldsymbol{\Phi}^n = \boldsymbol{\Phi} \circ \ldots \circ \boldsymbol{\Phi}$ wie in (4.15). Es gilt jetzt

$$Kern(\boldsymbol{\Phi}) \subseteq Kern(\boldsymbol{\Phi}^2) \subseteq Kern(\boldsymbol{\Phi}^3) \subseteq \ldots,$$

$$Bild(\boldsymbol{\Phi}) \supseteq Bild(\boldsymbol{\Phi}^2) \supseteq Bild(\boldsymbol{\Phi}^3) \supseteq \ldots$$

Überlegen Sie, warum diese „$\subseteq$-Ketten“ bei $dimV < \infty$ einmal „abbrechen“ müssen!

4.8 V sei ein K-Vektorraum mit Basis $\mathbf{B} = \{\boldsymbol{b}_1, \ldots\ldots, \boldsymbol{b}_m\}$. Wir setzen $\boldsymbol{\Phi} \in \mathcal{L}(V, V)$ fest durch $\boldsymbol{\Phi}(\boldsymbol{b}_k) = \boldsymbol{b}_{k+1}$, für $1 \leqq k \leqq m - 1$ und $\boldsymbol{\Phi}(\boldsymbol{b}_m) = \boldsymbol{o}$. Beschreiben Sie $\boldsymbol{\Phi}^n$ für $n = 2, 3, \ldots$!

4.3 Standardbeispiele linearer Abbildungen

Auf die in diesem Abschnitt besprochenen Beispiele wird immer wieder zurückgegriffen. Ihre Definition wird, wenn möglich, allgemein für beliebige n-dimensionale K-Vektorräume gegeben, die Veranschaulichung erfolgt in den $\mathbf{R}$-Vektorräumen $V = \mathbf{R}^2$ oder $V = \mathbf{R}^3$.

4.3.1 Veranschaulichungsmethode

Im Falle $V = W = \mathbf{R}^2$ (oder $= \mathbf{R}^3$) hilft die Tatsache, daß eine lineare Abbildung $\boldsymbol{\Phi} : V \to W$ bereits durch ihre Werte auf einer Basis eindeutig bestimmt ist, bei der Veranschaulichung:
Als Basis nimmt man $\boldsymbol{B} = \{\boldsymbol{e}_1, \boldsymbol{e}_2\}$ im linken Bild 4.3, man zeichnet dann $\boldsymbol{\Phi}(\boldsymbol{e}_1)$, $\boldsymbol{\Phi}(\boldsymbol{e}_2)$ ins rechte Bild. (Analog für $V = W = \mathbf{R}^3$.) Jeder Linearkombination $\boldsymbol{v} = \alpha_1\boldsymbol{e}_1 + \alpha_2\boldsymbol{e}_2$ links entspricht die analoge Linearkombination $\boldsymbol{\Phi}(\boldsymbol{v}) = \alpha_1\boldsymbol{\Phi}(\boldsymbol{e}_1) + \alpha_2\boldsymbol{\Phi}(\boldsymbol{e}_2)$ im rechten Bild 4.3.

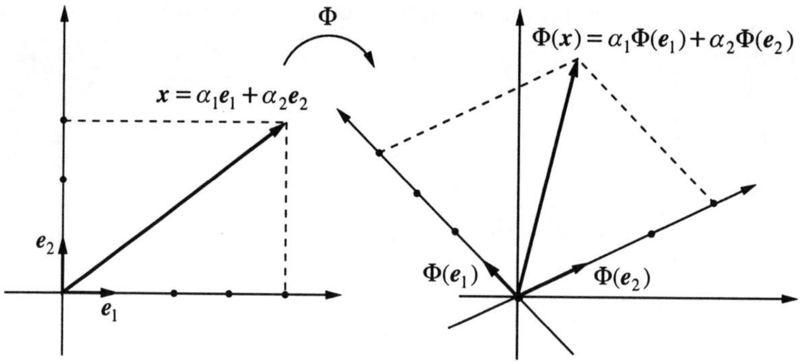

Bild 4.3

Markante Teilmengen von V, etwa das „Einheitsquadrat“

$$\mathbb{I}^2 = \{\alpha_1\boldsymbol{e}_1 + \alpha_2\boldsymbol{e}_2 \mid 0 \leqq \alpha_1, \alpha_2 \leqq 1\}$$

oder ein „Punktgitter“

$$\mathbb{G} = \{\alpha_1\boldsymbol{e}_1 + \alpha_2\boldsymbol{e}_2 \mid \alpha_1, \alpha_2 \in \mathbf{Z}\}$$

werden auf der rechten Seite entsprechend „verzerrt“ dargestellt (s. Bild 4.4).
Die nach dieser Methode skizzierten Bilder sind oft eine Hilfe. Zunächst aber ein Rat zur Vorsicht:

1. $\boldsymbol{\Phi}(\boldsymbol{e}_1)$, $\boldsymbol{\Phi}(\boldsymbol{e}_2)$ können linear abhängig sein, dann sehen die Bilder anders aus, (wie?)!
2. Einen Längenbegriff gibt es (zunächst) im Zusammenhang mit beliebigen Vektorräumen nicht!
3. Rechte Winkel oder überhaupt Winkel gibt es (zunächst) im Zusammenhang mit beliebigen Vektorräumen nicht!
4. Die Namen der in den folgenden Beispielen besprochenen linearen Abbildungen suggerieren etwas wie „Bewegung“. Damit haben sie aber nichts zu tun, es

sind Zuordnungen $\boldsymbol{v} \to \boldsymbol{\Phi}(\boldsymbol{v})$, man darf sich nicht vorstellen, daß $\boldsymbol{v}$ irgendwie raumzeitlich nach $\boldsymbol{\Phi}(\boldsymbol{v})$ transportiert würde.

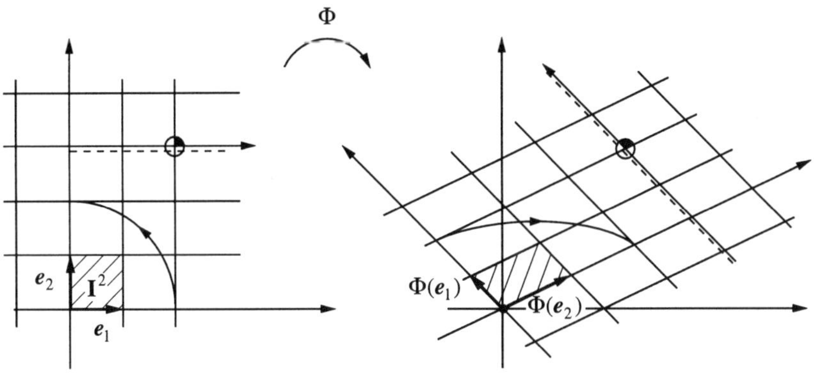

Bild 4.4

4.3.2 Streckungen $\boldsymbol{S} : V \to V$

Definition einer Streckung

Streckungen sind die nach $\boldsymbol{0}$ und $\mathbf{1}$ die einfachsten linearen Abbildungen $\boldsymbol{S} : V \to V$ und definiert durch

$$\boldsymbol{S}(\boldsymbol{v}) = \alpha \boldsymbol{v}, \qquad \alpha \in K \text{ fest.} \tag{4.17}$$

Will man den Streckungsfaktor $\alpha \in K$ hervorheben, so schreibt man $\boldsymbol{S}_\alpha : V \to V$. Insbesondere sind $\boldsymbol{0} = \boldsymbol{S}_0$ und $\mathbf{1} = \boldsymbol{S}_1$ spezielle Streckungen.
In $V = \mathbf{R}^2$ hat man sich $\boldsymbol{S}_\alpha$ so vorzustellen (s. Bild 4.5):

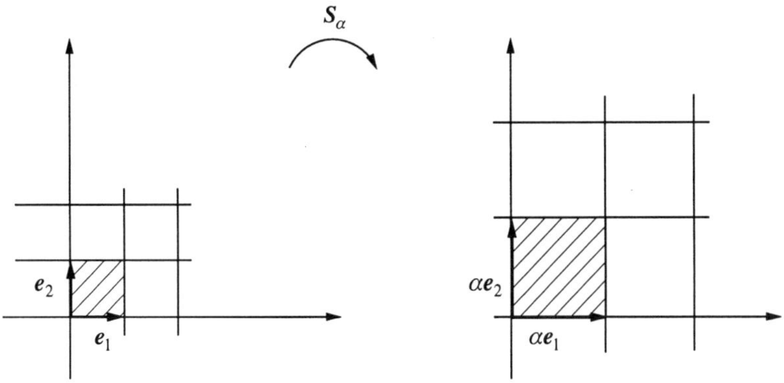

Bild 4.5

Eigenschaften von Streckungen
Natürlich ist $\boldsymbol{S}_\alpha = \alpha\mathbf{1}$ im Sinne von (4.11), (4.12) und daher ist auch

$$\begin{aligned}
&\boldsymbol{S}_\alpha \boldsymbol{S}_\beta = \boldsymbol{S}_{\alpha\beta},\\
&\boldsymbol{S}_\alpha + \boldsymbol{S}_\beta = \boldsymbol{S}_{\alpha+\beta},\\
&(\boldsymbol{S}_\alpha)^{-1} = \boldsymbol{S}_{\frac{1}{\alpha}} \quad \text{für } \alpha \neq 0 \qquad \text{und}\\
&\boldsymbol{S}_\alpha \boldsymbol{\Phi} = \boldsymbol{\Phi}\boldsymbol{S}_\alpha, \text{ für alle } \boldsymbol{\Phi} \in \mathcal{L}(V, W).
\end{aligned} \tag{4.18}$$

und schließlich

$$\begin{aligned}
Bild(\boldsymbol{S}_\alpha) &= \begin{cases} V, & \alpha \neq 0 \\ \{\boldsymbol{o}\}, & \alpha = 0 \end{cases}\\
Kern(\boldsymbol{S}_\alpha) &= \begin{cases} \{\boldsymbol{o}\}, & \alpha \neq 0 \\ V, & \alpha = 0 \end{cases}
\end{aligned} \tag{4.19}$$

4.3.3 Diagonalisierbare Abbildungen $\boldsymbol{D} : V \to V$

(Die Bezeichnung „diagonalisierbar“ wird nach Abschnitt 4.5 verständlich: einer diagonalisierbaren Abbildung wird eine Diagonalmatrix zugeordnet.)
Konstruiert wird ein solches $\boldsymbol{D} : V \to V$ mittels einer festen Basis $\boldsymbol{B} = \{\boldsymbol{b}_1, \ldots, \boldsymbol{b}_n\}$ von V, festen $\alpha_1, \ldots, \alpha_n \in K$ und linearer Fortsetzung:

$$\boldsymbol{D}(\boldsymbol{b}_k) = \alpha_k \boldsymbol{b}_k, \quad 1 \leqq k \leqq n,$$

so daß also für beliebige $\boldsymbol{v} = \zeta_1 \boldsymbol{b}_1 + \ldots + \zeta_n \boldsymbol{b}_n \in V$ gilt:

$$\boldsymbol{D}(\boldsymbol{v}) = \alpha_1 \zeta_1 \boldsymbol{b}_1 + \ldots + \alpha_n \zeta_n \boldsymbol{b}_n. \tag{4.20}$$

Zur Konstruktion von $\boldsymbol{D}$ wurden sowohl $\boldsymbol{B} = \{\boldsymbol{b}_1, \ldots, \boldsymbol{b}_n\}$ als auch $\alpha_1, \ldots, \alpha_n \in K$ benötigt, deswegen sollte man genauer schreiben

$$\boldsymbol{D} = \boldsymbol{D}(\boldsymbol{B}; \alpha_1, \ldots, \alpha_n). \tag{4.21}$$

Sind alle $\alpha_1 = \ldots = \alpha_n = \alpha$, so ist $\boldsymbol{D} = \boldsymbol{S}_\alpha$ eine Streckung.
Zur anschaulichen Vorstellung von $\boldsymbol{D}$ in $V = \mathbf{R}^2$:

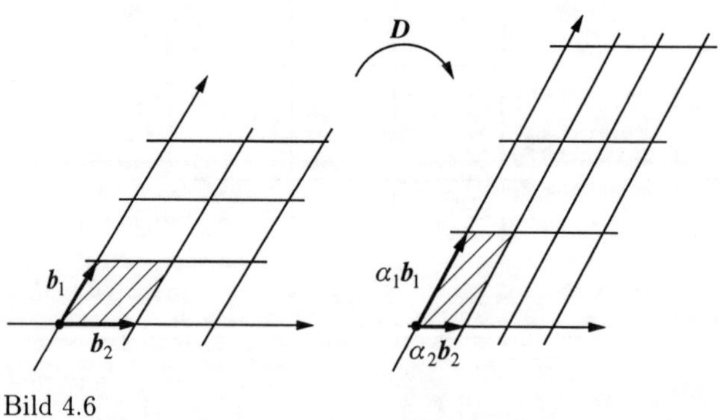

Bild 4.6

(In unserem Bild ist $\alpha_1 = \frac{3}{2}$, $\alpha_2 = \frac{1}{2}$.)

Die Richtungen von $\boldsymbol{b}_1$, $\boldsymbol{b}_2$ bleiben unter $\boldsymbol{D}$ unverändert, jedoch i. allg. nicht die Längen.

Eigenschaften diagonalisierbarer Abbildungen

Einfache Rechenregeln gelten für bezüglich derselben Basis diagonalisierbare Abbildungen:

Für $\boldsymbol{D}_1 = \boldsymbol{D}(\boldsymbol{B}; \alpha_1, \dots, \alpha_n)$, $\boldsymbol{D}_2 = \boldsymbol{D}(\boldsymbol{B}; \beta_1, \dots, \beta_n)$ gilt

$$\boldsymbol{D}_1 \circ \boldsymbol{D}_2 = \boldsymbol{D}_2 \circ \boldsymbol{D}_1 = \boldsymbol{D}(\boldsymbol{B}; \alpha_1\beta_1, \dots, \alpha_n\beta_n)$$

$$\boldsymbol{D}_1 + \boldsymbol{D}_2 = \boldsymbol{D}_2 + \boldsymbol{D}_1 = \boldsymbol{D}(\boldsymbol{B}; \alpha_1 + \beta_1, \dots, \alpha_n + \beta_n);$$

und es ist für $\alpha_1 \cdot \ldots \cdot \alpha_n \neq 0$:

$$\boldsymbol{D}(\boldsymbol{B}; \alpha_1, \dots, \alpha_n)^{-1} = \boldsymbol{D}(\boldsymbol{B}; \alpha_1^{-1}, \dots, \alpha_n^{-1}). \quad (4.22)$$

Schließlich ist

$$\begin{aligned} Bild(\boldsymbol{D}) &= \sum_{\alpha_k \neq 0} K\boldsymbol{b}_k, \\ Kern(\boldsymbol{D}) &= \sum_{\alpha_k = 0} K\boldsymbol{b}_k \end{aligned} \quad (4.23)$$

BEISPIEL

4.6 Frage: Ist $\boldsymbol{D}_2 \circ \boldsymbol{D}_1$ wieder eine diagonalisierbare Abbildung, wenn $\boldsymbol{D}_1 = \boldsymbol{D}(\boldsymbol{B}_1; \alpha_1, \dots, \alpha_n)$, $\boldsymbol{D}_2 = \boldsymbol{D}(\boldsymbol{B}_2; \beta_1, \dots, \beta_n)$ und – anders als in (4.22) – $\boldsymbol{B}_1 \neq \boldsymbol{B}_2$ zwei verschiedene Basen sind?
Wir orientieren uns an $V = \mathbf{R}^2$ mit den beiden Basen

$$\boldsymbol{B}_1 = \{\boldsymbol{e}_1, \boldsymbol{e}_2\}, \quad \boldsymbol{B}_2 = \{\boldsymbol{b}_1, \boldsymbol{b}_2\}, \qquad \text{mit } \boldsymbol{b}_1 = \boldsymbol{e}_1 + \boldsymbol{e}_2,\ \boldsymbol{b}_2 = \boldsymbol{e}_1 - \boldsymbol{e}_2$$

und nehmen

$$\boldsymbol{D}_1 = \boldsymbol{D}(\boldsymbol{B}_1; 1, -1), \quad \boldsymbol{D}_2 = \boldsymbol{D}(\boldsymbol{B}_2; 1, -1)$$

Aus Bild 4.7 liest man ab: Beide Abbildungen „spiegeln“ am ersten Vektor ihrer jeweiligen Basis und man liest ab: $\boldsymbol{D}_2 \circ \boldsymbol{D}_1(\boldsymbol{e}_1) = \boldsymbol{e}_2$, $\boldsymbol{D}_2 \circ \boldsymbol{D}_1(\boldsymbol{e}_2) = -\boldsymbol{e}_1$. Die Abbildung $\boldsymbol{D}_2 \circ \boldsymbol{D}_1$ dreht also um 90°, so daß keine Richtungen erhalten bleiben, sie kann also nicht diagonalisierbar sein.
Eine Skizze ist kein Beweis, aber wir sind jetzt trotzdem sicher, daß $\boldsymbol{D}_2 \circ \boldsymbol{D}_1$ nicht diagonalisierbar sein kann.

Ein formaler Beweis verläuft so:
Zunächst rechnet man nach, daß tatsächlich $\boldsymbol{D}_2 \circ \boldsymbol{D}_1(\boldsymbol{e}_1) = \boldsymbol{e}_2$, $\boldsymbol{D}_2 \circ \boldsymbol{D}_1(\boldsymbol{e}_2) = -\boldsymbol{e}_1$ gilt, hierzu braucht man nur festzustellen, daß

$$\boldsymbol{e}_1 = \frac{1}{2}(\boldsymbol{b}_1 + \boldsymbol{b}_2), \quad \boldsymbol{e}_2 = \frac{1}{2}(\boldsymbol{b}_1 - \boldsymbol{b}_2),$$

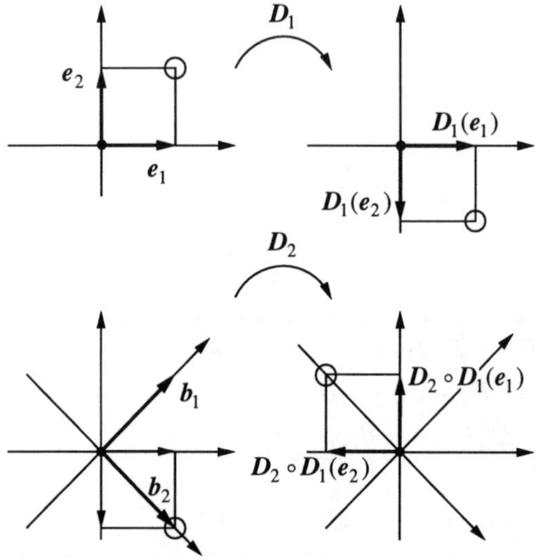

Bild 4.7

und damit dann

$$\begin{aligned} D_2 \circ D_1(e_1) &= D_2(D_1(e_1)) = D_2(e_1) = D_2\left(\frac{1}{2}(b_1 + b_2)\right) \\ &= \frac{1}{2}D_2(b_1) + \frac{1}{2}D_2(b_2) = \frac{1}{2}b_1 - \frac{1}{2}b_2 = e_2 \end{aligned}$$

sowie analog $D_2 \circ D_1(e_2) = -e_1$.

Angenommen, es wäre nun doch $D_2 \circ D_1 = D(B; \alpha, \beta)$ mit einer weiteren Basis $B = \{w_1, w_2\}$ von $\mathbf{R}^2$, $\alpha, \beta \in \mathbf{R}$. Dann ist jedenfalls $w_1 = \gamma_1 e_1 + \gamma_2 e_2$, $w_2 = \delta_1 e_1 + \delta_2 e_2$ und

$$D(w_1) = \alpha w_1$$

nach Annahme, sowie

$$\begin{aligned} D(w_1) &= D(\gamma_1 e_1 + \gamma_2 e_2) = \gamma_1 D(e_1) + \gamma_2 D(e_2) \\ &= \gamma_1 e_2 - \gamma_2 e_1, \end{aligned}$$

nach obigem. Also

$$\alpha w_1 = \alpha(\gamma_1 e_1 + \gamma_2 e_2) = \gamma_1 e_2 - \gamma_2 e_1,$$

so daß

$$\alpha\gamma_1 = -\gamma_2, \quad \alpha\gamma_2 = \gamma_1, \quad \text{also} \quad \alpha^2\gamma_1 = -\gamma_1 \quad \text{und} \quad \alpha^2\gamma_2 = -\gamma_2.$$

Weil $\alpha \neq 0$ sein muß (warum?), folgt daraus $\gamma_1 = \gamma_2 = 0$, was $w_1 \neq \mathbf{0}$ widerspricht. ∎

4.3.4 Scherungen $T : V \to V$

Definition einer Scherung

Das Bild $T(v)$ von $v \in V$ unter einer Scherung T entsteht durch Addition eines

Vielfachen eines festen Vektors $\boldsymbol{u} \in V$, $\boldsymbol{u} \neq 0$, zu $\boldsymbol{v}$:

$$\boldsymbol{T}(\boldsymbol{v}) = \boldsymbol{v} + \boldsymbol{l}(\boldsymbol{v}) \cdot \boldsymbol{u},$$
$$\boldsymbol{l}(\boldsymbol{v}) \in K$$

Vorstellung dazu für $V = \mathbf{R}^2$ oder $\mathbf{R}^3$ (s. Bild 4.8):

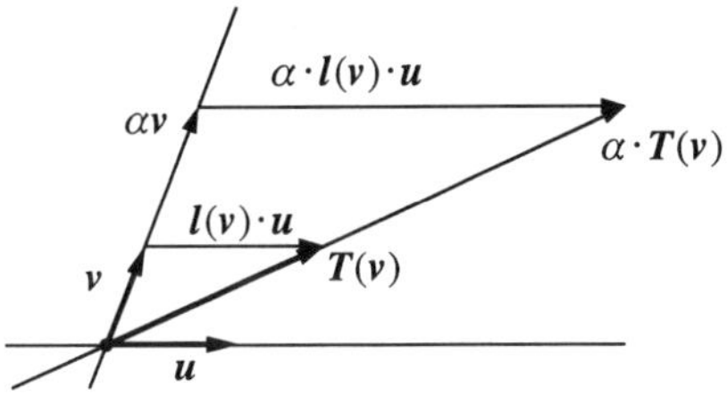

Bild 4.8

Dabei muß $\boldsymbol{l}(\boldsymbol{v}) \in K$ selbst linear von $\boldsymbol{v}$ abhängen, sonst ist $\boldsymbol{T}$ nicht linear:

$$\begin{aligned} \boldsymbol{T}(\alpha\boldsymbol{v} + \beta\boldsymbol{w}) &= (\alpha\boldsymbol{v} + \beta\boldsymbol{w}) + \boldsymbol{l}(\alpha\boldsymbol{v} + \beta\boldsymbol{w}) \cdot \boldsymbol{u}, \\ &= \alpha\boldsymbol{T}(\boldsymbol{v}) + \beta\boldsymbol{T}(\boldsymbol{w}) \\ &= \alpha(\boldsymbol{v} + \boldsymbol{l}(\boldsymbol{v}) \cdot \boldsymbol{u}) + \beta(\boldsymbol{w} + \boldsymbol{l}(\boldsymbol{w}) \cdot \boldsymbol{u}) \\ &= (\alpha\boldsymbol{v} + \beta\boldsymbol{w}) + (\alpha\boldsymbol{l}(\boldsymbol{v}) + \beta\boldsymbol{l}(\boldsymbol{w})) \cdot \boldsymbol{u} \end{aligned}$$

erfordert

$$\boldsymbol{l}(\alpha\boldsymbol{v} + \beta\boldsymbol{w}) = \alpha\boldsymbol{l}(\boldsymbol{v}) + \beta\boldsymbol{l}(\boldsymbol{w})$$

Schließlich sollte (vgl. Bild 4.8) noch $\boldsymbol{l}(\boldsymbol{u}) = 0$ sein, so daß die endgültige Definition lautet:

> Eine Scherung $\boldsymbol{T} \in \mathcal{L}(V, V)$ (genauer: Scherung in Richtung $\boldsymbol{u}$), ist von der Form:
>
> $$\boldsymbol{T}(\boldsymbol{v}) = \boldsymbol{v} + \boldsymbol{l}(\boldsymbol{v}) \cdot \boldsymbol{u} \tag{4.24}$$
>
> mit $\boldsymbol{l} : V \to K$ linear, $\boldsymbol{l}(\boldsymbol{u}) = 0$ und $\boldsymbol{u} \in V$.

Eigenschaften von Scherungen

> Scherungen $\boldsymbol{T}$ sind stets Isomorphismen:
> Ist $\boldsymbol{T}(\boldsymbol{v}) = \boldsymbol{v} + \boldsymbol{l}(\boldsymbol{v}) \cdot \boldsymbol{u}$, so ist $\boldsymbol{T}^{-1}(\boldsymbol{v}) = \boldsymbol{v} - \boldsymbol{l}(\boldsymbol{v}) \cdot \boldsymbol{u}$.
> Für Scherungen $\boldsymbol{T}_1, \boldsymbol{T}_2 \in \mathcal{L}(V, V)$ in derselben Richtung $\boldsymbol{u}$ ist $\boldsymbol{T}_2 \circ \boldsymbol{T}_1$ wieder eine Scherung in Richtung $\boldsymbol{u}$ und zwar ist $\boldsymbol{T}_2 \circ \boldsymbol{T}_1(\boldsymbol{v}) = \boldsymbol{v} + (\boldsymbol{l}_1 + \boldsymbol{l}_2)(\boldsymbol{v}) \cdot \boldsymbol{u}$.
> Scherungen $\boldsymbol{T} \neq \mathbf{1}$ sind niemals diagonalisierbar. (4.25)

Die ersten beiden Behauptungen lassen sich leicht nachprüfen!

Die dritte ist anschaulich klar (vgl. Bild 4.8: keine Richtung bleibt fest!). Ein formaler Beweis geht so:

Angenommen, es wäre doch $\boldsymbol{T} = \boldsymbol{D}(\boldsymbol{B}; \alpha_1, \ldots, \alpha_n)$ eine diagonalisierbare Abbildung mit der Basis $\boldsymbol{B} = \{\boldsymbol{w}_1, \ldots, \boldsymbol{w}_n\}$ und $\boldsymbol{T}(\boldsymbol{v}) = \boldsymbol{v} + \boldsymbol{l}(\boldsymbol{v}) \cdot \boldsymbol{u}$. Zunächst muß wegen $\boldsymbol{T} \neq \mathbf{1}$ wenigstens eines der $\alpha_1, \ldots, \alpha_n$ verschieden von 1 sein, etwa $\alpha_1 \neq 1$.

Es gilt dann weiter:

$$\boldsymbol{w}_1 + \boldsymbol{l}(\boldsymbol{w}_1) \cdot \boldsymbol{u} = \alpha_1 \boldsymbol{w}_1 \quad \text{oder}$$
$$(\alpha_1 - 1)\boldsymbol{w}_1 = \boldsymbol{l}(\boldsymbol{w}_1) \cdot \boldsymbol{u}$$

Also ist $\boldsymbol{w}_1$ ein Vielfaches von $\boldsymbol{u}$ und somit $\boldsymbol{l}(\boldsymbol{w}_1) = 0$, also $\boldsymbol{w}_1 = \boldsymbol{o}$, was nicht sein kann!

BEISPIELE

4.7 Beispiele für Scherungen in $V = \mathbf{R}^2$

Wir setzen $\boldsymbol{T}_1, \boldsymbol{T}_2 : \mathbf{R}^2 \to \mathbf{R}^2$,

$$\boldsymbol{T}_1(\boldsymbol{v}) = \boldsymbol{v} + \boldsymbol{l}_1(\boldsymbol{v}) \cdot \boldsymbol{u}_1, \quad \boldsymbol{T}_2(\boldsymbol{v}) = \boldsymbol{v} + \boldsymbol{l}_2(\boldsymbol{v}) \cdot \boldsymbol{u}_2, \quad \text{mit}$$

$$\boldsymbol{u}_1 = \boldsymbol{e}_1, \quad \boldsymbol{u}_2 = \boldsymbol{e}_2 \quad \text{und} \quad \boldsymbol{l}_1\begin{pmatrix} x_1 \\ x_2 \end{pmatrix} = x_2, \quad \boldsymbol{l}_2\begin{pmatrix} x_1 \\ x_2 \end{pmatrix} = x_1$$

Dann ist

$$\boldsymbol{T}_1\begin{pmatrix} x_1 \\ x_2 \end{pmatrix} = \begin{pmatrix} x_1 \\ x_2 \end{pmatrix} + \boldsymbol{l}_1\begin{pmatrix} x_1 \\ x_2 \end{pmatrix}\boldsymbol{e}_1 = \begin{pmatrix} x_1 \\ x_2 \end{pmatrix} + x_2\boldsymbol{e}_1 = \begin{pmatrix} x_1 + x_2 \\ x_2 \end{pmatrix},$$

$$\boldsymbol{T}_2\begin{pmatrix} x_1 \\ x_2 \end{pmatrix} = \begin{pmatrix} x_1 \\ x_2 \end{pmatrix} + \boldsymbol{l}_2\begin{pmatrix} x_1 \\ x_2 \end{pmatrix}\boldsymbol{e}_2 = \begin{pmatrix} x_1 \\ x_2 \end{pmatrix} + x_1\boldsymbol{e}_2 = \begin{pmatrix} x_1 \\ x_1 + x_2 \end{pmatrix}.$$

Anschauliche Vorstellung zu $\boldsymbol{T}_1, \boldsymbol{T}_2 : \mathbf{R}^2 \to \mathbf{R}^2$ in Bild 4.9.

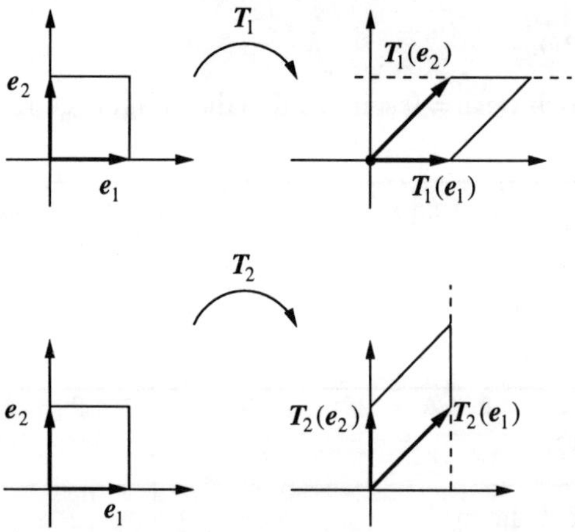

Bild 4.9 ■

4.8 Frage: Ist $\boldsymbol{T}_2 \circ \boldsymbol{T}_1$ wieder eine Scherung, wenn – anders als in (4.25) – $\boldsymbol{u}_1 \neq \boldsymbol{u}_2$?

Wir orientieren uns an $V = \mathbf{R}^2$ mit den beiden $\boldsymbol{T}_1, \boldsymbol{T}_2 : \mathbf{R}^2 \to \mathbf{R}^2$ im vorigen Beispiel. Wir weisen jetzt nach, daß $\boldsymbol{T}_2 \circ \boldsymbol{T}_1 = \boldsymbol{D}(\boldsymbol{B}; \alpha_1, \alpha_2)$ eine diagonalisierbare Abbildung ist, und zwar mit

$\boldsymbol{B} = \{\boldsymbol{w}_1, \boldsymbol{w}_2\}$;

$\boldsymbol{w}_1 = 2\boldsymbol{e}_1 + (1 + \sqrt{5})\boldsymbol{e}_2$,

$\boldsymbol{w}_2 = 2\boldsymbol{e}_1 + (1 - \sqrt{5})\boldsymbol{e}_2$

und

$$\alpha_1 = \frac{1}{2}(3+\sqrt{5})$$
$$\alpha_2 = \frac{1}{2}(3-\sqrt{5}).$$

Nach (4.25) kann $\boldsymbol{T}_2 \circ \boldsymbol{T}_1$ dann keine Scherung sein! Wie man $\boldsymbol{w}_1, \boldsymbol{w}_2$ und α_1, α_2 findet, steht in Kapitel 6.

Es ist in der Tat:

$$\begin{aligned}
\boldsymbol{T}_2 \circ \boldsymbol{T}_1(\boldsymbol{w}_1) &= \boldsymbol{T}_2(\boldsymbol{T}_1(2\boldsymbol{e}_1 + (1+\sqrt{5})\boldsymbol{e}_2) = \boldsymbol{T}_2(2\boldsymbol{T}_1(\boldsymbol{e}_1) + (1+\sqrt{5})\boldsymbol{T}_1(\boldsymbol{e}_2)) \\
&= \boldsymbol{T}_2(2\boldsymbol{e}_1 + (1+\sqrt{5})(\boldsymbol{e}_1+\boldsymbol{e}_2)) \\
&= \boldsymbol{T}_2((3+\sqrt{5})\boldsymbol{e}_1 + (1+\sqrt{5})\boldsymbol{e}_2) \\
&= (3+\sqrt{5})\boldsymbol{T}_2(\boldsymbol{e}_1) + (1+\sqrt{5})\boldsymbol{T}_2(\boldsymbol{e}_2) \\
&= (3+\sqrt{5})(\boldsymbol{e}_1+\boldsymbol{e}_2) + (1+\sqrt{5})\boldsymbol{e}_2 \\
&= (3+\sqrt{5})\boldsymbol{e}_1 + (4+2\sqrt{5})\boldsymbol{e}_2 \\
&= \frac{1}{2}(3+\sqrt{5})(2\boldsymbol{e}_1 + (1+\sqrt{5})\boldsymbol{e}_2) \\
&= \frac{1}{2}(3+\sqrt{5})\boldsymbol{w}_1
\end{aligned}$$

Analog berechnet man $\boldsymbol{T}_2 \circ \boldsymbol{T}_1(\boldsymbol{w}_2) = \frac{1}{2}(3-\sqrt{5})\boldsymbol{w}_2$. ■

4.3.5 Projektionen $\boldsymbol{P} : V \to V$

Definition einer Projektion $\boldsymbol{P} : V \to V$

Hier benutzt man eine vorgelegte direkte Zerlegung $V = U_1 \oplus U_2$ (vgl. Kapitel 3) zur Definition von $\boldsymbol{P} : V \to V$. Jedes $\boldsymbol{v} \in V$ schreibt sich in eindeutiger Weise als $\boldsymbol{v} = \boldsymbol{u}_1 + \boldsymbol{u}_2$ mit $\boldsymbol{u}_1 \in U_1$, $\boldsymbol{u}_2 \in U_2$, so daß man jedem $\boldsymbol{v}$ sein $\boldsymbol{u}_1$ mittels $\boldsymbol{P}$ zuordnen kann:

> Ist $V = U_1 \oplus U_2$ eine direkte Zerlegung von V, so heißt die lineare Abbildung
> $$\boldsymbol{P} : V \to V \quad \text{mit} \quad \boldsymbol{P}(\boldsymbol{v}) = \boldsymbol{u}_1, \tag{4.26}$$
> wobei $\boldsymbol{v} = \boldsymbol{u}_1 + \boldsymbol{u}_2$ mit $\boldsymbol{u}_1 \in U_1$, $\boldsymbol{u}_2 \in U_2$, die Projektion auf U_1 längs U_2.

Eine anschauliche Vorstellung im Fall $V = \mathbf{R}^2$ vermittelt Bild 4.10.

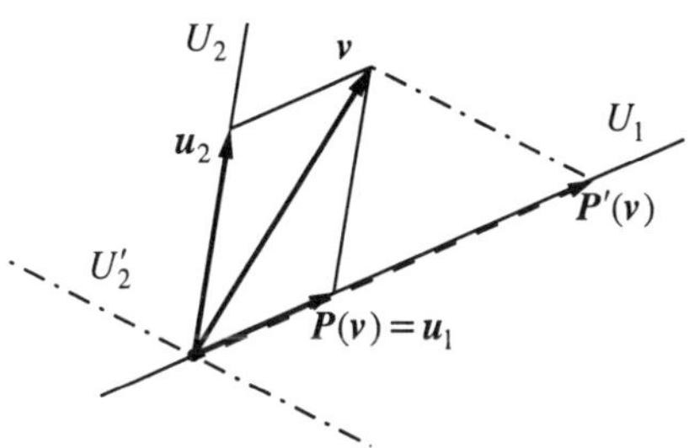

Bild 4.10

Das Bild erklärt auch, daß bei einem anderen Komplement U_2' von U_1 eine andere Projektion $\boldsymbol{P}'$ auf U_1 entsteht, nämlich die längs U_2'. Der Zusatz „längs U_2" hat also seine Berechtigung! (Vgl. jedoch im folgenden die orthogonalen Projektionen!)

Eigenschaften von Projektionen

Ist $\boldsymbol{P}$ die Projektion auf U_1 längs U_2, so gilt:

$$Bild(\boldsymbol{P}) = U_1, \quad Kern(\boldsymbol{P}) = U_2$$

$\boldsymbol{P}$ ist diagonalisierbar, $\boldsymbol{P} = \boldsymbol{D}(\boldsymbol{B}; \alpha_1, \ldots, \alpha_n)$, bezüglich jeder Basis

$\boldsymbol{B} = \{\boldsymbol{b}_1, \ldots, \boldsymbol{b}_n\}$ mit $U_1 = \sum_{k=1}^{r} K\boldsymbol{b}_k, \quad U_2 = \sum_{k=r+1}^{n} K\boldsymbol{b}_k.$

Dann ist $\alpha_1 = \ldots = \alpha_r = 1, \quad \alpha_{r+1} = \ldots = \alpha_n = 0$. Schließlich gilt

$$\boldsymbol{P}^2 = \boldsymbol{P} \tag{4.27}$$

Alle drei Aussagen sind leicht nachzuprüfen, die dritte besagt, daß „nochmal projizieren" nichts mehr ändert.

Von der dritten Aussage gilt auch die Umkehrung:

Ist $\boldsymbol{P} \in \mathcal{L}(V, V)$ mit $\boldsymbol{P}^2 = \boldsymbol{P}$, so ist $\boldsymbol{P}$ die Projektion auf $Bild(\boldsymbol{P})$ längs $Kern(\boldsymbol{P})$. Insbesondere ist

$$V = Bild(\boldsymbol{P}) \oplus Kern(\boldsymbol{P}). \tag{4.28}$$

Ist nämlich $\boldsymbol{u} \in Bild(\boldsymbol{P}) \cap Kern(\boldsymbol{P})$, so ist zunächst wegen $\boldsymbol{u} \in Bild(\boldsymbol{P})$ $\boldsymbol{u} = \boldsymbol{P}(\boldsymbol{v})$ für ein $\boldsymbol{v} \in V$ und wegen $\boldsymbol{u} \in Kern(\boldsymbol{P})$ $\boldsymbol{o} = \boldsymbol{P}(\boldsymbol{u}) = \boldsymbol{P}^2(\boldsymbol{v}) = \boldsymbol{P}(\boldsymbol{v}) = \boldsymbol{u}$, demnach ist $Bild(\boldsymbol{P}) \cap Kern(\boldsymbol{P}) = \{\boldsymbol{o}\}$. Auch schreibt sich jedes $\boldsymbol{v} \in V$ in der Form $\boldsymbol{v} = \boldsymbol{P}(\boldsymbol{v}) + (\boldsymbol{v} - \boldsymbol{P}(\boldsymbol{v}))$, dabei ist der erste Summand aus $Bild(\boldsymbol{P})$ und der zweite aus $Kern(\boldsymbol{P})$. Also ist $V = Bild(\boldsymbol{P}) \oplus Kern(\boldsymbol{P})$ und die Darstellung von $\boldsymbol{v}$ durch $\boldsymbol{v} = \boldsymbol{P}(\boldsymbol{v}) + (\boldsymbol{v} - \boldsymbol{P}(\boldsymbol{v}))$ ist eindeutig. Also ist $\boldsymbol{P}$ die Projektion auf $Bild(\boldsymbol{P})$ längs $Kern(\boldsymbol{P})$.

Sind $\boldsymbol{P}_1, \boldsymbol{P}_2 \in \mathcal{L}(V, V)$ Projektionen, so ist $\boldsymbol{P}_1\boldsymbol{P}_2$ i. allg. keine Projektion mehr, wie das folgende Bild 4.11 erläutert.

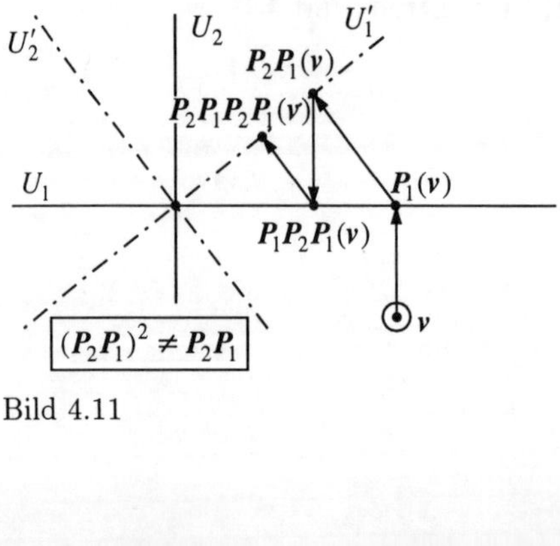

Bild 4.11

BEISPIEL

4.9 Wir betrachten $\boldsymbol{P} : \mathbf{R}^3 \to \mathbf{R}^3$ mit

$$\boldsymbol{P}\begin{pmatrix} x_1 \\ x_2 \\ x_3 \end{pmatrix} = \frac{1}{187}\begin{pmatrix} 7x_1 + 22x_2 - 17x_3 \\ 14x_1 + 44x_2 - 34x_3 \\ -56x_1 - 176x_2 + 136x_3 \end{pmatrix}$$

$$= \frac{1}{187}(-7x_1 - 22x_2 + 17x_3)\begin{pmatrix} -1 \\ -2 \\ 8 \end{pmatrix}$$

Dann ist $\boldsymbol{P}^2 = \boldsymbol{P}$ (nachprüfen!) und

$$Kern(\boldsymbol{P}) = \left\{ \begin{pmatrix} x_1 \\ x_2 \\ x_3 \end{pmatrix} \mid -7x_1 - 22x_2 + 17x_3 = 0 \right\}$$

$$= \left\{ \begin{pmatrix} -\frac{22}{7}x_2 + \frac{17}{7}x_3 \\ x_2 \\ x_3 \end{pmatrix} \mid x_2, x_3 \in \mathbf{R} \right\}$$

$$= \mathbf{R}\begin{pmatrix} -22 \\ 7 \\ 0 \end{pmatrix} \oplus \mathbf{R}\begin{pmatrix} 17 \\ 0 \\ 7 \end{pmatrix}.$$

Eine Vorstellung dazu in Bild 4.12.

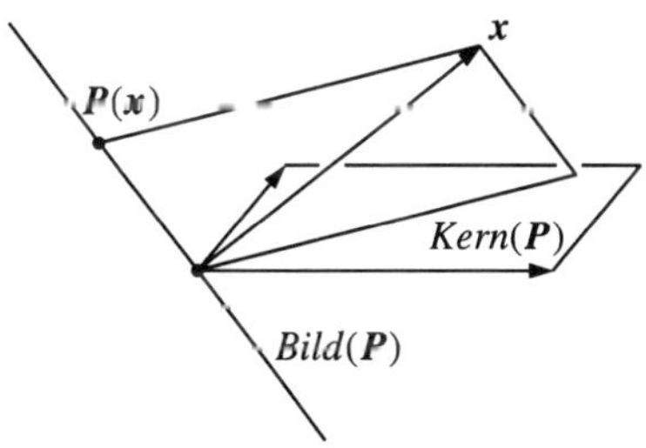

Bild 4.12 ■

4.3.6 Orthogonale Projektionen, Spiegelungen und Drehungen

Diese linearen Abbildungen lassen sich in reellen Vektorräumen V mit positiv definitem Skalarpodukt allgemein definieren, vgl. Kapitel 5. Wir beschränken uns hier auf die Vektorräume $V = \mathbf{R}^2$, bzw. $V = \mathbf{R}^3$ mit dem üblichen Skalarprodukt $\boldsymbol{u} \cdot \boldsymbol{v}$ für $\boldsymbol{u}, \boldsymbol{v} \in V$.

Orthogonale Projektionen

Zu einem Unterraum $\{\boldsymbol{o}\} \neq U_1 \subset V$ gibt es i. allg. viele komplementäre Unterräume. In $V = \mathbf{R}^2$, bzw. $V = \mathbf{R}^3$ mit dem üblichen Skalarprodukt läßt sich die Zerlegung $V = U_1 \oplus U_2$ so bewerkstelligen, daß $\boldsymbol{u}_1 \cdot \boldsymbol{u}_2 = 0$ für alle $\boldsymbol{u}_1 \in U_1$, $\boldsymbol{u}_2 \in U_2$. U_2 ist dann eindeutig bestimmt und die zur Zerlegung $V = U_1 \oplus U_2$ gehörende Projektion $\boldsymbol{P}$ auf U_1 längs U_2 heißt dann die orthogonale Projektion auf U_1. Sie kann mittels des Skalarprodukts ausgedrückt werden:

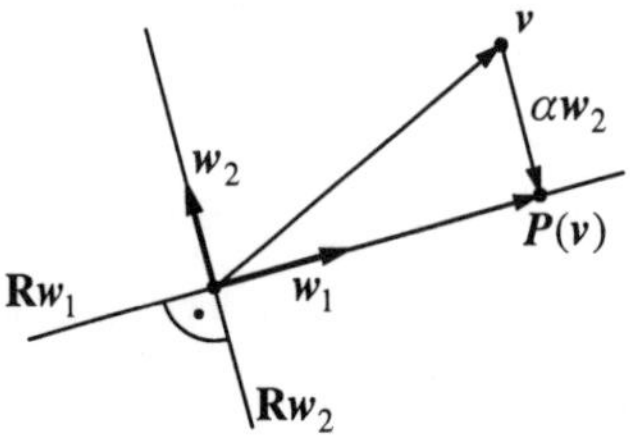

Bild 4.13

Aus Bild 4.13 liest man ab: Ist $\mathbf{R}^2 = \mathbf{R}\boldsymbol{w}_1 \oplus \mathbf{R}\boldsymbol{w}_2$ mit einer Basis $\{\boldsymbol{w}_1, \boldsymbol{w}_2\}$, für die $\boldsymbol{w}_1 \cdot \boldsymbol{w}_2 = 0$, und ist $\boldsymbol{P}$ die orthogonale Projektion auf die Gerade $\mathbf{R}\boldsymbol{w}_1$, so muß für beliebige $\boldsymbol{v} \in \mathbf{R}^2$ gelten, daß

$$\boldsymbol{P}(\boldsymbol{v}) = \boldsymbol{v} + \alpha \boldsymbol{w}_2 \quad \text{und} \quad \boldsymbol{P}(\boldsymbol{v}) \cdot \boldsymbol{w}_2 = 0, \text{ also}$$

$$0 = (\boldsymbol{v} + \alpha \boldsymbol{w}_2) \cdot \boldsymbol{w}_2 = \boldsymbol{v} \cdot \boldsymbol{w}_2 + \alpha \boldsymbol{w}_2 \cdot \boldsymbol{w}_2, \text{ so daß}$$

$$\alpha = -\frac{\boldsymbol{v} \cdot \boldsymbol{w}_2}{\boldsymbol{w}_2 \cdot \boldsymbol{w}_2}.$$

Für $\boldsymbol{P}$ ergibt sich also

$$\boldsymbol{P}(\boldsymbol{v}) = \boldsymbol{v} - \frac{\boldsymbol{v} \cdot \boldsymbol{w}_2}{\boldsymbol{w}_2 \cdot \boldsymbol{w}_2} \boldsymbol{w}_2, \quad \text{für alle } \boldsymbol{v} \in \mathbf{R}^2. \tag{4.29}$$

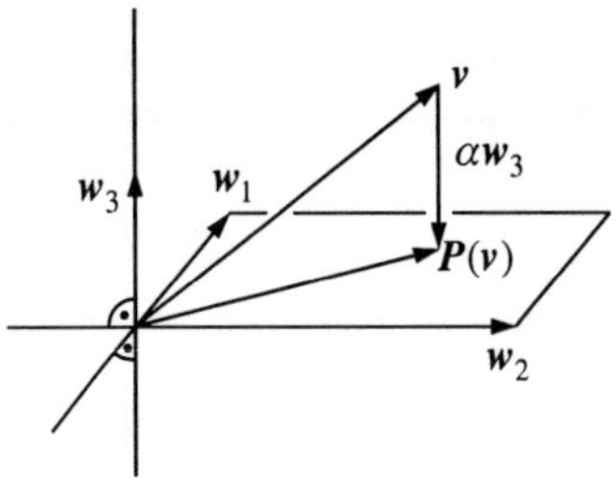

Bild 4.14

Aus Bild 4.14 liest man ab: Ist $\mathbf{R}^3 = (\mathbf{R}\boldsymbol{w}_1 \oplus \mathbf{R}\boldsymbol{w}_2) \oplus \mathbf{R}\boldsymbol{w}_3$ mit einer Basis $\{\boldsymbol{w}_1, \boldsymbol{w}_2, \boldsymbol{w}_3\}$ aus paarweise aufeinander senkrecht stehenden $\boldsymbol{w}_1, \boldsymbol{w}_2, \boldsymbol{w}_3$ und ist $\boldsymbol{P}$ die orthogonale Projektion auf die Ebene $\mathbf{R}\boldsymbol{w}_1 \oplus \mathbf{R}\boldsymbol{w}_2$, so zeigt die gleiche Rechnung wie oben, daß sich für $\boldsymbol{P}$ ergibt:

$$\boldsymbol{P}(\boldsymbol{v}) = \boldsymbol{v} - \frac{\boldsymbol{v} \cdot \boldsymbol{w}_3}{\boldsymbol{w}_3 \cdot \boldsymbol{w}_3} \boldsymbol{w}_3, \quad \text{für alle } \boldsymbol{v} \in \mathbf{R}^3. \tag{4.30}$$

Spiegelungen

Die Voraussetzungen für die Zerlegungen $\mathbf{R}^2 = \mathbf{R}\boldsymbol{w}_1 \oplus \mathbf{R}\boldsymbol{w}_2$ bzw. $\mathbf{R}^3 = (\mathbf{R}\boldsymbol{w}_1 \oplus \mathbf{R}\boldsymbol{w}_2) \oplus \mathbf{R}\boldsymbol{w}_3$ seien wie eben bei den orthogonalen Projektionen. Ist $\boldsymbol{Sp}$ die Spiegelung an der Geraden $\mathbf{R}\boldsymbol{w}_1$ bzw. an der Ebene $\mathbf{R}\boldsymbol{w}_1 \oplus \mathbf{R}\boldsymbol{w}_2$, so liest man aus den Bildern 4.15 und 4.16 die Formel für diese Spiegelungen ab:

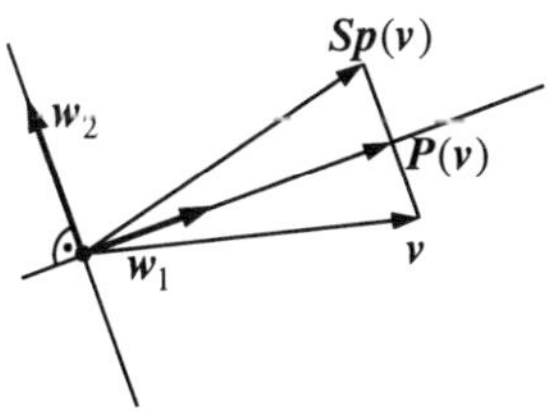

Bild 4.15

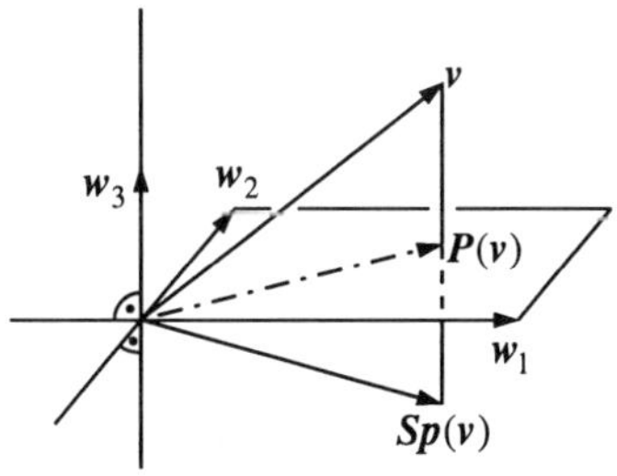

Bild 4.16

Es ist

$$\boldsymbol{Sp}(\boldsymbol{v}) = \boldsymbol{v} - 2\frac{\boldsymbol{v}\cdot\boldsymbol{w}_2}{\boldsymbol{w}_2\cdot\boldsymbol{w}_2}\boldsymbol{w}_2, \quad \text{für alle } \boldsymbol{v} \in \mathbf{R}^2;$$
$$\boldsymbol{Sp}(\boldsymbol{v}) = \boldsymbol{v} - 2\frac{\boldsymbol{v}\cdot\boldsymbol{w}_3}{\boldsymbol{w}_3\cdot\boldsymbol{w}_3}\boldsymbol{w}_3, \quad \text{für alle } \boldsymbol{v} \in \mathbf{R}^3. \tag{4.31}$$

Man kann nachrechnen und es ist anschaulich klar, daß gilt:

$$\boldsymbol{Sp}^2 = \boldsymbol{Sp} \circ \boldsymbol{Sp} = \mathbf{1} \tag{4.32}$$

Für zwei verschiedene Spieglungen $\boldsymbol{Sp}_1, \boldsymbol{Sp}_2$ ist $\boldsymbol{Sp}_1 \circ \boldsymbol{Sp}_2$ i. allg. keine Spiegelung mehr, wie Bild 4.17 erläutert: Es ist dort nämlich $(\boldsymbol{Sp}_1 \circ \boldsymbol{Sp}_2)^2 \neq \mathbf{1}$.

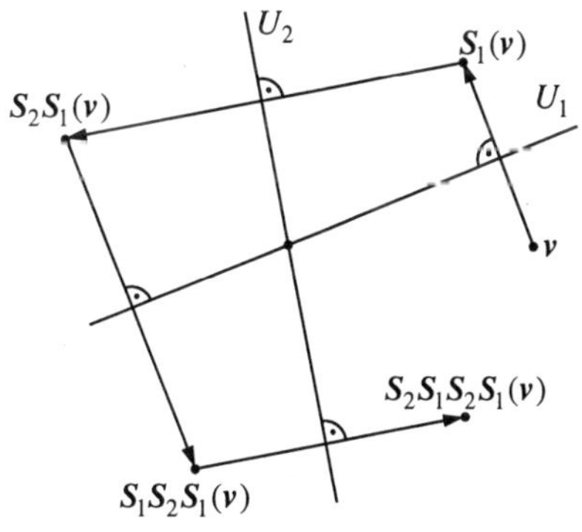

Bild 4.17

Drehungen in $V = \mathbf{R}^2$

Es sei $\boldsymbol{v} = \begin{pmatrix} v_1 \\ v_2 \end{pmatrix} \neq \boldsymbol{o}$ und $\boldsymbol{w}$ ein dazu senkrechter Vektor gleicher Länge. Die anschauliche Vorstellung einer Drehung $\boldsymbol{Dr}(\alpha) : \mathbf{R}^2 \to \mathbf{R}^2$ um den Winkel α in Bild 4.18 vermittelt uns die Formel

$$\boldsymbol{Dr}(\alpha)\boldsymbol{v} = (\cos\alpha)\boldsymbol{v} + (\sin\alpha)\boldsymbol{w}$$

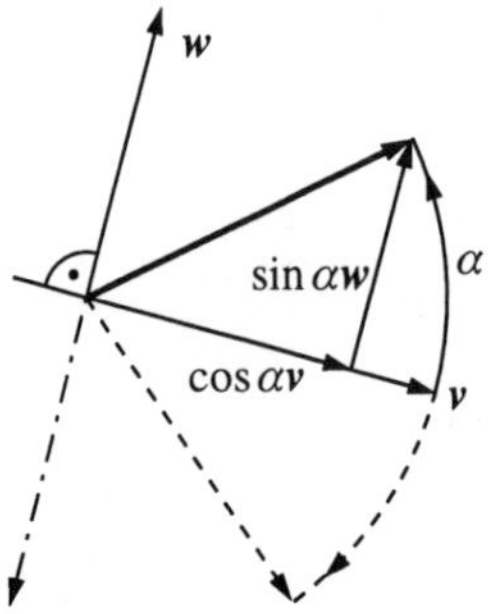

Bild 4.18

Für $\boldsymbol{w}$ hat man dann die Möglichkeiten $\boldsymbol{w} = \pm \begin{pmatrix} v_2 \\ -v_1 \end{pmatrix}$ je nach „Drehsinn", nehmen wir hier $\boldsymbol{w} = \begin{pmatrix} -v_2 \\ v_1 \end{pmatrix}$! Dann ist also

$$\boldsymbol{Dr}(\alpha)\boldsymbol{v} = (\cos\alpha)\boldsymbol{v} + (\sin\alpha)\boldsymbol{w} = (\cos\alpha)\begin{pmatrix} v_1 \\ v_2 \end{pmatrix} + (\sin\alpha)\begin{pmatrix} -v_2 \\ v_1 \end{pmatrix}$$

oder

$$\boldsymbol{Dr}(\alpha)\boldsymbol{v} = \boldsymbol{Dr}(\alpha)\begin{pmatrix} v_1 \\ v_2 \end{pmatrix} = \begin{pmatrix} v_1\cos\alpha - v_2\sin\alpha \\ v_1\sin\alpha + v_2\cos\alpha \end{pmatrix}, \tag{4.33}$$

für alle $\boldsymbol{v} = \begin{pmatrix} v_1 \\ v_2 \end{pmatrix} \in \mathbf{R}^2$.

Es ist anschaulich klar und läßt sich auch leicht nachrechnen, daß

$$\boldsymbol{Dr}(\alpha) \circ \boldsymbol{Dr}(\beta) = \boldsymbol{Dr}(\alpha + \beta) \tag{4.34}$$

gilt. (Es ergibt sich ein Beweis der Additionstheoreme für die Winkelfunktionen.)

Drehungen in $V = \mathbf{R}^3$

In Bild 4.19 ist $\boldsymbol{n} \in \mathbf{R}^3$ mit $|\boldsymbol{n}| = 1$ ein Einheitsvektor in der Drehachse, $\boldsymbol{v} \in \mathbf{R}^3$ beliebig und $\boldsymbol{Dr}(\alpha)\boldsymbol{v}$ sei der um $\boldsymbol{n}$ mit dem Winkel α gedrehte Vektor.

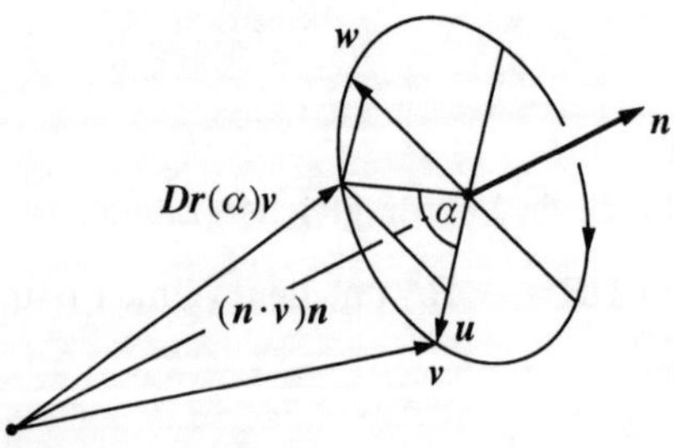

Bild 4.19

Die in der Zeichnung angegebenen Vektoren $\boldsymbol{u}, \boldsymbol{w}$ sind definiert durch

$$\boldsymbol{u} = \boldsymbol{v} - (\boldsymbol{n} \cdot \boldsymbol{v})\boldsymbol{n} \quad \text{und}$$
$$\boldsymbol{w} = \boldsymbol{v} \times \boldsymbol{n}$$

$\boldsymbol{w}$ steht auf $\boldsymbol{v}$ und $\boldsymbol{n}$, also auch auf $\boldsymbol{u}$ senkrecht und ist wegen $|\boldsymbol{v} \times \boldsymbol{n}|^2 = |\boldsymbol{v}|^2 - (\boldsymbol{n} \cdot \boldsymbol{v})^2 = |\boldsymbol{u}|^2$ so lang wie $\boldsymbol{u}$.
Für $\boldsymbol{Dr}(\alpha)\boldsymbol{v}$ gilt also $\boldsymbol{Dr}(\alpha)\boldsymbol{v} = (\boldsymbol{n} \cdot \boldsymbol{v})\boldsymbol{n} + (\cos\alpha)\boldsymbol{u} + (\sin\alpha)\boldsymbol{w}$ oder

$$\boldsymbol{Dr}(\alpha)\boldsymbol{v} = (\boldsymbol{n} \cdot \boldsymbol{v})\boldsymbol{n} + (\cos\alpha)(\boldsymbol{v} - (\boldsymbol{n} \cdot \boldsymbol{v})\boldsymbol{n}) + (\sin\alpha)\boldsymbol{v} \times \boldsymbol{n}, \tag{4.35}$$

für alle $\boldsymbol{v} \in \mathbf{R}^3$.

Wegen der Abhängigkeit von der Drehachse $\boldsymbol{n}$ schreibt man hier besser:

$$\boldsymbol{Dr}(\alpha)\boldsymbol{v} = \boldsymbol{Dr}(\alpha, \boldsymbol{n}) \tag{4.36}$$

Es ist anschaulich klar und es läßt sich leicht nachprüfen, daß bei fester Drehachse $\boldsymbol{n}$ gilt:

$$\boldsymbol{Dr}(\alpha, \boldsymbol{n}) \circ \boldsymbol{Dr}(\beta, \boldsymbol{n}) = \boldsymbol{Dr}(\alpha + \beta, \boldsymbol{n}) \tag{4.37}$$

BEISPIEL

4.10 Frage: Ist auch die Verknüpfung zweier beliebiger – also nicht gleichachsiger – Drehungen wieder eine Drehung? D. h., existiert zu vorgegebenen $\boldsymbol{Dr}(\alpha, \boldsymbol{n})$, $\boldsymbol{Dr}(\beta, \boldsymbol{m})$ stets eine Achse $\boldsymbol{p}$ und ein Drehwinkel γ, so daß $\boldsymbol{Dr}(\beta, \boldsymbol{m}) \circ \boldsymbol{Dr}(\alpha, \boldsymbol{n}) = \boldsymbol{Dr}(\gamma, \boldsymbol{p})$? Die Antwort ist ja, wie sich mit den Methoden aus Kapitel 6 zeigen läßt! Bild 4.20 zeigt den Fall $\boldsymbol{Dr}_1 = \boldsymbol{Dr}(90°, \boldsymbol{e}_1)$, $\boldsymbol{Dr}_2 = \boldsymbol{Dr}(90°, \boldsymbol{e}_3)$.

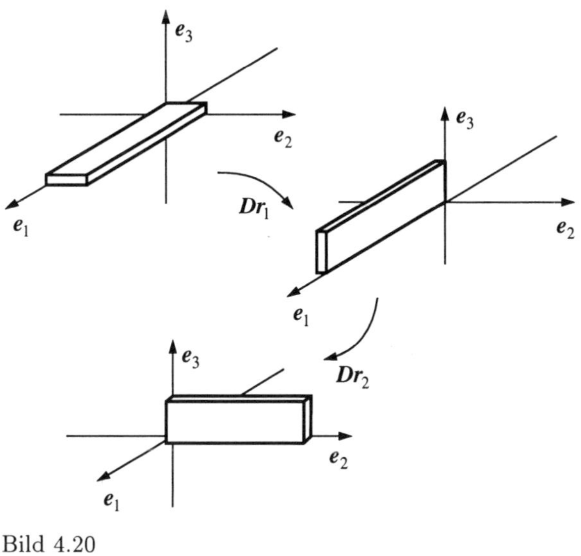

Bild 4.20

Es ist dann

$$\boldsymbol{Dr}_1\boldsymbol{e}_1 = \boldsymbol{e}_1, \qquad \boldsymbol{Dr}_2\boldsymbol{e}_1 = \boldsymbol{e}_2,$$
$$\boldsymbol{Dr}_1\boldsymbol{e}_2 = \boldsymbol{e}_3, \qquad \boldsymbol{Dr}_2\boldsymbol{e}_2 = -\boldsymbol{e}_1,$$
$$\boldsymbol{Dr}_1\boldsymbol{e}_3 = -\boldsymbol{e}_2, \qquad \boldsymbol{Dr}_2\boldsymbol{e}_3 = \boldsymbol{e}_3,$$

also:

$$\boldsymbol{Dr}_2\boldsymbol{Dr}_1\boldsymbol{e}_1 = \boldsymbol{e}_2,$$
$$\boldsymbol{Dr}_2\boldsymbol{Dr}_1\boldsymbol{e}_2 = \boldsymbol{e}_3,$$
$$\boldsymbol{Dr}_2\boldsymbol{Dr}_1\boldsymbol{e}_3 = \boldsymbol{e}_1.$$

Um $\boldsymbol{Dr}_2\boldsymbol{Dr}_1$ wieder als Drehung $\boldsymbol{Dr}(\gamma, \boldsymbol{p})$ um eine Achse $\boldsymbol{p}$ mit Drehwinkel γ ausmachen zu können, müssen $\boldsymbol{p}$ und γ sich so bestimmen lassen, daß

$$\boldsymbol{Dr}(\gamma, \boldsymbol{p})\boldsymbol{e}_1 = \boldsymbol{e}_2,$$
$$\boldsymbol{Dr}(\gamma, \boldsymbol{p})\boldsymbol{e}_2 = \boldsymbol{e}_3,$$
$$\boldsymbol{Dr}(\gamma, \boldsymbol{p})\boldsymbol{e}_3 = \boldsymbol{e}_1.$$

Bild 4.21 zeigt die Lösung:

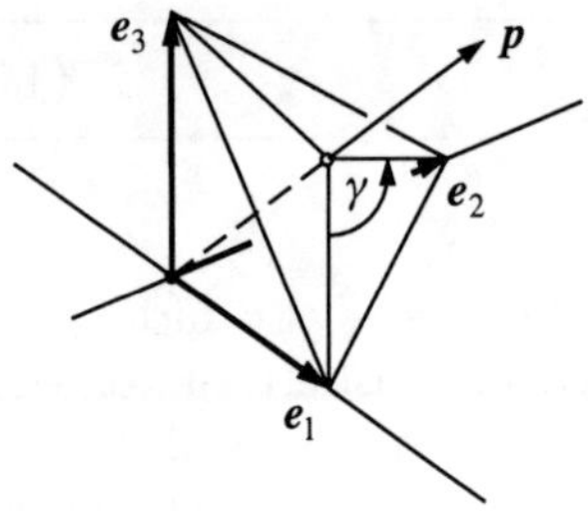

Bild 4.21

Es ist

$$\boldsymbol{Dr}_2\boldsymbol{Dr}_1 = \boldsymbol{Dr}(\gamma, \boldsymbol{p}) \text{ mit}$$
$$\boldsymbol{p} = \frac{1}{3}\sqrt{3}\begin{pmatrix}1\\1\\1\end{pmatrix} \text{ und } \gamma = 120°.$$

■

AUFGABEN

4.9 Es sei $V = \mathbf{R}^3$ mit der Standardbasis $\boldsymbol{E} = \{\boldsymbol{e}_1, \boldsymbol{e}_2, \boldsymbol{e}_3\}$ und $\boldsymbol{\Phi} \in \mathcal{L}(V, V)$ festgelegt durch

$$\boldsymbol{\Phi}(\boldsymbol{e}_1) = 7\boldsymbol{e}_1 - \frac{5}{2}\boldsymbol{e}_2 + \frac{5}{2}\boldsymbol{e}_3,$$
$$\boldsymbol{\Phi}(\boldsymbol{e}_2) = -\frac{13}{2}\boldsymbol{e}_1 + \frac{1}{2}\boldsymbol{e}_3,$$
$$\boldsymbol{\Phi}(\boldsymbol{e}_3) = -\frac{13}{2}\boldsymbol{e}_1 + \frac{1}{2}\boldsymbol{e}_2.$$

$\boldsymbol{B} = \{\boldsymbol{b}_1, \boldsymbol{b}_2, \boldsymbol{b}_3\}$ sei die Basis

$$\boldsymbol{b}_1 = \boldsymbol{e}_1 - 2\boldsymbol{e}_2 + 3\boldsymbol{e}_3,$$

$$\boldsymbol{b}_2 = \boldsymbol{e}_2 - \boldsymbol{e}_3,$$

$$\boldsymbol{b}_3 = 3\boldsymbol{e}_1 - \boldsymbol{e}_2 + \boldsymbol{e}_3.$$

Rechnen Sie nach, daß $\boldsymbol{\Phi} = \boldsymbol{\Phi}(\boldsymbol{B}; \alpha_1, \alpha_2, \alpha_3)$ eine diagonalisierbare Abbildung ist und bestimmen Sie $\alpha_1, \alpha_2, \alpha_3$!

4.10 Es sei $V = \mathbf{R}^3$ mit der Standardbasis $\boldsymbol{E} = \{\boldsymbol{e}_1, \boldsymbol{e}_2, \boldsymbol{e}_3\}$ und $\boldsymbol{\Phi} \in \mathcal{L}(V, V)$ festgelegt durch

$$\boldsymbol{\Phi}(\boldsymbol{e}_1) = \frac{4}{3}\boldsymbol{e}_1 - \frac{2}{3}\boldsymbol{e}_2 + \boldsymbol{e}_3,$$

$$\boldsymbol{\Phi}(\boldsymbol{e}_2) = \frac{8}{3}\boldsymbol{e}_1 - \frac{13}{3}\boldsymbol{e}_2 + 8\boldsymbol{e}_3,$$

$$\boldsymbol{\Phi}(\boldsymbol{e}_3) = \frac{5}{3}\boldsymbol{e}_1 - \frac{10}{3}\boldsymbol{e}_2 + 6\boldsymbol{e}_3.$$

Rechnen Sie nach, daß $\boldsymbol{\Phi}(\boldsymbol{v}) = \boldsymbol{v} + \boldsymbol{l}(\boldsymbol{v})\boldsymbol{b}_1$ gilt, wobei $\boldsymbol{b}_1 = \boldsymbol{e}_1 - 2\boldsymbol{e}_2 + 3\boldsymbol{e}_3$ und $\boldsymbol{l} : V \to \mathbf{R}$ die lineare Abbildung

$$\boldsymbol{l}\begin{pmatrix} x_1 \\ x_2 \\ x_3 \end{pmatrix} = \frac{1}{3}x_1 + \frac{8}{3}x_2 + \frac{5}{3}x_3 \text{ ist!}$$

$\boldsymbol{\Phi}$ ist also eine Scherung in Richtung $\boldsymbol{b}_1$!

4.11 Es sei $V = \mathbf{R}^3$ mit der Standardbasis $\boldsymbol{E} = \{\boldsymbol{e}_1, \boldsymbol{e}_2, \boldsymbol{e}_3\}$ und $\boldsymbol{\Phi} \in \mathcal{L}(V, V)$ festgelegt durch

$$\boldsymbol{\Phi}(\boldsymbol{e}_1) = \boldsymbol{e}_1$$

$$\boldsymbol{\Phi}(\boldsymbol{e}_2) = -\boldsymbol{e}_1 + 3\boldsymbol{e}_2 - 3\boldsymbol{e}_3,$$

$$\boldsymbol{\Phi}(\boldsymbol{e}_3) = \boldsymbol{e}_1 + 2\boldsymbol{e}_2 - 2\boldsymbol{e}_3.$$

$\boldsymbol{B} = \{\boldsymbol{b}_1, \boldsymbol{b}_2, \boldsymbol{b}_3\}$ sei die Basis

$$\boldsymbol{b}_1 = \boldsymbol{e}_1 - 2\boldsymbol{e}_2 + 3\boldsymbol{e}_3,$$

$$\boldsymbol{b}_2 = \boldsymbol{e}_2 - \boldsymbol{e}_3,$$

$$\boldsymbol{b}_3 = 3\boldsymbol{e}_1 - \boldsymbol{e}_2 + \boldsymbol{e}_3.$$

Rechnen Sie nach, daß $\boldsymbol{\Phi}$ die Projektion auf den Unterraum $\mathbf{R}\boldsymbol{b}_2 + \mathbf{R}\boldsymbol{b}_3$ längs $\mathbf{R}\boldsymbol{b}_1$ ist!

4.12 Es sei $V = \mathbf{R}^3$ mit der Standardbasis $\boldsymbol{E} = \{\boldsymbol{e}_1, \boldsymbol{e}_2, \boldsymbol{e}_3\}$ und dem üblichen Skalarprodukt. $\boldsymbol{\Phi} \in \mathcal{L}(V, V)$ sei festgelegt durch

$$\boldsymbol{\Phi}(\boldsymbol{e}_1) = \frac{1}{84}\Big((6+39\sqrt{3})\boldsymbol{e}_1 + (-12+6\sqrt{3}+9\sqrt{14})\boldsymbol{e}_2 + (18-9\sqrt{3}+6\sqrt{14})\boldsymbol{e}_3\Big)$$

$$\boldsymbol{\Phi}(\boldsymbol{e}_2) = \frac{1}{84}\Big((-12+6\sqrt{3}-9\sqrt{14})\boldsymbol{e}_1 + (24+30\sqrt{3})\boldsymbol{e}_2 + (-36v+18\sqrt{3}+3\sqrt{14})\boldsymbol{e}_3\Big)$$

$$\boldsymbol{\Phi}(\boldsymbol{e}_3) = \frac{1}{84}\Big((18-9\sqrt{3}-6\sqrt{14})\boldsymbol{e}_1 + (-36+18\sqrt{3}-3\sqrt{14})\boldsymbol{e}_2 + (54+15\sqrt{3})\boldsymbol{e}_3\Big).$$

$\boldsymbol{B} = \{\boldsymbol{b}_1, \boldsymbol{b}_2, \boldsymbol{b}_3\}$ sei die Orthonormalbasis

$$\boldsymbol{b}_1 = \frac{1}{\sqrt{14}}(\boldsymbol{e}_1 - 2\boldsymbol{e}_2 + 3\boldsymbol{e}_3),$$

$$\boldsymbol{b}_2 = \frac{1}{\sqrt{3}\sqrt{14}}(5\boldsymbol{e}_1 + 4\boldsymbol{e}_2 + \boldsymbol{e}_3),$$

$$\boldsymbol{b}_3 = \frac{1}{\sqrt{3}}(-\boldsymbol{e}_1 + \boldsymbol{e}_2 + \boldsymbol{e}_3).$$

Rechnen Sie nach, daß $\boldsymbol{\Phi}$ eine Drehung um $-30°$ um die Drehachse $\boldsymbol{b}_1$ darstellt! (Hinweis: Benutzen Sie die Formel (4.35):

$$\boldsymbol{Dr}(\alpha, \mathbf{n})\boldsymbol{v} = (\boldsymbol{n} \cdot \boldsymbol{v})\boldsymbol{n} + \cos\alpha(\boldsymbol{v} - (\boldsymbol{n} \cdot \boldsymbol{v})\boldsymbol{n}) + (\sin\alpha)\boldsymbol{v} \times \boldsymbol{n},$$

für den Fall $\boldsymbol{n} = \boldsymbol{b}_1, \alpha = -30°$. Sie müssen dann $\boldsymbol{\Phi}(\boldsymbol{b}_k) = \boldsymbol{Dr}(-30°, \boldsymbol{b}_1)\boldsymbol{b}_k$ für $k = 1, 2, 3$ nachrechnen!)

4.4 Der Homomorphiesatz und Folgerungen daraus

Isomorphe Vektorräume haben die gleiche Dimension

Ist $\boldsymbol{\Phi} : V \to W$ ein Isomorphismus und $dimV = n < \infty$, so ist auch $dimW = n$. Für jede Basis $\boldsymbol{B} = \{\boldsymbol{b}_1, \ldots, \boldsymbol{b}_n\}$ von V ist nämlich $\boldsymbol{B}' = \{\boldsymbol{\Phi}(\boldsymbol{b}_1), \ldots, \boldsymbol{\Phi}(\boldsymbol{b}_n)\}$ eine Basis von W, was man so einsieht:

1. Für jedes $\boldsymbol{y} \in W$ gibt es genau ein $\boldsymbol{x} = \alpha_1\boldsymbol{b}_1 + \ldots + \alpha_n\boldsymbol{b}_n \in V$ mit $\boldsymbol{y} = \boldsymbol{\Phi}(\boldsymbol{x}) = \boldsymbol{\Phi}(\alpha_1\boldsymbol{b}_1 + \ldots + \alpha_n\boldsymbol{b}_n) = \alpha_1\boldsymbol{\Phi}(\boldsymbol{b}_1) + \ldots + \alpha_n\boldsymbol{\Phi}(\boldsymbol{b}_n)$, somit wird W von $\boldsymbol{B}'$ erzeugt
2. Ist $\beta_1\boldsymbol{\Phi}(\boldsymbol{b}_1) + \ldots + \beta_n\boldsymbol{\Phi}(\boldsymbol{b}_n) = \boldsymbol{o}$, so auch $\boldsymbol{\Phi}(\beta_1\boldsymbol{b}_1 + \ldots + \beta_n\boldsymbol{b}_n) = \boldsymbol{o}$, woraus wegen der Injektivität von $\boldsymbol{\Phi}$ folgt: $\beta_1\boldsymbol{b}_1 + \ldots + \beta_n\boldsymbol{b}_n = \boldsymbol{o}$, aber hieraus folgt $\beta_1 = \ldots = \beta_n = 0$, so daß $\boldsymbol{B}'$ linear unabhängig ist.

Sind V, W nicht endlichdimensional und $\boldsymbol{\Phi} : V \to W$ ein Isomorphismus, so sind sie nach Definition von gleicher (unendlicher) Dimension.

4.4.1 Der Homomorphiesatz

In Abschnitt 4.3 haben wir gesehen, daß für Projektionen $\boldsymbol{P} : V \to V$ die direkte Zerlegung $V = Kern(\boldsymbol{P}) \oplus Bild(\boldsymbol{P})$ gilt, hieraus ergibt sich sofort die Dimensionsformel

$$dimV = dimKern(\boldsymbol{P}) + dimBild(\boldsymbol{P}).$$

Für beliebige lineare $\boldsymbol{\Phi} : V \to V$ gibt es i. allg. keine solche Zerlegung von V, jedoch gilt die Dimensionsformel immer noch. Sie gilt sogar für beliebige $\boldsymbol{\Phi} : V \to W$, dies ist die Aussage des Homomorphiesatzes.

Homomorphiesatz:
Sind V, W Vektorräume über K, $\boldsymbol{\Phi} \in \mathcal{L}(V, W)$ und ist $dimV < \infty$ so gilt

$$dimV = dimKern(\boldsymbol{\Phi}) + dimBild(\boldsymbol{\Phi}). \quad (4.38)$$

Beweis: Ist $Kern(\boldsymbol{\Phi}) = \{\boldsymbol{o}\}$, so ist $\boldsymbol{\Phi}$ injektiv und die Abbildung $\boldsymbol{\Phi} : V \to Bild(\boldsymbol{\Phi})$ ist ein Isomorphismus, also $dimV = 0 + dimBild(\boldsymbol{\Phi})$. Ist $Kern(\boldsymbol{\Phi}) = V$, so ist $\boldsymbol{\Phi} = \boldsymbol{0}$

also $Bild(\boldsymbol{\Phi}) = \{\boldsymbol{o}\}$, also $dimV = dimKern(\boldsymbol{\Phi}) + 0$. In diesen beiden Extremfällen gilt also die angegebene Dimensionsformel! Ist nun $\{\boldsymbol{o}\} \neq Kern(\boldsymbol{\Phi}) \neq V$, so gibt es nach Kapitel 3 eine Basis $\boldsymbol{B} = \{\boldsymbol{b}_1, \ldots, \boldsymbol{b}_n\}$ von V mit

$$Kern(\boldsymbol{\Phi}) = \sum_{k=1}^{s} K\boldsymbol{b}_k, \quad 1 \leqq s < n$$

Wir setzen $U = \sum_{k=s+1}^{n} K\boldsymbol{b}_k$, dann ist

$$V = Kern(\boldsymbol{\Phi}) \oplus U$$

und $dimV = dimKern(\boldsymbol{\Phi}) + dimU$. Bleibt zu zeigen, daß

$$dimU = dimBild(\boldsymbol{\Phi}).$$

Die Einschränkung von $\boldsymbol{\Phi}$ auf U, d. h. die lineare Abbildung $\boldsymbol{\Phi}_0 : U \to Bild(\boldsymbol{\Phi})$ mit $\boldsymbol{\Phi}_0(\boldsymbol{u}) = \boldsymbol{\Phi}(\boldsymbol{u})$ ist aber ein Isomorphismus:
Aus $\boldsymbol{o} = \boldsymbol{\Phi}_0(\boldsymbol{u}) = \boldsymbol{\Phi}(\boldsymbol{u})$ folgt $\boldsymbol{u} \in Kern(\boldsymbol{\Phi}) \cap U = \{\boldsymbol{o}\}$ also $\boldsymbol{u} = \boldsymbol{o}$. Somit ist $\boldsymbol{\Phi}_0$ injektiv. Ist $\boldsymbol{y} \in Bild(\boldsymbol{\Phi})$ vorgegeben, so ist $\boldsymbol{y} = \boldsymbol{\Phi}(\boldsymbol{x})$ für ein $\boldsymbol{x} \in V = Kern(\boldsymbol{\Phi}) \oplus U$, für dieses ist $\boldsymbol{x} = \boldsymbol{v} + \boldsymbol{u}$ mit $\boldsymbol{v} \in Kern(\boldsymbol{\Phi})$, $\boldsymbol{u} \in U$. Es ist aber dann $\boldsymbol{y} = \boldsymbol{\Phi}(\boldsymbol{x}) = \boldsymbol{\Phi}(\boldsymbol{v} + \boldsymbol{u}) = \boldsymbol{\Phi}(\boldsymbol{v}) + \boldsymbol{\Phi}(\boldsymbol{u}) = \boldsymbol{\Phi}(\boldsymbol{u}) = \boldsymbol{\Phi}_0(\boldsymbol{u})$, also $\boldsymbol{\Phi}_0$ surjektiv. Insgesamt sind U und $Bild(\boldsymbol{\Phi})$ isomorph unter $\boldsymbol{\Phi}_0$ und ihre Dimensionen sind daher gleich.

4.4.2 Folgerungen aus dem Homomorphiesatz

Aus dem Beweis des Homomorphiesatzes halten wir noch fest:

> Ist $\boldsymbol{\Phi} \in \mathcal{L}(V, W)$ und ist $V = Kern(\boldsymbol{\Phi}) \oplus U$ zerlegt, so ist die Einschränkung von $\boldsymbol{\Phi} : U \to W$ auf U ein Isomorphismus. (4.39)

Folgerung aus dem Homomorphiesatz

Die wichtigsten Anwendungen des Homomorphiesatzes basieren auf folgendem Resultat:

> Ist $dimV = n < \infty$ und $\boldsymbol{\Phi} \in \mathcal{L}(V, V)$ so sind folgende Aussagen äquivalent:
> a) $\boldsymbol{\Phi}$ ist injektiv
> b) $\boldsymbol{\Phi}$ ist surjektiv (4.40)
> c) $\boldsymbol{\Phi}$ ist bijektiv

In der Tat: Ist $\boldsymbol{\Phi}$ injektiv, so $Kern(\boldsymbol{\Phi}) = \{\boldsymbol{o}\}$ und der Homomorphiesatz ergibt $dimV = dimBild(\boldsymbol{\Phi})$, also $V = Bild(\boldsymbol{\Phi})$ und daher ist $\boldsymbol{\Phi}$ surjektiv. Analog folgt a) aus b).

Eine Anwendung des Homomorphiesatzes

Angenommen, man weiß von zwei linearen Abbildungen $\boldsymbol{\Phi}, \boldsymbol{\Psi} \in \mathcal{L}(V, V)$, $dimV = n < \infty$, daß

$$\boldsymbol{\Phi} \circ \boldsymbol{\Psi} = \mathbf{1}$$

Man vermutet natürlich, daß auch $\boldsymbol{\Psi} \circ \boldsymbol{\Phi} = \mathbf{1}$ gilt, aber ohne weiteres ergibt sich das nicht! Vielmehr benötigt man den Homomorphiesatz: $\boldsymbol{\Phi} \circ \boldsymbol{\Psi} = \mathbf{1}$ impliziert, daß $\boldsymbol{\Phi}$

surjektiv und $\boldsymbol{\Psi}$ injektiv sein muß! Also sind $\boldsymbol{\Phi}, \boldsymbol{\Psi}$ wegen des Homomorphiesatzes beide bijektiv! Also existieren $\boldsymbol{\Phi}^{-1}, \boldsymbol{\Psi}^{-1} \in \mathcal{L}(V,V)$! Weiter ist $\boldsymbol{\Phi}^{-1} = \boldsymbol{\Phi}^{-1} \circ \mathbf{1} = \boldsymbol{\Phi}^{-1} \circ (\boldsymbol{\Phi} \circ \boldsymbol{\Psi}) = (\boldsymbol{\Phi}^{-1} \circ \boldsymbol{\Phi}) \circ \boldsymbol{\Psi} = \mathbf{1} \circ \boldsymbol{\Psi} = \boldsymbol{\Psi}$ (und analog $\boldsymbol{\Psi}^{-1} = \boldsymbol{\Phi}$). Also ist $\boldsymbol{\Psi} \circ \boldsymbol{\Phi} = \boldsymbol{\Phi}^{-1} \circ \boldsymbol{\Phi} = \mathbf{1}$.

BEISPIEL

4.11 Die letzte Aussage

„Aus $\boldsymbol{\Phi} \circ \boldsymbol{\Psi} = \mathbf{1}$ folgt $\boldsymbol{\Psi} \circ \boldsymbol{\Phi} = \mathbf{1}$“

ist bei $dim V = \infty$ i. allg. falsch!

Ist etwa

$$V = \mathbf{R}[x] = \left\{ \sum_{k=0}^{n} a_k x^k \mid a_k \in \mathbf{R},\ n \in \mathbf{N} \right\}$$

der Vektorraum aller reellen Polynome in x und setzt man $\boldsymbol{\Phi}, \boldsymbol{\Psi} \in \mathcal{L}(V,V)$ fest durch

$$\boldsymbol{\Phi}(\sum_{k=0}^{n} a_k x^k) = \sum_{k=0}^{n} \frac{1}{k+1} a_k x^{k+1} \quad \text{(„Integrieren“)} \quad \text{und}$$

$$\boldsymbol{\Psi}(\sum_{k=0}^{n} a_k x^k) = \sum_{k=1}^{n} k a_k x^{k-1} \quad \text{(„Ableiten“)},$$

so gilt:

$\boldsymbol{\Phi}$ ist injektiv, aber nicht surjektiv;

$\boldsymbol{\Psi}$ ist surjektiv, aber nicht injektiv;

und

$\boldsymbol{\Psi} \circ \boldsymbol{\Phi} = \mathbf{1}$, aber $\boldsymbol{\Phi} \circ \boldsymbol{\Psi} \neq \mathbf{1}$. ■

AUFGABEN

4.13 Sei $\boldsymbol{\Phi} : V \to W$ linear. Zeigen Sie:

a) Falls $\dim V > \dim W$ so ist $\boldsymbol{\Phi}$ nicht injektiv!

b) Falls $\dim V < \dim W$ so ist $\boldsymbol{\Phi}$ nicht surjektiv!

4.14 Beispiel 4.11 hat folgende Variante: Sei $V = K^\infty$ der K-Vektorraum aller unendlichen Folgen von Elementen aus K. (In Analogie zu K^n, nur sind jetzt die Zeilen „unendlich“ lang.) Wir setzen $\boldsymbol{\Phi}, \boldsymbol{\Psi} : V \to V$ fest durch

$\boldsymbol{\Phi}(x_1, x_2, x_3, \ldots) = (0, x_1, x_2, x_3, \ldots)$, („Schieben nach rechts“)

$\boldsymbol{\Psi}(x_1, x_2, x_3, \ldots) = (x_2, x_3, x_4, \ldots)$, („Schieben nach links“).

a) Sind $\boldsymbol{\Phi}, \boldsymbol{\Psi}$ injektiv?, surjektiv?

b) Zeigen Sie: $\boldsymbol{\Psi} \circ \boldsymbol{\Phi} = \mathbf{1}$

c) Beschreiben Sie die linearen Abbildungen $\boldsymbol{\Phi} \circ \boldsymbol{\Psi}, (\boldsymbol{\Phi} \circ \boldsymbol{\Psi})^2, \boldsymbol{\Phi}^n, \boldsymbol{\Psi}^n$!

4.5 Matrizen

Ist V ein endlichdimensionaler K-Vektorraum und $\boldsymbol{B} = \{\boldsymbol{b}_1, \ldots, \boldsymbol{b}_n\}$ eine Basis von V, so ist die Zuordnung

$$\boldsymbol{v} = \sum_{k=1}^{n} \alpha_k \boldsymbol{b}_k \mapsto \boldsymbol{v}[\boldsymbol{B}] = \begin{pmatrix} \alpha_1 \\ \alpha_2 \\ \vdots \\ \alpha_n \end{pmatrix} \tag{4.41}$$

ein Isomorphismus $V \to K^n$.
Sieht man $\boldsymbol{B}$ als ein verallgemeinertes Koordinatensystem an, so liefert dieser Isomorphismus die „Koordinaten“ von $\boldsymbol{v}$ bezüglich $\boldsymbol{B}$.
Insbesondere ist

$$\boldsymbol{b}_j[\boldsymbol{B}] = \begin{pmatrix} 0 \\ \vdots \\ 1 \\ \vdots \\ 0 \end{pmatrix} = \boldsymbol{e}_j, \quad 1 \leqq j \leqq n. \tag{4.42}$$

4.5.1 Die Matrix einer linearen Abbildung bezüglich zweier Basen

Matrizen mit Koeffizienten in K

Sie kennen bereits die Menge der komplexen (bzw. reellen) $m \times n$-Matrizen $\mathbf{C}^{m\times n}$ (bzw. $\mathbf{R}^{m\times n}$) und wissen, wie man solche Matrizen mit Zahlen multipliziert, addiert und – bei geeigneten Formaten – miteinander multipliziert.
Für einen beliebigen Körper K ist die Definition der K-Matrizen ganz analog zu $K = \mathbf{C}, \mathbf{R}$:

$$K^{m\times n} = \left\{ \begin{pmatrix} a_{11} & \cdots & a_{1n} \\ \vdots & & \vdots \\ a_{m1} & \cdots & a_{mn} \end{pmatrix} \mid a_{ij} \in K \right\} \tag{4.43}$$

und diese Matrizen werden analog $\mathbf{C}^{m\times n}$ mit Elementen aus K multipliziert, addiert und – bei geeigneten Formaten – miteinander multipliziert.

Matrixzuordnung

V, W seien endlichdimensionale K-Vektorräume, $dimV = n$, $dimV = m$.
$\boldsymbol{B}_1 = \{\boldsymbol{b}_1, \ldots, \boldsymbol{b}_n\}$ sei eine Basis von V, $\boldsymbol{B}_2 = \{\boldsymbol{w}_1, \ldots, \boldsymbol{w}_m\}$ sei eine Basis von W.
Wir ordnen nun jedem $\boldsymbol{\Phi} \in \mathcal{L}(V, W)$ seine „Koordinatenmatrix“ $\boldsymbol{\Phi}[\boldsymbol{B}_2, \boldsymbol{B}_1] = (a_{ij}) \in K^{m\times n}$ bezüglich des Basenpaars $\boldsymbol{B}_1, \boldsymbol{B}_2$ zu:

Ist $\boldsymbol{\Phi}(\boldsymbol{b}_j) = a_{1j}\boldsymbol{w}_1 + \ldots + a_{mj}\boldsymbol{w}_m$, also

$$\boldsymbol{\Phi}(\boldsymbol{b}_j)[\boldsymbol{B}_2] = \begin{pmatrix} a_{1j} \\ a_{2j} \\ \vdots \\ a_{mj} \end{pmatrix}, \quad 1 \leqq j \leqq n,$$

so sei (4.44)

$$\boldsymbol{\Phi}[\boldsymbol{B}_2, \boldsymbol{B}_1] = \begin{pmatrix} a_{11} & \cdots & a_{1n} \\ \vdots & & \vdots \\ a_{m1} & \cdots & a_{mn} \end{pmatrix}$$

In Worten:

In der j-ten Spalte der Matrix $\boldsymbol{\Phi}[\boldsymbol{B}_2, \boldsymbol{B}_1]$ steht die Koordinatenspalte des Bildes $\boldsymbol{\Phi}(\boldsymbol{b}_j)$ von $\boldsymbol{b}_j \in \boldsymbol{B}_1$ bezüglich der Basis $\boldsymbol{B}_2$. (4.45)

Wie Sie sehen, kommt es hier auf die Reihenfolge der Basisvektoren an:

Vertauscht man $\boldsymbol{b}_k$ und $\boldsymbol{b}_l$, so vertauscht sich in $\boldsymbol{\Phi}[\boldsymbol{B}_2, \boldsymbol{B}_1]$ die k-te mit der l-ten Spalte. Wir bleiben trotzdem bei der Mengenschreibweise für Basen.

Insbesondere ist

$$\boldsymbol{\Phi}(\boldsymbol{b}_j)[\boldsymbol{B}_2] = \begin{pmatrix} a_{1j} \\ a_{2j} \\ \vdots \\ a_{mj} \end{pmatrix} = \begin{pmatrix} a_{11} & \cdots & a_{1j} & \cdots & a_{1n} \\ \vdots & & \vdots & & \vdots \\ a_{m1} & \cdots & a_{mj} & \cdots & a_{mn} \end{pmatrix} \begin{pmatrix} 0 \\ \vdots \\ 1 \\ \vdots \\ 0 \end{pmatrix}$$

$$= \boldsymbol{\Phi}[\boldsymbol{B}_2, \boldsymbol{B}_1]\boldsymbol{b}_j[\boldsymbol{B}_1].$$

Letztere Beziehung gilt nicht nur für die Basisvektoren $\boldsymbol{b}_j$, sondern für alle $\boldsymbol{v} \in V$:

Ist $\boldsymbol{v} = \alpha_1\boldsymbol{b}_1 + \ldots + \alpha_n\boldsymbol{b}_n$, also $\boldsymbol{v}[\boldsymbol{B}_1] = \begin{pmatrix} \alpha_1 \\ \alpha_2 \\ \vdots \\ \alpha_n \end{pmatrix}$, so ist

$$\begin{aligned} \boldsymbol{\Phi}(\boldsymbol{v})[\boldsymbol{B}_2] &= \boldsymbol{\Phi}(\alpha_1\boldsymbol{b}_1 + \ldots + \alpha_n\boldsymbol{b}_n)[\boldsymbol{B}_2] \\ &= (\alpha_1\boldsymbol{\Phi}(\boldsymbol{b}_1) + \ldots + \alpha_n\boldsymbol{\Phi}(\boldsymbol{b}_n))[\boldsymbol{B}_2] \\ &= \alpha_1\boldsymbol{\Phi}(\boldsymbol{b}_1)[\boldsymbol{B}_2] + \ldots + \alpha_n\boldsymbol{\Phi}(\boldsymbol{b}_n)[\boldsymbol{B}_2] \\ &= \alpha_1 \begin{pmatrix} a_{11} \\ a_{21} \\ \vdots \\ a_{m1} \end{pmatrix} + \ldots + \alpha_n \begin{pmatrix} a_{1n} \\ a_{2n} \\ \vdots \\ a_{mn} \end{pmatrix} = \begin{pmatrix} a_{11}\alpha_1 + \ldots + a_{1n}\alpha_n \\ \vdots \\ a_{m1}\alpha_1 + \ldots + a_{mn}\alpha_n \end{pmatrix} \end{aligned}$$

$$= \begin{pmatrix} a_{11} & \cdots & a_{1n} \\ \vdots & & \vdots \\ a_{m1} & \cdots & a_{mn} \end{pmatrix} \begin{pmatrix} \alpha_1 \\ \vdots \\ \alpha_n \end{pmatrix}$$
$$= \boldsymbol{\Phi}[\boldsymbol{B}_2, \boldsymbol{B}_1]\boldsymbol{v}[\boldsymbol{B}_1].$$

Also

$$\boldsymbol{\Phi}(\boldsymbol{v})[\boldsymbol{B}_2] = \boldsymbol{\Phi}[\boldsymbol{B}_2, \boldsymbol{B}_1]\boldsymbol{v}[\boldsymbol{B}_1] \tag{4.46}$$

In Worten:

Man erhält die Koordinaten von $\boldsymbol{\Phi}(\boldsymbol{v})$ (bezüglich $\boldsymbol{B}_2$) durch Multiplikation der Matrix $\boldsymbol{\Phi}[\boldsymbol{B}_2, \boldsymbol{B}_1]$ mit den Koordinaten von $\boldsymbol{v}$ (bezüglich $\boldsymbol{B}_1$). (4.47)

BEISPIELE

4.12 Der Nullabbildung $\boldsymbol{\Phi} = \boldsymbol{0} \in \mathcal{L}(V, W)$ ist bezüglich aller Basenpaare die Nullmatrix zugeordnet:

$$\boldsymbol{0}[\boldsymbol{B}_2, \boldsymbol{B}_1] = \begin{pmatrix} 0 & \cdots & 0 \\ \vdots & & \vdots \\ 0 & \cdots & 0 \end{pmatrix} = \boldsymbol{0} \tag{4.48}$$

■

4.13 Ist $V = W$ und $\boldsymbol{\Phi} = \mathbf{1} \in \mathcal{L}(V, V)$ die identische Abbildung von V, so ist $\boldsymbol{\Phi} = \mathbf{1}$ bei $\boldsymbol{B}_2 = \boldsymbol{B}_1 = \boldsymbol{B}$ die Einheitsmatrix zugeordnet:

$$\mathbf{1}[\boldsymbol{B}, \boldsymbol{B}] = \begin{pmatrix} 1 & \cdots & 0 \\ \vdots & & \vdots \\ 0 & \cdots & 1 \end{pmatrix} = \mathbf{1} \tag{4.49}$$

Aber: Falls $\boldsymbol{B}_2 \neq \boldsymbol{B}_1$, so ist $\mathbf{1}[\boldsymbol{B}_2, \boldsymbol{B}_1]$ diejenige $m \times m$-Matrix, in deren j-ter Spalte die Koordinaten (bezüglich $\boldsymbol{B}_2$) des j-ten Vektors $\boldsymbol{b}_j = \boldsymbol{\Phi}(\boldsymbol{b}_j) = \mathbf{1}(\boldsymbol{b}_j)$ von $\boldsymbol{B}_1$ steht, also ist dann stets $\mathbf{1}[\boldsymbol{B}_2, \boldsymbol{B}_1]$ von der Einheitsmatrix verschieden!

Ist etwa $V = \mathbf{R}^3$, $\boldsymbol{B}_1 = \{\boldsymbol{e}_1, \boldsymbol{e}_2, \boldsymbol{e}_3\}$ die Standardbasis und $\boldsymbol{B}_2 = \{\boldsymbol{w}_1, \boldsymbol{w}_2, \boldsymbol{w}_3\}$ mit

$$\boldsymbol{w}_1 = \begin{pmatrix} 1 \\ -2 \\ 3 \end{pmatrix}, \quad \boldsymbol{w}_2 = \begin{pmatrix} 2 \\ -4 \\ 5 \end{pmatrix}, \quad \boldsymbol{w}_3 = \begin{pmatrix} 2 \\ -2 \\ 0 \end{pmatrix},$$

so benötigt man zur Aufstellung der Matrix $\mathbf{1}[\boldsymbol{B}_2, \boldsymbol{B}_1]$ die Darstellung von $\boldsymbol{e}_1, \boldsymbol{e}_2, \boldsymbol{e}_3$ mittels $\boldsymbol{w}_1, \boldsymbol{w}_2, \boldsymbol{w}_3$, die man etwa so findet:

Aus $\boldsymbol{w}_1 = \boldsymbol{e}_1 - 2\boldsymbol{e}_2 + 3\boldsymbol{e}_3$, $\boldsymbol{w}_2 = 2\boldsymbol{e}_1 - 4\boldsymbol{e}_2 + 5\boldsymbol{e}_3$ folgt

$\boldsymbol{w}_2 - 2\boldsymbol{w}_1 = -\boldsymbol{e}_3$, also $\boldsymbol{w}_2 = 2\boldsymbol{e}_1 - 4\boldsymbol{e}_2 + 5(2\boldsymbol{w}_1 - \boldsymbol{w}_2)$ bzw.

$2e_1 - 4e_2 = -10w_1 + 6w_2$,

zusammen mit $w_3 = 2e_1 - 2e_2$ ergibt das

$2e_2 = 10w_1 - 6w_2 + w_3$ und

$-2e_1 = -10w_1 + 6w_2 - 2w_3$, insgesamt also

$e_1 = 5w_1 - 3w_2 + w_3$,

$e_2 = 5w_1 - 3w_2 + \frac{1}{2}w_3$,

$e_3 = 2w_1 - w_2$.

Damit erhält man:

$$\mathbf{1}[B_2, B_1] = \begin{pmatrix} 5 & 5 & 2 \\ -3 & -3 & -1 \\ 1 & \frac{1}{2} & 0 \end{pmatrix}$$

Beispielsweise hat der Vektor $v = \begin{pmatrix} 8 \\ 9 \\ 10 \end{pmatrix} = v[B_1]$ bezüglich B_2 die Koordinaten:

$$v[B_2] = \mathbf{1}[B_2, B_1]v[B_1]$$
$$= \begin{pmatrix} 5 & 5 & 2 \\ -3 & -3 & -1 \\ 1 & \frac{1}{2} & 0 \end{pmatrix} \begin{pmatrix} 8 \\ 9 \\ 10 \end{pmatrix} = \begin{pmatrix} 105 \\ -61 \\ \frac{25}{2} \end{pmatrix},$$

d. h., es muß

$$\begin{pmatrix} 8 \\ 9 \\ 10 \end{pmatrix} = 105 \begin{pmatrix} 1 \\ -2 \\ 3 \end{pmatrix} - 61 \begin{pmatrix} 2 \\ -4 \\ 5 \end{pmatrix} + \frac{25}{2} \begin{pmatrix} 2 \\ -2 \\ 0 \end{pmatrix}$$

sein. ■

Koordinatenumrechnungsformel

Mit der im letzten Beispiel erhaltenen Formel

$$v[B_2] = \mathbf{1}[B_2, B_1]v[B_1] \qquad (4.50)$$

lassen sich also die B_1-Koordinaten eines Vektors $v \in V$ in B_2-Koordinaten umrechnen!

AUFGABEN

4.15 Ordnen Sie den linearen Abbildungen $\Phi : \mathbf{R}^n \to \mathbf{R}^m$ aus Aufgabe 4.1 ihre Matrizen $\Phi[B_2, B_1]$ bezüglich der Standardbasen B_1, B_2 von $\mathbf{R}^n, \mathbf{R}^m$ zu!

4.16 Ordnen Sie den linearen Abbildungen $\Phi : \mathbf{R}^3 \to \mathbf{R}^3$ aus den Aufgaben 4.9 bis 4.11 ihre Matrizen $\Phi[E, E]$ und $\Phi[B, B]$ zu, wobei E die Standardbasis von $\mathbf{R}^3$ und $\mathbf{B}$ die in Aufgabe 4.9 angegebene Basis. Bestimmen Sie $\mathbf{1}[E, B]$ und $\mathbf{1}[B, E]$! Rechnen Sie nach, daß stets $\mathbf{1}[B, E]\Phi[E, E]\mathbf{1}[E, B] = \Phi[B, B]$ gilt!

4.17 Die Formel (4.35): $\boldsymbol{Dr}(\alpha,\boldsymbol{n})\boldsymbol{v} = (\boldsymbol{n}\cdot\boldsymbol{v})\boldsymbol{n} + \cos\alpha(\boldsymbol{v} - (\boldsymbol{n}\cdot\boldsymbol{v})\boldsymbol{n}) + (\sin\alpha)\boldsymbol{v}\times\boldsymbol{n}$, $\boldsymbol{v}\in\mathbf{R}^3$ liefert eine lineare Abbildung $\boldsymbol{Dr}(\alpha,\boldsymbol{n}) : \mathbf{R}^3 \to \mathbf{R}^3$. Geben Sie die (3×3)-Matrix $\boldsymbol{Dr}(\alpha,\boldsymbol{n})[\boldsymbol{E},\boldsymbol{E}]$ an, wobei $\boldsymbol{E}$ die Standardbasis des $\mathbf{R}^3$ und $\boldsymbol{n} = \boldsymbol{n}[\boldsymbol{E}] = \begin{pmatrix} n_1 \\ n_2 \\ n_3 \end{pmatrix}$!

4.18 Die Menge $\boldsymbol{B} = \{\boldsymbol{b}_1,\boldsymbol{b}_2,\boldsymbol{b}_3,\boldsymbol{b}_4\}$, mit

$$\boldsymbol{b}_1 = \begin{pmatrix} -7 \\ 0 \\ 2 \\ 5 \end{pmatrix}, \quad \boldsymbol{b}_2 = \begin{pmatrix} 0 \\ 1 \\ 3 \\ 0 \end{pmatrix}, \quad \boldsymbol{b}_3 = \begin{pmatrix} 2 \\ 1 \\ 4 \\ 0 \end{pmatrix}, \quad \boldsymbol{b}_4 = \begin{pmatrix} -2 \\ -1 \\ 0 \\ -6 \end{pmatrix}$$

ist eine Basis von $\mathbf{R}^4$.

a) Geben Sie $\boldsymbol{v}[\boldsymbol{B}]$ an für folgende $\boldsymbol{v} = \boldsymbol{v}[\boldsymbol{E}]$:

$$\boldsymbol{v} = \begin{pmatrix} -7 \\ 1 \\ 9 \\ -1 \end{pmatrix}, \quad \boldsymbol{v} = \begin{pmatrix} -5 \\ 1 \\ 2 \\ 11 \end{pmatrix}, \quad \boldsymbol{v} = \begin{pmatrix} 2 \\ 2 \\ 7 \\ 0 \end{pmatrix}.$$

(Hinweis: Natürlich ist $\boldsymbol{v}[\boldsymbol{B}] = \mathbf{1}[\boldsymbol{B},\boldsymbol{E}]\boldsymbol{v}[\boldsymbol{E}]$, in den drei Fällen ist aber $\boldsymbol{v} = \boldsymbol{b}_1 + \boldsymbol{b}_2 + \boldsymbol{b}_3 + \boldsymbol{b}_4$, $\boldsymbol{v} = \ldots ?$, $\boldsymbol{v} = \ldots ?!$)

b) Berechnen Sie $\mathbf{1}[\boldsymbol{B},\boldsymbol{E}]$!

4.6 Der Isomorphismus $\mathcal{L}(V,W) \to K^{m\times n}$

4.6.1 Verknüpfung linearer Abbildungen und Matrixmultiplikation

V, W, X seien endlichdimensionale Vektorräume über K mit den jeweiligen Basen $\boldsymbol{B}_1 = \{\boldsymbol{b}_1,\ldots,\boldsymbol{b}_n\}$, $\boldsymbol{B}_2 = \{\boldsymbol{w}_1,\ldots,\boldsymbol{w}_m\}$, $\boldsymbol{B}_3 = \{\boldsymbol{x}_1,\ldots,\boldsymbol{x}_k\}$.
$\boldsymbol{\Phi} : V \to W$, $\boldsymbol{\Psi} : W \to X$ seien lineare Abbildungen, von denen ihre zugeordneten Matrizen $\boldsymbol{\Phi}[\boldsymbol{B}_2,\boldsymbol{B}_1] = (a_{ij})$ (vom Format $m\times n$) und $\boldsymbol{\Psi}[\boldsymbol{B}_3,\boldsymbol{B}_2] = (b_{ij})$ (vom Format $k\times m$) bekannt sein sollen.
Nun ist $\boldsymbol{\Psi}\circ\boldsymbol{\Phi} : V \to X$ wieder linear und wir wollen die zugeordnete Matrix $\boldsymbol{\Psi}\circ\boldsymbol{\Phi}[\boldsymbol{B}_3,\boldsymbol{B}_1] = (c_{ij})$ (vom Format $k\times n$) aus $\boldsymbol{\Phi}[\boldsymbol{B}_2,\boldsymbol{B}_1]$ und $\boldsymbol{\Psi}[\boldsymbol{B}_3,\boldsymbol{B}_2]$ berechnen!
Die Spalte Nr. ν von $\boldsymbol{\Psi}\circ\boldsymbol{\Phi}[\boldsymbol{B}_3,\boldsymbol{B}_1]$ ist

$$\begin{aligned}
\boldsymbol{\Psi}\circ\boldsymbol{\Phi}(\boldsymbol{b}_\nu)[\boldsymbol{B}_3] &= \boldsymbol{\Psi}(\boldsymbol{\Phi}(\boldsymbol{b}_\nu))[\boldsymbol{B}_3] \\
&= \boldsymbol{\Psi}(\sum_{\mu=1}^{m} a_{\mu\nu}\boldsymbol{w}_\mu)[\boldsymbol{B}_3] = \left(\sum_{\mu=1}^{m} a_{\mu\nu}(\boldsymbol{\Psi}\boldsymbol{w}_\mu)\right)[\boldsymbol{B}_3] \\
&= \left(\sum_{\mu=1}^{m} a_{\mu\nu}\left(\sum_{\lambda=1}^{k} b_{\lambda\mu}\boldsymbol{x}_\lambda\right)\right)[\boldsymbol{B}_3] \\
&= \left(\sum_{\lambda=1}^{k}\left(\sum_{\mu=1}^{m} b_{\lambda\mu}a_{\mu\nu}\right)\boldsymbol{x}_\lambda\right)[\boldsymbol{B}_3]
\end{aligned}$$

$$= \begin{pmatrix} \sum_{\mu=1}^{m} b_{1\mu} a_{\mu\nu} \\ \vdots \\ \sum_{\mu=1}^{m} b_{k\mu} a_{\mu\nu} \end{pmatrix}, \quad 1 \leqq \nu \leqq n.$$

Also ist

$$c_{\lambda\nu} = \sum_{\mu=1}^{m} b_{\lambda\mu} a_{\mu\nu}, \tag{4.51}$$

mit anderen Worten, es gilt:

$$\boldsymbol{\Psi} \circ \boldsymbol{\Phi}[\boldsymbol{B}_3, \boldsymbol{B}_1] = \boldsymbol{\Psi}[\boldsymbol{B}_3, \boldsymbol{B}_2]\boldsymbol{\Phi}[\boldsymbol{B}_2, \boldsymbol{B}_1] \tag{4.52}$$

In Worten etwas verkürzt ausgedrückt:

Die Matrix einer Verknüpfung linearer Abbildungen ergibt sich durch Multiplikation ihrer Matrizen!

4.6.2 Der spezielle Isomorphismus $\mathcal{L}(V, V) \to K^{m \times m}$

Es ist leicht nachzuprüfen, daß die Zuordnung $\boldsymbol{\Phi} \mapsto \boldsymbol{\Phi}[\boldsymbol{B}_2, \boldsymbol{B}_1]$ von $\mathcal{L}(V, W)$ nach $K^{m \times n}$ ihrerseits linear und sogar ein Isomorphismus ist!
Im speziellen Fall $V = W$ **und** $\boldsymbol{B}_2 = \boldsymbol{B}_1 = \boldsymbol{B}$ hat dieser Isomorphismus die zusätzliche wichtige Eigenschaft

$$\boldsymbol{\Psi} \circ \boldsymbol{\Phi}[\boldsymbol{B}, \boldsymbol{B}] = \boldsymbol{\Psi}[\boldsymbol{B}, \boldsymbol{B}]\boldsymbol{\Phi}[\boldsymbol{B}, \boldsymbol{B}] \tag{4.53}$$

was sich ja aus der Formel (4.52) sofort ergibt. Man hat also in diesem Fall:

$$\begin{aligned} &\boldsymbol{\Psi} + \boldsymbol{\Phi} \mapsto \boldsymbol{\Psi}[\boldsymbol{B}, \boldsymbol{B}] + \boldsymbol{\Phi}[\boldsymbol{B}, \boldsymbol{B}] \\ &\alpha\boldsymbol{\Phi} \mapsto \alpha\boldsymbol{\Phi}[\boldsymbol{B}, \boldsymbol{B}] \\ \textbf{und}& \\ &\boldsymbol{\Psi} \circ \boldsymbol{\Phi} \mapsto \boldsymbol{\Psi}[\boldsymbol{B}, \boldsymbol{B}]\boldsymbol{\Phi}[\boldsymbol{B}, \boldsymbol{B}] \end{aligned} \tag{4.54}$$

Links stehen Operationen in $\mathcal{L}(V, V)$ rechts in $K^{m \times m}$.
Schließlich gilt noch:

$\boldsymbol{\Phi} \in \mathcal{L}(V, V)$ ist genau dann bijektiv, wenn $\boldsymbol{\Phi}[\boldsymbol{B}, \boldsymbol{B}]$ eine invertierbare Matrix ist! In diesem Fall ist

$$(\boldsymbol{\Phi}^{-1})[\boldsymbol{B}, \boldsymbol{B}] = (\boldsymbol{\Phi}[\boldsymbol{B}, \boldsymbol{B}])^{-1} \tag{4.55}$$

Der Vektorraum $K^{m \times n}$ ist nur ein bequem hingeschriebener $K^{m \cdot n}$ und hat daher die Dimension $m \cdot n$, deswegen gilt auch

$$dim\mathcal{L}(V,W) = m \cdot n, \quad dim\mathcal{L}(V,V) = m^2. \tag{4.56}$$

4.6.3 Die Transformationsformel für Basiswechsel

Die Formel (4.52) läßt sich auch so anwenden:

$$\begin{aligned}(\mathbf{1}[\boldsymbol{B}_2,\boldsymbol{B}_1]\boldsymbol{\Phi}[\boldsymbol{B}_1,\boldsymbol{B}_1])\mathbf{1}[\boldsymbol{B}_1,\boldsymbol{B}_2] &= (\mathbf{1}\circ\boldsymbol{\Phi}[\boldsymbol{B}_2,\boldsymbol{B}_1])\mathbf{1}[\boldsymbol{B}_1,\boldsymbol{B}_2]\\ &= \boldsymbol{\Phi}[\boldsymbol{B}_2,\boldsymbol{B}_1]\mathbf{1}[\boldsymbol{B}_1,\boldsymbol{B}_2]\\ &= \boldsymbol{\Phi}\circ\mathbf{1}[\boldsymbol{B}_2,\boldsymbol{B}_2]\\ &= \boldsymbol{\Phi}[\boldsymbol{B}_2,\boldsymbol{B}_2]\end{aligned}$$

oder

Transformationsformel für Basiswechsel:

$$\mathbf{1}[\boldsymbol{B}_2,\boldsymbol{B}_1]\boldsymbol{\Phi}[\boldsymbol{B}_1,\boldsymbol{B}_1]\mathbf{1}[\boldsymbol{B}_1,\boldsymbol{B}_2] = \boldsymbol{\Phi}[\boldsymbol{B}_2,\boldsymbol{B}_2] \tag{4.57}$$

Setzt man hier noch $\boldsymbol{\Phi} = \mathbf{1}$, so erhält man

$$\mathbf{1}[\boldsymbol{B}_2,\boldsymbol{B}_1]\mathbf{1}[\boldsymbol{B}_1,\boldsymbol{B}_2] = \mathbf{1}, \text{ also}$$
$$\mathbf{1}[\boldsymbol{B}_2,\boldsymbol{B}_1]^{-1} = \mathbf{1}[\boldsymbol{B}_1,\boldsymbol{B}_2] \tag{4.58}$$

Es kann sein, daß die Matrix $\boldsymbol{\Phi}[\boldsymbol{B}_2,\boldsymbol{B}_2]$ einfacher gebaut ist als $\boldsymbol{\Phi}[\boldsymbol{B}_1,\boldsymbol{B}_1]$ und man aus ihr eher die geometrischen Eigenschaften von $\boldsymbol{\Phi}$ erkennen kann! (vgl. auch Kapitel 6) Hierzu zwei Beispiele:

BEISPIELE

4.14 Wir betrachten wieder die Projektion $\boldsymbol{P} : \mathbf{R}^3 \to \mathbf{R}^3$ aus Beispiel 4.9, die bezüglich der Standardbasis $\boldsymbol{B}_1 = \{\boldsymbol{e}_1,\boldsymbol{e}_2,\boldsymbol{e}_3\}$ von $\mathbf{R}^3$ die Matrix

$$\boldsymbol{P}[\boldsymbol{B}_1,\boldsymbol{B}_1] = \frac{1}{187}\begin{pmatrix} 7 & 22 & -17\\ 14 & 44 & -34\\ -56 & -176 & 136\end{pmatrix}$$

hat. Bezüglich der Basis $\boldsymbol{B}_2 = \left\{\begin{pmatrix}-1\\-2\\8\end{pmatrix}, \begin{pmatrix}-22\\7\\0\end{pmatrix}, \begin{pmatrix}17\\0\\7\end{pmatrix}\right\}$ hat $\boldsymbol{P}$ die Matrix

$$\boldsymbol{P}[\boldsymbol{B}_2,\boldsymbol{B}_2] = \begin{pmatrix}1&0&0\\0&0&0\\0&0&0\end{pmatrix}!$$ ■

4.15 Für eine gegebene „komplizierte" $m \times m$-Matrix $\boldsymbol{M}$ soll eine Potenz $\boldsymbol{M}^k$ berechnet werden, $\boldsymbol{M}^k = \boldsymbol{M}\cdot\ldots\cdot\boldsymbol{M}$. Man faßt $\boldsymbol{M}$ als Matrix einer linearen Abbildung $\boldsymbol{\Phi} : K^m \to K^m$ auf, so daß $\boldsymbol{\Phi}[\boldsymbol{B}_1,\boldsymbol{B}_1] = \boldsymbol{M}$, mit $\boldsymbol{B}_1$ = Standardbasis von K^m. Es sei nun $\boldsymbol{\Phi}[\boldsymbol{B}_2,\boldsymbol{B}_2] = \boldsymbol{M}_0$ mit einer anderen Basis $\boldsymbol{B}_2$

und $\mathbf{1}[\boldsymbol{B}_2, \boldsymbol{B}_1] = \boldsymbol{N}$ abgekürzt, dann ist $\boldsymbol{NMN}^{-1} = \boldsymbol{M}_0$. Nun ist

$$\begin{aligned}\boldsymbol{M}_0^k &= (\boldsymbol{NMN}^{-1})^k \\ &= (\boldsymbol{NMN}^{-1})(\boldsymbol{NMN}^{-1}) \cdot \ldots \cdot (\boldsymbol{NMN}^{-1}) \\ &= \boldsymbol{NM}^k\boldsymbol{N}^{-1}\end{aligned}$$

oder

$$\boldsymbol{M}^k = \boldsymbol{N}^{-1}\boldsymbol{M}_0^k\boldsymbol{N}.$$

$\boldsymbol{M}_0^k$ ist evtl. wesentlich leichter zu berechnen als $\boldsymbol{M}^k$!

Sei etwa $\boldsymbol{M} = \frac{1}{17}\begin{pmatrix} 4 & -6 \\ -105 & 13 \end{pmatrix}$, es soll $\boldsymbol{M}^{10}$ berechnet werden! Wir setzen $\boldsymbol{\Phi} : \mathbf{R}^2 \to \mathbf{R}^2$ fest durch $\boldsymbol{\Phi}[\boldsymbol{B}_1, \boldsymbol{B}_1] = \boldsymbol{M}$. Bezüglich der Basis $\boldsymbol{B}_2 = \{\frac{1}{17}\begin{pmatrix} 2 \\ 7 \end{pmatrix}, \frac{1}{17}\begin{pmatrix} -1 \\ 5 \end{pmatrix}\}$ gehört zu $\boldsymbol{\Phi}$ die Matrix $\boldsymbol{M}_0 = \boldsymbol{\Phi}[\boldsymbol{B}_2, \boldsymbol{B}_2] = \begin{pmatrix} -1 & 0 \\ 0 & 2 \end{pmatrix}$.

Klar ist $\boldsymbol{M}_0^{10} = \begin{pmatrix} 1 & 0 \\ 0 & 1024 \end{pmatrix}$ und daher

$$\begin{aligned}\boldsymbol{M}^{10} &= \frac{1}{17}\begin{pmatrix} 2 & -1 \\ 7 & 5 \end{pmatrix}\begin{pmatrix} 1 & 0 \\ 0 & 1024 \end{pmatrix}\begin{pmatrix} 5 & 1 \\ -7 & 2 \end{pmatrix} \\ &= \frac{1}{17}\begin{pmatrix} 7178 & -2046 \\ -35805 & 10247 \end{pmatrix}\end{aligned}$$

Es kommt hier natürlich darauf an, $\boldsymbol{B}_2$ zu finden! Wie man das macht, steht in Kapitel 6. ■

AUFGABEN

4.19 Die Menge $\boldsymbol{B} = \{\boldsymbol{b}_1, \boldsymbol{b}_2, \boldsymbol{b}_3, \boldsymbol{b}_4\}$ sei wie in Aufgabe 4.5, $\boldsymbol{E}$ die Standardbasis von $\mathbf{R}^4$. Berechnen Sie $\boldsymbol{\Phi}[\boldsymbol{B}, \boldsymbol{B}]$, wenn $\boldsymbol{\Phi}[\boldsymbol{E}, \boldsymbol{E}]$ jeweils von folgender Form ist:

a) $\boldsymbol{\Phi}[\boldsymbol{E}, \boldsymbol{E}] = \frac{1}{106}\begin{pmatrix} 66 & 0 & 0 & 48 \\ 140 & 106 & 0 & -168 \\ -85 & 0 & 106 & 102 \\ 55 & 0 & 0 & 40 \end{pmatrix}$,

b) $\boldsymbol{\Phi}[\boldsymbol{E}, \boldsymbol{E}] = \frac{1}{106}\begin{pmatrix} 42 & -42 & -54 & 54 \\ 224 & 200 & 136 & -136 \\ -189 & -129 & -75 & 75 \\ 35 & -35 & -45 & 45 \end{pmatrix}$,

c) $\boldsymbol{\Phi}[\boldsymbol{E}, \boldsymbol{E}] = \frac{1}{106}\begin{pmatrix} -114 & -180 & -204 & 60 \\ 28 & 842 & 1032 & -528 \\ -123 & -780 & -990 & 366 \\ -95 & -150 & -170 & 50 \end{pmatrix}$.

4.20 $\boldsymbol{\Phi} : V \to W$ sei eine beliebige lineare Abbildung zwischen endlichdimensionalen K-Vektorräumen, $\boldsymbol{B}_1, \boldsymbol{B}_2$ seien beliebige Basen von V bzw. W. Begründen Sie, daß

a) $\dim \mathit{Bild}(\boldsymbol{\Phi}) = r(\boldsymbol{\Phi}[\boldsymbol{B}_2, \boldsymbol{B}_1])$. ($r(\boldsymbol{A})$ bezeichnet wie immer den Rang der Matrix $\boldsymbol{A}$)

b) $\dim \mathit{Kern}(\boldsymbol{\Phi}) = \dim V - r(\boldsymbol{\Phi}[\boldsymbol{B}_2\boldsymbol{B}_1])$.

4.21 $\boldsymbol{\Phi} : V \to W$ sei eine beliebige lineare Abbildung zwischen endlichdimensionalen K-Vektorräumen. Zeigen Sie, daß es Basen $\boldsymbol{B}_1$ von V und $\boldsymbol{B}_2$ von W gibt, so daß $\boldsymbol{\Phi}[\boldsymbol{B}_2, \boldsymbol{B}_1]$ von der Form

$$\boldsymbol{\Phi}[\boldsymbol{B}_2, \boldsymbol{B}_1] = \begin{pmatrix} 1 & \cdots & 0 & 0 & \cdots & 0 \\ \vdots & \ddots & \vdots & \vdots & & \vdots \\ 0 & \cdots & 1 & 0 & & \\ 0 & \cdots & 0 & 0 & \cdots & 0 \\ \vdots & & & \vdots & \ddots & \\ & & & & & \\ 0 & \cdots & & 0 & & 0 \end{pmatrix}$$

ist.

4.7 Linearformen

4.7.1 Der Dualraum eines Vektorraums

Ist K ein Körper, so ist K zusammen mit der Addition und Multiplikation natürlich ein eindimensionaler Vektorraum über sich selbst: $K = K^1$!
Setzen wir nun in $\mathcal{L}(V, W)$ speziell $W = K$, so ist $\mathcal{L}(V, K)$ die Menge aller linearen Abbildungen

$$\boldsymbol{l} : V \to K,$$

der sogenannte Dualraum von V, für den sich auch die Schreibweise

$$V^* = \mathcal{L}(V, K) \tag{4.59}$$

eingebürgert hat. Die linearen Abbildungen $\boldsymbol{l} \in V^* = \mathcal{L}(V, K)$ heißen auch **Linearformen**.
Ist $dimV = n < \infty$, so ist auch $dimV^* = n$ und den Elementen von $\boldsymbol{l} \in V^*$ lassen sich, wie in Abschnitt 4.6 besprochen, Matrizen vom Format $1 \times n$ zuordnen. Dazu braucht man Basen $\boldsymbol{B}_1$ von V, $\boldsymbol{B}_2$ von $W = K$. Der K-Vektorraum K hat natürlich jede einelementige Menge $\{r\}$ mit $r \neq 0$ als Basis, aber man sieht $\{1\}$ als selbstverständliche Basis an. Und natürlich schreibt man nicht $a[\{1\}]$ für $a \in K$, genausowenig wie man $\boldsymbol{l}(\boldsymbol{v})[\{1\}]$ für $\boldsymbol{l}(\boldsymbol{v}) \in K$, $\boldsymbol{l} \in V^*$ schreibt.
Ist $\boldsymbol{B}_1 = \{\boldsymbol{b}_1, \ldots, \boldsymbol{b}_n\}$, so wird jedes $\boldsymbol{l} \in V^*$ mittels $\boldsymbol{B}_1$ und $\{1\}$ durch seine Matrix $\boldsymbol{l}[\{1\}, \boldsymbol{B}_1]$ beschrieben: Ist etwa $\boldsymbol{l}[\{1\}, \boldsymbol{B}_1] = (l_1, \ldots, l_n)$, so ist

$$\boldsymbol{l}(\boldsymbol{v}) = (\, l_1, \, \ldots, \, l_n \,) \cdot \begin{pmatrix} v_1 \\ \vdots \\ v_n \end{pmatrix} = \sum_{k=1}^{n} l_k v_k, \tag{4.60}$$

für $\boldsymbol{v}[\boldsymbol{B}_1] = \begin{pmatrix} v_1 \\ \vdots \\ v_n \end{pmatrix}, \quad \boldsymbol{v} \in V$

Der Homomorphiesatz gibt für $\boldsymbol{l} \in V^*$ und $dim V = n < \infty$ die Beziehung

$$dim Kern(\boldsymbol{l}) = \begin{cases} n, & \boldsymbol{l} = \boldsymbol{o} \\ n-1, & \boldsymbol{l} \neq \boldsymbol{o} \end{cases} \qquad (4.61)$$

BEISPIELE

4.16 Ist $V = \mathbf{R}^3$ mit dem üblichen Skalarprodukt, $\boldsymbol{w} \in V$ ein fester Vektor, so ist die Abbildung

$$\boldsymbol{l}(\boldsymbol{v}) = \boldsymbol{w} \cdot \boldsymbol{v}$$

eine Linearform auf $V = \mathbf{R}^3$. Bezüglich der Standard-Basis $\boldsymbol{B} = \{\boldsymbol{e}_1, \boldsymbol{e}_2, \boldsymbol{e}_3\}$ ist dann

$$\boldsymbol{l}(\boldsymbol{v}) = v_1 w_1 + v_2 w_2 + v_3 w_3$$

$Kern(\boldsymbol{l})$ ist die Ebene durch $\boldsymbol{o}$ mit Normalenvektor $\boldsymbol{w}$. Natürlich ist jede Linearform $\boldsymbol{l}$ auf $V = \mathbf{R}^3$ von dieser Form. ■

4.17 Meist ist die Linearität einer vorgegebenen Abbildung $\boldsymbol{l} : V \to K$ unmittelbar ersichtlich, so wie im letzten Beispiel oder den beiden folgenden. In diesem – wichtigen – Beispiel ist es nicht so; es ist zwar formal leicht zu verstehen, aber es ist günstig, schon etwas von Wahrscheinlichkeitrechnung gehört zu haben.
Gegeben ist eine Menge $\Omega \neq \emptyset$ und eine Zuordnung

$$A \mapsto P(A),$$

die Teilmengen $A \subseteq \Omega$ eine Zahl zwischen 0 und 1 zuordnet, die „Wahrscheinlichkeit $P(A)$ von A". Weiter sollen die Regeln

$$P(\Omega) = 1,$$

$$P(A_1 \cup A_2 \cup \ldots) = P(A_1) + P(A_2) + \ldots,$$

für paarweise disjunkte A_j und

$$P(\Omega \setminus A) = 1 - P(A)$$

gelten.
Zufallsvariable X sind Funktionen $X : \Omega \to \mathbf{R}$ mit (der Einfachheit halber) endlichem Bild: $X(\Omega) = \{x_1, \ldots, x_n\}$, n hängt von X ab.
Mit $(X = x_k)$ kürzt man ab:

$$(X = x_k) = \{\omega \in \Omega \mid X(\omega) = x_k\}$$

$(X = x_k)$ ist also eine Teilmenge von Ω. Als Erwartungswert $E(X)$ von X wird die Zahl

$$E(X) = \sum_{k=1}^{n} x_k P(X = x_k)$$

bezeichnet. Die Zufallsvariablen bilden bezüglich Addition und Multiplikation mit reellen Zahlen den Vektorraum
$Z(\Omega) = \{X : \Omega \to \mathbf{R} \mid X \text{ hat endliches Bild}\}$.

E ordnet jeder Zufallsvariablen $X \in Z(\Omega)$ die Zahl $E(X) \in \mathbf{R}$ zu. Es gilt nun

$$E(X+Y) = E(X) + E(Y)$$
$$E(\alpha X) = \alpha E(X)$$

also ist E eine Linearform auf dem Vektorraum $Z(\Omega)$. Dabei ist klar, daß $E(\alpha X) = \alpha E(X)$ gelten muß, die Additivität die $E(X+Y) = E(X)+E(Y)$ ist aber nicht unmittelbar ersichtlich (vgl. Gl. 11.6 und 11.7 aus [3])! ■

4.18 $I[a,b]$ bezeichne die Menge der integrierbaren Funktionen $f : [a,b] \to \mathbf{R}$, d. h., für diese Funktionen existiert die Zahl

$$\int_a^b f(x)\,\mathrm{d}x$$

Aus den Eigenschaften des Integrals folgt, daß $I[a,b]$ ein $\mathbf{R}$-Vektorraum und

$$\boldsymbol{l} : I[a,b] \to \mathbf{R}$$
$$\boldsymbol{l}(f) = \int_a^b f(x)\,\mathrm{d}x$$

eine Linearform ist. Allgemeinere Linearformen auf $I[a,b]$ sind etwa

$$\boldsymbol{l} : I[a,b] \to \mathbf{R}$$
$$\boldsymbol{l}(f) = \int_a^b f(x)g(x)\,\mathrm{d}x$$

mit fester, integrierbarer Funktion $g : [a,b] \to \mathbf{R}$. ■

4.19 $M \neq \emptyset$ sei eine beliebige Menge und $F(M)$ bezeichne die Menge aller Funktionen $f : M \to \mathbf{R}$. $F(M)$ sei durch Addition und Multiplikation mit Zahlen zum $\mathbf{R}$ Vektorraum gemacht. Für jedes $a \in M$ ist dann die Abbildung

$$\boldsymbol{\delta}_a : F(M) \to \mathbf{R}$$
$$\boldsymbol{\delta}_a(f) = f(a)$$

eine Linearform auf $F(M)$. ■

AUFGABEN

4.22 Sei $V = \mathbf{R}^3$ und U der zweidimensionale Unterraum

$$U = \mathbf{R}\begin{pmatrix} -2 \\ 1 \\ 4 \end{pmatrix} \oplus \mathbf{R}\begin{pmatrix} 6 \\ -1 \\ 3 \end{pmatrix}.$$

Finden Sie ein lineares $\boldsymbol{l} : V \to \mathbf{R}$, so daß $\boldsymbol{l}(\boldsymbol{u}) = 0$ für alle $\boldsymbol{u} \in U$ und $\boldsymbol{l}(\begin{pmatrix} 0 \\ 1 \\ 4 \end{pmatrix}) = 3$. Begründen Sie, daß es nur ein einziges solches $\boldsymbol{l}$ gibt! Geben Sie $\boldsymbol{l}$ in der Form $\boldsymbol{l}(\begin{pmatrix} x_1 \\ x_2 \\ x_3 \end{pmatrix}) = \begin{pmatrix} l_1 & l_2 & l_3 \end{pmatrix}\begin{pmatrix} x_1 \\ x_2 \\ x_3 \end{pmatrix}$ an!

4.23 Sei $V = \mathbf{R}^4$ und U der zweidimensionale Unterraum

$$U = \mathbf{R}\begin{pmatrix} -2 \\ 1 \\ 4 \\ -5 \end{pmatrix} \oplus \mathbf{R}\begin{pmatrix} 6 \\ -1 \\ 3 \\ -5 \end{pmatrix}.$$

Finden Sie zwei verschiedene lineare $\boldsymbol{l} : V \to \mathbf{R}$, so daß $\boldsymbol{l}(\boldsymbol{u}) = 0$ für alle $\boldsymbol{u} \in U$ und $\boldsymbol{l}(\begin{pmatrix} 0 \\ 1 \\ 4 \\ -5 \end{pmatrix}) = 3$!

Geben Sie $\boldsymbol{l}$ in der Form $\boldsymbol{l}(\begin{pmatrix} x_1 \\ x_2 \\ x_3 \\ x_4 \end{pmatrix}) = \begin{pmatrix} l_1 & l_2 & l_3 & l_4 \end{pmatrix}\begin{pmatrix} x_1 \\ x_2 \\ x_3 \\ x_4 \end{pmatrix}$ an!

5 Unitäre Räume

5.1 Das Skalarprodukt

In der klassischen Vektorrechnung im $\mathbf{R}^2$ und $\mathbf{R}^3$ wurde neben der Vektoraddition und der Multiplikation eines Vektors mit einer Zahl auch die skalare Multiplikation zweier Vektoren anschaulich eingeführt. Mit Hilfe des Skalarprodukts war es möglich, die Länge eines Vektors – den Betrag – und den Winkel zwischen zwei Vektoren zu berechnen.
Die Verallgemeinerung der Vektorrechnung ist die Vektorraumtheorie, die in Kap. 3 entwickelt wurde. In Vektorräumen oder – wie sie auch bezeichnet werden – linearen Räumen wurde bisher die Addition zweier Elemente aus einem Vektorraum V und die Multiplikation eines Vektors aus V mit einem Element aus dem Körper K erklärt. Zur Weiterführung der Vektorraumtheorie muß also ebenfalls ein Skalarprodukt allgemein erklärt werden. Damit können dann auch die Begriffe „Betrag" und „Winkel" allgemein definiert werden. Wir beschränken uns in diesem Kapitel auf reelle und komplexe Vektorräume, d. h. auf Vektorräume über $K = \mathbf{R}$ oder $\mathbf{C}$.

V sei ein linearer Raum über $K = \mathbf{R}$ oder $\mathbf{C}$. Eine Abbildung s: $V \times V \to K$ heißt ein **Skalarprodukt** oder **inneres Produkt in *V***, wenn für alle $\boldsymbol{x}, \boldsymbol{y}, \boldsymbol{z} \in V$ und alle $\lambda \in K$ gilt
(S1) $s(\boldsymbol{x}, \boldsymbol{x}) > 0$, falls $\boldsymbol{x} \neq \boldsymbol{o}$,
(S2) $s(\boldsymbol{x}, \boldsymbol{y}) = \overline{s(\boldsymbol{y}, \boldsymbol{x})}$,
(S3) $s(\lambda \boldsymbol{x}, \boldsymbol{y}) = \lambda s(\boldsymbol{x}, \boldsymbol{y})$,
(S4) $s(\boldsymbol{x}+\boldsymbol{y}, \boldsymbol{z}) = s(\boldsymbol{x}, \boldsymbol{z}) + s(\boldsymbol{y}, \boldsymbol{z})$. (5.1)
$s(\boldsymbol{x}, \boldsymbol{y})$ heißt Skalarprodukt von $\boldsymbol{x}$ und $\boldsymbol{y}$. Ein Vektorraum V mit s heißt ein **unitärer Raum**, in Zeichen (V, s), oder ein **Skalarproduktraum**.

Hierbei wird mit einem Strich die konjugiert komplexe Zahl bezeichnet, d. h., $\overline{z}$ ist konjugiert komplex zu z.
In den Axiomen (S3) und (S4) wird der Zusammenhang eines Skalarprodukts mit den Verknüpfungen eines Vektorraums geregelt.
Aus (S2) folgt für alle $\boldsymbol{x} \in V$

$$s(\boldsymbol{x}, \boldsymbol{x}) = \overline{s(\boldsymbol{x}, \boldsymbol{x})}, \quad \text{d. h. } s(\boldsymbol{x}, \boldsymbol{x}) \in \mathbf{R}, \tag{5.2}$$

womit Axiom (S1) erst verständlich wird.
Im Falle $K = \mathbf{R}$ wird (S2) zu einer Symmetrieaussage:

$$s(\boldsymbol{x}, \boldsymbol{y}) = \overline{s(\boldsymbol{y}, \boldsymbol{x})} = s(\boldsymbol{y}, \boldsymbol{x})$$

und im Falle $K = \mathbf{C}$ ergibt sich aus (S2) und (S3)

$$s(\boldsymbol{x}, \lambda\boldsymbol{y}) = \overline{s(\lambda\boldsymbol{y}, \boldsymbol{x})} = \overline{\lambda s(\boldsymbol{y}, \boldsymbol{x})} = \overline{\lambda}\,\overline{s(\boldsymbol{y}, \boldsymbol{x})} = \overline{\lambda} s(\boldsymbol{x}, \boldsymbol{y}). \tag{5.3}$$

Für $K = \mathbf{R}$ und $\mathbf{C}$ ergibt sich eine Erweiterung von (S1):

$$s(\boldsymbol{x}, \boldsymbol{x}) = 0 \Leftrightarrow \boldsymbol{x} = \boldsymbol{o}. \tag{5.4}$$

Nachweis:
„$\Leftarrow$“: $s(\boldsymbol{o}, \boldsymbol{o}) = s(0 \cdot \boldsymbol{o}, \boldsymbol{o}) = 0 \cdot s(\boldsymbol{o}, \boldsymbol{o}) = 0$.
„$\Rightarrow$“: Aus $\boldsymbol{x} \neq \boldsymbol{o}$ würde wegen (S1) $s(\boldsymbol{x}, \boldsymbol{x}) > 0$ folgen, was im Widerspruch zur Voraussetzung $s(\boldsymbol{x}, \boldsymbol{x}) = 0$ steht. Also ist $\boldsymbol{x} = \boldsymbol{o}$.
Wegen $s(\boldsymbol{x}, \boldsymbol{o}) = s(\boldsymbol{x}, 0 \cdot \boldsymbol{o}) = 0 \cdot s(\boldsymbol{x}, \boldsymbol{o}) = 0$ und $s(\boldsymbol{o}, \boldsymbol{y}) = 0 \cdot s(\boldsymbol{o}, \boldsymbol{y})$ gilt

$$\boldsymbol{x} = \boldsymbol{o} \quad \text{oder} \quad \boldsymbol{y} = \boldsymbol{o} \Rightarrow s(\boldsymbol{x}, \boldsymbol{y}) = 0 \tag{5.5}$$

Die Definition (5.1) läßt unterschiedliche Festlegungen für ein Skalarprodukt zu, was in folgenden Beispielen demonstriert wird.

BEISPIELE

5.1 Im $\mathbf{R}^2$ wird sowohl durch

$$s_1(\boldsymbol{x}, \boldsymbol{y}) = x_1 y_1 + x_2 y_2 \quad \forall \boldsymbol{x}, \boldsymbol{y} \in \mathbf{R}^2$$

als auch durch

$$s_2(\boldsymbol{x}, \boldsymbol{y}) = x_1 y_1 - x_1 y_2 - x_2 y_1 + 2 x_2 y_2 \quad \forall \boldsymbol{x}, \boldsymbol{y} \in \mathbf{R}^2$$

ein Skalarprodukt definiert. Der Nachweis für (S1) kann als Übung durchgeführt werden.
Nachweis für (S2):
a) $s_2(\boldsymbol{x}, \boldsymbol{x}) = x_1^2 - x_1 x_2 - x_2 x_1 + 2x_2^2 = (x_1 - x_2)^2 + x_2^2 > 0 \quad \forall \boldsymbol{x} \in \mathbf{R}^2 \backslash \{\boldsymbol{o}\}$
b) (S2) und (S3) sind offensichtlich erfüllt.
c)
$$\begin{aligned} s_2(\boldsymbol{x} + \boldsymbol{y}, \boldsymbol{z}) &= (x_1 + y_1) z_1 - (x_1 + y_1) z_2 - (x_2 + y_2) z_1 + 2(x_2 + y_2) z_2 \\ &= x_1 z_1 - x_1 z_2 - x_2 z_1 + 2x_2 z_2 + y_1 z_1 - y_1 z_2 - y_2 z_1 + 2 y_2 z_2 \\ &= s_2(\boldsymbol{x}, \boldsymbol{z}) + s(\boldsymbol{y}, \boldsymbol{z}) \quad \forall \boldsymbol{x}, \boldsymbol{y}, \boldsymbol{z} \in \mathbf{R}^2 \end{aligned}$$
■

5.2 In den n-dimensionalen Vektorräumen $\mathbf{R}^n$ bzw. $\mathbf{C}^n$ kann durch

$$s(\boldsymbol{x}, \boldsymbol{y}) = \sum_{i=1}^{n} x_i y_i \quad \forall \boldsymbol{x}, \boldsymbol{y} \in \mathbf{R}^n \quad \text{bzw.} \tag{5.6}$$

$$s(\boldsymbol{x}, \boldsymbol{y}) = \sum_{i=1}^{n} x_i \bar{y}_i \quad \forall \boldsymbol{x}, \boldsymbol{y} \in \mathbf{C}^n \tag{5.7}$$

jeweils ein Skalarprodukt erklärt werden, das die Definition (5.1) erfüllt. Der Beweis kann als Übung durchgeführt werden.
Diese Skalarprodukte sind einfach zu handhaben und in der Anwendung sehr wichtig. Im $\mathbf{R}^3$ stimmt das so definierte Skalarprodukt mit dem aus Kap. 1 überein.
Die unitären Räume $(\mathbf{R}^n, s)$ und $(\mathbf{C}^n, s)$ mit diesen sog. **Standardskalarprodukten** werden kurz mit $\mathbf{E}^n$ und $\mathbf{U}^n$ bezeichnet. ■

5.3 Im Funktionenraum $C[a, b]$ wird für $f, g \in C[a, b]$ durch

$$s(f, g) = \int_a^b f(t) g(t) \, \mathrm{d}t \tag{5.8}$$

ein Skalarprodukt auf $C[a, b]$ erklärt.
Der Nachweis ergibt sich aus bekannten Sätzen der Analysis. Somit ist der $C[a, b]$ mit diesem Skalarprodukt ein unitärer Raum. ■

Wir wollen für eine spätere Verwendung einige Rechenregeln für das Skalarprodukt herleiten. In jedem unitären Raum (V, s) gilt für alle $\boldsymbol{x}, \boldsymbol{y} \in V$:

$$\begin{aligned} s(\boldsymbol{x}+\boldsymbol{y}, \boldsymbol{x}+\boldsymbol{y}) &= s(\boldsymbol{x}, \boldsymbol{x}+\boldsymbol{y}) + s(\boldsymbol{y}, \boldsymbol{x}+\boldsymbol{y}) = \overline{s(\boldsymbol{x}+\boldsymbol{y}, \boldsymbol{x})} + \overline{s(\boldsymbol{x}+\boldsymbol{y}, \boldsymbol{y})} \\ &= \overline{s(\boldsymbol{x}, \boldsymbol{x})} + \overline{s(\boldsymbol{y}, \boldsymbol{x})} + \overline{s(\boldsymbol{x}, \boldsymbol{y})} + \overline{s(\boldsymbol{y}, \boldsymbol{y})} \\ &= s(\boldsymbol{x}, \boldsymbol{x}) + 2\mathrm{Re}\, s(\boldsymbol{x}, \boldsymbol{y}) + s(\boldsymbol{y}, \boldsymbol{y}) \end{aligned} \tag{5.9}$$

und

$$\begin{aligned} s(\boldsymbol{x}+\mathrm{i}\boldsymbol{y}, \boldsymbol{x}+\mathrm{i}\boldsymbol{y}) &= s(\boldsymbol{x}, \boldsymbol{x}) + \overline{s(\boldsymbol{x}, \mathrm{i}\boldsymbol{y})} + s(\boldsymbol{x}, \mathrm{i}\boldsymbol{y}) + s(\mathrm{i}\boldsymbol{y}, \mathrm{i}\boldsymbol{y}) \\ &= s(\boldsymbol{x}, \boldsymbol{x}) - \mathrm{i}s(\boldsymbol{x}, \boldsymbol{y}) + \mathrm{i}\overline{s(\boldsymbol{x}, \boldsymbol{y})} + s(\boldsymbol{y}, \boldsymbol{y}) \\ &= s(\boldsymbol{x}, \boldsymbol{x}) + 2\mathrm{Im}\, s(\boldsymbol{x}, \boldsymbol{y}) + s(\boldsymbol{y}, \boldsymbol{y}). \end{aligned} \tag{5.10}$$

Daraus folgt für alle $\boldsymbol{x}, \boldsymbol{y} \in V$:

$$\mathrm{Re}\, s(\boldsymbol{x}, \boldsymbol{y}) = 1/2[s(\boldsymbol{x}+\boldsymbol{y}, \boldsymbol{x}+\boldsymbol{y}) - s(\boldsymbol{x}, \boldsymbol{x}) - s(\boldsymbol{y}, \boldsymbol{y})], \tag{5.11}$$

$$\mathrm{Im}\, s(\boldsymbol{x}, \boldsymbol{y}) = 1/2[s(\boldsymbol{x}+\mathrm{i}\boldsymbol{y}, \boldsymbol{x}+\mathrm{i}\boldsymbol{y}) - s(\boldsymbol{x}, \boldsymbol{x}) - s(\boldsymbol{y}, \boldsymbol{y})]. \tag{5.12}$$

AUFGABEN

5.1 Zeigen Sie, daß im $\mathbf{R}^2$ durch

$$s(\boldsymbol{x}, \boldsymbol{y}) = 2x_1y_1 + \frac{1}{2}x_1y_2 + \frac{1}{2}x_2y_1 + 3x_2y_2, \quad \boldsymbol{x} = \begin{pmatrix} x_1 \\ x_2 \end{pmatrix}, \ \boldsymbol{y} = \begin{pmatrix} y_1 \\ y_2 \end{pmatrix}$$

ein skalares Produkt definiert ist!

5.2 Seien $\boldsymbol{x} = (x_1, x_2, \ldots, x_n)^{\mathrm{T}}$, $\boldsymbol{y} = (y_1, y_2, \ldots, y_n)^{\mathrm{T}}$ beliebige Vektoren aus $\mathbf{R}^n$. Prüfen Sie nach, ob in den folgenden Formeln durch $s(\boldsymbol{x}, \boldsymbol{y})$ ein Skalarprodukt erklärt ist. Ist das nicht der Fall, so geben Sie die Axiome an, die nicht erfüllt sind!

a) $s(\boldsymbol{x}, \boldsymbol{y}) = \sum\limits_{k=1}^{n} x_k |y_k|$ b) $s(\boldsymbol{x}, \boldsymbol{y}) = \left| \sum\limits_{k=1}^{n} x_k y_k \right|$ c) $s(\boldsymbol{x}, \boldsymbol{y}) = \sum\limits_{k=1}^{n} x_k \sum\limits_{k=1}^{n} y_k$

d) $s(\boldsymbol{x}, \boldsymbol{y}) = \sum\limits_{k=1}^{n} (x_k + y_k)^2 - \sum\limits_{k=1}^{n} x_k^2 - \sum\limits_{k=1}^{n} y_k^2$.

5.3 Zeigen Sie, daß der Vektorraum der $(m \times n)$-Matrizen mit $s(\boldsymbol{A}, \boldsymbol{B}) = \mathrm{sp}\,(\boldsymbol{A}\boldsymbol{B}^{\mathrm{T}})$ ein unitärer Vektorraum ist! Hierbei ist die **Spur einer $(n \times n)$-Matrix $\boldsymbol{A} = (a_{ij})$** erklärt durch

$$\mathrm{sp}\,(\boldsymbol{A}) = \sum_{k=1}^{n} a_{kk}.$$

5.4 Im Vektorraum $\boldsymbol{P}_n$ der reellen Polynome von höchstens n-tem Grade ist $s(p, q)$ erklärt durch

$$s(p, q) = \sum_{k=0}^{n} p\left(\frac{k}{n}\right) q\left(\frac{k}{n}\right), \quad p, q \in \boldsymbol{P}_n.$$

Zeigen Sie, daß $s(p, q)$ ein Skalarprodukt ist! Berechnen Sie $s(p, q)$ für

$p(x) = x$ und $q(x) = ax + b$!

5.2 Die Schwarzsche Ungleichung

Eine sehr wichtige Rolle in der Theorie der unitären Vektorräume spielt die folgende Ungleichung.

Schwarzsche Ungleichung:
(V, s) sei ein unitärer Raum. Dann gilt für alle $\boldsymbol{x}, \boldsymbol{y} \in V$

$$|s(\boldsymbol{x},\boldsymbol{y})|^2 = s(\boldsymbol{x},\boldsymbol{y})\overline{s(\boldsymbol{x},\boldsymbol{y})} \leqq s(\boldsymbol{x},\boldsymbol{x})s(\boldsymbol{y},\boldsymbol{y}). \tag{5.13}$$

Obwohl diese Ungleichung eine weitreichende Bedeutung hat, kann sie relativ einfach aus den bisher bekannten Eigenschaften des Skalarprodukts hergeleitet werden. Wir führen eine Fallunterscheidung durch.

a) $\boldsymbol{y} = \boldsymbol{o}$. Wegen (5.5) gilt $s(\boldsymbol{x},\boldsymbol{y})\overline{s(\boldsymbol{x},\boldsymbol{y})} = s(\boldsymbol{x},\boldsymbol{x})s(\boldsymbol{y},\boldsymbol{y}) = 0$.
b) $\boldsymbol{y} \neq \boldsymbol{o}$. Es folgt $s(\boldsymbol{y},\boldsymbol{y}) > 0$ und für alle $\lambda \in \mathbf{R}$ bzw. $\mathbf{C}$ gilt

$$\begin{aligned} 0 \leqq s(\boldsymbol{x}-\lambda\boldsymbol{y}, \boldsymbol{x}-\lambda\boldsymbol{y}) &= s(\boldsymbol{x},\boldsymbol{x}) - \overline{\lambda}s(\boldsymbol{x},\boldsymbol{y}) - \lambda s(\boldsymbol{y},\boldsymbol{x}) + \lambda\overline{\lambda}s(\boldsymbol{y},\boldsymbol{y}) \\ &= s(\boldsymbol{x},\boldsymbol{x}) - \overline{\lambda}s(\boldsymbol{x},\boldsymbol{y}) - \lambda \overline{s(\boldsymbol{x},\boldsymbol{y})} + \lambda\overline{\lambda}s(\boldsymbol{y},\boldsymbol{y}) \end{aligned}$$

Wählt man hier speziell

$$\lambda = \frac{s(\boldsymbol{x},\boldsymbol{y})}{s(\boldsymbol{y},\boldsymbol{y})}, \quad \text{also} \quad \overline{\lambda} = \frac{\overline{s(\boldsymbol{x},\boldsymbol{y})}}{s(\boldsymbol{y},\boldsymbol{y})},$$

dann erhält man

$$0 \leqq s(\boldsymbol{x},\boldsymbol{x}) - \frac{s(\boldsymbol{x},\boldsymbol{y})\overline{s(\boldsymbol{x},\boldsymbol{y})}}{s(\boldsymbol{y},\boldsymbol{y})} - \frac{s(\boldsymbol{x},\boldsymbol{y})\overline{s(\boldsymbol{x},\boldsymbol{y})}}{s(\boldsymbol{y},\boldsymbol{y})} + \frac{s(\boldsymbol{x},\boldsymbol{y})\overline{s(\boldsymbol{x},\boldsymbol{y})}s(\boldsymbol{y},\boldsymbol{y})}{s(\boldsymbol{y},\boldsymbol{y})s(\boldsymbol{y},\boldsymbol{y})},$$

also durch Multiplikation mit $s(\boldsymbol{y},\boldsymbol{y})$

$$0 \leqq s(\boldsymbol{x},\boldsymbol{x})s(\boldsymbol{y},\boldsymbol{y}) - s(\boldsymbol{x},\boldsymbol{y})\overline{s(\boldsymbol{x},\boldsymbol{y})}$$

und somit die Behauptung.

BEISPIEL

5.4 a) Im $\mathbf{R}^n$ ergibt sich die Schwarzsche Ungleichung in der Form

$$\left|\sum_{k=1}^{n} x_k y_k\right| \leqq \sqrt{\sum_{k=1}^{n} x_k^2}\sqrt{\sum_{k=1}^{n} y_k^2} \tag{5.14}$$

b) Im $C[a, b]$ liefert (5.13) die Ungleichung

$$\left|\int_a^b f(t)g(t)\,\mathrm{d}t\right| \leqq \sqrt{\int_a^b f^2(t)\,\mathrm{d}t}\sqrt{\int_a^b g^2(t)\,\mathrm{d}t}. \tag{5.15}$$

■

In Abschn. 5.1 wurde gezeigt, daß mit Hilfe des Skalarprodukts jedem Vektor $\boldsymbol{x} \in V$ eine nichtnegative reelle Zahl zugeordnet werden kann. Das Skalarprodukt $s(\boldsymbol{x},\boldsymbol{x})$ kann also zur Verallgemeinerung der „Länge" oder des Betrages eines Vektors herangezogen werden.

(V, s) sei ein unitärer Raum. Unter dem **s-Betrag** eines Vektors $\boldsymbol{x} \in V$ in Zeichen $|\boldsymbol{x}|_s$, verstehen wir die reelle Zahl

$$|\boldsymbol{x}|_s = \sqrt{s(\boldsymbol{x}, \boldsymbol{x})}. \tag{5.16}$$

$\boldsymbol{x} \in V$ heißt ein **s-Einheitsvektor** oder **s-normiert**, wenn $|\boldsymbol{x}|_s = 1$.

Im folgenden werden wichtige Eigenschaften des s-Betrages zusammengefaßt.

(V, s) sei ein unitärer Raum. Dann gilt für alle $\boldsymbol{x}, \boldsymbol{y} \in V$ und alle $\lambda \in \mathbf{R}$ bzw. $\mathbf{C}$

(B1) $|\boldsymbol{x}|_s = 0 \Leftrightarrow \boldsymbol{x} = \boldsymbol{o}$,

(B2) $|\boldsymbol{x}|_s > 0 \Leftrightarrow \boldsymbol{x} \neq \boldsymbol{o}$,

(B3) $|\lambda \boldsymbol{x}|_s = |\lambda|\,|\boldsymbol{x}|_s$,

(B4) $|\boldsymbol{x} + \boldsymbol{y}|_s \leqq |\boldsymbol{x}|_s + |\boldsymbol{y}|_s$ (Dreiecksungleichung). (5.17)

(B1) folgt direkt aus (5.4). (B2) ergibt sich aus (S1) und (B1). Aus (S3) und (5.3) folgt:

$$\begin{aligned} s(\lambda\boldsymbol{x}, \lambda\boldsymbol{x}) &= \lambda s(\boldsymbol{x}, \lambda\boldsymbol{x}) = \lambda\overline{\lambda} s(\boldsymbol{x}, \boldsymbol{x}) \\ &= |\lambda|^2 s(\boldsymbol{x}, \boldsymbol{x}) \geqq 0 \quad \forall\, \boldsymbol{x} \in V \text{ und } \forall\, \lambda \in \mathbf{R} \text{ oder } \mathbf{C} \end{aligned}$$

und somit (B3):

$$|\lambda\boldsymbol{x}|_s = \sqrt{s(\lambda\boldsymbol{x}, \lambda\boldsymbol{x})} = |\lambda|\sqrt{s(\boldsymbol{x}, \boldsymbol{x})} = |\lambda|\,|\boldsymbol{x}|_s.$$

Die Schwarzsche Ungleichung ist wegen $|s(\boldsymbol{x}, \boldsymbol{y})|^2 \geqq 0$ äquivalent zu

$$|s(\boldsymbol{x}, \boldsymbol{y})| \leqq |\boldsymbol{x}|_s |\boldsymbol{y}|_s.$$

Wegen $\operatorname{Re} s(\boldsymbol{x}, \boldsymbol{y}) \leqq |s(\boldsymbol{x}, \boldsymbol{y})|$ folgt aus (5.9):

$$\begin{aligned} 0 \leqq |\boldsymbol{x} + \boldsymbol{y}|_s^2 &= s(\boldsymbol{x} + \boldsymbol{y}, \boldsymbol{x} + \boldsymbol{y}) = s(\boldsymbol{x}, \boldsymbol{x}) + 2\operatorname{Re} s(\boldsymbol{x}, \boldsymbol{y}) + s(\boldsymbol{y}, \boldsymbol{y}) \\ &\leqq |\boldsymbol{x}|_s^2 + 2|\boldsymbol{x}|_s|\boldsymbol{y}|_s + |\boldsymbol{y}|_s^2 = (|\boldsymbol{x}|_s + |\boldsymbol{y}|_s)^2 \end{aligned}$$

und damit (B4).

Aus (5.11) und (5.12) folgt außerdem

$$\begin{aligned} \operatorname{Re} s(\boldsymbol{x}, \boldsymbol{y}) &= \frac{1}{2}\left(|\boldsymbol{x} + \boldsymbol{y}|_s^2 - |\boldsymbol{x}|_s^2 - |\boldsymbol{y}|_s^2\right), \\ \operatorname{Im} s(\boldsymbol{x}, \boldsymbol{y}) &= \frac{1}{2}\left(|\boldsymbol{x} + \mathrm{i}\boldsymbol{y}|_s^2 - |\boldsymbol{x}|_s^2 - |\boldsymbol{y}|_s^2\right). \end{aligned} \tag{5.18}$$

AUFGABEN

5.5 Beweisen Sie mit Hilfe der Schwarzschen Ungleichung unter Verwendung des Standardskalarprodukts: Für alle $\boldsymbol{x} \in \mathbf{R}^n$ gilt $\sum_{k=1}^{n} |x_k| \leqq \sqrt{n \sum_{k=1}^{n} x_k^2}$.

Hinweis: Verwenden Sie $\boldsymbol{b} = (|x_1|, \ldots, |x_n|)^{\mathrm{T}}$ und $\boldsymbol{e} = (1, \ldots, 1)^{\mathrm{T}}$!

5.6 Zeigen Sie, daß im euklidischen Vektorraum $\mathbf{E}^n$ die Parallelogrammgleichung $|\boldsymbol{x} + \boldsymbol{y}|_s^2 + |\boldsymbol{x} - \boldsymbol{y}|_s^2 = 2\left(|\boldsymbol{x}|_s^2 + |\boldsymbol{y}|_s^2\right) \quad \forall\, \boldsymbol{x}, \boldsymbol{y} \in \mathbf{E}^n$ gilt! Veranschaulichen Sie die Gleichung für $n = 2$!

5.7 Zeigen Sie, daß für alle $\boldsymbol{x}, \boldsymbol{y} \in \mathbf{E}^n$ gilt:
a) $s(\boldsymbol{x}, \boldsymbol{y}) = 0 \Leftrightarrow |\boldsymbol{x} + \boldsymbol{y}|_s = |\boldsymbol{x} - \boldsymbol{y}|_s$,
b) $s(\boldsymbol{x}, \boldsymbol{y}) = 0 \Leftrightarrow |\boldsymbol{x} + \boldsymbol{y}|_s^2 = |\boldsymbol{x}|_s^2 + |\boldsymbol{y}|_s^2$,
c) $|\boldsymbol{x} + \boldsymbol{y}|_s^2 = |\boldsymbol{x}|_s^2 + |\boldsymbol{y}|_s^2 + s(\boldsymbol{x}, \boldsymbol{y}) + s(\boldsymbol{y}, \boldsymbol{x})$!

5.3 Winkel, Orthonormierung

In einem reellen unitären Raum (V, s) liefert die Schwarzsche Ungleichung für alle $\boldsymbol{x} \in V \backslash \{\boldsymbol{o}\}$

$$0 \leqq \frac{[s(\boldsymbol{x}, \boldsymbol{y})]^2}{s(\boldsymbol{x}, \boldsymbol{x}) s(\boldsymbol{y}, \boldsymbol{y})} \leqq 1 \quad \text{also} \quad -1 \leqq \frac{s(\boldsymbol{x}, \boldsymbol{y})}{|\boldsymbol{x}|_s |\boldsymbol{y}|_s} \leqq 1.$$

Somit kann die in der Ungleichung eingeschlossene reelle Zahl als Cosinus einer reellen Zahl φ betrachtet werden. Zur eindeutigen Festlegung von φ machen wir die Einschränkung $0 \leqq \varphi \leqq \pi$.

(V, s) sei ein reeller unitärer Raum und $\boldsymbol{x}, \boldsymbol{y} \in V \backslash \{\boldsymbol{o}\}$. Als **$s$-Winkel von $\boldsymbol{x}$ und $\boldsymbol{y}$**, in Zeichen $\angle_s(\boldsymbol{x}, \boldsymbol{y})$ erklären wir die reelle Zahl

$$\varphi = \angle_s(\boldsymbol{x}, \boldsymbol{y}) = \arccos \frac{s(\boldsymbol{x}, \boldsymbol{y})}{|\boldsymbol{x}|_s |\boldsymbol{y}|_s}, \quad 0 \leqq \varphi \leqq \pi. \tag{5.19}$$

Für $\boldsymbol{x} = \boldsymbol{o}$ oder $\boldsymbol{y} = \boldsymbol{o}$ wird $\angle_s(\boldsymbol{x}, \boldsymbol{y})$ nicht definiert.

Wegen der Symmetrie des Skalarprodukts gilt $\angle_s(\boldsymbol{x}, \boldsymbol{y}) = \angle_s(\boldsymbol{y}, \boldsymbol{x})$.
Außerdem gilt $\angle_s(\boldsymbol{x}, \boldsymbol{x}) = \arccos 1 = 0$; es war also sinnvoll, in der Definition des s-Winkels den Arcus-Cosinus und nicht den Arcus-Sinus zu wählen.
Aus $s(\boldsymbol{x}, \boldsymbol{y}) = 0$ folgt $\angle_s(\boldsymbol{x}, \boldsymbol{y}) = \arccos 0 = \pi/2$ und

$$\angle_s(-\boldsymbol{x}, \boldsymbol{x}) = \arccos \frac{s(-\boldsymbol{x}, \boldsymbol{x})}{|-\boldsymbol{x}|_s |\boldsymbol{x}|_s} = \arccos \frac{-s(\boldsymbol{x}, \boldsymbol{x})}{|\boldsymbol{x}|_s |\boldsymbol{x}|_s} = \arccos(-1) = \pi.$$

BEISPIEL

5.5 Für die Vektoren $\boldsymbol{a} = \begin{pmatrix} 3 \\ 1 \end{pmatrix}$ und $\boldsymbol{b} = \begin{pmatrix} 2 \\ 4 \end{pmatrix}$ des $\mathbf{R}^2$ ergeben sich bez. der in Beispiel 5.1 definierten Skalarprodukte s_1 und s_2 die folgenden Winkel:

$s_1(\boldsymbol{a}, \boldsymbol{a}) = 3^2 + 1^2 = 10$	$s_2(\boldsymbol{a}, \boldsymbol{a}) = (3-1)^2 + 1^2 = 5$,
also $\lvert\boldsymbol{a}\rvert_1 = \sqrt{10}$,	also $\lvert\boldsymbol{a}\rvert_2 = \sqrt{5}$,
$s_1(\boldsymbol{b}, \boldsymbol{b}) = 2^2 + 4^2 = 20$,	$s_2(\boldsymbol{b}, \boldsymbol{b}) = (2-4)^2 + 4^2 = 20$,
also $\lvert\boldsymbol{b}\rvert_1 = \sqrt{20}$,	also $\lvert\boldsymbol{b}\rvert_2 = \sqrt{20}$,
$s_1(\boldsymbol{a}, \boldsymbol{b}) = 3 \cdot 2 + 1 \cdot 4 = 10$	$s_2(\boldsymbol{a}, \boldsymbol{b}) = 3 \cdot 2 - 3 \cdot 4 - 1 \cdot 2 + 2 \cdot 1 \cdot 4 = 0$
und somit	und somit
$\angle_s(\boldsymbol{a}, \boldsymbol{b}) = \arccos \frac{1}{2}\sqrt{2} = \frac{\pi}{4}$.	$\angle_s(\boldsymbol{a}, \boldsymbol{b}) = \arccos 0 = \frac{\pi}{2}$. ■

In komplexen unitären Räumen wollen wir keinen Winkel, sondern lediglich den Begriff der Orthogonalität einführen.

(V, s) sei ein unitärer Raum. Zwei Vektoren $\boldsymbol{x}, \boldsymbol{y} \in V$ heißen s-orthogonal, wenn $s(\boldsymbol{x}, \boldsymbol{y}) = 0$. Eine nichtleere Teilmenge A von V heißt s-orthonormiert, wenn alle Vektoren von A s-normiert und paarweise s-orthogonal sind.

Wenn ein Skalarprodukt fest gewählt ist, sagen wir kurz orthogonal und orthonormiert. Als Folge der Definition ist der Nullvektor zu jedem Vektorraum orthogonal.

BEISPIEL

5.6 Es wird hier bewiesen, daß sich die Höhen eines Dreiecks in einem Punkt, dem Schwerpunkt, schneiden.

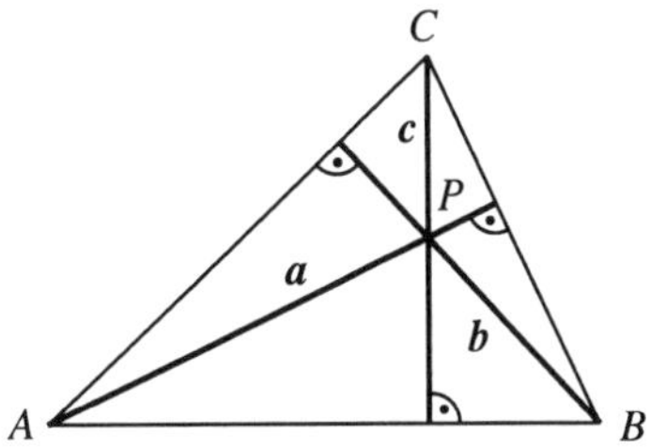

Bild 5.1

P sei der Schnittpunkt der Höhen auf BC und CA und $PA = \boldsymbol{a}$, $PB = \boldsymbol{b}$, $PC = \boldsymbol{c}$ gesetzt.

Es folgt: $AB = \boldsymbol{b} - \boldsymbol{a}$, $BC = \boldsymbol{c} - \boldsymbol{b}$, $CA = \boldsymbol{a} - \boldsymbol{c}$.

$\Rightarrow \boldsymbol{a} \perp BC,\ \boldsymbol{b} \perp CA$

$\Rightarrow s(\boldsymbol{a}, \boldsymbol{c} - \boldsymbol{b}) = s(\boldsymbol{a}, \boldsymbol{c}) - s(\boldsymbol{a}, \boldsymbol{b}) = 0,$

$s(\boldsymbol{b}, \boldsymbol{a} - \boldsymbol{c}) = s(\boldsymbol{b}, \boldsymbol{a}) - s(\boldsymbol{b}, \boldsymbol{c}) = 0.$

Addition ergibt: $s(\boldsymbol{a}, \boldsymbol{c}) - s(\boldsymbol{b}, \boldsymbol{c}) = s(\boldsymbol{a} - \boldsymbol{b}, \boldsymbol{c}) = 0$, d. h., die Höhe auf AB geht durch den Punkt P. ∎

Wir werden nun zeigen, daß die Begriffe Orthogonalität und lineare Unabhängigkeit in einem engen Zusammenhang stehen.

Es sei die Menge $A = \{\boldsymbol{a}_1; \ldots; \boldsymbol{a}_n\} \subseteq V$ orthonormiert, d. h., es gilt für alle $i, k = 1, \ldots, n$

$$s(\boldsymbol{a}_i, \boldsymbol{a}_k) = \left\{ \begin{array}{ll} 0, & \text{für } i \neq k \\ 1, & \text{für } i = k \end{array} \right\} = \delta_{ik} \tag{5.20}$$

Hierbei wird zur Abkürzung das **Kronecker-Symbol** δ_{ik} verwendet.

Aus der definierenden Gleichung für die lineare Unabhängigkeit der Menge A

$$\sum_{i=1}^{n} \lambda_i \boldsymbol{a}_i = \boldsymbol{o}$$

folgt mit Hilfe von (S3) und (S4):

$$0 = s(\boldsymbol{o}, \boldsymbol{a}_k) = s\left(\sum_{i=1}^{n} \lambda_i \boldsymbol{a}_i, \boldsymbol{a}_k\right) = \sum_{i=1}^{n} \lambda_i s(\boldsymbol{a}_i, \boldsymbol{a}_k) = \lambda_k s(\boldsymbol{a}_k, \boldsymbol{a}_k) = \lambda_k$$

$$\forall\, k = 1, \ldots, n$$

Somit ist A linear unabhängig.

Hat V zudem die Dimension n, so ist A eine Basis von V. Das Ergebnis dieser Überlegungen kann wie folgt zusammengefaßt werden:

> $A = \{\boldsymbol{a}_1, \ldots, \boldsymbol{a}_n\}$ sei eine endliche s-orthonormierte Teilmenge eines unitären Vektorraumes (V, s). Dann ist A linear unabhängig. Ist V zudem endlichdimensional und $\dim V = n \in \mathbf{N}$, dann bildet A eine Basis von V. (5.21)

BEISPIELE

5.7 Die Menge $\{\boldsymbol{e}_1, \ldots, \boldsymbol{e}_n\}$ des $\mathbf{C}^n$ mit

$$\boldsymbol{e}_1 = \begin{pmatrix} 1 \\ 0 \\ \vdots \\ \vdots \\ 0 \end{pmatrix}, \quad \boldsymbol{e}_2 = \begin{pmatrix} 0 \\ 1 \\ 0 \\ \vdots \\ 0 \end{pmatrix}, \quad \boldsymbol{e}_n = \begin{pmatrix} 0 \\ 0 \\ \vdots \\ 0 \\ 1 \end{pmatrix}, \tag{5.22}$$

ist die natürliche Basis des $\mathbf{C}^n$ (siehe auch (3.17)). Bezüglich des in Beispiel 5.2 eingeführten Standardskalarprodukts s mit $s(\boldsymbol{x}, \boldsymbol{y}) = \sum_{i=1}^{n} x_i \overline{y}_i \;\forall\, \boldsymbol{x}, \boldsymbol{y} \in \mathbf{C}^n$ ist diese Basis orthonormiert, denn es gilt:

$s(\boldsymbol{e}_i, \boldsymbol{e}_k) = \delta_{ik}$.

Somit ist die natürliche Basis in $\mathbf{C}^n$ eine orthonormierte Basis des $\mathbf{U}^n$. Ebenso ist $\{\boldsymbol{e}_1, \ldots, \boldsymbol{e}_n\}$ eine orthonormierte Basis des $\mathbf{E}^n$.

In der Praxis verwendet man vorwiegend orthonormierte Basen, denn dann werden die Rechnungen besonders einfach. ■

5.8 Im $\mathbf{E}^n$ sei eine Basis $\{\boldsymbol{a}_1, \ldots, \boldsymbol{a}_n\}$ mit

$$\boldsymbol{a}_1 = \begin{pmatrix} a_{11} \\ \vdots \\ a_{n1} \end{pmatrix}, \ldots, \quad \boldsymbol{a}_n = \begin{pmatrix} a_{1n} \\ \vdots \\ a_{nn} \end{pmatrix}$$

gegeben. Das Problem der Darstellung eines beliebigen Vektors $\boldsymbol{x} \in \mathbf{R}^n$ in dieser Basis durch $\boldsymbol{x} = \lambda_1 \boldsymbol{a}_1 + \ldots + \lambda_n \boldsymbol{a}_n$ führt i. allg. auf ein lineares Gleichungssystem

$$\begin{aligned} x_1 &= \lambda_1 a_{11} + \ldots + \lambda_n a_{1n} \\ &\cdots \\ &\cdots \\ x_n &= \lambda_1 a_{n1} + \ldots + \lambda_n a_{nn}. \end{aligned}$$

Die Lösungen λ_i, $i = 1, 2, \ldots, n$ des Gleichungssystems sind dann die Koordinaten von $\boldsymbol{x}$ bez. der angegebenen Basis.

Ist die Basis dagegen orthonormal, so lassen sich die Koordinaten von $\boldsymbol{x}$ ganz einfach ausrechnen und es gilt:

$$\boldsymbol{x} = \sum_{k=1}^{n} s(\boldsymbol{x}, \boldsymbol{a}_k) \boldsymbol{a}_k, \quad \text{da } s(\boldsymbol{x}, \boldsymbol{a}_k) = \lambda_k \tag{5.23}$$

■

Liegt in einem beliebigen unitären Raum (V, s) eine Teilmenge von linear unabhängigen Vektoren vor, so kommt es also darauf an, diese zu orthonormieren. Dazu gibt es ein allgemeines Verfahren.

Orthonormierungsverfahren von E. Schmidt:
(V, s) sei ein unitärer Raum und $\{\boldsymbol{a}_1, \ldots, \boldsymbol{a}_n\}$, $n \in \mathbf{N}$ eine linear unabhängige Teilmenge von V. Dann ist die Teilmenge $\{\boldsymbol{u}_1, \ldots, \boldsymbol{u}_n\}$ von V mit

$$\boldsymbol{u}_1 = \frac{\boldsymbol{a}_1}{|\boldsymbol{a}_1|_s}, \quad \boldsymbol{u}_i = \frac{\boldsymbol{a}_i - \sum\limits_{k=1}^{i-1} s(\boldsymbol{a}_i, \boldsymbol{u}_k)\boldsymbol{u}_k}{\left|\boldsymbol{a}_i - \sum\limits_{k=1}^{i-1} s(\boldsymbol{a}_i, \boldsymbol{u}_k)\boldsymbol{u}_k\right|_s}, \quad i = 2, \ldots, n \tag{5.24}$$

s-orthonormiert.
Hat V die Dimension n, so ist $\{\boldsymbol{u}_1, \ldots, \boldsymbol{u}_n\}$ eine orthonormierte Basis von V.

Wir wollen diese Formel zunächst herleiten und dann ein praktisches Verfahren zur Bestimmung eines Orthonormalsystems angeben.

Betrachtet man die Zähler der Vektoren $\boldsymbol{u}_i$: $\boldsymbol{v}_1 = \boldsymbol{a}_1$,

$$\begin{aligned} \boldsymbol{v}_i &= \boldsymbol{a}_i - \sum_{k=1}^{i-1} s(\boldsymbol{a}_i, \boldsymbol{u}_k)\boldsymbol{u}_k \\ &= \boldsymbol{a}_i - s(\boldsymbol{a}_i, \boldsymbol{u}_1)\boldsymbol{u}_1 - \ldots - s(\boldsymbol{a}_i, \boldsymbol{u}_{i-1})\boldsymbol{u}_{i-1}, \quad i = 2, \ldots, n \end{aligned} \tag{5.25}$$

so wird klar, daß die Vektoren $\boldsymbol{u}_i = \dfrac{\boldsymbol{v}_i}{|\boldsymbol{v}_i|_s}$ rekursiv bestimmt werden.

Wir wollen nun induktiv zeigen, daß die Vektoren $\boldsymbol{v}_1, \ldots, \boldsymbol{v}_n$ alle ungleich dem Nullvektor und paarweise s-orthogonal sind.

a) Es ist $\boldsymbol{a}_1 \neq \boldsymbol{o}$, sonst wäre $\boldsymbol{a}_1$ entgegen der Voraussetzung linear abhängig, also ist $\boldsymbol{u}_1$ erklärt. Außerdem gilt

$$\begin{aligned} s(\boldsymbol{v}_2, \boldsymbol{v}_1) = s(\boldsymbol{v}_2, \boldsymbol{a}_1) &= s(\boldsymbol{a}_2 - s(\boldsymbol{a}_2, \boldsymbol{u}_1)\boldsymbol{u}_1, \boldsymbol{a}_1) \\ &= s(\boldsymbol{a}_2, \boldsymbol{a}_1) - s(\boldsymbol{a}_2, \boldsymbol{u}_1)s(\boldsymbol{u}_1, \boldsymbol{a}_1) \\ &= s(\boldsymbol{a}_2, \boldsymbol{a}_1) - s(\boldsymbol{a}_2, \boldsymbol{a}_1)s(\boldsymbol{u}_1, \boldsymbol{u}_1) \\ &= 0, \quad \text{da } s(\boldsymbol{u}_1, \boldsymbol{u}_1) = 1. \end{aligned}$$

Es gilt $\boldsymbol{v}_2 \neq \boldsymbol{o}$, denn aus $\boldsymbol{v}_2 = \boldsymbol{o}$ würde wegen (5.25) die lineare Abhängigkeit von $\{\boldsymbol{u}_1, \boldsymbol{a}_2\}$ folgen, d. h. die von $\{\boldsymbol{a}_1, \boldsymbol{a}_2\}$ im Widerspruch zur Voraussetzung.

b) Induktionsannahme: Für ein festes $i \in \{2, \ldots, n-1\}$ sei

$$\alpha)\ \boldsymbol{v}_i \neq \boldsymbol{o} \quad \text{und} \quad \beta)\ s(\boldsymbol{v}_j, \boldsymbol{v}_k) = 0 \quad \text{für alle } j \text{ und } k \text{ mit } k < j \leqq i.$$

c) Es ist zu zeigen:

$$\alpha)\ \boldsymbol{v}_{i+1} \neq \boldsymbol{o} \quad \text{und} \quad \beta)\ s(\boldsymbol{v}_{i+1}, \boldsymbol{v}_k) = 0 \quad \text{für alle } k \text{ mit } k < i+1.$$

Zu α): Aus $\boldsymbol{v}_{i+1} = \boldsymbol{o}$ folgt wegen (5.25) die lineare Abhängigkeit von $\{\boldsymbol{u}_1, \ldots, \boldsymbol{u}_i, \boldsymbol{a}_{i+1}\}$, also auch die von $\{\boldsymbol{a}_1, \ldots, \boldsymbol{a}_i, \boldsymbol{a}_{i+1}\}$, da $\boldsymbol{u}_i$ eine Linearkombination von $\{\boldsymbol{a}_1, \ldots, \boldsymbol{a}_i\}$ ist. Dies steht im Widerspruch zur Voraussetzung.

Zu β): Aus der Induktionsannahme folgt für alle $k < i+1$:

$$\begin{aligned} s(\boldsymbol{v}_{i+1}, \boldsymbol{v}_k) &= s\left(\boldsymbol{a}_{i+1} - \sum_{j=1}^{i} s(\boldsymbol{a}_{i+1}, \boldsymbol{u}_j)\boldsymbol{u}_j, \boldsymbol{v}_k\right) \\ &= s(\boldsymbol{a}_{i+1}, \boldsymbol{v}_k) - \sum_{j=1}^{i} s(\boldsymbol{a}_{i+1}, \boldsymbol{u}_j) s(\boldsymbol{u}_j, \boldsymbol{v}_k) \\ &= s(\boldsymbol{a}_{i+1}, \boldsymbol{v}_k) - s(\boldsymbol{a}_{i+1}, \boldsymbol{u}_k) s(\boldsymbol{u}_k, \boldsymbol{v}_k) \\ &= s(\boldsymbol{a}_{i+1}, \boldsymbol{v}_k) - s(\boldsymbol{a}_{i+1}, \boldsymbol{v}_k) s(\boldsymbol{u}_k, \boldsymbol{u}_k) = 0, \end{aligned}$$

denn nach Induktionsannahme gilt

$$s(\boldsymbol{u}_j, \boldsymbol{v}_k) = \frac{1}{|\boldsymbol{v}_j|_s} s(\boldsymbol{v}_j, \boldsymbol{v}_k) = 0 \quad \forall j, k \leqq i \text{ mit } j \neq k.$$

Damit ist der Induktionsbeweis vollständig. Die Normierung der Vektoren $\{\boldsymbol{v}_1, \ldots, \boldsymbol{v}_n\}$ erhält man nach Division durch den s-Betrag.
Die Menge $\{\boldsymbol{u}_1, \ldots, \boldsymbol{u}_n\}$ ist somit s-orthonormiert und für $\dim V = n$ eine Basis von V.

Praktisches Verfahren zur Bestimmung eines Orthonormalsystems $\{\boldsymbol{u}_1, \ldots, \boldsymbol{u}_n\}$ nach E. Schmidt:

Es sind die Basisvektoren $\boldsymbol{u}_i$ durch sukzessive Berechnung mit Hilfe von Gl. (5.25) zu bestimmen. Zunächst gilt $\boldsymbol{u}_1 = \dfrac{1}{|\boldsymbol{a}_1|_s}$. Seien die $\boldsymbol{u}_1, \ldots, \boldsymbol{u}_i$ schon bestimmt, so machen wir den Ansatz:

$$\boldsymbol{v}_{i+1} = \boldsymbol{a}_{i+1} - \lambda_{i+1,1}\boldsymbol{u}_1 - \ldots - \lambda_{i+1,i}\boldsymbol{u}_i.$$

Daraus ergibt sich $\lambda_{i+1,k} = s(\boldsymbol{a}_{i+1}, \boldsymbol{u}_k)$, $k = 1, \ldots, i$ und somit $\boldsymbol{u}_{i+1} = \dfrac{\boldsymbol{v}_{i+1}}{|\boldsymbol{v}_{i+1}|_s}$.

BEISPIELE

5.9 Im euklidischen Raum $\mathbf{E}^3$ seien die Vektoren

$$\boldsymbol{a}_1 = \begin{pmatrix} 0 \\ 1 \\ 1 \end{pmatrix}, \boldsymbol{a}_2 = \begin{pmatrix} 1 \\ 0 \\ 1 \end{pmatrix}, \boldsymbol{a}_3 = \begin{pmatrix} 1 \\ 1 \\ 0 \end{pmatrix}$$

gegeben. Zu bestimmen ist ein Orthonormalsystem nach dem Verfahren von E. Schmidt.

Lösung: Es ist leicht zu sehen, daß die Vektoren $\{\boldsymbol{a}_1, \boldsymbol{a}_2, \boldsymbol{a}_3\}$ linear unabhängig sind. Somit kann die Berechnung beginnen:

$$\boldsymbol{u}_1 = \frac{\boldsymbol{a}_1}{|\boldsymbol{a}_1|_s} = \frac{1}{\sqrt{2}} \begin{pmatrix} 0 \\ 1 \\ 1 \end{pmatrix},$$

$$\boldsymbol{v}_2 = \boldsymbol{a}_2 - \lambda_{21}\boldsymbol{u}_1, \quad \lambda_{21} = s(\boldsymbol{a}_2, \boldsymbol{u}_1) = \begin{pmatrix} 1 \\ 0 \\ 1 \end{pmatrix} \cdot \frac{1}{\sqrt{2}} \begin{pmatrix} 0 \\ 1 \\ 1 \end{pmatrix} = \frac{1}{\sqrt{2}},$$

$$v_2 = a_2 - \frac{1}{\sqrt{2}} u_1 = \begin{pmatrix} 1 \\ 0 \\ 1 \end{pmatrix} - \frac{1}{2} \begin{pmatrix} 0 \\ 1 \\ 1 \end{pmatrix} = \frac{1}{2} \begin{pmatrix} 2 \\ -1 \\ 1 \end{pmatrix}.$$

Mit $|v_2|_s = \frac{1}{2}\sqrt{6}$ folgt

$$u_2 = \frac{v_2}{|v_2|_s} = \frac{1}{\sqrt{6}} \begin{pmatrix} 2 \\ -1 \\ 1 \end{pmatrix}.$$

Für den dritten Basisvektor machen wir den Ansatz: $v_3 = a_3 - \lambda_{31} u_1 - \lambda_{32} u_2$ und erhalten

$$\lambda_{31} = s(a_3, u_1) = \frac{1}{\sqrt{2}}, \quad \lambda_{32} = s(a_3, u_2) = \frac{1}{\sqrt{6}}, \quad v_3 = \frac{2}{3} \begin{pmatrix} 1 \\ 1 \\ -1 \end{pmatrix}.$$

Mit $|v_3|_s = \frac{2}{3}\sqrt{3}$ folgt

$$u_3 = \frac{v_3}{|v_3|_s} = \frac{1}{\sqrt{3}} \begin{pmatrix} 1 \\ 1 \\ -1 \end{pmatrix}.$$

Mit $\{u_1, u_2, u_3\}$ haben wir ein Orthonormalsystem des $\mathbf{E}^3$. ■

5.10 Es sollen die Polynome $p_0(x) = x^0 = 1$, $p_1(x) = x^1$, $p_2(x) = x^2$, ... bez. des Skalarproduktes $s(f, g) = \int\limits_{-1}^{1} f(x) g(x)\,dx$ im $C[-1, 1]$ orthonormiert werden.

Lösung: Die Polynome $p_i(x)$ sind im $C[-1, 1]$ linear unabhängig, somit folgt:

$$f_0(x) = \frac{p_0(x)}{|p_0(x)|_s} = \frac{1}{\sqrt{2}} \quad \text{mit} \quad |p_0(x)|_s = \sqrt{\int\limits_{-1}^{1} 1 \cdot 1\,dx} = \sqrt{2}.$$

Mit dem Ansatz $v_1(x) = x - \lambda_{10} \frac{1}{\sqrt{2}}$ ergibt sich

$$\lambda_{10} = s(p_1, f_0) = \int\limits_{-1}^{1} x \cdot \frac{1}{\sqrt{2}}\,dx = 0, \; |v_1(x)|_s = \sqrt{\frac{2}{3}}.$$

Es folgt $f_1(x) = \sqrt{\frac{3}{2}} x$ und analog $f_2(x) = \sqrt{\frac{5}{2}} \left(\frac{3}{2} x^2 - \frac{1}{2} \right), \ldots$

Die $f_0(x)$, $f_1(x)$, $f_2(x)$, ... sind die sog. **Legendreschen Polynome**, die in der Angewandten Mathematik eine wichtige Rolle spielen. ■

Wir wollen uns nun mit der Verallgemeinerung des Betragsbegriffes, der **Norm** eines Vektors aus V, befassen. Damit verknüpft ist der für die Numerische Mathematik elementar wichtige Begriff des normierten Vektorraums.

Es sei V ein Vektorraum über $K = \mathbf{R}$ oder $\mathbf{C}$. Jedem Vektor $\boldsymbol{x} \in V$ sei eine reelle Zahl $\|\boldsymbol{x}\|$ zugeordnet, wobei folgende Axiome gelten:
(N1) $\|\boldsymbol{x}\| \geqq 0$ und $\|\boldsymbol{x}\| = 0 \Leftrightarrow \boldsymbol{x} = \boldsymbol{o}$,
(N2) $\|\lambda\boldsymbol{x}\| = |\lambda|\,\|\boldsymbol{x}\|,\ \lambda \in K,$ (5.26)
(N3) $\|\boldsymbol{x}+\boldsymbol{y}\| \leqq \|\boldsymbol{x}\| + \|\boldsymbol{y}\|$.
Durch die Abbildung $\boldsymbol{x} \mapsto \|\boldsymbol{x}\|$ ist eine **Norm** auf V definiert und V heißt dann ein normierter Vektorraum, in Zeichen $(V, \|\cdot\|)$.

Im folgenden Satz zeigen wir, daß sich jeder unitäre Raum zu einem normierten Raum machen läßt, denn durch das Skalarprodukt ist eine Norm erklärt.

(V, s) sei ein unitärer Raum. Dann ist $(V, \|\cdot\|_s)$ mit der durch

$$\|\boldsymbol{x}\|_s = \sqrt{s(\boldsymbol{x},\boldsymbol{x})} \quad \forall \boldsymbol{x} \in V \tag{5.27}$$

definierten Norm ein normierter Raum.

Die durch (5.27) definierte Norm ist nämlich genau der s-Betrag (5.16) und mit (B1) bis (B4) sind auch die Axiome (N1) bis (N3) erfüllt.
Somit ergeben sich wichtige Normen aus den eingeführten Standardskalarprodukten, die im folgenden aufgeführt werden sollen:

BEISPIELE

5.11 Die Vektorräume $\mathbf{R}^n$ und $\mathbf{C}^n$ sind normierte Räume mit der durch

$$\|\boldsymbol{x}\|_{\mathrm{E}} = \sqrt{\sum_{i=1}^{n} x_i^2} \quad \text{bzw.} \quad \|\boldsymbol{x}\|_{\mathrm{E}} = \sqrt{\sum_{i=1}^{n} x_i \overline{x}_i}$$

definierten **euklidischen Norm**. ■

5.12 Der Vektorraum der stetigen Funktionen $C[a, b]$ wird durch das Skalarprodukt aus Beispiel 5.3 mit der Norm

$$\|f\|_s = \sqrt{\int_a^b [f(x)]^2 \,\mathrm{d}x} \tag{5.28}$$

zu einem normierten Vektorraum. ■

Es gibt aber auch Normen, die nicht von einem Skalarprodukt induziert werden.

BEISPIELE

5.13 Im $\mathbf{R}^n$ und im $\mathbf{C}^n$ werden Normen definiert durch

$$\|\boldsymbol{x}\|_{\mathrm{M}} = \max_i |x_i| = \max\{|x_1|, \ldots, |x_n|\}, \tag{5.29}$$

$$\|\boldsymbol{x}\|_{\mathrm{B}} = \sum_{i=1}^{n} |x_i|, \tag{5.30}$$

$$\|\boldsymbol{x}\|_{\mathrm{H}} = \left(\sum_{i=1}^{n} |x_i|^p\right)^{\frac{1}{p}}, \quad p \in \mathbf{R},\ p \geqq 1. \tag{5.31}$$

Die Nachweise für (5.29) und (5.30) können als Übungen durchgeführt werden. Man bezeichnet diese Normen in der gegebenen Reihenfolge als **Maximum-Betragsnorm**, **Betragssummennorm** und **Hölder-Norm**. Letztere liefert für $p = 1$ die Betragssummennorm und für $p = 2$ die euklidische Norm. ■

5.14 Im $C[a, b]$ wird durch

$$\|f\|_{\mathrm{T}} = \max\{|f(x)| \mid x \in [a, b]\}, \quad \text{für alle } f \in C[a, b] \tag{5.32}$$

eine Norm definiert. Der Nachweis der Norm-Axiome ist ebenfalls leicht durchzuführen. Man bezeichnet diese Norm als **Tschebyscheff-Norm**. ■

Normierte Räume und, als Spezialfälle hiervon, unitäre Räume spielen in der Funktioalanalysis und der Numerischen Mathematik eine große Rolle. Von besonderer Bedeutung sind dabei die sog. vollständigen Räume, die hier kurz erläutert werden sollen:

Es sei $(V, \|\cdot\|)$ ein normierter Raum. Eine Folge $\{\boldsymbol{x}_i\} = (\boldsymbol{x}_1, \boldsymbol{x}_2, \boldsymbol{x}_3, \ldots)$ von Elementen aus V heißt eine **Cauchy-Folge**, wenn zu jedem $\varepsilon > 0$ eine natürliche Zahl $N(\varepsilon)$ so existiert, daß für alle $m, n > N(\varepsilon)$

$$\|\boldsymbol{x}_m - \boldsymbol{x}_n\| < \varepsilon.$$

V heißt **vollständig**, wenn jede Cauchy-Folge in V konvergiert, d. h. ein Grenzelement in V besitzt.

Ein vollständiger normierter Raum heißt ein **Banach-Raum**, ein unitärer Raum heißt ein **Hilbert-Raum**, wenn er bez. der durch das Skalarprodukt induzierten Norm vollständig ist. Somit ist jeder Hilbert-Raum auch ein Banach-Raum.

Hilbert-Räume und damit Banach-Räume sind z. B. $\mathbf{E}^n$ und $\mathbf{C}^n$. Der Vektorraum der auf $[a, b]$ stetigen Funktionen $C[a, b]$ ist mit der Tschebyscheff-Norm ein Banach-Raum.

AUFGABEN

5.8 Zeigen Sie mit Hilfe des Skalarprodukts im $\mathbf{E}^2$: Ein Parallelogramm hat genau dann gleich lange Seiten, wenn die beiden Diagonalen orthogonal sind.

5.9 Es sei $\boldsymbol{a} = (1, 2)^{\mathrm{T}} \in \mathbf{E}^2$.
Bestimmen Sie alle zu $\boldsymbol{a}$ senkrechten Vektoren im $\mathbf{E}^2$!
Es sei $\boldsymbol{a} = (1, 2, 3)^{\mathrm{T}} \in \mathbf{E}^3$.
Bestimmen Sie alle zu $\boldsymbol{a}$ senkrechten Vektoren im $\mathbf{E}^3$!

5.10 Zeigen Sie: Die Funktionen φ_i $(i = 0, 1, \ldots)$ mit

$$\varphi_0(x) = \frac{1}{\sqrt{2\pi}}, \qquad \varphi_1(x) = \frac{1}{\sqrt{\pi}} \cos x, \qquad \varphi_2(x) = \frac{1}{\sqrt{\pi}} \sin x,$$

$$\varphi_3(x) = \frac{1}{\sqrt{\pi}} \cos 2x, \qquad \varphi_4(x) = \frac{1}{\sqrt{\pi}} \sin 2x, \qquad \ldots$$

bilden bezüglich des skalaren Produkts

$$s(f, g) = \int\limits_{-\pi}^{\pi} f(t) g(t)\, \mathrm{d}t, \quad f, g \in C[-\pi, \pi] \text{ ein Orthonormalsystem.}$$

5.11 Bestimmen Sie jeweils nach dem Verfahren von E. Schmidt eine orthonormale Basis für den Unterraum von $\mathbf{E}^3$, der von gegebenen Vektoren aufgespannt wird:

a) $\boldsymbol{x}_1 = \begin{pmatrix} 1 \\ 1 \\ 1 \end{pmatrix}, \quad \boldsymbol{x}_2 = \begin{pmatrix} 1 \\ 0 \\ 1 \end{pmatrix}, \quad \boldsymbol{x}_3 = \begin{pmatrix} 2 \\ 1 \\ -1 \end{pmatrix},$

b) $\boldsymbol{x}_1 = \begin{pmatrix} 0 \\ 1 \\ 1 \end{pmatrix}, \quad \boldsymbol{x}_2 = \begin{pmatrix} 1 \\ 0 \\ 1 \end{pmatrix}, \quad \boldsymbol{x}_3 = \begin{pmatrix} 2 \\ 2 \\ -1 \end{pmatrix}!$

5.12 Bestimmen Sie jeweils eine orthonormale Basis für den Unterraum von $\mathbf{E}^4$, der von den gegebenen Vektoren aufgespannt wird:

a) $\boldsymbol{x}_1 = \begin{pmatrix} 1 \\ 0 \\ 1 \\ 1 \end{pmatrix}, \quad \boldsymbol{x}_2 = \begin{pmatrix} 1 \\ -1 \\ 1 \\ 0 \end{pmatrix}, \quad \boldsymbol{x}_3 = \begin{pmatrix} 1 \\ 1 \\ 0 \\ 0 \end{pmatrix},$

b) $\boldsymbol{x}_1 = \begin{pmatrix} 1 \\ 1 \\ 1 \\ 1 \end{pmatrix}, \quad \boldsymbol{x}_2 = \begin{pmatrix} 1 \\ 1 \\ 0 \\ 0 \end{pmatrix}, \quad \boldsymbol{x}_3 = \begin{pmatrix} 1 \\ 0 \\ 0 \\ 1 \end{pmatrix}, \quad \boldsymbol{x}_4 = \begin{pmatrix} 0 \\ 0 \\ 1 \\ 1 \end{pmatrix}!$

5.13 Im Vektorraum der reellen Polynome sei das Skalarprodukt

$$s(p, q) = \int_0^1 p(x)q(x)\,\mathrm{d}x$$

gegeben. Die Polynome $p_0(x) = 1$, $p_1(x) = x$, $p_2(x) = x^2$ spannen einen dreidimensionalen Unterraum U auf. Zeigen Sie, daß die Polynome

$$q_1(x) = 1, \quad q_2(x) = \sqrt{3}(2x - 1), \quad q_3(x) = \sqrt{5}(6x^2 - 6x + 1)$$

orthonormal sind und ebenfalls U aufspannen!

5.14 Es seien im Vektorraum aller (2×2)-Matrizen die Matrizen

$$\boldsymbol{A}_1 = \begin{pmatrix} 1 & 0 \\ 0 & 0 \end{pmatrix}, \quad \boldsymbol{A}_2 = \begin{pmatrix} 1 & 1 \\ 1 & 1 \end{pmatrix}$$

gegeben. Bestimmen Sie für $\boldsymbol{A}_1, \boldsymbol{A}_2$ ein Orthonormalsystem $\{\boldsymbol{F}_1, \boldsymbol{F}_2\}$ bez. des skalaren Produkts aus Aufgabe 5.3!

5.15 Im unitären Vektorraum aller reellen Polynome von höchstens 3-tem Grade stellt das Orthonormalsystem der Legendreschen Polynome $U_3 = \{f_0(x), f_1(x), f_2(x), f_3(x)\}$ im Intervall $[-1, 1]$ eine Orthonormalbasis dar. Welche Koordinaten hat das Polynom $q(x) = a_0 + a_1x + a_2x^2 + a_3x^3$ mit a_0, a_1, a_2, $a_3 \in \mathbf{R}$ bez. dieser Basis?

5.16 Im reellen Vektorraum $C[-1, 1]$ sei das Skalarprodukt $s(f, g) = \int_{-1}^{1} f(x)g(x)\,\mathrm{d}x$ erklärt. Gegeben seien die Funktionen $u_1(x) = 1$, $u_2(x) = x$, $u_3(x) = 1 + x$. Berechnen Sie alle Winkel zwischen den Funktionen!

5.17 Im Vektorraum $C[1, e]$ sei ein Skalarprodukt definiert durch

$$s(f, g) = \int_1^e (\ln x) f(x) g(x)\, \mathrm{d}x.$$

Berechnen Sie $\|f\|_s$ für $f(x) = \sqrt{x}$! Bestimmen Sie das Polynom $g(x) = a + bx$, das orthogonal zur konstanten Funktion $f(x) = 1$ ist!

5.4 Das Abstandsproblem

Es soll das folgende Approximationsproblem betrachtet werden: Für ein gegebenes Element $\boldsymbol{x} \in V$ eines Vektorraums V soll ein Element aus einem endlichdimensionalen Unterraum U von V so bestimmt werden, daß es den kleinstmöglichen Abstand zu $\boldsymbol{x}$ hat.
Um zu einer Definition des Begriffes „Abstand" zu kommen, betrachten wir das Problem in der euklidischen Ebene.
Es sei eine Gerade G durch einen Punkt P und den Richtungsvektor $\boldsymbol{a}_1$ festgelegt.

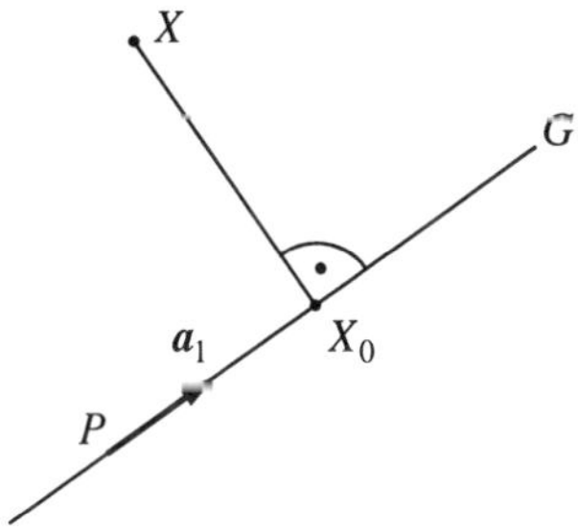

Bild 5.2

Bei der Frage nach dem **Abstand** eines Punktes X zur Geraden G denkt man sicher an die Länge der Lotstrecke von X zum Fußpunkt X_0 auf G, d. h.

$$d = |\overline{X_0 X}|.$$

Eine verallgemeinerte Definition für beliebige reelle unitäre Räume können wir jetzt angeben.

> Es sei (V, s) ein reeller unitärer Raum und $L = L(\boldsymbol{a}_1, \ldots, \boldsymbol{a}_m)$ ein echter Teilraum von V. Für $\boldsymbol{x} \in V$ definieren wir als Abstand $d(\boldsymbol{x}, L)$ die reelle Zahl
>
> $$d(\boldsymbol{x}, L) = \inf_{\boldsymbol{x}' \in L} d(\boldsymbol{x}, \boldsymbol{x}') = \inf_{\boldsymbol{x}' \in L} \|\boldsymbol{x} - \boldsymbol{x}'\|_s. \qquad (5.33)$$

Der Abstand ist nur interessant, wenn $\boldsymbol{x} \notin L$ ist. Für $\boldsymbol{x} \in L$ folgt nämlich sofort $d(\boldsymbol{x}, L) = 0$. Der Abstand ist somit wohldefiniert, es bleibt aber die Frage nach der Existenz eines sog. **Projektionsvektors** $\boldsymbol{x}' = \boldsymbol{x}_0$, für den der Abstand realisiert wird, für den also gilt:

$$d(\boldsymbol{x}, \boldsymbol{x}_0) = \inf_{\boldsymbol{x}' \in L} d(\boldsymbol{x}, \boldsymbol{x}') = \|\boldsymbol{x} - \boldsymbol{x}_0\|_s$$

und die Frage danach, ob der Projektionsvektor eindeutig bestimmt ist.

Beide Fragen werden gelöst, indem das den Teilraum aufspannende System $\{\boldsymbol{a}_1, \ldots, \boldsymbol{a}_m\}$ durch ein orthonormales System ersetzt wird. Zunächst soll eine dafür benötigte Gleichung hergeleitet werden.

Mit den Axiomen des Skalarproduktes s und den Orthogonalitätsrelationen folgt:

$$\begin{aligned}\left\|\boldsymbol{x}-\sum_{i=1}^{m}\lambda_i\boldsymbol{u}_i\right\|^2 &= s\left(\boldsymbol{x}-\sum_{i=1}^{m}\lambda_i\boldsymbol{u}_i,\, \boldsymbol{x}-\sum_{i=1}^{m}\lambda_i\boldsymbol{u}_i\right)\\ &= s(\boldsymbol{x},\boldsymbol{x}) - 2\sum_{i=1}^{m}\lambda_i s(\boldsymbol{x},\boldsymbol{u}_i) + \sum_{i=1}^{m}\sum_{j=1}^{m}\lambda_i\lambda_j s(\boldsymbol{u}_i,\boldsymbol{u}_j)\\ &= \|\boldsymbol{x}\|^2 - 2\sum_{i=1}^{m}\lambda_i s(\boldsymbol{x},\boldsymbol{u}_i) + \sum_{i=1}^{m}\lambda_i^2.\end{aligned}$$

Mit quadratischer Ergänzung durch den Term $\sum_{i=1}^{m}[s(\boldsymbol{x},\boldsymbol{u}_i)]^2$ ergibt sich die Gleichung (5.34).

Wegen der bequemeren Schreibweise lassen wir den Index s am Normzeichen weg, wenn klar ist, daß die Norm $\|.\|$ vom Skalarprodukt s erzeugt wird.

Es sei (V, s) ein reeller unitärer Raum und $\{\boldsymbol{u}_1, \ldots, \boldsymbol{u}_m\}$ ein Orthonormalsystem aus V. Dann gilt für einen beliebigen Vektor $\boldsymbol{x} \in V$ und bel. reelle Zahlen $\lambda_1, \ldots, \lambda_m$:

$$\left\|\boldsymbol{x}-\sum_{i=1}^{m}\lambda_i\boldsymbol{u}_i\right\|^2 = \|\boldsymbol{x}\|^2 + \sum_{i=1}^{m}[\lambda_i - s(\boldsymbol{x},\boldsymbol{u}_i)]^2 - \sum_{i=1}^{m}[s(\boldsymbol{x},\boldsymbol{u}_i)]^2. \quad (5.34)$$

Mit Hilfe von Gleichung (5.34) kann das Abstandsproblem gelöst werden:

Es sei (V, s) ein reeller unitärer Raum und $L = L(\boldsymbol{u}_1, \ldots, \boldsymbol{u}_m)$ ein echter linearer Teilraum von V mit orthonormaler Basis $\{\boldsymbol{u}_1, \ldots, \boldsymbol{u}_m\}$. Ist $\boldsymbol{x} \in V$, so existiert eindeutig ein $\boldsymbol{x}_0 \in L$ mit $d(\boldsymbol{x}, \boldsymbol{x}_0) = d(\boldsymbol{x}, L)$. Der **Projektionsvektor** $\boldsymbol{x}_0$ wird gegeben durch

$$\boldsymbol{x}_0 = \sum_{i=1}^{m} s(\boldsymbol{x},\boldsymbol{u}_i)\boldsymbol{u}_i. \quad (5.35)$$

Die Koeffizienten $s(\boldsymbol{x}, \boldsymbol{u}_i)$ heißen **Fourier-Koeffizienten** von $\boldsymbol{x}$ bez. des Orthonormalsystems $\{\boldsymbol{u}_1, \ldots, \boldsymbol{u}_m\}$. Ferner gilt

$$[d(\boldsymbol{x}, L)]^2 = \|\boldsymbol{x}\|^2 - \sum_{i=1}^{m}[s(\boldsymbol{x},\boldsymbol{u}_i)]^2. \quad (5.36)$$

Der Nachweis für die Existenz des Projektionsvektors $\boldsymbol{x}_0$ ergibt sich mit Hilfe von Gleichung (5.34).

Sei nämlich $\boldsymbol{x}' = \sum_{i=1}^{m}\lambda_i\boldsymbol{u}_i$ beliebig vorgegeben, dann folgt

$$[d(\boldsymbol{x},\boldsymbol{x}')]^2 = \left\| \boldsymbol{x} - \sum_{i=1}^{m} \lambda_i \boldsymbol{u}_i \right\|^2 = \|\boldsymbol{x}\|^2 + \sum_{i=1}^{m} [\lambda_i - s(\boldsymbol{x},\boldsymbol{u}_i)]^2 - \sum_{i=1}^{m} [s(\boldsymbol{x},\boldsymbol{u}_i)]^2.$$

Die rechte Seite wird am kleinsten, wenn $\lambda_i = s(\boldsymbol{x},\boldsymbol{u}_i)$ gewählt wird, in diesem Fall ist aber $\boldsymbol{x}'$ der Projektionsvektor $\boldsymbol{x}_0$. Der Projektionsvektor existiert also eindeutig und besitzt sogar eine fertige Darstellung. Aus $d(\boldsymbol{x},L) = \inf_{\boldsymbol{x}' \in L} d(\boldsymbol{x},\boldsymbol{x}')$ folgt Gleichung (5.36).

BEISPIEL

5.15 Gesucht ist der Projektionsvektor von $\boldsymbol{x} \in \mathbf{E}^2$ auf die Gerade G durch den Punkt P mit dem Richtungsvektor $\boldsymbol{u}_1$.

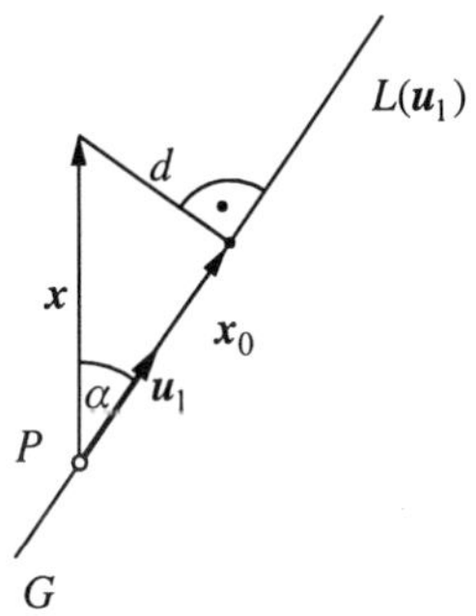

Bild 5.3

Lösung: Mit dem Standardskalarprodukt gilt:

$s(\boldsymbol{x},\boldsymbol{u}_1) = \|\boldsymbol{x}\|\,\|\boldsymbol{u}_1\| \cos\alpha = \|\boldsymbol{x}\| \cos\alpha$, da $\|\boldsymbol{u}_1\| = 1$.

Wegen $\boldsymbol{x}_0 = \|\boldsymbol{x}_0\|\boldsymbol{u}_1 = \|\boldsymbol{x}\| \cos\alpha\, \boldsymbol{u}_1$ folgt $\boldsymbol{x}_0 = s(\boldsymbol{x},\boldsymbol{u}_1)\boldsymbol{u}_1$ und

$[d(\boldsymbol{x},L)]^2 = \|\boldsymbol{x}\|^2 - [s(\boldsymbol{x},\boldsymbol{u}_1)]^2$. ■

Es folgt die wichtigste Ungleichung der Theorie der Orthogonalsysteme:

> **Besselsche Ungleichung**:
> Es sei (V,s) ein reeller unitärer Raum und $\{\boldsymbol{u}_1,\ldots,\boldsymbol{u}_m\}$ ein Orthonormalsystem aus V. Dann gilt für alle $\boldsymbol{x} \in V$
>
> $$\sum_{i=1}^{m} [s(\boldsymbol{x},\boldsymbol{u}_i)]^2 \leqq s(\boldsymbol{x},\boldsymbol{x}) = \|\boldsymbol{x}\|^2. \qquad (5.37)$$

Aus Gleichung (5.34) folgt nämlich:

$$0 \leqq \left\| \boldsymbol{x} - \sum_{i=1}^{m} \lambda_i \boldsymbol{u}_i \right\|^2 = \|\boldsymbol{x}\|^2 + \sum_{i=1}^{m} [\lambda_i - s(\boldsymbol{x},\boldsymbol{u}_i)]^2 - \sum_{i=1}^{m} [s(\boldsymbol{x},\boldsymbol{u}_i)]^2.$$

Die Ungleichung ergibt sich, wenn man $\lambda_i = s(\boldsymbol{x},\boldsymbol{u}_i)$ setzt.

BEISPIEL

5.16 Es sei $V = \mathbf{R}^3$ und $\boldsymbol{u}_1 = \begin{pmatrix}1\\0\\0\end{pmatrix}$, $\boldsymbol{u}_2 = \begin{pmatrix}0\\1\\0\end{pmatrix}$, $\boldsymbol{x} = \begin{pmatrix}x_1\\x_2\\x_3\end{pmatrix}$ und

$s(\boldsymbol{x}, \boldsymbol{y}) = \sum_{i=1}^{3} x_i y_i$ das Standardskalarprodukt. Es folgt

$s(\boldsymbol{x}, \boldsymbol{u}_1) = x_1$, $s(\boldsymbol{x}, \boldsymbol{u}_2) = x_2$ und somit $x_1^2 + x_2^2 \leqq x_1^2 + x_2^2 + x_3^2$.

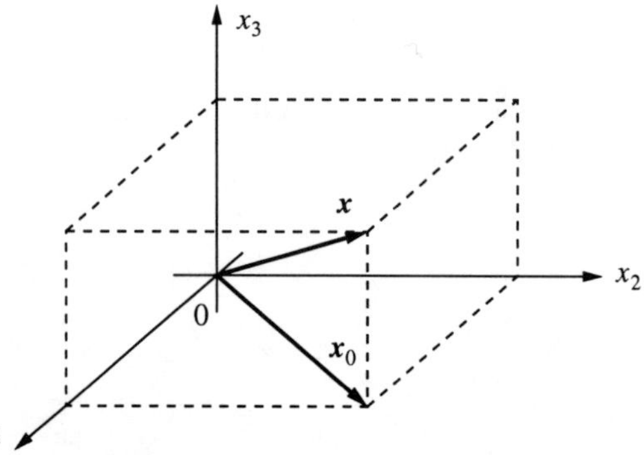

Bild 5.4 ■

Gilt in der Besselschen Ungleichung das Gleichheitszeichen, so sprechen wir von der **Parsevalschen Gleichung**.

Es sei (V, s) ein reeller unitärer Raum und $\{\boldsymbol{u}_1, \ldots, \boldsymbol{u}_m\}$ ein Orthonormalsystem aus V. Gilt für alle $\boldsymbol{x} \in V$ die Parsevalsche Gleichung

$$\sum_{i=1}^{m} [s(\boldsymbol{x}, \boldsymbol{u}_i)]^2 = \|\boldsymbol{x}\|^2, \tag{5.38}$$

so heißt das Orthonormalsystem **vollständig**.

Der Begriff der Vollständigkeit ist in endlichdimensionalen Räumen sehr einfach zu interpretieren:

Es sei (V, s) ein reeller unitärer Raum und $U = \{\boldsymbol{u}_1, \ldots, \boldsymbol{u}_m\}$ ein Orthonormalsystem aus V. Genau dann ist das System U vollständig, wenn es eine Basis von V ist.

In dieser Äquivalenzaussage müssen beide Richtungen gezeigt werden:
a) U sei vollständig. Für beliebiges $\boldsymbol{x} \in V$ folgt:

$$\left\| \boldsymbol{x} - \sum_{i=1}^{m} s(\boldsymbol{x}, \boldsymbol{u}_i)\boldsymbol{u}_i \right\|^2 = \|\boldsymbol{x}\|^2 - \sum_{i=1}^{m} [s(\boldsymbol{x}, \boldsymbol{u}_i)]^2.$$

Damit ergibt sich $\boldsymbol{x} = \sum_{i=1}^{m} s(\boldsymbol{x}, \boldsymbol{u}_i)\boldsymbol{u}_i$, also ist U Basis von V.

b) Sei U eine Basis von V. Für beliebige $\boldsymbol{x} \in V$ folgt $\boldsymbol{x} = \sum_{i=1}^{m} \lambda_i \boldsymbol{u}_i$. Wegen der Orthonormalität folgt durch Multiplikation mit $\boldsymbol{u}_k$: $\lambda_i = s(\boldsymbol{x}, \boldsymbol{u}_i)$ und aus

$$0 = \left\| \boldsymbol{x} - \sum_{i=1}^{m} s(\boldsymbol{x}, \boldsymbol{u}_i)\boldsymbol{u}_i \right\|^2 = \|\boldsymbol{x}\|^2 - \sum_{i=1}^{m} [s(\boldsymbol{x}, \boldsymbol{u}_i)]^2$$

die Parsevalsche Gleichung.

Mathematisch wesentlich anspruchsvoller wird das Problem bei unendlichdimensionalen Räumen, denn dort treten bei der Darstellung von Vektoren eines unitären Raumes in einem Orthonormalsystem statt der endlichen Summen unendliche Reihen auf und damit ist die Betrachtung der Vollständigkeit verknüpft mit der Frage der Konvergenz von Reihen. Im Rahmen dieses Buches können wir darauf nicht näher eingehen, dies geschieht in der Funktionalanalysis.
Dagegen können wir das einführende Beispiel des Abschnitts verallgemeinern und eine interessante Anwendung anschließen.

Dazu benötigen wir den Begriff des Lotvektors:

Es sei (V, s) ein reeller unitärer Raum und $U = \{\boldsymbol{u}_1, \ldots, \boldsymbol{u}_m\}$ ein Orthonormalsystem aus V. Für einen bel. Vektor $\boldsymbol{x} \in V$ und den zugehörigen Projektionsvektor $\boldsymbol{x}_0 = \sum_{i=1}^{m} s(\boldsymbol{x}, \boldsymbol{u}_i)\boldsymbol{u}_i$ ist der **Lotvektor** $\boldsymbol{x} - \boldsymbol{x}_0$ zu $L(\boldsymbol{u}_1, \ldots, \boldsymbol{u}_m)$ orthogonal:

$$s(\boldsymbol{x} - \boldsymbol{x}_0, \boldsymbol{x}') = 0 \quad \forall \boldsymbol{x}' \in L(\boldsymbol{u}_1, \ldots, \boldsymbol{u}_m). \tag{5.39}$$

Der Nachweis ergibt sich wie folgt: Ein bel. Vektor $\boldsymbol{x}' \in L(\boldsymbol{u}_1, \ldots, \boldsymbol{u}_m)$ sei dargestellt durch $\boldsymbol{x}' = \sum_{i=1}^{m} \lambda_i' \boldsymbol{u}_i$, dann folgt:

$$\begin{aligned}
s(\boldsymbol{x} - \boldsymbol{x}_0, \boldsymbol{x}') &= \sum_{i=1}^{m} \lambda_i' s(\boldsymbol{x} - \boldsymbol{x}_0, \boldsymbol{u}_i) \\
&= \sum_{i=1}^{m} \lambda_i' \left[s(\boldsymbol{x}, \boldsymbol{u}_i) - s\left(\sum_{k=1}^{m} s(\boldsymbol{x}, \boldsymbol{u}_k)\boldsymbol{u}_k, \boldsymbol{u}_i \right) \right] \\
&= \sum_{i=1}^{m} \lambda_i' \left[s(\boldsymbol{x}, \boldsymbol{u}_i) - \sum_{k=1}^{m} s(\boldsymbol{x}, \boldsymbol{u}_k)\delta_{ik} \right] \\
&= \sum_{i=1}^{m} \lambda_i' [s(\boldsymbol{x}, \boldsymbol{u}_i) - s(\boldsymbol{x}, \boldsymbol{u}_i)] = 0
\end{aligned}$$

BEISPIEL

5.17 Es sei der Vektorraum $L(\boldsymbol{a}_1, \boldsymbol{a}_2) \subset \mathbf{R}^3$ mit $\boldsymbol{a}_1 = \begin{pmatrix} 0 \\ 1 \\ 1 \end{pmatrix}$, $\boldsymbol{a}_2 = \begin{pmatrix} 1 \\ 0 \\ 1 \end{pmatrix}$ und $\boldsymbol{x} = \begin{pmatrix} 1 \\ 1 \\ 0 \end{pmatrix}$ gegeben. Es soll der Projektionsvektor $\boldsymbol{x}_0$ des Vektors $\boldsymbol{x}$ auf L berechnet werden.

Lösung: Zunächst brauchen wir eine orthonormale Basis von L (s. Bsp. 5.9):

$$\boldsymbol{u}_1 = \frac{1}{\sqrt{2}} \begin{pmatrix} 0 \\ 1 \\ 1 \end{pmatrix}, \quad \boldsymbol{u}_2 = \frac{1}{\sqrt{6}} \begin{pmatrix} 2 \\ -1 \\ 1 \end{pmatrix}.$$

Dann gilt

$$\begin{aligned} \boldsymbol{x}_0 &= \sum_{i=1}^{2} s(\boldsymbol{x}, \boldsymbol{u}_i)\boldsymbol{u}_i \\ &= \left[\frac{1}{\sqrt{2}} \begin{pmatrix} 1 \\ 1 \\ 0 \end{pmatrix} \cdot \begin{pmatrix} 0 \\ 1 \\ 1 \end{pmatrix}\right] \frac{1}{\sqrt{2}} \begin{pmatrix} 0 \\ 1 \\ 1 \end{pmatrix} + \left[\frac{1}{\sqrt{6}} \begin{pmatrix} 1 \\ 1 \\ 0 \end{pmatrix} \cdot \begin{pmatrix} 2 \\ -1 \\ 1 \end{pmatrix}\right] \frac{1}{\sqrt{6}} \begin{pmatrix} 2 \\ -1 \\ 1 \end{pmatrix} \\ &= \frac{1}{2} \begin{pmatrix} 0 \\ 1 \\ 1 \end{pmatrix} + \frac{1}{6} \begin{pmatrix} 2 \\ -1 \\ 1 \end{pmatrix} = \frac{1}{3} \begin{pmatrix} 1 \\ 1 \\ 2 \end{pmatrix}. \end{aligned}$$

Mit $\boldsymbol{x}_0$ kann mit (5.39) leicht der orthonormale Vektor $\boldsymbol{u}_3$ zu $\{\boldsymbol{u}_1, \boldsymbol{u}_2\}$ gefunden werden, denn es gilt $\boldsymbol{x} - \boldsymbol{x}_0 \perp L(\boldsymbol{u}_1, \boldsymbol{u}_2)$:

$$\boldsymbol{x} - \boldsymbol{x}_0 = \begin{pmatrix} 1 \\ 1 \\ 0 \end{pmatrix} - \frac{1}{3} \begin{pmatrix} 1 \\ 1 \\ 2 \end{pmatrix} = \frac{2}{3} \begin{pmatrix} 1 \\ 1 \\ -1 \end{pmatrix}, \quad \|\boldsymbol{x} - \boldsymbol{x}_0\| = \frac{2}{3}\sqrt{3},$$

$$\boldsymbol{u}_3 = \frac{\boldsymbol{x} - \boldsymbol{x}_0}{\|\boldsymbol{x} - \boldsymbol{x}_0\|} = \frac{1}{\sqrt{3}} \begin{pmatrix} 1 \\ 1 \\ -1 \end{pmatrix}.$$ ■

Eine praktisch wichtige Anwendung der hier entwickelten Theorie stellt die **Approximation im quadratischen Mittel** dar. Es soll folgendes Problem gelöst werden:

Es sei $f(x)$ eine im Intervall $[a, b]$ stetige Funktion. Die Funktion f soll durch ein Polynom g m-ten Grades so approximiert werden, daß der Fehler möglichst klein wird. Als Maß für den Fehler verwenden wir das bestimmte Integral

$$\int_a^b [f(x) - g(x)]^2 \, dx.$$

Gesucht ist das Polynom $g(x) = \sum_{i=0}^{m} a_i x^i$, für das der Fehler ein Minimum wird.

Man sagt dann: f wird durch g im quadratischen Mittel approximiert.

Um frühere Ergebnisse verwenden zu können beschränken wir uns auf das Intervall $[-1, 1]$. V sei also der Vektorraum der in $[-1, 1]$ stetigen Funktionen und es sei das

Skalarprodukt s definiert durch

$$s(f,g) = \int_{-1}^{1} f(x)g(x)\,\mathrm{d}x.$$

T sei die Menge der Polynome von höchstens m-ten Grade und damit ein linearer Teilraum von V. Es gilt $T = L(x^0, x^1, x^2, \ldots, x^m)$; die Orthonormierung liefert die Legendreschen Polynome (siehe Beispiel 5.10). Die ersten drei Polynome lauten:

$$g_0(x) = \frac{1}{\sqrt{2}}, \quad g_1(x) = \sqrt{\frac{2}{3}}x, \quad g_2(x) = \sqrt{\frac{5}{2}}\left(\frac{3}{2}x^2 - \frac{1}{2}\right).$$

Es gilt natürlich $U = L(g_0(x), g_1(x), \ldots, g_m(x)) = T$ und mit der Aussage (5.35) gibt es ein Polynom $f_0(x)$ mit $d(f, f_0) = \inf\limits_{g\in U} d(f,g) = \operatorname{Min} d(f,g)$. Hierbei ist

$d(f,g) = \|f-g\| = \sqrt{\int\limits_{-1}^{1} [f(x) - g(x)]^2\,\mathrm{d}x}$, d. h. gleich der Wurzel vom Fehlermaß.

Somit ist die beste Approximation an die gegebene Funktion $f(x)$

$$f_0(x) = \sum_{i=0}^{m} s(f, g_i) g_i(x).$$

BEISPIEL

5.18 Gesucht ist die Approximation im quadratischen Mittel an die Funktion $f(x) = \cos x$ durch ein Polynom zweiten Grades.

Lösung: Mit

$$\int_{-1}^{1} x^k \cos x\,\mathrm{d}x = \begin{cases} 2\sin 1, & k=0 \\ 0, & k=1 \\ 4\cos 1 - 2\sin 1, & k=2 \end{cases}$$

folgt

$$s(f,g_0) = \frac{1}{\sqrt{2}}\int_{-1}^{1} \cos x\,\mathrm{d}x = \sqrt{2}\sin 1, \quad s(f,g_1) = \sqrt{\frac{3}{2}}\int_{-1}^{1} x\cos x\,\mathrm{d}x = 0,$$

$$\begin{aligned} s(f,g_2) &= \frac{1}{2}\sqrt{\frac{5}{2}}\int_{-1}^{1}(3x^2-1)\cos x\,\mathrm{d}x = \frac{1}{2}\sqrt{\frac{5}{2}}[3(4\cos 1 - 2\sin 1) - 2\sin 1] \\ &= \sqrt{2}\sqrt{5}(3\cos 1 - 2\sin 1) \end{aligned}$$

und damit

$$\begin{aligned} f_0(x) &= \sin 1 + \sqrt{2}\sqrt{5}(3\cos 1 - 2\sin 1)\sqrt{\frac{5}{2}}\left(\frac{3}{2}x^2 - \frac{1}{2}\right) \\ &= 6\sin 1 - \frac{15}{2}\cos 1 - \frac{15}{2}(2\sin 1 - 3\cos 1)x^2. \end{aligned}$$

In Bild 5.5 sind die Funktion $f(x) = \cos x$ und die approximierende Funktion $f_0(x)$ graphisch dargestellt.

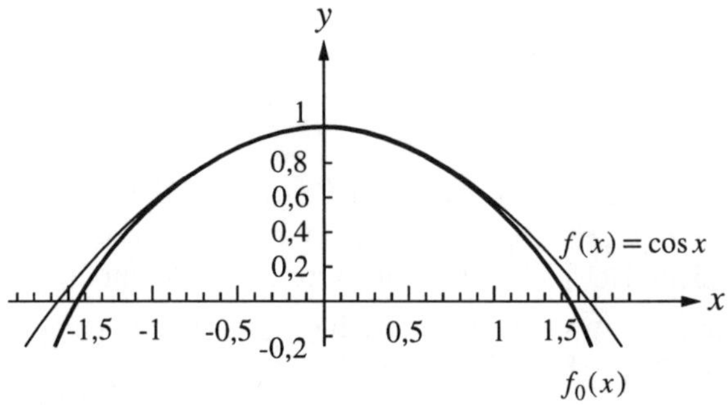

Bild 5.5 Beste Approximation der Funktion $f(x) = \cos x$ durch $f_0(x)$ ■

AUFGABEN

5.18 Bestimmen Sie im Raum U_3 der ersten vier Legendreschen Polynome die Approximation im quadratischen Mittel von der Funktion $f(x) = \sin x$ im Intervall $[-1, 1]$!

5.19 Im Vektorraum $C[1,3]$ sei das Skalarprodukt $s(f,g) = \int\limits_1^3 f(x)g(x)\,\mathrm{d}x$ gegeben. Bestimmen Sie das Polynom 0-ten Grades $g(x)$, das die beste Approximation an $f(x) = \frac{1}{x}$ darstellt! Berechnen Sie $\|g - f\|^2$ für dieses g!

5.20 Im Vektorraum $C[0,2]$ sei das Skalarprodukt $s(f,g) = \int\limits_0^2 f(x)g(x)\,\mathrm{d}x$ gegeben. Bestimmen Sie das Polynom 0-ten Grades $g(x)$, das die beste Approximation an $f(x) = \mathrm{e}^x$ darstellt! Berechnen Sie $\|g - f\|^2$ für dieses g!

5.21 Im Vektorraum $C[0,2\pi]$ sei das Skalarprodukt $s(f,g) = \int\limits_0^{2\pi} f(x)g(x)\,\mathrm{d}x$ gegeben. Im Unterraum U, der aufgespannt wird von $u_0(x) = 1$, $u_1(x) = \cos x$, $u_2(x) = \sin x$, soll das trigonometrische Polynom bestimmt werden, das $f(x) = x$ am besten approximiert.

5.5 Semibilinearformen und adjungierte Abbildungen

Zu Beginn des Kapitels haben wir das Skalarprodukt als eine spezielle Abbildung $s\colon V \times V \to K$ eingeführt. Wir wollen nun eine größere Gruppe von Abbildungen $V \times V \to K$ betrachten, wobei K wiederum den Körper der reellen oder komplexen Zahlen bezeichnen soll: Die **Semibilinearformen**. In diesem Zusammenhang kann auf Kapitel 4 verwiesen werden, wo wir lineare Abbildungen von V in K als Linearformen bezeichnet haben. Die Definition lautet:

V sei ein Vektorraum über $K = \mathbf{C}$ oder $\mathbf{R}$. Eine Abbildung $f\colon V \times V \to K$ heißt eine Semibilinearform auf V, wenn für alle $\lambda_1, \lambda_2 \in K$ und alle $\boldsymbol{x}$, $\boldsymbol{y}$, $\boldsymbol{x}_1$, $\boldsymbol{x}_2$, $\boldsymbol{y}_1$, $\boldsymbol{y}_2 \in V$ gilt:

$$\begin{aligned} f(\lambda_1\boldsymbol{x}_1 + \lambda_2\boldsymbol{x}_2, \boldsymbol{y}) &= \lambda_1 f(\boldsymbol{x}_1, \boldsymbol{y}) + \lambda_2 f(\boldsymbol{x}_2, \boldsymbol{y}), \\ f(\boldsymbol{x}, \lambda_1\boldsymbol{y}_1 + \lambda_2\boldsymbol{y}_2) &= \overline{\lambda}_1 f(\boldsymbol{x}, \boldsymbol{y}_1) + \overline{\lambda}_2 f(\boldsymbol{x}, \boldsymbol{y}_2). \end{aligned} \tag{5.40}$$

Der Name dieser Abbildung rührt also daher, daß f im ersten Argument linear, im zweiten Argument „halb linear" ist. Für $K = \mathbf{R}$ ist f in beiden Argumenten linear, darum heißt f dann **Bilinearform**. Eine Abbildung $f\colon V \times V \times \ldots \times V \to K$, die in allen Argumenten linear ist, heißt **Multilinearform**. Ein Beispiel für eine Multilinearform ist die n-reihige Determinante.

BEISPIELE

5.19 Das Skalarprodukt $s\colon V \times V \to K = \mathbf{C}$ oder $\mathbf{R}$ in einem unitären Raum (V, s) ist eine Semibilinearform bzw. eine Linearform (s. (5.1) und (5.3)). ■

5.20 Es gelte $K = \mathbf{C}$ oder $\mathbf{R}$, $n \in \mathbf{N}$ und $\boldsymbol{A} \in K^{n\times n}$. Mit $\boldsymbol{y}^*$ werde der zu $\boldsymbol{y} \in K^n$ konjugiert komplexe transponierte Vektor bezeichnet; $\boldsymbol{y}^*$ ist also eine Zeilenmatrix. Die Abbildung

$$f\colon K^n \times K^n \to K, \quad f(\boldsymbol{x}, \boldsymbol{y}) = \boldsymbol{y}^*\boldsymbol{A}\boldsymbol{x} \quad \forall\, \boldsymbol{x}, \boldsymbol{y} \in K^n$$

ist dann eine Semibilinearform, denn es folgt für alle $\lambda_1, \lambda_2 \in K$ und alle $\boldsymbol{x}, \boldsymbol{y}, \boldsymbol{x}_1, \boldsymbol{x}_2, \boldsymbol{y}_1, \boldsymbol{y}_2 \in K^n$:

$$\begin{aligned} f(\lambda_1\boldsymbol{x}_1 + \lambda_2\boldsymbol{x}_2, \boldsymbol{y}) &= \boldsymbol{y}^*\boldsymbol{A}(\lambda_1\boldsymbol{x}_1 + \lambda_2\boldsymbol{x}_2) = \lambda_1\boldsymbol{y}^*\boldsymbol{A}\boldsymbol{x}_1 + \lambda_2\boldsymbol{y}^*\boldsymbol{A}\boldsymbol{x}_2 \\ &= \lambda_1 f(\boldsymbol{x}_1, \boldsymbol{y}) + \lambda_2 f(\boldsymbol{x}_2, \boldsymbol{y}), \\ f(\boldsymbol{x}, \lambda_1\boldsymbol{y}_1 + \lambda_2\boldsymbol{y}_2) &= (\lambda_1\boldsymbol{y}_1 + \lambda_2\boldsymbol{y}_2)^*\boldsymbol{A}\boldsymbol{x} = \overline{\lambda}_1\boldsymbol{y}_1^*\boldsymbol{A}\boldsymbol{x} + \overline{\lambda}_2\boldsymbol{y}_2^*\boldsymbol{A}\boldsymbol{x} \\ &= \overline{\lambda}_1 f(\boldsymbol{x}, \boldsymbol{y}_1) + \overline{\lambda}_2 f(\boldsymbol{x}, \boldsymbol{y}_2). \end{aligned}$$ ■

In Kapitel 4 wurde gezeigt, daß in einem endlichdimensionalen Vektorraum jeder linearen Abbildung nach Festlegung einer Basis des Vektorraums eine Abbildungsmatrix zugeordnet ist. Für Semibilinearformen wollen wir nun entsprechende Darstellungen herleiten.

V sei ein Vektorraum über $K = \mathbf{C}$ oder $\mathbf{R}$ mit $\dim V = n$ und $\boldsymbol{A} = \{\boldsymbol{a}_1, \ldots, \boldsymbol{a}_n\}$ sei eine Basis von V. Die Koordinatenvektoren von $\boldsymbol{x}, \boldsymbol{y} \in V$ bez. dieser Basis wollen wir mit $\boldsymbol{x}' = (x_1, \ldots, x_n)^{\mathrm{T}}$, $\boldsymbol{y}' = (y_1, \ldots, y_n)^{\mathrm{T}} \in V$ bezeichnen. Für jede Semibilinearform $f\colon V \times V \to K = \mathbf{C}$ oder $\mathbf{R}$ erhält man so die Basisdarstellung:

$$\begin{aligned} f(\boldsymbol{x}, \boldsymbol{y}) &= f\left(\sum_{k=1}^{n} x_k\boldsymbol{a}_k, \sum_{i=1}^{n} y_i\boldsymbol{a}_i\right) = \sum_{k=1}^{n} x_k f\left(\boldsymbol{a}_k, \sum_{i=1}^{n} y_i\boldsymbol{a}_i\right) \\ &= \sum_{k=1}^{n} x_k \sum_{i=1}^{n} \overline{y}_i f(\boldsymbol{a}_k, \boldsymbol{a}_i). \end{aligned}$$

Setzen wir $c_{ik} = f(\boldsymbol{a}_k, \boldsymbol{a}_i)$, $i, k = 1, 2, \ldots, n$, so ergibt sich die gesuchte Abbildungs-

oder Formmatrix $\boldsymbol{C} = (c_{ik})$ und es gilt:

$$f(\boldsymbol{x}, \boldsymbol{y}) = \sum_{k=1}^{n} \sum_{i=1}^{n} x_k \overline{y}_i c_{ik} = \sum_{i=1}^{n} \sum_{k=1}^{n} \overline{y}_i c_{ik} x_k$$

$$= (\overline{y}_i)^{\mathrm{T}} \boldsymbol{C}(x_k) = \boldsymbol{y}'^* \boldsymbol{C} \boldsymbol{x}' \quad \forall \boldsymbol{x}, \boldsymbol{y} \in V \tag{5.41}$$

Jeder Semibilinearform f wird also bez. einer festen Basis $\boldsymbol{A}$ von V genau eine Matrix $\boldsymbol{C}$ zugeordnet. Die Umkehrung gilt ebenfalls: Jeder Matrix $\boldsymbol{C} \in K^{n \times n}$ wird nach Wahl einer Basis $\boldsymbol{A} = \{\boldsymbol{a}_1, \ldots, \boldsymbol{a}_n\}$ durch $f(\boldsymbol{a}_k, \boldsymbol{a}_i) = c_{ik}$ eine Semibilinearform zugeordnet. Es gilt somit folgende Aussage:

> Ist V ein endlichdimensionaler Vektorraum, so ist die Menge der Semibilinearformen eineindeutig abbildbar auf die Menge $K^{n \times n}$ der $n \times n$-Matrizen.

Bei einem Basiswechsel gilt folgender Zusammenhang:
Seien $\boldsymbol{A} = \{\boldsymbol{a}_1, \ldots, \boldsymbol{a}_n\}$ und $\tilde{\boldsymbol{A}} = \{\tilde{\boldsymbol{a}}_1, \ldots, \tilde{\boldsymbol{a}}_n\}$ Basen von V, dann gilt (s. Kap.4)

$$\tilde{\boldsymbol{a}}_k = \sum_{i=1}^{n} t_{ik} \boldsymbol{a}_i, \quad k = 1, 2, \ldots, n \quad \text{und} \quad \boldsymbol{T} = (t_{ik}) \in K^{n \times n}$$

ist nichtsingulär. Für die Koordinatendarstellung von beliebigen Vektoren $\boldsymbol{x}, \boldsymbol{y} \in V$ gelten die Transformationen $\boldsymbol{x}' = \boldsymbol{T}\tilde{\boldsymbol{x}}'$ und $\boldsymbol{y}' = \boldsymbol{T}\tilde{\boldsymbol{y}}'$. Aus (5.41) folgt somit $f(\boldsymbol{x}, \boldsymbol{y}) = (\boldsymbol{T}\tilde{\boldsymbol{y}}')^* \boldsymbol{C}(\boldsymbol{T}\tilde{\boldsymbol{x}}') = \tilde{\boldsymbol{y}}'^* \boldsymbol{T}^* \boldsymbol{C} \boldsymbol{T} \tilde{\boldsymbol{x}}'$, d. h., f besitzt bez. der Basis $\tilde{\boldsymbol{A}}$ die Formmatrix $\tilde{\boldsymbol{C}} = \boldsymbol{T}^* \boldsymbol{C} \boldsymbol{T} \in K^{n \times n}$.
Da $\det \boldsymbol{T} \neq 0$, ist der Rang der Matrizen $\boldsymbol{C}$ und $\tilde{\boldsymbol{C}}$ gleich und wird als Rang der Semibilinearform bezeichnet.
Wir betrachten nun spezielle Semibilinearformen.

> V sei ein Vektorraum über $K = \mathbf{C}$ oder $\mathbf{R}$ und $f \colon V \times V \to K$ sei eine Semibilinearform auf V. f heißt **hermitesch**, wenn gilt
> $$f(\boldsymbol{x}, \boldsymbol{y}) = \overline{f(\boldsymbol{y}, \boldsymbol{x})} \quad \text{für alle } \boldsymbol{x}, \boldsymbol{y} \in V. \tag{5.42}$$
> Ist $K = \mathbf{R}$, d. h. $f(\boldsymbol{x}, \boldsymbol{y}) = \overline{f(\boldsymbol{y}, \boldsymbol{x})}$, dann gilt $f(\boldsymbol{x}, \boldsymbol{y}) = f(\boldsymbol{y}, \boldsymbol{x})$ und f heißt **symmetrisch**.

Setzen wir nun voraus, daß V endlichdimensional ist mit der Dimension n, so können wir den Zusammenhang zwischen dieser Definition und den sog. **hermiteschen Matrizen** angeben:

> Eine Semibilinearform $f \colon V \times V \to K$ habe die Formmatrix $\boldsymbol{C} \in K^{n \times n}$ bez. einer Basis $\boldsymbol{A}$ von V. f ist genau dann hermitesch, wenn $\boldsymbol{C} = (c_{ik})$ hermitesch ist, d. h. wenn gilt $\boldsymbol{C} = \boldsymbol{C}^*$ mit $\boldsymbol{C}^* = (\overline{c}_{ki})$. $\boldsymbol{C}^*$ heißt die zu $\boldsymbol{C}$ adjungierte Matrix.
> $\boldsymbol{C}$ heißt **schiefhermitesch**, wenn $\boldsymbol{C} = -\boldsymbol{C}^*$ gilt. Im Falle $K = \mathbf{R}$ gilt $\boldsymbol{C} = \boldsymbol{C}^{\mathrm{T}}$ bzw. $\boldsymbol{C} = -\boldsymbol{C}^{\mathrm{T}}$, $\boldsymbol{C}$ heißt dann **symmetrisch** bzw. **schiefsymmetrisch**.

Dies kann leicht gezeigt werden: Mit den Koordinatenvektoren $\boldsymbol{x}', \boldsymbol{y}' \in K^n$ von $\boldsymbol{x}, \boldsymbol{y} \in V$ bez. einer Basis $\boldsymbol{A}$ gilt $f(\boldsymbol{x}, \boldsymbol{y}) = \boldsymbol{y}'^* \boldsymbol{C} \boldsymbol{x}'$.

a) Ist $\boldsymbol{C} = \boldsymbol{C}^*$, so folgt für alle $\boldsymbol{x}, \boldsymbol{y} \in V$:
$$f(\boldsymbol{x},\boldsymbol{y}) = \boldsymbol{y}'^*\boldsymbol{C}\boldsymbol{x}' = \boldsymbol{y}'^*\boldsymbol{C}^*\boldsymbol{x}' = (\boldsymbol{x}'^*\boldsymbol{C}\boldsymbol{y}')^* = \overline{(\boldsymbol{x}'^*\boldsymbol{C}\boldsymbol{y}')} = \overline{f(\boldsymbol{y},\boldsymbol{x})},$$
also ist f hermitesch.

b) Es gelte $f(\boldsymbol{x},\boldsymbol{y}) = \overline{f(\boldsymbol{y},\boldsymbol{x})}$, d. h. $f(\boldsymbol{x},\boldsymbol{y}) - \overline{f(\boldsymbol{y},\boldsymbol{x})} = 0$ für alle $\boldsymbol{x},\boldsymbol{y} \in V$, insbesondere auch für die Basisvektoren der Basis $\boldsymbol{A} = \{\boldsymbol{a}_1,\ldots,\boldsymbol{a}_n\}$ von V. Die Koordinatenvektoren dieser Vektoren $\boldsymbol{a}_i$ bez. $\boldsymbol{A}$ sind gerade die Vektoren $\boldsymbol{e}_1,\ldots,\boldsymbol{e}_n$ der natürlichen Basis des K^n. Damit folgt für $i,k \in \{1,2,\ldots,n\}$:
$$\begin{aligned} f(\boldsymbol{a}_k,\boldsymbol{a}_i) - \overline{f(\boldsymbol{a}_i,\boldsymbol{a}_k)} &= \boldsymbol{e}_i^*\boldsymbol{C}\boldsymbol{e}_k - \overline{\boldsymbol{e}_k^*\boldsymbol{C}\boldsymbol{e}_i} = \boldsymbol{e}_i^*\boldsymbol{C}\boldsymbol{e}_k - (\boldsymbol{e}_k^*\boldsymbol{C}\boldsymbol{e}_i)^* \\ &= \boldsymbol{e}_i^*\boldsymbol{C}\boldsymbol{e}_k - \boldsymbol{e}_i^*\boldsymbol{C}^*\boldsymbol{e}_k = c_{ik} - \overline{c}_{ki} = 0. \end{aligned}$$
Aus $c_{ik} = \overline{c}_{ki}$ folgt aber $\boldsymbol{C} = \boldsymbol{C}^*$.

BEISPIELE

5.21 Durch $f(\boldsymbol{x},\boldsymbol{y}) = \boldsymbol{y}^*\boldsymbol{C}\boldsymbol{x}$ für alle $\boldsymbol{x},\boldsymbol{y} \in \mathbf{C}^3$ mit $\boldsymbol{C} = \begin{pmatrix} 1 & 1+\mathrm{i} & 1 \\ 1-\mathrm{i} & 2 & -\mathrm{i} \\ 1 & \mathrm{i} & -1 \end{pmatrix}$ ist eine Semibilinearform des $\mathbf{C}^3$ erklärt. Es ist unmittelbar abzulesen, daß gilt $c_{ik} = \overline{c}_{ki}$, $i,k = 1,2,3$, d. h., $\boldsymbol{C} = \boldsymbol{C}^*$ ist also eine hermitesche Matrix. $\boldsymbol{C}$ ist die Formmatrix von f bez. der natürlichen Basis $\{\boldsymbol{e}_1,\boldsymbol{e}_2,\boldsymbol{e}_3\}$ des $\mathbf{C}^3$. Die Abbildung f lautet somit:
$$\begin{aligned} f(\boldsymbol{x},\boldsymbol{y}) &= (\overline{y}_1 \ \ \overline{y}_2 \ \ \overline{y}_3) \begin{pmatrix} 1 & 1+\mathrm{i} & 1 \\ 1-\mathrm{i} & 2 & -\mathrm{i} \\ 1 & \mathrm{i} & -1 \end{pmatrix} \begin{pmatrix} x_1 \\ x_2 \\ x_3 \end{pmatrix} \\ &= x_1\overline{y}_1 + (1-\mathrm{i})x_1\overline{y}_2 + x_1\overline{y}_3 + (1+\mathrm{i})x_2\overline{y}_1 \\ &\quad +2x_2\overline{y}_2 + \mathrm{i}x_2\overline{y}_3 + x_3\overline{y}_1 - \mathrm{i}x_3\overline{y}_2 - x_3\overline{y}_3. \end{aligned}$$
Zahlenbeispiel: $f\left(\begin{pmatrix} 1-\mathrm{i} \\ \mathrm{i} \\ 1+\mathrm{i} \end{pmatrix}, \begin{pmatrix} 1 \\ 2-\mathrm{i} \\ 2\mathrm{i} \end{pmatrix}\right) = 2\mathrm{i}.$ ■

5.22 Durch $f(\boldsymbol{x},\boldsymbol{y}) = \boldsymbol{y}^*\boldsymbol{C}\boldsymbol{x}$ für alle $\boldsymbol{x},\boldsymbol{y} \in \mathbf{C}^2$ mit $\boldsymbol{C} = \begin{pmatrix} -1 & 2+\mathrm{i} \\ 2-\mathrm{i} & 1 \end{pmatrix} = \boldsymbol{C}^*$ ist eine hermitesche Semibilinearform des $\mathbf{C}^2$ definiert. $\boldsymbol{C}$ ist die Formmatrix bez. der natürlichen Basis $\{\boldsymbol{e}_1,\boldsymbol{e}_2\}$ des $\mathbf{C}^2$. Es ist die Formmatrix $\tilde{\boldsymbol{C}}$ bez. der Basis $\tilde{\boldsymbol{A}} = \{\tilde{\boldsymbol{a}}_1,\tilde{\boldsymbol{a}}_2\}$ mit $\tilde{\boldsymbol{a}}_1 = \mathrm{i}\boldsymbol{e}_1 - \mathrm{i}\boldsymbol{e}_2$, $\tilde{\boldsymbol{a}}_2 = 2\boldsymbol{e}_1 + \mathrm{i}\boldsymbol{e}_2$ gesucht.

Lösung: Aus den Gleichungen der Basistransformation ist abzulesen:
$$\boldsymbol{T} = \begin{pmatrix} \mathrm{i} & 2 \\ -\mathrm{i} & \mathrm{i} \end{pmatrix}.$$
Daraus folgt
$$\boldsymbol{T}^* = \begin{pmatrix} \mathrm{i} & \mathrm{i} \\ 2 & \mathrm{i} \end{pmatrix} \quad \text{und} \quad \tilde{\boldsymbol{C}} = \boldsymbol{T}^*\boldsymbol{C}\boldsymbol{T} = \begin{pmatrix} -4 & 3+7\mathrm{i} \\ 3-7\mathrm{i} & -7 \end{pmatrix}.$$ ■

Zum Abschluß des Kapitels übertragen wir den Begriff der Adjungierten $\boldsymbol{A}^*$ einer Matrix $\boldsymbol{A}$ auf lineare Abbildungen:

Sei V ein endlichdimensionaler unitärer Vektorraum, $\boldsymbol{\Phi}$ eine lineare Abbildung auf V und $\boldsymbol{B} = \{\boldsymbol{b}_1, \ldots, \boldsymbol{b}_n\}$ eine Orthonormalbasis von V. Weiter sei die Abbildungsmatrix bez. der Basis $\boldsymbol{B}$ (s. Kap. 4) gegeben durch

$$\boldsymbol{\Phi}[\boldsymbol{B}, \boldsymbol{B}] = \begin{pmatrix} \boldsymbol{a}_{11} & \cdots & \boldsymbol{a}_{1n} \\ \vdots & \ddots & \vdots \\ \boldsymbol{a}_{n1} & \cdots & \boldsymbol{a}_{nn} \end{pmatrix}.$$

Dann setzt man die lineare Abbildung $\boldsymbol{\Phi}^*$ auf V fest durch

$$\boldsymbol{\Phi}^*[\boldsymbol{B}, \boldsymbol{B}] = \begin{pmatrix} \overline{\boldsymbol{a}}_{11} & \cdots & \overline{\boldsymbol{a}}_{n1} \\ \vdots & \ddots & \vdots \\ \overline{\boldsymbol{a}}_{1n} & \cdots & \overline{\boldsymbol{a}}_{nn} \end{pmatrix}. \quad \text{oder kurz } \boldsymbol{\Phi}^*[\boldsymbol{B}, \boldsymbol{B}] = (\boldsymbol{\Phi}[\boldsymbol{B}, \boldsymbol{B}])^*.$$

$\boldsymbol{\Phi}^*$ heißt die zu $\boldsymbol{\Phi}$ adjungierte Abbildung. Es gelten nun die folgenden Bezeichnungen:

a) $\boldsymbol{\Phi}$ heißt **normal**, wenn $\boldsymbol{\Phi} \circ \boldsymbol{\Phi}^* = \boldsymbol{\Phi}^* \circ \boldsymbol{\Phi}$,

b) $\boldsymbol{\Phi}$ heißt **hermitesch**, wenn $\boldsymbol{\Phi} = \boldsymbol{\Phi}^*$,

c) $\boldsymbol{\Phi}$ heißt **unitär**, wenn $\boldsymbol{\Phi}^* = \boldsymbol{\Phi}^{-1} \Leftrightarrow \boldsymbol{\Phi}^* \circ \boldsymbol{\Phi} = \mathbf{1}$. (5.43)

Bezüglich des Skalarprodukts s in (V, s) gilt

$$s(\boldsymbol{\Phi}(\boldsymbol{x}), \boldsymbol{y}) = s(x, \boldsymbol{\Phi}^*(\boldsymbol{y})) \text{ für alle } \boldsymbol{x}, \boldsymbol{y} \in V \tag{5.44}$$

Diese Aussage kann bewiesen werden, indem sie zunächst für die Vektoren $\boldsymbol{b}_k$ der Orthonormalbasis $\boldsymbol{B}$ gezeigt wird:

$$s(\boldsymbol{\Phi}(\boldsymbol{b}_k), \boldsymbol{b}_l) = s(\sum_{i=1}^{n} \boldsymbol{a}_{ik}\boldsymbol{b}_i, \boldsymbol{b}_l) = \sum_{i=1}^{n} \boldsymbol{a}_{ik} s(\boldsymbol{b}_i, \boldsymbol{b}_l) = \sum_{i=1}^{n} \boldsymbol{a}_{ik}\delta_{il} = \boldsymbol{a}_{lk},$$

$$s(\boldsymbol{b}_k, \boldsymbol{\Phi}^*(\boldsymbol{b}_l)) = s(\boldsymbol{b}_k, \sum_{i=1}^{n} \overline{\boldsymbol{a}}_{li}\boldsymbol{b}_i) = \sum_{i=1}^{n} \boldsymbol{a}_{li} s(\boldsymbol{b}_k, \boldsymbol{b}_i) = \sum_{i=1}^{n} \boldsymbol{a}_{li}\delta_{ki} = \boldsymbol{a}_{lk}.$$

Für $\boldsymbol{x} = \sum_{i=1}^{n} x_i\boldsymbol{b}_i, \boldsymbol{y} = \sum_{i=1}^{n} y_i\boldsymbol{b}_i \in V$ folgt wegen der Linearität t von $\boldsymbol{\Phi}$ und $\boldsymbol{\Phi}^*$ und (S3), (5.3):

$$\begin{aligned} s(\boldsymbol{\Phi}(\boldsymbol{x}), \boldsymbol{y}) &= s\left(\sum_{k=1}^{n} x_k\boldsymbol{\Phi}(\boldsymbol{b}_k), \sum_{l=1}^{n} y_l\boldsymbol{b}_l\right) = \sum_{k=1}^{n} x_k \sum_{k=1}^{n} \overline{y}_l s(\boldsymbol{\Phi}(\boldsymbol{b}_k), \boldsymbol{b}_l) \\ &= \sum_{k=1}^{n}\sum_{l=1}^{n} x_k\overline{y}_l\boldsymbol{a}_{lk}, \\ s(\boldsymbol{x}, \boldsymbol{\Phi}^*(\boldsymbol{y})) &= s\left(\sum_{k=1}^{n} x_k\boldsymbol{b}_k, \sum_{l=1}^{n} y_l\boldsymbol{\Phi}^*(\boldsymbol{b}_l)\right) = \sum_{k=1}^{n} x_k \sum_{k=1}^{n} \overline{y}_l s(\boldsymbol{b}_k, \boldsymbol{\Phi}^*(\boldsymbol{b}_l)) \\ &= \sum_{k=1}^{n}\sum_{l=1}^{n} x_k\overline{y}_l\boldsymbol{a}_{lk} \end{aligned}$$

und damit die Behauptung.

BEISPIELE

5.23 $\boldsymbol{A}$ sei eine **orthogonale** $(\boldsymbol{n} \times \boldsymbol{n})$**-Matrix**, d. h., es gilt $\boldsymbol{A}^{\mathrm{T}}\boldsymbol{A} = \mathbf{1}$. Dann ist die lineare Abbildung $\boldsymbol{\Phi}$ mit

$\boldsymbol{\Phi}$: $\mathbf{E}^n \to \mathbf{E}^n$, $\quad \boldsymbol{x} \mapsto \boldsymbol{\Phi}(\boldsymbol{x}) = \boldsymbol{A}\boldsymbol{x}$ für alle $\boldsymbol{x} \in \mathbf{E}^n$ unitär.

Denn die Beziehung $\boldsymbol{A}^{\mathrm{T}}\boldsymbol{A} = \mathbf{1}$, d. h., $\boldsymbol{A}^*\boldsymbol{A} = \mathbf{1}$ für $\boldsymbol{A} \in \mathbf{R}^{n\times m}$, überträgt sich auf $\boldsymbol{\Phi}$ mit $\boldsymbol{\Phi}^* \circ \boldsymbol{\Phi} = \mathbf{1}$. ■

5.24 $\boldsymbol{A}$ sei eine **unitäre Matrix**, d. h., es gilt $\boldsymbol{A}^*\boldsymbol{A} = \mathbf{1}$. Dann ist die lineare Abbildung $\boldsymbol{\Phi}$ mit

$\boldsymbol{\Phi}$: $\mathbf{U}^n \to \mathbf{U}^n$, $\quad \boldsymbol{x} \mapsto \boldsymbol{\Phi}(\boldsymbol{x}) = \boldsymbol{A}\boldsymbol{x}$ für alle $\boldsymbol{x} \in \mathbf{U}^n$ unitär.

Denn die Beziehung $\boldsymbol{A}^*\boldsymbol{A} = \mathbf{1}$ überträgt sich auf $\boldsymbol{\Phi}$ mit $\boldsymbol{\Phi}^* \circ \boldsymbol{\Phi} = \mathbf{1}$.
Es ist somit gezeigt, daß die durch orthogonale bzw. unitäre Matrizen auf $\mathbf{E}^n$ bzw. $\mathbf{U}^n$ vermittelten linearen Abbildungen $\boldsymbol{\Phi}$ unitär sind. ■

Unitäre Abbildungen verändern das Skalarprodukt nicht, denn mit (5.43) und (5.44) folgt:

$$s(\boldsymbol{\Phi}(\boldsymbol{x}), \boldsymbol{\Phi}(\boldsymbol{y})) = s(\boldsymbol{x}, \boldsymbol{\Phi}^* \circ \boldsymbol{\Phi}(\boldsymbol{y})) = s(\boldsymbol{x}, \mathbf{1}(\boldsymbol{y})) = s(\boldsymbol{x}, \boldsymbol{y}).$$

AUFGABEN

5.22 Gegeben sei die Abbildung f: $\mathbf{C}^3 \times \mathbf{C}^3 \to \mathbf{C}$ durch

$$f(\boldsymbol{x}, \boldsymbol{y}) = \overline{y}_1 x_1 + (1+\mathrm{i})\overline{y}_1 x_2 + (2+\mathrm{i})\overline{y}_1 x_3 + (1-\mathrm{i})\overline{y}_2 x_1 + 3\overline{y}_2 x_2$$
$$+(-\mathrm{i})\overline{y}_2 x_3 + (2-\mathrm{i})\overline{y}_3 x_1 + \mathrm{i}\overline{y}_3 x_2 + 15\overline{y}_3 x_3$$

für $\boldsymbol{x} = \begin{pmatrix} x_1 \\ x_2 \\ x_3 \end{pmatrix}, \boldsymbol{y} = \begin{pmatrix} y_1 \\ y_2 \\ y_3 \end{pmatrix} \in \mathbf{C}^3$.

Stellen Sie mit Hilfe der Formmatrix fest, ob f eine Semibilinearform ist und ob f hermitesch ist!

5.23 Welche der folgenden Matrizen sind symmetrisch, schiefsymmetrisch, hermitesch, schiefhermitesch?

a) $\begin{pmatrix} 2 & -1 & 3 \\ -1 & 5 & 8 \\ 3 & 8 & -2 \end{pmatrix}$ b) $\begin{pmatrix} 1-\mathrm{i} & \mathrm{i} & 4 \\ -\mathrm{i} & 2\mathrm{i} & 2\mathrm{i} \\ -4 & -2\mathrm{i} & 3 \end{pmatrix}$ c) $\begin{pmatrix} 0 & 1 & -2 \\ -1 & 0 & 3 \\ 2 & -3 & 0 \end{pmatrix}$

d) $\begin{pmatrix} 0 & 3\mathrm{i} & \mathrm{i} \\ 3\mathrm{i} & 0 & -\mathrm{i} \\ \mathrm{i} & -\mathrm{i} & 0 \end{pmatrix}$?

5.24 Zeigen Sie: Wenn $\boldsymbol{A}$ orthogonal ist, dann gilt $\det \boldsymbol{A} = \pm 1$!

5.25 Weisen Sie nach, daß

a) $\begin{pmatrix} \cos\varphi & -\sin\varphi \\ \sin\varphi & \cos\varphi \end{pmatrix}$ b) $\begin{pmatrix} 1 & 0 & 0 \\ 0 & -1 & 0 \\ 0 & 0 & -1 \end{pmatrix}$ c) $\begin{pmatrix} -1 & 0 & 0 \\ 0 & \cos\varphi & -\sin\varphi \\ 0 & \sin\varphi & \cos\varphi \end{pmatrix}$

orthogonale Matrizen sind!

5.26 Prüfen Sie nach, welche der folgenden Matrizen unitär bzw. orthogonal sind:

a) $\begin{pmatrix} e^{ia} & 0 \\ 0 & e^{ib} \end{pmatrix}$ b) $\begin{pmatrix} \cos\varphi & 0 & \sin\varphi \\ 0 & 1 & 0 \\ -\sin\varphi & 0 & \cos\varphi \end{pmatrix}$ c) $\frac{1}{\sqrt{2}}\begin{pmatrix} 1 & 1 \\ i & -i \end{pmatrix}$!

5.27 Prüfen Sie folgende Aussagen über $(n \times n)$-Matrizen; geben Sie einen Beweis oder ein Gegenbeispiel an:

a) Sind $\boldsymbol{A}$ und $\boldsymbol{B}$ unitär, dann ist auch $\boldsymbol{A} + \boldsymbol{B}$ unitär.
b) Sind $\boldsymbol{A}$ und $\boldsymbol{B}$ unitär, dann ist auch $\boldsymbol{AB}$ unitär.
c) Sind $\boldsymbol{A}$ und $\boldsymbol{AB}$ unitär, dann ist auch $\boldsymbol{B}$ unitär.

6 Eigenwerte

6.1 Vorbemerkung

In diesem Kapitel geht es im wesentlichen um die folgenden beiden Hauptresultate:

Hauptresultat 1:
V sei ein endlichdimensionaler $\mathbf{C}$-Vektorraum und $\boldsymbol{\Phi} \in \mathcal{L}(V, V)$. Dann gibt es $\boldsymbol{D}, \boldsymbol{N} \in \mathcal{L}(V, V)$, so daß
1) $\boldsymbol{\Phi} = \boldsymbol{D} + \boldsymbol{N}$
2) $\boldsymbol{DN} = \boldsymbol{ND}$
3) $\boldsymbol{D}$ ist diagonalisierbar
4) $\boldsymbol{N}^k = \boldsymbol{0}$ für eine natürliche Zahl k
$\boldsymbol{D}$ und $\boldsymbol{N}$ sind durch 1)...4) eindeutig bestimmt.

Hauptresultat 2:
V sei ein endlichdimensionaler $\mathbf{R}$-Vektorraum mit Skalarprodukt und $\boldsymbol{\Phi} \in \mathcal{L}(V,V)$ eine symmetrische lineare Abbildung, (vgl. Kapitel 5).
Dann ist $\boldsymbol{\Phi}$ diagonalisierbar bezüglich einer Orthonormalbasis von V.

6.1.1 Zur Bedeutung der beiden Hauptresultate

Zu Hauptresultat 1

In den Naturwissenschaften hat man es oft mit sogenannten Anfangswertproblemen zu tun, das bedeutet, daß man den Wert b einer zeitlich veränderlichen Größe $x = x(t)$ zum Zeitpunkt $t = 0$ kennt und zusätzlich weiß, daß die Funktion x und ihre Ableitung $\dot{x}$ (nach der Zeit) in irgendeinem Zusammenhang stehen. Letzteres drückt man aus durch die Formel

$$\dot{x} = f(x), \quad x(0) = b,$$

oder ausführlicher

$$\dot{x}(t) = f(x(t)), \quad x(0) = b, \quad (t \in \mathbf{R}). \tag{6.1}$$

Gesucht ist die Funktion x, das heißt die Werte $x(t)$ für alle Zeiten t.
Der einfachste und zugleich wichtigste Fall ist der, wenn f linear ist, also

$$\dot{x}(t) = A \cdot x(t), \quad x(0) = b, \quad (t \in \mathbf{R}). \tag{6.2}$$

$A \in \mathbf{R}$ fest.

Ein konkreter Fall dieser Art liegt vor, wenn $x = x(t)$ die Masse einer radioaktiven Substanz zur Zeit t bedeutet, von der zum Zeitpunkt 0 genau b Einheiten vorhanden sind und man wissen will, wieviele Einheiten zu den Zeitpunkten $t > 0$ noch vorhanden sind.

Man rechnet sofort nach, daß die Funktion

$$x(t) = \mathrm{e}^{At}b, \quad (t \in \mathbf{R}). \tag{6.3}$$

die Lösung von (6.2) ergibt.

Oft ist nun die gesuchte Größe ein zeitabhängiger Vektor – im einfachsten Fall geht es um zwei zeitabhängige Funktionen $x_1 = x_1(t)$, $x_2 = x_2(t)$, deren Ableitungen mit den Funktionen selbst linear verknüpft sind, d. h. so:

$$\begin{aligned} \dot{x}_1 &= a_{11}x_1 + a_{12}x_2 \\ \dot{x}_2 &= a_{21}x_1 + a_{22}x_2. \end{aligned} \tag{6.4}$$

Die Anfangsbedingung lautet hier $x_1(0) = b_1$, $x_2(0) = b_2$, dabei sind nun $a_{11}, \ldots, a_{22}, b_1, b_2$ fest vorgegebene reelle Zahlen.

Setzen wir

$$\boldsymbol{x} = \begin{pmatrix} x_1 \\ x_2 \end{pmatrix}, \quad \dot{\boldsymbol{x}} = \begin{pmatrix} \dot{x}_1 \\ \dot{x}_2 \end{pmatrix}, \quad \boldsymbol{b} = \begin{pmatrix} b_1 \\ b_2 \end{pmatrix},$$

$$\boldsymbol{A} = \begin{pmatrix} a_{11} & a_{12} \\ a_{21} & a_{22} \end{pmatrix},$$

so lautet unser Anfangswertproblem jetzt kurz:

$$\dot{\boldsymbol{x}}(t) = \boldsymbol{A} \cdot \boldsymbol{x}(t), \quad \boldsymbol{x}(0) = \boldsymbol{b}, \quad (t \in \mathbf{R}). \qquad \boldsymbol{A} \in \mathbf{R}^{2\times 2} \text{ fest.} \tag{6.5}$$

Das sieht nun formal genauso aus wie (6.2) und überträgt man formal die Lösung von (6.2) auf den Fall (6.5), so wäre wieder

$$\boldsymbol{x}(t) = \mathrm{e}^{\boldsymbol{A}t}\boldsymbol{b}, \quad (t \in \mathbf{R}). \tag{6.6}$$

die Lösung des Anfangswertproblems (6.5)!

Allerdings macht der Ausdruck $\mathrm{e}^{\boldsymbol{A}t}\boldsymbol{b}$ hier gar keinen Sinn – man müßte zuerst einmal erklären, was es denn heißen soll, eine Matrix $\boldsymbol{B}$, hier $\boldsymbol{B} = \boldsymbol{A}t$, in die Exponentialfunktion einzusetzen!

Wir erklären nun $\mathrm{e}^{\boldsymbol{B}}$ für irgendeine quadratische $n \times n$-Matrix $\boldsymbol{B}$ über die Potenzreihe der Exponentialfunktion:

$$\mathrm{e}^{\boldsymbol{B}} = \mathbf{1} + \boldsymbol{B} + \frac{1}{2!}\boldsymbol{B}^2 + \frac{1}{3!}\boldsymbol{B}^3 + \ldots = \sum_{k=0}^{\infty} \frac{1}{k!}\boldsymbol{B}^k. \tag{6.7}$$

Daß das für beliebige Matrizen $\boldsymbol{B} \in \mathbf{R}^{n\times n}$ tatsächlich funktioniert – d. h., daß die unendliche Reihe von Matrixpotenzen in (6.7) gegen eine $\mathrm{e}^{\boldsymbol{B}}$ genannte Matrix konvergiert und sogar die Potenzregel

$$\mathrm{e}^{\boldsymbol{B}}\,\mathrm{e}^{\boldsymbol{C}} = \mathrm{e}^{\boldsymbol{C}}\,\mathrm{e}^{\boldsymbol{B}} = \mathrm{e}^{\boldsymbol{B}+\boldsymbol{C}}, \tag{6.8}$$

falls $\boldsymbol{BC} = \boldsymbol{CB}$

gilt – das alles lernt man z. B. in einem Kurs über Differentialgleichungen. Wir übernehmen diese Resultate hier einfach und wenn wir schon soweit sind, auch die alte Ableitungsregel

$$\boldsymbol{x}(t) = \mathrm{e}^{\boldsymbol{A}t}\boldsymbol{b} \Rightarrow \dot{\boldsymbol{x}}(t) = \boldsymbol{A}\,\mathrm{e}^{\boldsymbol{A}t}\boldsymbol{b} = \boldsymbol{A}\boldsymbol{x}(t) \tag{6.9}$$

Der Skeptiker, der nun schon soviel schlucken mußte, wird vielleicht bemerken: „schön und gut, aber wie soll man denn $\mathrm{e}^{\boldsymbol{B}} = \mathbf{1} + \boldsymbol{B} + \frac{1}{2!}\boldsymbol{B}^2 + \frac{1}{3!}\boldsymbol{B}^3 + \ldots$ konkret ausrechnen? Das ist eine unendliche Reihe von Potenzen von Matrizen – sowas kann man doch nur in ganz einfachen Fällen ausrechnen!“
Die Antwort hierauf ist, daß unser obiges Hauptresultat 1 genau diese einfachen Fälle in Gestalt der Abbildungen (bzw. Matrizen) $\boldsymbol{D}$ und $\boldsymbol{N}$ anführt:

1) Ist $\boldsymbol{B}$ von der Diagonalform

$$\boldsymbol{B} = \begin{pmatrix} \alpha & 0 \\ 0 & \beta \end{pmatrix}, \text{ so ist}$$

$$\boldsymbol{B}^k = \begin{pmatrix} \alpha^k & 0 \\ 0 & \beta^k \end{pmatrix}, \text{ so daß}$$

$$\mathrm{e}^{\boldsymbol{B}} = \begin{pmatrix} \mathrm{e}^\alpha & 0 \\ 0 & \mathrm{e}^\beta \end{pmatrix}!$$

2) Ist $\boldsymbol{B}$ so beschaffen, daß $\boldsymbol{B}^k = \boldsymbol{0}$ für ein $k \in \mathbf{N}$, so ist

$$\mathrm{e}^{\boldsymbol{B}} = \mathbf{1} + \boldsymbol{B} + \frac{1}{2!}\boldsymbol{B}^2 + \ldots + \frac{1}{(k-1)!}\boldsymbol{B}^{k-1}$$

in endlich vielen Schritten berechenbar!

Sehen wir uns nach diesen Informationen das konkrete Anfangswertproblem

$$\begin{aligned} \dot{x}_1 &= -2x_1 - 8x_2, \\ \dot{x}_2 &= 2x_1 + 6x_2, \\ x_1(0) &= b_1, \quad x_2(0) = b_2. \end{aligned} \tag{6.10}$$

an, oder in Matrixform:

$$\dot{\boldsymbol{x}}(t) = \boldsymbol{A} \cdot \boldsymbol{x}(t), \quad \boldsymbol{x}(0) = \boldsymbol{b}, \quad (t \in \mathbf{R}).$$

mit (6.11)

$$\boldsymbol{A} = \begin{pmatrix} -2 & -8 \\ 2 & 6 \end{pmatrix}, \quad \boldsymbol{b} = \begin{pmatrix} b_1 \\ b_2 \end{pmatrix}.$$

Wir fassen $\boldsymbol{A}$ als Matrix derjenigen linearen Abbildung $\boldsymbol{\Phi} : \mathbf{C}^2 \to \mathbf{C}^2$ auf, für die $\boldsymbol{\Phi}[\boldsymbol{E}, \boldsymbol{E}] = \boldsymbol{A}$, wobei $\boldsymbol{E}$ die Standardbasis von $\mathbf{C}^2$ ist. Nach Hauptresultat 1 gibt es nun eindeutig bestimmte lineare Abbildungen $\boldsymbol{D}, \boldsymbol{N} : \mathbf{C}^2 \to \mathbf{C}^2$, so daß

$\boldsymbol{\Phi} = \boldsymbol{D} + \boldsymbol{N}$, $\boldsymbol{DN} = \boldsymbol{ND}$, $\boldsymbol{D}$ diagonalisierbar und $\boldsymbol{N}^k = \boldsymbol{0}$ für ein k. Für die zugeordneten Matrizen $\boldsymbol{\Phi}[\boldsymbol{E},\boldsymbol{E}] = \boldsymbol{A}$, $\boldsymbol{D}[\boldsymbol{E},\boldsymbol{E}] = \boldsymbol{D}_0$, $\boldsymbol{N}[\boldsymbol{E},\boldsymbol{E}] = \boldsymbol{N}_0$ gelten dieselben Beziehungen.

Hauptresultat 1 gibt keine Auskunft darüber, wie man $\boldsymbol{D}$ und $\boldsymbol{N}$ findet! Wie man das macht, kommt später in diesem Kapitel. Hier geben wir die Matrizen $\boldsymbol{D}_0$, $\boldsymbol{N}_0$ einfach an:

$$\begin{aligned} \boldsymbol{D}_0 &= \boldsymbol{D}[\boldsymbol{E},\boldsymbol{E}] = \begin{pmatrix} 2 & 0 \\ 0 & 2 \end{pmatrix}, \\ \boldsymbol{N}_0 &= \boldsymbol{N}[\boldsymbol{E},\boldsymbol{E}] = \begin{pmatrix} -4 & -8 \\ 2 & 4 \end{pmatrix} \end{aligned} \tag{6.12}$$

Es ist bereits $\boldsymbol{N}_0^2 = \boldsymbol{0}$ und jetzt kann man $\mathrm{e}^{\boldsymbol{A}t} = \mathrm{e}^{(\boldsymbol{D}_0+\boldsymbol{N}_0)t} = \mathrm{e}^{\boldsymbol{D}_0 t}\,\mathrm{e}^{\boldsymbol{N}_0 t}$ ausrechnen:

$$\begin{aligned} \mathrm{e}^{\boldsymbol{A}t} &= \mathrm{e}^{(\boldsymbol{D}_0+\boldsymbol{N}_0)t} = \mathrm{e}^{\boldsymbol{D}_0 t}\,\mathrm{e}^{\boldsymbol{N}_0 t} \\ &= \begin{pmatrix} \mathrm{e}^{2t} & 0 \\ 0 & \mathrm{e}^{2t} \end{pmatrix} (\mathbf{1} + \boldsymbol{N}_0 t) \\ &= \mathrm{e}^{2t} \cdot \mathbf{1} \cdot \left(\mathbf{1} + t \begin{pmatrix} -4 & -8 \\ 2 & 4 \end{pmatrix} \right) \\ &= \mathrm{e}^{2t} \begin{pmatrix} 1-4t & -8t \\ 2t & 1+4t \end{pmatrix} \end{aligned}$$

Damit haben wir die Lösung unsres Anfangswertproblems (6.11):

$$\boldsymbol{x}(t) = \begin{pmatrix} x_1(t) \\ x_2(t) \end{pmatrix} = \mathrm{e}^{2t} \begin{pmatrix} 1-4t & -8t \\ 2t & 1+4t \end{pmatrix} \begin{pmatrix} b_1 \\ b_2 \end{pmatrix} \tag{6.13}$$

oder ausgeschrieben:

$$\begin{aligned} x_1(t) &= \mathrm{e}^{2t}((1-4t)b_1 - 8tb_2) \\ x_2(t) &= \mathrm{e}^{2t}(2tb_1 + (1+4t)b_2) \end{aligned} \tag{6.14}$$

Im folgenden werden wir sehen, wie man $\boldsymbol{D}$ und $\boldsymbol{N}$ systematisch findet!

Unser Beispiel war insofern etwas vereinfacht, als $\boldsymbol{D}$ bereits in der Standardbasis diagonal war, i. allg. muß die Basis, in der $\boldsymbol{D}$ diagonal ist, erst noch bestimmt werden! Was hier für 2×2-Matrizen durchgeführt wurde, funktioniert sinngemäß auch für $n \times n$-Matrizen!

Zu Hauptresultat 2

In der analytischen Geometrie interessiert man sich für Teilmengen von $\mathbf{R}^n$, deren Elemente Nullstellen von Funktionen $f : \mathbf{R}^n \to \mathbf{R}$ sind.

Ist z. B. f linear, so ist die Nullstellenmenge nichts anderes als $Kern(f)$, also ein $(n-1)$-dimensionaler Unterraum von $\mathbf{R}^n$, im Fall $n = 3$ eine Ebene, im Fall $n = 2$ eine Gerade.

Die nächste Stufe ist ein „quadratisches" $f : \mathbf{R}^n \to \mathbf{R}$, also von der allgemeinen Form

$$\begin{aligned} f(x_1, \ldots, x_n) = {} & a_{11}x_1^2 + 2a_{12}x_1x_2 + \ldots + 2a_{1n}x_1x_n \\ & + a_{22}x_2^2 + 2a_{23}x_2x_3 + \ldots + 2a_{2n}x_2x_n \\ & \ldots\ldots + \ldots \\ & \ldots\ldots\ldots\ldots + a_{nn}x_n^2 + d, \end{aligned} \tag{6.15}$$

und speziell für $n = 3$:

$$\begin{aligned} f(x_1, x_2, x_3) = {} & a_{11}x_1^2 + 2a_{12}x_1x_2 + 2a_{13}x_1x_3 \\ & + a_{22}x_2^2 + 2a_{23}x_2x_3 \\ & + a_{33}x_3^2 + d. \end{aligned} \tag{6.16}$$

Hier ergibt eine kurze Rechnung, daß

$$f(x_1, x_2, x_3) = s(\boldsymbol{Ax}, \boldsymbol{x}) + d \text{ mit}$$

$$\boldsymbol{A} = \begin{pmatrix} a_{11} & a_{12} & a_{13} \\ a_{12} & a_{22} & a_{23} \\ a_{13} & a_{23} & a_{33} \end{pmatrix} \text{ symmetrisch}, \quad \boldsymbol{x} = \begin{pmatrix} x_1 \\ x_2 \\ x_3 \end{pmatrix}, \tag{6.17}$$

dabei ist $s(.,.)$ das Standardskalarprodukt in $\mathbf{R}^3$. Untersucht werden soll also die Menge

$$M = \{\boldsymbol{x} \in \mathbf{R}^3 \mid s(\boldsymbol{Ax}, \boldsymbol{x}) + d = 0\} \tag{6.18}$$

Wir fassen $\boldsymbol{A}$ als Matrix derjenigen linearen Abbildung $\boldsymbol{\Phi} : \mathbf{R}^3 \to \mathbf{R}^3$ auf, für die $\boldsymbol{A} = \boldsymbol{\Phi}[\boldsymbol{E}, \boldsymbol{E}]$, wobei $\boldsymbol{E}$ die Standardbasis des $\mathbf{R}^3$ ist. Jetzt wenden wir Hauptresultat 2 an, denn $\boldsymbol{\Phi}$ ist symmetrisch. Also:

$$\boldsymbol{A} = \boldsymbol{\Phi}[\boldsymbol{E}, \boldsymbol{E}] = \mathbf{1}[\boldsymbol{E}, \boldsymbol{B}]\,\boldsymbol{\Phi}[\boldsymbol{B}, \boldsymbol{B}]\,\mathbf{1}[\boldsymbol{B}, \boldsymbol{E}],$$

$$\boldsymbol{\Phi}[\boldsymbol{B}, \boldsymbol{B}] = \begin{pmatrix} a & 0 & 0 \\ 0 & b & 0 \\ 0 & 0 & c \end{pmatrix},$$

mit Orthonormalbasis $\boldsymbol{B}$, so daß $\mathbf{1}[\boldsymbol{B}, \boldsymbol{E}]^{\mathrm{T}} = \mathbf{1}[\boldsymbol{E}, \boldsymbol{B}]$.

Jetzt ist

$$\begin{aligned} s(\boldsymbol{Ax}, \boldsymbol{x}) &= s(\boldsymbol{\Phi}[\boldsymbol{E}, \boldsymbol{E}]\,\boldsymbol{x}[\boldsymbol{E}], \boldsymbol{x}[\boldsymbol{E}]) \\ &= s(\mathbf{1}[\boldsymbol{E}, \boldsymbol{B}]\,\boldsymbol{\Phi}[\boldsymbol{B}, \boldsymbol{B}]\,\mathbf{1}[\boldsymbol{B}, \boldsymbol{E}]\,\boldsymbol{x}[\boldsymbol{E}], \boldsymbol{x}[\boldsymbol{E}]) \\ &= s(\mathbf{1}[\boldsymbol{B}, \boldsymbol{E}]^{\mathrm{T}}\,\boldsymbol{\Phi}[\boldsymbol{B}, \boldsymbol{B}]\,\mathbf{1}[\boldsymbol{B}, \boldsymbol{E}]\,\boldsymbol{x}[\boldsymbol{E}], x[\boldsymbol{E}]) \\ &= s(\boldsymbol{\Phi}[\boldsymbol{B}, \boldsymbol{B}]\,\mathbf{1}[\boldsymbol{B}, \boldsymbol{E}]\,\boldsymbol{x}[\boldsymbol{E}], \mathbf{1}[\boldsymbol{B}, \boldsymbol{E}]\,x[\boldsymbol{E}]) \\ &= s(\boldsymbol{\Phi}[\boldsymbol{B}, \boldsymbol{B}]\,\boldsymbol{x}[\boldsymbol{B}], \boldsymbol{x}[\boldsymbol{B}]) \\ &= s\left(\begin{pmatrix} a & 0 & 0 \\ 0 & b & 0 \\ 0 & 0 & c \end{pmatrix}\begin{pmatrix} y_1 \\ y_2 \\ y_3 \end{pmatrix}, \begin{pmatrix} y_1 \\ y_2 \\ y_3 \end{pmatrix}\right) \\ &= ay_1^2 + by_2^2 + cy_3^2. \end{aligned}$$

Dabei war $\boldsymbol{x}\,[\boldsymbol{B}] = \begin{pmatrix} y_1 \\ y_2 \\ y_3 \end{pmatrix}$ gesetzt.

Somit ist M die Menge aller Punkte $\boldsymbol{x} \in \mathbf{R}^3$, für deren Koordinaten $\begin{pmatrix} y_1 \\ y_2 \\ y_3 \end{pmatrix}$ **bezüglich $\boldsymbol{B}$** gilt

$$ay_1^2 + by_2^2 + cy_3^2 + d = 0 \tag{6.19}$$

Die Darstellung (6.19) von M ist leichter zu analysieren als (6.16), weil die „gemischten Terme" $a_{ij}x_ix_j$ entfallen sind! So sieht man etwa sofort, daß im Fall $a, b, c > 0$ und $d < 0$ aus (6.19) die Beziehung

$$\frac{y_1^2}{\sqrt{\frac{-d}{a}}^2} + \frac{y_2^2}{\sqrt{\frac{-d}{b}}^2} + \frac{y_3^2}{\sqrt{\frac{-d}{c}}^2} = 1 \tag{6.20}$$

wird. Daraus erkennt man, daß M eine Ellipsoidoberfläche ist mit durch $\boldsymbol{B} = \{\boldsymbol{b}_1, \boldsymbol{b}_2, \boldsymbol{b}_3\}$ bestimmten Achsenrichtungen und den 3 Durchmessern $2\sqrt{\frac{-d}{a}}$, $2\sqrt{\frac{-d}{b}}$, $2\sqrt{\frac{-d}{c}}$, siehe Bild 6.1.

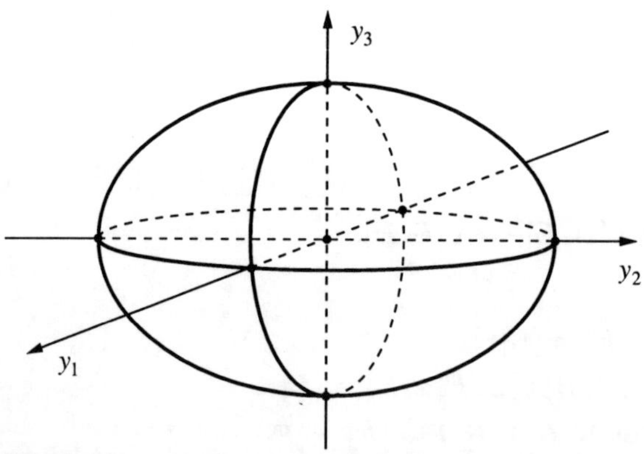

Bild 6.1

AUFGABEN

6.1 Es sei $\boldsymbol{B} = \begin{pmatrix} 0 & a \\ b & 0 \end{pmatrix} \in \mathbf{R}^{2\times 2}$ und $t \in \mathbf{R}$.

a) Rechnen Sie nach, daß $(t\boldsymbol{B})^n = \begin{cases} (ab)^m t^{2m+1}\boldsymbol{B}, & n = 2m+1 \\ (ab)^m t^{2m}\mathbf{1}, & n = 2m \end{cases}$.

b) Benutzen Sie a), um zu zeigen, daß gilt:

$$e^{t\boldsymbol{B}} = \begin{cases} \begin{pmatrix} \cosh\sqrt{ab}t & \dfrac{a}{\sqrt{ab}}\sinh\sqrt{ab}t \\ \dfrac{b}{\sqrt{ab}}\sinh\sqrt{ab}t & \cosh\sqrt{ab}t \end{pmatrix}, & ab \geqq 0 \\ \begin{pmatrix} \cos\sqrt{-ab}t & \dfrac{a}{\sqrt{-ab}}\sin\sqrt{-ab}t \\ \dfrac{b}{\sqrt{-ab}}\sin\sqrt{-ab}t & \cos\sqrt{-ab}t \end{pmatrix}, & ab < 0 \end{cases}$$

(Hinweis: Benutzen Sie die Potenzreihen für cosh, sinh, cos, sin!)

6.2 a) Lösen Sie das Anfangswertproblem:

$$\dot{x}_1 = -3x_2,$$
$$\dot{x}_2 = -x_1,$$
$$x_1(0) = 8, \quad x_2(0) = -7.$$

b) Lösen Sie das Anfangswertproblem:

$$\dot{x}_1 = -x_2,$$
$$\dot{x}_2 = 6x_1,$$
$$x_1(0) = 4, \quad x_2(0) = 1.$$

6.3 $\boldsymbol{E}$ sei die Standardbasis von $\mathbf{R}^2$ und $\boldsymbol{B} = \left\{ \begin{pmatrix} \frac{1}{2}\sqrt{2} \\ \frac{1}{2}\sqrt{2} \end{pmatrix}, \begin{pmatrix} -\frac{1}{2}\sqrt{2} \\ \frac{1}{2}\sqrt{2} \end{pmatrix} \right\}$ eine weitere Basis.

a) Beschreiben Sie die Menge

$$H = \left\{ \boldsymbol{x} \in \mathbf{R}^2 \mid \boldsymbol{x}[\boldsymbol{B}] = \begin{pmatrix} y_1 \\ y_2 \end{pmatrix} \Longrightarrow y_1 y_2 = 1 \right\},$$

mit anderen Worten die Menge der Punkte, deren Koordinaten bezüglich $\boldsymbol{B}$ die Gleichung $y_1 y_2 = 1$ erfüllen!

b) Welche Gleichung erfüllen die Koordinaten bezüglich $\boldsymbol{E}$ der Punkte von H? Mit anderen Worten, geben Sie in

$$H = \left\{ \boldsymbol{x} \in \mathbf{R}^2 \mid \boldsymbol{x}[\boldsymbol{E}] = \begin{pmatrix} x_1 \\ x_2 \end{pmatrix} \Longrightarrow f(x_1, x_2) = 0 \right\}$$

die Funktion f an!

6.4 $\boldsymbol{E}$ sei die Standardbasis von $\mathbf{R}^2$ und $\boldsymbol{B} = \left\{ \begin{pmatrix} \frac{1}{2}\sqrt{3} \\ \frac{1}{2} \end{pmatrix}, \begin{pmatrix} -\frac{1}{2} \\ \frac{1}{2}\sqrt{2} \end{pmatrix} \right\}$ eine weitere Basis.

a) Beschreiben Sie die Menge

$$H = \left\{ \boldsymbol{x} \in \mathbf{R}^2 \mid \boldsymbol{x}[\boldsymbol{B}] = \begin{pmatrix} y_1 \\ y_2 \end{pmatrix} \Longrightarrow \frac{y_1^2}{4} + \frac{y_2^2}{1} = 1 \right\},$$

mit anderen Worten die Menge der Punkte, deren Koordinaten bezüglich $\boldsymbol{B}$ die Gleichung $\dfrac{y_1^2}{4} + \dfrac{y_2^2}{1} = 1$ erfüllen!

b) Welche Gleichung erfüllen die Koordinaten bezüglich $\boldsymbol{E}$ der Punkte von H? Mit anderen Worten, geben Sie in

$$H = \left\{ \boldsymbol{x} \in \mathbf{R}^2 \mid \boldsymbol{x}\,[\boldsymbol{E}] = \begin{pmatrix} x_1 \\ x_2 \end{pmatrix} \Longrightarrow f(x_1, x_2) = 0 \right\}$$

die Funktion f an!

6.5 V sei ein endlichdimensionaler K-Vektorraum, $dimV = m$. Für ein $\boldsymbol{\Phi} \in \mathcal{L}(V,V)$ gelte $\boldsymbol{\Phi}^k = \mathbf{0}$. Zeigen Sie, daß dann auch $\boldsymbol{\Phi}^m = \mathbf{0}$ gilt!
(Hinweis: Benutzen Sie die für alle $\boldsymbol{\Phi} \in \mathcal{L}(V,V)$ geltende Inklusionenkette
$Kern(\boldsymbol{\Phi}) \subseteq Kern(\boldsymbol{\Phi}^2) \subseteq Kern(\boldsymbol{\Phi}^3 \subseteq \ldots$
und beachten Sie, daß die Inklusion $Kern(\boldsymbol{\Phi}^n) = Kern(\boldsymbol{\Phi}^{n+1})$ bereits zur Folge hat, daß $Kern(\boldsymbol{\Phi}^n) = Kern(\boldsymbol{\Phi}^l)$ für alle $l \geqq n$).

6.6 V sei ein zweidimensionaler K-Vektorraum, $dimV = 2$. Für ein $\boldsymbol{\Phi} \in \mathcal{L}(V,V)$ mit $\boldsymbol{\Phi} \neq \mathbf{0}$ gelte $\boldsymbol{\Phi}^k = \mathbf{0}$. Konstruieren Sie eine Basis $\boldsymbol{B}$ von V, so daß

$$\boldsymbol{\Phi}\,[\boldsymbol{B}, \boldsymbol{B}] = \begin{pmatrix} 0 & 0 \\ 1 & 0 \end{pmatrix}.$$

(Hinweis: Wegen $\boldsymbol{\Phi} \neq \mathbf{0}$ gibt es $\boldsymbol{b}_1 \in V$ mit $\boldsymbol{\Phi b}_1 \neq \boldsymbol{o}$. Zeigen Sie, daß $\boldsymbol{B} = (\boldsymbol{b}_1, \boldsymbol{\Phi b}_1)$ eine Basis ist! Nach Aufgabe 6.5 ist bereits $\boldsymbol{\Phi}^2 = \mathbf{0}$).

6.7 Es sei $V = \mathbf{R}^2$ mit der Standardbasis $\boldsymbol{E}$ und $\boldsymbol{\Phi} \in \mathcal{L}(V,V)$, so daß $\boldsymbol{\Phi}\,[\boldsymbol{E}, \boldsymbol{E}] = \begin{pmatrix} -4 & -8 \\ 2 & 4 \end{pmatrix}$.
Es ist dann $\boldsymbol{\Phi}^2 = \mathbf{0}$, finden Sie gemäß Aufgabe 6.6 eine Basis $\boldsymbol{B}$ von V, so daß

$$\boldsymbol{\Phi}\,[\boldsymbol{B}, \boldsymbol{B}] = \begin{pmatrix} 0 & 0 \\ 1 & 0 \end{pmatrix}.$$

6.8 V sei ein dreidimensionaler K-Vektorraum, $dimV = 3$. Für ein $\boldsymbol{\Phi} \in \mathcal{L}(V,V)$ mit $\boldsymbol{\Phi} \neq \mathbf{0}$ gelte $\boldsymbol{\Phi}^k = \mathbf{0}$. Zeigen Sie: Entweder gibt es eine Basis $\boldsymbol{B}$ von V, so daß

$$\boldsymbol{\Phi}\,[\boldsymbol{B}, \boldsymbol{B}] = \begin{pmatrix} 0 & 0 & 0 \\ 0 & 0 & 0 \\ 0 & 1 & 0 \end{pmatrix},$$ oder es gibt eine Basis $\boldsymbol{B}$ von V, so daß

$$\boldsymbol{\Phi}\,[\mathbf{B}, \mathbf{B}] = \begin{pmatrix} 0 & 0 & 0 \\ 1 & 0 & 0 \\ 0 & 1 & 0 \end{pmatrix}!$$

(Hinweis: s. Aufgabe 6.5: Entweder ist
1. $Kern(\boldsymbol{\Phi}) \subset Kern(\boldsymbol{\Phi}^2) = V$, oder
2. $Kern(\boldsymbol{\Phi}) \subset Kern(\boldsymbol{\Phi}^2) \subset Kern(\boldsymbol{\Phi}^3) = V$.
Beachten Sie, daß im ersten Fall wegen $Bild(\boldsymbol{\Phi}) \subseteq Kern(\boldsymbol{\Phi})$ und dem Homomorphiesatz $\dim Kern(\boldsymbol{\Phi}) = 2$ sein muß. $\boldsymbol{B}$ läßt sich jetzt wie in Aufgabe 6.6 konstruieren!)

6.2 Invariante Unterräume, Eigenwerte und Eigenvektoren

Die soeben hinsichtlich ihrer Bedeutung besprochenen beiden Hauptresultate sind die – in diesem Buch – gegebene Antwort auf die bereits in Kapitel 4 aufgetauchte Frage:

„Wie muß man zu vorgegebenem $\boldsymbol{\Phi} \in \mathcal{L}(V,V)$ eine Basis $\boldsymbol{B}$ von V wählen, damit die $\boldsymbol{\Phi}$ bezüglich $\boldsymbol{B}$ zugeordnete Matrix $\boldsymbol{\Phi}[\boldsymbol{B},\boldsymbol{B}]$ möglichst einfach wird?"

„Möglichst einfach" kann z. B. heißen: $\boldsymbol{\Phi}[\boldsymbol{B},\boldsymbol{B}]$ ist eine Diagonalmatrix.

6.2.1 Definition und Eigenschaften invarianter Unterräume

Definition:

Sei V ein K-Vektorraum, $\boldsymbol{\Phi} \in \mathcal{L}(V,V)$.
Ein Unterraum U von V heißt $\boldsymbol{\Phi}$-invariant oder invariant unter $\boldsymbol{\Phi}$, wenn gilt:

$$\boldsymbol{\Phi}(\boldsymbol{u}) \in U \text{ für alle } \boldsymbol{u} \in U, \text{ kurz: } \boldsymbol{\Phi}(U) \subseteq U.$$

Die lineare Abbildung $\boldsymbol{\Phi}_U : U \to U$ mit

$$\boldsymbol{\Phi}_U(\boldsymbol{u}) = \boldsymbol{\Phi}(\boldsymbol{u})$$

heißt die Einschränkung von $\boldsymbol{\Phi}$ auf U. (6.21)

Für die Einschränkung $\boldsymbol{\Phi}_U$ auf U schreiben wir meist ebenfalls nur $\boldsymbol{\Phi}$, außer zur Verdeutlichung.

Eigenschaften invarianter Unterräume

Ist $dim V = n < \infty$, und ist U unter $\boldsymbol{\Phi}$ invariant, so gehört zu $\boldsymbol{\Phi}$ bezüglich einer Basis $\boldsymbol{B} = \boldsymbol{B}_1 \cup \boldsymbol{B}_2$, deren erste Vektoren eine Basis $\boldsymbol{B}_1 = \{\boldsymbol{b}_1, \ldots, \boldsymbol{b}_m\}$ von U bilden, eine Matrix der Form:

$$\boldsymbol{\Phi}[\boldsymbol{B},\boldsymbol{B}] = \begin{pmatrix} a_{11} & \ldots & a_{1m} & a_{1m+1} & \ldots & a_{1n} \\ \vdots & & \vdots & \vdots & & \vdots \\ a_{m1} & \ldots & a_{mm} & a_{mm+1} & \ldots & a_{mn} \\ 0 & \ldots & 0 & a_{m+1,m+1} & \ldots & a_{m+1,n} \\ \vdots & & \vdots & \vdots & & \vdots \\ 0 & \ldots & 0 & a_{n,m+1} & \ldots & a_{n,n} \end{pmatrix} \qquad (6.22)$$

Ist U $\boldsymbol{\Phi}$-invariant, so bedeutet das i. allg. nicht, daß $\boldsymbol{\Phi}(\boldsymbol{u}) = \boldsymbol{u}$ für alle $\boldsymbol{u} \in U$ ist! Wie sähe in diesem Spezialfall obige Matrix aus?

Weitere wichtige Eigenschaften sind:

Sei $\boldsymbol{\Phi} \in \mathcal{L}(V,V)$. Dann gilt

$Kern(\boldsymbol{\Phi})$ und $Bild(\boldsymbol{\Phi})$ sind $\boldsymbol{\Phi}$-invariante Unterräume, allgemeiner: $Kern(\boldsymbol{\Phi}^k)$ und $Bild(\boldsymbol{\Phi}^k)$ sind $\boldsymbol{\Phi}$-invariante Unterräume, für jedes $k \in \mathbf{N}$.

Sind U_1, U_2 invariant unter $\boldsymbol{\Phi}$, so auch $U_1 \cap U_2$ und $U_1 + U_2$. (6.23)
(Analog für mehr als zwei Unterräume.)

6.2.2 Zerlegung in invariante Unterräume

Die Darstellung in (6.22) ist ein erster Schritt in Richtung einer „einfachen" Matrixdarstellung $\boldsymbol{\Phi}[\boldsymbol{B},\boldsymbol{B}]$ für ein $\boldsymbol{\Phi} \in \mathcal{L}(V,V)$. Ein weiterer Schritt vorwärts ist möglich, wenn $V = U_1 \oplus U_2$ ist mit $\boldsymbol{\Phi}$-invarianten Unterräumen U_1 und U_2. Ist jetzt – was nach Kapitel 3 immer möglich ist – $\boldsymbol{B} = \boldsymbol{B}_1 \cup \boldsymbol{B}_2$ eine Basis von V, so daß $\boldsymbol{B}_1$ eine Basis von U_1 und $\boldsymbol{B}_2$ eine von U_2 ist, so gehört zu $\boldsymbol{\Phi}$ bezüglich $\boldsymbol{B}$ eine Matrix der Bauart

$$\boldsymbol{\Phi}[\boldsymbol{B},\boldsymbol{B}] = \begin{pmatrix} a_{11} & \dots & a_{1m} & 0 & \dots & 0 \\ \vdots & & \vdots & \vdots & & \vdots \\ a_{m1} & \dots & a_{mm} & 0 & \dots & 0 \\ 0 & \dots & 0 & a_{m+1,m+1} & \dots & a_{m+1,n} \\ \vdots & & \vdots & \vdots & & \vdots \\ 0 & \dots & 0 & a_{n,m+1} & \dots & a_{n,n} \end{pmatrix} \tag{6.24}$$

Eine $n \times n$-Matrix $\boldsymbol{A}$, die (wie soeben $\boldsymbol{A} = \boldsymbol{\Phi}[\boldsymbol{B},\boldsymbol{B}]$) in zwei quadratische Untermatrizen $\boldsymbol{A}_1$, $\boldsymbol{A}_2$ zerfällt, hat sich die Block-Schreibweise

$$\boldsymbol{A} = \begin{pmatrix} \boldsymbol{A}_1 & \boldsymbol{0} \\ \boldsymbol{0} & \boldsymbol{A}_2 \end{pmatrix} \tag{6.25}$$

eingebürgert, außerhalb der Blöcke $\boldsymbol{A}_1$, $\boldsymbol{A}_2$ stehen nur Nullen. Damit läßt sich (6.24) kürzer schreiben:

$$\begin{aligned} \boldsymbol{\Phi}[\boldsymbol{B},\boldsymbol{B}] &= \begin{pmatrix} \boldsymbol{\Phi}_{U_1}[\boldsymbol{B}_1,\boldsymbol{B}_1] & \boldsymbol{0} \\ \boldsymbol{0} & \boldsymbol{\Phi}_{U_2}[\boldsymbol{B}_2,\boldsymbol{B}_2] \end{pmatrix} \\ &= \begin{pmatrix} \boldsymbol{\Phi}[\boldsymbol{B}_1,\boldsymbol{B}_1] & \boldsymbol{0} \\ \boldsymbol{0} & \boldsymbol{\Phi}[\boldsymbol{B}_2,\boldsymbol{B}_2] \end{pmatrix} \end{aligned}$$

Die bisherige Betrachtung verallgemeinern wir auf mehr als zwei Unterräume:

Definition:

Ist V ein K-Vektorraum, $\boldsymbol{\Phi} \in \mathcal{L}(V, V)$, so sagt man, daß V in die $\boldsymbol{\Phi}$-invarianten Unterräume $U_1, \ldots, U_r$ zerfällt, wenn gilt:
1) Jeder der Unterräume $U_1, \ldots, U_r$ ist $\boldsymbol{\Phi}$-invariant,
2) $V = U_1 \oplus \ldots \oplus U_r$. (6.26)

Bei endlichdimensionalem V sowie einer Basis $\boldsymbol{B} = \boldsymbol{B}_1 \cup \ldots \cup \boldsymbol{B}_r$, die sich der Zerlegung $V = U_1 \oplus \ldots \oplus U_r$ „anpaßt", für die also $\boldsymbol{B}_k$ Basis von U_k für $1 \leqq k \leqq r$ ist, gehört zu $\boldsymbol{\Phi}$ eine Blockmatrix der Form:

$$\boldsymbol{\Phi}[\boldsymbol{B}, \boldsymbol{B}] = \begin{pmatrix} \boldsymbol{\Phi}[\boldsymbol{B}_1, \boldsymbol{B}_1] & \boldsymbol{0} & \ldots\ldots & \boldsymbol{0} \\ \boldsymbol{0} & \boldsymbol{\Phi}[\boldsymbol{B}_2, \boldsymbol{B}_2] & & \vdots \\ \vdots & & \ddots & \boldsymbol{0} \\ \boldsymbol{0} & \ldots & \ldots\ \boldsymbol{0} & \boldsymbol{\Phi}[\boldsymbol{B}_r, \boldsymbol{B}_r] \end{pmatrix} \qquad (6.27)$$

Hat man eine Zerlegung $V = U_1 \oplus \ldots \oplus U_r$ in $\boldsymbol{\Phi}$-invariante Unterräume $U_1, \ldots, U_r$ gefunden, so reduziert sich die Untersuchung von $\boldsymbol{\Phi}$ auf die Untersuchung der Einschränkungen $\boldsymbol{\Phi} : U_k \to U_k$, $1 \leqq k \leqq r$. Wegen $dim U_k < dim V$ ist dies eine Vereinfachung. Zunächst aber muß man eine solche Zerlegung finden!

BEISPIELE

6.1 In Abschnitt 4.3 wurden Drehungen $\boldsymbol{\Phi} : \mathbf{R}^2 \to \mathbf{R}^2$ eingeführt, sie haben bezüglich einer Orthonormalbasis $\boldsymbol{B}$ Matrizen der Form

$$\boldsymbol{\Phi}[\boldsymbol{B}, \boldsymbol{B}] = \begin{pmatrix} \cos\alpha & -\sin\alpha \\ \sin\alpha & \cos\alpha \end{pmatrix}. \qquad (6.28)$$

Klar: Hier gibt es für $\alpha \neq 0, \pi$ keine invarianten Unterräume! ■

6.2 Die ebenfalls in Abschnitt 4.3 besprochenen Scherungen $\boldsymbol{T} : V \to V$ in Richtung $\boldsymbol{u}$ mit $\boldsymbol{T}\boldsymbol{v} = \boldsymbol{v} + \boldsymbol{l}(\boldsymbol{v})\boldsymbol{u}$, (wobei $\boldsymbol{l} : V \to K$ linear, $\boldsymbol{l}(\boldsymbol{u}) = 0$) haben den eindimensionalen invarianten Unterraum $U_1 = K\boldsymbol{u}$. Aber es gibt (außer bei der „entarteten" Scherung $\boldsymbol{T} = \mathbf{1}$) keinen $\boldsymbol{T}$-invarianten Unterraum U_2 mit $V = U_1 \oplus U_2$. ■

6.3 Ist $\boldsymbol{\Phi} : V \to V$ diagonalisierbar, also

$$\boldsymbol{\Phi}[\boldsymbol{B}, \boldsymbol{B}] = \begin{pmatrix} \lambda_1 & & \\ & \ddots & \\ & & \lambda_n \end{pmatrix}$$

Diagonalmatrix mit einer Basis $\boldsymbol{B} = \{\boldsymbol{b}_1, \ldots, \boldsymbol{b}_n\}$, so zerfällt V in die eindimensionalen $\boldsymbol{\Phi}$-invarianten Unterräume $U_k = K\boldsymbol{b}_k$, $1 \leqq k \leqq n$. Will man ein vorgegebenes $\boldsymbol{\Phi} : V \to V$ auf Diagonalisierbarkeit prüfen, so muß man sich nach Vektoren $\boldsymbol{u} \neq \boldsymbol{o}$ umsehen, für die $\boldsymbol{\Phi}(\boldsymbol{u}) = \lambda\boldsymbol{u}$ mit $\lambda \in K$ gilt. ■

6.2.3 Eigenwerte und Eigenvektoren

Sei V ein K-Vektorraum und $\boldsymbol{\Phi} \in \mathcal{L}(V, V)$. Für beliebiges $\lambda \in K$ betrachten wir die Teilmenge

$$E(\lambda, \boldsymbol{\Phi}) = \{\boldsymbol{v} \in V \mid \boldsymbol{\Phi}(\boldsymbol{v}) = \lambda \boldsymbol{v}\}$$

von V. Offenbar ist stets $\boldsymbol{o} \in E(\lambda, \boldsymbol{\Phi})$ und eine kurze Rechnung zeigt: $E(\lambda, \boldsymbol{\Phi})$ ist ein $\boldsymbol{\Phi}$-invarianter Unterraum von V. Interessant sind jetzt natürlich nur diejenigen $\lambda \in K$, für die $E(\lambda, \boldsymbol{\Phi}) \neq (\boldsymbol{o})$.
Die folgende Definition enthält den zentralen Begriff dieses Kapitels.

Definition:

V sei ein K-Vektorraum, $\boldsymbol{\Phi} \in \mathcal{L}(V, V)$ sowie $\lambda \in K$.
λ heißt **Eigenwert** von $\boldsymbol{\Phi}$, wenn $E(\lambda, \boldsymbol{\Phi}) \neq \{\boldsymbol{o}\}$. (6.29)
In diesem Fall heißen die Vektoren $\boldsymbol{u} \in E(\lambda, \boldsymbol{\Phi})$ mit $\boldsymbol{u} \neq \boldsymbol{o}$ **Eigenvektoren** von $\boldsymbol{\Phi}$ zum Eigenwert λ und $E(\lambda, \boldsymbol{\Phi})$ heißt **Eigenraum** von $\boldsymbol{\Phi}$ zum Eigenwert λ.

Einige einfache Aussagen über Eigenwerte und Eigenvektoren

Den Eigenraum $E(0, \boldsymbol{\Phi})$ kennen wir schon unter der Bezeichnung $Kern(\boldsymbol{\Phi})$ und auch ein beliebiger Eigenraum $E(\lambda, \boldsymbol{\Phi})$ läßt sich als Kern darstellen, nämlich so:

$$E(\lambda, \boldsymbol{\Phi}) = Kern(\boldsymbol{\Phi} - \lambda \mathbf{1}) \tag{6.30}$$

Insbesondere können wir sagen:

$\lambda \in K$ ist genau dann ein Eigenwert von $\boldsymbol{\Phi}$, wenn $\boldsymbol{\Phi} - \lambda \mathbf{1}$ nicht invertierbar ist. (6.31)

Sind λ_1, λ_2 verschiedene Eigenwerte von $\boldsymbol{\Phi}$, so ist $E(\lambda_1, \boldsymbol{\Phi}) \cap E(\lambda_2, \boldsymbol{\Phi}) = \{\boldsymbol{o}\}$, denn für $\boldsymbol{u} \in V$ mit $\boldsymbol{\Phi}(\boldsymbol{u}) = \lambda_1 \boldsymbol{u} = \lambda_2 \boldsymbol{u}$ folgt $\boldsymbol{u} = \boldsymbol{o}$. Insbesondere sind zwei Eigenvektoren zu verschiedenen Eigenwerten linear unabhängig.
Allgemeiner gilt sogar:

$$E(\lambda_1, \boldsymbol{\Phi}) + \ldots + E(\lambda_r, \boldsymbol{\Phi}) = E(\lambda_1, \boldsymbol{\Phi}) \oplus \ldots \oplus E(\lambda_r, \boldsymbol{\Phi}), \tag{6.32}$$

wenn $\lambda_1, \ldots, \lambda_r$ paarweise verschieden sind! Gibt es nämlich Darstellungen $\boldsymbol{o} = \boldsymbol{u}_1 + \ldots + \boldsymbol{u}_s$ mit $\boldsymbol{o} \neq \boldsymbol{u}_k \in E(\lambda_k, \boldsymbol{\Phi})$, so gibt es auch eine mit minimaler Summenlänge s, dann aber ist $\boldsymbol{o} = (\boldsymbol{\Phi} - \lambda_1 \mathbf{1})(\boldsymbol{o}) = (\boldsymbol{\Phi} - \lambda_1 \mathbf{1})(\boldsymbol{u}_1 + \ldots + \boldsymbol{u}_s) = (\boldsymbol{\Phi} - \lambda_1 \mathbf{1})\boldsymbol{u}_2 + \ldots + (\boldsymbol{\Phi} - \lambda_1 \mathbf{1})\boldsymbol{u}_s = (\lambda_2 - \lambda_1)\boldsymbol{u}_2 + \ldots + (\lambda_s - \lambda_1)\boldsymbol{u}_s$ im Widerspruch zur minimalen Summenlänge! Insbesondere kann $\boldsymbol{\Phi}$ höchstens $dim V$ verschiedene Eigenwerte haben!
Wenn $\lambda_1, \ldots, \lambda_r$ die Eigenwerte von $\boldsymbol{\Phi}$ sind, so läßt sich V zerlegen in

$$V = E(\lambda_1, \boldsymbol{\Phi}) \oplus \ldots \oplus E(\lambda_r, \boldsymbol{\Phi}) \oplus W, \tag{6.33}$$

i. allg. wird $W \neq \{\boldsymbol{o}\}$ sein.

Ist sogar

$$V = E(\lambda_1, \boldsymbol{\Phi}) \oplus \ldots \oplus E(\lambda_r, \boldsymbol{\Phi}), \tag{6.34}$$

so gibt es eine Basis aus Eigenvektoren von $\boldsymbol{\Phi}$, mit anderen Worten: $\boldsymbol{\Phi}$ ist diagonalisierbar.

Ist $\boldsymbol{o} \neq \boldsymbol{u} \in E(\lambda, \boldsymbol{\Phi})$, so gilt für beliebige $\alpha \in K$, daß $(\boldsymbol{\Phi} - \alpha\mathbf{1})\boldsymbol{u} = (\lambda - \alpha)\boldsymbol{u}$ und $(\alpha\boldsymbol{\Phi})\boldsymbol{u} = \alpha\lambda\boldsymbol{u}$. Für beliebiges $k \in \mathbf{N}$ ist $\boldsymbol{\Phi}^k(\boldsymbol{u}) = \lambda^k\boldsymbol{u}$.

In Worten: Ist λ ein Eigenwert von $\boldsymbol{\Phi}$, so ist $(\lambda - \alpha)$ ein Eigenwert von $(\boldsymbol{\Phi} - \alpha\mathbf{1})$, $\alpha\lambda$ einer von $\alpha\boldsymbol{\Phi}$ und λ^k einer von $\boldsymbol{\Phi}^k$!

Etwas verallgemeinert: Ist $p(t) = \alpha_0 + \alpha_1 t + \ldots + \alpha_k t^k$ ein Polynom und setzen wir $p(\boldsymbol{\Phi}) = \alpha_0\mathbf{1} + \alpha_1\boldsymbol{\Phi} + \ldots + \alpha_k\boldsymbol{\Phi}^k$ so ist $p(\boldsymbol{\Phi})\boldsymbol{u} = p(\lambda)\boldsymbol{u}$, dann ist $p(\lambda)$ ein Eigenwert von $p(\boldsymbol{\Phi})$!

Um eine Zerlegung $V = E(\lambda_1, \boldsymbol{\Phi}) \oplus \ldots \oplus E(\lambda_r, \boldsymbol{\Phi}) \oplus W$ herzustellen, muß man die Eigenwerte $\lambda_1, \ldots, \lambda_r \in K$ kennen. Mit der konkreten Berechnung – jedenfalls wenn $K = \mathbf{R}$ oder $K = \mathbf{C}$ – befaßt sich ein Teilgebiet der numerischen Mathematik.

AUFGABEN

6.9 Es sei $V = \mathbf{R}^4$ mit der Standardbasis $\boldsymbol{E}$ und $\boldsymbol{\Phi} \in \mathcal{L}(V, V)$, so daß

$$\boldsymbol{\Phi}[\boldsymbol{E}, \boldsymbol{E}] = \frac{1}{18}\begin{pmatrix} 114 & -30 & -12 & 12 \\ 64 & 94 & 40 & -16 \\ 0 & 36 & 126 & 0 \\ 4 & 106 & 25 & 80 \end{pmatrix}.$$

a) Rechnen Sie nach, daß $\boldsymbol{\Phi}$ den invarianten Unterraum $U = \mathbf{R}\boldsymbol{b}_1 \oplus \mathbf{R}\boldsymbol{b}_2$ hat, mit

$$\boldsymbol{b}_1 = \begin{pmatrix} 1 \\ 1 \\ 0 \\ 2 \end{pmatrix}, \quad \boldsymbol{b}_2 = \begin{pmatrix} -1 \\ 0 \\ 2 \\ 1 \end{pmatrix}.$$

b) Geben Sie die Matrix $\boldsymbol{\Phi}_U[\boldsymbol{B}_1, \boldsymbol{B}_1]$ der Einschränkung $\boldsymbol{\Phi}_U$ von $\boldsymbol{\Phi}$ auf U an, wobei $\boldsymbol{B}_1 = \{\boldsymbol{b}_1, \boldsymbol{b}_2\}$.

c) Welche Form hat $\boldsymbol{\Phi}[\boldsymbol{B}, \boldsymbol{B}]$ wenn $\boldsymbol{B} = \{\boldsymbol{b}_1, \boldsymbol{b}_2, \ldots\}$?

6.10 Begründen Sie die Aussage in Beispiel 6.2!

6.11 Es sei $\boldsymbol{\Phi} \in \mathcal{L}(V, V)$ und $V = U_1 \oplus U_2$ mit $\boldsymbol{\Phi}$-invarianten Unterräumen U_1, U_2. $\boldsymbol{P}$ sei die Projektion auf U_1 längs U_2. Zeigen Sie, daß $\boldsymbol{\Phi}\boldsymbol{P} = \boldsymbol{P}\boldsymbol{\Phi}$ gilt!

6.12 V sei ein zweidimensionaler K-Vektorraum mit Basis $\boldsymbol{B} = \{\boldsymbol{b}_1, \boldsymbol{b}_2\}$ und $\boldsymbol{\Phi} \in \mathcal{L}(V, V)$, so daß $\boldsymbol{\Phi}(\boldsymbol{b}_1) = \boldsymbol{b}_2$ und $\boldsymbol{\Phi}(\boldsymbol{b}_2) = \boldsymbol{b}_1$, oder anders ausgedrückt:

$$\boldsymbol{\Phi}[\boldsymbol{B}, \boldsymbol{B}] = \begin{pmatrix} 0 & 1 \\ 1 & 0 \end{pmatrix}.$$

a) Geben Sie zwei Eigenwerte, die zugehörigen Eigenräume sowie die Transformationsmatrizen $\mathbf{1}[\boldsymbol{B}, \boldsymbol{D}]$, $\mathbf{1}[\boldsymbol{D}, \boldsymbol{B}]$ an, wobei $\boldsymbol{D}$ eine Basis aus Eigenvektoren!

b) Überprüfen Sie Ihr Resultat aus a) hinsichtlich der Tatsache, daß es Körper K gibt mit $1 + 1 = 0$, d. h. $1 = -1$!

6.13 V sei ein endlichdimensionaler K-Vektorraum, $dimV = m$ und $\boldsymbol{\Phi} \in \mathcal{L}(V,V)$. Wir benutzen wieder die Schreibweise $p(\boldsymbol{\Phi}) = a_0\mathbf{1} + a_1\boldsymbol{\Phi} + a_2\boldsymbol{\Phi}^2 + \ldots + a_k\boldsymbol{\Phi}^k$, wobei $p = a_0 + a_1t + a_2t^2 + \ldots + a_kt^k$ ein Polynom mit Koeffizienten $a_\nu \in K$. In a) - d) sei $V = \mathbf{R}^m$ und $\boldsymbol{E}$ die Standardbasis. Die Matrix $p(\boldsymbol{\Phi})\,[\boldsymbol{E},\boldsymbol{E}]$ soll jeweils berechnet werden!

a) $\boldsymbol{\Phi}\,[\boldsymbol{E},\boldsymbol{E}] = \begin{pmatrix} 1 & 2 \\ 3 & 4 \end{pmatrix}$ und $p = -2 - 5t + t^2$.

b) $\boldsymbol{\Phi}\,[\boldsymbol{E},\boldsymbol{E}] = \begin{pmatrix} -7 & 0 & -14 \\ 2 & 3 & 7 \\ 1 & -9 & -7 \end{pmatrix}$ und $p = 84t + 11t^2 + t^3$.

c) $\boldsymbol{\Phi}\,[\boldsymbol{E},\boldsymbol{E}] = \frac{1}{2}\begin{pmatrix} -14 & 0 & 0 \\ 7 & 7 & 7 \\ -7 & -21 & -21 \end{pmatrix}$ und $p = 7t + t^2$.

d) $\boldsymbol{\Phi}\,[\boldsymbol{E},\boldsymbol{E}] = \begin{pmatrix} -1 & 3 & 0 \\ 0 & 1 & 0 \\ -4 & 6 & 1 \end{pmatrix}$ und $p = -1 + t^2$.

6.14 V sei ein endlichdimensionaler K-Vektorraum, $dimV = m$ und $\boldsymbol{\Phi} \in \mathcal{L}(V,V)$.

a) Konstruieren Sie ein Polynom $p = a_0 + a_1t + a_2t^2 + \ldots + a_kt^k$, $p \neq 0$, so daß $p(\boldsymbol{\Phi}) = \boldsymbol{0}$!
(Hinweis: $\mathcal{L}(V,V)$ ist ein K-Vektorraum mit der Dimension $dim\mathcal{L}(V,V) = m^2$, somit sind die $m^2 + 1$ Elemente $\mathbf{1}$, $\boldsymbol{\Phi}$, $\boldsymbol{\Phi}^2$, ..., $\boldsymbol{\Phi}^{m^2}$ linear abhängig! Es gibt also $a_0, a_1, a_2, \ldots, a_{m^2} \in K$, die nicht alle Null sind, so daß $a_0\mathbf{1} + a_1\boldsymbol{\Phi} + a_2\boldsymbol{\Phi}^2 + \ldots + a_{m^2}\boldsymbol{\Phi}^{m^2} = \boldsymbol{0}$).

b) Zeigen Sie mittels a): Es gibt ein eindeutig bestimmtes Polynom
$m_{\boldsymbol{\Phi}} = a_0 + a_1t + a_2t^2 + \ldots + t^k \neq 0$
(mit Koeffizient $a_k = 1$ bei der höchsten t-Potenz t^k) von kleinstem Grad k, so daß $m_{\boldsymbol{\Phi}}(\boldsymbol{\Phi}) = \boldsymbol{0}$. Man nennt daher $m_{\boldsymbol{\Phi}}$ das **Minimalpolynom** von $\boldsymbol{\Phi}$.

c) Bestimmen Sie die Minimalpolynome von $\boldsymbol{\Phi} = \boldsymbol{0}$, $\boldsymbol{\Phi} = a\mathbf{1}$, $\boldsymbol{\Phi} = \boldsymbol{\Phi}^2$ eine Projektion mit $\boldsymbol{\Phi} \neq \boldsymbol{0}, \mathbf{1}$!

d) Zeigen Sie: Ist p irgendein Polynom mit $p(\boldsymbol{\Phi}) = \boldsymbol{0}$, so ist p durch $m_{\boldsymbol{\Phi}}$ ohne Rest teilbar, d. h., es gilt $p = q \cdot m_{\boldsymbol{\Phi}}$ mit einem Polynom q.
(Hinweis: Polynomdivision $p = q \cdot m_{\boldsymbol{\Phi}} + r$ mit $grad(r) < grad(m_{\boldsymbol{\Phi}})$, für jedes Polynom p).

e) Zeigen Sie: $\boldsymbol{\Phi}$ ist genau dann invertierbar, wenn in $m_{\boldsymbol{\Phi}} = a_0 + a_1t + a_2t^2 + \ldots + t^k$ der Koeffizient $a_0 = 0$ ist! In diesem Fall ist $\boldsymbol{\Phi}^{-1} = a_0^{-1}(a_1\mathbf{1} + a_2\boldsymbol{\Phi} + \ldots + a_k\boldsymbol{\Phi}^{k-1})$, insbesondere ist also $\boldsymbol{\Phi}^{-1}$ ein Polynom in $\boldsymbol{\Phi}$!

6.15 a) V sei ein zweidimensionaler K-Vektorraum, $dimV = 2$, $\boldsymbol{B}$ eine Basis. Bestimmen Sie das Minimalpolynom $m_{\boldsymbol{\Phi}}$ von $\boldsymbol{\Phi} \in \mathcal{L}(V,V)$, wenn

$$\boldsymbol{\Phi}\,[\boldsymbol{B},\boldsymbol{B}] = \begin{pmatrix} 0 & 1 \\ 1 & 0 \end{pmatrix}$$

(Hinweis: Es ist $\boldsymbol{\Phi}^2 = \mathbf{1}$)

b) V sei ein endlichdimensionaler K-Vektorraum, $\boldsymbol{B}$ eine Basis. Bestimmen Sie das Minimalpolynom $m_{\boldsymbol{\Phi}}$ von $\boldsymbol{\Phi} \in \mathcal{L}(V, V)$, wenn

$$\boldsymbol{\Phi}[\boldsymbol{B}, \boldsymbol{B}] = \begin{pmatrix} 0 & \cdots & . & . & 0 \\ 1 & \ddots & & & . \\ 0 & \ddots & \ddots & & . \\ \vdots & \ddots & \ddots & \ddots & \vdots \\ 0 & \cdots & 0 & 1 & 0 \end{pmatrix}$$

6.16 V sei ein endlichdimensionaler K-Vektorraum, $dimV = m$.

a) Bestimmen Sie das Minimalpolynom $m_{\boldsymbol{\Phi}}$ von $\boldsymbol{\Phi} \in \mathcal{L}(V, V)$, wenn $\boldsymbol{\Phi} = \lambda_1 \boldsymbol{P}_1 + \lambda_2 \boldsymbol{P}_2$ mit Projektionen $\boldsymbol{P}_1 \neq \boldsymbol{0}$, $\boldsymbol{P}_2 \neq \boldsymbol{0}$, so daß $\boldsymbol{P}_1\boldsymbol{P}_2 = \boldsymbol{P}_2\boldsymbol{P}_1 = \boldsymbol{0}$, $\boldsymbol{P}_1 + \boldsymbol{P}_2 = \mathbf{1}$ und $\lambda_1 \neq \lambda_2$.
(Hinweis: Es ist $\boldsymbol{\Phi} - \lambda_1\mathbf{1} = (\lambda_2 - \lambda_1)\boldsymbol{P}_2$, $\boldsymbol{\Phi} - \lambda_2\mathbf{1} = (\lambda_1 - \lambda_2)\boldsymbol{P}_1$, wobei $\boldsymbol{P}_k$ Projektion auf den Eigenraum $E(\boldsymbol{\Phi}, \lambda_k)$ und daher $\boldsymbol{P}_1\boldsymbol{P}_2 = \boldsymbol{P}_2\boldsymbol{P}_1 = \boldsymbol{0}$, $\boldsymbol{P}_1 + \boldsymbol{P}_2 = \mathbf{1}$. Es ist also $(\boldsymbol{\Phi} - \lambda_1\mathbf{1})(\boldsymbol{\Phi} - \lambda_2\mathbf{1}) = \boldsymbol{0}$)

b) $\boldsymbol{B}$ sei eine Basis von V, so daß

$$\boldsymbol{\Phi}[\boldsymbol{B}, \boldsymbol{B}] = \begin{pmatrix} \lambda_1 & 0 & \cdots & . & \cdots & 0 \\ 0 & \ddots & \ddots & & & \vdots \\ \vdots & \ddots & \lambda_1 & . & & . \\ . & & . & \lambda_2 & . & . \\ \vdots & & & \ddots & \ddots & 0 \\ 0 & \cdots & . & \cdots & 0 & \lambda_2 \end{pmatrix}$$

eine Diagonalmatrix. Bestimmen Sie das Minimalpolynom $m_{\boldsymbol{\Phi}}$ von $\boldsymbol{\Phi}$!

6.17 V sei ein endlichdimensionaler K-Vektorraum und $\boldsymbol{\Phi} \in \mathcal{L}(V, V)$ mit dem Minimalpolynom $m_{\boldsymbol{\Phi}}$. Zeigen Sie, daß $\lambda \in K$ genau dann ein Eigenwert von $\boldsymbol{\Phi}$ ist, wenn $m_{\boldsymbol{\Phi}}(\lambda) = 0$.
(Hinweis: Polynomdivision $m_{\boldsymbol{\Phi}} = p(t - \lambda) + r$ mit einem Polynom p und $r \in K$). Folgern Sie hieraus: Ist $\boldsymbol{\Phi}$ diagonalisierbar mit den paarweise verschiedenen Eigenwerten $\lambda_1, \ldots, \lambda_k$, so ist $m_{\boldsymbol{\Phi}} = (t - \lambda_1) \cdot \ldots \cdot (t - \lambda_k)$.
(Bemerkung: Man kann zeigen, daß hiervon auch die Umkehrung gilt, d. h., zerfällt $m_{\boldsymbol{\Phi}}$ in paarweise verschiedene Linearfaktoren, so ist $\boldsymbol{\Phi}$ diagonalisierbar).

6.3 Das charakteristische Polynom

6.3.1 Vorbemerkung über Determinanten

Sie kennen bereits die Funktion

$$\det : \mathbf{C}^{n \times n} \to \mathbf{C},$$

$$\det(\boldsymbol{A}) = \det(a_{ij}) = \begin{vmatrix} a_{11} & \ldots & a_{1n} \\ \vdots & & \vdots \\ a_{n1} & \ldots & a_{nn} \end{vmatrix},$$

also die Determinante komplexer $n \times n$-Matrizen. Ein Blick in deren Theorie wird Sie davon überzeugen, daß alle Resultate gültig bleiben, wenn man den Körper $\mathbf{C}$ durch einen beliebigen Körper K ersetzt. Daher kennen wir jetzt auch die Funktion

$$\det : K^{n\times n} \to K,$$

$$\det(\boldsymbol{A}) = \det(a_{ij}) = \begin{vmatrix} a_{11} & \dots & a_{1n} \\ \vdots & & \vdots \\ a_{n1} & \dots & a_{nn} \end{vmatrix}.$$

Ist V ein n-dimensionaler K-Vektorraum und $\boldsymbol{B}$ eine Basis von V, so ist der Vektorraum $K^{n\times n}$ isomorph zu $\mathcal{L}(V,V)$ unter der linearen Abbildung $\boldsymbol{\Phi} \mapsto \boldsymbol{\Phi}\,[\boldsymbol{B},\boldsymbol{B}]$, wobei die Verknüpfung linearer Abbildungen in $\mathcal{L}(V,V)$ ins Matrizenprodukt in $K^{n\times n}$ übergeht: $\boldsymbol{\Phi} \circ \boldsymbol{\Psi} \mapsto \boldsymbol{\Phi}\,[\boldsymbol{B},\boldsymbol{B}]\,\boldsymbol{\Psi}\,[\boldsymbol{B},\boldsymbol{B}]$.

Wir übertragen nun die Determinante auf $\mathcal{L}(V,V)$ in dem wir definieren:

$$\det_{\boldsymbol{B}} : \mathcal{L}(V,V) \to K,$$

$$\det_{\boldsymbol{B}}(\boldsymbol{\Phi}) = \det(\boldsymbol{\Phi}\,[\boldsymbol{B},\boldsymbol{B}])$$

Der Index „$\boldsymbol{B}$“ soll andeuten, daß wir $\boldsymbol{B}$ zur Konstruktion gebraucht haben: $\det_{\boldsymbol{B}}(\boldsymbol{\Phi}) \in K$ hängt zunächst auch von $\boldsymbol{B}$ ab, nicht nur von $\boldsymbol{\Phi}$. Diese Vorsicht war aber überflüssig, denn ist $\boldsymbol{B}_1$ eine andere Basis, so ist

$$\begin{aligned} \det(\boldsymbol{\Phi}\,[\boldsymbol{B}_1,\boldsymbol{B}_1]) &= \det(\mathbf{1}\,[\boldsymbol{B}_1,\boldsymbol{B}]\,\boldsymbol{\Phi}\,[\boldsymbol{B},\boldsymbol{B}]\,\mathbf{1}\,[\boldsymbol{B},\boldsymbol{B}_1]) \\ &= \det(\mathbf{1}\,[\boldsymbol{B}_1,\boldsymbol{B}])\det(\boldsymbol{\Phi}\,[\boldsymbol{B},\boldsymbol{B}])\det(\mathbf{1}\,[\boldsymbol{B},\boldsymbol{B}_1]) \\ &= \det(\boldsymbol{\Phi}\,[\boldsymbol{B},\boldsymbol{B}]), \end{aligned}$$

wegen $\mathbf{1}\,[\boldsymbol{B}_1,\boldsymbol{B}]^{-1} = \mathbf{1}\,[\boldsymbol{B},\boldsymbol{B}_1]$ und des Determinantenmultiplikationssatzes. Somit ist die Zahl $\det(\boldsymbol{\Phi}\,[\boldsymbol{B},\boldsymbol{B}])$ von $\boldsymbol{B}$ unabhängig und wir haben jetzt eine Funktion

$$\det : \mathcal{L}(V,V) \to K,$$

$$\det(\boldsymbol{\Phi}) = \det(\boldsymbol{\Phi}\,[\boldsymbol{B},\boldsymbol{B}]) \tag{6.35}$$

mit beliebig gewählter Basis $\boldsymbol{B}$ von V.

Die Determinante einer linearen Abbildung wird also durch die Determinante – irgendeiner – ihrer zugeordneten Matrizen definiert! Für die Determinante eines Matrizenproduktes gilt:

$$\det(\boldsymbol{\Phi} \circ \boldsymbol{\Psi}) = \det(\boldsymbol{\Phi}) \cdot \det(\boldsymbol{\Psi}) \tag{6.36}$$

$\det(\boldsymbol{\Phi}) = 0 \Leftrightarrow \boldsymbol{\Phi}$ nicht invertierbar
für alle $\boldsymbol{\Phi}, \boldsymbol{\Psi} \in \mathcal{L}(V,V)$

Im Hinblick auf Eigenwerte formulieren wir gesondert, siehe auch (6.31):

$\lambda \in K$ ist genau dann ein Eigenwert von $\boldsymbol{\Phi}$, wenn gilt:

$$\det(\boldsymbol{\Phi} - \lambda\mathbf{1}) = 0 \tag{6.37}$$

6.3.2 Eigenwerte und charakteristisches Polynom

Zum Aufsuchen von Eigenwerten werden wir die Formel (6.37) benutzen. Sehen wir uns hierzu einige der linearen Abbildungen aus Abschnitt 4.3 an!

BEISPIELE

6.4 Das Produkt $\boldsymbol{\Phi} = \boldsymbol{T}_1\boldsymbol{T}_2$ der beiden Scherungen $\boldsymbol{T}_1, \boldsymbol{T}_2$ aus 4.3.4 hat bezüglich der Standardbasis $\boldsymbol{E}$ von $\mathbf{R}^2$ die Matrix

$$\begin{aligned} \boldsymbol{A} &= \boldsymbol{\Phi}[\boldsymbol{E},\boldsymbol{E}] = \boldsymbol{T}_1[\boldsymbol{E},\boldsymbol{E}]\,\mathrm{T}_2[\boldsymbol{E},\boldsymbol{E}] \\ &= \begin{pmatrix} 1 & 0 \\ 1 & 1 \end{pmatrix}\begin{pmatrix} 1 & 1 \\ 0 & 1 \end{pmatrix} \\ &= \begin{pmatrix} 1 & 1 \\ 1 & 2 \end{pmatrix} \end{aligned}$$

Die Eigenwerte $\lambda_{1/2}$ von $\boldsymbol{\Phi}$ ergeben sich jetzt aus

$$0 = \det(\boldsymbol{A} - \lambda\mathbf{1}) = \begin{vmatrix} 1-\lambda & 1 \\ 1 & 2-\lambda \end{vmatrix} = (1-\lambda)(2-\lambda) - 1$$

$$= \lambda^2 - 3\lambda + 1 = \left(\lambda - \frac{3}{2}\right)^2 - \frac{5}{4},$$

also $\lambda_{1/2} = \frac{1}{2}(3 \pm \sqrt{5})$

Somit gibt es eine Basis $\boldsymbol{B} = \{\boldsymbol{w}_1, \boldsymbol{w}_2\}$ von $\mathbf{R}^2$, so daß

$\boldsymbol{\Phi}\boldsymbol{w}_1 = \lambda_1\boldsymbol{w}_1, \quad \boldsymbol{\Phi}\boldsymbol{w}_2 = \lambda_2\boldsymbol{w}_2$ und

$$\boldsymbol{\Phi}[\boldsymbol{B},\boldsymbol{B}] = \begin{pmatrix} \lambda_1 & 0 \\ 0 & \lambda_2 \end{pmatrix}$$

(Natürlich gibt es viele solcher Basen!) Setzen wir $\boldsymbol{w}_1 = \boldsymbol{w}_1[\boldsymbol{E}] = \begin{pmatrix} x_{11} \\ x_{21} \end{pmatrix}$,

$\boldsymbol{w}_2 = \boldsymbol{w}_2[\boldsymbol{E}] = \begin{pmatrix} x_{12} \\ x_{22} \end{pmatrix}$, so gilt

$(\boldsymbol{\Phi} - \lambda_k\mathbf{1})[\boldsymbol{E},\boldsymbol{E}]\,\boldsymbol{w}_k[\boldsymbol{E}] = \boldsymbol{o}, \quad k = 1,2$ bzw.

$$\begin{pmatrix} 1-\lambda_k & 1 \\ 1 & 2-\lambda_k \end{pmatrix}\begin{pmatrix} x_{1k} \\ x_{2k} \end{pmatrix} = \boldsymbol{o}, \quad k = 1,2$$

oder, als Gleichungssysteme geschrieben:

$$\begin{array}{|lcl|} \hline (1-\lambda_1)x_{11} + x_{21} = 0 & \text{und} & (1-\lambda_2)x_{12} + x_{22} = 0 \\ x_{11} + (2-\lambda_1)x_{21} = 0 & & x_{12} + (2-\lambda_2)x_{22} = 0 \\ \hline \end{array}$$

Hieraus erhält man

$$\boldsymbol{w}_1 = \begin{pmatrix} x_{11} \\ (\lambda_1 - 1)x_{11} \end{pmatrix} = x_{11}\begin{pmatrix} 1 \\ \lambda_1 - 1 \end{pmatrix}$$

$$\boldsymbol{w}_2 = \begin{pmatrix} x_{12} \\ (\lambda_2 - 1)x_{12} \end{pmatrix} = x_{12}\begin{pmatrix} 1 \\ \lambda_2 - 1 \end{pmatrix}$$

Die Wahl von $x_{11} = x_{12} = 2$ ergibt die in 4.3.4 angegebene Basis

$$\boldsymbol{w}_1 = \begin{pmatrix} 2 \\ 1+\sqrt{5} \end{pmatrix}, \quad \boldsymbol{w}_2 = \begin{pmatrix} 2 \\ 1-\sqrt{5} \end{pmatrix}$$

Die Eigenräume sind dann

$$E(\lambda_1, \boldsymbol{\Phi}) = \mathbf{R}\begin{pmatrix} 2 \\ 1+\sqrt{5} \end{pmatrix}, \quad E(\lambda_2, \boldsymbol{\Phi}) = \mathbf{R}\begin{pmatrix} 2 \\ 1-\sqrt{5} \end{pmatrix},$$

siehe Bild 6.2.

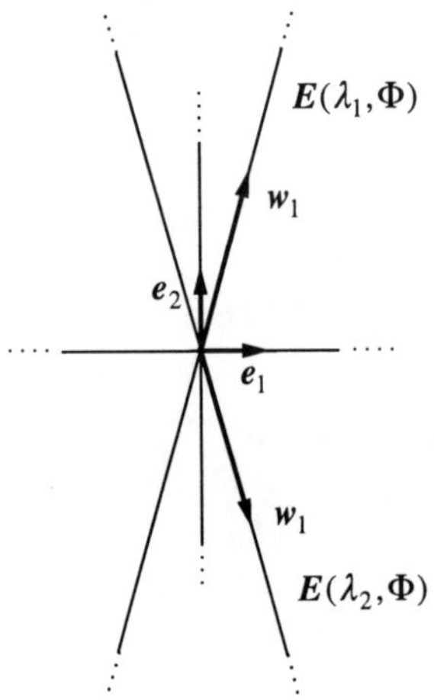

Bild 6.2 ■

6.5 Sei $\boldsymbol{\Phi} : \boldsymbol{R}^2 \to \mathbf{R}^2$ mit $\boldsymbol{A} = \boldsymbol{\Phi}[\boldsymbol{E}, \boldsymbol{E}] = \frac{1}{5}\begin{pmatrix} 8 & 9 \\ -1 & 2 \end{pmatrix}$.

Wegen

$$\begin{vmatrix} 8-\lambda & 9 \\ -1 & 2-\lambda \end{vmatrix} = (\lambda - 5)^2$$

hat $\boldsymbol{\Phi}$ den einzigen Eigenwert $\lambda = \frac{1}{5}5 = 1$. Eigenvektoren dazu erhält man nun aus

$$\begin{pmatrix} 8-5 & 9 \\ -1 & 2-5 \end{pmatrix}\begin{pmatrix} x_1 \\ x_2 \end{pmatrix} = \begin{pmatrix} 0 \\ 0 \end{pmatrix} \text{ bzw.}$$

$3x_1 + 9x_2 = 0$,

und deswegen

$$E(1, \boldsymbol{\Phi}) = \mathbf{R}\begin{pmatrix} -3 \\ 1 \end{pmatrix}$$

Nimmt man irgendeine Basis $\boldsymbol{B} = \{\boldsymbol{w}_1, \boldsymbol{w}_2\}$ mit $\boldsymbol{w}_1 = \begin{pmatrix} -3 \\ 1 \end{pmatrix}$, so ist

$$\boldsymbol{\Phi}[\boldsymbol{B}, \boldsymbol{B}] = \begin{pmatrix} 1 & \alpha \\ 0 & \beta \end{pmatrix}$$

Hieran erkennt man, daß auch β ein Eigenwert sein muß (Warum?), also $\beta = 1$. Deswegen ist aber nun $\alpha \neq 0$, sonst wäre $\boldsymbol{\Phi} = \mathbf{1}$! Mit $\boldsymbol{w}_1$ ist auch

$\alpha^{-1}\boldsymbol{w}_1$ ein Eigenvektor, man kann daher in $\boldsymbol{B}$ $\boldsymbol{w}_1$ durch $\alpha^{-1}\boldsymbol{w}_1$ ersetzen und erhält schließlich

$$\boldsymbol{\Phi}[\boldsymbol{B},\boldsymbol{B}] = \begin{pmatrix} 1 & 1 \\ 0 & 1 \end{pmatrix}$$

$\boldsymbol{\Phi}$ ist also eine Scherung, was man der ursprünglichen Matrixdarstellung

$$\boldsymbol{\Phi}[\boldsymbol{E},\boldsymbol{E}] = \frac{1}{5}\begin{pmatrix} 8 & 9 \\ -1 & 2 \end{pmatrix}$$

zunächst nicht ansieht! ■

6.6 Ist $\boldsymbol{\Phi} : \mathbf{R}^2 \to \mathbf{R}^2$ mit

$$\boldsymbol{A} = \boldsymbol{\Phi}[\boldsymbol{E},\boldsymbol{E}] = \begin{pmatrix} \cos\alpha & -\sin\alpha \\ \sin\alpha & \cos\alpha \end{pmatrix}$$

$\alpha \neq 0, \pi$

eine Drehung, so existieren wegen

$$\begin{aligned} \det(\boldsymbol{\Phi} - \lambda\mathbf{1}) &= \begin{vmatrix} \cos\alpha - \lambda & -\sin\alpha \\ \sin\alpha & \cos\alpha - \lambda \end{vmatrix} \\ &= (\cos\alpha - \lambda)^2 + \sin^2\alpha > 0 \end{aligned}$$

keine Eigenwerte $\lambda \in \mathbf{R}$, was anschaulich klar ist! ■

Definition des charakteristischen Polynoms

Für $n \times n$-Matrizen $\boldsymbol{A} \in K^{n\times n}$ ist das charakteristische Polynom $ch_{\boldsymbol{A}}$ nach [3] definiert durch

$$\begin{aligned} ch_{\boldsymbol{A}}(\lambda) = \det(\boldsymbol{A} - \lambda\mathbf{1}) &= \begin{vmatrix} a_{11}-\lambda & a_{12} & \dots & a_{1n} \\ a_{21} & a_{22}-\lambda & \dots & a_{2n} \\ \vdots & \vdots & & \\ a_{n1} & \dots & \dots & a_{nn}-\lambda \end{vmatrix} \\ &= \alpha_n\lambda^n + \alpha_{n-1}\lambda^{n-1} + \dots + \alpha_1\lambda + \alpha_0, \qquad (6.38) \\ \alpha_0, \dots, \alpha_n \in K \end{aligned}$$

$ch_{\boldsymbol{A}}(\lambda)$ ist also ein Polynom n-ten Grades in der Unbestimmten λ mit Koeffizienten in K. Man kann nachrechnen, daß in (6.38) gilt:

$$\begin{aligned} \alpha_n &= (-1)^n \\ \alpha_{n-1} &= (-1)^n(a_{11} + \dots + a_{nn}) \qquad (6.39) \\ \alpha_0 &= \det(\boldsymbol{A}) \end{aligned}$$

Definition:

Ist $\boldsymbol{\Phi} \in \mathcal{L}(V, V)$, $dim V = n < \infty$, so heißt das Polynom

$$ch_{\boldsymbol{\Phi}}(\lambda) = \det(\boldsymbol{\Phi} - \lambda \mathbf{1}) \tag{6.40}$$

das **charakteristische Polynom** von $\boldsymbol{\Phi}$.

Das charakteristische Polynom von $\boldsymbol{\Phi}$ ist – vgl. die Diskussion am Anfang des Abschnitts – über die Determinante irgendeiner Matrixdarstellung $\boldsymbol{\Phi}[\boldsymbol{B}, \boldsymbol{B}] - \lambda \mathbf{1}$ definiert. Deswegen gilt:

Ist $\boldsymbol{\Psi} \in \mathcal{L}(V, V)$ eine invertierbare lineare Abbildung, so haben $\boldsymbol{\Phi}$ und $\boldsymbol{\Psi}^{-1}\boldsymbol{\Phi}\boldsymbol{\Psi}$ dasselbe charakteristische Polynom. (6.41)

Berechnung von Eigenräumen

1) Zunächst sind die Eigenwerte $\lambda_1, \ldots, \lambda_r \in K$ von $\boldsymbol{\Phi} \in \mathcal{L}(V, V)$ zu bestimmen, $r \leqq dim V = n$. Sie sind die Nullstellen des Polynoms $ch_{\boldsymbol{\Phi}}(\lambda) = \det(\boldsymbol{\Phi} - \lambda \mathbf{1})$. Diese Nullstellen zu bestimmen kann außerordentlich schwierig sein! Allerdings gehört dieses Thema nicht zur „linearen“ Algebra! Wir ziehen uns hier aus der Affäre, indem wir immer annehmen, daß die Eigenwerte bekannt seien, und wählen unsere Beispiele so, daß die Eigenwerte leicht zu berechnen sind!
2) Die Eigenräume $E(\lambda_k, \boldsymbol{\Phi})$ sind dann die Lösungsmengen der Gleichungen $\boldsymbol{\Phi}(\boldsymbol{u}) - \lambda_k \boldsymbol{u} = \boldsymbol{o}$, $1 \leqq k \leqq r$. Liegt $\boldsymbol{\Phi}$ in der Koordinatenform $\boldsymbol{\Phi}[\boldsymbol{B}, \boldsymbol{B}] = \boldsymbol{A}$ mit einer Basis $\boldsymbol{B}$ von V vor, so sind die linearen Gleichungssysteme

$$(\boldsymbol{A} - \lambda_k \mathbf{1})\boldsymbol{x}[\boldsymbol{B}] = \boldsymbol{o}, \quad 1 \leqq k \leqq r. \tag{6.42}$$

zu lösen.

Zu 1) ist zu bemerken, daß $\boldsymbol{\Phi}$ evtl. gar keine Eigenwerte in K hat , dies gilt z. B. für die Drehung $\boldsymbol{\Phi} : \mathbf{R}^2 \to \mathbf{R}^2$ mit

$$\boldsymbol{\Phi}[\boldsymbol{E}, \boldsymbol{E}] = \begin{pmatrix} \cos\alpha & -\sin\alpha \\ \sin\alpha & \cos\alpha \end{pmatrix} \text{ und } K = \mathbf{R}.$$

Ist $K = \mathbf{C}$ der Körper der komplexen Zahlen, so zerfällt nach dem „Fundamentalsatz der Algebra“ jedes Polynom mit komplexen Koeffizienten, also auch $ch_{\boldsymbol{\Phi}}(\lambda)$, in Linearfaktoren:

$$ch_{\boldsymbol{\Phi}}(\lambda) = (\lambda - \lambda_1)^{n_1}(\lambda - \lambda_2)^{n_2} \cdot \ldots \cdot (\lambda - \lambda_r)^{n_r}$$

und es gibt somit mindestens einen Eigenwert!

BEISPIELE

6.7 Die Matrix $\boldsymbol{A} = \begin{pmatrix} \cos\alpha & -\sin\alpha \\ \sin\alpha & \cos\alpha \end{pmatrix}$ können wir auch als $\boldsymbol{A} = \boldsymbol{\Phi}[\boldsymbol{E}, \boldsymbol{E}]$ einer linearen Abbildung $\boldsymbol{\Phi} : \mathbf{C}^2 \to \mathbf{C}^2$ ansehen. Dann ist immer noch

$$\begin{aligned} ch_{\boldsymbol{\Phi}}(\lambda) &= \det(\boldsymbol{\Phi} - \lambda\mathbf{1}) = \begin{vmatrix} \cos\alpha - \lambda & -\sin\alpha \\ \sin\alpha & \cos\alpha - \lambda \end{vmatrix} \\ &= (\cos\alpha - \lambda)^2 + \sin^2\alpha, \end{aligned}$$

jedoch sind jetzt $\lambda_{1/2} = \cos\alpha \pm \mathrm{i}\sin\alpha$ komplexe Eigenwerte von $\boldsymbol{\Phi}$ und $\boldsymbol{\Phi}$ ist sogar diagonalisierbar! Etwas allgemeiner ist das folgende Beispiel. ∎

6.8 $\boldsymbol{B} = \{\boldsymbol{b}_1, \boldsymbol{b}_2\}$ sei eine Basis von $\mathbf{R}^2$. Fassen wir die Spaltenvektoren $\boldsymbol{b}_1, \boldsymbol{b}_2$ als Elemente von $\mathbf{C}^2$ auf, so ist $\boldsymbol{B} = \{\boldsymbol{b}_1, \boldsymbol{b}_2\}$ auch eine Basis von $\mathbf{C}^2$ über $\mathbf{C}$. Wir betrachten lineare Abbildungen $\boldsymbol{\Phi} : \mathbf{R}^2 \to \mathbf{R}^2$ bzw. $\boldsymbol{\Phi} : \mathbf{C}^2 \to \mathbf{C}^2$, die bezüglich $\boldsymbol{B}$ eine Matrix der Form

$$\boldsymbol{\Phi}[\boldsymbol{B}, \boldsymbol{B}] = \begin{pmatrix} \alpha & -\beta \\ \beta & \alpha \end{pmatrix}, \quad \alpha, \beta \in \mathbf{R}, \ \beta \neq 0$$

haben. Setzen wir $r = \sqrt{\alpha^2 + \beta^2}$, so gibt es genau eine reelle Zahl φ mit $0 \leqq \varphi < 2\pi$, so daß $r\cos\varphi = \alpha$, $r\sin\varphi = \beta$. Jetzt ist

$$\begin{aligned} \boldsymbol{\Phi}[\boldsymbol{B}, \boldsymbol{B}] &= \begin{pmatrix} \alpha & -\beta \\ \beta & \alpha \end{pmatrix} = r\begin{pmatrix} \cos\varphi & -\sin\varphi \\ \sin\varphi & \cos\varphi \end{pmatrix} \\ &= \begin{pmatrix} r & 0 \\ 0 & r \end{pmatrix}\begin{pmatrix} \cos\varphi & -\sin\varphi \\ \sin\varphi & \cos\varphi \end{pmatrix}. \end{aligned}$$

Somit ist $\boldsymbol{\Phi}$ als lineare Abbildung von $\mathbf{R}^2$ eine „Drehstreckung" und nicht diagonalisierbar.
Als lineare Abbildung $\boldsymbol{\Phi} : \mathbf{C}^2 \to \mathbf{C}^2$ hat $\boldsymbol{\Phi}$ jedoch die komplexen Eigenwerte $\lambda_{1/2} = \alpha \pm \mathrm{i}\beta$. Für die Eigenvektoren erhalten wir

$$(\boldsymbol{\Phi}[\boldsymbol{B}, \boldsymbol{B}] - \lambda_{1/2}\mathbf{1}) \cdot \boldsymbol{x}[\boldsymbol{B}] = \boldsymbol{o}$$

oder, wenn $\boldsymbol{x}[\boldsymbol{B}] = \begin{pmatrix} x_1 \\ x_2 \end{pmatrix}$ gesetzt ist:

$$\begin{pmatrix} \mp\mathrm{i}\beta & -\beta \\ \beta & \mp\mathrm{i}\beta \end{pmatrix}\begin{pmatrix} x_1 \\ x_2 \end{pmatrix} = \boldsymbol{o} \quad \text{oder}$$

$$x_2 = \mp\mathrm{i}x_1, \quad x_1, x_2 \in \mathbf{C}.$$

Die Eigenvektoren sind also:
zu λ_1:

$$\boldsymbol{x}[\boldsymbol{B}] = \begin{pmatrix} x_1 \\ -\mathrm{i}x_1 \end{pmatrix} = x_1\begin{pmatrix} 1 \\ -\mathrm{i} \end{pmatrix} = x_1(\boldsymbol{b}_1 - \mathrm{i}\boldsymbol{b}_2), \quad x_1 \in \mathbf{C},$$

zu λ_2:

$$\boldsymbol{x}[\boldsymbol{B}] = \begin{pmatrix} x_1 \\ \mathrm{i}x_1 \end{pmatrix} = x_1\begin{pmatrix} 1 \\ \mathrm{i} \end{pmatrix} = x_1(\boldsymbol{b}_1 + \mathrm{i}\boldsymbol{b}_2), \quad x_1 \in \mathbf{C}.$$

oder

$$E(\alpha + \mathrm{i}\beta, \boldsymbol{\Phi}) = \mathbf{C}(\boldsymbol{b}_1 - \mathrm{i}\boldsymbol{b}_2)$$

$E(\alpha - \mathrm{i}\beta, \boldsymbol{\Phi}) = \mathbf{C}(\boldsymbol{b}_1 + \mathrm{i}\boldsymbol{b}_2)$,

und

$$\boldsymbol{\Phi}[\boldsymbol{F}, \boldsymbol{F}] = \begin{pmatrix} \alpha + \mathrm{i}\beta & 0 \\ 0 & \alpha - \mathrm{i}\beta \end{pmatrix}$$

für die Basis $\boldsymbol{F} = (\boldsymbol{b}_1 - \mathrm{i}\boldsymbol{b}_2, \boldsymbol{b}_1 + \mathrm{i}\boldsymbol{b}_2)$.

Fragen wir umgekehrt: Wie findet man eine Basis $\boldsymbol{B} = \{\boldsymbol{b}_1, \boldsymbol{b}_2\}$, so daß wieder

$$\boldsymbol{\Phi}[\boldsymbol{B}, \boldsymbol{B}] = \begin{pmatrix} \alpha & -\beta \\ \beta & \alpha \end{pmatrix}$$

gilt, falls $\boldsymbol{\Phi} : \mathbf{C}^2 \to \mathbf{C}^2$ bezüglich einer Basis $\boldsymbol{F} = \{\boldsymbol{w}_1, \boldsymbol{w}_2\}$ die Matrix

$$\boldsymbol{\Phi}[\boldsymbol{F}, \boldsymbol{F}] = \begin{pmatrix} \alpha + \mathrm{i}\beta & 0 \\ 0 & \alpha - \mathrm{i}\beta \end{pmatrix}$$

hat? Diese Frage taucht in Beispiel 6.10 bei einer Anwendung unseres Hauptresultats 1 auf, eine Lösung ist z. B.:

$$\boldsymbol{b}_1 = \boldsymbol{w}_1 + \mathrm{i}\boldsymbol{w}_2,$$

$$\boldsymbol{b}_2 = \mathrm{i}\boldsymbol{w}_1 + \boldsymbol{w}_2. \quad \blacksquare$$

6.9 Sei $\boldsymbol{\Phi} \in \mathcal{L}(V, V)$ und

$$\boldsymbol{\Phi}[\boldsymbol{B}, \boldsymbol{B}] = \begin{pmatrix} a_{11} & \dots & & a_{1n} \\ 0 & \ddots & & \vdots \\ \vdots & & & \vdots \\ 0 & \dots & 0 & a_{nn} \end{pmatrix}$$

eine Dreiecksmatrix (unterhalb der Diagonalen stehen Nullen). Dann stehen in der Diagonalen gerade die Eigenwerte von $\boldsymbol{\Phi}$, das folgt aus

$$ch_{\boldsymbol{\Phi}}(\lambda) = \det(\boldsymbol{\Phi} - \lambda\mathbf{1}) = (a_{11} - \lambda) \cdot \ldots \cdot (a_{nn} - \lambda). \quad \blacksquare$$

Ist also $\boldsymbol{\Phi}$ bezüglich irgendeiner K-Basis von V eine Dreiecksmatrix zugeordnet, so zerfällt das charakteristische Polynom von $\boldsymbol{\Phi}$ in Linearfaktoren.

Fragt man umgekehrt, ob zu beliebigem $\boldsymbol{\Phi} \in \mathcal{L}(V, V)$ eine Basis $\boldsymbol{B}$ existiert, so daß $\boldsymbol{\Phi}[\boldsymbol{B}, \boldsymbol{B}]$ Dreiecksmatrix wird, so muß die Antwort i. allg. nein lauten, denn es müßten ja zu $\boldsymbol{\Phi}$ Eigenwerte existieren und das ist z. B. im Fall $K = \mathbf{R}$ nicht so. Ein besserer Kandidat ist der Körper $K = \mathbf{C}$, denn hier gibt es zu jedem $\boldsymbol{\Phi}$ wenigstens einen Eigenwert $\lambda \in \mathbf{C}$! Demnach gibt es auch eine Basis $\boldsymbol{F} = \{\boldsymbol{v}_1, \dots, \boldsymbol{v}_n\}$, bei der $\boldsymbol{v}_1$ ein Eigenvektor zum Eigenwert λ ist. Somit ist bereits

$$\boldsymbol{\Phi}[\boldsymbol{F}, \boldsymbol{F}] = \begin{pmatrix} \lambda & a_{12} & \dots & a_{1n} \\ 0 & & & \vdots \\ \vdots & & & \vdots \\ 0 & a_{n2} & \dots & a_{nn} \end{pmatrix}$$

Wir zerlegen $\boldsymbol{\Phi} = \boldsymbol{\Psi} + \boldsymbol{\Gamma}$, wobei

$$\boldsymbol{\Psi}[\boldsymbol{F},\boldsymbol{F}] = \begin{pmatrix} \lambda & 0 & \dots & 0 \\ 0 & a_{22} & & a_{2n} \\ \vdots & & & \vdots \\ 0 & a_{n2} & \dots & a_{nn} \end{pmatrix}, \quad \boldsymbol{\Gamma}[\boldsymbol{F},\boldsymbol{F}] = \begin{pmatrix} 0 & a_{12} & \dots & a_{1n} \\ 0 & 0 & & 0 \\ \vdots & & & \vdots \\ 0 & 0 & \dots & 0 \end{pmatrix}.$$

Jetzt ist der Unterraum $U = \mathbf{C}\boldsymbol{v}_2 + \ldots + \mathbf{C}\boldsymbol{v}_n$ unter $\boldsymbol{\Psi}$ invariant, wir können also von der Einschränkung $\boldsymbol{\Psi} : U \to U$ sprechen. Es ist aber $dim U = n - 1$. Jetzt sind wir in der typischen Situation eines Induktionsbeweises: Wir nehmen an, daß bei $\mathbf{C}$-Vektorräumen mit Dimension $n-1$ allen linearen Abbildungen eine Dreiecksmatrix zugeordnet werden kann. Für den Induktionsanfang „eindimensionaler Vektorraum“ ist nichts zu beweisen. Also kann nach Induktionsannahme der linearen Abbildung $\boldsymbol{\Psi} : U \to U$ eine Dreiecksmatrix zugeordnet werden, d. h., es gibt eine Basis $\boldsymbol{F}' = (\boldsymbol{v}'_2, \ldots, \boldsymbol{v}'_n)$ von U, bezüglich der $\boldsymbol{\Psi} : U \to U$ eine Dreiecksmatrix hat! Setzt man jetzt $\boldsymbol{B} = \{\boldsymbol{v}_1, \boldsymbol{v}'_2, \ldots, \boldsymbol{v}'_n\}$ so ist

$$\boldsymbol{\Psi}[\boldsymbol{B},\boldsymbol{B}] = \begin{pmatrix} \lambda & 0 & \dots & 0 \\ 0 & a'_{22} & & a'_{2n} \\ \vdots & & & \vdots \\ 0 & \dots & 0 & a'_{nn} \end{pmatrix}$$

bereits eine Dreiecksmatrix. Wegen $Bild(\boldsymbol{\Gamma}) = \mathbf{C}\boldsymbol{v}_1$ ist weiter

$$\boldsymbol{\Gamma}[\boldsymbol{B},\boldsymbol{B}] = \begin{pmatrix} 0 & a'_{22} & \dots & a'_{2n} \\ 0 & 0 & & 0 \\ \vdots & & & \vdots \\ 0 & 0 & \dots & 0 \end{pmatrix},$$

also insgesamt

$$\begin{aligned} \boldsymbol{\Phi}[\boldsymbol{B},\boldsymbol{B}] &= \boldsymbol{\Psi}[\boldsymbol{B},\boldsymbol{B}] + \boldsymbol{\Gamma}[\boldsymbol{B},\boldsymbol{B}] \\ &= \begin{pmatrix} \lambda & 0 & \dots & 0 \\ 0 & a'_{22} & & a'_{2n} \\ \vdots & & & \vdots \\ 0 & \dots & 0 & a'_{nn} \end{pmatrix} + \begin{pmatrix} 0 & a'_{22} & \dots & a'_{2n} \\ 0 & 0 & & 0 \\ \vdots & & & \vdots \\ 0 & 0 & \dots & 0 \end{pmatrix} \\ &= \begin{pmatrix} \lambda & a'_{22} & \dots & a'_{2n} \\ 0 & a'_{22} & & a'_{2n} \\ \vdots & & & \vdots \\ 0 & \dots & 0 & a'_{nn} \end{pmatrix} \end{aligned}$$

auch eine Dreiecksmatrix. Damit haben wir den

Satz:

> Ist V ein endlichdimensionaler Vektorraum über dem Körper der komplexen Zahlen $\mathbf{C}$, so gibt es zu jedem $\boldsymbol{\Phi} \in \mathcal{L}(V,V)$ eine Basis $\boldsymbol{B}$, so daß $\boldsymbol{\Phi}[\boldsymbol{B},\boldsymbol{B}]$ eine Dreiecksmatrix ist! (6.43)

AUFGABEN

6.18 Im folgenden sei $V = \mathbf{C}^m$, $\boldsymbol{E}$ die Standardbasis und $\boldsymbol{\Phi} \in \mathcal{L}(V,V)$. Berechnen Sie jeweils charakteristisches Polynom, Eigenwerte und Eigenräume von $\boldsymbol{\Phi}$ bzw. im Falle der Diagonalisierbarkeit die Transformationsmatrizen $\mathbf{1}[\boldsymbol{E},\boldsymbol{B}]$ und $\mathbf{1}[\boldsymbol{B},\boldsymbol{E}]$.

a) $\boldsymbol{\Phi}[\boldsymbol{E},\boldsymbol{E}] = \frac{1}{25}\begin{pmatrix} -89-48\,\mathrm{i} & 144-192\,\mathrm{i} \\ 16-88\,\mathrm{i} & 239+48\,\mathrm{i} \end{pmatrix}$,

b) $\boldsymbol{\Phi}[\boldsymbol{E},\boldsymbol{E}] = \begin{pmatrix} -23 & 18 \\ -32 & 25 \end{pmatrix}$,

c) $\boldsymbol{\Phi}[\boldsymbol{E},\boldsymbol{E}] = \begin{pmatrix} 2+3\,\mathrm{i} & -4\,\mathrm{i} & 0 \\ 2\,\mathrm{i} & 2-3\,\mathrm{i} & 0 \\ -6-2\,\mathrm{i} & 12+4\,\mathrm{i} & 5 \end{pmatrix}$,

d) $\boldsymbol{\Phi}[\boldsymbol{E},\boldsymbol{E}] = \begin{pmatrix} 1 & 1 & -2 \\ 0 & 0 & 1 \\ 1 & 1 & -1 \end{pmatrix}$,

e) $\boldsymbol{\Phi}[\boldsymbol{E},\boldsymbol{E}] = \begin{pmatrix} -3 & 1-3\,\mathrm{i} & 0 \\ 0 & \mathrm{i} & 0 \\ 0 & 3+\mathrm{i} & -3 \end{pmatrix}$.

6.19 Begründen Sie, warum eine lineare Abbildung eines reellen Vektorraums ungerader Dimension mindestens einen Eigenwert hat!

6.20 Beweisen Sie die Formeln in (6.39)!

6.21 V sei ein endlichdimensionaler $\mathbf{C}$-Vektorraum, $\boldsymbol{\Phi} \in \mathcal{L}(V,V)$ und $\boldsymbol{B} = \{\boldsymbol{b}_1,\ldots,\boldsymbol{b}_n\}$ eine Basis, so daß

$$\boldsymbol{\Phi}[\boldsymbol{B},\boldsymbol{B}] = \begin{pmatrix} \lambda_1 & \cdots & a_{1n} \\ \vdots & \ddots & \vdots \\ 0 & \cdots & \lambda_n \end{pmatrix}$$

eine Dreiecksmatrix gemäß (6.43) mit den Eigenwerten $\lambda_1,\ldots,\lambda_n$ von $\boldsymbol{\Phi}$. Es ist dann $ch_{\boldsymbol{\Phi}}(\lambda) = (\lambda_1-\lambda)\cdot\ldots\cdot(\lambda_n-\lambda)$. Zeigen Sie, daß $ch_{\boldsymbol{\Phi}}(\boldsymbol{\Phi}) = \mathbf{0}$ gilt! (Hinweis: Es ist $ch_{\boldsymbol{\Phi}}(\boldsymbol{\Phi}) = (\lambda_1\mathbf{1}-\boldsymbol{\Phi})\cdot\ldots\cdot(\lambda_n\mathbf{1}-\boldsymbol{\Phi})$, die Faktoren in diesem Produkt sind vertauschbar! Also etwa

$$\begin{aligned} ch_{\boldsymbol{\Phi}}(\boldsymbol{\Phi})(\boldsymbol{b}_1) &= (\lambda_1\mathbf{1}-\boldsymbol{\Phi})\cdot\ldots\cdot(\lambda_n\mathbf{1}-\boldsymbol{\Phi})(\boldsymbol{b}_1) \\ &= (\lambda_2\mathbf{1}-\boldsymbol{\Phi})\cdot\ldots\cdot(\lambda_n\mathbf{1}-\boldsymbol{\Phi})(\lambda_1\mathbf{1}-\boldsymbol{\Phi})(\boldsymbol{b}_1) = \boldsymbol{o}. \end{aligned}$$

Zeigen Sie, daß auch $ch_{\boldsymbol{\Phi}}(\boldsymbol{\Phi})(\boldsymbol{b}_k) = \mathbf{0}$, $1 \leqq k \leqq n$!)
Bemerkung: Die Beziehung $ch_{\boldsymbol{\Phi}}(\boldsymbol{\Phi}) = \mathbf{0}$ gilt auch bei beliebigem Körper K, dieses Resultat heißt „**Satz von Cailey-Hamilton**“.

6.4 Das erste Hauptresultat

Der letzte Satz (6.43) liefert fast das in der Vorbemerkung schon besprochene Hauptresultat 1, denn man kann ja die angegebene Dreiecksmatrix zerlegen in

$$\boldsymbol{\Phi}[\boldsymbol{B},\boldsymbol{B}] = \begin{pmatrix} a_{11} & \dots & \dots & a_{1n} \\ 0 & \ddots & & \vdots \\ \vdots & & \ddots & \vdots \\ 0 & \dots & 0 & a_{nn} \end{pmatrix} = \boldsymbol{D}_0 + \boldsymbol{N}_0$$

mit

$$\boldsymbol{D}_0 = \begin{pmatrix} a_{11} & 0 & \dots & 0 \\ 0 & \ddots & & \vdots \\ \vdots & & \ddots & 0 \\ 0 & \dots & 0 & a_{nn} \end{pmatrix} \quad \text{Diagonalmatrix}$$

$$\boldsymbol{N}_0 = \begin{pmatrix} 0 & a_{12} & \dots & a_{1n} \\ 0 & \ddots & & \vdots \\ \vdots & & \ddots & a_{n-1,n} \\ 0 & \dots & 0 & 0 \end{pmatrix}.$$

Man kann leicht nachprüfen, daß auch $\boldsymbol{N}_0^n = \boldsymbol{0}$ gilt. Allerdings gilt dann i. allg. nicht $\boldsymbol{D}_0\boldsymbol{N}_0 = \boldsymbol{N}_0\boldsymbol{D}_0$, wie das folgende einfache Beispiel zeigt:

$$\begin{pmatrix} 1 & 2 \\ 0 & 3 \end{pmatrix} = \begin{pmatrix} 1 & 0 \\ 0 & 3 \end{pmatrix} + \begin{pmatrix} 0 & 2 \\ 0 & 0 \end{pmatrix},$$

$$\begin{pmatrix} 1 & 0 \\ 0 & 3 \end{pmatrix}\begin{pmatrix} 0 & 2 \\ 0 & 0 \end{pmatrix} = \begin{pmatrix} 0 & 2 \\ 0 & 0 \end{pmatrix},$$

$$\begin{pmatrix} 0 & 2 \\ 0 & 0 \end{pmatrix}\begin{pmatrix} 1 & 0 \\ 0 & 3 \end{pmatrix} = \begin{pmatrix} 0 & 6 \\ 0 & 0 \end{pmatrix}.$$

Die Vertauschungsbedingung $\boldsymbol{DN} = \boldsymbol{ND}$ in Hauptresultat 1 ist aber wichtig, ohne sie gilt zum Beispiel die in der Diskussion am Anfang benutzte Potenzregel $\mathrm{e}^{\boldsymbol{D}}\,\mathrm{e}^{\boldsymbol{N}} = \mathrm{e}^{\boldsymbol{N}}\,\mathrm{e}^{\boldsymbol{D}}$ nicht!

6.4.1 Formulierung von Hauptresultat 1

Satz:

V sei ein K-Vektorraum mit $dim V = n < \infty$. Weiter sei $\boldsymbol{\Phi} \in \mathcal{L}(V,V)$, $\boldsymbol{\Phi} \neq \boldsymbol{0}$, so daß das charakteristische Polynom $ch_{\boldsymbol{\Phi}}(\lambda)$ von $\boldsymbol{\Phi}$ in Linearfaktoren zerfällt:

$$ch_{\boldsymbol{\Phi}}(\lambda) = \prod_{j=1}^{k}(\lambda - \lambda_j)^{n_j}, \qquad \text{mit } \lambda_j \in K \text{ paarweise verschieden und } n_j \in \mathbf{N},\ 1 \leqq j \leqq k.$$

Dann gilt:

a) Es gibt $\boldsymbol{D}, \boldsymbol{N} \in \mathcal{L}(V, V)$, so daß

1) $\boldsymbol{\Phi} = \boldsymbol{D} + \boldsymbol{N}$

2) $\boldsymbol{DN} = \boldsymbol{ND}$

3) $\boldsymbol{D}$ ist diagonalisierbar und es ist $\boldsymbol{N}^m = \boldsymbol{0}$ für ein $m \in \mathbf{N}$.

$\boldsymbol{D}$ und $\boldsymbol{N}$ sind durch 1), 2) und 3) eindeutig bestimmt.

b) V zerfällt in

$$V = Kern(\boldsymbol{\Phi} - \lambda_1 \mathbf{1})^{n_1} \oplus \ldots \oplus Kern(\boldsymbol{\Phi} - \lambda_k \mathbf{1})^{n_k}. \tag{6.44}$$

Dabei sind die Unterräume $Kern(\boldsymbol{\Phi} - \lambda_j \mathbf{1})^{n_j}$ unter $\boldsymbol{\Phi}$ invariant und bezüglich jeder Basis $\boldsymbol{B} = \boldsymbol{B}_1 \cup \ldots \cup \boldsymbol{B}_k$, wobei $\boldsymbol{B}_j$ Basis von $Kern(\boldsymbol{\Phi} - \lambda_j \mathbf{1})^{n_j}$, $(1 \leqq j \leqq k)$, hat $\boldsymbol{D}$ eine Diagonal-Blockmatrix der Form

$$\boldsymbol{D}[\boldsymbol{B}, \boldsymbol{B}] = \begin{pmatrix} \boldsymbol{A}_1 & \boldsymbol{0} & \ldots & & \boldsymbol{0} \\ \boldsymbol{0} & \boldsymbol{A}_2 & & & \vdots \\ \vdots & & & & \vdots \\ \vdots & & & \ddots & \boldsymbol{0} \\ \boldsymbol{0} & \ldots & \ldots & \boldsymbol{0} & \boldsymbol{A}_k \end{pmatrix}$$

mit den Diagonalmatrizen $\boldsymbol{A}_j = \begin{pmatrix} \lambda_j & 0 & \ldots & 0 \\ 0 & \lambda_j & & \vdots \\ \vdots & & \ddots & 0 \\ 0 & \ldots & 0 & \lambda_j \end{pmatrix}$,

vom Format $n_j \times n_j$, $(1 \leqq j \leqq k)$.

Auch $\boldsymbol{\Phi}[\boldsymbol{B}, \boldsymbol{B}]$ und damit $\boldsymbol{N}[\boldsymbol{B}, \boldsymbol{B}]$ zerfallen in $n_j \times n_j$-Blöcke, $(1 \leqq j \leqq k)$.

Der Beweis dieses Satzes erfordert genauere Kenntnisse über die algebraischen Eigenschaften von Polynomen mit Koeffizienten in K. Da man den Beweis für die Anwendungen des Satzes nicht braucht, lassen wir ihn hier weg.

6.4.2 Bemerkungen zu Hauptresultat 1

Bemerkung 1

Ist $K = \mathbf{C}$, so zerfällt jedes Polynom mit komplexen Koeffizienten in Linearfaktoren, die Voraussetzung über $ch_{\boldsymbol{\Phi}}(\lambda)$ ist dann stets erfüllt.

Bemerkung 2

In der Darstellung

$$ch_{\boldsymbol{\Phi}}(\lambda) = \prod_{j=1}^{k} (\lambda - \lambda_j)^{n_j}$$

ist natürlich

$$\sum_{j=1}^{k} n_j = n = dim V.$$

Sind nun zusätzlich alle $n_j = 1$, so hat $\boldsymbol{\Phi}$ genau n paarweise verschiedene Eigenwerte und ist somit diagonalisierbar. Also $\boldsymbol{\Phi} = \boldsymbol{D}$ und $\boldsymbol{N} = \boldsymbol{0}$.

Bemerkung 3

Zur Bestimmung von $\boldsymbol{D}$ und $\boldsymbol{N}$:
Der Satz sagt aus, daß es eine Basis $\boldsymbol{B} = \boldsymbol{B}_1 \cup \ldots \cup \boldsymbol{B}_k$ gibt mit

$$\boldsymbol{D}[\boldsymbol{B},\boldsymbol{B}] = \begin{pmatrix} \boldsymbol{A}_1 & \boldsymbol{0} & \ldots\ldots & \boldsymbol{0} \\ \boldsymbol{0} & \boldsymbol{A}_2 & & \vdots \\ \vdots & & \ddots & \vdots \\ \vdots & & \ddots & \boldsymbol{0} \\ \boldsymbol{0} & \ldots\ldots & \boldsymbol{0} & \boldsymbol{A}_k \end{pmatrix},$$

mit $n_j \times n_j$-Diagonalatrizen

$$\boldsymbol{A}_j = \begin{pmatrix} \lambda_j & 0 & \ldots & 0 \\ 0 & \lambda_j & & \vdots \\ \vdots & & \ddots & 0 \\ 0 & \ldots & 0 & \lambda_j \end{pmatrix}.$$

Die Matrix $\boldsymbol{D}[\boldsymbol{B},\boldsymbol{B}]$ ist somit sofort bekannt, weil direkt ablesbar aus

$$ch_{\boldsymbol{\Phi}}(\lambda) = \prod_{j=1}^{k} (\lambda - \lambda_j)^{n_j}.$$

Um $\boldsymbol{B}$ zu bestimmen, sind nach Satzaussage b) die Gleichungssysteme

$$(\boldsymbol{\Phi} - \lambda_j \mathbf{1})^{n_j} \boldsymbol{u} = \boldsymbol{0}, \quad (1 \leqq j \leqq k). \tag{6.45}$$

zu lösen: Kennt man die Matrix $\boldsymbol{\Phi}[\boldsymbol{E},\boldsymbol{E}]$ zu irgendeiner Basis $\boldsymbol{E}$, so löst man die linearen Gleichungssysteme

$$(\boldsymbol{\Phi}[\boldsymbol{E},\boldsymbol{E}] - \lambda_j \mathbf{1})^{n_j} \cdot \boldsymbol{u}[\boldsymbol{E}] = \boldsymbol{0}, \quad (1 \leqq j \leqq k). \tag{6.46}$$

und erhält daraus die Transformationsmatrix $\mathbf{1}[\boldsymbol{E},\boldsymbol{B}]$. Aus ihrer Inversen $\mathbf{1}[\boldsymbol{B},\boldsymbol{E}]$ erhält man schließlich die Matrix

$$\boldsymbol{\Phi}[\boldsymbol{B},\boldsymbol{B}] = \mathbf{1}[\boldsymbol{B},\boldsymbol{E}]\boldsymbol{\Phi}[\boldsymbol{E},\boldsymbol{E}]. \tag{6.47}$$

und schließlich auch

$$\boldsymbol{N}[\boldsymbol{B},\boldsymbol{B}] = \boldsymbol{\Phi}[\boldsymbol{B},\boldsymbol{B}] - \boldsymbol{D}[\boldsymbol{B},\boldsymbol{B}]. \tag{6.48}$$

Wir erläutern das Verfahren an folgendem Beispiel.

BEISPIEL

6.10 Es sei $\boldsymbol{\Phi} : \mathbf{R}^4 \to \mathbf{R}^4$ gegeben durch

$$\boldsymbol{M} = \boldsymbol{\Phi}[\boldsymbol{E},\boldsymbol{E}] = \frac{1}{15}\begin{pmatrix} 74 & -10 & 14 & -37 \\ -3 & 30 & 27 & 39 \\ 23 & 5 & 98 & 11 \\ -31 & -10 & 14 & 68 \end{pmatrix}, \tag{6.49}$$

$\boldsymbol{\Phi}(\boldsymbol{x}) = \boldsymbol{M} \cdot \boldsymbol{x}$ für $\boldsymbol{x} \in \mathbf{R}^4$
$\boldsymbol{E} = (\boldsymbol{e}_1, \ldots, \boldsymbol{e}_4)$ Standardbasis von $\mathbf{R}^4$.

Um das Hauptresultat 1 anwenden zu können, fassen wir $\boldsymbol{\Phi}$ zunächst als lineare Abbildung $\boldsymbol{\Phi} : \mathbf{C}^4 \to \mathbf{C}^4$ auf:

$\boldsymbol{\Phi}(\boldsymbol{w}) = \boldsymbol{M} \cdot \boldsymbol{w}$, $\boldsymbol{w} \in \mathbf{C}^4$.

Sie sollten nun selbst nachrechnen, daß

$$\det(15\boldsymbol{M} - \mu\mathbf{1}) = \begin{vmatrix} 74-\mu & -10 & 14 & -37 \\ -3 & 30-\mu & 27 & 39 \\ 23 & 5 & 98-\mu & 11 \\ -31 & -10 & 14 & 68-\mu \end{vmatrix},$$
$$= \mu^4 - 270\mu^3 + 24750\mu^2 - 897750\mu + 12403125$$

ist. Hierdurch sollten Sie den durchaus berechtigten Eindruck bekommen, daß das Berechnen von Eigenwerten über das charakteristische Polynom nicht der Weisheit letzter Schluß ist. Hier ist es schon nicht ganz angenehm, das charakteristische Polynom überhaupt auszurechnen. Es ist mit $\mu = 15\lambda$:

$$\begin{aligned} ch_{\boldsymbol{\Phi}}(\lambda) &= \det(\boldsymbol{M} - \lambda\mathbf{1}) = \frac{1}{15^4}\det(15\boldsymbol{M} - (15\lambda)\mathbf{1}) \\ &= \lambda^4 - 18\lambda^3 + 110\lambda^2 - 266\lambda + 245 \end{aligned}$$

Die Nullstellen dieses Polynoms und damit die Eigenwerte von $\boldsymbol{\Phi}$ sind

$\lambda_{1/2} = (2 \pm \mathrm{i}), \quad \lambda_3 = \lambda_4 = 7$

und daher

$$\begin{aligned} ch_{\boldsymbol{\Phi}}(\lambda) &= \lambda^4 - 18\lambda^3 + 110\lambda^2 - 266\lambda + 245 \\ &= (\lambda - (2+\mathrm{i}))(\lambda - (2-\mathrm{i}))(\lambda - 7)^2. \end{aligned}$$

Demnach gibt es eine Basis $\boldsymbol{B} = \{\boldsymbol{b}_1, \ldots, \boldsymbol{b}_4\}$ von $\mathbf{C}^4$, so daß

$$\boldsymbol{D}[\boldsymbol{B}, \boldsymbol{B}] = \begin{pmatrix} (2+\mathrm{i}) & 0 & 0 & 0 \\ 0 & (2-\mathrm{i}) & 0 & 0 \\ 0 & 0 & 7 & 0 \\ 0 & 0 & 0 & 7 \end{pmatrix}.$$

Wegen $E(2 \pm \mathrm{i}, \boldsymbol{\Phi}) = Kern(\boldsymbol{\Phi} - (2 \pm \mathrm{i})\mathbf{1})$ ist

$\mathbf{C}^4 = E(2+\mathrm{i}, \boldsymbol{\Phi}) \oplus E(2-\mathrm{i}, \boldsymbol{\Phi}) \oplus Kern(\boldsymbol{\Phi} - 7 \cdot \mathbf{1})^2.$

Wir wählen $E(2 \pm \mathrm{i}, \boldsymbol{\Phi}) = \mathbf{C}\boldsymbol{b}_{1/2}$ und $Kern(\boldsymbol{\Phi} - 7 \cdot \mathbf{1})^2 = \mathbf{C}\boldsymbol{b}_3 + \mathbf{C}\boldsymbol{b}_4$.
Die konkrete Berechnung von $\boldsymbol{b}_1, \boldsymbol{b}_2, \boldsymbol{b}_3, \boldsymbol{b}_4$ stellen wir zunächst zurück. Wäre in der stets richtigen Beziehung

$E(7, \boldsymbol{\Phi}) = Kern(\boldsymbol{\Phi} - 7 \cdot \mathbf{1}) \subseteq Kern(\boldsymbol{\Phi} - 7 \cdot \mathbf{1})^2$

rechts Gleichheit, also $dimE(7, \boldsymbol{\Phi}) = 2$, so wäre $\boldsymbol{\Phi}$ diagonalisierbar mit $\boldsymbol{\Phi}[\boldsymbol{B}, \boldsymbol{B}] = \boldsymbol{D}[\boldsymbol{B}, \boldsymbol{B}]$.
Man erkennt aber aus dem zur Berechnung des Eigenraums $E(7, \boldsymbol{\Phi})$ aufgestellten 4×4-Gleichungssystem

$$o = (M - 7 \cdot \mathbf{1}) \cdot x = \frac{1}{15}(15M - 105 \cdot \mathbf{1}) \cdot x$$
$$= \frac{1}{15} \begin{pmatrix} -31 & -10 & 14 & -37 \\ -3 & -75 & 27 & 39 \\ 23 & 5 & -7 & 11 \\ -31 & -10 & 14 & -37 \end{pmatrix} \begin{pmatrix} x_1 \\ x_2 \\ x_3 \\ x_4 \end{pmatrix}$$

den Rang 3 der Koeffizientenmatrix, so daß $dim E(7, \Phi) = 1$. Φ ist also nicht diagonalisierbar, wir setzen

$E(7, \Phi) = \mathbf{C} b_4$, so daß jetzt

$$\Phi[B, B] = \begin{pmatrix} 2+\mathrm{i} & 0 & 0 & 0 \\ 0 & 2-\mathrm{i} & 0 & 0 \\ 0 & 0 & 7 & 0 \\ 0 & 0 & \gamma & 7 \end{pmatrix}, \quad \gamma \neq 0.$$

Geht man von b_3 zu $\gamma^{-1} b_3$ über, so erhält man 1 anstelle von γ:

$$\Phi[B, B] = \begin{pmatrix} 2+\mathrm{i} & 0 & 0 & 0 \\ 0 & 2-\mathrm{i} & 0 & 0 \\ 0 & 0 & 7 & 0 \\ 0 & 0 & 1 & 7 \end{pmatrix} \text{ und damit}$$

$$N[B, B] = \begin{pmatrix} 0 & 0 & 0 & 0 \\ 0 & 0 & 0 & 0 \\ 0 & 0 & 0 & 0 \\ 0 & 0 & 1 & 0 \end{pmatrix}.$$

Nun zur Berechnung von B. Es ergibt sich durch Lösen der entsprechenden Gleichungssysteme

$$E(2+\mathrm{i}, \Phi) = \mathbf{C} \begin{pmatrix} 4-2\mathrm{i} \\ -3-6\mathrm{i} \\ -2+\mathrm{i} \\ 4-2\mathrm{i} \end{pmatrix}, \qquad E(2-\mathrm{i}, \Phi) = \mathbf{C} \begin{pmatrix} 2-4\mathrm{i} \\ 6+3\mathrm{i} \\ -1+2\mathrm{i} \\ 2-4\mathrm{i} \end{pmatrix}$$

$$E(7, \Phi) = \mathbf{C} \begin{pmatrix} 1 \\ 3 \\ 7 \\ 1 \end{pmatrix},$$

also etwa

$$b_1 = \begin{pmatrix} 4-2\mathrm{i} \\ -3-6\mathrm{i} \\ -2+\mathrm{i} \\ 4-2\mathrm{i} \end{pmatrix}, \quad b_2 = \begin{pmatrix} 2-4\mathrm{i} \\ 6+3\mathrm{i} \\ -1+2\mathrm{i} \\ 2-4\mathrm{i} \end{pmatrix}, \quad b_4 = \begin{pmatrix} 1 \\ 3 \\ 7 \\ 1 \end{pmatrix}.$$

Zur Ermittlung von b_3 kann man $(\Phi - 7 \cdot \mathbf{1})^2$ berechnen und das Gleichungssystem $(\Phi - 7 \cdot \mathbf{1})^2 \cdot x = o$ lösen. Stattdessen läßt sich einfacher auch $(\Phi - 7 \cdot \mathbf{1})(b_3) = b_4$ nach b_3 auflösen, aus der Gestalt der Matrix $\Phi[B, B]$

liest man ja ab, daß $\boldsymbol{\Phi}(\boldsymbol{b}_3) = 7\boldsymbol{b}_3 + \boldsymbol{b}_4$ gilt. Man findet dann

$$\boldsymbol{b}_3 = \begin{pmatrix} 8 \\ -6 \\ -5 \\ 7 \end{pmatrix}, \text{ also insgesamt}$$

$$\mathbf{1}[\boldsymbol{E},\boldsymbol{B}] = \begin{pmatrix} 4-2\,\mathrm{i} & 2-4\,\mathrm{i} & 8 & 1 \\ -3-6\,\mathrm{i} & 6+3\,\mathrm{i} & -6 & 3 \\ -2+\ \mathrm{i} & -1+2\,\mathrm{i} & -5 & 7 \\ 4-2\,\mathrm{i} & 2-4\,\mathrm{i} & 7 & 1 \end{pmatrix} \quad \text{und}$$

$$\boldsymbol{\Phi}[\boldsymbol{B},\boldsymbol{B}] = \begin{pmatrix} 2+\mathrm{i} & 0 & 0 & 0 \\ 0 & 2-\mathrm{i} & 0 & 0 \\ 0 & 0 & 7 & 0 \\ 0 & 0 & 1 & 7 \end{pmatrix}$$

Wie in Beispiel 6.8 ändern wir jetzt $\boldsymbol{b}_1, \boldsymbol{b}_2$ ab in

$$\boldsymbol{f}_1 = \boldsymbol{b}_1 + \mathrm{i}\boldsymbol{b}_2 = \begin{pmatrix} 8 \\ -6 \\ -4 \\ 8 \end{pmatrix}, \quad \boldsymbol{f}_2 = \mathrm{i}\boldsymbol{b}_1 + \boldsymbol{b}_2 = \begin{pmatrix} 4 \\ 12 \\ -2 \\ 4 \end{pmatrix}$$

und auch noch $\boldsymbol{f}_3 = \boldsymbol{b}_3$, $\boldsymbol{f}_4 = \frac{1}{7}\boldsymbol{b}_4$.

Setzen wir $\boldsymbol{F} = \{\boldsymbol{f}_1, \boldsymbol{f}_2, \boldsymbol{f}_3, \boldsymbol{f}_4\}$, so besteht $\boldsymbol{F}$ aus reellen Spalten, ist also auch eine Basis von $\mathbf{R}^4$! Damit ist schließlich:

$$\boldsymbol{\Phi}[\boldsymbol{F},\boldsymbol{F}] = \begin{pmatrix} 2 & -1 & 0 & 0 \\ 1 & 2 & 0 & 0 \\ 0 & 0 & 7 & 0 \\ 0 & 0 & 7 & 7 \end{pmatrix}$$

$$= \begin{pmatrix} \sqrt{5} & 0 & 0 & 0 \\ 0 & \sqrt{5} & 0 & 0 \\ 0 & 0 & 7 & 0 \\ 0 & 0 & 0 & 7 \end{pmatrix} \begin{pmatrix} \cos\varphi & -\sin\varphi & 0 & 0 \\ \sin\varphi & \cos\varphi & 0 & 0 \\ 0 & 0 & 1 & 0 \\ 0 & 0 & 1 & 1 \end{pmatrix}$$

mit $\varphi = \arctan\frac{1}{2} \approx 26{,}6°$.

Somit ist das Ziel erreicht, die über die „komplizierte“ Matrix

$$\boldsymbol{\Phi}[\boldsymbol{E},\boldsymbol{E}] = \frac{1}{15}\begin{pmatrix} 74 & -10 & 14 & -37 \\ -3 & 30 & 27 & 39 \\ 23 & 5 & 98 & 11 \\ -31 & -10 & 14 & 68 \end{pmatrix}$$

definierte lineare Abbildung $\boldsymbol{\Phi} : \mathbf{R}^4 \to \mathbf{R}^4$ hinsichtlich ihrer „geometrischen Eigenschaften“ zu beschreiben:

> Zerlegt man $\mathbf{R}^4$ in $\mathbf{R}^4 = \mathbf{R}\boldsymbol{f}_1 \oplus \mathbf{R}\boldsymbol{f}_2 \oplus \mathbf{R}\boldsymbol{f}_3 \oplus \mathbf{R}\boldsymbol{f}_4$, so beschreibt $\boldsymbol{\Phi}$ auf dem zweidimensionalen invarianten Unterraum $\mathbf{R}\boldsymbol{f}_1 \oplus \mathbf{R}\boldsymbol{f}_2$ eine Drehung um φ, gefolgt von einer Streckung um $\sqrt{5}$.
> Auf dem komplementären invarianten Unterraum $\mathbf{R}\boldsymbol{f}_3 \oplus \mathbf{R}\boldsymbol{f}_4$ beschreibt $\boldsymbol{\Phi}$ eine Scherung in Richtung $\boldsymbol{f}_4$, gefolgt von einer Streckung um 7.

■

AUFGABEN

6.22 Im folgenden sei $V = \mathbf{C}^m$ mit der Standardbasis $\boldsymbol{E}$ und $\boldsymbol{\Phi} \in \mathcal{L}(V,V)$ in der Form $\boldsymbol{\Phi}[\boldsymbol{E},\boldsymbol{E}]$ gegeben. Zerlegen Sie $\boldsymbol{\Phi} = \boldsymbol{D} + \boldsymbol{N}$ gemäß Hauptresultat 1, d. h., geben sie $\boldsymbol{\Phi}[\boldsymbol{B},\boldsymbol{B}]$, $\boldsymbol{D}[\boldsymbol{B},\boldsymbol{B}]$, $\boldsymbol{N}[\boldsymbol{B},\boldsymbol{B}]$ an, wobei $\boldsymbol{B}$ eine Basis, in der $\boldsymbol{D}[\boldsymbol{B},\boldsymbol{B}]$ diagonal ist. Geben Sie auch die Transformationsmatrizen $\mathbf{1}[\boldsymbol{E},\boldsymbol{B}]$, $\mathbf{1}[\boldsymbol{B},\boldsymbol{E}]$ an!

a) $\boldsymbol{\Phi}[\boldsymbol{E},\boldsymbol{E}] = \begin{pmatrix} -24 & 8 \\ -50 & 16 \end{pmatrix}$

b) $\boldsymbol{\Phi}[\boldsymbol{E},\boldsymbol{E}] = \begin{pmatrix} -1+\mathrm{i} & 1 \\ -4 & 3+\mathrm{i} \end{pmatrix}$

c) $\boldsymbol{\Phi}[\boldsymbol{E},\boldsymbol{E}] = \begin{pmatrix} -8 & 30 & 20 \\ -4 & 16 & 11 \\ 6 & 16 & 7 \end{pmatrix}$

d) $\boldsymbol{\Phi}[\boldsymbol{E},\boldsymbol{E}] = \begin{pmatrix} 1 & 0 & 1 & 2 \\ -5 & 2 & -3 & -2 \\ -4 & 1 & -4 & -3 \\ -1 & 1 & 1 & -1 \end{pmatrix}$

6.23 In Aufgabe 6.22 a), b) war $\boldsymbol{B} = \boldsymbol{E}$. Zeigen Sie, daß das immer möglich ist, wenn $ch_{\boldsymbol{\Phi}}(\lambda) = (\lambda - \lambda_1)^n$, $n = dimV$.

6.24 Lösen Sie die Differentialgleichungssysteme

$$\dot{\boldsymbol{x}} = \boldsymbol{A}\boldsymbol{x}, \quad \boldsymbol{x}(0) = \begin{pmatrix} a_1 \\ \vdots \\ a_n \end{pmatrix},$$

bei beliebiger Anfangsbedingung $\boldsymbol{x}(0)$, wobei die Matrix $\boldsymbol{A} = \boldsymbol{\Phi}[\boldsymbol{E},\boldsymbol{E}]$ aus Aufgabe 6.22 a)und c)!

6.5 Eigenwerte normaler, hermitescher und unitärer Abbildungen

In diesem Abschnitt geht es um das am Anfang des Kapitels diskutierte Hauptresultat 2.

6.5.1 Vorbemerkung

Wir erinnern an die in Kapitel 5 gegebene Definition der adjungierten Abbildung: Ist V ein $\mathbf{C}$-Vektorraum mit Skalarprodukt

$$s : V \times V \to \mathbf{C},$$

so gibt es zu jedem $\boldsymbol{\Phi} \in \mathcal{L}(V, V)$ die zu $\boldsymbol{\Phi}$ adjungierte Abbildung $\boldsymbol{\Phi}^* \in \mathcal{L}(V, V)$ mit der definierenden Gleichung

$$s(\boldsymbol{\Phi}(\boldsymbol{v}), \boldsymbol{w}) = s(\boldsymbol{v}, \boldsymbol{\Phi}^*(\boldsymbol{w})), \qquad (6.50)$$

für alle $\boldsymbol{v}, \boldsymbol{w} \in V$.

Es ist dann $(\boldsymbol{\Phi}^*)^* = \boldsymbol{\Phi}$.

Ist $\boldsymbol{B}$ eine Orthonormalbasis von V, und

$$\boldsymbol{\Phi}[\boldsymbol{B}, \boldsymbol{B}] = \boldsymbol{A} = \begin{pmatrix} a_{11} & \dots & a_{1n} \\ \vdots & & \vdots \\ a_{n1} & \dots & a_{nn} \end{pmatrix},$$

so ist

$$(\boldsymbol{\Phi}^*)[\boldsymbol{B}, \boldsymbol{B}] = \boldsymbol{A}^* = \begin{pmatrix} \bar{a}_{11} & \dots & \bar{a}_{n1} \\ \vdots & & \vdots \\ \bar{a}_{1n} & \dots & \bar{a}_{nn} \end{pmatrix}. \qquad (6.51)$$

6.5.2 Normale, hermitesche und unitäre Abbildungen

Definition:

$\boldsymbol{\Phi} \in \mathcal{L}(V, V)$ heißt
- normal, wenn $\boldsymbol{\Phi}^*\boldsymbol{\Phi} = \boldsymbol{\Phi}\boldsymbol{\Phi}^*$,
- hermitesch oder selbstadjungiert, wenn $\boldsymbol{\Phi}^* = \boldsymbol{\Phi}$,
- unitär, wenn $\boldsymbol{\Phi}^* = \boldsymbol{\Phi}^{-1}$.

Aus der Definition geht hervor, daß hermitesche und unitäre Abbildungen normal sind.

BEISPIEL

6.11 Sei $V = \mathbf{C}^2$ mit dem üblichen Skalarprodukt, $\boldsymbol{E}$ die (dann orthonormale) Standardbasis. Die Drehstreckungsmatrizen

$$\begin{pmatrix} a & -b \\ b & a \end{pmatrix}, \quad a, b \in \mathbf{R},$$

ergeben dann normale lineare Abbildungen $\boldsymbol{\Phi} : \mathbf{C}^2 \to \mathbf{C}^2$ über

$$\boldsymbol{\Phi}(\boldsymbol{z}) = \begin{pmatrix} a & -b \\ b & a \end{pmatrix} \begin{pmatrix} z_1 \\ z_2 \end{pmatrix},$$

$$\boldsymbol{z} = \begin{pmatrix} z_1 \\ z_2 \end{pmatrix} \in \mathbf{C}^2,$$

Für $b \neq 0$ ist $\boldsymbol{\Phi}$ aber nicht hermitesch und $\boldsymbol{\Phi}$ ist genau dann unitär, wenn $\sqrt{a^2 + b^2} = 1$. ■

6.5.3 Untersuchung normaler Abbildungen $\boldsymbol{\Phi} \in \mathcal{L}(V, V)$ und Hauptresultat 2

Ist $\boldsymbol{\Phi} \in \mathcal{L}(V, V)$ normal, so gilt

$$\begin{aligned} |\boldsymbol{\Phi}(\boldsymbol{v})|^2 &= s(\boldsymbol{\Phi}(\boldsymbol{v}), \boldsymbol{\Phi}(\boldsymbol{v})) = s(\boldsymbol{\Phi}^*\boldsymbol{\Phi}(\boldsymbol{v}), \boldsymbol{v}) \\ &= s(\boldsymbol{\Phi}\boldsymbol{\Phi}^*(\boldsymbol{v}), \boldsymbol{v}) = s(\boldsymbol{\Phi}^*(\boldsymbol{v}), \boldsymbol{\Phi}^*(\boldsymbol{v})) \\ &= |\boldsymbol{\Phi}^*(\boldsymbol{v})|^2, \qquad \text{für alle } \boldsymbol{v} \in V, \end{aligned}$$

also $|\boldsymbol{\Phi}(\boldsymbol{v})| = |\boldsymbol{\Phi}^*(\boldsymbol{v})|$ für alle $\boldsymbol{v} \in V$, d. h. $\boldsymbol{\Phi}(\boldsymbol{v})$ und $\boldsymbol{\Phi}^*(\boldsymbol{v})$ haben „gleiche Länge“. Mit Hilfe des Polarisierungstricks findet man, daß hiervon auch die Umkehrung gilt:

Der Polarisierungstrick

Hierunter versteht man die Anwendung folgender für alle $\boldsymbol{v}, \boldsymbol{w} \in V$ und $\boldsymbol{\Phi} \in \mathcal{L}(V, V)$ geltender Gleichungen (s. auch (5.9) und (5.10)):

$$\begin{aligned} |\boldsymbol{\Phi}(\boldsymbol{v} + \boldsymbol{w})|^2 &= |\boldsymbol{\Phi}(\boldsymbol{v})|^2 + 2\,\mathrm{Re}\, s(\boldsymbol{\Phi}^*\boldsymbol{\Phi}(\boldsymbol{v}), \boldsymbol{w}) + |\boldsymbol{\Phi}(\boldsymbol{w})|^2 \\ |\boldsymbol{\Phi}(\boldsymbol{v} + \mathrm{i}\boldsymbol{w})|^2 &= |\boldsymbol{\Phi}(\boldsymbol{v})|^2 + 2\,\mathrm{Im}\, s(\boldsymbol{\Phi}^*\boldsymbol{\Phi}(\boldsymbol{v}), \boldsymbol{w}) + |\boldsymbol{\Phi}(\boldsymbol{w})|^2 \end{aligned} \tag{6.52}$$

Ersetzen wir hier $\boldsymbol{\Phi}$ durch $\boldsymbol{\Phi}^*$, so wird daraus

$$\begin{aligned} |\boldsymbol{\Phi}^*(\boldsymbol{v} + \boldsymbol{w})|^2 &= |\boldsymbol{\Phi}^*(\boldsymbol{v})|^2 + 2\,\mathrm{Re}\, s(\boldsymbol{\Phi}\boldsymbol{\Phi}^*(\boldsymbol{v}), \boldsymbol{w}) + |\boldsymbol{\Phi}^*(\boldsymbol{w})|^2 \\ |\boldsymbol{\Phi}^*(\boldsymbol{v} + \mathrm{i}\boldsymbol{w})|^2 &= |\boldsymbol{\Phi}^*(\boldsymbol{v})|^2 + 2\,\mathrm{Im}\, s(\boldsymbol{\Phi}\boldsymbol{\Phi}^*(\boldsymbol{v}), \boldsymbol{w}) + |\boldsymbol{\Phi}^*(\boldsymbol{w})|^2 \end{aligned}$$

Gilt nun $|\boldsymbol{\Phi}(\boldsymbol{x})| = |\boldsymbol{\Phi}^*(\boldsymbol{x})|$ für alle $\boldsymbol{x} \in V$, so liest man aus den vier Gleichungen unmittelbar ab, daß $s(\boldsymbol{\Phi}\boldsymbol{\Phi}^*(\boldsymbol{v}), \boldsymbol{w}) = s(\boldsymbol{\Phi}^*\boldsymbol{\Phi}(\boldsymbol{v}), \boldsymbol{w})$ für alle $\boldsymbol{v}, \boldsymbol{w} \in V$ gilt. Dann ist aber $\boldsymbol{\Phi}\boldsymbol{\Phi}^* = \boldsymbol{\Phi}^*\boldsymbol{\Phi}$, d. h., $\boldsymbol{\Phi}$ ist normal. Damit haben wir gezeigt:

$\boldsymbol{\Phi} \in \mathcal{L}(V, V)$ ist genau dann normal, wenn $|\boldsymbol{\Phi}(\boldsymbol{x})| = |\boldsymbol{\Phi}^*(\boldsymbol{x})|$ für alle $\boldsymbol{x} \in V$ gilt. (6.54)

Das Hauptresultat 2

Ist einem $\boldsymbol{\Phi} \in \mathcal{L}(V, V)$ bezüglich einer Orthonormalbasis $\boldsymbol{B}$ von V eine Diagonalmatrix $\boldsymbol{A} = \boldsymbol{\Phi}[\boldsymbol{B}, \boldsymbol{B}]$ zugeordnet, so ist $\boldsymbol{\Phi}$ normal, denn es ist ja

$$\begin{aligned} \boldsymbol{A}\boldsymbol{A}^* &= \begin{pmatrix} \lambda_1 & & \\ & \ddots & \\ & & \lambda_m \end{pmatrix} \begin{pmatrix} \bar{\lambda}_1 & & \\ & \ddots & \\ & & \bar{\lambda}_m \end{pmatrix} \\ &= \begin{pmatrix} \bar{\lambda}_1 & & \\ & \ddots & \\ & & \bar{\lambda}_m \end{pmatrix} \begin{pmatrix} \lambda_1 & & \\ & \ddots & \\ & & \lambda_m \end{pmatrix} \\ &= \boldsymbol{A}^*\boldsymbol{A}, \end{aligned}$$

also auch $\boldsymbol{\Phi}\boldsymbol{\Phi}^* = \boldsymbol{\Phi}^*\boldsymbol{\Phi}$.

Unser angestrebtes Hauptresultat 2 beinhaltet im wesentlichen, daß hiervon auch die Umkehrung gilt: Zu jedem normalen $\boldsymbol{\Phi} \in \mathcal{L}(V, V)$ gibt es eine Orthonormalbasis $\boldsymbol{B}$ von V, so daß $\boldsymbol{\Phi}[\boldsymbol{B}, \boldsymbol{B}]$ eine Diagonalmatrix ist!

Sei also $\boldsymbol{\Phi} \in \mathcal{L}(V,V)$ normal. Weil V ein komplexer Vektorraum ist, gibt es mindestens einen Eigenwert $\lambda_1 \in \mathbf{C}$ von $\boldsymbol{\Phi}$, also $\boldsymbol{\Phi}(\boldsymbol{v}_1) = \lambda_1 \boldsymbol{v}_1$ mit zugehörigem Eigenvektor $\boldsymbol{v}_1 \in V$, den wir jetzt zusätzlich zu $|\boldsymbol{v}_1| = 1$ normieren.
Mit $\boldsymbol{\Phi}$ ist auch $\boldsymbol{\Phi} - \lambda_1 \mathbf{1}$ normal und erfüllt (6.54), somit entnehmen wir der Rechnung

$$0 = |(\boldsymbol{\Phi} - \lambda_1 \mathbf{1})(\boldsymbol{v}_1)| = |(\boldsymbol{\Phi} - \lambda_1 \mathbf{1})^*(\boldsymbol{v}_1)| = \left|(\boldsymbol{\Phi}^* - \bar{\lambda}_1 \mathbf{1})(\boldsymbol{v}_1)\right|$$

bzw.

$$\boldsymbol{\Phi}^* \boldsymbol{v}_1 = \bar{\lambda}_1 \boldsymbol{v}_1,$$

daß $\boldsymbol{v}_1$ auch Eigenvektor von $\boldsymbol{\Phi}^*$ zum Eigenwert $\bar{\lambda}_1$ ist.
Wir zerlegen nun – vgl. Kapitel 5 –

$$V = \mathbf{C}\boldsymbol{v}_1 \oplus U,$$

wobei U der zu $\mathbf{C}\boldsymbol{v}_1$ senkrechte Unterraum ist, also mit $s(\boldsymbol{v}_1, \boldsymbol{u}) = 0$ für alle $\boldsymbol{u} \in U$.
Der Unterraum U ist unter $\boldsymbol{\Phi}$ invariant, denn es ist

$$s(\boldsymbol{v}_1, \boldsymbol{\Phi}(\boldsymbol{u})) = s(\boldsymbol{\Phi}^*(\boldsymbol{v}_1), \boldsymbol{u}) = s(\bar{\lambda}_1 \boldsymbol{v}_1, \boldsymbol{u}) = 0, \quad \text{für alle } \boldsymbol{u} \in U.$$

Wir bezeichnen mit $\boldsymbol{\Psi} : U \to U$ die Einschränkung von $\boldsymbol{\Phi}$ auf U, also einfach $\boldsymbol{\Psi}(\boldsymbol{u}) = \boldsymbol{\Phi}(\boldsymbol{u})$ für alle $\boldsymbol{u} \in U$. Wenn wir nachweisen können, daß $\boldsymbol{\Psi}$ als lineare Abbildung des Skalarproduktraums U wieder eine normale Abbildung ist, so ist unsere Behauptung bewiesen: Denn für $dim V = 1$ stimmt sie sicher und wegen $dim U = dim V - 1$ können wir einen Induktionsbeweis nach der Dimension führen!
Demnach ist nur noch zu zeigen, daß $\boldsymbol{\Psi}^* \boldsymbol{\Psi} = \boldsymbol{\Psi} \boldsymbol{\Psi}^*$ gilt.
Zunächst ist U auch unter $\boldsymbol{\Phi}^*$ invariant, wegen

$$s(\boldsymbol{v}_1, \boldsymbol{\Phi}^*(\boldsymbol{u})) = s(\boldsymbol{\Phi}(\boldsymbol{v}_1), \boldsymbol{u}) = s(\lambda_1 \boldsymbol{v}_1, \boldsymbol{u}) = 0, \quad \text{für alle } \boldsymbol{u} \in U.$$

Wir bezeichnen die Einschränkung von $\boldsymbol{\Phi}^*$ auf U mit $\boldsymbol{\Gamma}$, also $\boldsymbol{\Gamma}(\boldsymbol{u}) = \boldsymbol{\Phi}^*(\boldsymbol{u})$ für alle $\boldsymbol{u} \in U$.
Jetzt gilt für alle $\boldsymbol{u}, \boldsymbol{w} \in U$, daß

$$s(\boldsymbol{w}, \boldsymbol{\Psi}^*(\boldsymbol{u})) = s(\boldsymbol{\Psi}(\boldsymbol{w}), \boldsymbol{u}) = s(\boldsymbol{\Phi}(\boldsymbol{w}), \boldsymbol{u}) = s(\boldsymbol{w}, \boldsymbol{\Phi}^*(\boldsymbol{u})) = s(\boldsymbol{w}, \boldsymbol{\Gamma}(\boldsymbol{u})),$$

und das bedeutet $\boldsymbol{\Psi}^* = \boldsymbol{\Gamma}$. Jetzt aber folgt

$$\begin{aligned}\boldsymbol{\Psi}\boldsymbol{\Psi}^*(\boldsymbol{u}) &= \boldsymbol{\Psi}\boldsymbol{\Gamma}(\boldsymbol{u}) = \boldsymbol{\Psi}\boldsymbol{\Phi}^*(\boldsymbol{u}) = \boldsymbol{\Phi}\boldsymbol{\Phi}^*(\boldsymbol{u}) \\ &= \boldsymbol{\Phi}^*\boldsymbol{\Phi}(\boldsymbol{u}) = \boldsymbol{\Phi}^*\boldsymbol{\Psi}(\boldsymbol{u}) = \boldsymbol{\Gamma}\boldsymbol{\Psi}(\boldsymbol{u}) = \boldsymbol{\Psi}^*\boldsymbol{\Psi}(\boldsymbol{u})\end{aligned}$$

also $\boldsymbol{\Psi}\boldsymbol{\Psi}^* = \boldsymbol{\Psi}^*\boldsymbol{\Psi}$.
Wir fassen zusammen:

Hauptresultat 2:

Es sei V ein $\mathbf{C}$-Vektorraum mit Skalarprodukt $s : V \times V \to \mathbf{C}$ und $\boldsymbol{\Phi} \in \mathcal{L}(V,V)$.
Dann sind äquivalent:
a) $\boldsymbol{\Phi}$ ist normal,
b) $\boldsymbol{\Phi}$ ist bezüglich einer Orthonormalbasis von V diagonalisierbar,
c) Es gilt $|\boldsymbol{\Phi}(\boldsymbol{v})| = |\boldsymbol{\Phi}^*(\boldsymbol{v})|$ für alle $\boldsymbol{v} \in V$. (6.55)

6.5.4 Folgerungen für hermitesche und unitäre Abbildungen

Für hermitesche und für unitäre Abbildungen ergeben sich jetzt folgende Sätze:

Satz:

Es sei V ein $\mathbf{C}$-Vektorraum mit Skalarprodukt $s : V \times V \to \mathbf{C}$ und $\boldsymbol{\Phi} \in \mathcal{L}(V, V)$. Dann sind äquivalent:
a) $\boldsymbol{\Phi}$ ist hermitesch,
b) $\boldsymbol{\Phi}$ ist bezüglich einer Orthonormalbasis von V diagonalisierbar und alle Eigenwerte von V sind reell,
c) $s(\boldsymbol{\Phi}(\boldsymbol{v}), \boldsymbol{v})$ ist reell für alle $\boldsymbol{v} \in V$. (6.56)

Daß a) zu b) äquivalent ist, folgt aus (6.55) und $\boldsymbol{\Phi} = \boldsymbol{\Phi}^*$. c) folgt aus a) wegen $s(\boldsymbol{\Phi}(\boldsymbol{v}), \boldsymbol{v}) = s(\boldsymbol{v}, \boldsymbol{\Phi}^*(\boldsymbol{v})) = s(\boldsymbol{v}, \boldsymbol{\Phi}(\boldsymbol{v})) = \overline{s(\boldsymbol{\Phi}(\boldsymbol{v}), \boldsymbol{v})}$. Der Polarisierungstrick zeigt wie oben bei den normalen Abbildungen, daß a) aus c) folgt.

Satz:

Es sei V ein $\mathbf{C}$-Vektorraum mit Skalarprodukt $s : V \times V \to \mathbf{C}$ und $\boldsymbol{\Phi} \in \mathcal{L}(V, V)$. Dann sind äquivalent:
a) $\boldsymbol{\Phi}$ ist unitär,
b) $\boldsymbol{\Phi}$ ist bezüglich einer Orthonormalbasis von V diagonalisierbar und für alle Eigenwerte λ von V ist $|\lambda| = 1$,
c) $|\boldsymbol{\Phi}(\boldsymbol{v})| = |\boldsymbol{v}|$ für alle $\boldsymbol{v} \in V$. (6.57)

Daß a) zu b) äquivalent ist, folgt aus (6.55) und $\boldsymbol{\Phi}^{-1} = \boldsymbol{\Phi}^*$ wenn man beachtet, daß $|\lambda| = 1$ gleichbedeutend mit $\bar{\lambda} = \lambda^{-1}$ ist. c) folgt aus a) wegen $|\boldsymbol{\Phi}(\boldsymbol{v})|^2 = s(\boldsymbol{\Phi}(\boldsymbol{v}), \boldsymbol{\Phi}(\boldsymbol{v})) = s(\boldsymbol{v}, \boldsymbol{\Phi}^*\boldsymbol{\Phi}(\boldsymbol{v})) = s(\boldsymbol{v}, \boldsymbol{\Phi}^{-1}\boldsymbol{\Phi}(\boldsymbol{v})) = s(\boldsymbol{v}, \boldsymbol{v}) = |\boldsymbol{v}|^2$. Der Polarisierungstrick zeigt wieder, daß a) aus c) folgt.

Das Hauptresultat 2 in reellen Vektorräumen

In der Diskussion am Anfang des Kapitels wurde unser Hauptresultat 2 in einer „reellen Form“ benutzt, die wir hier noch anfügen:

Satz:

Es sei V ein $\mathbf{R}$-Vektorraum mit Skalarprodukt $s : V \times V \to \mathbf{C}$ und $\boldsymbol{\Phi} \in \mathcal{L}(V, V)$. Dann sind äquivalent:
a) $\boldsymbol{\Phi}$ ist symmetrisch;
b) $\boldsymbol{\Phi}$ ist bezüglich einer Orthonormalbasis von V diagonalisierbar. (6.58)

Ist $\boldsymbol{B}$ irgendeine Orthonormalbasis von V, so ist $\boldsymbol{A} = \boldsymbol{\Phi}[\boldsymbol{B}, \boldsymbol{B}]$ eine reelle symmetrische Matrix und vermittelt über $\boldsymbol{\Psi}(\boldsymbol{z}) = \boldsymbol{A} \cdot \boldsymbol{z}$ eine hermitesche Abbildung $\boldsymbol{\Psi} : \mathbf{C}^m \to \mathbf{C}^m$ des $\mathbf{C}$-Vektorraums $\mathbf{C}^m$ mit dem Standardskalarprodukt. Es ist dann auch $\boldsymbol{\Psi}[\boldsymbol{E}, \boldsymbol{E}] = \boldsymbol{A}$, wenn $\boldsymbol{E}$ die Standardbasis von $\mathbf{C}^m$ ist. Nach obigem Satz über hermitesche lineare Abbildungen ist $\boldsymbol{\Psi}$ diagonalisierbar bezüglich einer Orthonomalbasis $\boldsymbol{F}$ von $\mathbf{C}^m$, mit reellen Eigenwerten λ. Die Spaltenvektoren $\boldsymbol{f}$ dieser Basis müssen daher alle reelle Komponenten haben, denn sie werden über die reellen Gleichungssysteme $(\boldsymbol{A} - \lambda\mathbf{1})\boldsymbol{f} = \boldsymbol{o}$ berechnet! Daher ist die Matrix $\boldsymbol{D} = \boldsymbol{\Psi}[\boldsymbol{F},\boldsymbol{F}] = \mathbf{1}[\boldsymbol{F},\boldsymbol{E}]\boldsymbol{\Psi}[\boldsymbol{E},\boldsymbol{E}]\mathbf{1}[\boldsymbol{E},\boldsymbol{F}]$ diagonal und die Matrizen $\mathbf{1}[\boldsymbol{F},\boldsymbol{E}]$, $\mathbf{1}[\boldsymbol{E},\boldsymbol{F}]$ sind reell. Ist $\boldsymbol{G}$ diejenige Basis von V, für die $\mathbf{1}[\boldsymbol{B},\boldsymbol{G}] = \mathbf{1}[\boldsymbol{E},\boldsymbol{F}]$, so ist $\boldsymbol{D} = \mathbf{1}[\boldsymbol{F},\boldsymbol{E}]\boldsymbol{\Psi}[\boldsymbol{E},\boldsymbol{E}]\mathbf{1}[\boldsymbol{E},\boldsymbol{F}] = \mathbf{1}[\boldsymbol{G},\boldsymbol{B}]\boldsymbol{\Phi}[\boldsymbol{B},\boldsymbol{B}]\mathbf{1}[\boldsymbol{B},\boldsymbol{G}]$, also ist $\boldsymbol{\Phi}$ bezüglich $\boldsymbol{G}$ die reelle Diagonalmatrix $\boldsymbol{D}$ zugeordnet.

AUFGABEN

6.25 Es sei $V = \mathbf{C}^m$ mit dem Standard-Skalarprodukt $s : V \times V \to \mathbf{C}$ und der Standard-Orthonormalbasis $\boldsymbol{E}$. Rechnen Sie nach, daß die folgenden in der Form $\boldsymbol{\Phi}[\boldsymbol{E},\boldsymbol{E}]$ gegebenen $\boldsymbol{\Phi} \in \mathcal{L}(V,V)$ normal sind, indem Sie Transformationsmatrizen $\mathbf{1}\,[\boldsymbol{B},\boldsymbol{E}]$, $\mathbf{1}\,[\boldsymbol{E},\boldsymbol{B}]$ mit Orthonormalbasis $\boldsymbol{B}$ angeben, in der $\boldsymbol{\Phi}\,[\boldsymbol{B},\boldsymbol{B}]$ diagonal ist!

a) $\boldsymbol{\Phi}\,[\boldsymbol{E},\boldsymbol{E}] = \begin{pmatrix} \frac{1}{2}+\frac{1}{2}\mathrm{i} & -\frac{1}{2}-\frac{1}{2}\mathrm{i} \\ \frac{1}{2}+\frac{1}{2}\mathrm{i} & \frac{1}{2}+\frac{1}{2}\mathrm{i} \end{pmatrix}$

b) $\boldsymbol{\Phi}\,[\boldsymbol{E},\boldsymbol{E}] = \begin{pmatrix} \frac{1}{4}\mathrm{i} & \frac{1}{4}\sqrt{3} \\ -\frac{1}{4}\sqrt{3} & \frac{3}{4}\mathrm{i} \end{pmatrix}$

c) $\boldsymbol{\Phi}\,[\boldsymbol{E},\boldsymbol{E}] = \begin{pmatrix} \frac{1}{4}\mathrm{i} & \frac{3}{4}\mathrm{i} & -\frac{1}{4}\sqrt{2} \\ \frac{3}{4}\mathrm{i} & \frac{1}{4}\mathrm{i} & \frac{1}{4}\sqrt{2} \\ \frac{1}{4}\sqrt{2} & -\frac{1}{4}\sqrt{2} & -\frac{1}{2}\mathrm{i} \end{pmatrix}$

6.26 Es sei V ein $\mathbf{C}$-Vektorraum mit Skalarprodukt $s : V \times V \to \mathbf{C}$ und $\boldsymbol{\Phi} \in \mathcal{L}(V,V)$, sowie $\boldsymbol{B} = \{\boldsymbol{b}_1,\ldots,\boldsymbol{b}_n\}$ eine Orthonormalbasis. Zeigen Sie: Ist $\{\boldsymbol{\Phi}\boldsymbol{b}_1,\ldots,\boldsymbol{\Phi}\boldsymbol{b}_n\}$ eine Orthonormalbasis, so ist $\boldsymbol{\Phi}$ unitär!

6.27 Es sei V ein $\mathbf{C}$–Vektorraum mit Skalarprodukt $s : V \times V \to \mathbf{C}$ und $\boldsymbol{\Phi},\boldsymbol{\Psi} \in \mathcal{L}(V,V)$ seien beide unitär. Zeigen Sie, daß dann auch $\boldsymbol{\Phi}\boldsymbol{\Psi}$ unitär ist!

6.28 Die folgenden Funktionen $f : \mathbf{R}^2 \to \mathbf{R}$ sind von der Form $f(\boldsymbol{x}) = s(\boldsymbol{A}\boldsymbol{x},\boldsymbol{x}) + r$, mit symmetrischer Matrix $\boldsymbol{A}$ und $r \in \mathbf{R}$. $\boldsymbol{B}$ sei eine Basis, in der die Abbildung $\boldsymbol{\Phi}(\boldsymbol{x}) = \boldsymbol{A}\boldsymbol{x}$ diagonal ist. Es sei $\boldsymbol{x}[\boldsymbol{B}] = \begin{pmatrix} y_1 \\ y_2 \end{pmatrix}$. Drücken Sie vermittels $\boldsymbol{x} = \begin{pmatrix} x_1 \\ x_2 \end{pmatrix} = \boldsymbol{x}[\boldsymbol{E}] = \mathbf{1}[\boldsymbol{E},\boldsymbol{B}]\boldsymbol{x}[\boldsymbol{B}]$ die Koordinaten x_1, x_2 durch y_1, y_2 aus und beschreiben Sie dann die Mengen $H = \{\boldsymbol{x} \in \mathbf{R}^2 \mid f(\boldsymbol{x}) = 0\}$.

a) $f(\begin{pmatrix} x_1 \\ x_2 \end{pmatrix}) = 2x_1^2 + 2x_1x_2 + 2x_2^2 + r$

b) $f(\begin{pmatrix} x_1 \\ x_2 \end{pmatrix}) = \frac{1}{2}x_1^2 + 3x_1x_2 + \frac{1}{2}x_2^2 + r$

c) $f(\begin{pmatrix} x_1 \\ x_2 \end{pmatrix}) = -\frac{1}{2}x_1^2 + x_1x_2 - \frac{1}{2}x_2^2 + r$

7 Algebraische Strukturen

7.1 Vorbemerkung zu algebraischen Strukturen

Algebraische Strukturen kommen in fast jedem Kapitel dieses Buches vor: Vektorräume, Körper, Gruppen. Worin liegt ihre besondere Bedeutung?
Strukturen drücken die Gemeinsamkeiten vieler mathematischer Objekte aus. Irgendwann einmal ist aufgefallen, daß man mit Pfeilen, die in der Mechanik Kräfte beschreiben, mit den Lösungen linearer Gleichungssysteme und mit unendlichen Zahlenfolgen auf die gleiche Art rechnen kann: es gibt jeweils eine Addition und eine Multiplikation mit Zahlen, sogar eine große Anzahl von Rechenregeln stimmen überein.
In dieser Liste von Rechengesetzen besteht die Gemeinsamkeit der verschiedenen Objekte; sie beschreibt die algebraische Struktur und definiert so die charakteristischen Merkmale eines Vektorraums. Diese Aufzählung von Regeln, die erfüllt sein müssen, hat sich als sehr effektiv erwiesen, denn alle Folgerungen, die sich aus der algebraischen Struktur herleiten lassen, müssen nicht für jedes Objekt einzeln überprüft werden, sie gelten automatisch, wenn die typischen Strukturmerkmale zutreffen. Wurde zum Beispiel gezeigt, daß auch Matrizen eine Vektorraum bilden, können sofort alle Sätze über lineare Abhängigkeit, Basen, usw. übertragen und angewendet werden.
Trotzdem gibt es für Vektorräume wie für Körper jeweils Beispiele, die fest in unserer Anschauung verankert sind: das sind bei Körpern die reellen, oder vielleicht noch stärker die rationalen Zahlen, bei Vektorräumen der dreidimensionale geometrische Raum. So besteht die Möglichkeit, auch sehr abstrakte Eigenschaften immer wieder durch konkrete Beispiele zu veranschaulichen.
In diesem Kapitel stehen zwei weitere algebraische Strukturen im Mittelpunkt: Gruppen und Ringe. Das anschauliche Vorbild für Ringe sind die ganzen Zahlen, das in anderen Abschnitten wichtigste Beispiel sind die Polynome. Sie kommen in ganz unterschiedlichen Zusammenhängen vor: als Elemente eines Vektorraums ebenso wie als Hilfsmittel, um Eigenwerte zu finden. Faktorzerlegung wie bei ganzen Zahlen und Nullstellenbestimmung bei Polynomen werden durch die Ringeigenschaften in einen Zusammenhang gebracht und verständlicher.
Für Gruppen, das sind die einfachsten algebraischen Strukturen, lassen sich aus den unterschiedlichsten Gebieten noch mehr Beispiele finden. Deshalb wird hier – als winziger Ausschnitt aus der Gruppentheorie – zu zeigen versucht, wie Ordnung in die fast unübersehbare Menge der Beispiele für Gruppen gebracht werden kann: einmal danach, ob es strukturerhaltende Abbildungen (Isomorphismen) gibt oder nicht, außerdem durch eine Einschränkung der Zahl möglicher Untergruppen.

7.2 Gruppen

7.2.1 Gruppen und Körper

Eine der häufigsten und einfachsten algebraischen Strukturen ist die **Gruppe**. Weil man viele Gemeinsamkeiten zwischen Gruppen und den bereits behandelten Körpern (vgl. Kap. 2) feststellen kann, sollen ihre charakteristischen Eigenschaften aus diesen Ähnlichkeiten entwickelt werden.

Körpereigenschaften lassen sich nur dann überprüfen, wenn es zwei Rechenoperationen gibt, eine Gruppe dagegen hat nur eine Verknüpfung, die nicht aus der Menge herausführt und beinahe die gleichen Gesetze erfüllt, die wir bei der Untersuchung der Zahlkörper kennengelernt haben: die Verknüpfung muß assoziativ sein, und es muß ein neutrales Element sowie zu jedem Element der Gruppe ein Inverses vorhanden sein.

Diese Rechenregeln erfüllt ein Körper sogar in doppelter Weise: Werden wie in vielen Beispielen die beiden Rechenoperationen als Addition und Multiplikation bezeichnet, so ist der gesamte Körper eine additive Gruppe, der Körper ohne das additive neutrale Element, $K\backslash\{0\}$, eine Gruppe bezüglich der Multiplikation. Zusätzlich gilt für beide Rechenarten das Kommutativgesetz, das nicht zu den Axiomen einer Gruppe gehört.

Gruppen, für die die Verknüpfung kommutativ ist, heißen **abelsche Gruppen**. Ein Körper ist daher gleichzeitig eine additive und eine multiplikative abelsche Gruppe.

Daß diese Eigenschaften aber noch keine vollständige Charakterisierung eines Körpers darstellt, zeigt als Gegenbeispiel Aufgabe 2.19 im Kapitel über Körper: Hier sind auf einer vierelementigen Menge zwei Verknüpfungen beschrieben, die – jede für sich allein betrachtet – alle Gruppenaxiome erfüllen; trotzdem hat die Menge keine Körperstruktur, da das Distributivgesetz nicht gültig ist. Nur wenn die Verbindung zwischen beiden Rechenarten durch das Distributivgesetz geregelt ist, können wir von einem Körper sprechen.

Zur besseren Übersicht folgt noch eine Zusammenstellung der genannten Strukturen und ihrer charakteristischen Axiome:

– Eine Menge G mit einer Verknüpfung $*$ heißt **Gruppe**, wenn folgende Axiome erfüllt sind:

  Abgeschlossenheit: $a * b \in G$ für alle $a, b \in G$,

  Assoziativität: $(a * b) * c = a * (b * c)$ für alle $a, b, c \in G$.

  Es gibt ein *neutrales Element* $e \in G$ mit $a * e = a$ für alle $a \in G$, es gibt zu jedem $a \in G$ ein *inverses Element* a^{-1} mit $a * a^{-1} = e$.

– Eine Gruppe A heißt **abelsche Gruppe**, wenn außerdem das

  Kommutativgesetz: $a * b = b * a$ für alle $a, b \in A$

  gilt. (7.1)

– Eine Menge K mit den Verknüpfungen $+$ und $\cdot$ ist genau dann ein *Körper*, wenn K eine abelsche Gruppe bez. $+$ und $K\backslash\{0\}$ eine abelsche Gruppe bez. $\cdot$ ist und wenn das

Distributivgesetz: $a \cdot (b + c) = a \cdot b + a \cdot c$ für alle $a, b, c \in K$

gilt.

7.2.2 Beispiele für Gruppen

Viele Gruppen kennen wir so gut vom „normalen" Rechnen her, daß wir sie nur aufzählen müssen: $\mathbf{Z}, \mathbf{Q}, \mathbf{R}, \mathbf{C}$ und $\mathbf{R}^n$ sind Gruppen bezüglich der Addition, $\mathbf{Q}\backslash\{0\}$, $\mathbf{R}\backslash\{0\}$ und $\mathbf{C}\backslash\{0\}$ Gruppen bezüglich der Multiplikation. Bei allen Beispielen oben sind die Verknüpfungen kommutativ, diese Gruppen sind also abelsche Gruppen. Wie wir es gewohnt sind, muß man beim Rechnen nicht auf die Reihenfolge der Summanden oder Faktoren achten.

Das erste Beispiel, das wir genauer ansehen, soll deshalb eine Gruppe sein, die nicht kommutativ ist: Eine Verknüpfung, bei der die Reihenfolge eine Rolle spielt, ist die **Matrizenmultiplikation**, wie das kurze Beispiel zeigt:

$$\begin{pmatrix} 1 & 2 \\ 3 & 4 \end{pmatrix} \cdot \begin{pmatrix} -1 & 1 \\ 0 & 2 \end{pmatrix} = \begin{pmatrix} -1 & 5 \\ -3 & 11 \end{pmatrix}, \text{ aber } \begin{pmatrix} -1 & 1 \\ 0 & 2 \end{pmatrix} \cdot \begin{pmatrix} 1 & 2 \\ 3 & 4 \end{pmatrix} = \begin{pmatrix} 2 & 2 \\ 6 & 8 \end{pmatrix}.$$

Neben der Ungültigkeit des Kommutativgesetzes macht das Rechenbeispiel die Abgeschlossenheit der zweireihigen, quadratischen Matrizen sichtbar: die Multiplikation führt nicht aus der Menge heraus, es ergeben sich immer wieder zweireihige, quadratische Matrizen.

Aus der Linearen Algebra ist diese Multiplikation außerdem als assoziative Rechenoperation bekannt (vgl. [3], Abschn. 2.1.5).

Daß die Einheitsmatrix $\mathbf{1} = \begin{pmatrix} 1 & 0 \\ 0 & 1 \end{pmatrix}$ neutrales Element ist, zeigt die Rechnung

$$\begin{pmatrix} a & b \\ c & d \end{pmatrix} \cdot \begin{pmatrix} 1 & 0 \\ 0 & 1 \end{pmatrix} = \begin{pmatrix} a & b \\ c & d \end{pmatrix}.$$

Die Algorithmen zur Berechnung inverser Matrizen liefern auch für unser Beispiel die inversen Elemente: $\begin{pmatrix} a & b \\ c & d \end{pmatrix}^{-1} = \dfrac{1}{ad - bc} \begin{pmatrix} d & -b \\ -c & a \end{pmatrix}$ und gleichzeitig diejenigen Matrizen, die keine Inversen besitzen: wenn der Nenner $ad - bc$ Null beträgt, ist der Term nicht definiert. Diese Matrizen dürfen dann auch nicht in einer Gruppe vorkommen.

Das Beispiel sieht zusammengefaßt so aus:

$M = \left\{ \begin{pmatrix} a & b \\ c & d \end{pmatrix} \middle| \, a, b, c, d \in \mathbf{R}, \; ad - bc \neq 0 \right\}$ ist eine nicht-kommutative Gruppe.

Matrizen sind in der Linearen Algebra Darstellungen von Abbildungen, invertierbare Matrizen von bijektiven Abbildungen. Es liegt daher nahe, bijektive Abbildungen direkt auf ihre Gruppeneigenschaften hin zu untersuchen. Der Übersichtlichkeit halber wollen wir als Beispiel Abbildungen zwischen endlichen Mengen betrachten. Da bei Bijektionen Definitions- und Wertemengen gleichmächtig sind, also bei endlichen Mengen die gleiche Anzahl von Elementen besitzen, beschränken wir uns auf den Fall, daß beide Mengen sogar identisch sind. Diese Abbildungen bewirken anschaulich ausgedrückt nur ein Umsortieren der Elemente, sie beschreiben daher die verschiedenen Anordnungen einer Menge, die **Permutationen**.

Bevor wir uns den Gruppeneigenschaften der Permutationen zuwenden, eine kurze Vorüberlegung zur Anzahl der Permutationen von n Elementen:

Wird etwa die Menge $M = \{1; 2; \ldots; n\}$ auf sich selbst abgebildet, so sind für die Zahl 1 n Bilder möglich, für die 2 nur noch $n-1$, denn eine Zahl ist als Bild von 1 bereits „verbraucht", für 3 sind es noch $n-2$ Möglichkeiten, usw., bis für n nur noch eine einzige Zahl übrigbleibt.

Insgesamt gibt es daher $n \cdot (n-1) \cdot (n-2) \cdot \ldots \cdot 2 \cdot 1 = n!$ Permutationen von n Elementen. (7.2)

BEISPIEL

7.1 Welche Permutationen von vier Elementen gibt es?

Lösung: Vier Elemente können so angeordnet werden:

(1 2 3 4), (1 2 4 3), (1 4 3 2), (1 3 2 4), (1 3 4 2), (1 4 2 3), ...

Hier sind die Zahlen der Definitionsmenge wie bei einer Zahlenfolge nur unsichtbar als „Platznummern" vorhanden. Für die noch fehlenden Permutationen kann in allen Beispielen die 1, die oben an ihrem Platz geblieben ist, der Reihe nach mit 2, 3 oder 4 vertauscht werden. So entstehen alle $4! = 24$ Anordnungen, die möglich sind (vgl. (7.2)). ■

Nun zu den Gruppeneigenschaften: Als Verknüpfung bietet sich das Hintereinanderausführen von zwei Abbildungen an, etwa $(p_1 \circ p_2)(k) = p_1(p_2(k))$.

BEISPIEL

7.2 Welche Permutationen sind $p_1 \circ p_2$ und $p_2 \circ p_1$ für $p_1 = (1\ 3\ 4\ 2)$ und $p_2 = (1\ 2\ 4\ 3)$?

Lösung: Es ergibt sich für $p_1 \circ p_2 = (1\ 3\ 2\ 4)$, denn aus $p_2(2) = 2$ und $p_1(2) = 3$ folgt $p_1 \circ p_2(2) = 3$; oder aus $p_2(3) = 4$ und $p_1(4) = 2$ folgt $p_1 \circ p_2(3) = 2$, ebenso $p_1 \circ p_2(4) = 4$. Dagegen ist $p_2 \circ p_1 = (1\ 4\ 3\ 2)$, d. h. $p_2 \circ p_1 \neq p_1 \circ p_2$! ■

Daß bei zweimaliger Umordnung von n Zahlen nichts anderes als eine weitere Anordnung der gleichen Zahlen herauskommt, dürfte nicht überraschen.

Das Beispiel zeigt noch mehr: Das Hintereinanderschalten von Permutationen erfüllt im Allgemeinen nicht das Kommutativgesetz. Auch dies stimmt mit den bisherigen Erfahrungen überein, denn weder die Matrizenmultiplikation noch das Hintereinanderausführen von beliebigen Abbildungen sind kommutativ.

Als Neutralelement ist die identische Abbildung $p(x) = x$ für alle x leicht zu erkennen, da sie nichts an der Reihenfolge von n Zahlen ändert.

Ebenso folgt aus allgemeinen Abbildungseigenschaften die Assoziativität:

$$x \underset{p_3}{\longrightarrow} y \underset{p_2}{\longrightarrow} z \underset{p_1}{\longrightarrow} w$$

Bildet wie in der Skizze p_1 z auf w, p_2 y auf z und p_3 x auf y ab, so sind Klammern beim Zusammenfassen von zwei Abbildungen überflüssig, denn $p_1\big(p_2(p_3(x))\big)$ ist eindeutig definiert.

Wie im Abschnitt über Körper lassen sich an einer Verknüpfungstafel für die Permutationen von drei Zahlen noch einmal die Abgeschlossenheit, Gegenbeispiele zur Kommutativität sowie die inversen Elemente ablesen. In der Tabelle steht in der senkrechten Spalte der erste, in der oberen Zeile der zweite Faktor, die Bezeichnungen bedeuten $p_1 = (1\ 2\ 3)$, $p_2 = (2\ 3\ 1)$, $p_3 = (3\ 1\ 2)$, $p_4 = (2\ 1\ 3)$, $p_5 = (1\ 3\ 2)$ und $p_6 = (3\ 2\ 1)$.

$\circ$	p_1	p_2	p_3	p_4	p_5	p_6
p_1	p_1	p_2	p_3	p_4	p_5	p_6
p_2	p_2	p_3	p_1	p_6	p_4	p_5
p_3	p_3	p_1	p_2	p_5	p_6	p_4
p_4	p_4	p_5	p_6	p_1	p_2	p_3
p_5	p_5	p_6	p_4	p_3	p_1	p_2
p_6	p_6	p_4	p_5	p_2	p_3	p_1

Hier sind noch einmal die Eigenschaften unserer Beispiele zusammengefaßt:

> Die Menge aller **Permutationen von drei Elementen** bildet mit dem Hintereinanderausführen zweier Abbildungen als Verknüpfung eine nicht-kommutative Gruppe. Sie wird auch S_3 genannt.

Ohne noch fehlende Beweise bis in ihre Einzelheiten auszuführen, soll als Ausblick die Verallgemeinerung unserer Überlegungen mitgeteilt werden:

> Alle **Permutationen von n Elementen** erfüllen mit der gleichen Verknüpfung wie bei S_3 die Gruppenaxiome und werden mit S_n bezeichnet.

Zum Schluß wollen wir noch einige andere Beispiele für Gruppen aufzählen, deren Eigenschaften aus dem Abschnitt über Körper bekannt sind: In jedem Restklassenkörper sind zwei Gruppen enthalten, eine additive und eine multiplikative, wenn man die Null wegläßt. Im Gegensatz zu den meisten Permutationsgruppen sind die Verknüpfungen in den Restklassen immer kommutativ, sie bieten also eine große Zahl von Beispielen für endliche abelsche Gruppen, kurz:

> Die Restklassen $\mathbf{Z}_p$ stellen bezüglich der Addition und $\mathbf{Z}_p\backslash\{0\}$ bezüglich der Multiplikation abelsche Gruppen mit p bzw. $p-1$ Elementen dar; p ist hier eine beliebige Primzahl.

Auch bei $\mathbf{Z}_n$, $n \in \mathbf{N}$, handelt es sich um additive abelsche Gruppen, sie werden im Abschnitt über Ringe ausführlicher diskutiert.

7.2.3 Isomorphe Gruppen

Nachdem wir nun schon mehrere Mengen mit einer Rechenoperation als Gruppen identifiziert haben, wollen wir ein wenig Ordnung in die Vielzahl der Beispiele bringen. Es kann ja durchaus passieren, daß die gleiche Struktur „verkleidet“ auftritt, das bedeutet, daß nur die Bezeichnungen für die Rechenoperation und für die Elemente verändert wurden. Woran kann man das erkennen? Reicht es vielleicht sogar aus, die Anzahl der Elemente zu wissen?

Erinnern wir uns zuerst an die linearen Räume: Hier verschafft uns der Isomorphiesatz übersichtliche Verhältnisse, denn alle endlich-dimensionalen Vektorräume über $\mathbf{R}$ sind zu $\mathbf{R}^n$, $n \in \mathbf{N}$, isomorph (vgl. Kapitel 4). Wir müssen also nur die Räume $\mathbf{R}^n$ genau kennen, denn Aussagen über n-dimensionale, andere Räume können ohne neue Beweise oder Rechnungen unmittelbar aus dem $\mathbf{R}^n$ übertragen werden. Dabei ist das wichtigste Hilfsmittel der Isomorphismus, in diesem Fall eine bijektive, lineare Abbildung zwischen zwei linearen Räumen.

Wir wollen nun untersuchen, wie man einen **Isomorphismus** für andere algebraische Strukturen in ähnlicher Weise beschreiben und anwenden kann.

Das erste charakteristische Merkmal eines Isomorphismus ist die Bijektivität. Dafür kommen nur Abbildungen zwischen gleichmächtigen Mengen infrage, bei Strukturen endlicher Mengen sind es die Permutationen, wenn Definitions- und Wertemengen übereinstimmen. Sonst handelt es sich nicht nur um ein Umsortieren der Elemente, es kommt anschaulich ausgedrückt eine Umbenennung hinzu.

Während sich die erste Eigenschaft eines Isomorphismus nur auf die beiden Mengen, die aufeinander abgebildet werden, bezieht oder genauer auf ihre Mächtigkeit, so hängt die zweite mit der algebraischen Struktur zusammen. Eine lineare Abbildung zwischen zwei linearen Räumen überträgt die beiden charakteristischen Verknüpfungen von einem Raum auf den anderen, das bedeutet, daß man Vektoren zuerst verknüpfen und dann abbilden oder zuerst die Abbildung und anschließend die entsprechenden Rechenoperationen ausführen kann, ohne daß sich das Ergebnis ändert!

Damit eine Abbildung zu einem Isomorphismus wird, muß sie daher nicht nur bijektiv sein, sondern auch **verknüpfungstreu**, man sagt auch, sie muß verträglich mit der Rechenoperation sein, kurz:

> Wenn zwei Mengen A und B die gleiche algebraische Struktur haben, $*_1$ Verknüpfung in A und $*_2$ in B ist, so heißt die bijektive Abbildung $f\colon A \to B$ **Isomorphismus**, wenn außerdem die Regel $f(x *_1 y) = f(x) *_2 f(y)$ erfüllt ist. (7.3)

Wir wollen zuerst einige „übersichtliche“ Gruppen auf Isomorphie hin untersuchen, als Beispiel drei verschiedene Gruppen mit vier Elementen.

Wir haben zwei Körper mit vier Elementen kennengelernt (vgl. 2.5.1 und 2.5.3), deren additive Struktur je eine Gruppe darstellt, ebenso wie die multiplikative des fünfelementigen Körpers, da ja das Nullelement hier weggelassen wird. Sehen wir uns die drei Gruppentafeln genauer an:

Z_4 mit $+$:

+	0	1	2	3
0	0	1	2	3
1	1	2	3	0
2	2	3	0	1
3	3	0	1	2

$Z_5\backslash\{0\}$ mit $\cdot$:

·	1	2	3	4
1	1	2	3	4
2	2	4	1	3
3	3	1	4	2
4	4	3	2	1

4-elem. Körper mit #:

#	0	1	a	b
0	0	1	a	b
1	1	0	b	a
a	a	b	0	1
b	b	a	1	0

Außer den Gruppeneigenschaften lassen diese drei Tafeln auf den ersten Blick keine gemeinsamen Strukturen erkennen. Wir probieren zuerst, den Elementen der ersten Tabelle die Bezeichnungen der zweiten zuzuordnen – vielleicht treten dann Ähnlichkeiten deutlicher hervor.
Dabei können wir unter $4! = 24$ verschiedenen Möglichkeiten auswählen, denn es gibt genau 24 Permutationen von vier Zahlen (vgl. (7.2)).
Diese Anzahl verringert sich zum Glück schnell wegen der geforderten Verknüpfungstreue: Das bedeutet nach der Formel von oben, daß das Bild $f(x+y)$ von $x+y$ auf das Verknüpfungsergebnis $f(x)\cdot f(y)$ der Bilder von x und y abgebildet wird. Wir müssen daher von vornherein einem neutralen Element wieder ein neutrales zuordnen, denn aus $f(x) = f(0+x) = f(0)\cdot f(x)$ folgt $f(0) = 1$. Dadurch hat sich die Zahl der Möglichkeiten von $4!$ auf $3! = 6$ reduziert, und wir können versuchsweise eine bijektive Abbildung $f_1\colon \mathbf{Z}_4 \to \mathbf{Z}_5\backslash\{0\}$ definieren: $f_1(0) = 1$, $f_1(1) = 4$, $f_1(2) = 3$, $f_1(3) = 2$.
Eine kurze Rechnung $f_1(3+3) = f_1(2) = 3$ und $f_1(3)\cdot f_1(3) = 2\cdot 2 = 4$ zeigt, daß diese Definition der Verknüpfungstreue widerspricht.
Ein zweiter Versuch ist erfolgreicher: $f_2(0) = 1$, $f_2(1) = 2$, $f_2(2) = 4$, $f_2(3) = 3$. Jetzt rechnet man so: $f_2(1+2) = f_2(3) = 3$ und $f_2(1)\cdot f_2(2) = 2\cdot 4 = 3$.
Eine neue Gruppentafel, bei der die Bilder in der Reihenfolge der x-Werte aus $\mathbf{Z}_4$ angeordnet sind, bestätigt: beide Gruppentafeln gleichen sich bis auf die Bezeichnungen der Elemente, es ist daher egal, ob mit der multiplikativen Gruppe von $\mathbf{Z}_5\backslash\{0\}$ oder additiven von $\mathbf{Z}_4$ gerechnet wird!

·	1	2	4	3
1	1	2	4	3
2	2	4	3	1
4	4	3	1	2
3	3	1	2	4

Wir haben also tatsächlich einen Isomorphismus zwischen beiden Gruppen gefunden, der eine so weitgehende Übereinstimmung in der Gruppenstruktur ausdrückt, daß sie nicht mehr als verschieden angesehen werden, denn alle Rechnungen und Beweise können allein durch Veränderung der Bezeichnung von Elementen und der Rechenoperation von einer Gruppe auf die andere, isomorphe, übertragen werden.
Es bleibt noch offen, ob es zwischen der dritten vierelementigen Gruppe und $\mathbf{Z}_4$ auch einen Isomorphismus gibt. Ein Bild ist wie immer festgelegt: $f(0) = 0$. Das auffälligste Kennzeichen der Tabelle sind die Neutralelemente in der Diagonalen, die als Formel ausgedrückt die Bedeutung $x\#x = 0$ für alle x haben. Diese Formel müßte daher auch in der Definitionsmenge von f, also in $\mathbf{Z}_4$, gelten, d. h. $z+z = 0$. Weil jedoch diese Gleichung nur durch 0 und $2 \in \mathbf{Z}_4$ erfüllt wird, sind die Gruppen

in diesem Fall nicht isomorph. Deshalb genügt die Anzahl der Elemente nicht, um die Gruppenstruktur eindeutig festzustellen.
Wir haben also herausgefunden, daß es zwei verschiedene, d. h. nicht isomorphe Gruppen mit vier Elementen gibt: Unser erstes Beispiel wird häufig nach $\mathbf{Z}_4$ benannt, die andere Gruppe heißt **Kleinsche Vierergruppe**. Man kann sogar zeigen, daß alle anderen Gruppen mit vier Elementen zu einer dieser beiden isomorph sind.

7.2.4 Einfache Eigenschaften von Gruppen

An dieser Stelle soll noch auf einige Gruppeneigenschaften eingegangen werden, die das Rechnen häufig erleichtern.
Zuerst untersuchen wir Beziehungen zwischen einzelnen Elementen in beliebigen Gruppen. Betrachtet man die Gruppentafel einer nicht-kommutativen Gruppe, so fällt auf, daß einige Elemente doch vertauschbar sind. So gilt in der Gruppe S_3 der Permutationen z. B. $p_2 \circ p_3 = p_1 = p_3 \circ p_2$ oder $p_4 \circ p_1 = p_1 \circ p_4$. Man kann sogar feststellen, daß immer dann Vertauschbarkeit vorliegt, wenn das neutrale Element – im Beispiel p_1 – Ergebnis ist oder verknüpft wird; wir können diese Tatsache mit einer Rechnung beweisen, ohne andere als die Gruppeneigenschaften zu benutzen; zuerst soll sie jedoch als Formel geschrieben werden:
Es gilt $a * a^{-1} = a^{-1} * a$ und $a * e = e * a$ für alle Elemente a einer Gruppe G.
Zum Beweis setzen wir $a * a^{-1} = e$ sowie $a * e = a$ voraus, dann ist

$$\begin{aligned} a^{-1} * a &= (a^{-1} * a) * e = (a^{-1} * a) * (a^{-1} * (a^{-1})^{-1}) \\ &= a^{-1} * (a * a^{-1}) * (a^{-1})^{-1} = a^{-1} * e * (a^{-1})^{-1} \\ &= a^{-1} * (a^{-1})^{-1} = e = a * a^{-1}, \end{aligned}$$

wobei der Reihe nach die Gruppenaxiome vom neutralen und inversen Element, der Assoziativität und wieder vom neutralen und inversen verwendet wurden.
Die Rechnung für die zweite Formel ist nun kürzer, weil man die erste bei der Umformung benutzen kann:

$$e * a = (a * a^{-1}) * a = a * (a^{-1} * a) = a * e.$$

Die erste Aussage kann man auch etwas anders lesen: $a^{-1} * a = e$ bedeutet auch, daß a Inverses zu a^{-1} ist, kurz: $(a^{-1})^{-1} = a$.

Als nächstes wollen wir zeigen, daß es nur ein einziges Neutralelement in einer Gruppe geben kann, und daß die Inversen eindeutig sind, es kann also nicht zwei verschiedene inverse Elemente zu irgendeinem a geben.
Beides können wir mit Hilfe einer Aussage klären:

$$a * x = b \text{ besitzt für alle } a, b \in G \text{ genau eine Lösung in } G;$$

Hiermit erhält man die Eindeutigkeit von neutralem und inversen Elementen sofort, wenn man nur an die Stelle von b a oder e einsetzt. Deshalb folgt die Begründung für die eindeutige Lösbarkeit von $a * x = b$:
Eine Lösung ist wegen $a * (a^{-1} * b) = (a * a^{-1}) * b = e * b = b$ sicher $x = a^{-1} * b$.
Wäre y eine weitere Lösung, könnte man so rechnen:

$$a * y = b = a * x \to (a^{-1} * a) * y = (a^{-1} * a) * x \to e * y = e * x \to y = x,$$

es gibt daher nicht mehr als eine Lösung.

Wir fassen noch einmal zusammen:

> In einer Gruppe G mit dem neutralen Element e gilt:
>
> $$a * a^{-1} = a^{-1} * a, \quad a * e = e * a, \quad (a^{-1})^{-1} = a \quad \text{für alle } a \in G.$$
>
> $$a * x = b \text{ ist für alle } a, b \in G \text{ eindeutig in } G \text{ lösbar.} \qquad (7.4)$$
>
> Das neutrale und die inversen Elemente sind eindeutig.

Man könnte einwenden, daß diese Eigenschaften häufig uninteressant sind, denn einige davon ergeben sich auch aus dem Kommutativgesetz, andere lassen sich aus einer Gruppentafel unmittelbar ablesen; wir haben jedoch gezeigt, daß sie auch für Gruppen gelten, die nicht abelsch sind oder die unendlich viele Elemente haben, allein wegen der übrigen Gruppenaxiome!

7.2.5 Untergruppen

Als nächstes sollen Teilmengen von Gruppen untersucht werden. Wie in der Linearen Algebra lineare Teilräume alle Vektorraumaxiome erfüllen, so gibt es auch

> **Untergruppen**, Teilmengen von Gruppen, in denen alle Gruppeneigenschaften gelten.

Die Überprüfung dieser Rechengesetze ist auch hier wie bei Teilräumen einfacher, da etwa das Assoziativgesetz nicht nachgewiesen werden muß oder weil das neutrale Element schon bekannt ist. Besonders deutlich sind Untergruppen an einer Gruppentafel zu erkennen, wir wählen wieder S_3 als

BEISPIEL

7.3 Welche Untergruppen hat S_3?

Lösung: In dem eingerahmten Bereich erkennt man eine vollständige Gruppentafel für die drei Elemente p_1, p_2 und p_3! Abgeschlossenheit, Invertierbarkeit gelten, das neutrale Element p_1 ist auch vorhanden, sogar die Kommutativität ist im Gegensatz zur gesamten Gruppe erfüllt.

$\circ$	p_1	p_2	p_3	p_4	p_5	p_6
p_1	p_1	p_2	p_3	p_4	p_5	p_6
p_2	p_2	p_3	p_1	p_6	p_4	p_5
p_3	p_3	p_1	p_2	p_5	p_6	p_4
p_4	p_4	p_5	p_6	p_1	p_2	p_3
p_5	p_5	p_6	p_4	p_3	p_1	p_2
p_6	p_6	p_4	p_5	p_2	p_3	p_1

Beim genaueren Hinsehen erkennt man noch mehr Untergruppen: sie enthalten außer dem neutralen Element p_1 jeweils eins der Elemente p_4, p_5, p_6, denn diese Permutationen sind zu sich selbst invers. ■

Da besonders bei unendlichen Gruppen die Untergruppen nicht so gut sichtbar gemacht werden können wie bei dem Beispiel, wollen wir noch eine Bedingung für Untergruppen formulieren. Weil es hauptsächlich auf die Abgeschlossenheit und

Invertierbarkeit der Rechenoperation ankommt, genügt es zu zeigen:

> Die Teilmenge U einer Gruppe G ist genau dann **Untergruppe**, wenn für alle $a, b \in U$ gilt
> $$a^{-1} * b \in U. \qquad (7.5)$$

BEISPIEL

7.4 $U=\left\{\begin{pmatrix} x & y \\ -y & x \end{pmatrix} \middle| x, y \in \mathbf{R},\ x^2+y^2 \neq 0\right\} \subset M=\left\{\begin{pmatrix} a & b \\ c & d \end{pmatrix} \middle| a, b, c, d \in \mathbf{R},\ ad-bc \neq 0\right\}$

ist Untergruppe von M soll mit dem Satz (7.5) gezeigt werden!

Lösung: Da mit $\boldsymbol{A} = \begin{pmatrix} a & c \\ -c & a \end{pmatrix}$ und $\boldsymbol{B} = \begin{pmatrix} b & d \\ -d & b \end{pmatrix}$ auch

$$\boldsymbol{A}^{-1} \cdot \boldsymbol{B} = \frac{1}{a^2+c^2} \begin{pmatrix} a & -c \\ c & a \end{pmatrix} \cdot \begin{pmatrix} b & d \\ -d & b \end{pmatrix} = \frac{1}{a^2+c^2} \begin{pmatrix} ab+cd & ad-bc \\ bc-ad & ab+cd \end{pmatrix} \text{ und}$$

$$\frac{1}{(a^2+c^2)^2} \left[(ab+cd)^2 + (ad-bc)^2\right] = \frac{b^2+d^2}{a^2+c^2} \neq 0$$

gilt, ist die Behauptung richtig. ■

Wir wollen uns nun wieder mit endlichen Gruppen, ihren Untergruppen und deren Elementezahl beschäftigen. Am Beispiel oben fällt auf, daß die sechselementige Gruppe nur Untergruppen mit zwei oder drei Elementen besitzt, daß ihre Elementezahl die der Gruppe teilt. Wir wollen uns klarmachen, daß dies kein Zufall ist.

> Die Elementezahl g einer endlichen Gruppe G hat einen Namen: sie heißt **Ordnung der Gruppe**.

Damit können wir jetzt die Verallgemeinerung (*Satz von Lagrange*) formulieren:

> Die Ordnung einer Untergruppe ist immer Teiler der Gruppenordnung.

Dazu betrachten wir zuerst wieder die Gruppentafel von S_3 als Beispiel:

BEISPIEL

7.5 Untersuchung von Gruppen- und Untergruppenordnung in S_3.

Lösung: Alle Elemente, die nicht in der Untergruppe $U_1 = \{p_1; p_2; p_3\}$ vorkommen, erhält man, wenn man ihre Elemente u der Reihe nach mit einem $a \notin U$ von außerhalb verknüpft: $u \circ p_4$ ergibt so gerade eine Spalte „neben" der eingerahmten Verknüpfungstafel der Untergruppe U_1, kurz **Nebenklasse $U_1 a$** genannt.

$\circ$	p_1	p_2	p_3	p_4	p_5	p_6
p_1	p_1	p_2	p_3	p_4	p_5	p_6
p_2	p_2	p_3	p_1	p_6	p_4	p_5
p_3	p_3	p_1	p_2	p_5	p_6	p_4
p_4	p_4	p_5	p_6	p_1	p_2	p_3
p_5	p_5	p_6	p_4	p_3	p_1	p_2
p_6	p_6	p_4	p_5	p_2	p_3	p_1

Wir erkennen auch an der Tabelle, daß U_1 und U_1p_4 disjunkt, aber U_1p_4, U_1p_5 und U_1p_6 identisch sind.
Bei einer zweielementigen Untergruppe, etwa $U_2 = \{p_1; p_6\}$ gibt es drei Nebenklassen: $U_2p_2 = \{p_2; p_4\}$ – in der Tabelle markiert –, $U_2p_3 = \{p_3; p_5\}$ und U_2 selbst, die wie oben elementefremd sind und gleichviele Elemente besitzen. ■

Wenn das immer so ist, kann man einfach rechnen:

Gehören n Elemente zu U, g Elemente zu G und gibt es m verschiedene Nebenklassen von U, so ist $n \cdot m = g$;

denn jedes Gruppenelement muß in einer Nebenklasse enthalten sein. Damit wären wir am Ziel, weil n Teiler der Gruppenordnung g ist.

Die Bedeutung dieser Aussage zeigen am besten einige Beispiele, bei denen verschiedene Untergruppen gesucht werden:

BEISPIEL

7.6 Wie viele Elemente kann eine Untergruppe einer 50-elementigen Gruppe haben?

Lösung: Wir wissen nämlich, daß sie nur Untergruppen mit 2, 5, 10 oder 25 Elementen haben kann! Bei insgesamt ca. $1{,}125 \cdot 10^{15}$ Teilmengen ist das mit Sicherheit eine sehr wichtige Einschränkung! ■

Noch deutlicher wird der Unterschied, wenn die Gruppenordnung Primzahl ist; in diesem Fall gibt es gar keine echten Untergruppen!

Wir wollen doch noch etwas genauer für den allgemeinen Fall rechnen, zuerst wird die typische Eigenschaft der Nebenklassen gezeigt:

Zwei Nebenklassen Ua und Ub sind entweder disjunkt oder identisch.

Beweis: Wenn a und $b \in U$, gilt $Ua = Ub = U$ und wir haben Glück und sind fertig.

Ist $a \in U$ und $b \in G \backslash U$ – umgekehrt rechnet man genauso –, dann ist zwar $Ua = U$ wie oben, aber $Ub \cap U = \emptyset$, weil $u * b \notin U$ für alle $u \in U$; sonst wäre nämlich auch $u^{-1} * u * b = b \in U$, was gerade ausgeschlossen wurde.

Bleibt noch $a, b \in G \backslash U$ zu betrachten: entweder ist $Ua \cap Ub = \emptyset$ oder es gibt ein $x \in Ua \cap Ub$, das bedeutet aber $u_1 * a = u_2 * b$, mit $u_1, u_2 \in U$.

Wegen $u_2^{-1} * u_1 * a = u_2^{-1} * u_2 * b = b$ und mit $u_2^{-1} * u_1 = u_3 \in U$, bzw. $u_3 * a = b \in Ua$, ist $Ub \subseteq Ua$. Ersetzt man in der letzten Rechnung u_2^{-1} durch u_1^{-1}, ergibt sich am Ende $a \in Ub$ und $Ua \subseteq Ub$; damit wissen wir: entweder gilt $Ua \cap Ub = \emptyset$ oder $Ua = Ub$.

An der Stelle dieser Beweisüberlegungen hätte man auch eine Äquivalenzrelation zu Hilfe nehmen können: Sobald man gezeigt hat, daß $x \sim y$, falls $x * y^{-1} \in U$, die Axiome einer Äquivalenzrelation erfüllt, gibt es auch Äquivalenzklassen, die disjunkt oder identisch sind. In diesem Fall sind das genau die Nebenklassen Ua.

Als nächstes ist zu beweisen, daß

U und alle Nebenklassen gleichmächtig sind.

Das ist zum Glück schnell einzusehen, denn die Abbildung $f\colon U \to Ua$ mit $f(u) = u * a$ ist bijektiv. Warum? Weil Ua als Menge der Verknüpfungsergebnisse $u * a$ definiert ist, wird kein Element von Ua als Bild ausgelassen, also ist f surjektiv. Da aus $u_1 * a = u_2 * a$ auch $u_1 = u_2$ folgt, ist f injektiv – sonst wäre mit $u_1 * a \neq u_2 * a$ auch $u_1 * a * a^{-1} = u_1 \neq u_2 = u_2 * a * a^{-1}$! Wegen beider Eigenschaften ist f bijektiv und U gleichmächtig mit Ua für alle $a \in G$.
Wir wollen im nächsten Beispiel unendliche Untergruppen und ihre Nebenklassen ansehen:

BEISPIEL

7.7 Welche Nebenklassen hat $4\mathbf{Z}$ als Untergruppe von $(\mathbf{Z}, +)$, bzw. $\{-1; 1\}$ als Untergruppe von $(\mathbf{Q}\backslash\{0\}, \cdot)$?

Lösung: Alle Vielfachen von einer natürlichen Zahl, hier ist es 4, bilden eine additive Untergruppe von $\mathbf{Z}$ (vgl. Übungsaufgaben): $4\mathbf{Z} = \{4 \cdot z \mid z \in \mathbf{Z}\}$ hat $4\mathbf{Z} + 1$, $4\mathbf{Z} + 2$, $4\mathbf{Z} + 3$ als Nebenklassen, insgesamt also vier, die alle gleichmächtig wie $4\mathbf{Z}$ sind. Hierin kann man auch gerade die Restklassen modulo 4 sehen.
Bei $\{-1; 1\}$ handelt es sich um eine ganz „kleine" Untergruppe; daher gibt es zu jeder positiven Zahl q eine Nebenklasse $\{-q, q\}$, also unendlich viele verschiedene Nebenklassen, genauso viele, wie es rationale Zahlen gibt. ■

7.2.6 Ordnung von Elementen und Untergruppen

Wir wollen nun einen Zusammenhang zwischen den Eigenschaften von einzelnen Elementen und den Untergruppen, in denen sie vorkommen, untersuchen.

BEISPIEL

7.8 Wie kann man zu einem vorgegebenen Element – hier zu $p_3 \in S_3$ und zu $1 \in (\mathbf{Z}_5, +)$ – eine Untergruppe finden, die es enthält?

Lösung: Dazu kann man so vorgehen: Außer p_3 muß in der Untergruppe von S_3 $p_3 \circ p_3 = p_2$, $p_3 \circ p_3 \circ p_3 = p_2 \circ p_3 = p_1$ vorkommen – dies ist aber schon solch eine Untergruppe, denn das Inverse von p_3, nämlich p_2 sowie das neutrale Element p_1 kommen vor!
Gehen wir genauso vor, um in $(\mathbf{Z}_5, +)$ eine Untergruppe mit 1 zu finden: $1+1 = 2$, $1+1+1 = 3$, $1+1+1+1 = 4$ und $1+1+1+1+1 = 5 \equiv 0 \bmod 5$ müssen unbedingt enthalten sein – in diesem Fall ergibt sich ganz $\mathbf{Z}_5$, also keine echte Untergruppe. ■

Zunächst vereinbaren wir eine Abkürzung für $a * a * \ldots * a$:

Wird das Element $a \in G$ i-mal mit sich selbst verknüpft, so schreiben wir $a * a * \ldots * a = a^i$.

In den beiden Beispielen ergab sich für eine Hochzahl k das neutrale Element: $(p_3)^3 = p_1$ in S_3 und 1^5, d. h. hier $1+1+1+1+1=0$ in $\mathbf{Z}_5$:

> Diese kleinste Hochzahl k mit der Eigenschaft $a^k = e$ hat einen besonderen Namen, sie heißt **Ordnung k von a**.

Man sieht gleich, daß e immer die Ordnung 1 hat. Aber es kann auch vorkommen, daß wir so eine Zahl nicht finden:

BEISPIEL

7.9 Es gibt Elemente, die keine endliche Ordnung haben.

Lösung: Wir wissen vom „normalen“ Rechnen her, daß $3^k = 1$ in der Gruppe $(\mathbf{Q}\backslash\{0\}, \cdot)$ ebensowenig durch $k \in \mathbf{N}$ lösbar ist wie in in $(\mathbf{R}\backslash\{0\}, \cdot)$ oder in $(\mathbf{C}\backslash\{0\}, \cdot)$, 3 hat in diesen Gruppen daher keine endliche Ordnung.
-1 ist dagegen in den aufgezählten Gruppen ein Element der Ordnung 2, da $(-1)^2 = 1$ gilt. ■

> In endlichen Gruppen jedoch gibt es für jedes Element eine Ordnung k.

Bilden wir der Reihe nach mehrere Potenzen von x, so haben wir spätestens bei der Gruppenordnung g als Hochzahl alle Elemente „verbraucht“, und das nächste ist schon einmal dagewesen: $x^m = x^l$, wobei $l < m \leqq g+1$ ist. Da aus $x^m = x^{m-l} * x^l = e * x^l$ folgt $x^{m-l} = e$, hat x die Ordnung $m - l \leqq g$.

Nun können wir die Untergruppen in dem Beispiel auch so beschreiben:

> Zu einem Element a der Ordnung k gibt es eine sogenannte **zyklische Untergruppe**
> $$Z = \{a; a^2; a^3; \ldots; a^k = e\}. \tag{7.6}$$

Beweis: Weil mit a^i und a^m auch $a^i * (a^m)^{-1} = a^i * a^{k-m} = a^{i+k-m} \in Z$ oder $a^i * a^{k-m} = a^k * a^{i-m} = a^{i-m} \in Z$ gilt, ist die Untergruppenbedingung erfüllt. Denn entweder hat das Resultat des Terms die Hochzahl $i - m$ für $i > m$ oder, falls $i \leqq m$, $i + (k - m)$, in beiden Fällen liegt sie zwischen 1 und k, wie bei allen Elementen von Z.

Weil die Ordnung k des Elements a gleichzeitig die Untergruppenordnung der zyklischen Gruppe ist, muß auch sie die Gruppenordnung g teilen. Damit ist der Beweis für den wichtigen Satz fast vollständig:

> Für alle Elemente x einer Gruppe mit der Ordnung g gilt $x^g = e$.

Weil die Ordnung k von x Teiler von g ist, also $g = k \cdot d$, rechnet man so

$$x^g = x^{k \cdot d} = (x^k)^d = e^d = e.$$

Für die multiplikative Gruppe $(\mathbf{Z}_p\backslash\{0\},\cdot)$ der Restklassenkörper wird daraus ein wichtiger Satz der Zahlentheorie:

$x^{p-1} \equiv 1 \bmod p$ gilt für alle $x \in \mathbf{Z}_p\backslash\{0\}$. (*Satz von Fermat*)

Mit dieser Formel lassen sich Rechenregeln für Restklassen begründen, die ganz anders aussehen, als wir es gewohnt sind – etwa $(x+y)^p = x^p + y^p$ in $\mathbf{Z}_p$ (vgl. Aufgabe 7.10), aber auch Primzahleigenschaften.

AUFGABEN

7.1 Zeigen Sie, daß die Mengen
$A = \{2^a \cdot 5^b \mid a, b \in \mathbf{Z}\}$ bezüglich der Multiplikation,
B, die Menge der Drehungen und Spiegelungen bezüglich der Hintereinanderausführung, die ein Quadrat mit der Mitte im Nullpunkt eines Koordinatensystems und achsenparallelen Seiten unverändert lassen (es gibt 8 davon!),
$C = \{f \mid f\colon G \to G,\ G \text{ Gruppe},\ f \text{ Isomorphismus}\}$ bezüglich der Hintereinanderausführung (**Automorphismengruppe**) Gruppen sind!
Ist B abelsch?

7.2 Wieviele Permutationen von 5 Elementen gibt es?

7.3 a) Warum gibt es keinen Isomorphismus zwischen $(\mathbf{Z}_6,+)$ und S_3?
b) Geben Sie einen Isomorphismus zwischen $(\mathbf{Z}_6,+)$ und $(\mathbf{Z}_7\backslash\{0\},\cdot)$ an!
c) Zeigen Sie, daß $(A,\cdot)$ aus Aufgabe 7.1 und $D = \{a + ib \mid a, b \in \mathbf{Z}\}$ bez. + isomorphe Gruppen sind!

7.4 a) Zeigen Sie, daß $E = \{1;\ -1;\ \mathrm{i};\ -\mathrm{i}\}$ eine Untergruppe von $(\mathbf{C}\backslash\{0\},\cdot)$ ist!
b) Zu welcher der beiden 4-elementigen Gruppen ist E isomorph?

7.5 Welche Untergruppen von S_4 sind zu S_3 isomorph?

7.6 Zeigen Sie, daß $n\mathbf{Z} = \{n \cdot z \mid z \in \mathbf{Z}\}$ mit einer beliebigen festen Zahl $n \in \mathbf{N}$ Untergruppe von $(\mathbf{Z},+)$ ist!

7.7 Bestimmen Sie die Nebenklassen von $(\mathbf{Z},+)$ als Untergruppe von $(\mathbf{Q},+)$!

7.8 Wieviele Elemente können Untergruppen einer Gruppe mit 30 und einer mit 31 Elementen haben?

7.9 a) Bestimmen Sie die Ordnung der Permutation $p = (2\ 3\ 4\ 1) \in S_4$, geben Sie die Elemente einer zyklischen Untergruppe an, die p enthält!
b) Welche Ordnung hat eine Transposition, d. h. Vertauschung von 2 Elementen in allen Permutationsgruppen S_n?

7.10 Zeigen Sie, daß man im Körper $\mathbf{Z}_p$, p Primzahl, $(x+y)^p \equiv x^p + y^p \bmod p$ rechnet!

7.3 Ringe

7.3.1 Ringe – Definition und Beispiele

Ebenso wie man die reellen Zahlen als „Modell" für einen Körper und den Raum unserer Anschauung als Vorbild für lineare Räume betrachten kann, gibt es eine algebraische Struktur, die die charakteristischen Eigenschaften von **Z**, der Menge der ganzen Zahlen, nachbildet. Wir wissen aus dem vorigen Abschnitt, daß **Z** eine additive abelsche Gruppe ist, jedoch keine multiplikative, denn es gibt keine inversen Elemente bezüglich der Multiplikation. Aber auch sie gehorcht den anderen Gruppenaxiomen, und wie in einem Körper sind beide Rechenarten durch das Distributivgesetz in eine Beziehung zueinander gebracht.

Z stellt also eine Zwischenform dar: Die ganzen Zahlen erfüllen mehr Gesetze als eine Gruppe, aber weniger als ein Körper. Wir wollen uns mit einer dieser Strukturen, dem Ring, etwas genauer befassen. Er wird durch die folgenden Regeln definiert:

Eine Menge R mit den Verknüpfungen $+$ und $\cdot$ heißt **Ring**, wenn
- R bezüglich der Addition eine abelsche Gruppe ist,
- die Multiplikation assoziativ ist und nicht aus R hinaus führt,
- die Distributivgesetze $a \cdot (b+c) = a \cdot b + a \cdot c$ und $(b+c) \cdot a = b \cdot a + c \cdot a$ für alle $a, b, c \in R$ gelten. (7.7)

Die Existenz eines multiplikativen neutralen Elements, in diesem Zusammenhang kurz **Einselement** genannt, wird hier ebensowenig als Axiom gefordert wie das Kommutativgesetz der Multiplikation. Man kann daher das wichtige Beispiel der ganzen Zahlen so etwas genauer beschreiben:

Z ist ein **kommutativer Ring mit Einselement**.

Bei der Suche nach weiteren Beispielen für Ringe können natürlich alle Körper genannt werden, denn sie erfüllen ja noch mehr Gesetze. Wir zählen daher auch $\mathbf{Q}, \mathbf{R}, \mathbf{C}$ und $\mathbf{Z}_p$ zu den Beispielen für Ringe.

Typischer für Ringe sind jedoch Beispiele, in denen nicht alle Körperaxiome gelten: So könnte man etwa die Restklassen $\mathbf{Z}_n$, bei denen n keine Primzahl ist, auf die Ringeigenschaften hin untersuchen: additive abelsche Gruppen sind alle von ihnen. Die Gesetze der Multiplikation und das Distributivgesetz lassen sich aus den entsprechenden Regeln für **Z** herleiten, denn jede ganze Zahl gehört in genau eine Restklasse, und wenn zunächst in **Z** zwei Seiten einer Formel beim Vergleich übereinstimmen, dann gilt dies erst recht für die zugehörigen Restklassen! Etwas genauer ist diese Argumentation am Beispiel des Distributivgesetzes ausgeführt:

BEISPIEL

7.10 Begründung des Distributivgesetzes in $\mathbf{Z}_n$:
Aus der Gültigkeit von $a \cdot (b+c) = a \cdot b + a \cdot c$ für $a, b, c \in \mathbf{Z}$ folgt unmittelbar $a \cdot (b+c) \equiv a \cdot b + a \cdot c \mod n$, also gilt diese Formel genauso für Restklassen $\mod n$. ■

Daher haben alle Restklassen modulo n die Struktur eines Rings; man spricht von den **Restklassenringen $\mathbf{Z}_n$**.
Ein anderes Beispiel für einen Ring ist mit Hilfe der Eigenschaften linearer Abbildungen leicht zu erkennen:

BEISPIEL

7.11 Alle **reellen, n-reihigen, quadratischen Matrizen** bilden einen Ring.
Begründung: Da diese Matrizen auch einen Vektorraum bilden, brauchen wir uns um die Gruppeneigenschaften bezüglich der Addition keine Gedanken zu machen, sie müssen wie bei allen linearen Räumen erfüllt sein.
Eine Multiplikation ist für quadratische Matrizen ebenfalls definiert und für sie gelten beide Distributivgesetze sowie das Assoziativgesetz, aber nicht das Kommutativgesetz.
Obwohl es die Einheitsmatrix als multiplikatives Einselement gibt, bilden die quadratischen Matrizen keine Gruppe bez. $\cdot$, denn es sind bei weitem nicht alle Matrizen dieser Form invertierbar. ■

Noch eine kurze Bemerkung zu einer weiteren Struktur:

Beschränken wir uns dagegen auf invertierbare Matrizen, die wie oben reell, n-reihig und quadratisch sind, so handelt es sich hierbei um eine additive wie auch multiplikative Gruppe, bei denen die beiden Verknüpfungen durch Distributivgesetze verbunden sind – von den Körperaxiomen fehlt daher als einziges das Kommutativgesetz der Multiplikation. Eine solche Struktur heißt auch **Schiefkörper**.
Dem nächsten Beispiel ist ein ganzer Abschnitt gewidmet, denn die Elemente dieser Ringe, die Polynome, spielen in den unterschiedlichsten mathematischen Gebieten eine wichtige Rolle.

7.3.2 Polynomringe

Was sind Polynome? Wir kennen sie aus vielen Bereichen der Mathematik als Ausdrücke wie zum Beispiel $x^2 - 1$, $3x^4 + 2x^3 - 5x^2 + x - 7$ oder $\sqrt{2} \cdot x^3 - \frac{1}{4}$. Etwas genauer ausgedrückt handelt es sich um Summen von Potenzen von x mit reellen, in manchen Fällen auch komplexen Koeffizienten, nämlich

$$\text{der Term } p(x) = \sum_{i=0}^{n} a_i x^i \text{ mit } n \in \mathbf{N} \text{ und } a_i \in \mathbf{R} \text{ heißt } \textbf{Polynom}. \qquad (7.8)$$

Was x in dieser Formel bedeutet, wird in dieser Definition nicht gesagt, es hängt ganz entscheidend davon ab, in welchem Zusammenhang mit Polynomen gearbeitet wird.

In der *Analysis* etwa untersucht man Polynomfunktionen, bei denen jedem $x \in \mathbf{R}$ die reelle Zahl $p(x)$ zugeordnet wird. Für jedes einzelne Polynom werden z. B. diejenigen Zahlen als Einsetzungen für x gesucht, für die sich charakteristische Punkte wie Extrema oder Wendestellen ergeben, die grafische Darstellung dieser

Polynomfunktion interessiert oder die Berechnung vom Inhalt einer Fläche, die von einem Kurvenstück zwischen zwei x-Werten begrenzt wird.
In der *Linearen Algebra* dagegen arbeitet man mit dem linearen Raum aller Polynome; dabei spielt nicht die Untersuchung eines einzelnen Polynoms eine Rolle, sondern ob und wie sich ein Polynom als Linearkombination aus anderen darstellen läßt, wie eine Basis aussieht usw. Hier hat x eine völlig andere Aufgabe: die verschiedenen Potenzen von x haben die gleiche Bedeutung wie die Platznummern in einer Zahlenfolge oder in einem n-Tupel; es werden für x keine Zahlen eingesetzt, sondern es wird eigentlich nur mit den Koeffizienten a_i gerechnet wie mit den Koordinaten zu einer „natürlichen" Basis, die hier aus allen Potenzen von x besteht.
In einem anderen Kapitel der Linearen Algebra, bei der Suche nach Eigenwerten einer Abbildung, tauchen Polynome als Ergebnisse von Determinanten auf. Dieses charakteristische Polynom einer Abbildung wird auf Nullstellen hin untersucht, also auf diejenigen reellen oder komplexen Zahlen x, für die $p(x) = 0$ gilt.

Damit Zusammenhänge zwischen diesen unterschiedlichen Betrachtungsweisen deutlicher erkannt werden können, werden im folgenden neben den ganzen Zahlen hauptsächlich Eigenschaften von Polynomen ausführlicher behandelt.
Die Polynome haben die algebraische Struktur eines Ringes – das ist zunächst keine Überraschung nach der Überschrift dieses Kapitels, aber es bleibt einiges zu klären, wenn auch die Addition wie im Vektorraum der Polynome definiert werden kann und wie dort die Axiome einer abelschen Gruppe erfüllt. Welche Multiplikation ist brauchbar? Es bestehen zwei Möglichkeiten: Eine ist die Multiplikation nach dem Distributivgesetz, wir behandeln dabei x wie eine reelle Zahl, oder allgemeiner: wie ein Element des Körpers, aus dem auch die Koeffizienten stammen.

BEISPIEL

7.12 Multiplikation von $p_1 = x^2 - 1$ und $p_2 = 2x + 3$ nach dem Distributivgesetz: Hier ergibt sich für das Produkt

$$p_1 \cdot p_2 = (x^2 - 1) \cdot (2x + 3) = 2x^3 + 3x^2 - 2x - 3. \qquad ■$$

Denkbar ist aber auch eine Multiplikation (multiplikative Verknüpfung) wie sie auf Abbildungen angewandt wird, wenn man Polynome in erster Linie als Funktionen ansieht: zuerst wird die eine Abbildung auf x angewandt, dann die zweite auf das Bild.

BEISPIEL

7.13 Hintereinanderausführen von $p_1 = x^2 - 1$ und $p_2 = 2x + 3$:
In diesem Fall erhält man folgende Ergebnisse:

$$p_1 \circ p_2(x) = p_1(p_2(x)) = (2x + 3)^2 - 1 = 4x^2 + 12x + 8, \text{ aber}$$

$$p_2 \circ p_1(x) = p_2(p_1(x)) = 2(x^2 - 1) + 3 = 2x^2 + 1. \qquad ■$$

Die erste Multiplikation ist kommutativ, die zweite, wie man sieht, jedoch nicht. Weil auch nur die erste Multiplikation assoziativ und distributiv ist wie Terme reeller Zahlen beim „normalen" Multiplizieren, kann das Hintereinanderschalten von Polynomabbildungen nicht als Ringoperation gewählt werden. Ein Gegenbeispiel

zum Distributivgesetz für diese Verknüpfung von Polynomen ist leicht zu finden (vgl. Aufgabe 7.12).
Daß es sich bei den Polynomen tatsächlich nur um einen Ring und nicht um einen Körper handelt, zeigt ein einfaches Beispiel. Das Polynom 1 ist wie in den reellen Zahlen das multiplikative neutrale Element, aber sobald zum Beispiel das Polynom x^2 mit einem anderen, das nicht gerade Null ist, multipliziert wird, bleibt die Potenz x^2 immer erhalten oder erhöht sich sogar, so daß es das Ergebnis 1 nicht vorkommen kann. Das Polynom x^2 hat also wie die meisten Polynome kein inverses Element im Polynomring. Das Polynom x^0 wird, wie im Reellen einsichtig, dem Polynom 1 gleichgesetzt.

Wir fassen zusammen:

> Die Polynome mit Koeffizienten aus einem Körper K bilden einen Ring $K[x] = \left\{p \mid p = \sum_{i=0}^{n} a_i x^i,\ n \in \mathbf{N},\ a_i \in K\right\}$, wobei die Verknüpfungen $+$ und $\cdot$ so definiert sind: Hat p_1 die Koeffizienten a_k, $k = 0, \ldots, m$ und p_2 die Koeffizienten b_k, $k = 0, \ldots, n$, so sind die Koeffizienten von $p_1 + p_2$ $a_k + b_k$, mit $k = 0, \ldots, m$, falls $m \geqq n$, oder $k = 0, \ldots, n$, falls $n > m$, und $c_k = \sum_{i=0}^{k} a_i \cdot b_{k-i}$ mit $k = 0, \ldots, n+m$ sind die Koeffizienten von $p_1 \cdot p_2$.
> $K[x]$ heißt auch **Polynomring über K in der Unbestimmten x.** (7.9)

7.3.3 Invertierbare und nicht invertierbare Elemente

Der auffälligste Unterschied zwischen einem Ring und einem Körper besteht in der Invertierbarkeit der Multiplikation: In einem Ring muß nicht jedes Element ein multiplikatives Inverses besitzen wie in einem Körper. Anders ausgedrückt: man kann z. B. jede Zahl eines Körpers durch jede andere teilen – nur nicht durch Null natürlich.

BEISPIEL

7.14 Invertierbarkeit der Elemente im Restklassenring $\mathbf{Z}_4$:
Wir finden hier Zahlen, die invertierbar sind, wie etwa 3, denn
$3 \cdot 3 = 9 \equiv 1 \bmod 4$ und nicht invertierbare wie 2, denn
$2 \cdot 1 = 2 \equiv 2 \cdot 3 \bmod 4$ und $2 \cdot 2 \equiv 0 \bmod 4$;
1 kommt nicht als Ergebnis einer Multiplikation mit 2 vor. ■

2 ist sogar ein Beispiel für einen *Nullteiler*; Nullteiler sind Zahlen (i. allg. Elemente) $a \neq 0$ und $b \neq 0$, für die $a \cdot b = 0$ gilt.

> Die invertierbaren Elemente eines Rings mit Einselement haben auch einen besonderen Namen, sie heißen **Einheiten**.

Wir wollen uns in diesem Abschnitt anschließend auf zwei sehr häufig vorkommende Ringe beschränken: den Ring der ganzen Zahlen $\mathbf{Z}$ und den Polynomring $K[x]$.

Beide haben Eigenschaften, die für das Rechnen bequem, aber für Ringe nicht selbverständlich sind, sie besitzen ein Einselement und keine Nullteiler.
Wie sehen Einheiten in diesen beiden Ringen aus?

BEISPIEL

7.15 Einheiten in **Z**:
Die einzigen ganzen Zahlen, die in einem Produkt mit dem Ergebnis 1 vorkommen, sind 1 und -1; alle anderen lassen sich durch diese beiden teilen. ■

Wir haben im vorigen Abschnitt $\{1; -1\}$ bereits als Gruppe erkannt; diese Eigenschaft haben Einheiten immer:

Alle Einheiten eines Rings mit Einselement bilden eine Gruppe.

Dies läßt sich leicht aus den Ringaxiomen herleiten (vgl. Aufgabe 7.13). Nun zum Polynomring:

BEISPIEL

7.16 Bestimmung der Einheiten der Polynome:
Auch hier ist $1 \in K$ das Einselement des Rings, daher suchen wir Polynome $p, q \neq 0$, für die $p \cdot q = 1$ gilt. Falls x in p vorkommt, kann x durch Multiplikation mit $q \neq 0$ niemals verschwinden, der Exponent von x wird höchstens größer, und das Produkt 1 ist damit für diesen Fall ausgeschlossen! So bleiben als invertierbare Elemente von $K[x]$ nur Polynome $p \in K\backslash\{0\}$, also Elemente, die auch im Körper K Inverse besitzen. ■

Als nächstes wollen wir „echte" Teiler genauer untersuchen, also gerade solche Ringelemente, die nicht wie die Einheiten alle anderen teilen können, sondern nur in einigen als Faktoren vorkommen: Das bedeutet,

$t \in R\backslash\{0\}$ ist **echter Teiler** von $a \in R\backslash\{0\}$, wenn es ein $s \in R$ gibt mit $t \cdot s = a$ und weder s noch t Einheiten sind.

Normalerweise drückt man in **Z** diese Eigenschaft etwas anders aus:

In **Z** gilt für einen echten Teiler t von z: $1 < \lvert t\rvert < \lvert z\rvert$.

Dies ist genau die gleiche Aussage wie im Satz oben, denn wäre t Einheit, müßte $|t| = 1$ gelten, wäre s Einheit, so folgte $|z| = |s \cdot t| = |s| \cdot |t| = 1 \cdot |t| = |t|$, aber beides ist durch die Ungleichung ausgeschlossen.
Für Polynome entspricht dem Betrag der Grad von p, also der größte Exponent des Polynoms p; die charakteristische Eigenschaft des Teilers heißt in diesem Fall:

In $K[x]$ gilt für einen echten Teiler t von p: $0 < \operatorname{Grad} t < \operatorname{Grad} p$.

Um echte Teiler finden zu können, muß man dividieren – aber wie funktioniert das ohne inverse Elemente? Ganz einfach – wir müssen mit „Rest" rechnen und mit den üblichen Divisionsverfahren:

BEISPIEL

7.17 Divisionsalgorithmus für ganze Zahlen 444 : 25 und für Polynome $(x^4 + 2x^3 + 3x^2 + 4x + 5) : (x^2 + 1)$.

In **Z**: 444= $25 \cdot 17 + 19$ mit $a = 444,\ b = 25,\ q = 17,$ und $r = 19$

$$\begin{array}{r} 444 \\ -\underline{25} \\ 194 \\ -\underline{175} \\ 19 \end{array}$$

gilt $a = b \cdot q + r$.

Oder in $K[x]$:

$$\begin{array}{r} x^4+2x^3+3x^2+4x+5 \\ -\underline{(x^4 \qquad +\ x^2\ )} \\ 2x^3+2x^2+4x \\ -\underline{(2x^3 \qquad +2x\ )} \\ 2x^2+2x+5 \\ -\underline{(2x^2 \qquad +2)} \\ 2x+3 \end{array}$$

$= (x^2 + 1) \cdot (x^2 + 2x + 2) + (2x + 3)$

Mit $a = x^4 + 2x^3 + 3x^2 + 4x + 5$
$b = x^2 + 1,\ q = x^2 + 2x + 2,$
$r = 2x + 3$
gilt ebenfalls $a = b \cdot q + r$.

■

Hierzu halten wir fest:

> In **Z** sowie in $K[x]$ gibt es zu zwei Elementen $a, b \neq 0$ genau ein r und ein q mit $a = b \cdot q + r$, so daß gilt: $|b| > |r|$ in **Z** bzw. $\operatorname{Grad} b > \operatorname{Grad} r$ in $K[x]$.

Daß q und r eindeutig bestimmt sind, soll folgende Rechnung für $K[x]$ zeigen: Gäbe es jeweils zwei Zahlen q_1 und q_2 sowie r_1 und r_2 mit $a = b \cdot q_1 + r_1$ und $a = b \cdot q_2 + r_2$, dann wäre $b \cdot q_1 + r_1 = b \cdot q_2 + r_2$ oder $b(q_1 - q_2) = r_2 - r_1$.

Da $\operatorname{Grad} r_1 < \operatorname{Grad} b$ und $\operatorname{Grad} r_2 < \operatorname{Grad} b$, gilt auch $\operatorname{Grad}(r_2 - r_1) < \operatorname{Grad} b$, weil der Grad von b durch Multiplikation mit $q_1 - q_2 \neq 0$ nicht kleiner werden kann, bleibt nur eine Möglichkeit: $q_1 - q_2 = 0$ und damit auch $r_2 - r_1 = 0$. Beide Polynome q und r sind also eindeutig!

Zu der Eindeutigkeit in **Z** soll eine kurze Bemerkung genügen: Wir rechnen zuerst wie oben, benutzen aber dann die Ungleichung

$$|b| \cdot |q_1 - q_2| = |r_2 - r_1| < |r_2| + |r_1| < 2|b|,$$

um $q_1 = q_2$ zu zeigen.

7.3.4 Der Euklidische Algorithmus

Beim Lösen von Gleichungen oder in der Bruchrechnung ist eine der wichtigsten Aufgaben das Suchen gemeinsamer Teiler von zwei Zahlen. Um alle kleineren Zahlen durch Division auf ihre Teilereigenschaft hin zu testen, müßte man sehr lange rechnen. Man benutzt daher eine Folge von speziellen Divisionen, den sogenannten **Euklidischen Algorithmus** zur Bestimmung des **größten gemeinsamen Teilers** zweier Zahlen:

BEISPIEL

7.18 Der größte gemeinsame Teiler von 414 und 150 ist gesucht.

Lösung:

Wir dividieren $a = 414$ durch $b = 150$:	$414 = 150 \cdot 2 + 114$
nun wird b durch den ersten Rest r_1 geteilt:	$150 = 114 \cdot 1 + 36$
anschließend r_1 durch r_2:	$114 = 36 \cdot 3 + 6$
dann r_2 durch r_3:	$36 = 6 \cdot 6 + 0$

Der letzte Rest $\neq 0$, also $r_3 = 6$, ist die gesuchte Zahl, da

$414 = 6 \cdot 69 = 6 \cdot 3 \cdot 23$ und $150 = 6 \cdot 25 = 6 \cdot 5 \cdot 5$.

Wie man sieht, haben 414 und 150 außer 6 keine gemeinsamen Teiler! ■

Warum funktioniert diese einfache Rechnung? Ein Teiler von beiden Zahlen a und b muß auch im Rest der Division von a durch b $(a > b)$ als Faktor vorkommen, denn aus $a = b \cdot q_1 + r_1$ folgt, wenn t gemeinsamer Teiler von a und b ist, daß auch $r_1 = a - b \cdot q_1$ durch t teilbar ist, weil t auf der rechten Seite ausgeklammert werden kann. Auf die gleiche Art zeigt man, daß t Faktor von r_2 ist, das durch $b = r_1 \cdot q_2 + r_2$ berechnet wird, und genauso von r_i, dem Rest beim Teilen von r_{i-2} durch r_{i-1}. Da mit jedem Schritt r_i kleiner wird und es höchstens $|b|$ verschiedene Reste r_i gibt, hört das Verfahren mit Sicherheit nach endlich vielen Schritten auf, wenn sich nämlich $r_m = 0$ ergibt. Der letzte Rest $r_{m-1} \neq 0$ ist genau die Zahl, die wir suchen: sie enthält alle gemeinsamen Teiler von a und b, auch ihren größten gemeinsamen Teiler!

Daß r_{m-1} nicht noch andere „unbrauchbare“ Faktoren außer den gesuchten gemeinsamen Teilern enthalten kann, soll mit der folgenden kurzen Überlegung nur angedeutet werden: Wenn $r_m = 0$ ist, wird r_{m-1} Teiler von r_{m-2}. Daraus kann man, indem man die Rechnung rückwärts von der letzten bis zur ersten Zeile liest, schließen, daß r_{m-1} auch Faktor von allen anderen Resten und von a wie von b ist – es enthält daher keine „unbrauchbaren“ Faktoren!

Der Euklidische Algorithmus ist wie der Divisionsalgorithmus auch auf Polynome übertragbar. Dazu ein Beispiel:

BEISPIEL

7.19 Es ist der größte gemeinsame Teiler von $(x^5 - 1)$ und $(x^3 - 1)$ gesucht.

Lösung:

$(x^5 - 1) = (x^3 - 1) \cdot x^2 + (x^2 - 1)$,

$(x^3 - 1) = (x^2 - 1) \cdot x + (x - 1)$,

$(x^2 - 1) = (x - 1) \cdot (x + 1) + 0$

also ist $x - 1$ Teiler von $x^5 - 1$ und von $x^3 - 1$, und es gilt

$(x^5 - 1) = (x - 1) \cdot (x^4 + x^3 + x^2 + x + 1)$ und

$(x^3 - 1) = (x - 1) \cdot (x^2 + x + 1)$. ■

Eine besondere Darstellung des größten gemeinsamen Teilers t von a und b liefert uns die folgende Formel:

> Für den größten gemeinsamen Teiler t von a und b gilt $t = a \cdot x + b \cdot y$ mit $x, y \in \mathbf{Z}$ bzw. $K[x]$.

Zur Begründung hilft auch hier der Euklidische Algorithmus:

Der erste Schritt liefert $a = b \cdot q_1 + r_1$, r_1 ist in der gewünschten Form durch a und b darstellbar, nämlich

$$r_1 = a - b \cdot q_1 \qquad (*)$$

Wenn man nun in der nächsten Zeile statt $b = r_1 \cdot q_2 + r_2$ schreibt $r_2 = b - r_1 \cdot q_2$, kann man für r_1 den Term $(*)$ einsetzen und erhält wieder eine Summe aus zwei Produkten mit a und b:

$$r_2 = -a \cdot q_2 + b(1 + q_1 q_2).$$

Jetzt ist klar, so kann es weitergehen, bis wir $r_{m-1} = t$ durch zwei Produkte mit Faktoren a bzw. b ausdrücken können.
Der Rechenweg an einem Beispiel sieht so aus:

BEISPIEL

7.20 Der größte gemeinsame Teiler von 69 und 25 soll in der Form $69x + 25y$ geschrieben werden.

Lösung: $a = 69$ und $b = 25$ haben keinen echten gemeinsamen Teiler, der größte ist daher 1 und wir bestimmen nun ganze Zahlen x und y so, daß $1 = 69x + 25y$ gilt:

$$\begin{aligned}
69 = 25 \cdot 2 + 19 \rightarrow\ & 19 = 69 - 25 \cdot 2;\\
25 = 19 \cdot 1 + 6 \rightarrow\ & 6 = 25 - 19 \cdot 1 = 25 - (69 - 25 \cdot 2) \cdot 1\\
& = 69 \cdot (-1) + 25 \cdot 3;\\
19 = 6 \cdot 3 + 1 \rightarrow\ & 1 = 19 - 6 \cdot 3 = (69 - 25 \cdot 2) - (69 \cdot (-1) + 25 \cdot 3) \cdot 3\\
& = 69 \cdot 4 + 25 \cdot (-11) = 276 - 275,
\end{aligned}$$

wir haben $x = 4$ und $y = -11$ gefunden! ■

Genauso dürfen wir mit Polynomen rechnen:

BEISPIEL

7.21 Für $x^5 - 1$ und $x^3 - 1$ soll der größte gemeinsame Teiler in der Form $(x^5 - 1)z + (x^3 - 1)y$ geschrieben werden.

Lösung: $t = x - 1$ ist der größte gemeinsame Teiler von $x^5 - 1$ und $x^3 - 1$:

$$\begin{aligned}
(x^5 - 1) &= (x^3 - 1) \cdot x^2 + (x^2 - 1) \rightarrow x^2 - 1 = (x^5 - 1) - (x^3 - 1) \cdot x^2,\\
(x^3 - 1) &= (x^2 - 1) \cdot x + (x - 1) \rightarrow\\
x - 1 &= (x^3 - 1) - (x^2 - 1) \cdot x = (x^3 - 1) - \big((x^5 - 1) - (x^3 - 1) \cdot x^2\big) \cdot x\\
&= (x^5 - 1) \cdot (-x) + (x^3 - 1) \cdot (1 + x^3)
\end{aligned}$$

Hier sind die beiden gesuchten Faktoren $z = -x$ und $y = 1 + x^3$. ■

Für den Fall von teilerfremden Zahlen oder Polynomen a und b steht in der Formel links eine 1; oder $a \cdot x - 1$ ist ein Vielfaches von b. Rechnet man in Restklassen modulo b, so ist gerade x inverses Element zu $a \bmod b$. Weil für b sowohl eine ganze Zahl wie ein Polynom denkbar ist, folgt ganz allgemein:

> a ist genau dann in der Restklasse modulo b invertierbar, wenn a und b keine gemeinsamen Teiler besitzen.

Das erste Beispiel (7.14) im vorigen Abschnitt verlangt nun fast keine Rechnung mehr: Da 3 und 4 teilerfremd sind, 2 und 4 aber nicht, ist die Invertierbarkeit von 3 und nicht von 2 in $\mathbf{Z}_4$ sofort klar.

7.3.5 Einsetzungen in Polynome

Bisher haben wir festgestellt, daß man mit Polynomen bei vielen Berechnungen umgehen kann wie mit ganzen Zahlen: Man kann sie dividieren, in Faktoren zerlegen oder den größten gemeinsamen Teiler bestimmen. Sie wurden dabei immer als ganzes betrachtet, ohne zu berücksichtigen, daß man anstelle von x „etwas" in ein Polynom einsetzen kann. In diesem Abschnitt geht es um die Frage, was dieses „etwas" sein darf und welche Zusammenhänge es zu den Faktoren eines Polynoms gibt.

Beginnen wir mit einem ganz einfachen Polynom: $x - k \in K[x]$ wird zu 0, falls man statt x die Zahl $k \in K$ einsetzt, k ist Nullstelle von $x - k$.

> Allgemein heißt die Zahl $k \in K$ **Nullstelle des Polynoms** p, falls sich 0 ergibt, wenn man in p statt x k einsetzt, kurz $p(k) = 0$.

Wir bezeichnen hier die Elemente eines Körpers K oft als Zahlen, da man bei Körpern nahezu ausschließlich an Zahlenkörper ($\mathbf{Z}, \mathbf{Q}, \mathbf{R}, \mathbf{C}$) denkt.

Interessant ist nun, daß nicht nur $x - k$ die Nullstelle k hat, sondern auch alle Polynome, die $x - k$ als Faktor enthalten:

> $k \in K$ ist Nullstelle des Polynoms p genau dann, wenn p durch $x - k$ teilbar ist.

Das läßt sich mit der Divisionsformel einfach zeigen:

Ist p durch $x - k$ teilbar, so gilt $p = (x - k) \cdot q$. Setzt man nun für $x = k$ ein, so wird aus q eine Zahl des Körpers K und $x - k$ wird zu 0 ebenso wie das Produkt. Das heißt aber, daß $p(k) = 0$ ist oder k Nullstelle von p.

Umgekehrt, wenn k Nullstelle von p, teilt man p durch $x - k$ und erhält $p = (x - k) \cdot q + r$ mit $\text{Grad}\,(x - k) = 1 > \text{Grad}\, r$, d. h., r muß den Grad 0 haben, also eine Zahl aus K sein. Setzt man nun für x k ein, sieht die Gleichung so aus: $0 = 0 \cdot q + r$. Der Rest r ist daher 0 oder $x - k$ teilt p!

Dieser Satz hat eine große praktische Bedeutung beim Suchen der Nullstellen eines Polynoms, das durch Division durch Faktoren, die sich aus bereits bekannten Nullstellen ergeben, schrittweise vereinfacht werden kann.

Auch die Anzahl der Nullstellen kann hierdurch begrenzt werden: ein Polynom vom Grade n läßt sich höchstens in n Faktoren $x - k_i$ zerlegen.

Jedes Polynom vom Grade n hat höchstens n verschiedene Nullstellen.

Zum Abschluß wollen wir noch zeigen, daß man nicht nur Körperelemente statt x in ein Polynom einsetzen kann: Welche Rechnungen kommen beim Einsetzen von x vor? x muß mit sich selbst und Zahlen aus K multipliziert und anschließend addiert werden können, dann wird aus einem Polynom ein Term mit einem ganz konkreten Wert.

BEISPIEL

7.22 In das Polynom $x^2 + 3x - 4$ soll die Matrix $\boldsymbol{M} = \begin{pmatrix} -4 & 0 \\ 2 & 1 \end{pmatrix}$ für x eingesetzt werden.

Lösung: Für $x^2 + 3x$ macht das Einsetzen keine Schwierigkeiten, wie aber addiert man 4 zu einer Matrix? Lesen wir $4 = 4 \cdot x^0 = 4 \cdot \boldsymbol{E}$, wobei $\boldsymbol{E}$ das Einselement der Matrizenmultiplikation ist, kommen wir weiter:

$$\begin{aligned} \boldsymbol{M}^2 + 3 \cdot \boldsymbol{M} - 4\boldsymbol{E} &= \begin{pmatrix} -4 & 0 \\ 2 & 1 \end{pmatrix} \cdot \begin{pmatrix} -4 & 0 \\ 2 & 1 \end{pmatrix} + 3 \cdot \begin{pmatrix} -4 & 0 \\ 2 & 1 \end{pmatrix} - 4 \cdot \begin{pmatrix} 1 & 0 \\ 0 & 1 \end{pmatrix} \\ &= \begin{pmatrix} 16 & 0 \\ -6 & 1 \end{pmatrix} + \begin{pmatrix} -12 & 0 \\ 6 & 3 \end{pmatrix} - \begin{pmatrix} 4 & 0 \\ 0 & 4 \end{pmatrix} = \begin{pmatrix} 0 & 0 \\ 0 & 0 \end{pmatrix} \end{aligned}$$

Auch in der Faktorschreibweise $x^2 + 3x - 4 = (x+4) \cdot (x-1)$ erhalten wir die Nullmatrix:

$$\begin{aligned} (\boldsymbol{M} + 4\boldsymbol{E})(\boldsymbol{M} - 1\boldsymbol{E}) &= \left(\begin{pmatrix} -4 & 0 \\ 2 & 1 \end{pmatrix} + \begin{pmatrix} 4 & 0 \\ 0 & 4 \end{pmatrix} \right) \cdot \left(\begin{pmatrix} -4 & 0 \\ 2 & 1 \end{pmatrix} - \begin{pmatrix} 1 & 0 \\ 0 & 1 \end{pmatrix} \right) \\ &= \begin{pmatrix} 0 & 0 \\ 2 & 5 \end{pmatrix} \cdot \begin{pmatrix} -5 & 0 \\ 2 & 0 \end{pmatrix} = \begin{pmatrix} 0 & 0 \\ 0 & 0 \end{pmatrix} \end{aligned}$$ ■

Die Matrizen bilden einen Ring mit Einselement, man kann sie außerdem mit Körperelementen multiplizieren und dabei vertauschen, also $k\boldsymbol{M} = \boldsymbol{M}k$ – genau diese Formel begründet nämlich die Übereinstimmung von

$$(\boldsymbol{M}+4\boldsymbol{E})(\boldsymbol{M}-1\boldsymbol{E}) = \boldsymbol{M}^2 + 4 \cdot \boldsymbol{M} + \boldsymbol{M}(-1) - 4\boldsymbol{E} \quad \text{mit } \boldsymbol{M}^2 + 3 \cdot \boldsymbol{M} - 4\boldsymbol{E}!$$

Dieses Resultat wollen wir ohne Beweis verallgemeinern und etwas eleganter formulieren:

Die Abbildung φ: $K[x] \to R$ mit $\varphi(p) = p(r)$, die jedem Polynom $p \in K[x]$ den Term $p(r)$ zuordnet, der sich durch Einsetzen des Ringelements $r \in R$ für x ergibt, ist verknüpfungstreu für beide Ringverknüpfungen, wenn R ein Ring mit Einselement ist und für alle $k \in K$ $rk = kr$ gilt.
Diese Abbildung φ heißt auch **Einsetzungshomomorphismus**. (7.10)

Noch anders ausgedrückt bedeutet die Verknüpfungstreue unserer Abbildung φ, daß das Ergebnis der Einsetzung gleich bleibt, egal, ob ein Polynom vor oder nach dem Einsetzen ausmultipliziert bzw. faktorisiert wurde.

AUFGABEN

7.11 a) Zeigen Sie, daß die Menge $n\mathbf{Z} = \{n \cdot z \mid z \in \mathbf{Z}\}$ aller Vielfachen ganzer Zahlen mit der üblichen Addition und Multiplikation ein Ring ist, wenn n eine beliebige natürliche Zahl ist!

b) Zeigen Sie, daß die Teilmenge der zweireihigen Matrizen $\boldsymbol{M}_2 \subset \boldsymbol{M}$ mit $\boldsymbol{M}_2 = \left\{ \begin{pmatrix} a & b \\ 0 & a \end{pmatrix} \middle| \, a, b \in \mathbf{Q} \right\}$ ein **kommutativer** Ring ist!

c) Ist $\mathbf{Z}(i) = \{a + b\,\mathrm{i} \mid a, b \in \mathbf{Z}\} \subset \mathbf{C}$ ein Ring?

7.12 Zeigen Sie am Beispiel der Polynome $f = x^2$, $g = x + 2$, $h = x^3$, daß das Distributivgesetz für Polynome mit reellen Koeffizienten nicht gilt, wenn man neben der Addition als zweite Verknüpfung das Hintereinanderschalten von zwei Polynomabbildungen wählt!
Bestätigen Sie für die gleiche Rechenoperation die Gültigkeit des Assoziativgesetzes an diesem Beispiel!

7.13 a) Beweisen Sie, daß die Menge der Einheiten in einem Ring mit Einselement eine Gruppe bildet!

b) Bestimmen Sie die Einheiten für den Ring $\boldsymbol{M}_2$,

c) und für $\mathbf{Z}(i)$ (vgl. Aufg. 7.11)!

7.14 Welche Matrizen sind Nullteiler im Ring $\boldsymbol{M}_2$?

7.15 Beweisen Sie die Eindeutigkeit der Zahlen r und q in der Formel $a = b \cdot q + r$ für ganze Zahlen $a, b \neq 0$ mit $|r| < |b|$! Benutzen Sie die im Text angegebene Ungleichung!

7.16 Berechnen Sie mit dem Euklidischen Algorithmus den größten gemeinsamen Teiler

a) der Zahlen $a = 840$ und $b = 1275 \in \mathbf{Z}$,

b) der Polynome $f = 2x^4 - 23x^2 - 144$ und $g = x^3 + 4x^2 - 6x - 24 \in \mathbf{Q}[x]$!

7.17 Zeigen Sie, daß $x - 4$ ein Teiler von $f = 2x^4 - 23x^2 - 144$ ist! Bestimmen Sie die Nullstellen sowie die anderen Faktoren von $f \in \mathbf{Q}[x]$!

7.18 In welche Faktoren kann man das Polynom $f = x^6 - 4x^4 - 4x^2 + 16$ zerlegen, wenn man in

a) $\mathbf{Q}[x]$,

b) $\mathbf{R}[x]$,

c) $\mathbf{C}[x]$ rechnet?

7.19 Setzen Sie für x

a) die Matrix $\begin{pmatrix} 3 & -5 \\ 2 & 1 \end{pmatrix}$ in das Polynom $f = x^2 + 2x + 5$ ein,

b) die Zahl 3 in f ein, und berechnen sie je einmal in $\mathbf{Z}$, in $\mathbf{Z}_5$ und in $\mathbf{Z}_6$ das Ergebnis dieser Einsetzung!

7.20 Zeigen Sie: Alle Zahlen aus $\mathbf{Z}_6$ ergeben für x in $p = x^3 - x$ eingesetzt 0. Welche Eigenschaft von $\mathbf{Z}_6$ ist der Grund dafür?

8 Lineare Optimierung

8.1 Lineare Programme

Ein Lebensmittelproblem

Ein Konsument hat einen täglichen Bedarf von 600 g Kohlehydraten und von 300 g Eiweiß. Er möchte diesen Bedarf mit den Nahrungsmitteln Reis und Fisch decken.
Reis enthält pro kg 600 g Kohlehydrate und 150 g Eiweiß.
Fisch enthält pro kg 200 g Kohlehydrate und 600 g Eiweiß.
Die Kosten für Reis und Fisch sind 1 DM/kg und 2 DM/kg.

Frage: Wie soll der Konsument Reis und Fisch einkaufen, um zur Deckung seines Bedarfs möglichst wenig Geld auszugeben?
Wir wollen die Aufgabe zunächst durch ein adäquates mathematisches Modell beschreiben. Die vom Konsumenten steuerbaren Größen sind die einzukaufenden Mengen: Er kauft pro Tag x kg Reis und y kg Fisch. Mit diesen beiden Variablen schreibt sich das Problem des Konsumenten folgendermaßen:

$$
\begin{array}{lrcll}
 & \text{(Reis)} & & \text{(Fisch)} & \\
\min & 1\cdot x & + & 2\cdot y & \text{(Kosten)} \\
 & 0,6\cdot x & + & 0,2\cdot y \geqq 0,6 & \text{(Kohlenhydrate)} \\
 & 0,15\cdot x & + & 0,6\cdot y \geqq 0,3 & \text{(Eiweiß)} \\
 & & x,y \geqq 0 & &
\end{array}
$$

Hierbei handelt es sich um ein „Lineares Programm" des folgenden Typs

$$
\text{(P):} \qquad \left|\begin{array}{c} \min\ \boldsymbol{c}\cdot\boldsymbol{x} \\ \boldsymbol{A}\cdot\boldsymbol{x} \geqq \boldsymbol{b} \\ \boldsymbol{x} \geqq \boldsymbol{o} \end{array}\right|
$$

wobei die Bezeichnungen $\boldsymbol{A}, \boldsymbol{b}, \boldsymbol{c}$ und $\boldsymbol{x}$ offensichtlich sind. Das Ungleichheitszeichen in Vektorungleichungen ist hier und im folgenden koordinatenweise zu verstehen.
Da in diesem Falle nur zwei Variable vorkommen, läßt sich (P) leicht geometrisch lösen. Den Ungleichungen entsprechen Halbebenen im $\mathbf{R}^2$. Der Durchschnitt dieser Halbebenen liefert den „zulässigen Bereich". Gesucht ist der zulässige Punkt mit minimalen Kosten.

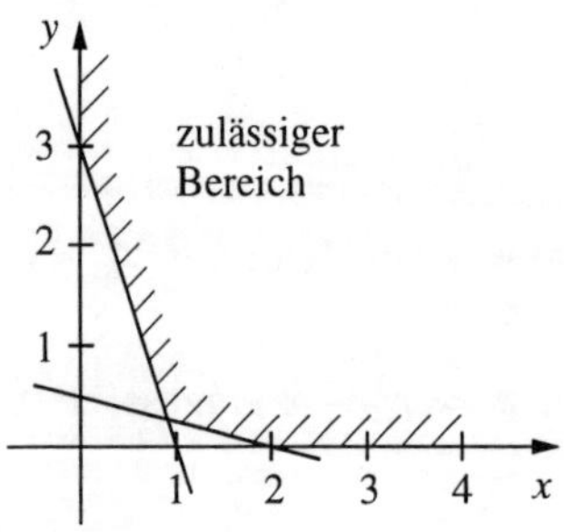

Bild 8.1

Es ist sinnvoll, nach „Höhenlinien" zu suchen, also nach Linien gleicher Kosten $K \in \mathbf{R}$. Die Kosten sind K für alle Punkte $(x; y)$ mit

$$x + 2y = c$$

und wir erkennen: Die Linien gleicher Kosten sind Geraden.
Die Kosten sind umso geringer, je kleiner K ist, d. h., je „tiefer" die Kostengerade liegt. Da wir die Kosten minimieren möchten, suchen wir das K, bei dem die Kostengerade den zulässigen Bereich gerade noch berührt.
Aus der Skizze erkennen wir den optimalen Punkt: Es ist der Schnittpunkt der „Kohlehydratgeraden" und der „Eiweißgeraden", also die Lösung der beiden Gleichungen

$$\begin{aligned} 6x + 2y &= 6 \\ 1{,}5x + 6y &= 3 \end{aligned}$$

Die Lösung davon ist $(x; y) = (10/11; 3/11)$. Die zugehörigen optimalen Kosten sind

$$1 \cdot 10/11 + 2 \cdot 3/11 = 16/11.$$

Ein **lineares Optimierungsproblem (lineares Programm)** kann eine der folgenden Formen haben

Standardform (P): $\left|\begin{array}{c} \max \boldsymbol{c} \cdot \boldsymbol{x} \\ \boldsymbol{A} \cdot \boldsymbol{x} = \boldsymbol{b} \\ \boldsymbol{x} \geqq \boldsymbol{o} \end{array}\right|$ $(m \times n)$-Matrix $\boldsymbol{A} = (a_{ij})$, $\boldsymbol{c}, \boldsymbol{x} \in \mathbf{R}^n$, $\boldsymbol{b} \in \mathbf{R}^m$

Kanonische Form (P): $\left|\begin{array}{c} \max \boldsymbol{c} \cdot \boldsymbol{x} \\ \boldsymbol{A} \cdot \boldsymbol{x} \leqq \boldsymbol{b} \\ \boldsymbol{x} \geqq \boldsymbol{o} \end{array}\right|$

Neben diesen beiden Grundformen von linearen Programmen sind auch andere Formen und Mischformen möglich (wir stellen sie später vor).

Wir nennen $\boldsymbol{c} \cdot \boldsymbol{x}$ die **Zielfunktion**
$\boldsymbol{A}$ die **Koeffizientenmatrix**
$\boldsymbol{b}$ die **Restriktionsspalte**

Die Matrix $\boldsymbol{A}$ hat die Zeilen $\boldsymbol{a}_i$, $i = 1, \ldots, m$ und die Spalten $\boldsymbol{a}^j$, $j = 1, \ldots, n$.
Ein Vektor $\boldsymbol{x}$ mit $\boldsymbol{A} \cdot \boldsymbol{x} = \boldsymbol{b}$ (bzw. $\boldsymbol{A} \cdot \boldsymbol{x} \leqq \boldsymbol{b}$) und $\boldsymbol{x} \geqq \boldsymbol{o}$ ist eine **zulässige Lösung** für (P).
Gesucht ist eine **Optimallösung** für (P), d. h. eine zulässige Lösung mit maximalem Zielfunktionswert.

BEISPIEL

8.1 aus [Sakarovitch]

$$(P): \left|\begin{array}{r} \max x + y \\ 2x + y \leqq 8 \\ x + 2y \leqq 7 \\ y \leqq 3 \\ x, y \geqq 0 \end{array}\right| \qquad \boldsymbol{c} = (1, 1) \begin{pmatrix} 1 \\ 1 \end{pmatrix}$$

Wir haben nur zwei Variable, das Problem läßt sich also wieder geometrisch lösen. Die Zielfunktion läßt sich sichtbar machen durch die zugehörigen Höhenlinien.

Noch einfacher läßt sich die Zielfunktion sichtbar machen durch den Zielfunktionsvektor $\boldsymbol{c}$: Man positioniert $\boldsymbol{c}$ als Pfeil in der Ebene. Dieser Pfeil steht dann senkrecht auf den Höhenlinien und läßt die Optimallösung unmittelbar erkennen.

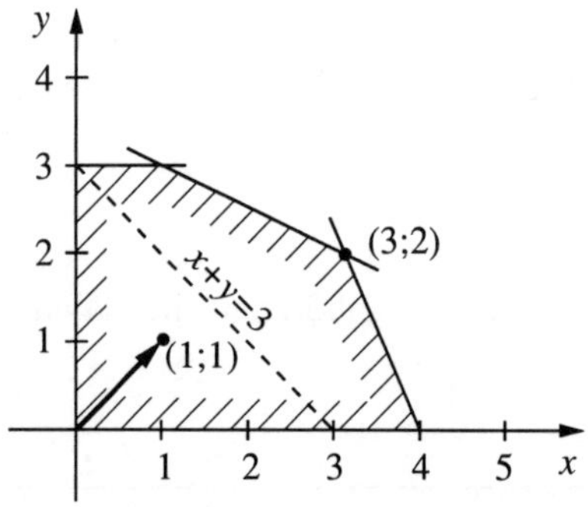

Bild 8.2

In diesem Beispiel ist der zulässige Bereich **konvex** (das bedeutet: wenn man den Bereich mit einem Faden umspannt, so gehört alles im Fadeninneren zum Bereich dazu, oder: der Bereich hat keine Einbuchtungen).

Der zulässige Bereich hat 5 Ecken und eine dieser Ecken, nämlich $(3;2)$, als einzige Optimallösung. ■

Das lineare Programm des letzten Beispiels hatte genau eine Optimallösung. Das muß nicht so sein. Hätte der Zielfunktionsvektor senkrecht zu einer der begrenzenden Kanten gestanden, so wäre ein ganzes Geradenstück optimal gewesen. Ferner ist es natürlich möglich, daß die Nebenbedingungen sich widersprechen. Dann gibt es weder zulässige noch optimale Lösungen. Wenn andererseits die Nebenbedingungen nur hinreichend „schwach“ sind, so kann der zulässige Bereich unbeschränkt groß sein.

Man kann die möglichen Fälle hinsichtlich der Größe des zulässigen Bereichs folgendermaßen klassifizieren:

- Die Nebenbedingungen widersprechen sich. Dann gibt es keine zulässige Lösung.
- Der zulässige Bereich ist nichtleer und beschränkt. Dann gibt es mindestens eine Optimallösung.
- Der zulässige Bereich ist unbeschränkt groß. Dann kann je nach Richtung des Zielfunktionsvektors eine Optimallösung existieren, muß aber nicht.

BEISPIEL

8.2 Den dritten Fall demonstrieren die beiden folgenden linearen Programme:

$$\left|\begin{array}{c}\max x+y\\ y \leqq 1+x/2\\ x,y \geqq 0\end{array}\right| \qquad \left|\begin{array}{c}\min x+y\\ y \leqq 1+x/2\\ x,y \geqq 0\end{array}\right|$$

Man veranschauliche sich diese beiden Datensätze graphisch! ■

Wir haben zwei unterschiedliche Formen von linearen Programmen eingeführt, die Standardform und die kanonische Form. Dies geschah eher aus praktischen Gründen. Prinzipiell wäre es nicht nötig gewesen, denn unterschiedliche Formen von linearen Programmen lassen sich ineinander überführen. – Wir wollen einige dieser Möglichkeiten vorstellen.

Unterschiedliche Formen von linearen Programmen

(i) Manchmal ist die Zielfunktion zu minimieren statt zu maximieren. Dieser Fall läßt sich durch Vorzeichenänderung auf den Standardfall zurückführen:

$$\begin{array}{ll} \text{Die Zielfunktion} & \min \boldsymbol{c} \cdot \boldsymbol{x} \\ \text{ist äquivalent zu} & \max -\boldsymbol{c} \cdot \boldsymbol{x} \end{array} \tag{8.1}$$

Achtung: Kehrt man das Vorzeichen der Zielfunktion um, so darf man nicht vergessen, am Ende der Rechnung das Vorzeichen des ausgerechneten Wertes auch wieder umzukehren!

(ii) Gleichungen lassen sich bei Verdoppelung der Datensatzgröße in Ungleichungen überführen:
Das Standardproblem

$$\boldsymbol{A} \cdot \boldsymbol{x} = \boldsymbol{b}$$

ist äquivalent zum kanonischen Problem

$$\begin{array}{rl} \boldsymbol{A} \cdot \boldsymbol{x} & \leqq \boldsymbol{b} \\ -\boldsymbol{A} \cdot \boldsymbol{x} & \leqq -\boldsymbol{b} \end{array} \tag{8.2}$$

(iii) In der Praxis wichtiger ist der umgekehrte Fall: Überführen von Ungleichungen in Gleichungen.

$$\begin{array}{rl} x + y & \leqq 1 \\ x - y & \leqq 4 \\ y & \leqq 3 \end{array}$$

In den Ungleichungen wird das, was zur Gleichheit fehlt, einfach durch eine (nichtnegative) Variable ausgedrückt. Das was fehlt, kann in den Ungleichungen aber unterschiedlich groß sein, also brauchen wir unterschiedliche Variable:

$$\begin{array}{rcccl} x + y & +s_1 & & & = 1 \\ x - y & & +s_2 & & = 4 \\ y & & & +s_3 & = 3 \\ & & s_1, s_2, s_3 & \geqq 0 & \end{array}$$

Wir formulieren das allgemein:
Das Problem $\boldsymbol{A} \cdot \boldsymbol{x} \leqq \boldsymbol{b}$ wird ersetzt durch $\boldsymbol{A} \cdot \boldsymbol{x} + \boldsymbol{1} \cdot \boldsymbol{s} = \boldsymbol{b}$, $\boldsymbol{s} \geqq \boldsymbol{o}$

$$m\underbrace{\boxed{\boldsymbol{Ax}}}_{n} \leqq \boxed{\boldsymbol{b}} \qquad m\boxed{\boldsymbol{Ax}} + \underbrace{\boxed{\boldsymbol{1s}}}_{m} = \boldsymbol{b} \tag{8.3}$$

Hier ist $\boldsymbol{1}$ die (m, m)-Einheitsmatrix.
Die in $\boldsymbol{s} = (s_1, \ldots, s_m)^{\mathrm{T}}$ enthaltenen Variablen sind die **Schlupfvariablen**.

(iv) Manchmal ist eine Variable in $\boldsymbol{x}$ nicht auf positives Vorzeichen beschränkt, sondern ist beliebig reell (auch negativ) zugelassen. In diesem Fall machen wir es uns zunutze, daß sich jede reelle Zahl als Differenz zweier nichtnegativer Zahlen schreiben läßt. Wir ersetzen also

$$x \in \mathbf{R} \quad \text{durch} \quad \begin{aligned} x &= x^+ - x^- \\ x^+, x^- &\geqq 0 \end{aligned} \tag{8.4}$$

Man beachte: Diese Substitution ist nicht eindeutig. Es ist

$$-3 = 0 - 3, \text{ aber auch}$$
$$-3 = 1 - 4$$

Das aus der Substitution resultierende lineare Programm hat also mehr zulässige Lösungen als das gegebene lineare Programm. Aber diese Mehrdeutigkeit ist unproblematisch.

Randbemerkung:
Das folgende „lineare Programm“ kam bisher nicht vor

$$\left| \begin{array}{l} \max \boldsymbol{c} \cdot \boldsymbol{x} \\ \boldsymbol{A} \cdot \boldsymbol{x} = \boldsymbol{b} \end{array} \right|$$

also Gleichungen und keine Nichtnegativitätsbedingungen. Dieses lineare Programm ist vergleichsweise trivial und damit uninteressant.
Denn lineare Programme bekommen ihre Schwierigkeit erst durch die an irgendeiner Stelle auftauchenden Ungleichungen. (Nichtnegativitätsbedingungen sind auch Ungleichungen!) Hätten wir es nur mit Gleichungen zu tun, so könnten wir die klassischen Methoden aus Analysis und Linearer Algebra einsetzen.
Der zulässige Bereich eines linearen Programms enthält normalerweise unendlich viele zulässige Lösungen. Bei der Suche nach der Optimallösung sucht man also das beste Element einer unendlichen Menge. In der Tat ist es ganz so schwierig nicht. Das Beispiel 8.1 (von Sakarovitch) legt die Vermutung nahe, daß wir uns bei der Suche nach einer Optimallösung auf die Ecken des zulässigen Bereichs beschränken können.
Die Frage wäre dann, wie wir die Ecken des zulässigen Bereichs algebraisch in einer für den Rechner handhabbaren Weise beschreiben können. Wir demonstrieren das am Beispiel von Sakarovitch:

$$\left| \begin{array}{rl} \max & x + y \\ & 2x + y \leqq 8 \\ & x + 2y \leqq 7 \\ & y \leqq 3 \\ & x, y \geqq 0 \end{array} \right|$$

Wir lassen die Zielfunktion für den Moment weg und führen Schlupfvariable ein:

$$\left| \begin{array}{l} 2x + y + s_1 = 8 \\ x + 2y + s_2 = 7 \\ y + s_3 = 3 \\ x, y, s_1, s_2, s_3 \geqq 0 \end{array} \right|$$

Um nicht immer die Variablen mitführen zu müssen, benutzen wir die Tableauform:

x	y	s_1	s_2	s_3	
2*	1	|1|	0	0	8
1	2	0	|1|	0	7
0	1	0	0	|1|	3

Tableau 1

Wir räumen die ersten beiden Spalten aus; die Pivots sind mit „*“ markiert:

x	y	s_1	s_2	s_3		
$\|2\|$	1	1	0	0	8	
0	3^*	-1	$\|2\|$	0	6	Tableau 2
0	1	0	0	$\|1\|$	3	
$\|6\|$	0	4	-2	0	18	
0	$\|3\|$	-1	2	0	6	Tableau 3
0	0	1	-2	$\|3\|$	3	

Warum die Pivots gerade in der beschriebenen Weise gesetzt wurden, werden wir später genauer diskutieren.
Wir haben drei Tableaus, jedes mit einer anderen Basis und zugehörigen Nebenvariablen.
Die zu einem Tableau (zu einer Basis) gehörende **Basislösung** bekommen wir durch Nullsetzen der Nebenvariablen (und nachfolgendes Ausrechnen der Basisvariablen, die Basis ist durch | | gekennzeichnet).
Die zu Tableau 1 gehörende Basislösung ist (x und y Nullsetzen)

$$(x; y; s_1; s_2; s_3) = (0; 0; 8; 7; 3) \quad \text{insbesondere} \quad (x; y) = (0; 0)$$

und wir erkennen (vergleiche die zugehörige Grafik): Diese Basislösung entspricht einer Ecke des zulässigen Bereichs (nämlich dem Nullpunkt der Ebene).
Die zu Tableau 3 gehörende Basislösung (s_1 und s_2 Nullsetzen) ist

$$(x; y; s_1; s_2; s_3) = (3; 2; 0; 0; 1) \quad \text{insbesondere} \quad (x; y) = (3; 2)$$

und diese Lösung hatten wir früher schon als Optimallösung erkannt. Sie entspricht ebenfalls einer Ecke des zulässigen Bereichs, der optimalen Ecke.
Nach diesem Beispiel hat es den Anschein, als entsprächen die Ecken des zulässigen Bereichs den zulässigen Basislösungen. Das hieße, wir könnten die (im Grunde noch undefinierten) Ecken ignorieren und uns konzentrieren auf die rechnerisch gut handhabbaren Basislösungen.
Bei theoretischen Erörterungen müssen wir manchmal voraussetzen, daß die Koeffizientenmatrix $\boldsymbol{A}$ vollen Rang hat (d. h., die Zeilen von $\boldsymbol{A}$ sind linear unabhängig). In der Praxis muß das natürlich nicht der Fall sein. Hat $\boldsymbol{A}$ keinen vollen Rang, dann sind entweder die Gleichungen redundant (mindestens eine ist dann überflüssig) oder die Gleichungen sind widersprüchlich (dann existiert gar keine zulässige Lösung).

BEISPIEL

8.3

$$\begin{aligned} x + y - z &= 1 \\ x - 2y + z &= 2 \\ 2x - y &= a \end{aligned} \quad \Big] \; (+)$$

Hier hat die Koeffizientenmatrix keinen vollen Rang. Der Rang ist lediglich 2. Man erkennt: Für $a = 3$ sind die Gleichungen redundant, für andere a sind sie widersprüchlich. ■

Wir wollen die Definition der Basislösung präzisieren. Wir machen das anhand der Standardform eines linearen Programms. (Da Standardform und kanonische Form ineinander überführbar sind, ist es im Prinzip gleichgültig, welche dieser beiden

Formen wir wählen. Bei theoretischen Untersuchungen ist die Standardform oft praktischer, bei Beispielen ist die kanonische Form meist anschaulicher.)

Sei gegeben ein lineares Programm (P) in Standardform

$$(P): \quad \left| \begin{array}{c} \max \boldsymbol{c} \cdot \boldsymbol{x} \\ \boldsymbol{A} \cdot \boldsymbol{x} = \boldsymbol{b} \\ \boldsymbol{x} \geqq \boldsymbol{o} \end{array} \right| \qquad (m \times n)\text{-Matrix } \boldsymbol{A}$$

dessen Koeffizientenmatrix $\boldsymbol{A}$ vollen Rang (linear unabhängige Zeilen) hat.
Ein System von m linear unabhängigen Spalten von $\boldsymbol{A}$ definiert eine **Basis** B von (P). Die zu B gehörenden Variablen sind die **Basisvariablen** $\boldsymbol{x}_{\mathrm{B}}$, die übrigen Variablen sind die Nebenvariablen $\boldsymbol{x}_{\mathrm{N}}$.
Bezüglich der Basis B schreibt sich das lineare Programm als

$$(P): \quad \left| \begin{array}{rl} \max \; \boldsymbol{c}_{\mathrm{B}} \cdot \boldsymbol{x}_{\mathrm{B}} + \boldsymbol{c}_{\mathrm{N}} \cdot \boldsymbol{x}_{\mathrm{N}} & \\ \boldsymbol{A}_{\mathrm{B}} \cdot \boldsymbol{x}_{\mathrm{B}} + \boldsymbol{A}_{\mathrm{N}} \cdot \boldsymbol{x}_{\mathrm{N}} & = b \\ \boldsymbol{x}_{\mathrm{B}}, \boldsymbol{x}_{\mathrm{N}} \geqq \boldsymbol{o} & \end{array} \right|$$

Mit $\boldsymbol{c}_{\mathrm{B}}$, $\boldsymbol{c}_{\mathrm{N}}$ und $\boldsymbol{A}_{\mathrm{B}}$, $\boldsymbol{A}_{\mathrm{N}}$ sind die der Basis entsprechenden Einteilungen von $\boldsymbol{c}$ und $\boldsymbol{A}$ gemeint.
Da $\boldsymbol{A}_{\mathrm{B}}$ regulär ist, existiert die Inverse $\boldsymbol{A}_{\mathrm{B}}^{-1}$ von $\boldsymbol{A}_{\mathrm{B}}$.
Die zur Basis B gehörende **Basislösung** erhalten wir durch Nullsetzen der Nebenvariablen, also

$$(\boldsymbol{x}_{\mathrm{B}}, \boldsymbol{x}_{\mathrm{N}}) = (\boldsymbol{A}_{\mathrm{B}}^{-1} \cdot \boldsymbol{b}, \boldsymbol{o})$$

Die Basislösung ist **zulässig**, wenn sie nichtnegativ ist, d. h., wenn

$$\boldsymbol{x}_{\mathrm{B}} = \boldsymbol{A}_{\mathrm{B}}^{-1} \cdot \boldsymbol{b} \geqq \boldsymbol{o}$$

BEISPIEL

8.4

x	y	z		
1	1	−1	5	Dieses Tableau hat keine Basisgestalt
0	1*	0	3	(keine Basis ist ausgeräumt)
|1|	0	−1	2	x, y ist Basis. Die zugehörige Basislösung
0	|1|	0	3	$(x, y, z) = (2; 3; 0)$ ist zulässig
−1	0	|1|	−2	y, z ist unzulässige Basis, denn die
0	|1|	0	3	zugehörige Basislösung $(0; 3; -2)$ ist unzulässig.

Ferner sieht man: x, z ist keine Basis, denn die zugehörigen Spalten sind nicht linear unabhängig. ■

Nach diesen Vorbereitungen können wir nun zeigen, daß man sich bei der Suche nach den Optimallösungen eines linearen Programms auf die Basislösungen beschränken kann.

Sei gegeben ein lineares Programm (P) in Standardform, dessen Matrix vollen Rang hat.
Dann gilt: Hat (P) eine Optimallösung, so hat (P) auch eine optimale Basislösung.

Beweis (nach [Lawler: Combinatorial Optimization]):
Sei $\boldsymbol{x}$ eine Optimallösung für (P).
Seien die $x_1, x_2, \ldots, x_p > 0$ und die übrigen x_i seien 0.

Fall 1:
Falls die Spalten $1, 2, \ldots, p$ der Matrix linear unabhängig sind, so ergänzen wir sie zu einer Basis. Die zugehörige Basislösung ist dann gerade $\boldsymbol{x}$. Also *ist* $\boldsymbol{x}$ eine Basislösung.

Fall 2:
Die Spalten $1, 2, \ldots, p$ sind linear abhängig. Dann existiert ein Vektor $\boldsymbol{\alpha} = (\alpha_1, \alpha_2, \ldots, \alpha_p, 0, \ldots, 0)^{\mathrm{T}} \in \mathbf{R}^n$ mit $\boldsymbol{A\alpha} = \boldsymbol{o}$ und $\boldsymbol{\alpha} \neq (0, \ldots, 0)^{\mathrm{T}}$.
Sei $\delta \in \mathbf{R}$:

$$\begin{aligned} &\boldsymbol{A} \cdot \delta\boldsymbol{\alpha} &&= \boldsymbol{o} \\ &\boldsymbol{A} \cdot \boldsymbol{x} &&= \boldsymbol{b} \\ \text{Addition liefert}\quad &\boldsymbol{A} \cdot (\boldsymbol{x} + \delta\boldsymbol{\alpha}) &&= \boldsymbol{b} \quad \text{für jedes reelle } \delta. \end{aligned}$$

Ferner gilt

$$\boldsymbol{c} \cdot \boldsymbol{\alpha} = 0 \qquad (*)$$

(Ansonsten wählen wir $\delta \neq 0$ so klein, daß $\boldsymbol{x} + \delta\boldsymbol{\alpha} \geqq \boldsymbol{o}$ und $\delta\boldsymbol{c} \cdot \boldsymbol{\alpha} > 0$. Dann

$$\boldsymbol{c} \cdot (\boldsymbol{x} + \delta\boldsymbol{\alpha}) = \boldsymbol{c} \cdot \boldsymbol{x} + \delta \cdot \boldsymbol{c} \cdot \boldsymbol{\alpha} > \boldsymbol{c} \cdot \boldsymbol{x}$$

mit

$$\boldsymbol{A} \cdot (\boldsymbol{x} + \delta\boldsymbol{\alpha}) = \boldsymbol{b}$$

und

$$\boldsymbol{x} + \delta\boldsymbol{\alpha} \geqq \boldsymbol{o}$$

und $\boldsymbol{x}$ wäre nicht optimal.)
Nun wählen wir δ so, daß $\boldsymbol{x}' := \boldsymbol{x} + \delta\boldsymbol{\alpha} \geqq \boldsymbol{o}$ bleibt, daß aber eine weitere Koordinate j, $j \in \{1, \ldots, p\}$ von $\boldsymbol{x}'$ Null wird.
Dann gilt

$$\boldsymbol{c} \cdot \boldsymbol{x}' = \boldsymbol{c} \cdot \boldsymbol{x} + \delta \cdot \boldsymbol{c} \cdot \boldsymbol{\alpha}_p = \boldsymbol{c} \cdot \boldsymbol{x} \text{ wegen } (*)$$

mit

$$\boldsymbol{A} \cdot \boldsymbol{x}' = \boldsymbol{b}$$

und

$$\boldsymbol{x}' \geqq \boldsymbol{o}$$

Also ist $\boldsymbol{x}'$ ebenfalls Optimallösung von (P), hat aber nur $p - 1$ von 0 verschiedene Koordinaten.
In dieser Weise fahre man fort, bis Fall 1 eintritt.

Wir wissen nun, daß man sich nur für die Basislösungen zu interessieren braucht. Damit ist das Problem schon einmal endlich. Die nächstliegende Idee ist nun, die Basislösungen alle einzeln zu berechnen und die beste herauszusuchen. Aber das ist nicht praktikabel: Die Anzahl der Basislösungen ist zu groß.
Nehmen wir beispielsweise ein (bescheidenes) (50×100)-Tableau. Die Anzahl der unterschiedlichen Basen kann dann „100 über 50“ sein, nämlich so viele, wie man 50 Zahlen aus 100 Zahlen heraussuchen kann. Wir rechnen

$$\binom{100}{50} = \frac{100 \cdot 99 \cdot 98 \cdot \ldots \cdot 52 \cdot 51}{50 \cdot 49 \cdot \ldots \cdot 2 \cdot 1} = \frac{100}{50} \cdot \frac{99}{49} \cdot \ldots \cdot \frac{52}{2} \cdot \frac{51}{1}$$

Der letzte Ausdruck kann (äußerst grob) nach unten abgeschätzt werden durch

$$2 \cdot 2 \cdot \ldots \cdot 2 \cdot 2 = 2^{50} \approx 10^{15}$$

Man hat es bei diesem (relativ kleinen) Datensatz also zu tun mit (viel mehr als) 10^{15} unterschiedlichen Basen. Diese alle einzeln ausrechnen zu wollen, ist völlig aussichtslos.

Im nächsten Kapitel werden wir sehen, wie man es besser macht. Insbesondere werden wir sehen, *daß* es besser geht (was keineswegs selbstverständlich ist).

AUFGABEN

8.1 Durch Mischen der Rohstoffe A, B und C sollen 1000 kg einer Legierung hergestellt werden, die je zur Hälfte aus Eisen und Nickel besteht. Die Rohstoffe enthalten

A 10 % Nickel, 90 % Eisen
B 20 % Nickel, 80 % Eisen
C 60 % Nickel, 40 % Eisen

Wie können die Rohstoffe zur gewünschten Legierung gemischt werden? Gibt es mehrere Lösungen? Was ist die kostenoptimale Lösung, wenn die Kilopreise 1 DM, 1 DM und 6 DM für die Rohstoffe A, B und C sind. (In diesem speziellen Beispiel kann man die Optimallösung ohne viele theoretische Erwägungen erhalten.)

8.2 Ein Landwirt plant für drei Jahre im voraus. Zu Beginn des ersten Jahres hat er zwei Ladungen Getreide. Zu Beginn der Jahre 1, 2 und 3 hat er zu entscheiden, wieviel er anbauen und wieviel er verkaufen soll. Eine Ladung Getreide, die er zu Beginn eines Jahres anpflanzt, liefert k Ladungen Getreide am Ende des gleichen Jahres.

Verkauft der Landwirt eine Ladung zu Beginn des Jahres i, so hat er den Erlös p_i, $i = 1, 2, 3, 4$. Der Landwirt verkauft alles Getreide spätestens zu Beginn des vierten Jahres und schließt sein Gut. Was ist die optimale Anbau-Verkaufs-Politik des Landwirts?

Man formuliere ein lineares Programm. Man bestimme die Optimallösung für die Daten

$$k = 2, \quad (p_1; p_2; p_3; p_4) = (24; 16; 10; 4)$$

Hinweis: Die Lösung kann elementar bestimmt werden!

Aus [K.G. Murty: Linear and Combinatorial Programming].

8.3 Man löse zeichnerisch

$$\left|\begin{array}{rl} \max & 4x + 3y \\ & x + 3y \leqq 9 \\ & -x + 2y \geqq 2 \\ & x, y \geqq 0 \end{array}\right| \qquad \left|\begin{array}{rl} \max & x - y \\ & 2x - y \leqq 0 \\ & x + 2y \leqq 1 \\ & 2x + y \geqq 2 \\ & x, y \geqq 0 \end{array}\right| \qquad \left|\begin{array}{rl} \max & 2x + y \\ & -x + y \leqq 1 \\ & x + 3y \geqq 6 \\ & x, y \geqq 0 \end{array}\right|$$

Alternative Zielfunktion für das dritte Beispiel: $\max -2x + 2y$

8.4 Man bringe auf Standardform

$$\left|\begin{array}{lrrl} \min & x & -y & \\ & x & +y & = 0 \\ & x & -y & \leqq 7 \\ & 2x & +y & \geqq 1 \\ & \multicolumn{3}{r}{x \geqq 0,\ y \geqq 1} \end{array}\right| \qquad \left|\begin{array}{lrrrl} \max & 3x & -\ y & +2z & \\ & 2x & +3y & -\ z & \leqq 4 \\ & 4x & -\ y & +2z & -\ 7 \\ & \multicolumn{4}{c}{x \geqq 0,\ y \geqq 0} \end{array}\right|$$

8.5 Man bestimme eine Optimallösung von

$$\left|\begin{array}{lrrrl} \max & 2x & +2y & & \\ & x & +\ y & & \leqq 4 \\ & 2x & +\ y & +z & \leqq 10 \\ & \multicolumn{4}{l}{x, y, z \geqq 0} \end{array}\right|$$

Man zeige (ohne viel Rechnung): *Eine* Optimallösung ist jedenfalls $(2; 2; 0)$.

8.2 Der Simplexalgorithmus

Mit der an einem Beispiel vorgeführten graphischen Methode lassen sich nur lineare Programme mit zwei Variablen lösen. Zum Lösen von linearen Programmen mit praktisch relevanten Tableaugrößen eignet sich der Simplexalgorithmus. Dieser Algorithmus wurde in der vierziger Jahren von G. B. Dantzig entwickelt und baut (was recht plausibel ist) auf den Gaußschen Algorithmus auf. Mit ausgefeilten Varianten dieses Algorithmus' ist es heutzutage möglich, lineare Programme effizient zu lösen, deren Tableaus Tausende von Zeilen und Spalten haben.
Wir beginnen mit dem Beispiel 8.1 (von Sakarovitch), wo wir jetzt allerdings die Zielfunktion miteinbeziehen werden.

$$\left|\begin{array}{lrrl} \max & x & +\ y & \\ & 2x & +\ y & \leq 8 \\ & x & +2y & \leqq 7 \\ & & y & \leqq 3 \\ & \multicolumn{3}{r}{x, y \geqq 0} \end{array}\right|$$

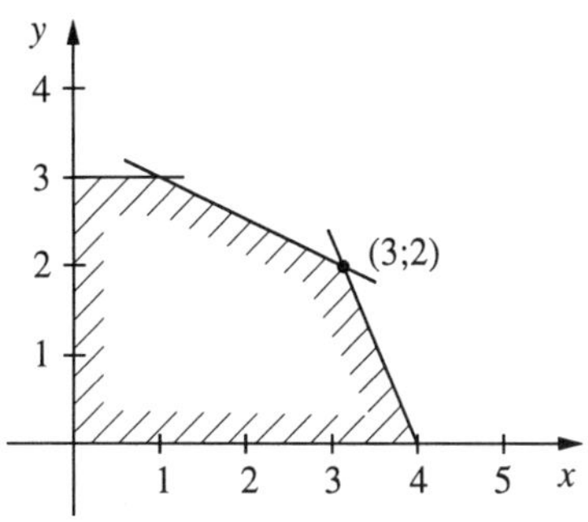

Bild 8.3

Es wird sich als zweckmäßig erweisen, für die Zielfunktion die Abkürzung x_0 zu verwenden, im Beispiel also $x_0 = x+y$ Dadurch entsteht eine neue Nebenbedingung, aber die Zielfunktion wird trivial:

$$\max x_0$$

$$x_0 - x - y = 0$$

Wir führen im Beispiel nun Schlupfvariable ein und benutzen die Tableauschreibweise:

x_0	x	y	s_1	s_2	s_3		
$\|1\|$	-1	-1	0	0	0	$\|0\|$	
	2^*	1	$\|1\|$	0	0	8	Starttableau
	1	2	0	$\|1\|$	0	7	
	0	1	0	0	$\|1\|$	3	

Dieses Tableau ist ausgeräumt zur Basis $\{s_1; s_2; s_3\}$. Die Nebenvariablen sind x und y. Die zugehörige Basislösung kennen wir schon, sie ist

$$(x; y; s_1; s_2; s_3) = (0; 0; 8; 7; 3)$$

und entspricht geometrisch einer Ecke des zulässigen Bereichs, nämlich dem Nullpunkt.

Der zugehörige Zielfunktionswert ist $x_0 = x + y = 0 + 0 = 0$, und diese Zahl findet sich, wie man bemerkt, „oben rechts" im Tableau. Die Lösung ist nicht optimal (wie wir schon wissen). In der Optimallösung sind x und y nicht beide Null (was wir ebenfalls schon wissen). Von Null verschieden können aber allenfalls Basisvariable sein. Wir werden nicht umhinkommen, x oder y oder beide in die Basis zu nehmen.

Wenn wir uns für x entscheiden, so haben wir in der „x-Spalte" die Wahl zwischen zwei Pivots, der „2" und der „1" in der zweiten bzw. dritten Zeile. Würden wir die „1" wählen, so bekämen wir im nächsten Tableau eine negative Zahl auf der rechten Seite, die zugehörige Basislösung wäre unzulässig. Da wir das nicht wollen, wählen wir die „2" als Pivot.

x_0	x	y	s_1	s_2	s_3	
$\|2\|$	0	-1	1	0	0	$\|8\|$
	$\|2\|$	1	1	0	0	8
	0	3^*	-1	$\|2\|$	0	6
	0	1	0	0	$\|1\|$	3

Die zugehörige Basislösung ist

$$(x; y; s_1; s_2; s_3) = (4; 0; 0; 3; 3)$$

Diese Lösung entspricht einer zweiten Ecke des zulässigen Bereichs. Der zugehörige Zielfunktionswert ist $x_0 = x + y = 4 + 0 = 4$, und man bemerkt: Die aktuelle Basislösung ist zwar noch immer nicht optimal, aber der Zielfunktionswert ist besser geworden. Wir nehmen y in die Basis und haben in der y-Spalte die Wahl zwischen drei möglichen Pivots (Die Zielfunktionszeile scheidet generell aus als Pivotzeile). Da wir wieder wollen, daß die darauffolgende Basislösung zulässig wird, werden wir auf die „3" als Pivot geführt.

x_0	x	y	s_1	s_2	s_3	
$\|6\|$	0	0	2	2	0	$\|30\|$
	$\|6\|$	0	4	−2	0	18
	0	$\|3\|$	−1	2	0	6
	0	0	1	−2	$\|3\|$	3

Endtableau
$\rightarrow x_0 = 5 - s_1/3 - s_2/3$

Die zugehörige Basislösung ist

$$(x; y; s_1; s_2; s_3) = (3; 2; 0; 0; 1)$$

Sie ist optimal, wie wir wissen, und sie entspricht der optimalen Ecke des zulässigen Bereichs.

Der zugehörige (optimale) Zielfunktionswert ist $x_0 = x + y = 3 + 2 = 5$. Wir bemerken: Dieser optimale Wert findet sich wieder „oben rechts“ im Tableau (wenn man darauf achtet, daß die Zielfunktionszeile zur Normierung durch 6 geteilt werden muß).

Wir haben bei diesem Beispiel von einigen Vorkenntnissen Gebrauch gemacht. Hätten wir die nicht gehabt, so hätten wir trotzdem schließen können, daß wir mit dem letzten Tableau aufhören können. Wir können nämlich die Zielfunktionszeile im Endtableau schreiben als

$$\text{Wert} = x_0 = 5 - s_1/3 - s_2/3, \qquad s_1, s_2 \geqq 0$$

s_1 und s_2 sind die aktuellen Nebenvariablen. Für die zugehörige Basislösung werden diese Nebenvariablen Null gewählt, das heißt, wir bekommen 5 als zugehörigen Zielfunktionswert.

Für jede zulässige Lösung müssen aber alle Variablen, insbesondere die aktuellen Nebenvariablen nichtnegativ sein. Wegen der negativen Faktoren vor s_1 und s_2 in der letzten Gleichung schließen wir: Für jede beliebige zulässige Lösung ist der Zielfunktionswert allenfalls kleiner als 5. Unsere aktuelle Basislösung mit Wert 5 kann also nur optimal sein.

Blicken wir nochmal auf das Endtableau, so erkennen wir, daß die Optimalität der aktuellen Basislösung jedenfalls dann garantiert ist, wenn im linken Teil der Zielfunktionszeile keine negativen Zahlen auftauchen. (Der aktuelle Zielfunktionswert „oben rechts“ dürfte durchaus negativ sein.) Offenbar gilt diese Erkenntnis nicht nur für dieses Beispiel, so daß wir sie gleich als allgemeinen Satz festhalten können.

Optimalitätskriterium (Algorithmische Version)
Gegeben sei ein Simplextableau mit ausgeräumter zulässiger Basis. Stehen auf der linken Seite der Zielfunktionszeile im aktuellen Simplextableau keine negativen Zahlen, so ist die zugehörige Basislösung optimal. Der optimale Zielfunktionswert findet sich in der oberen rechten Ecke (wobei man daran zu denken hat, daß der Koeffizient von x_0 in der Zielfunktionszeile auf 1 zu normieren ist).

Was wir jetzt noch brauchen, ist eine allgemeine Formulierung der Pivotauswahlregel, die gewährleistet,

- daß unsere aktuelle Basislösung stets zulässig ist und
- daß sich der aktuelle Wert bei jeder Iteration verbessert (sich jedenfalls nicht verschlechtert),

so daß wir am Schluß (hoffen wir jedenfalls) die Optimallösung haben.

Das erste Ziel erreichen wir durch geeignete Steuerung der Pivot-*Zeile*. Wir haben sicherzustellen, daß die nächste Basislösung auch zulässig, d. h. nichtnegativ ist. Wir realisieren das so: Als Kandidaten kommen nur positive Zahlen der Pivotspalte in Frage. Wir denken uns diese Kandidaten auf 1 normiert und wählen den Kandidaten als Pivot, bei dem die zugehörige Zahl auf der rechten Seite des Tableaus am kleinsten ist.

Um sicher zu sein, daß wir am Schluß auch die Optimallösung haben, müssen wir uns zunächst überlegen, welche Strategie wir verfolgen wollen. Das nächstliegende wäre: Wir wollen uns bei jeder Iteration hinsichtlich des Zielfunktionswertes möglichst verbessern, jedenfalls nicht verschlechtern; wir wollen nur „bergauf" gehen. Ob diese naive Strategie zum Erfolg führt, ist keineswegs sicher, aber es ist die nächstliegende Strategie.

Daß unsere nächste Lösung besser ist (jedenfalls nicht schlechter) als die aktuelle Lösung, können wir durch geeignete Wahl der Pivot-*Spalte* erreichen. Wenn wir irgendeine Spalte wählen, deren Koeffizient in der Zielfunktion negativ ist, dann wird im nächsten Tableau der Wert „oben rechts", also der nächste Zielfunktionswert, allenfalls größer, d. h. besser. Gibt es eine solche negative Zahl nicht, so wissen wir nach unserem Optimalitätskriterium, daß die aktuelle Lösung optimal ist! Damit haben wir alles, was wir wollen.

Pivotauswahlregel

Sei gegeben ein Simplextableau, das nach einer zulässigen Basis ausgeräumt ist.

(P1) Wir wählen (irgend)eine Spalte mit negativem Zielfunktionskoeffizienten als Pivotspalte.

(P2) Unter den positiven a_{ij} der Pivotspalte j wähle dasjenige als Pivotelement, das den Quotienten

$$b_i/a_{ij} \qquad (\to \min_{(i)})$$

über i minimiert.

Ferner ist zu beachten, daß die Pivots nur aus dem Bereich der eigentlichen Koeffizientenmatrix gewählt werden, also nicht in der Zielfunktionszeile, nicht auf der rechten Seite und natürlich auch nicht in der x_0-Spalte.

Die Pivotauswahlregeln garantieren, daß nach Ausräumen des Tableaus mittels des Pivotelements die nächste Basislösung zulässig ist und keinen schlechteren Wert hat als die alte Basislösung.

Man beachte: Für die Benutzung der Pivotregeln wird eine zulässige Basis vorausgesetzt. Es ist wichtig, die Bedeutung dieser Voraussetzung gut zu verstehen. Natürlich kann man im Simplextableau wie in jedem linearen Tableau (korrekte) Pivotschritte durchführen, wann und wo immer man möchte. Aber die angeführte Garantie gilt nur bei Vorliegen einer zulässigen Basis.

Die hier vorgeführte algorithmische Beschreibung der Simplexiteration ist für die konkrete Durchführung des Simplexalgorithmus völlig ausreichend. Aber für spätere Zwecke (z. B. Dualitätstheorie) brauchen wir auch eine algebraische Beschreibung des allgemeinen Simplextableaus. Die wollen wir an dieser Stelle gleich ergänzen. Wir gehen aus vom linearen Programm in Standardform mit vollem Rang. Wir substituieren wie schon oben im Beispiel die Zielfunktion $\boldsymbol{cx}$ durch eine neue Variable x_0:

$$(\mathrm{P}): \quad \left|\begin{array}{c} \max\ \boldsymbol{c}\cdot\boldsymbol{x} \\ \boldsymbol{A}\cdot\boldsymbol{x}=\boldsymbol{b} \\ \boldsymbol{x} \geqq \boldsymbol{o} \end{array}\right| \qquad \begin{array}{c}\text{substituiere} \\ x_0 = \boldsymbol{c}\cdot\boldsymbol{x} \rightarrow\end{array} \qquad \left|\begin{array}{rl} & \max\ x_0 \\ x_0 - \boldsymbol{c}\cdot\boldsymbol{x} & = 0 \\ \boldsymbol{A}\cdot\boldsymbol{x} & = \boldsymbol{b} \\ \boldsymbol{x} & \geqq \boldsymbol{o} \end{array}\right| \tag{8.5}$$

Das zugehörige Starttableau ist

x_0	$x_1 \quad \dots \quad x_n$	
1	$-\boldsymbol{c}$	0
0		
...	$\boldsymbol{A}$	$\boldsymbol{b}$
0		

Starttableau zu (P)

Nun nehmen wir an, wir haben eine Basis B. Wir wollen wissen, welche Gestalt das nach der Basis B ausgeräumte Simplextableau hat. Aus der algebraischen Beschreibung der Basislösung (Abschnitt 8.1) lesen wir ab:

$$\boldsymbol{x}_\mathrm{B} = \boldsymbol{A}_\mathrm{B}^{-1}\cdot\boldsymbol{b} - \boldsymbol{A}_\mathrm{B}^{-1}\cdot\boldsymbol{A}_\mathrm{N}\cdot\boldsymbol{x}_\mathrm{N}$$

Ferner $x_0 = \boldsymbol{c}\cdot\boldsymbol{x} = \boldsymbol{c}_\mathrm{B}\cdot\boldsymbol{x}_\mathrm{B} + \boldsymbol{c}_\mathrm{N}\cdot\boldsymbol{x}_\mathrm{N} = \boldsymbol{c}_\mathrm{B}\cdot(\boldsymbol{A}_\mathrm{B}^{-1}\cdot\boldsymbol{b} - \boldsymbol{A}_\mathrm{B}^{-1}\cdot\boldsymbol{A}_\mathrm{N}\cdot\boldsymbol{x}_\mathrm{N}) + \boldsymbol{c}_\mathrm{N}\cdot\boldsymbol{x}_\mathrm{N}$.
Wir sortieren um:

$$\begin{array}{llcl} x_0 & -\ (\boldsymbol{c}_\mathrm{N} - \boldsymbol{c}_\mathrm{B}\cdot\boldsymbol{A}_\mathrm{B}^{-1}\cdot\boldsymbol{A}_\mathrm{N})\cdot\boldsymbol{x}_\mathrm{N} & = & \boldsymbol{c}_\mathrm{B}\cdot\boldsymbol{A}_\mathrm{B}^{-1}\cdot\boldsymbol{b} \\ \boldsymbol{x}_\mathrm{B}\ + & \boldsymbol{A}_\mathrm{B}^{-1}\cdot\boldsymbol{A}_\mathrm{N}\cdot\boldsymbol{x}_\mathrm{N} & = & \boldsymbol{A}_\mathrm{B}^{-1}\cdot\boldsymbol{b} \end{array}$$

Hier können wir nun unmittelbar das zur Basis B gehörende Simplextableau ablesen:

$\boldsymbol{x}_0$	$\boldsymbol{x}_\mathrm{B}$	$\boldsymbol{x}_\mathrm{N}$		
|1|	0 ... 0	$-\boldsymbol{c}_\mathrm{N} + \boldsymbol{c}_\mathrm{B}\cdot\boldsymbol{A}_\mathrm{B}^{-1}\cdot\boldsymbol{A}_\mathrm{N}$	*	← (*) $= \boldsymbol{c}_\mathrm{B}\cdot\boldsymbol{A}_\mathrm{B}^{-1}\cdot\boldsymbol{b}$
0	|1|			
0				
...	**1**	$\boldsymbol{A}_\mathrm{B}^{-1}\cdot\boldsymbol{A}_\mathrm{N}$	* * *	← (* * *) $= \boldsymbol{A}_\mathrm{B}^{-1}\cdot\boldsymbol{b}$
0				
0	|1|			

Die zugehörige Basislösung ist

$$(\boldsymbol{x}_\mathrm{B}, \boldsymbol{x}_\mathrm{N}) = (\boldsymbol{A}_\mathrm{B}^{-1}\cdot\boldsymbol{b}, \boldsymbol{o}) \tag{8.6}$$

und die findet sich auf der rechten Seite des Tableaus. Der zugehörige Zielfunktionswert ist

$$\boldsymbol{x}_0 = \boldsymbol{c}_\mathrm{B}\cdot\boldsymbol{A}_\mathrm{B}^{-1}\cdot\boldsymbol{b} \tag{8.7}$$

und der findet sich in der oberen rechten Ecke des Tableaus. Die Basislösung ist zulässig, wenn sie nichtnegativ ist, d. h. wenn die rechte Seite des Tableaus (evtl. mit Ausnahme des oberen rechten Wertes) nichtnegativ ist.
Die Basislösung ist optimal, wenn die Zielfunktionszeile (auch evtl. mit Ausnahme des oberen rechten Wertes) nichtnegativ ist. Da wir jetzt eine algebraische Beschreibung des Tableaus haben, können wir gleich eine algebraische Version des Optimalitätskriteriums festhalten:

Optimalitätskriterium (Algebraische Version)
Sei gegeben ein lineares Programm in Standardform mit vollem Rang und sei B eine zulässige Basis. Dann ist die zugehörige Basislösung optimal sicher dann, wenn

$$-\boldsymbol{c}_{\mathrm{N}} + \boldsymbol{c}_{\mathrm{B}} \cdot \boldsymbol{A}_{\mathrm{B}}^{-1} \cdot \boldsymbol{A}_{\mathrm{N}} \geqq 0$$

BEISPIEL
8.5

$$(\mathrm{P}): \quad \left| \begin{array}{rl} \max & x + 2y \\ & -2x + y \leqq 1 \\ & \frac{1}{2}x - y \leqq 0 \\ & 2x + 4y \leqq 4 \\ & x, y \geqq 0 \end{array} \right| \begin{array}{l} \\ \\ \cdot 2 \\ \\ \\ \end{array}$$

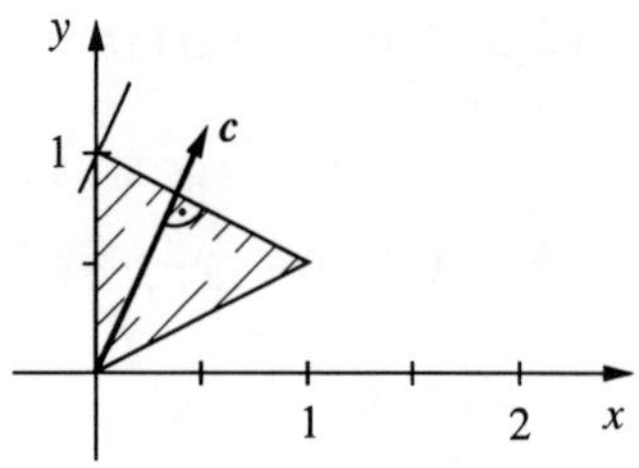

Bild 8.4

Aus der Skizze erkennt man: Die ganze obere Kante des zulässigen Dreiecks ist optimal.
Bei Handrechnungen tut man gut daran, ganzzahlig zu rechnen. Wir multiplizieren die zweite Ungleichung also mit 2. Ferner führen wir Schlupfvariable ein und bekommen dann das Tableau:

x_0	x	y	s_1	s_2	s_3		
|1|	−1	−2	0	0	0	|0|	zugehörige Basislösung
	−2	1	|1|	0	0	1	$(x; y; s_1; s_2; s_3) = (0; 0; 1; 0; 4)$
	1*	−2	0	|1|	0	0	
	2	4	0	0	|1|	4	$x = 0,\ y = 0,\ \text{Wert} = 0$
|1|	0	−4	0	1	0	|0|	zugehörige Basislösung
	0	−3	|1|	2	0	1	$(x; y; s_1; s_2; s_3) = (0; 0; 1; 0; 4)$
	|1|	−2	0	1	0	0	
	0	8*	0	−2	|1|	4	$x = 0,\ y = 0,\ \text{Wert} = 0$
|2|	0	0	0	0	1	|4|	zugehörige Basislösung
	0	0	|8|	10	3	20	$(x; y; s_1; s_2; s_3) = (1; 1/2; 5/2; 0; 0)$
	|4|	0	0	2	1	4	
	0	|8|	0	−2	1	4	$x = 1,\ y = 1/2,\ \text{Wert} = 4/2 = 2$ optimal

Der Simplexalgorithmus findet eine der unendlich vielen Optimallösungen und zwar die rechte Ecke der optimalen Kante. ■

Man sieht: Bei der ersten Iteration fand keine Verbesserung statt (natürlich auch keine Verschlechterung). Man bleibt bei der Startlösung, dem Nullpunkt, sitzen. Lediglich die Basis hat sich geändert. Man erkennt: Die Beziehung zwischen Basen des Tableaus und Ecken des zulässigen Bereichs ist jedenfalls nicht Eins-zu-Eins.

Bei der ersten Iteration des letzten Beispiels gab es keine Verbesserung, und das ist ein prinzipielles Problem. Man fragt sich: Ist es möglich, daß so etwas ständig passiert, daß also der Algortihmus immer auf der gleichen suboptimalen Lösungen „sitzenbleibt“ oder auf einigen gleichguten, aber suboptimalen Lösungen ständig „herumkreist“?

Wir haben den Algorithmus so konzipiert, daß wir niemals zu einer schlechteren Lösung als der aktuellen gehen, wir gehen immer nur „bergauf“.

Die Frage ist: Haben wir uns mit dieser Strategie möglicherweise eine Falle gestellt? Gibt es in der Menge der zulässigen Lösungen eventuell lokale Maxima, von denen wir nur wieder weg kommen, wenn wir kurzfristig eine Wertverschlechterung in Kauf nehmen?

Die beruhigende Antwort ist: Solche lokalen Maxima gibt es nicht. In der Tat kann man (relativ einfach) eine „lexikographische Pivotauswahlregel“ entwerfen, die garantiert,

- daß der aktuelle Zielfunktionswert sich niemals verschlechtert und
- daß man nie zu einer Basis kommt, bei der man schon mal war.

Da nun die Anzahl der Basen endlich ist, muß die lexikographische Variante irgendwann einmal zu Ende sein. Mit dieser Variante kommen wir also garantiert zu einer Optimallösung, sofern eine existiert.

In der Praxis ist es nicht einmal nötig, die lexikographische Variante zu benutzen. Das erwähnte „Kreisen“ auf suboptimalen Lösungen kommt, obgleich theoretisch nicht ausgeschlossen, in der Praxis so gut wie nicht vor.

Auf einen weiteren beunruhigenden Aspekt beim Simplexverfahren kommen wir nicht umhin einzugehen: Man kann den Algorithmus wie gesagt so organisieren, daß er keine Basis doppelt ansteuert. Aber: Die Anzahl der Basen kann, wie wir in 8.1 gesehen haben, astronomisch groß werden.

Frage: Ist es denn beim Simplexalgorithmis ausgeschlossen, daß man bei der schlechtesten Basis anfängt, immer nur zur nächstbesseren Basis kommt und die optimale Basis erst nach „astronomisch vielen“ Schritten erreicht?

Die Antwort ist: Das kann tatsächlich passieren. Mit viel Scharfsinn wurden entsprechende Beispiele konstruiert. Aber auch hier stellt man fest, daß solche unangenehmen Fälle in der Praxis so gut wie nicht vorkommen.

Warum der Simplexalgorithmus sich in der Praxis so gut verhält und der „schlimmste Fall“ so gut wie nie eintritt, das ist im Grunde heutzutage noch immer unverstanden.

Wir haben noch nicht alle beim Simplexalgorithmus möglichen Fälle analysiert: Es gibt lineare Programme ohne zulässige Lösungen. Es gibt zulässige lineare Programme, d. h. Programme mit zulässigen Lösungen, ohne optimale Lösung. Die Frage ist, wie sich so etwas beim Simplexalgorithmus bemerkbar macht.

BEISPIEL 8.6

$$(P): \left|\begin{array}{r} \max\ x+y \\ y \geqq 1 \\ y \leqq x\ +1 \\ x,y \geqq 0 \end{array}\right|$$

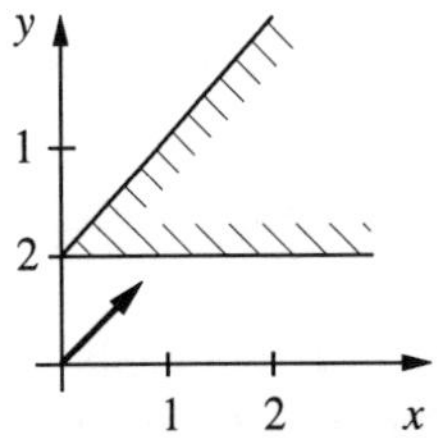

Bild 8.5

Aus der Skizze erkennt man: Der Datensatz hat einen unbeschränkt großen zulässigen Bereich und hat keine Optimallösung.
Wir wollen das Simplextableau aufstellen. Bei der ersten Ungleichung $y \geqq 1$ ist das, was zur Gleichheit fehlt, negativ. Also müssen wir die Schlupfvariable in der Form

$y - s_1 = 1, \quad s_1 \geqq 0$

ansetzen. Bei der zweiten Ungleichung bringen wir x nach links und bekommen

$-x + y + s_2 = 1, \quad s_2 \geqq 0$

Also ist unser Starttableau

x_0	x	y	s_1	s_2	
$\|1\|$	-1	-1	0	0	$\|0\|$
	0	1^*	-1	0	1
	-1	1	0	$\|1\|$	1

Hier haben wir ein Problem, das bisher nicht vorkam: Wir haben keine ausgeräumte Startbasis. Es nützt auch nichts, die zweite Gleichung mit -1 durchzumultiplizieren. Dann bekommen wir zwar links eine Basis, aber rechts eine negative Zahl. Da wir noch kein Verfahren kennen, um systematisch eine zulässige Startbasis zu finden, suchen wir bei diesem Beispiel einfach „auf gut Glück“ eine Basis. Wir pivotieren bei der oberen „1“ in der y-Spalte:

x_0	x	y	s_1	s_2	
$\|1\|$	-1	0	-1	0	$\|1\|$
	0	$\|1\|$	-1	0	1
	-1	0	1^*	$\|1\|$	0

Nun haben wir in der Tat eine zulässige Basis und wollen pivotieren. Kandidat ist die x-Spalte, aber dort finden wir keinen Pivot! In der s_1-Spalte können wir pivotieren:

x_0	x	y	s_1	s_2	
$\lvert 1\rvert$	-2	0	0	1	$\lvert 1\rvert$
	-1	$\lvert 1\rvert$	0	1	1
	-1	0	$\lvert 1\rvert$	1	0

Nun ist der einzige Kandidat die x-Spalte, aber die ist komplett negativ, und wir können überhaupt nicht mehr pivotieren. ■

Wir wissen schon, daß dieses Problem keine Optimallösung hat, und man macht sich klar, daß negative Spalten dafür gerade charakteristisch sind: Bei der Basislösung ist $x = 0$. Vergrößert man x, so werden die Basisvariablen y und s_1 nur größer, d. h., die Lösung bleibt zulässig. Im übrigen wird die Zielfunktion

$$x_0 = 1 + 2x - s_2$$

bei wachsendem x nur größer.
Konsequenz: Je größer wir x wählen, desto besser wird der Wert, und die Lösung bleibt zulässig. Damit ist der folgende Satz klar:

Unbeschränkte Zielfunktion
Gegeben sei ein Simplextableau, das bezüglich einer zulässigen Basis ausgeräumt ist. Gibt es dann eine Pivotspalte ohne positive Zahl, so hat das zu Grunde liegende lineare Programm zulässige Lösungen mit unbeschränkt großem Wert.

Wir haben noch folgendes Problem zu klären: Wie bekommen wir auf systematische Weise eine zulässige Startbasis?
Die im folgenden beschriebene Idee ist einfach zu formulieren, aber es wird sich zeigen: Die Suche nach einer zulässigen Startbasis ist ein im Prinzip genauso kompliziertes Problem wie die dann folgende Suche nach einer optimalen Basis.

BEISPIEL

8.7 Wir geben ein Beispiel ohne Zielfunktion, denn es ist uns im Moment nur an der Konstruktion einer zulässigen Startbasis gelegen.

$$\begin{aligned} 2x_2 + x_3 \phantom{{}+x_4} &= 2 \\ 2x_1 + 2x_2 + 10x_3 \phantom{{}+x_4} &= 23 \\ x_1 + 2x_2 + 6x_3 + x_4 &= 13 \\ x_1, x_2, x_3, x_4 &\geqq 0 \end{aligned}$$

Hier haben wir eine einzige Basisspalte, wir brauchen aber drei. Die Idee ist: Wenn wir keine Basis haben, dann „machen“ wir uns einfach eine. Wir führen zwei nichtnegative „künstliche“ Variable z_1 und z_2 ein:

$$\begin{aligned} 2x_2 + x_3 + z_1 &= 2 \\ 2x_1 + 2x_2 + 10x_3 + z_2 &= 23 \\ x_1 + 2x_2 + 6x_3 + x_4 &= 13 \\ x_1, x_2, x_3, x_4, z_1, z_2 &\geqq 0 \end{aligned}$$

Jetzt haben wir eine Basis, aber sie ist nicht dort, wo wir wollen. Wir müssen dafür sorgen, daß wir die Basis aus den künstlichen Variablen „hinausdrängen“ in den Bereich der eigentlichen Variablen hinein. Wenn uns das

gelingt, dann wären z_1 und z_2 Nebenvariablen, hätten also den Wert Null in der zugehörigen Basislösung.
Diese Beobachtung kehren wir um: Wir versuchen, die (nichtnegativen) künstlichen Variablen auf Null zu bekommen und zwar durch Minimierung ihrer Summe. Wenn die künstlichen Variablen Null sind, dann (so hoffen wir) sind sie Nebenvariable geworden, d. h., die Basis befindet sich bei den eigentlichen Variablen genau wie wir wollten.
Ferner: Minimierung der Summe der künstlichen Variablen ist eine Aufgabe, die wir lösen können mittels Simplexalgortihmus, *sofern* wir eine zulässige Basis haben. Aber eine Basis für dieses Problem haben wir, denn dafür haben wir mit den künstlichen Variablen gerade gesorgt!
Probieren wir das nun bei dem obigen Beispiel aus: Wir wollen die Summe der künstlichen Variablen minimieren, also

min $z_1 + z_2$

Dies ist äquivalent zu

max $-z_1 - z_2$

Also bekommen wir positive Koeffizienten +1 in der Zielfunktionszeile des folgenden Tableaus.

x_0	x_1	x_2	x_3	x_4	z_1	z_2	
|1|	0	0	0	0	1	1	|0|
	0	2	1	0	|1|	0	2
	2	2	10	0	0	|1|	23
	1	2	6	|1|	0	0	13

Man bemerkt nun: Wir haben zwar eine Basis, aber sie ist noch nicht vollständig ausgeräumt. Die Pivotregeln verlangen für das, was sie uns garantieren, daß auch die Zielfunktion im Basisbereich ausgeräumt ist. Dies können wir aber in einem „nullten“ Iterationsschritt problemlos erledigen. Im Beispiel ziehen wir von der ersten die beiden nächsten Zeilen ab.

x_0	x_1	x_2	x_3	x_4	z_1	z_2		
|1|	−2	−4	−11	0	0	0	|−25|	
	0	2	1	0	|1|	0	2	
	2*	2	10	0	0	|1|	23	
	1	2	6	|1|	0	0	13	
|1|	0	−2	−1	0	0	1	|−2|	
	0	2*	1	0	|1|	0	2	
	|2|	2	10	0	0	1	23	
	0	2	2	|2|	0	−1	3	
|1|	0	0	0	0	1	1	|0|	
	0	|2|	1	0	1	0	2	
	|2|	0	9	0	−1	1	21	
	0	0	1	|2|	−1	−1	1	optimal

Wir sehen, wir hatten Erfolg. Die künstlichen Variablen sind Nebenvariable geworden, ihr Wert in der Basislösung ist Null, und ihre Summe ist dann natürlich auch Null.

Hätten wir dem Beispiel eine Zielfunktion mitgegeben, so könnten wir jetzt daran gehen, die zu optimieren, denn eine zulässige Startbasis haben wir jetzt ja. ■

Wir halten noch die oben erwähnte **Vorzeichenregel** fest:
Bei Maximierungsaufgaben werden die Vorzeichen der Zielfunktionskoeffizienten umgekehrt ins Tableau eingetragen, bei Minimierungsaufgaben bleiben die Vorzeichen unverändert.
Bei Minimierungsaufgaben ist das Vorzeichen des Zielfunktionswertes am Ende der Rechnung wieder umzukehren, bei Maximierungsaufgaben bleibt das Vorzeichen.

Was wir im letzten Beispiel gemacht haben, ist die sogenannte „Erste Phase" des Simplexalgorithmus, und die wollen wir nun allgemein aufschreiben. Wir bemerken vorher noch: Bei dem Beispiel mit drei Zeilen haben zwei künstliche Variable gereicht, denn eine Basisspalte hatten wir ja schon. Im allgemeinen braucht man jedenfalls nicht mehr künstliche Variablen, als Zeilen im Tableau sind.

Erste Phase des Simplexalgorithmus
Wir gehen aus von einem linearen Programm in Standardform mit nichtnegativer rechter Seite

$$(\mathrm{P}):\quad \left|\begin{array}{c} \max \boldsymbol{c}\cdot\boldsymbol{x} \\ \boldsymbol{A}\cdot\boldsymbol{x}=\boldsymbol{b} \\ \boldsymbol{x}\geqq\boldsymbol{o} \end{array}\right| \qquad \begin{array}{l} \boldsymbol{A}\text{: }(m\times n)\text{-Matrix} \\ \boldsymbol{b}\geqq\boldsymbol{o} \end{array}$$

(Ist nicht $\boldsymbol{b} \geqq \boldsymbol{o}$, so können wir mit -1 durchmultiplizieren.) Wir ordnen dem Problem (P) das Hilfsproblem (Q) zu

$$(\mathrm{Q}):\quad \left|\begin{array}{c} \min \sum_{i=1}^{m} z_i \\ \boldsymbol{A}\cdot\boldsymbol{x}+\boldsymbol{1}\cdot\boldsymbol{z}=\boldsymbol{b} \\ \boldsymbol{x},\boldsymbol{z}\geqq\boldsymbol{o} \end{array}\right| \qquad \boldsymbol{1}\text{: Einheitsmatrix}$$

Hierbei ist $\boldsymbol{z} = (z_1, \ldots, z_m)^{\mathrm{T}}$ der Vektor der **künstlichen Variablen.**
Diese künstlichen Variablen bilden eine zulässige Basis für das Hilfsproblem (Q).
In einer nullten Iteration ist zunächst die Zielfunktion von (Q) im Bereich der künstlichen Variablen auszuräumen. Anschließend können die üblichen Pivotregeln in Aktion treten.

Hat das Hilfsproblem (Q) einen Optimalwert ungleich Null, so hat das zu Grunde liegende Optimierungsproblem (P) keine zulässige Lösung.
Hat (Q) den Optimalwert Null, so hat (P) zulässige Lösungen, und zwar wird nach eventueller Identifizierung redundanter Restriktionen eine zulässige Basis in den Ausgangsvariablen von (P) erzeugt.

Beweis (Skizze):
Hätte (P) eine zulässige Lösung, so hätte (Q) eine Lösung mit $\boldsymbol{z} = \boldsymbol{o}$, d. h., der Optimalwert von (Q) wäre Null. Damit ist der erste Teil der Behauptung klar.

Den zweiten Teil wollen wir nicht formal beweisen (er ist nicht sonderlich schwer), sondern an einem Beispiel illustrieren.

BEISPIELE

8.8 Wir verzichten wieder auf eine Zielfunktion

$$(\mathrm{P}): \left|\begin{array}{rrl} 3x & +y & = 2 \\ x & +y & = 2 \\ -2x & & = 0 \\ & x, y & \geqq 0 \end{array}\right|$$

Wir führen die erste Phase mit drei künstlichen Variablen durch, und wir schreiben das zum Hilfsproblem (Q) gehörende Tableau auf:

x_0	x	y	z_1	z_2	z_3		
|1|	0	0	1	1	1	|0|	
	3	1	|1|	0	0	2	
	1	1	0	|1|	0	2	
	−2	0	0	0	|1|	0	Zunächst „nullte“ Iteration:
|1|	−2	−2	0	0	0	|−4|	
	3	1	|1|	0	0	2	
	1	1*	0	|1|	0	2	
	−2	0	0	0	|1|	0	
|1|	0	0	0	2	0	|0|	
	2*	0	|1|	−1	0	0	
	1	|1|	0	1	0	2	
	−2	0	0	0	|1|	0	

Die zum aktuellen Tableau gehörende Basislösung hat den Wert Null, woraus folgt, daß die drei Gleichungen von (P) lösbar sind. Wir haben aber keine Basis bei den Ausgangsvariablen x und y bekommen! (Das kann natürlich auch gar nicht gehen, denn bei zwei Variablen ist gar kein „Platz“ für drei Basisvariable.)

Wir suchen eine künstlichen Variable, die noch in der Basis ist. Wir finden (zum Beispiel) z_1 und konzentrieren uns auf die zweite Zeile. Auf der rechten Seite dieser Zeile steht natürlich Null. (Warum?) Würden in dieser Zeile bei x und y auch Nullen stehen, so wäre die Zeile redundant. In diesem Falle finden wir in der x-Spalte aber eine „2“, die wir als Pivot wählen können.

x_0	x	y	z_1	z_2	z_3	
|1|	0	0	0	2	0	|0|
	|2|	0	1	−1	0	0
	0	|2|	−1	3	0	4
	0	0	1	−1	|1|	0

Hier stellen wir nun fest: Die dritte Zeile ist (in den Ausgangsvariablen x und y) redundant, kann also gestrichen werden.

Dann haben wir aber eine Basis in den Ausgangsvariablen x und y, d. h., wir können auf die künstlichen Variablen verzichten. Übrig bleibt

$$\left|\begin{array}{rl} 2x & = 0 \\ 2y & = 4 \end{array}\right|$$

In diesem Falle sind die Gleichungen also eindeutig lösbar. ■

8.9 (Eisen-Nickel-Aufgabe 8.1)
In diesem Beispiel geht es um die kostenoptimale Mischung einer Eisen-Nickel-Legierung. Wir bekommen das lineare Programm

$$
(P): \quad \left| \begin{array}{lrcrcrcr}
\min & x & + & y & + & 6 \cdot z & & \\
 & x & + & y & + & z & = & 1000 \\
 & 0{,}1 \cdot x & + & 0{,}2 \cdot y & + & 0{,}6 \cdot z & = & 500 \\
 & 0{,}9 \cdot x & + & 0{,}8 \cdot y & + & 0{,}4 \cdot z & = & 500 \\
 & & & x, y, z \geqq 0 & & & &
\end{array} \right|
$$

Die Summe der letzten beiden Gleichungen ergibt die erste. Die Gleichungen sind also redundant, und der Einfachheit halber wollen wir eine gleich streichen. Wir streichen die dritte Gleichung. Die zweite multiplizieren wir mit 10, um ganzzahlig rechnen zu können. Wir brauchen zwei künstliche Variable.

1. Phase

x_0	x	y	z	z_1	z_2		
|1|	0	0	0	1	1	|0|	
	1	1	1	|1|	0	1000	
	1	2	6	0	|1|	5000	nullte Iteration:
|1|	−2	−3	−7	0	0	|−6000|	
	1*	1	1	|1|	0	1000	
	1	2	6	0	|1|	5000	
|1|	0	−1	−5	2	0	|−4000|	
	|1|	1	1	1	0	1000	
	0	1	5*	−1	|1|	4000	
|1|	0	0	0	1	1	|0|	
	|5|	4	0	6	−1	1000	
	0	1	|5|	−1	1	4000	

Die erste Phase ist erfolgreich abgeschlossen. Wir haben eine Basis in den Ausgangsvariablen.

2. Phase

Wir lassen die künstlichen Variablen und die Hilfszielfunktion weg und ergänzen die Originalzielfunktion. Wir erinnern uns, daß sich bei Minimierungsaufgaben die Vorzeichen der Zielfunktion nicht umkehren:

x_0	x	y	z		
|1|	1	1	6	|0|	(5)
	|5|	4	0	1000	(−1)
	0	1	|5|	4000	(−6)

Auch hier müssen wir eine nullte Iteration vorschalten, um die Zielfunktion im Bereich der Basis auszuräumen. (Man erinnere sich daran: Nur dann gelten die Garantien der Pivotauswahlregeln.)

x_0	x	y	z		
$\lvert 5\rvert$	0	-5	0	$\lvert -25000\rvert$	
	$\lvert 5\rvert$	4^*	0	1000	
	0	1	$\lvert 5\rvert$	4000	
$\lvert 20\rvert$	25	0	0	$\lvert -95000\rvert$	
	5	$\lvert 4\rvert$	0	1000	
	-5	0	$\lvert 20\rvert$	15000	optimal

Unsere Optimallösung ist $(x; y; z) = (0; 250; 750)$.
Der optimale Wert ist $x_0 = -(-95000/20) = +4750$.
(Man erinnere sich: Bei Minimierungsaufgaben ist am Ende das Vorzeichen wieder umzukehren.) ■

Randbemerkung

Bei kleinen Beispielaufgaben ist die explizite Durchführung der ersten Phase manchmal aufwendiger, als es dem Problem angemessen ist. In solchen Fällen wird man versuchen, „auf gut Glück“ oder mit Einsatz von Phantasie eine zulässige Basis zu finden und erst dann, wenn man damit keinen Erfolg hat, zur Ersten Phase zu greifen. Beim letzten Beispiel hätte diese Methode wie auch schon bei dem früheren Beispiel zweifellos funktioniert.

AUFGABEN

8.6 Mittels des Simplexalgorithmus' bestimme man eine Optimallösung des angegebenen linearen Programms

$$\left|\begin{array}{rl} \max & 8x_1 + 6x_2 + 12x_3 + 10x_4 \\ & 4x_1 + 4x_2 + 3x_3 - 6x_4 \leqq 120 \\ & 2x_1 + x_2 + x_3 + x_4 \leqq 45 \\ & -2x_1 + x_2 + 2x_3 + 2x_4 \leqq 30 \\ & -x_1 + 3x_2 + 2x_3 + 2x_4 \leqq 60 \\ & -3x_1 + 2x_2 + 4x_3 - 4x_4 \leqq 90 \\ & x_1, x_2, x_3, x_4 \geqq 0 \end{array}\right|$$

8.7 Mit dem Simplexverfahren löse man das folgende lineare Programm.

$$\left|\begin{array}{l} \max 2x - y \\ \quad x + y \leqq 2 \\ \quad x - y \leqq 4 \\ \quad x \qquad \geqq 0 \end{array}\right|$$

Man beachte: die Variable y ist nicht restringiert. Man skizziere den zulässigen Bereich und den Zielfunktionsvektor.

8.8 Man löse das lineare Programm mit Nebenbedingungen

$$\left|\begin{array}{l} 2x_1 + 7x_2 \qquad + x_4 + x5 = 6 \\ 6x_1 - x_2 + x_3 + x_4 - x5 = 7 \\ \quad x_1, x_2, x_3, x_4, x_5 \geqq 0 \end{array}\right|$$

und der Zielfunktion $8x_1 + x_3 + x_4 - x_5$, die
a) zu maximieren,
b) zu minimieren ist.

Ist die Optimallösung eindeutig? Falls nein, dann Angabe einer anderen Optimallösung.

8.9 Man untersuche das folgende lineare Programm

$$\left|\begin{array}{rl} \max & x_1 + x_2 + x_3 + x_4 \\ & 2x_1 + 2x_2 + x_3 - 4x_4 \leqq 8 \\ & -x_1 + x_2 - x_4 \geqq 0 \\ & 4x_1 + x_3 - 2x_4 \geqq 12 \\ & x_1, x_2, x_3, x_4 \geqq 0 \end{array}\right|$$

8.10 Man bestimme eine Optimallösung von

$$\left|\begin{array}{rl} \max & 6x_1 + 14x_3 \\ & x_1 + 2x_2 + 3x_3 = 15 \\ & 2x_1 + x_2 + 5x_3 = 20 \\ & x_1 + 2x_2 + x_3 + x_4 = 10 \\ & x_1, x_2, x_3, x_4 \geqq 0 \end{array}\right|$$

In diesem Falle hat das lineare Programm nicht nur eine Optimallösung. Unter den Optimallösungen suche man eine, die die sekundäre Zielfunktion

$x_3 + x_4$

minimiert.

8.3 Dualität

Man kann jedes lineare Programm unter einer „orthogonalen" Sichtweise betrachten. Wir wollen das an dem Reis-Fisch-Beispiel aus Abschnitt 8.1 demonstrieren.

Lebensmittelproblem

Ein Konsument hat einen täglichen Bedarf von 600 g Kohlehydraten und von 300 g Eiweiß. Er möchte diesen Bedarf mit den Nahrungsmitteln Reis und Fisch decken.
Reis enthält pro kg 600 g Kohlehydrate und 150 g Eiweiß.
Fisch enthält pro kg 200 g Kohlehydrate und 600 g Eiweiß.
Die Kosten für Reis und Fisch sind 1 DM/kg und 2 DM/kg .
Wie soll der Konsument Reis und Fisch einkaufen, um zur Deckung seines Bedarfs möglichst wenig Geld auszugeben? Das dieser Situation zugeordnete lineare Programm war:

$$(P):\quad \left|\begin{array}{lrcrll} & \text{(Reis)} & & \text{(Fisch)} & & \\ \min & 1 \cdot x & + & 2 \cdot y & & \text{(Kosten)} \\ & 0{,}6 \cdot x & + & 0{,}2 \cdot y & \geqq 0{,}6 & \text{(Kohlenhydrate)} \\ & 0{,}15 \cdot x & + & 0{,}6 \cdot y & \geqq 0{,}3 & \text{(Eiweiß)} \\ & & & x, y \geqq 0 & & \end{array}\right|$$

Wir formulieren nun eine andere, aber mit (P) zusammenhängende Aufgabe.

Nährstoffproblem

Ein Fabrikant stellt Eiweißpillen und Kohlehydratpillen her. Er möchte sie dem Konsumenten als Alternative zu den Nahrungsmitteln Reis und Fisch anbieten.

Wie soll er die Preise der Pillen einrichten, damit er einerseits mit den Nahrungsmitteln Reis und Fisch konkurrieren kann und andererseits möglichst viel am Kunden verdient?
Was der Pillenfabrikant steuern kann, sind die Pillenpreise:
p: Kilopreis der Kohlehydratpillen
q: Kilopreis der Eiweißpillen
Damit kann er sein Problem folgendermaßen formulieren:

$$\text{(D)}: \quad \left| \begin{array}{lcl} & \text{Kohlehyd.} & \text{Eiweiß} \\ \max & 0{,}6 \cdot p \; + & 0{,}3 \cdot q \\ & 0{,}6 \cdot p \; + & 0{,}15 \cdot q \leqq 1 \\ & 0{,}2 \cdot p \; + & 0{,}6 \cdot q \;\;\; \leqq 2 \\ & p, q \geqq 0 & \end{array} \right| \quad \begin{array}{l} \\ \text{(Gewinn)} \\ \text{(Reis)} \\ \text{(Fisch)} \\ \\ \end{array}$$

Wir wollen die „Fisch-Ungleichung" erläutern: Für ein Kilo Fisch zahlt der Konsument 2 DM. Ein Kilo Fisch enthält gewisse Mengen an Kohlehydrate und an Eiweiß. Wenn der Konsument diese Proteine in Pillenform kauft, so will er dafür nicht mehr als obige 2 DM ausgeben. Also muß der Pillenfabrikant seine Preise so einrichten, daß er für die Pillen, die den Proteinen von einem Kilo Fisch entsprechen, höchstens 2 DM verlangt. – Dies sagt gerade die Fisch-Ungleichung aus.
Interessant ist zunächst der formale Zusammenhang zwischen (P) und (D). Die Probleme sind von folgendem Typ:

$$\text{(P)}: \left| \begin{array}{c} \min \boldsymbol{c} \cdot \boldsymbol{x} \\ \boldsymbol{A} \cdot \boldsymbol{x} \geqq \boldsymbol{b} \\ \boldsymbol{x} \geqq \boldsymbol{o} \end{array} \right| \quad \text{(D)}: \left| \begin{array}{c} \max \boldsymbol{b}^{\mathrm{T}} \cdot \boldsymbol{y} \\ \boldsymbol{A}^{\mathrm{T}} \cdot \boldsymbol{y} \leqq \boldsymbol{c}^{\mathrm{T}} \\ \boldsymbol{y} \geqq \boldsymbol{o} \end{array} \right| \quad \text{mit} \quad \boldsymbol{x} = \begin{pmatrix} x \\ y \end{pmatrix}, \; \boldsymbol{y} = \begin{pmatrix} p \\ q \end{pmatrix}$$

(D) entsteht also aus (P) durch Transponieren der Matrix und Vertauschen von rechter Seite und Zielfunktionsvektor.
Die beiden linearen Programme beschreiben die gegebene reale Situation auf unterschiedliche Weise: (P) beschreibt die Mengensichtweise der Situation, (D) beschreibt die Preissichtweise der gleichen Situation.
In der Tat beschreiben (P) und (D) das Problem nicht nur auf unterschiedliche Weise, sondern in Begriffen, die in gewisser Weise unabhängig voneinander sind oder „orthogonal" zueinander, wie man es auch nennt.
Die Version (P) beschreibt den Nährstoffbedarf mit Mengenbegriffen. Die Version (D) modelliert die Konkurrenzfähigkeit mit finanztechnischen Begriffen.
Wir wollen das Beispiel nicht verlassen, ohne auf eines hinzuweisen: (P) und (D) beschreiben ein (möglicherweise) reales Problem auf völlig technokratische Weise. Es ist durchaus möglich, daß ein Konsument auf die Pillen des Fabrikanten verzichten wird, egal wie billig der Fabrikant sie anbietet.
Andererseits muß man aber auch sehen, daß der Pillenfabrikant gegenüber den natürlichen Nahrungsmitteln Reis und Fisch in gewisser Weise im Vorteil ist: Reis und Fisch bieten Kohlehydrate und Eiweiß jeweils nur in einem festen Verhältnis an. Beim Pillenfabrikanten kann der Konsument sich das Kohlehydrat/Eiweiß-Verhältnis seines Menüs völlig nach Belieben zusammenstellen.
Bei mathematischen Modellbildungen sollte man sich stets dessen bewußt sein, daß bei der Transformation von „Realität" zum Modell einiges an inhaltlicher Substanz verloren gehen kann.

Die beiden Programmvarianten (P) und (D) unseres Beispiels bilden ein Paar von zueinander „dualen“ Programmen. Die für derartige Dinge nötigen Bezeichnungsweisen wollen wir zunächst bereitstellen.

Duale Programme

Paare zueinander **dualer linearer Programme** sind

a) Falls (P) in kanonischer Form gegeben ist:

$$\text{(P):}\quad \left|\begin{array}{c} \max \boldsymbol{c}\cdot\boldsymbol{x} \\ \boldsymbol{A}\cdot\boldsymbol{x} \leqq \boldsymbol{b} \\ \boldsymbol{x} \geqq \boldsymbol{o} \end{array}\right| \qquad \text{(D):}\quad \left|\begin{array}{c} \min \boldsymbol{b}^{\mathrm{T}}\cdot\boldsymbol{y} \\ \boldsymbol{A}^{\mathrm{T}}\cdot\boldsymbol{y} \geqq \boldsymbol{c}^{\mathrm{T}} \\ \boldsymbol{y} \geqq \boldsymbol{o} \end{array}\right|$$

b) Falls (P) in Standardform gegeben ist:

$$\text{(P):}\quad \left|\begin{array}{c} \max \boldsymbol{c}\cdot\boldsymbol{x} \\ \boldsymbol{A}\cdot\boldsymbol{x} = \boldsymbol{b} \\ \boldsymbol{x} \geqq \boldsymbol{o} \end{array}\right| \qquad \text{(D):}\quad \left|\begin{array}{c} \min \boldsymbol{b}^{\mathrm{T}}\cdot\boldsymbol{y} \\ \boldsymbol{A}^{\mathrm{T}}\cdot\boldsymbol{y} \geqq \boldsymbol{c}^{\mathrm{T}} \\ \boldsymbol{y}\ \text{reell} \end{array}\right|$$

Man beachte: Man kann auch lineare Programme dualisieren, die Mischformen der primalen Programme von a) und b) sind. Man sollte aber, um Fehler zu vermeiden, nur abgesicherte Paare von dualen Programmen benutzen.

Wir wollen zunächst die Zuordnung der Matrix zu den Vektoren und den Unbekannten übersichtlich notieren: Die primale Zielfunktion $\boldsymbol{c}$ und die Primalvariablen $\boldsymbol{x}$ sind den Spalten der Koeffizientenmatrix $\boldsymbol{A}$ zugeordnet. Die primale rechte Seite $\boldsymbol{b}$ und die Dualvariablen $\boldsymbol{y}$ sind den Zeilen von $\boldsymbol{A}$ zugeordnet:

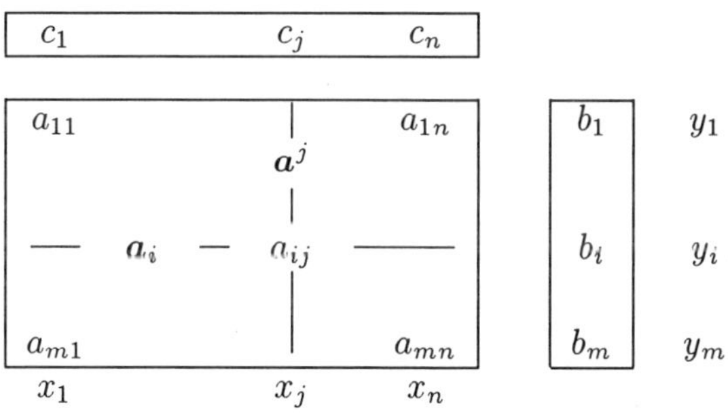

Randbemerkungen

(i) Manchmal ist es praktischer, im dualen Programm die Koeffizientenmatrix in nicht-transponierter Form zu haben. Wenn wir Zielfunktion und Nebenbedingungen transponieren und anschließend $\boldsymbol{y}^{\mathrm{T}}$ durch $\boldsymbol{y}$ ersetzen, so bekommen wir (im kanonischen Fall a)):

$$\text{(P):}\quad \left|\begin{array}{c} \max \boldsymbol{c}\cdot\boldsymbol{x} \\ \boldsymbol{A}\cdot\boldsymbol{x} \leqq \boldsymbol{b} \\ \boldsymbol{x} \geqq \boldsymbol{o} \end{array}\right| \qquad \text{(D):}\quad \left|\begin{array}{c} \min \boldsymbol{y}\cdot\boldsymbol{b} \\ \boldsymbol{y}\cdot\boldsymbol{A} \geqq \boldsymbol{c} \\ \boldsymbol{y} \geqq \boldsymbol{o} \end{array}\right|$$

(ii) Wir wollen Transponiertzeichen möglichst vermeiden. Dies ist möglich ohne Verlust an Präzision: Wir interpretieren n-Tupel als einzeilige bzw. einspaltige Matrizen, und sind dann frei, Bezeichnungen (ohne Transponiertzeichen) zu benutzen, wie wir wollen.

Lediglich dann, wenn wir mit einem n-Tupel und mit dessen transponiertem gleichzeitig hantieren, sind wir gezwungen, eines von beiden zu transponieren.

(iii) Die kanonische Definition a) des dualen Programms ist im Prinzip ausreichend. Den Fall b) kann man darauf zurückführen. Man kann die Gleichungen $\boldsymbol{A} \cdot \boldsymbol{x} = \boldsymbol{b}$ ersetzen durch zwei Ungleichungen, dann gemäß a) dualisieren und erhält das Programm (D) von b). (Nachrechnen!)

Bei dem obigen Fisch-Reis-Beispiel hatten wir das Minimierungsproblem als primales Programm genommen und das Maximierungsproblem als duales. In der allgemeinen Definition war es gerade andersherum. Aber das ist gleichgültig. Denn das duale Programm entsteht durch Transponieren der Koeffizientenmatrix und Austauschen von rechter Seite und Zielfunktion. Wenn man das noch einmal macht, also das duale Programm noch einmal dualisiert, so bekommt man offenbar wieder das primale Programm. Welches der beiden Programme man als das primale und welches als das duale ansieht, spielt keine Rolle. Die beiden Programme zusammen bilden ein „Duales Paar".

> Das duale Programm vom dualen ist das primale.

BEISPIEL
8.10

$$
\text{(P)}: \left| \begin{array}{rl} \min & x_1 + 2x_2 \\ & -x_1 + x_2 \geqq -1 \\ & 4x_1 + x_2 \geqq 4 \\ & x_1 + x_2 \geqq 2 \\ & x_1, x_2 \geqq 0 \end{array} \right| \qquad \text{(D)}: \left| \begin{array}{rl} \max & -y_1 + 4y_2 + 2y_3 \\ & -y_1 + 4y_2 + y_3 \leqq 1 \\ & y_1 + y_2 + y_3 \leqq 2 \\ & y_1, y_2, y_3 \geqq 0 \end{array} \right|
$$

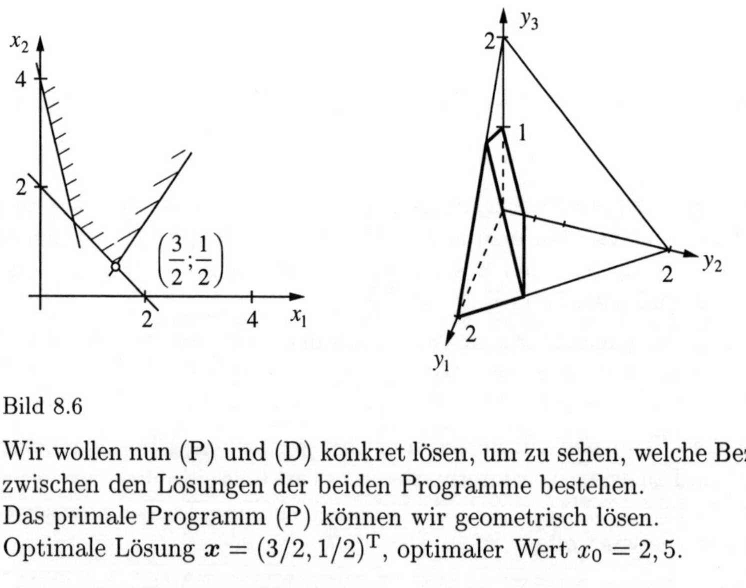

Bild 8.6

Wir wollen nun (P) und (D) konkret lösen, um zu sehen, welche Beziehungen zwischen den Lösungen der beiden Programme bestehen.
Das primale Programm (P) können wir geometrisch lösen.
Optimale Lösung $\boldsymbol{x} = (3/2, 1/2)^{\mathrm{T}}$, optimaler Wert $x_0 = 2,5$.

Das duale Programm lösen wir mit dem Simplexalgorithmus. Wir bemerken: Für den Simplexalgorithmus ist es in diesem Beispiel einfacher, das duale Programm zu lösen als das primale. Das Tableau ist kleiner, und beim dualen Problem ist eine erste Phase überflüssig.

y_0	y_1	y_2	y_3	s_1	s_2		
$\vert 1\vert$	1	−4	−2	0	0	$\vert 0\vert$	Simplextableau zu (D)
	−1	4*	1	$\vert 1\vert$	0	1	
	1	1	1	0	$\vert 1\vert$	2	
$\vert 1\vert$	0	0	−1	1	0	$\vert 1\vert$	
	−1	$\vert 4\vert$	1*	1	0	1	
	5	0	3	−1	$\vert 4\vert$	7	
$\vert 1\vert$	−1	4	0	2	0	$\vert 2\vert$	
	−1	4	$\vert 1\vert$	1	0	1	
	8*	−12	0	−4	$\vert 4\vert$	4	
$\vert 8\vert$	0	20	0	12	4	$\vert 20\vert$	
	0	20	$\vert 8\vert$	4	4	12	
	$\vert 8\vert$	−12	0	−4	4	4	optimal

Die Optimallösung von (D) ist : $(y_1; y_2; y_3) = (0,5; 0; 1,5)$.
Der optimale Wert von (D) ist : $y_0 = 20/8 = 2,5$.

Man bemerkt: In diesem Beispiel haben (P) und (D) den gleichen optimalen Wert. Die gleiche Optimallösung können (P) und (D) natürlich nicht haben, da schon die Formate verschieden sind.
Dennoch läßt sich die optimale Lösung des primalen Problems im optimalen Tableau von (D) wiederfinden. Dies wird im folgenden gezeigt. ■

Das obige Fisch-Reis-Beispiel und auch das letzte Rechenbeispiel lassen starke Abhängigkeiten zwischen den Lösungen von primalem und dualem Programm vermuten. Wir beschreiben diese Abhängigkeiten in zwei mathematischen Sätzen:

Schwache Dualität
Sind $\boldsymbol{x}$ bzw. $\boldsymbol{y}$ zulässig für (P) bzw. (D), so gilt

$$\boldsymbol{c} \cdot \boldsymbol{x} \leqq \boldsymbol{y} \cdot \boldsymbol{b}$$

Dies bedeutet: Jeder primale Zielfunktionswert liegt unter jedem dualen Zielfunktionswert. Wir können das anders formulieren: Das Maximum des primalen Problems liegt unter dem Minimum des dualen Problems

„max (P) $\leqq$ min (D)“.

Wir können es noch anders formulieren: Zulässige Lösungen $\boldsymbol{x}$ bzw. $\boldsymbol{y}$ für (P) bzw. (D) mit $\boldsymbol{c} \cdot \boldsymbol{x} = \boldsymbol{y} \cdot \boldsymbol{b}$ sind optimal für (P) bzw. (D).

Beweis (nur für die kanonische Version):

$$(\text{P}): \left| \begin{array}{c} \max \boldsymbol{c} \cdot \boldsymbol{x} \\ \boldsymbol{A} \cdot \boldsymbol{x} \leqq \boldsymbol{b} \\ \boldsymbol{x} \geqq \boldsymbol{o} \end{array} \right| \qquad (\text{D}): \left| \begin{array}{c} \min \boldsymbol{y} \cdot \boldsymbol{b} \\ \boldsymbol{y} \cdot \boldsymbol{A} \geqq \boldsymbol{c} \\ \boldsymbol{y} \geqq \boldsymbol{o} \end{array} \right|$$

Daraus folgt $\boldsymbol{c} \cdot \boldsymbol{x} \leqq \boldsymbol{y} \cdot \boldsymbol{A} \cdot \boldsymbol{x} \leqq \boldsymbol{y} \cdot \boldsymbol{b}$, also die Behauptung.

> **Starke Dualität**
> Ist das primale Problem (P) zulässig mit beschränktem Zielfunktionswert, so ist das duale Problem (D) ebenfalls zulässig und hat beschränkten Zielfunktionswert.
> In diesem Falle haben (P) und (D) beide Optimallösungen mit gleichem Zielfunktionswert.

Dieser Satz besagt also, daß es bei linearer Programmierung keine „Dualitätslücke" gibt. Sind die Voraussetzungen des Satzes erfüllt, so gilt nicht nur max (P) $\leqq$ min (D), sondern sogar „max (P) = min (D)".

Beweis (nur für den Standardfall):

$$\text{(P):}\quad \left|\begin{array}{c} \max \boldsymbol{c}\cdot\boldsymbol{x} \\ \boldsymbol{A}\cdot\boldsymbol{x}=\boldsymbol{b} \\ \boldsymbol{x}\geqq\boldsymbol{o} \end{array}\right| \qquad \text{(D):}\quad \left|\begin{array}{c} \min \boldsymbol{y}\cdot\boldsymbol{b} \\ \boldsymbol{y}\cdot\boldsymbol{A}\geqq\boldsymbol{c} \\ \boldsymbol{y}\ \text{reell} \end{array}\right|$$

Da (P) zulässig ist und beschränkten Wert hat, exstiert eine optimale Basis B für (P) (markiert im Starttableau):

1	$-\boldsymbol{c}_\text{B}$	$-\boldsymbol{c}_\text{N}$	0		0 … 0
0					1
…	$\boldsymbol{A}_\text{B}$	$\boldsymbol{A}_\text{N}$	$\boldsymbol{b}$		**1**
0					1

Starttableau für (P)

Wir haben nur zu Beweiszwecken an das Starttableau eine Einheitsmatrix angehängt. Wir denken uns nun nach B ausgeräumt:

1	0 … 0	$-\overline{\boldsymbol{c}}_\text{N}$	$\overline{z}$		$\overline{\boldsymbol{y}}$
0	1				
…	**1**	$\overline{\boldsymbol{A}}_\text{N}$	$\overline{\boldsymbol{b}}$		$\boldsymbol{A}_\text{N}^{-1}$
0	1				

Endtableau (ausgeräumt nach B)

Aus Teil 2 wissen wir: $\overline{z}=\boldsymbol{c}_\text{B}\cdot\boldsymbol{A}_\text{B}^{-1}\cdot\boldsymbol{b}$.

$$(*)\qquad -\overline{\boldsymbol{c}}_\text{N}=-\boldsymbol{c}_\text{N}+\boldsymbol{c}_\text{B}\cdot\boldsymbol{A}_\text{B}^{-1}\cdot\boldsymbol{A}_\text{N}\qquad(\geqq 0,\ \text{da Optimaltableau})$$

Daraus folgt außerdem $\overline{\boldsymbol{y}}=\boldsymbol{c}_\text{B}\cdot\boldsymbol{A}_\text{B}^{-1}$.
Nun wird sich zeigen, daß $\overline{\boldsymbol{y}}$ die Optimallösung des dualen Problems ist. (Das war der Grund, daß wir die Einheitsmatrix ans Starttableau angehängt haben.)

$\overline{\boldsymbol{y}}\cdot\boldsymbol{b}=\boldsymbol{c}_\text{B}\cdot\boldsymbol{A}_\text{B}^{-1}\cdot\boldsymbol{b}=\overline{z}$, also hat $\overline{\boldsymbol{y}}$ den optimalen Primalwert.

Zu zeigen ist noch, daß $\overline{\boldsymbol{y}}$ dual zulässig ist:

$$\overline{\boldsymbol{y}}\cdot\boldsymbol{A}=\boldsymbol{c}_\text{B}\cdot\boldsymbol{A}_\text{B}^{-1}\cdot(\boldsymbol{A}_\text{B},\boldsymbol{A}_\text{N})=(\boldsymbol{c}_\text{B},\boldsymbol{c}_\text{B}\cdot\boldsymbol{A}_\text{B}^{-1}\cdot\boldsymbol{A}_\text{N})\geqq(\boldsymbol{c}_\text{B},\boldsymbol{c}_\text{N})=\boldsymbol{c}$$

Vergleiche $(*)$ für die Gültigkeit der letzten Ungleichung.
Der Beweis zeigt, daß man aus der **Primal**-Rechnung die optimale **Dual**-Lösung bekommen kann. Bei kanonischen Problemen muß man nicht einmal die Einheitsmatrix anhängen, da man durch die Schlupfvariablen die benötigte Einheitsmatrix direkt zur Hand hat!

Bestimmen des optimalen Dualvektors:

Sei (P) ein zulässiges lineares Programm mit beschränkter Zielfunktion.

- Hat (P) Standardform, so findet man die duale Optimallösung mittels der primalen Rechnung (wie im letzten Beweis beschrieben).
- Hat (P) kanonische Form, so findet man die duale Optimallösung im primalen Endtableau in der Zielfunktionszeile bei den Schlupfvariablen.

Unser obiges Beispiel illustrierte den letztgenannten Fall.

Der starke Dualitätssatz macht eine Aussage für das duale Programm, *wenn* das primale lösbar ist und beschränkten Zielfunktionswert hat. Diese Voraussetzung muß aber nicht gelten. Die insgesamt möglichen Fälle können wir folgendermaßen klassifizieren:

Mögliche Fälle hinsichtlich Zulässigkeit und Optimalität:

- Haben (P) und (D) beide zulässige Lösungen, so haben beide auch optimale Lösungen und den gleichen optimalen Wert.
- Hat nur eines der Programme (P) und (D) eine zulässige Lösung, so hat dieses unbeschränkten Zielfunktionswert.
- Weder (P) noch (D) hat eine zulässige Lösung.

Beweis:

Zum ersten Fall: Wegen des schwachen Dualitätssatzes hat (P) beschränkten Zielfunktionswert. Mit dem starken Dualitätssatz folgt der Rest.

Zum zweiten Fall: Wäre der Zielfunktionswert beschränkt, so hätte das andere Programm zulässige Lösungen wegen des starken Dualitätssatzes. Daß die letzte Möglichkeit wirklich vorkommen kann, demonstrieren wir an einem Beispiel:

BEISPIEL

8.11

$$
\text{(P)}: \left|\begin{array}{r} \max x+y \\ x-y \leqq 1 \\ -x+y \leqq -2 \\ x,y \geqq 0 \end{array}\right| \qquad \text{(D)}: \left|\begin{array}{r} \min u-2v \\ u-v \geqq 1 \\ -u+v \geqq 1 \\ u,v \geqq 0 \end{array}\right|
$$

$$
\begin{array}{rcl} x-y \leqq 1 & \qquad & u-v \geqq 1 \\ x-y \geqq 2 & & u-v \leqq -1 \end{array}
$$

Offenbar haben weder (P) noch (D) zulässige Lösungen. ∎

AUFGABEN

8.11 Mengenrabatt

Sei x eine Variable in einem Linearen Programm mit zugehörigem Zielfunktionkoeffizienten c, letzterer zu interpretieren als (zu maximierender) Erlös pro verkaufter Einheit. In der Realität kann c abhängen von der Anzahl der verkauften Einheiten, etwa $c = c_1$ für $x \leqq x_0$ und $c = c_2$ für jede über x_0 hinaus verkaufte Einheit.

Typischerweise ist dann $c_1 > c_2$. Wie kann diese Situation in einem linearen Programm realisiert werden?

8.12 Tschebyscheff-Approximation

Gegeben seien N Punkte $(x_k; y_k)$ in der Ebene. Gesucht ist das Polynom

$P_n(x) = a_0 + a_1 \cdot x + a_2 \cdot x^2 + \ldots + a_n \cdot x^n, \quad n < N - 1,$

n-ten Grades, das den maximalen Fehler

$\max\limits_k |P_n(x_k) - y_k|$

minimiert. – Man formuliere ein lineares Programm.

8.13 Man löse das angegebene lineare Programm

$$\left|\begin{array}{lrrrcr} \min & x & +y & +3z & & \\ & x & -y & & \geqq & -10 \\ & x & & -\ z & \geqq & 12 \\ & -x & +y & +\ z & \geqq & -8 \\ & 2x & -y & +\ z & \geqq & 2 \\ & & & x, y, z & \geqq & 0 \end{array}\right|$$

8.14 Wie können die Nebenbedingungen

$|2x - y| \leqq 7, \quad |2x - y| \geqq 7, \quad |x| \leqq |y|$

behandelt werden?

9 Graphentheorie

9.1 Grundbegriffe ungerichteter Graphen, spezielle Graphen

In diesem Teil wollen wir die Grundbegriffe der Graphentheorie einführen und einige wichtige Klassen spezieller Graphen beschreiben.

Ungerichtete Graphen
Zu einem (ungerichteten) **Graphen** $G = [E(G), K(G), \Phi(G)]$ gehört
- die endliche **Ecken**-Menge $E(G)$
- die endliche **Kanten**-Menge $K(G)$ und die
- **Inzidenz**-Abbildung Φ, die jeder Kante k ein Paar $\{e; f\}$ von Ecken zuordnet.

Ist $\Phi(k) = \{e; f\}$, so sind die Ecken e und f **adjazent**, sie sind mit ihrer Verbindungskante k **inzident**.
Eine Kante der Form $\Phi(k) = \{e; e\} = \{e\}$ (also von einer Ecke zur gleichen Ecke zurück) ist eine **Schlinge**.
Ein Graph ist **einfach**, wenn er keine Schlingen und keine parallelen Kanten (welche also das gleiche Eckenpaar verbinden) hat.

BEISPIEL

9.1 Eckenmenge $E = \{1; 2; 3\}$, Kantenmenge $K = \{a; b; c; d\}$.
Die Inzidenzabbildung geben wir explizit an:

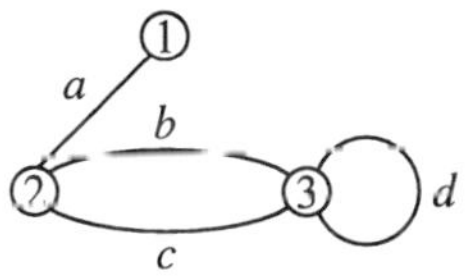

k	a	b	c	d
$\Phi(k)$	$\{1; 2\}$	$\{2; 3\}$	$\{2; 3\}$	$\{3\}$

Bild 9.1 ■

Die explizite Angabe der Inzidenzabbildung ist in der Praxis nicht üblich. Graphen muß man so angeben, daß es für einen Rechner verständlich ist. Dazu geeignet sind Matrizendarstellungen (siehe unten) oder auch Kantenlisten. Bei Beispielen werden wir oft auch nur eine Skizze machen.

Bei Skizzen muß man sich jedoch über eines im klaren sein: Bilder sind nicht mehr als eben Bilder. Insbesondere ist es bei der Skizze gleichgültig, wie man die Ecken des Graphen in die Zeichenebene plaziert und wie man die Linien zieht, die die Kanten darstellen.

Vollständiger Graph
Ein einfacher Graph mit n Ecken, bei dem jede Ecke mit jeder anderen Ecke verbunden ist, heißt **vollständig** und wird mit K_n bezeichnet.

Die Kantenzahl des vollständigen Graphen ist

$$(n-1)+(n-2)+\ldots+2+1=\frac{1}{2}n(n-1) \tag{9.1}$$

BEISPIEL

9.2

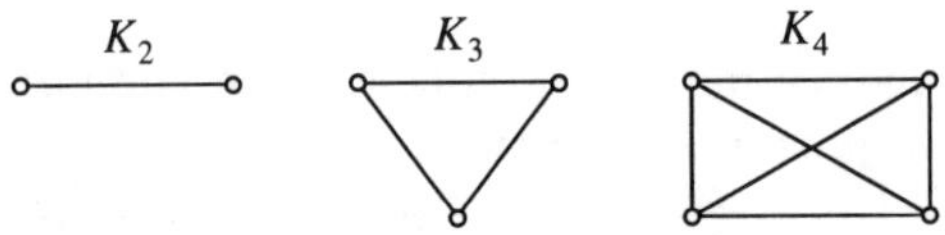

Bild 9.2

■

Isomorphie

Es kommt vor, daß zwei Graphen, bei denen Eckenmenge und/oder Kantenmenge zunächst unterschiedlich sind, in ihrer Struktur dennoch vollkommen übereinstimmen:

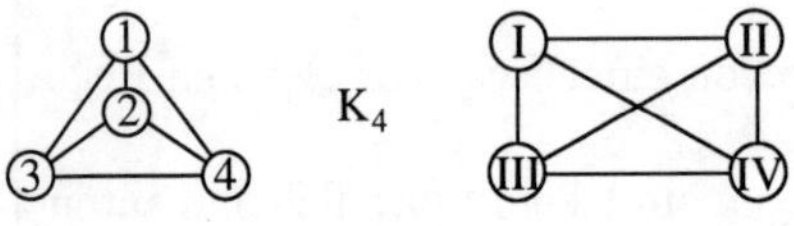

Bild 9.3

Die hier skizzierten Graphen haben beide 4 Ecken und bei beiden ist jede Ecke mit jeder verbunden. Wenn diese beiden Graphen auch nicht gleich sind, so sind sie doch „so gut wie gleich". Beide sind Darstellungen des K_4.

In Fällen wie diesem, wo also ein Graph durch Umbenennen von Eckennamen und/oder Kantennamen aus einem anderen hervorgeht, nennt man die beiden beteiligten Graphen **isomorph**.

Subgraphen

Manchmal interessiert man sich nur für Teile eines Graphen:

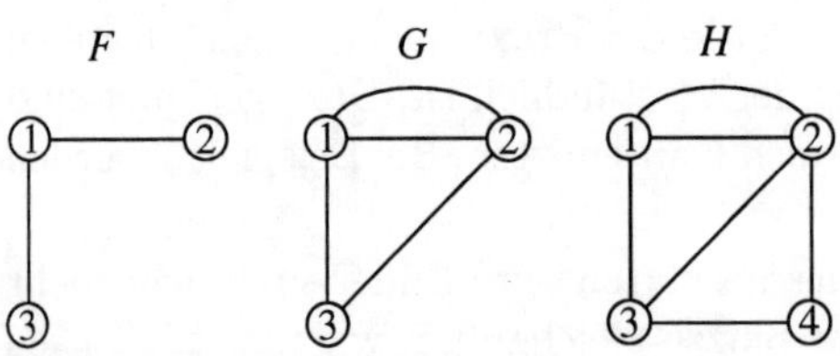

Bild 9.4

F und G sind beide **Subgraphen** von H. G ist der von den Ecken 1, 2 und 3 **induzierte Subgraph** von H (der also alle Kanten von H enthält, die Ecken von G verbinden).

Wir wollen nun Möglichkeiten der Graphendarstellung vorstellen, die für Rechenanlagen verständlich sind.

Adjazenzmatrix, Inzidenzmatrix
Sei gegeben ein Graph G mit n Ecken und m Kanten.
Die **Adjazenzmatrix** von G ist eine (quadratische) $(n \times n)$-Matrix $\boldsymbol{A}$, definiert durch

$$a_{ij} = \text{Anzahl der Kanten zwischen den Ecken } e_i \text{ und } e_j.$$

Die **Inzidenzmatrix** von G ist eine $(n \times m)$-Matrix $\boldsymbol{M}$, definiert durch

$$m_{ij} = \text{Häufigkeit, mit der die Ecke } e_i \text{ und die Kante } k_j \text{ inzidiert.}$$

Die Häufigkeit m_{ij} kann nur 0, 1 oder 2 sein (letzteres bei Schlingen).

BEISPIEL
9.3

G:

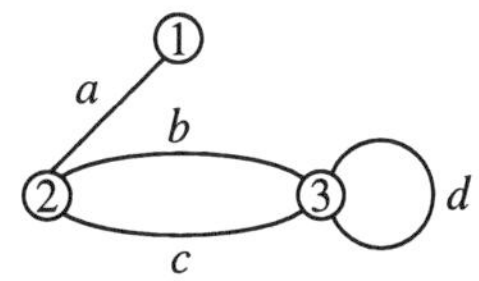

Bild 9.5

$\boldsymbol{A}(G)$

	1	2	3
1	0	1	0
2	1	0	2
3	0	2	1

$\boldsymbol{M}(G)$

	a	b	c	d
1	1	0	0	0
2	1	1	1	0
3	0	1	1	2
	2	2	2	2

Man bemerkt: Die Adjazenzmatrix ist stets symmetrisch. Bei der Inzidenzmatrix addieren sich alle Spalten zu 2. ■

Sowohl Adjazenzmatrix als auch Inzidenzmatrix sind typischerweise stark mit Nullen besetzt, was auf Rechnern natürlich Verschwendung von Speicherplatz bedeutet. Deshalb werden große Graphen auf Rechnern besser als Ecken-Kantenlisten gespeichert, wo zu jeder Ecke die inzidenten Kanten abgespeichert sind.

Eckengrad
Der **Grad** $d(e)$ einer Ecke e in einem Graphen ist die Anzahl der Kanten, die mit der Ecke e inzidieren (Schleifen zählen dabei doppelt).
Es gilt: In einem Graphen mit m Kanten addieren sich die Eckengrade zu $2m$ (da jede Kante zur Eckengradsumme 2 beiträgt).

$$\sum_{e \in E} d(e) = 2 \cdot m \tag{9.2}$$

Bei den bisherigen Beispielgraphen markiere man einmal alle Ecken, deren Eckengrad ungradzahlig ist. Dabei fällt etwas auf:

In einem Graph ist die Anzahl der Ecken mit ungeradem Eckengrad stets geradzahlig.

Beweis:

Bei einem Graphen ohne Kanten stimmt die Behauptung (die Anzahl der Ecken mit ungeradem Grad ist Null, also geradzahlig).

Nun Induktion über die Kantenzahl: Ergänzt man den Graphen um eine Kante, so ändert sich die Anzahl der Ecken mit ungeradem Grad um $+2$, um -2 oder gar nicht (Warum?). Die Anzahl der Ecken mit ungeradem Grad bleibt jedenfalls geradzahlig.

Ein **Weg** in einem Graphen ist eine Ecken-Kanten Sequenz

$$e_0\, k_1\, e_1\, k_2\, e_2 \ldots k_l\, e_l,$$

bei der jede Kante k_i ihre Nachbarecken e_{i-1} und e_i verbindet, $i = 1, \ldots, l$.
Ein **Kreis** ist ein Weg, bei dem Anfangsecke und Endecke übereinstimmen.
Ein Weg (ein Kreis) ist **einfach**, wenn Kanten und Zwischenecken nicht doppelt vorkommen.

Bei Wegen in einfachen Graphen ist es nicht nötig, die Kanten des Weges explizit aufzuführen. Ein Weg ist in einfachen Graphen durch seine Ecken eindeutig identifizierbar.

Es kommt vor, daß ein Graph nicht nur aus „einem Teil“ besteht. Aus der Adjazenzmatrix kann man das nicht so ohne weiteres erkennen:

BEISPIEL

9.4

	1	2	3	4
1	1		1	
2				1
3	1		1	
4		1		

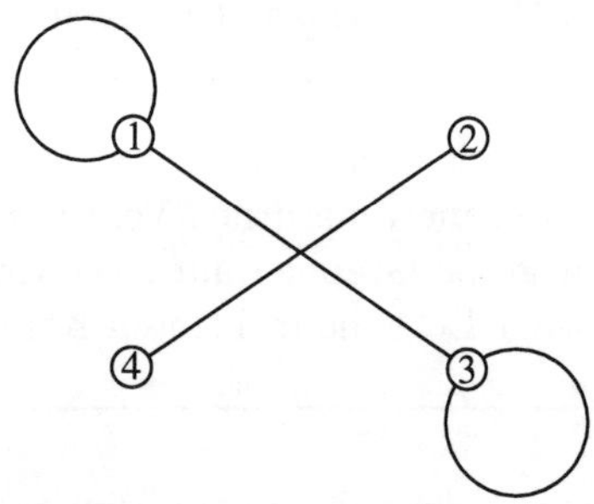

Bild 9.6 ■

Ein Graph ist **zusammenhängend**, wenn je zwei Ecken durch einen Weg verbunden sind.
Ein nicht zusammenhängender Graph zerfällt in seine zusammenhängenden **Komponenten**.

Neben den vollständigen Graphen sind „Bäume“ und „paare Graphen“ weitere wichtige Graphenklassen.

In der Informatik werden Suchalgorithmen oft mittels markierter Bäume implementiert. Solche Bäume haben die Eigenschaft, daß sie sich von Stufe zu Stufe verzweigen, daß sie aber (wie auch Bäume in der Natur) niemals wieder zusammenwachsen.

Ein **Baum** ist ein zusammenhängender, kreisfreier Graph.

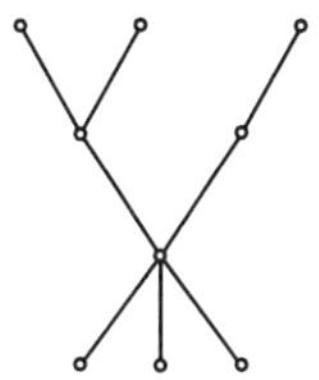

Bild 9.7

Für Bäume weisen wir zwei Eigenschaften nach:

(i) Jeder Baum mit mindestens zwei Ecken hat mindestens zwei **Blätter**, d. h. Ecken mit Grad 1.
(ii) Für einen Baum gilt

Kantenzahl = Eckenzahl −1.

Beweis:
Zu (i): Wir stellen uns vor, wir starten bei einer Ecke, laufen los und laufen niemals die gleiche Kante zurück. Dann kommen wir nie zu einer Ecke, wo wir schon einmal waren (da der Graph kreisfrei ist). Andererseits ist der Graph endlich. Das bedeutet: Irgendwann kommen wir nicht weiter. Die Ecke, an der wir stehenbleiben, hat dann neben der Kante, von der wir herkamen, keine weitere inzidente Kante, ist also ein Blatt.
Wenn wir das gleiche Experiment nochmal machen und dabei auf dem eben gefundenen Blatt starten, kommen wir zu einem zweiten Blatt. (Warum können wir mit dieser Methode nicht mit Sicherheit ein drittes Blatt finden?)
(ii) Induktion über die Eckenzahl
Hat der Graph eine Ecke, so hat er keine Kante, die Formel stimmt dann also.
Der Graph G habe n Ecken, $n > 1$. Nach (i) hat G ein Blatt. Wir entfernen das Blatt und die anhängende Kante und erhalten so einen Graphen G'. Dieser Graph ist auch kreisfrei und zusammenhängend, erfüllt also die Voraussetzungen des Satzes und hat nur $n-1$ Ecken. Nach Induktionsannahme können wir schreiben

$$m' = n' - 1 \qquad (m' \text{ Kantenzahl von } G',\ n' \text{ Eckenzahl von } G')$$

Nun ist aber $m' = m - 1$ und $n' = n - 1$. Einsetzen liefert

$$(m-1) = (n-1) - 1, \quad \text{d. h.} \quad m = n - 1,$$

also die Behauptung.
Wir definieren nun paare Graphen. Das sind solche Graphen, bei denen man von „linken Ecken“ und „rechten Ecken“ reden kann. Paare Graphen sind wichtig für Zuordnungsprobleme (Abschnitt 9.5).

Paare Graphen
Ein Graph G ist **paar**, wenn seine Eckenmenge so in zwei Teilmengen S und T zerlegt werden kann, daß die Kanten von G nur zwischen S und T verlaufen, aber nicht innerhalb S und nicht innerhalb T.
Der **vollständige** paare Graph K_{mn} ist der einfache paare Graph mit m Ecken auf der linken Seite, n Ecken auf der rechten Seite und allen Kanten, die zwischen S und T möglich sind. Der K_{mn} hat demnach $m \cdot n$ Kanten.

BEISPIELE

9.5

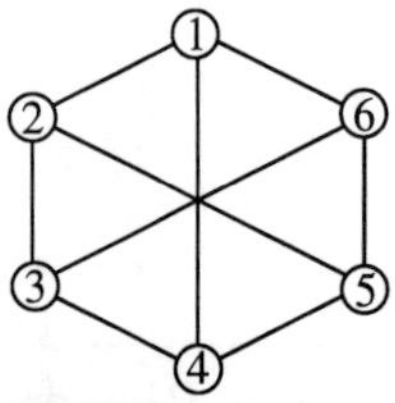

$K_{3,3}$

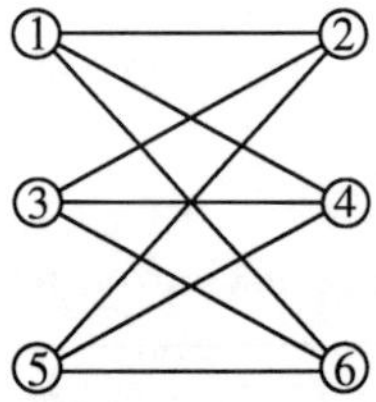

Bild 9.8

Der linke Graph ist paar, obgleich er im linken Bild nicht paar dargestellt ist. Es handelt sich bei ihm aber um nichts anderes als den $K_{3,3}$, wie die rechte Darstellung zeigt. ■

9.6 Der folgende Graph ist auch paar. Wie kann man ihn paar darstellen?

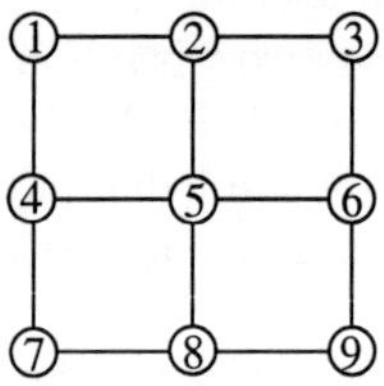

Bild 9.9 ■

Nicht jeder Graph ist paar. Der kleinste (einfache) nichtpaare Graph ist das Dreieck K_3.
Ein weiterer nichtpaarer Graph ist der Kreis mit 5 Kanten. Überhaupt kann ein Graph nicht paar sein, wenn er Kreise ungerader Kantenzahl hat, wie das Beispiel klar macht.
Tatsächlich gilt von dieser Beobachtung auch die Umkehrung:

Ein Graph ist paar genau dann, wenn er keine Kreise ungerader Kantenzahl hat.

Beweis:
Wir müssen nur noch zeigen: Hat der Graph keine Kreise ungerader Kantenzahl, so kann man ihn paar darstellen.
Ohne Beschränkung der Allgemeinheit können wir annehmen, daß der Graph zusammenhängend ist. (Wäre er das nicht, so machen wir das folgende für jede Komponente einzeln.)

Wir beschreiben eine Markierungsprozedur, die die Ecken des Graphen mit den Marken L („links“) oder R („rechts“) kennzeichnet.

> *Start*
> Wir wählen irgendeine Ecke und markieren sie mit L.
>
> *Iteration*
> Sind keine Markierungen mehr möglich $\longrightarrow$ Stop
> Wir markieren alle unmarkierten Nachbarn der bei der letzten Iteration markierten Ecken und zwar mit der bei der letzten Iteration nicht benutzten Marke.
> $\longrightarrow$ Iteration
>
> *Stop*

Wir stellen fest:

(i) Die Prozedur markiert alle Ecken des Graphen. Dies ist richtig, weil der Graph zusammenhängend ist.

(ii) Die Kanten des Graphen verlaufen nur zwischen L und R (und nicht innerhalb einer dieser beiden Mengen). Ecken in L werden nach geradzahlig vielen Schritten, Ecken in R werden nach ungeradzahlig vielen Schritten markiert. Eine Kante innerhalb L würde einen Kreis induzieren mit Kantenzahl

„geradzahlig + geradzahlig + 1“, also insgesamt ungeradzahlig.

Eine Kante innerhalb R würde einen Kreis induzieren mit Kantenzahl

„ungeradzahlig + ungeradzahlig + 1“, also ebenfalls ungeradzahlig.

In jedem Fall hätten wir einen Kreis ungerader Länge im Gegensatz zur Annahme zu Beginn.

Konsequenz aus (i) und (ii): Die Eckenmengen L und R konstituieren eine paare Darstellung des Graphen.

AUFGABEN

9.1 Warum sind Bäume paare Graphen ?

9.2 Man gebe eine zeichnerische Darstellung des Graphen G mit der Inzidenzmatrix $\boldsymbol{M}$ und eine des Graphen H mit der Adjazenzmatrix $\boldsymbol{A}$. Lassen sich die Kanten der Graphen kreuzungsfrei zeichnen?

$\boldsymbol{M}$

	a	b	c	d	e	f	g	h
1	1			1	1			
2	1	1				1		
3		1	1				1	
4			1	1				1
5					1	1	1	1

$\boldsymbol{A}$

	1	2	3	4	5	6
1		1		1	1	
2	1		1			1
3		1		1		1
4	1		1		1	
5	1			1		1
6		1	1		1	

9.3 Sei G ein Graph mit n Ecken und Adjazenzmatrix $\boldsymbol{A}$. Wie läßt sich ausgehend von $\boldsymbol{A}$ algorithmisch feststellen, ob G zusammenhängend ist? Welchen Rechenaufwand in Abhängigkeit von n hat Ihr Algorithmus im schlechtesten Falle?

9.4 Sei $\boldsymbol{A}$ die Adjazenzmatrix des Graphen G, und sei $\boldsymbol{A}^n$ die n-te Potenz von $\boldsymbol{A}$ (n-faches das Matrixprodukt). Man mache sich klar: Die Elemente der Matrix $\boldsymbol{A}^n$ liefern die Anzahl der aus n Kanten bestehenden Wege zwischen den Ecken des Graphen. Man bilde $\boldsymbol{A}^2$ und $\boldsymbol{A}^3$ für die Matrix $\boldsymbol{A}$ von Aufgabe 9.2.

9.5 Zwei Spieler „Rot“ und „Schwarz“ färben die Kanten
a) des vollständigen Graphen mit 5 Ecken K_5
b) des vollständigen Graphen mit 6 Ecken K_6
abwechselnd mit ihren Farben. Derjenige verliert, der zuerst ein Dreieck (d. h. einen Subgraphen K_3) seiner Farbe erzeugt. Für a) und b) untersuche man, ob das Spiel unentschieden ausgehen kann. Wenn ja, wie; wenn nein, warum nicht?
Man könnte die Spielregel ändern: Derjenige, der zuerst ein Dreieck erzeugt, gewinnt. – Warum ist diese Regel nicht sinnvoll?

9.6 Ariadne steht am Eingang eines ebenen Labyrinths. Mit welcher Strategie kommt sie mit Sicherheit zum Ausgang, sofern einer vorhanden ist?

9.2 Planare Graphen, chromatische Zahl

Ein Graph ist **planar**, wenn er eine ebene Darstellung besitzt, wenn er sich also so in die Ebene einbetten läßt, daß die Kanten sich nicht überkreuzen.
Eine ebene Darstellung eines planaren Graphen unterteilt die Ebene in Teilstücke, die **Facetten**, von denen eine die **unbegrenzte** Facette ist.

BEISPIEL

9.7 Der K_4 ist planar.

Bild 9.10

Es gibt unterschiedliche Möglichkeiten, den K_4 eben darzustellen:

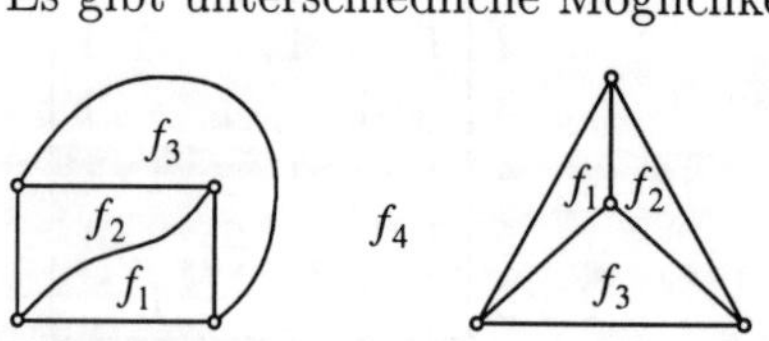

Bild 9.11 ■

Diese beiden ebenen Darstellungen des K_4 haben je vier Facetten. Daß diese Übereinstimmung kein Zufall war, zeigt die Eulerformel:

Eulerformel
Sei gegeben ein zusammenhängender planarer Graph G mit n Ecken und m Kanten. Dann gilt für jede ebene Darstellung von G:

$$n - m + f = 2 \tag{9.3}$$

Darin ist f die Facettenzahl.

Diese Tatsache bedeutet, daß die Facettenzahl f aus n und m ausgerechnet werden kann, daß f von der Art der ebenen Darstellung also nicht abhängen kann.

Beweis:
Wenn G ein Baum, also kreisfrei ist, dann ist $m = n - 1$ und die Facettenzahl f ist 1 (es gibt nur die unbegrenzte Facette). Dann stimmt die Eulerformel:

$$n - m + f = n - (n - 1) + 1 = 2$$

Nehmen wir jetzt also an, daß G kein Baum ist.
Wir machen eine vollständige Induktion über die Kantenzahl m.
Für $m = 0$ kann G (da er zusammenhängend ist) nur aus einer einzelnen isolierten Ecke bestehen. Also $n = 1$ und $f = 1$ und die Eulerformel stimmt.
Sei $m > 0$.
Da G zusammenhängend ist, aber kein Baum, muß er einen Kreis haben.
Sei k eine Kante dieses Kreises.
Sei G' der Graph, der durch Weglassen der Kante k entsteht.
G' erfüllt die Voraussetzungen des Satzes (zusammenhängend, planar), hat aber eine Kante weniger als G:

$$m' = m - 1$$

$$n' = n$$

$$f' = f - 1 \quad \text{(da durch „Aufbrechen" des Kreises zwei Facetten zusammenfallen)}$$

Für G' stimmt nach Induktionsannahme die Eulerformel:

$$n' - m' + f' = 2$$

Einsetzen:

$$n - (m - 1) + (f - 1) = 2$$

Also

$$n - m + f = 2$$

Die Eulerformel stimmt also auch für G.

Für spätere Zwecke brauchen wir einen Hilfssatz, der besagt, daß planare Graphen nicht „allzuviele" Kanten haben können:

Ein einfacher planarer Graph mit mindestens 3 Ecken hat höchstens $3n - 6$ Kanten:

$$m \leqq 3n - 6 \tag{9.4}$$

Beweis:
Der K_2 zeigt, daß zwei Ecken für die Aussage des Satzes nicht reichen.
Wenn der Graph G nicht zusammenhängend ist, so kann man ihn durch Hinzufügen von Kanten zu einem zusammenhängenden Graphen G' ergänzen. G' ist dann auch einfach und planar, erfüllt also die Voraussetzungen des Satzes und hat mehr Kanten als G.
Wir können also ohne Beschränkung der Allgemeinheit annehmen, daß der Graph G zusammenhängend ist.
Wir denken uns G in die Ebene eingebettet. Wir zählen die Kanten von G auf spezielle Weise, nämlich so, daß wir bei jeder der Facetten am Rand entlanglaufen und die Kanten abzählen.
Dabei zählen wir einerseits jede Kante doppelt, nämlich von jeder der der „beiden Seiten" der Kante. Andererseits zählen wir pro Facette mindestens 3 Kanten.
(Für „innere" Facetten gilt dies, weil der Graph einfach ist, also keine Seite nur von zwei Kanten begrenzt ist. Bei der unbegrenzten Facette gilt das auch. Würde man dort nur zwei Kanten zählen, so wären das entweder zwei parallele Kanten oder der ganze Graph wäre überhaupt nur der K_2. Das erste kann nicht sein, weil der Graph einfach ist, das zweite, weil der Graph mindestens drei Ecken hat.)
Aus diesem doppelten Argument folgt:

$$2m \geqq 3f \quad | \cdot 1$$

Ferner gilt die Eulerformel (die wir anwenden dürfen, da wir dafür gesorgt haben, daß der Graph zusammenhängend ist):

$$2 = n - m + f \quad | \cdot (-3)$$

Addition der beiden Formeln liefert

$$2m - 6 \geqq -3n + 3m,$$

also

$$m \leqq 3n - 6.$$

Bemerkung:

Paare Graphen haben keine ungeraden Kreise. In obigem Beweis zählt man bei paaren Graphen pro Seite also niemals drei, sondern mindestens 4 Kanten. Für paare Graphen gilt deswegen die verschärfte Formel

$$2m \geqq 4f \qquad (9.5)$$

Wir stellen zwei nichtplanare Graphen vor:

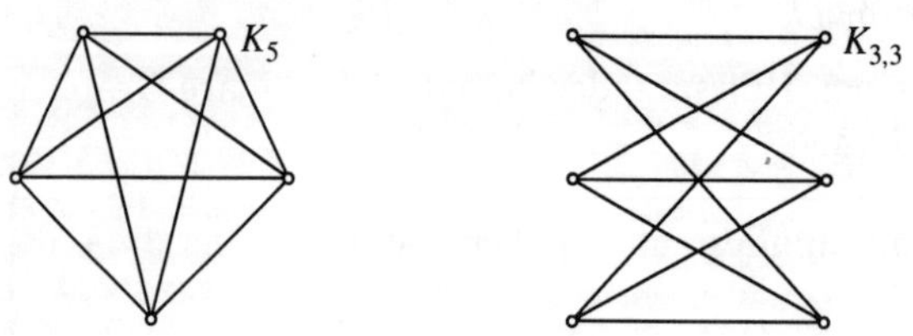

Bild 9.12

BEISPIELE

9.8 Der K_5 ist nicht planar.
Denn:
Der K_5 hat 5 Ecken und 10 Kanten. Bei Planarität des K_5 würde aus dem Hilfssatz folgen

$10 \leqq 3 \cdot 5 - 6 = 9$

und das ist falsch. ■

9.9 Der $K_{3,3}$ ist nicht planar.
Denn:
Der $K_{3,3}$ hat 6 Ecken und 9 Kanten. Bei Planarität des $K_{3,3}$ würde aus der dem Hilfssatz angefügten Bemerkung folgen $4f \leqq 2m = 18$, also $f \leqq 4,5$ und damit

$f \leqq 4$

Andererseits würde aus der Eulerformel folgen

$f = 2 - n + m = 2 - 6 + 9, \qquad f = 5,$

also ein Widerspruch. ■

Von Kuratowski wurde 1930 ein erstaunlicher Satz bewiesen: Die beiden Graphen K_5 und $K_{3,3}$ sind im wesentlichen die einzigen nichtplanaren Graphentypen. Genauer gilt: Ist ein Graph nicht planar, so ist er entweder der K_5 oder der $K_{3,3}$ oder er enthält eine Unterteilung eines dieser beiden. Einen Graph „unterteilen" bedeutet dabei, einzelne Kanten zu ersetzen durch Wege.

In den siebziger Jahren wurde der berühmte 4-Farben-Satz bewiesen:
Jeder planare Graph ist mit 4 Farben „legitim" eckenfärbbar. Diesen Satz können wir hier natürlich nicht beweisen, aber immerhin werden wir den 6-Farbensatz beweisen. Zunächst definieren wir die chromatische Zahl:

Chromatische Zahl
Ein Graph G ist k-(**Ecken-**)**färbbar**, wenn man die Ecken von G in der Weise den k Farben zuordnen kann, daß benachbarte Ecken unterschiedliche Farben tragen.
Das Minimum $\chi(G)$ dieser Färbbarkeitszahlen ist die **chromatische Zahl** des Graphen G.

BEISPIELE

9.10 Bei vollständigen Graphen muß jede Ecke unterschiedlich gefärbt werden:

$$\chi(K_n) = n \qquad (9.6)$$

■

9.11 Bei paaren Graphen reichen 2 Farben:

$$\chi(G) \leqq 2 \quad \text{falls } G \text{ paar} \qquad (9.7)$$

Für welchen degenerierten paaren Graphen ist $\chi(G) = 1$? ■

Zunächst beweisen wir einen Hilfssatz

Jeder einfache planare Graph hat eine Ecke mit Grad höchstens 5.

Beweis:
Wir können $n \geqq 3$ für die Eckenzahl unterstellen. Die Summe der Eckengrade ist nach (9.2) gleich der doppelten Kantenzahl $2m$.
Wäre nun die Summe aller Eckengrade 6 oder größer, so würde folgen

$$2m = \text{ Summe der Eckengrade } \geqq 6n, \quad \text{also } m \geqq 3n.$$

Andererseits wissen wir aus (9.4)

$$m \leqq 3n - 6,$$

Damit haben wir einen Widerspruch und es gilt der Hilfssatz.

Nun können wir unseren 6-Farbensatz beweisen:

Jeder planare Graph ist mit 6 Farben eckenfärbbar.

Beweis:
Wir machen Induktion über die Eckenzahl n. Für $n \leqq 6$ ist der Satz trivial.
Wir können ohne Beschränkung der Allgemeinheit annehmen, daß der Graph G einfach ist. (Wegnehmen von Parallelen ändert nichts an der chromatischen Zahl.)
Auf Grund des letzten Hilfssatzes hat G eine Ecke v mit Grad höchstens 5.
Sei G' der Graph, der aus G durch Wegnehmen der Ecke v entsteht. Nach Induktionsannahme ist G' mit 6 Farben färbbar. Von diesen 6 Farben wird aber bei den (höchstens 5) Nachbarn von v eine Farbe nicht benutzt. Mit dieser Farbe können wir v färben und haben eine legitime 6-Färbung von G.

AUFGABEN

9.7 Sei G' der zu G komplementäre Graph, d. h. der Graph mit den gleichen Ecken von G und genau den Kanten, die G nicht hat!
Man zeige: Hat G mindestens 11 Ecken, so können nicht sowohl G als auch G' planar sein.

9.8 Enthält ein Graph G den K_4 als Subgraphen, so ist die chromatische Zahl von G natürlich größer oder gleich 4.
Die Umkehrung gilt jedoch nicht: Man gebe einen Graphen mit chromatischer Zahl 4 an, der keinen K_4 als Subgraphen hat!

9.9 Man zeige: In einem Graphen übersteigt die chromatische Zahl den maximalen Eckengrad höchstens um 1.

9.10 Für den angegebenen Graphen bestimme man die chromatische Zahl.

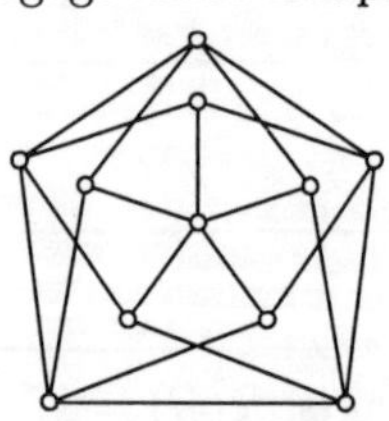

Bild 9.13

9.11 Ein Graph heißt **eulersch**, wenn er eine **Eulertour** hat, also einen Kreis, der jede Kante des Graphen genau einmal enthält.
Man bestimme zwei Graphen mit je 6 Ecken und 9 Kanten, von denen der eine eulersch ist, der andere nicht!

9.12 Sind die angegebenen Graphen planar, paar, eulersch? Man bestimme auch die chromatischen Zahlen!

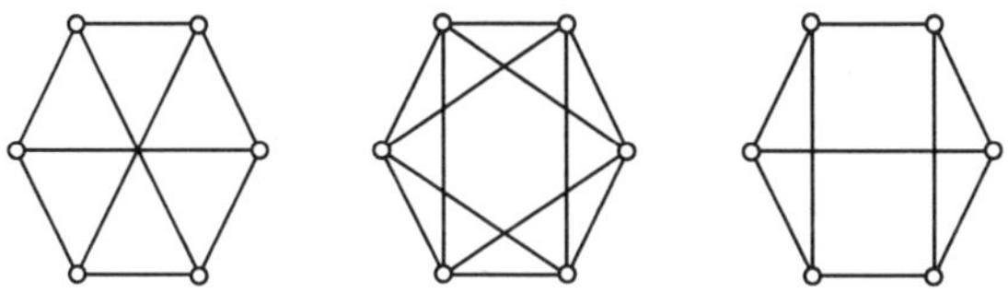

Bild 9.14

9.3 Kürzeste Wege

Kürzeste Wege Problem
Gegeben ein einfacher ungerichteter Graph $G = (E, K)$ mit „Startecke“ s und einer Kantenbewertung („Kantenlängen“)

$$w \colon K \to \mathbf{R}$$

Falls eine Kante $\{e; f\}$ in G nicht vorkommt, so setzen wir formal $w(e, f) = +\infty$.
Bezüglich der Bewertung w ist die **Länge** eines Weges die Summe der Kantenwerte auf dem Weg.
Gesucht sind die kürzesten Entfernungen von s zu allen übrigen Ecken und die zugehörigen Wege.

Den kürzesten Weg zwischen zwei Ecken s und t kann man mit dem folgenden „Analogrechner“ bekommen:
Man bilde den Graphen aus Bindfäden nach, nehme die Knoten s und t in die Hand und ziehe stramm! Dann sieht man den kürzesten Weg. Die Frage ist, wie man diese Idee so formulieren kann, daß sie für einen (Digital-)Rechner zuträglich ist. Wir machen es folgendermaßen:
Wir bestimmen die kürzesten Wege Ecke für Ecke. Haben wir für die Ecken einer Eckenmenge S die kürzesten Entfernungen bereits bekommen, so bestimmen wir alle Kanten mit genau einer Ecke in S. Damit, so könnte man hoffen, haben wir die kürzesten Entfernungen für die „Nachbarn“ von S (s. Bild 9.15).

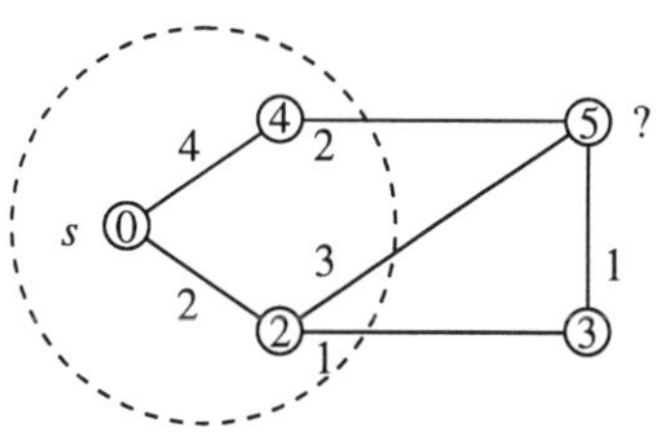

Bild 9.15 S

Der nächste Satz gibt Auskunft darüber, ob bzw. inwieweit das stimmt.

Die Kantenbewertung w sei nichtnegativ. Für alle Ecken u einer Eckenmenge S (mit $s \in S$) seien die kürzesten Entfernungen $l(u)$ von s nach u schon bekannt. Für alle Kanten $\{u; v\}$ mit $u \in S$ und $v \notin S$ (also für alle Kanten, die aus S „hinausführen") bilden wir die Zahlen

$$l(u) + w(u, v)$$

Dann ist die kleinste dieser Zahlen die kürzeste Weglänge von s zu der betreffenden Ecke v.

Mittels der Kanten, die aus S hinausführen, bekommen wir also nicht die kürzesten Entfernungen zu allen Nachbarn von S, sondern nur die für den „nächsten" Nachbarn und das auch nur unter der Zusatzvoraussetzung, daß die Kantenbewertung nichtnegativ ist.

Beweis:
Sei L das oben konstruierte Minimum und v die zugehörige Ecke. Angenommen, der kürzeste Weg von s nach v ist kürzer als L. Dann gibt es auf diesem Weg eine Kante $\{u'; v'\}$ mit $u' \in S$ und $v' \notin S$.
Weil die Kantenbewertung w nichtnegativ ist, muß dann die Länge des Teilwegs von s bis v' kleiner sein als L:

$$l(u') + w(u', v') < L$$

Diese Ungleichung widerspricht aber der Minimaleigenschaft von L .

Mit diesem Satz haben wir das Kernstück eines sehr effizienten Kürzesten-Wege-Algorithmus:

Algorithmus (Dijkstra, Kürzeste Wege)
Gegeben sei ein einfacher, zusammenhängender Graph $G = (E, K)$ mit Startecke s und nichtnegativer Kantenbewertung w: $K \to \mathbf{R}^+$.

Start
Setze

$l(s) := 0$
$l(v) := \infty$ für alle Ecken $v \neq s$
$S := \{s\}$ und $u := s$

Iteration
Für alle $v \in V \setminus S$ setze

$$l(v) := \min\{l(v), l(u) + w(u, v)\}$$

In $V \setminus S$ suche die Ecke u mit minimalem l.
Setze $S := S \cup \{u\}$
Falls $S = V \to$ Stop
sonst $\to$ Iteration

Stop
Für jede Ecke $v \in V$ ist $l(v)$ die Länge des kürzesten Weges von s nach v.

In Aufgabe 9.14 demonstrieren wir, daß der Dijkstra-Algorithmus in der Tat versagen kann, wenn negativ bewertete Kanten vorkommen.

BEISPIEL

9.12 Die Startecke ist mit s markiert.

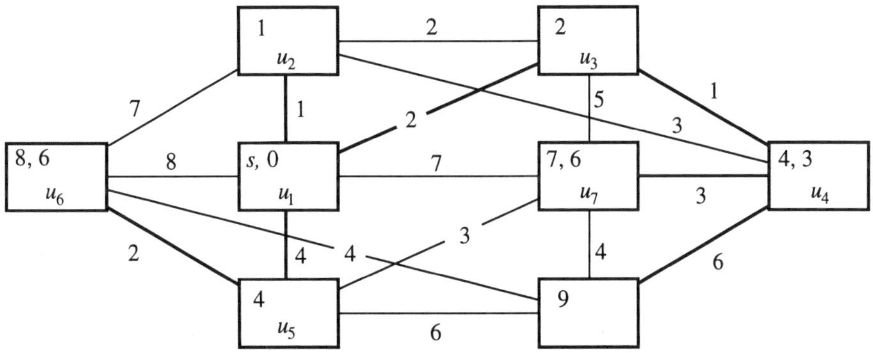

Bild 9.16 ■

Im Algorithmus ist nicht explizit notiert, wie man neben den kürzesten Entfernungen auch die kürzesten Wege bekommt. Man bekommt sie so: Bei jeder Aktualisierung von l gemäß

$$l(v) = l(u) + w(u, v)$$

muß man sich die Ecke u merken, die für die Aktualisierung benutzt wurde.
Macht man das, so liefert der Algorithmus bei *Stop* neben den kürzesten Entfernungen ein **Gerüst der kürzesten Wege**.

Der Rechenaufwand des Dijkstra-Algorithmus ist quadratisch in der Eckenzahl n, also $O(n^2)$.

Beweis:
Bei jeder Iteration hat man zur Aktualisierung der l-Werte für alle Nachfolger v der aktuellen Ecke u den Vergleich

$$\min\{l(v), l(u) + w(u, v)\}$$

auszuführen. Das sind zwei Operationen für jede Kante des Graphen. Der Rechenaufwand für die l-Aktualisierung ist also $O(m)$, wenn m die Kantenzahl ist. Wegen $m < n^2$ ist das $O(n^2)$.
Dazu kommt n-mal die Suche nach der kleinsten von höchstens n Zahlen, also auch $O(n^2)$.
Insgesamt ist der Rechenaufwand damit $O(n^2)$.

AUFGABEN

9.13 Im angegebenen Graphen bestimme man mit dem Dijkstra-Algorithmus die kürzesten Entfernungen und die kürzesten Wege von der Ecke s zu allen übrigen Ecken.

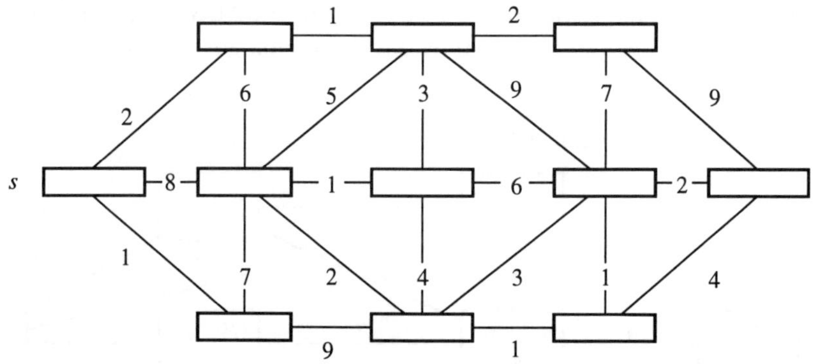

Bild 9.17

9.14 Eine Voraussetzung für den Dijkstra-Algorithmus ist, daß keine Kanten mit negativer Bewertung vorkommen.
Man wende im angegebenen Graphen den Dijkstra-Algorithmus an, wobei die nichtbewertete Kante der Reihe nach die Werte 2, −2 und −4 bekommt (Bild 9.18).

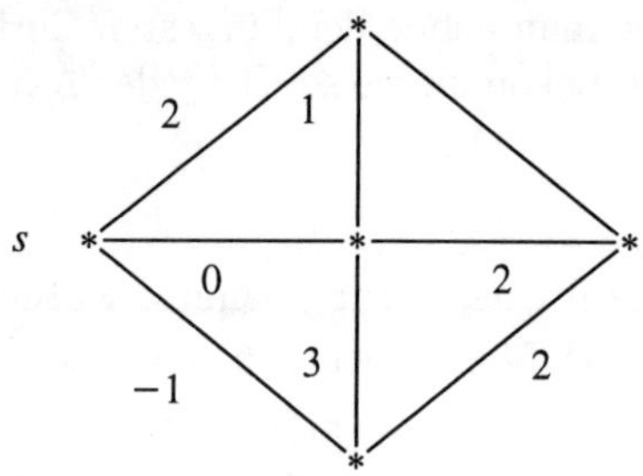

Bild 9.18

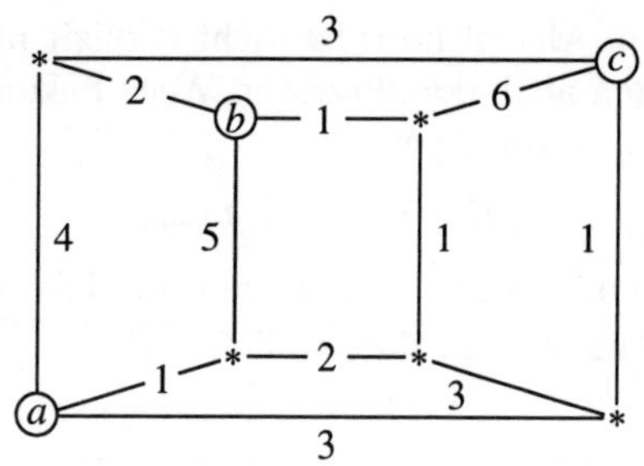

Bild 9.19

9.15 Im angegebenen Graphen bestimme man einen kürzesten Weg von a *über* b nach c (Bild 9.19).

9.16 Im angegebenen Graphen bedeuten die an den Kanten stehenden Zahlen die Wahrscheinlichkeit, daß die entsprechende Verbindung „funktioniert“ (Bild 9.20).

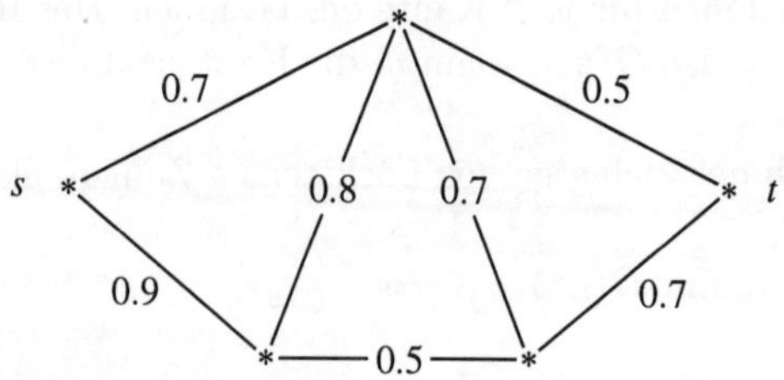

Bild 9.20

Gesucht ist der Weg von s nach t, der mit größter Wahrscheinlichkeit durchgängig funktioniert, der also das **Produkt** der Zahlen auf den Kanten des Weges maximiert.
Man mache sich klar, daß daraus ein Standard-Kürzeste-Wege-Problem gemacht werden kann und zwar durch Logarithmieren der gegebenen Wahrscheinlichkeiten.

9.4 Steinerbäume, Minimalgerüste, Greedy-Algorithmus

Beim (ebenen) **Steiner-Problem** ist zu gegebenen Punkten in der Ebene das Netz gesucht, das all diese Punkte bei minimaler Gesamtlänge verbindet. Bei zwei Punkten ist das Problem trivial, aber schon bei drei bzw. vier Punkten ist die Lösung möglicherweise überraschend:

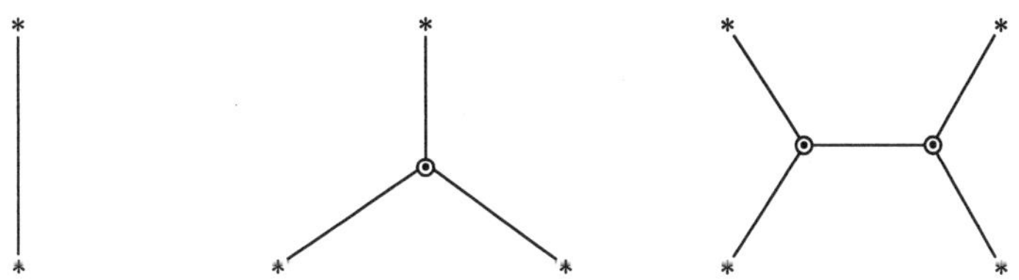

Bild 9.21

Man erkennt, daß beim optimalen **Steinerbaum** zusätzliche Punkte auftauchen können, sogenannte **Steinerpunkte** ($\odot$ s. Bild 9.21), die unter den gegebenen Punkten nicht vorkommen.
Über diese Steinerpunkte kann man einiges sagen: Man kann zeigen, daß stets genau drei Kanten an Steinerpunkte grenzen und zwar mit einheitlichem Winkelabstand von je 120 Grad.
Mit dieser Kenntnis, so könnte man meinen, ist das Steinerproblem weitgehend gelöst, aber in der Tat fangen die Probleme hier erst an.
Nicht so sehr die genaue Positionierung der Steinerpunkte ist das Problem, sondern die Konstruktion des Netz-**Gefüges**, also die Frage, welche der gegebenen Punkte mit Steinerpunkten zu verbinden sind. Für das Steinerproblem kennt man bis heute keinen guten Algorithmus, der also das Problem für mehr als einige Dutzend Ecken in annehmbarer Rechenzeit lösen könnte.
Wir werden eine Spezialversion des Steinerproblems für Graphen vorstellen, die algorithmisch gut gelöst ist:
Gegeben sei ein Graph mit Gewichten auf den Kanten, und gesucht ist ein (baumförmiger) Subgraph mit möglichst geringem Gesamtgewicht, der alle Ecken des Graphen miteinander verbindet.
Wir werden sehen, daß dies Problem sich sogar mit dem allereinfachsten Algorithmus lösen läßt, den man sich denken kann, dem sogenannten **Greedy-Algorithmus**.
Zunächst ist es erforderlich, einige Tatsachen über Bäume und Gerüste zusammenzutragen. Der folgende Satz gibt verschiedene Charakterisierungen von Bäumen.

Sei T ein einfacher Graph. Dann sind folgende Aussagen äquivalent
- T ist ein Baum (d. h. zusammenhängend und kreisfrei).
- T ist kreisfrei und hat eine Kante weniger als Ecken.
- T ist zusammenhängend und hat eine Kante weniger als Ecken.
- Je zwei Ecken von T sind durch genau einen (einfachen) Weg miteinander verbunden.
- T ist kreisfrei, und die Hinzunahme einer beliebigen weiteren Kante erzeugt genau einen Kreis.

Es folgt die genaue Formulierung unseres oben angesprochenen „Baumproblems“:

Ein **Gerüst** in einem gegebenen Graphen G ist ein Subgraph von G, der selbst ein Baum ist und der alle Ecken von G enthält.
Wir suchen das **Minimalgerüst**, also das Gerüst, das bezüglich einer Kantenbewertung minimales Gesamtgewicht hat.

BEISPIEL

9.13 Was ist jeweils das Minimalgerüst (Bild 9.22)?

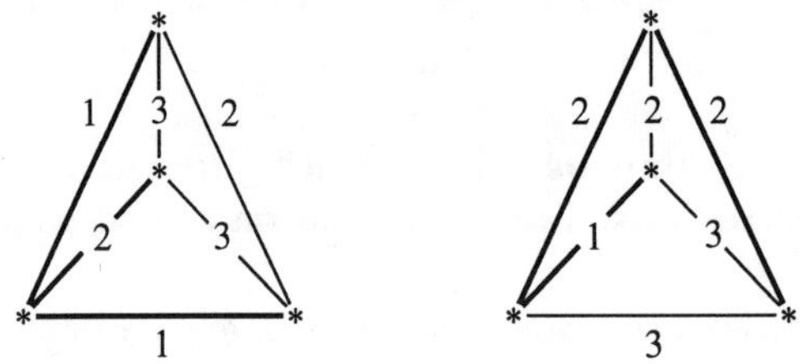

Bild 9.22 ■

Die nächstliegende Idee zur Bestimmung des Minimalgerüstes ist: Wir bestimmen alle Gerüste und suchen das kleinste aus. Dann ist die sofortige Frage: Wieviele Gerüste gibt es? Wir untersuchen dies an vollständigen Graphen.
Der K_2 hat ein Gerüst. Der K_3 hat 3 verschiedene Gerüste. Die folgende Liste (Bild 9.23) zeigt alle 16 unterschiedlichen Grüste des K_4:
Von diesen 16 Gerüsten sind zwar nur zwei nichtisomorph. Wenn es aber darum geht, das Minimalgerüst zu bestimmen, so kommt man nicht umhin, sie alle einzeln auszurechnen. Die allgemeine Formel für die Anzahl der Gerüste in vollständigen Graphen ist schon lange bekannt:

Der vollständige Graph K_n hat n^{n-2} unterschiedliche Gerüste [Calley, 1889].

Mit diesem Satz ist es klar, daß es aussichtslos ist, das Minimalgerüst durch Heraussuchen des kleinsten Gerüstes zu bestimmen.
In der Tat bekommt man das Minimalgerüst aber ganz einfach: Man fängt mit der kleinsten Kante an und nimmt von den übrigen immer die kleinste, sofern sie „legitim“ ist, d. h. mit den bisher ausgewählten Kanten keinen Kreis bildet.

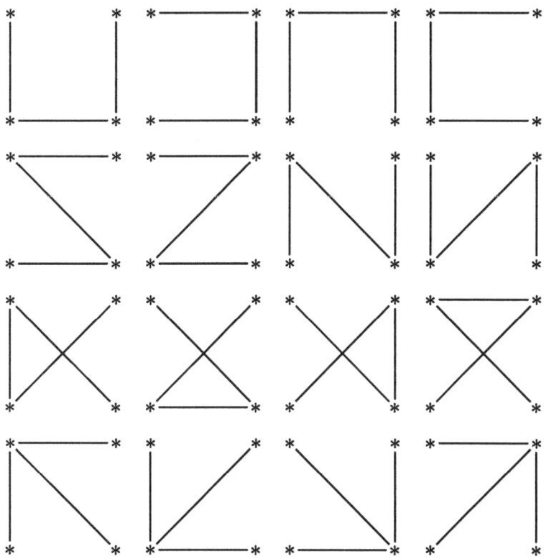

Bild 9.23

Diese Greedy(„gierige")-Strategie tut also immer das im Moment beste. Mit einer so simplen Strategie kommt man bei Problemen der Graphentheorie und des Operations Research so gut wie nie ans Ziel. Das Minimalgerüst-Problem ist der eher seltene Fall eines äußerst „gutartigen" Problems, wo die allersimpelste Strategie die allerbeste Lösung liefert.

Greedy-Algorithmus für Minimalgerüste [Kruskal]
Gegeben sei ein einfacher zusammenhängender Graph G mit n Ecken und mit reeller Kantenbewertung w.
Man beachte: In der Kantenbewertung dürfen negative Zahlen vorkommen.

Start
Setze $T := \emptyset$

Iteration
Wähle unter den Restkanten die Kante k mit kleinstem Gewicht. Falls k im Teilgerüst T einen Kreis schließt, dann verwerfe k, sonst $T{:=}T + k$.
Falls Iterationszahl $= n - 1 \longrightarrow$ Stop,
sonst $\longrightarrow$ Iteration

Stop
Das aktuelle T ist das Gerüst mit minimalem Gewicht $\sum\limits_{k \in T} w(k)$.

Beweis:

Sei T_{K} das Kruskal-Gerüst und T irgendein anderes Gerüst. Wir müssen zeigen, daß T_{K} kleineres Gewicht hat als T (jedenfalls kein größeres). Wir nehmen an, daß die beiden Gerüste bis zu einer Kante mit Index $i - 1$ übereinstimmen:

$$T \;\; : k_1, k_2, \ldots, k_{i-1}, \quad l_i, \ldots, l_{n-1} \qquad \text{irgendein Gerüst}$$
$$T_{\mathrm{K}} : k_1, k_2, \ldots, k_{i-1}, \quad k_i, \ldots, k_{n-1} \qquad \text{Kruskal-Gerüst}$$

Nach Konstruktion des Algorithmus gilt

$$w(k_i) \leqq w(l_j) \quad \text{für alle } j \tag{9.8}$$

Die Idee des Beweises ist nun, das Gerüst T an das Kruskal-Gerüst Schritt für Schritt anzupassen, und dabei das Gewicht bei keinem Schritt zu vergrößern. Wir holen uns die Kante k_i ins Gerüst T. Dabei entsteht ein Kreis. Dieser Kreis muß eine der Kanten l_j enthalten (denn die Kanten der Sorte k_i bilden ein Gerüst und keine Kreise). Wir bilden

$$T' := (T + k_i) - l_j$$

Für das aktualisierte T' gilt

- es ist ein Gerüst
- es hat (wegen (9.8)) allenfalls kleineres Gewicht als das nichtaktualisierte T:
  $$w(T') \leqq w(T)$$
- es stimmt in einer Kante mehr mit dem Kruskal-Gerüst überein als das nichtaktualisierte T.

Dieser Prozeß wird wiederholt und zwar so lange, bis aktualisiertes Gerüst und Kruskal-Gerüst übereinstimmen: $T' = T_K$.
Es folgt: Das Gewicht des Kruskal-Gerüstes ist kleiner (jedenfalls nicht größer) als das Gewicht eines beliebigen anderen Gerüstes.

BEISPIEL

9.14

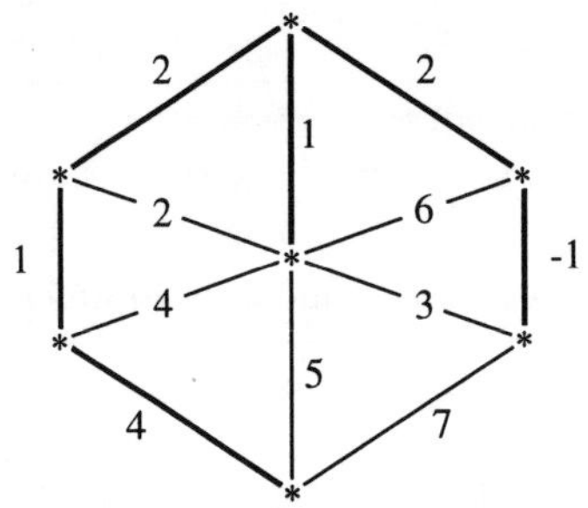

Bild 9.24 ■

Bei der Implementation des Kruskal-Algorithmus ist zweierlei zu leisten: Die Zahlen der Kantengewichtung müssen der Größe nach sortiert werden, und bei der jeweils aktuellen Kante muß man prüfen, ob sie im aktuellen Teilgerüst einen Kreis schließt. Gute Sortieralgorithmen kennt man aus der Informatik. Mit Quicksort-Varianten kann man n Zahlen mit Rechenaufwand $O(n \cdot \log n)$ sortieren.
Wir haben zu untersuchen, wie man die Suche nach Kreisen implementiert. Wir greifen auf das letzte Beispiel zurück:
Wir markieren die $n(= 7)$ Ecken mit den Zahlen 1 bis n. Zu Beginn wählen wir die kleinste Kante (mit Gewicht -1) und aktualisieren die größere Marke (hier 3) durch die kleinere (hier 2). Im allgemeinen Schritt wählen wir die nächstkleinere Kante und prüfen die Marken der Endecken. Es gibt zwei Fälle:

- Sind die Marken gleich, so schließt die aktuelle Kante einen Kreis und wird verworfen (und nie wieder geprüft).

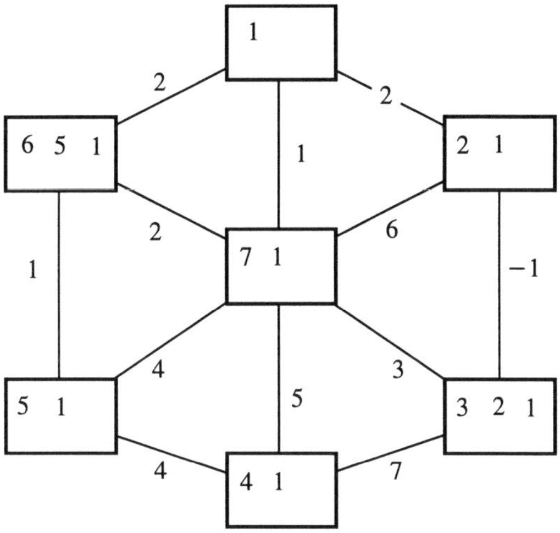

Bild 9.25

– Sind die Marken verschieden, so ist die eine „hoch" und die andere „tief". In diesem Falle schließt die aktuelle Kante keinen Kreis und wird zum Gerüst hinzugenommen. Sämtliche „hoch" Marken im Graphen werden durch „tief" ersetzt, und es wird neu iteriert.

Wir schätzen den Rechenaufwand ab:

Wir müssen bei höchstens allen m Kanten die Endmarken vergleichen. Der dazu nötige Aufwand ist $O(m)$. Höchstens $n-1$ mal wird eine Kante ins Gerüst aufgenommen. Dann müssen anschließend höchstens n Marken aktualisiert werden. Rechenaufwand dazu ist $O(n^2)$. Dazu kommt noch der Rechenaufwand $O(m \cdot \log m)$ für das Vorab-Sortieren der Kantenbewertung.

Die Gesamtbilanz ist $O(m \cdot \log m + m + n^2) = O(m \cdot \log m + n^2)$.

> Rechenaufwand des Kruskal-Algorithmus:
> Der Kruskal-Algorithmus kann implementiert werden mit Rechenaufwand
> $$O(m \cdot \log m + n^2)$$
> wenn n die Eckenzahl und m die Kantenzahl des Graphen ist.

AUFGABE

9.17 Für die Graphen der Aufgaben 9.13 und 9.15 bestimme man die Minimalgerüste.

9.5 Paarungen in paaren Graphen, Ungarischer Algorithmus

In diesem Abschnitt wird es um sogenannte Paarungen und Eckenüberdeckungen in Graphen gehen. Wir werden diese beiden Begriffe für beliebige Graphen definieren. Den sich anschließenden Algorithmus können wir hier jedoch nur für den Spezialfall

paarer Graphen vorführen, da die Problematik bei nicht-paaren Graphen erheblich komplizierter ist.
Wir erinnern: Paare Graphen sind die Graphen ohne ungerade Kreise.

Sei G ein einfacher Graph. Eine **Paarung** (**Zuordnung**, **Matching**) in G ist eine Teilmenge M von Kanten, von denen keine zwei inzident sind.
Eine Paarung heißt **vollständig**, wenn sie alle Ecken des Graphen abdeckt, d. h. wenn jede Ecke von G mit einer Kante von M inzidiert.

Dieser auf den ersten Blick recht artifiziell erscheinende Begriff ist einer der zentralen Begriffe der Graphentheorie mit reichen Anwendungen.

BEISPIELE

9.15

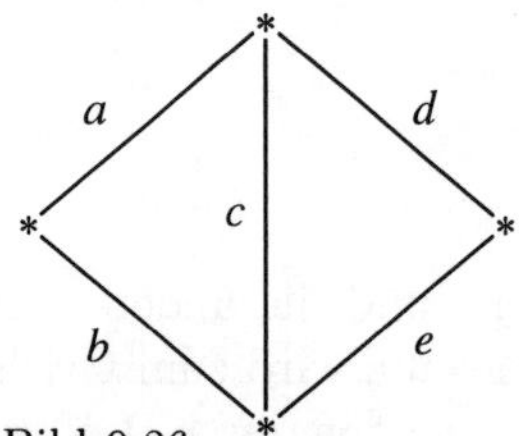

$M_1 = \{a; d\}$ ist keine Paarung
$M_2 = \{c\}$ ist Paarung
$M_3 = \{a; e\}$ ist vollständige Paarung

Bild 9.26

M_2 hat zwar nur eine Kante, ist aber dennoch in gewisser Weise maximal: M_2 ist in keiner anderen Paarung echt enthalten, ist also nicht vergrößerbar. M_3 ist in stärkerer Weise maximal, es ist eine Paarung maximaler Kantenzahl. ■

9.16 Das Zuordnungsproblem:

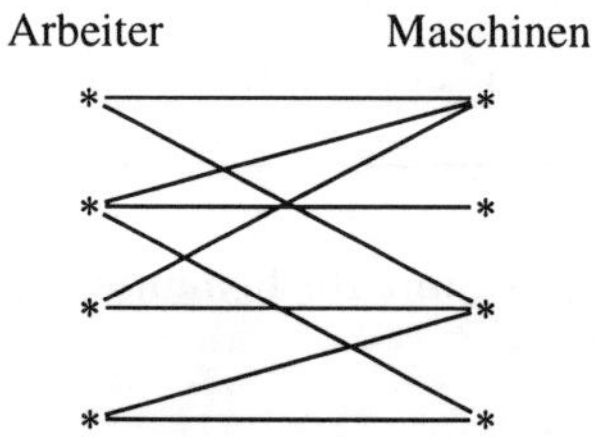

Bild 9.27

Eine Kante (i) ——— (j) in diesem Graphen bedeutet: Arbeiter i ist in der Lage, die Maschine j zu bedienen (wobei wir unterstellen, daß jede Maschine von einem Arbeiter bedient werden muß). Die naheliegende Frage ist: Wie soll man die Arbeiter den Maschinen zuordnen, damit möglichst viele Arbeiter Arbeit haben oder äquivalent dazu: damit möglichst viele Maschinen laufen?
Man erkennt: Eine Arbeiter-Maschinen-Zuordnung entspricht einer Paarung in unserem Graphen. Was wir zur Lösung der Aufgabe also bräuchten, wäre ein Algorithmus zur Bestimmung von Paarungen maximaler Kantenzahl.
In diesem Beispiel ist es möglich, drei Maschinen zu bedienen. Vier Maschinen gleichzeitig zu bedienen, ist nicht möglich. ■

9.17 Ein Stundenplanproblem:
Eine Klasse soll in n Fächern unterrichtet werden, und zwar eine Stunde in jedem Fach und das nur innerhalb gewisser möglicher Zeiten. Verfügbar sind m ($m \geqq n$) Lehrer, von denen jeder höchstens eine Stunde Unterricht geben soll. Von jedem Lehrer ist bekannt, welche Fächer und zu welchen Zeiten er unterrichten kann.
Frage: Ist es möglich, einen Stundenplan zu machen, bei dem alle Stunden gegeben werden? Wenn ja, wie?
Die folgende Tabelle (Bild 9.28) zeigt die Fächer (F) und die verfügbaren Zeiten (Z) eines jeden Lehrers (L). Gleich anschließend sehen wir die graphentheoretische Codierung des Datensatzes.

	L_1		L_2		L_3		L_4	
	F	Z	F	Z	F	Z	F	Z
1	×	×			×			
2			×	×	×	×		×
3	×	×				×	×	×

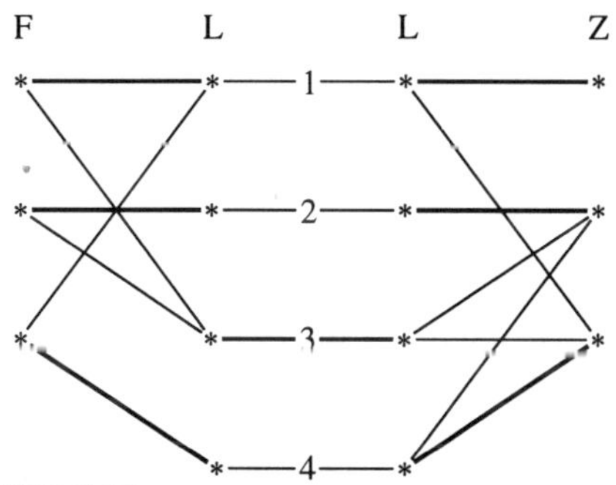

Bild 9.28

Man beachte: Der konstruierte Graph ist paar (Warum?).
Aus der Skizze erkennt man: Für diesen Datensatz gibt es einen zulässigen Stundenplan. Aus der konstruierten vollständigen Paarung läßt sich der Stundenplan konkret ablesen. Ferner erkennt man, welcher Lehrer zum Einsatz kommt und welcher nicht (s. fette Linien). ■

Wir untersuchen einen anderen Datensatz:

	L_1		L_2		L_3	
	F	Z	F	Z	F	Z
1	×	×				×
2	×			×	×	
3			×	×		

Betrachtet man hier den zugehörigen Graphen, so erkennt man, daß es keine zulässige Lösung gibt. Ferner erkennt man den allgemeinen Zusammenhang zwischen Stundenplänen für den Datensatz und Paarungen im zugeordneten Graphen:

> Es gibt einen zulässigen Stundenplan, wenn es im zugeordneten paaren Graphen eine vollständige Paarung gibt.

Was wir zur Lösung der Aufgabe also brauchen, ist ein Algorithmus zur Bestimmung von vollständigen Paarungen, ein Algorithmus zur Bestimmung von Paarungen mit maximaler Kantenzahl.

Bevor wir daran gehen, einen Algorithmus zur Bestimmung von Paarungen zu entwickeln, wollen wir einen Begriff prägen, der mit Paarungen zunächst nichts zu tun hat.

Eine **Eckenüberdeckung** im Graphen G ist eine Teilmenge C von Ecken, die alle Kanten von G abdeckt, so daß also jede Kante des Graphen mindestens eine ihrer Endecken in C hat.

BEISPIEL

9.18 Wir wollen auf den in Beispiel 9.16 betrachteten paaren Graphen zurückgreifen, ihm diesmal aber eine andere Interpretation geben.

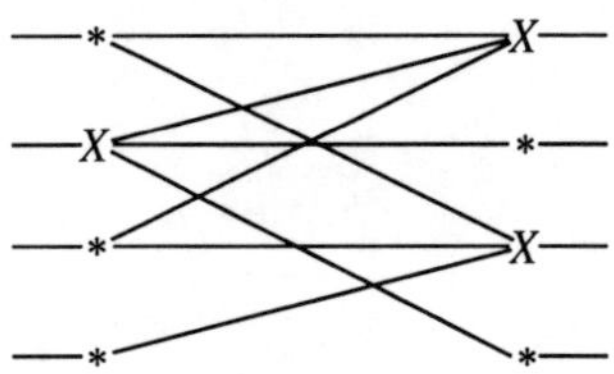

Bild 9.29

Wir interpretieren die Kanten als Brücken, die über einen Fluß führen, und wir fragen uns: Wieviele Eisenbahnzüge können gleichzeitig das Brückensystem passieren, ohne daß es zu Kollisionen an einem der beiden Ufer kommt? Offenbar ist das wieder genau unser Paarungsproblem, und in diesem Beispiel kennen wir die Lösung: Eine Paarung maximaler Kantenzahl hat drei Kanten, also drei Züge können gleichzeitig passieren.
Wir stellen nun eine andere Frage: Jemand möchte das Brückensystem lahmlegen. Die Blockade von wievielen Weichen (Ecken) reicht, um den gesamten Zugverkehr lahmzulegen? Bei dieser Frage handelt es sich offenbar um die Frage nach einer Eckenüberdeckung minimaler Eckenzahl. Prüft man den Graphen, so erkennt man, daß drei Weichen (die mit X markierten Ecken in Bild 9.29) ausreichen, um den gesamten Verkehr zu blockieren. Zwei Ecken reichen nicht. (Warum?)
Für dieses Beispiel stellen wir fest: Eine Paarung hat *höchstens drei* Kanten und eine Eckenüberdeckung benötigt *mindestens drei* Ecken. Der folgende Satz zeigt, daß diese Übereinstimmung kein reiner Zufall war. ∎

Dualitätssatz von König-Egervary
Ist G ein paarer Graph, so stimmen maximale Kantenzahl von Paarungen und minimale Eckenzahl von Eckenüberdeckungen überein:

$$\max\{|M|, M \text{ Paarung}\} = \min\{|C|, C \text{ Eckenüberdeckung}\}$$

Der Beweis dieses Satzes wird später eine einfache Konsequenz unseres Algorithmus sein.

Wir wollen zwei kleine Tatsachen festhalten:
- Die eine Richtung des Dualitätssatzes von König-Egervary, $\max|M| \leqq \min|C|$, ist trivial.
- Die Aussage des Satzes kann für nicht-paare Graphen falsch sein:

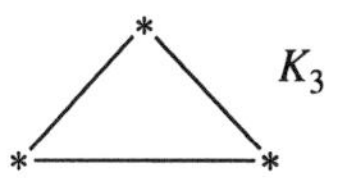

Bild 9.30

Beim K_3 kann keine Paarung mehr als eine einzige Kante haben. Zwei Ecken sind aber nötig, um alle Kanten des Graphen abzudecken.
Wir wollen uns nun mit der Frage befassen, wie man Paarungen maximaler Kantenzahl und Eckenüberdeckungen minimaler Eckenzahl algorithmisch bekommt. Beim Paarungsproblem wollen wir möglichst viele Kanten in den Graphen packen, die paarweise nicht-inzident sind. Naheliegend ist folgende einfache Strategie:

Heuristik 1 (für Paarungen):
Wir wählen stets die Kante, deren Endecken im Restgraphen minimalen Eckengrad haben (Wir richten uns nach der Summe der Grade der beiden Endecken). Nach Wahl einer Kante streichen wir alle „verbotenen" Kanten. – Diese Regel kann aber versagen (s. Bild 9.31):

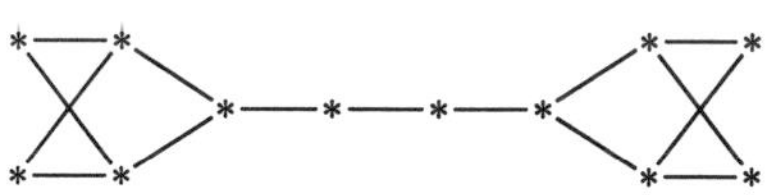

Bild 9.31

Mit der Regel wählen wir zunächst die zentrale Kante und bekommen dann noch vier weiter Kanten. In der Tat sind aber nicht nur fünf, sondern sechs Kanten möglich.
Beim Problem der Eckenüberdeckung wollen wir mit möglichst wenig Ecken alle Kanten abdecken. Naheliegend ist die folgende Strategie:

Heuristik 2 (für Eckenüberdeckungen):
Wir wählen stets die Ecke, die im Restgraphen maximalen Eckengrad hat. Diese Regel kann aber versagen. Beispiel in den Aufgaben.
Das Problem der Bestimmung von Paarungen maximaler Kantenzahl ist anscheinend nicht-trivial. Es reicht es nicht, einfach nach „nichtvergrößerbaren" Paarungen zu suchen. Wie wir an den Beispielen gesehen haben, können wir mit dieser Methode in Sackgassen landen.

BEISPIEL

9.19

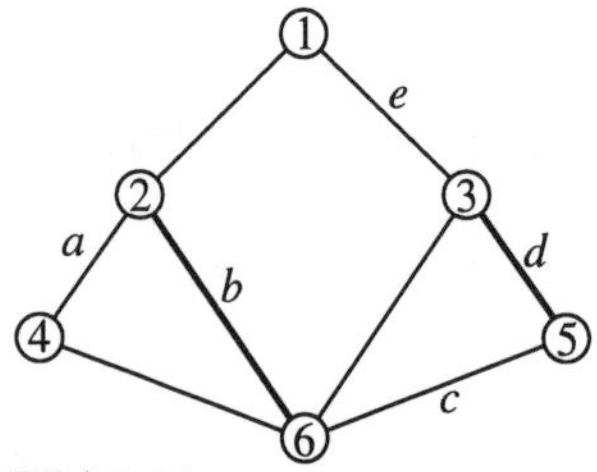

Bild 9.32

In Bild 9.32 ist eine Paarung M_1 mit den beiden Kanten b und d markiert, die nicht vergrößerbar ist: Wir befinden uns in einer Sackgasse. Wir können beispielsweise wegen der Kollision mit Kante d die Kante e nicht einfach zur Paarung hinzunehmen. Lassen wir aber (nach Enfügen von e) die Kante d aus der Paarung heraus, so könnten wir die Kante c in die Paarung tun, wenn die nicht mit b kollidieren würde. Lassen wir auch b heraus, so können wir a in die Paarung tun und kämen dabei nicht mit irgendwelchen anderen Kanten in Kollision. Im Endeffekt haben wir dann die Paarung $M_1 = \{d; b\}$ ersetzt durch die Paarung $M_2 = \{e; c; a\}$ und die hat eine Kante mehr als M_1 (und hat offensichtlich maximale Kantenzahl)!

Wir sehen, daß die bei dieser Argumentationskette vorgekommenen Kanten e, d, c, b, a zur gegebenen Paarung M_1 abwechselnd dazugehören und nicht dazugehören: Diese fünf Kanten bilden (bezüglich M_1) einen alternierenden Weg zwischen den „freien“ Ecken (1) und (4). ■

Im Beispiel 9.19 sind wir mit diesem Konstrukt aus der Sackgasse M_1 herausgekommen. Die Aussage des nächsten Satzes ist, daß das immer klappt.

Augmentierende Wege

Sei M eine Paarung im Graphen G. Eine Ecke von G ist **frei** bezüglich M, wenn sie nicht von M überdeckt wird, d. h. mit keiner Kante von M inzidiert.

Ein bezüglich M alternierender Weg (der also jede zweite Kante in M hat) zwischen freien Ecken ist ein **augmentierender** Weg bezüglich M.

Eine Paarung M in einem Graphen hat maximale Kantenzahl genau dann, wenn es keine augmentierenden Wege bezüglich M gibt.

Diese Tatsache bedeutet, daß man nur systematisch nach augmentierenden Wegen suchen muß, um schließlich zu Paarungen maximaler Kantenzahl zu gelangen.

Beweis:

Wir müssen nur die eine Richtung zeigen: Hat die Paarung N mehr Kanten als die Paarung M, so gibt es einen bezüglich M augmentierenden Weg. Wir unterstellen also

$$\underset{\text{blau}}{|N|} > \underset{\text{rot}}{|M|}$$

und denken uns die Kanten von N bzw. M blau bzw. rot gefärbt.

Wir prüfen jetzt die Kanten der Menge

$$(M \cup N) \backslash (M \cap N)$$

also die Menge der Kanten, die genau eine Farbe tragen, und prüfen, wie diese Kanten konfiguriert sein können. Wir stellen fest, daß es vier mögliche Fälle gibt: Kreise und Wege mit unterschiedlich konfigurierten Endkanten (Bild 9.33).

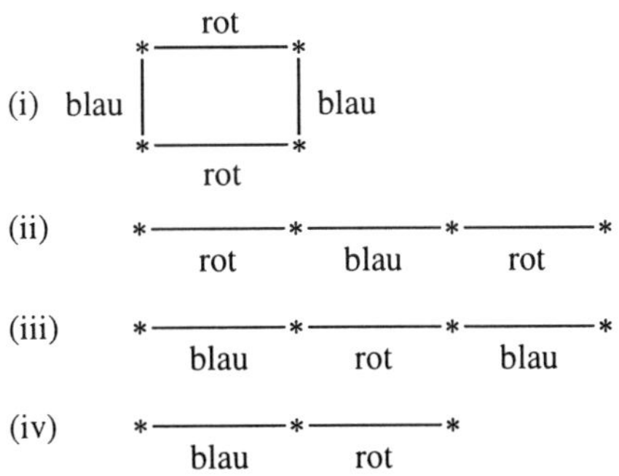

Bild 9.33

Da es insgesamt mehr blaue als rote Kanten gibt, *muß* der Fall (iii) zwangsläufig vorkommen (denn nur in diesem Fall überwiegen die blauen Kanten).
Im Fall (iii) haben wir aber, was wir suchen: einen bezüglich M (rot) augmentierenden Weg.
Die systematische Suche nach augmentierenden Wegen ist nun in paaren Graphen problemlos möglich. Der ungarische Algorithmus wird uns neben den maximalen Paarungen die minimalen Eckenüberdeckungen gleich mitliefern.

Ungarischer Algorithmus (ungewichtete Paarungen)
Gegeben $G = (S, T; K)$ paarer Graph
S „Linke“ Eckenmenge, T „Rechte“ Eckenmenge, K Kantenmenge
Sei M eine Paarung in G, notfalls $M = \emptyset$

Markieren
Markiere mit $*$ alle in S freien Ecken. Ist $s \in S$ markiert, ist $k = \{s; t\}$ eine Kante nicht in M und ist t unmarkiert, so markiere t mit s (also mit dem Namen der Herkunftsecke).
Falls t frei („Durchbruch“) $\longrightarrow$ Augmentieren
Ist t markiert und nicht frei, ist ferner $l = \{r; t\}$ die (eindeutige) mit t inzidente Kante aus M, so markiere r mit t (wieder mit dem Namen der Herkunftsecke).
Ist keine Markierung mehr möglich (Markierung ist „ungarisch“) $\longrightarrow$ Stop

Augmentieren
Verbessere die aktuelle Paarung durch „Umschalten“ des durch die Markierung definierten augmentierenden Weges $\longrightarrow$ Markieren

Stop
Die aktuelle Paarung M hat maximale Kantenzahl. Die „links“ unmarkierten und „rechts“ markierten Ecken bilden eine Eckenüberdeckung C minimaler Eckenzahl und es gilt $|M| = |C|$.

Randbemerkung

Der Rechenaufwand des Ungarischen Algorithmus ist $O(n^3)$, wenn n die Eckenzahl des paaren Graphen ist (denn wir müssen höchstens n mal den kompletten paaren Graphen markieren).

Wir müssen nun zeigen, daß der ungarische Algorithmus funktioniert (also keine augmentierenden Wege übersieht) und daß die vom Algorithmus gelieferte Eckenüberdeckung korrekt ist. Wir betrachten die Situation beim Stop des ungarischen Algorithmus:

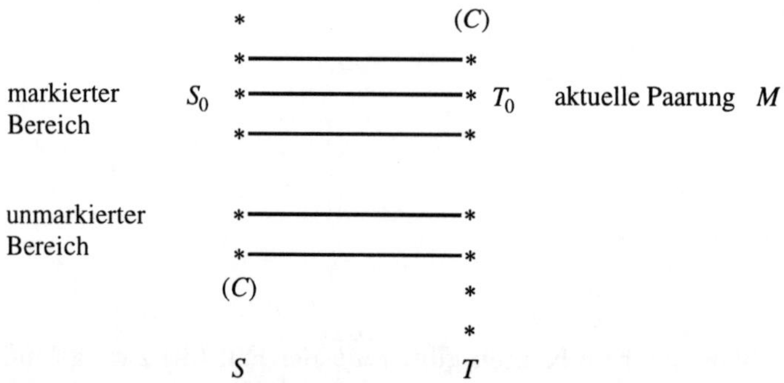

Bild 9.34

C enthält die links unmarkierten und rechts markierten Ecken.

Wir stellen fest: Es gibt keine zu M gehörende Kante von S_0 nach $T - T_0$ (von oben links nach unten rechts). (Warum?) Es gibt keine nicht zu M gehörende Kante von oben links nach unten rechts. (Warum?)

Also: Es gibt überhaupt keine Kante von oben links nach unten rechts. Konsequenz: Unser C *ist* eine Eckenüberdeckung.

Wir stellen weiter fest:

Jede Ecke oben rechts ist von M überdeckt. (Warum?)
Jede Ecke unten links ist von M überdeckt. (Warum?)
Keine zu M gehörende Kante geht von oben rechts nach unten links. (Warum?)

Aus diesen drei Tatsachen resultiert eine 1-1-Beziehung zwischen den Ecken von C und den Kanten von M. Unsere Eckenüberdeckung C hat ebenso viele Ecken wie die aktuelle Paarung M Kanten hat:

$$|M| = |C|.$$

Daraus folgt im Verbund mit der bereits bekannten Formel

$$\max |M| \leqq \min |C|,$$

daß unser C eine Eckenüberdeckung minimaler Eckenzahl ist. Im übrigen folgt

$$\max |M| = \min |C|,$$

also der Dualitätssatz von König-Egervary.

BEISPIEL

9.20 (aus [Lawler: Combinatorial Optimization])
Wir starten bei diesem Beispiel mit einer nicht-vergrößerbaren Paarung bestehend aus drei Kanten, also in einer Sackgasse (Bild 9.35).

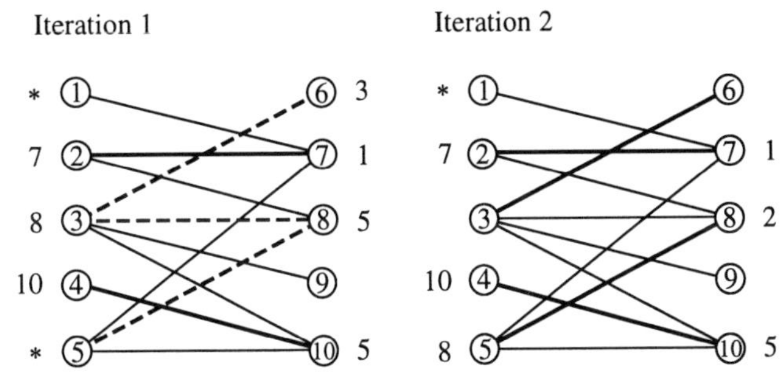

Bild 9.35

Bei der ersten Iteration schaffen wir einen Durchbruch und damit eine Verbesserung der Paarung von drei auf vier Kanten. Bei der zweiten Iteration gibt es keinen Durchbruch mehr. Die aktuelle Paarung mit 4 Kanten hat maximale Kantenzahl. Unsere Eckenüberdeckung mit minimaler Eckenzahl ist $C = \{3, 7, 8, 10\}$. ■

AUFGABEN

9.18 Man löse das Stundenplanproblem der Vorlesung für den angegebenen Datensatz. Was ist, wenn Lehrer 3 fehlt?

	L_1		L_2		L_3		L_4		L_5	
	F	Z	F	Z	F	Z	F	Z	F	Z
1	×	×		×	×					
2	×	×	×			×		×		
3					×			×	×	×
4					×	×	×		×	

Bild 9.36

9.19 In G bestimme man eine Paarung mit maximaler Kantenzahl. Man beginne mit den dick ausgezogenen Kanten. In H bestimme man eine vollständige Paarung, deren „kleinste“ Kante möglichst groß ist. Inwiefern läßt sich auch die zweite Teilaufgabe mit Hilfe des Ungarischen Algorithmus lösen?

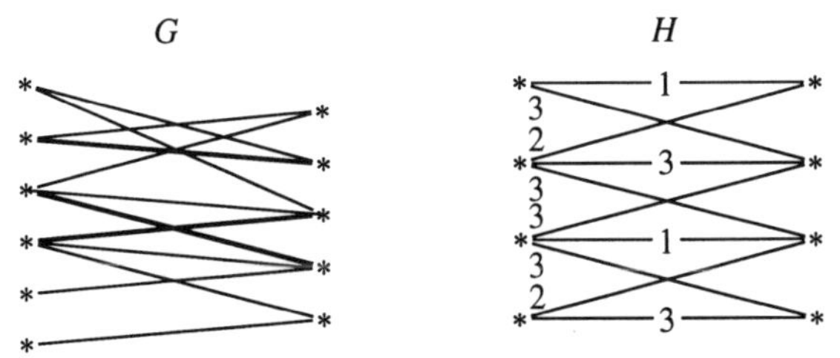

Bild 9.37

9.20 Eine naheliegende Heuristik für das in Abschnitt 9.5 beschriebene Überdeckungs-Problem ist: Man wähle als nächste Ecke stets die mit maximalem Eckengrad im Restgraphen. Durch ein Beispiel zeige man, daß diese Regel nicht immer die Optimallösung liefert.

9.21 Ein Reihenfolgeproblem:
Auf einer Maschine sind n Jobs zu bearbeiten. Die Bearbeitungszeit aller Jobs ist 1.
Job i soll zwischen seinem Bereitstellungstermin r_i und seinem Solltermin d_i bearbeitet werden, $i = 1, \ldots, n$. Zu maximieren ist die Anzahl der „pünktlichen" Jobs. Inwiefern läßt sich dieses Problem mit Hilfe des Ungarischen Algorithmus lösen? Wie geht es besser?

10 Kryptologie

In der Kryptologie geht es um Sicherheit und Vertraulichkeit bei Datenspeicherung und Datentransfer. Kryptologie ist eine Technik, die in den letzten Jahren ihr Gesicht gewandelt hat. War sie früher eine Domäne für Regierungen und Militärs, so ist sie heute zugänglich für jederman. Moderne mathematische Methoden sind anwendbar für jede(n) und haben die Kryptologie demokratisiert. In der Tat ist einigen Regierungen das äußerst unangenehm.
Um in den theoretischen Erörterungen nicht immer unpersönlich von Person A, Firma X, usw. reden zu müssen, hat es sich in der Kryptologie eingebürgert, den Akteuren die Namen **Alice** und **Bob** zu geben.

Wir nennen einige grundlegende Problemstellungen der Kryptologie:

Geheimhaltung:

Wie kann Alice ihre Daten so verschlüsseln, daß ein Abhörer mit dem verschlüsselten Text nichts anfangen kann?

Integrität:

Wie kann Alice sicher sein, daß ihre Daten Bob so erreichen, wie sie sie abgeschickt hat und daß sie nicht etwa unterwegs verfälscht wurden? *Beispiel*: Geldüberweisung von Bank zu Bank.

Authenzität:

Wie können Alice und Bob sich gegenseitig ihrer Identität versichern? *Beispiel*: Wie kann Alice später nachweisen, daß tatsächlich *sie* das Geld abgeschickt hat?

Wir werden in diesem Kapitel drei verschiedene Chiffren vorstellen: Tauschchiffre, lineare Schieberegister und die RSA-Chiffre. Die ersten beiden Chiffren dienen vor allem zum Kennenlernen der Begriffe und der Bereitstellung der mathematischen Grundlagen. Die RSA-Chiffre ist eine sogenannte Publik-Key-Chiffrierung, die große praktische Bedeutung hat und zur Zeit immer populärer wird.

10.1 Tauschchiffren

Zur Vorbereitung der Tauschchiffre erläutern wir die (angeblich schon von Caesar benutzte) **Verschiebechiffre**. Der Klartext wird dadurch verschlüsselt, daß alle Buchstaben um die gleiche Stellenzahl s „nach rechts" verschoben werden. Eine Verschiebung beispielsweise um $s = 3$ liefert die folgende „Übersetzungstabelle":

Klar:	a	b	c	d	e	f	g	h	i	j	k	l	m	n	o	p	q	r	s	t	u	v	w	x	y	z
Geheim:	D	E	F	G	H	I	J	K	L	M	N	O	P	Q	R	S	T	U	V	W	X	Y	Z	A	B	C

Offensichtlich gibt es (für das deutsche Alphabet) 26 unterschiedliche Verschiebechiffren (inklusive der trivialen Verschiebung, die jeden Buchstaben dort läßt, wo er ist).

BEISPIEL

10.1 Aus dem Klartext: dies ist ein klartext
wird (mit $s = 3$)
das Kryptogramm: GLHV LVW HLQ NODUWHAW ■

Für einen Angreifer ist es ein leichtes, das Kryptogramm zu entschlüsseln, sofern er weiß, daß eine Verschiebechiffre benutzt wurde. Wenn er letzteres nicht weiß, so wird er das doch binnen kurzem herausbekommen.

Statt wie bei der Verschiebechiffre jeden Buchstaben um s Stellen (additiv) nach rechts zu schieben, könnte man ihn auch multiplikativ um einen Faktor t verändern. Falls man bei der Multiplikation 26 erreicht, so rechnet man wieder bei 0 weiter: 26 entspricht 0 , 27 entspricht 1 und so weiter. Mathematisch gesagt: Man reduziert „modulo 26“ (s. Abschnitt 2.5). In der folgenden Tabelle ist die Multiplikation mit Faktor $t = 2$ durchgeführt:

Klar:	a	b	c	d	e	f	g	h	i	j	k	l	m	n	o	p	q	r	s	t	u	v	w	x	y	z
Geheim:	B	D	F	H	J	L	N	P	R	T	V	X	Z	B	D	F	H	J	L	N	P	R	T	V	X	Z
	?													?												

Prüft man genauer, so erkennt man, daß diese Chiffrierung untauglich ist: Beispielsweise werden die Klarbuchstaben a und n beide transformiert zum Geheimbuchstaben B. Dies widerspricht der selbstverständlichen Forderung, daß eine ein-ein-deutige Beziehung zwischen der Menge der Klarbuchstaben und der Menge der Geheimbuchstaben bestehen muß. Wir machen den Versuch erneut mit Faktor $t = 3$:

Klar:	a	b	c	d	e	f	g	h	i	j	k	l	m	n	o	p	q	r	s	t	u	v	w	x	y	z
Geheim:	C	F	I	L	O	R	U	X	A	D	G	J	M	P	S	V	Y	B	E	H	K	N	Q	T	W	Z

Diesmal war der Versuch erfolgreich: Jeder Klarbuchstaben entspricht einem und auch nur einem Geheimbuchstaben. Durch Probieren stellt man fest: Die legitimen multiplikativen Schlüssel sind die Zahlen

Legitime multiplikative Schlüssel modulo 26:

$$1, 3, 5, 7, 9, 11, 15, 17, 19, 21, 23, 25$$

Es gibt also (nur) 12 multiplikative Chiffren. Warum es gerade diese Zahlen sind und wie man sie einfacher bestimmen kann als durch Probieren, werden wir später sehen.

Tauschchiffren
entstehen als Kombination von Verschiebechiffre mit anschließender multiplikativer Chiffre, beides durchgeführt unter Verwendung des Moduls $m(= 26)$.
Der Schlüssel einer solchen Tauschchiffre ist ein Paar $[s, t]$, das folgendermaßen benutzt wird: Zunächst wendet Alice auf den Klartext die Verschiebechiffre mit Schlüssel s an. Anschließend wendet sie auf das Zwischenresultat die multiplikative Chiffre mit Schlüssel t an (wobei t natürlich eine der oben angegebenen 12 Zahlen sein muß).

Die Anzahl möglicher Tauschchiffren ist $26 \cdot 12 = 312$, so daß es für den Angreifer schon nicht mehr so leicht sein wird, einen aufgefangenen Geheimtext „von Hand" zu entziffern.

Der Adressat Bob hat beim Entschlüsseln zunächst die Multiplikation mit t und dann die Addition mit s zurückzurechnen. Das letztere, die Rückrechnung der Verschiebung mit s ist natürlich kein Problem: Sie wird neutralisiert durch nochmalige Verschiebung mit $-s$.

Um die Multiplikation mit t zurückzurechnen, ist es das naheliegendste, die obige Multiplikationstabelle umgekehrt, also von unten nach oben zu benutzen: Man sucht unten den Geheimbuchstaben und findet oben den zugehörigen Klartextbuchstaben. Aber zu dieser Methode gibt es eine viel elegantere Alternative:

BEISPIEL

10.2 Sei $s = 7$ und $t = 3$. Dann kann Bob die Multiplikation mit $t = 3$ rückgängig machen durch eine nochmalige Multiplikation und zwar die Multiplikation mit 9. ■

Die letzte Behauptung kann man leicht einsehen: $3 \cdot 9$ ist 27. Modulo 26 gerechnet ist das gerade 1. Die Zahl 9 ist also die **modulare Inverse** von 3 (bezüglich modul 26). Ist also x die Ausgangszahl, so liefert Malnehmen mit 3 und nochmaliges Malnehmen mit 9 den Wert $x \cdot 3 \cdot 9 = x \cdot 27$ und modulo 26 gerechnet ist das $x \cdot 1$, also wieder x.

Die folgende Tabelle gibt die modulo 26 berechneten Inversen der legitimen multiplikativen Schlüssel:

t:	1,	3,	5,	7,	9,	11,	15,	17,	19,	21,	23,	25
inv t:	1,	9,	21,	15,	3,	19,	7,	23,	11,	5,	17,	25

BEISPIEL

10.3 Chiffrierung und Dechiffrierung mit Tauschchiffre:
Sei der additive Schlüssel $s = 7$
Sei der multiplikative Schlüssel $t = 3$

	Klartext	:	s	c	h	r	i	f	t	
Alice verschlüsselt:	Zahlenwert	:	19	3	8	18	9	6	20	
	$+s$ (d. h. $+7$)	:	0	10	15	25	16	13	1	
	$\cdot t$ (d. h. $\cdot 3$)	:	0	4	19	23	22	13	3	
	Geheimtext schickt Alice an Bob	:	Z	D	S	W	V	M	C	
Bob entschlüsselt:	Zahlenwert	:	0	4	19	23	22	13	3	$\cdot 9$
	$\cdot$ inv t (d. h. $\cdot 9$)	:	0	10	15	25	16	13	1	-7
	-7 (d. h. -7)	:	19	3	8	18	9	6	20	
	Klartext	:	s	c	h	r	i	f	t	

■

Wir machen die folgende Beobachtung: Die Zahl t=3 war eine legitime multiplikative Chiffre und hatte eine modulare Inverse (die 9). Diese Koinzidenz war kein Zufall. Für beliebige Moduln m werden wir zeigen: Genau diejenigen Zahlen t haben eine modulare Inverse, die eine legitime multiplikative Chiffre sind.

Sei m der zu Grunde liegende Modul. Die folgenden drei Aussagen sind äquivalent:

(i) Der größte gemeinsame Teiler von a und m ist 1:

$$\operatorname{ggT}(a, m) = 1$$

(ii) a hat eine **modulare Inverse** $\operatorname{inv} a$:

$$a \cdot \operatorname{inv} a \equiv 1 \bmod m$$

(iii) Die „Kürzungsregel" der Kongruenzrechnung:

Aus $a \cdot b \equiv a \cdot c \bmod m$ folgt stets $b \equiv c \bmod m$

Damit haben wir alles, was wir wollen:
Die Aussage (iii) ist gleichbedeutend damit, daß a ein legitimer multiplikativer Schlüssel für die Tauschchiffre ist: Wenn b und c nach Multiplikation mit a gleich sind, dann müssen sie auch schon vorher gleich gewesen sein.
Die Aussage (i) sagt: Die legitimen multiplikativen Schlüssel sind genau die zum Modul teilerfremden Zahlen.
Aussage (ii) besagt: Die legitimen multiplikativen Schlüssel sind genau die mit modularer Inverser. Die Inversen sind das, was Bob zum Entschlüsseln braucht.

Beweis des Satzes:

(i) $\Rightarrow$ (ii)
Im Falle $\operatorname{ggT}(a, m) = 1$ können wir die 1 aus a und m ganzzahlig kombinieren:

$$x \cdot a + y \cdot m = 1 \text{ für passende ganze Zahlen } x \text{ und } y.$$

Liest man diese Gleichung modulo m, so erhält man

$$x \cdot a + 0 \equiv 1 \bmod m$$
$$x \cdot a \equiv 1 \bmod m$$

Also ist x die modulare Inverse von a.

(ii) $\Rightarrow$ (iii)

$$a \cdot b = a \cdot c \bmod m \qquad | \text{ mal } \operatorname{inv} a \text{ von links}$$
$$\operatorname{inv} a \cdot a \cdot b = \operatorname{inv} a \cdot a \cdot c \bmod m$$

also

$$b \equiv c \bmod m$$

(iii) $\Rightarrow$ (i)
Der Modul m läßt sich schreiben in der Form:

$$m = \operatorname{ggT}(a, m) \cdot \text{Rest} \quad (\text{z. B. } 10 = \operatorname{ggT}(8, 10) \cdot \text{Rest} = 2 \cdot 5)$$

Ist nun (indirekter Beweis) $\operatorname{ggT}(a, m) > 1$, so folgt

$$\text{Rest} \not\equiv 0 \bmod m \tag{10.1}$$

Andererseits ist ist $(m =)\text{ggT}(a, m) \cdot \text{Rest}$ ein Teiler von $a \cdot \text{Rest}$.
Oder: $a \cdot \text{Rest}$ ist Vielfaches von m.
Also gilt

$$a \cdot \text{Rest} \equiv 0 \bmod m$$

Kürzen durch a:

$$\text{Rest} \equiv 0 \bmod m$$

im Widerspruch zu (10.1)
Aus dem Beweis des Satzes geht auch hervor, wie man die modulare Inverse von t bekommt: Mit dem euklidischen Algorithmus (vgl. Abschnitt 7.3.4) bestimme man Zahlen x und y mit

$$x \cdot t + y \cdot m = 1$$

Die Zahl x ist dann die modulare Inverse von t.

BEISPIEL

10.4 Modul $m = 26$ und $t = 3$

Euklidischer Algorithmus:

$26 = 8 \cdot 3 + 2$

$3 = 1 \cdot 2 + 1$

$2 = 2 \cdot 1$ (ohne Rest)

Also 26 und 3 sind teilerfremd (o.k.).
Um die Inverse von 3 zu bekommen, rechnet man rückwärts:

$1 = 3 - 1 \cdot 2$

$1 = 3 - 1 \cdot (26 - 8 \cdot 3)$ oder

$1 = -26 + 9 \cdot 3$

Die modulare Inverse zu 3 ist also 9. ∎

Randbemerkung:
Die folgenden Tatsachen sollen betont werden

- Der euklidische Algorithmus kann auf dem Rechner effizient implementiert werden: Rechenaufwand $O(\log m)$, wenn m der Modul ist.
- Der größte gemeinsame Teiler zweier ganzer Zahlen kann (mit dem euklidischen Algorithmus) effizient ausgerechnet werden. Insbesondere kann leicht entschieden werden, ob zwei Zahlen teilerfremd sind.
- Die modulare Inverse einer invertierbaren Zahl kann (ebenfalls unter Zuhilfenahme des euklidischen Algorithmus) effizient ausgerechnet werden.

Mit der Sicherheit der Tauschchiffre ist es nicht weit her. Wenn ein Angreifer den Geheimtext aufgefangen hat und zusätzlich von lediglich zwei Geheimbuchstaben die zugehörigen Klarbuchstaben kennt, wenn der Angreifer also zwei Paare

$$\text{Klarbuchstabe} \longleftrightarrow \text{Geheimbuchstabe}$$

aufdeckt, so hat er schon gute Aussichten, die benutzten Schlüssel s und t herauszubekommen.

Allzu verwunderlich ist diese Tatsache andererseits nicht, denn mit den zwei Klar-Geheim-Paare bekommt der Angreifer zwei Gleichungen für s und t, und die sind meistens lösbar. Wir wollen das vorführen:
Die beiden Paare Klarbuchstabe - Geheimbuchstabe seien bezeichnet mit

$$\text{klar\_a} \longleftrightarrow \text{geheim\_a}$$
$$\text{klar\_b} \longleftrightarrow \text{geheim\_b}$$

Wir können dann rechnen

$$(\text{klar\_a} + s) \cdot t \equiv \text{geheim\_a} \bmod m$$
$$(\text{klar\_b} + s) \cdot t \equiv \text{geheim\_b} \bmod m \quad \Rightarrow$$
$$\text{klar\_a} + s \equiv \text{geheim\_a} \cdot \text{inv}(t) \bmod m$$
$$\text{klar\_b} + s \equiv \text{geheim\_b} \cdot \text{inv}(t) \bmod m \quad \Rightarrow$$
$$\text{klar\_a} - \text{klar\_b} \equiv (\text{geheim\_a} - \text{geheim\_b}) \cdot \text{inv}(t) \bmod m$$

Also

$$t \equiv (\text{geheim\_a} - \text{geheim\_b}) \cdot \text{inv}(\text{klar\_a} - \text{klar\_b}) \bmod m \qquad (10.2)$$

Die Inverse von t bekommen wir gleich mitgeliefert:

$$\text{inv}(t) \equiv (\text{klar\_a} - \text{klar\_b}) \cdot \text{inv}(\text{geheim\_a} - \text{geheim\_b}) \bmod m \qquad (10.3)$$

Folgende Rechnung führt zum additiven Schlüssel s:

$$\begin{aligned} s &\equiv \text{geheim\_a} \cdot \text{inv}(t) - \text{klar\_a} \\ &\equiv \text{geheim\_a} \cdot (\text{klar\_a} - \text{klar\_b}) \cdot \text{inv}(\text{geheim\_a} - \text{geheim\_b}) - \text{klar\_a} \\ &\equiv [\text{geheim\_a} \cdot (\text{klar\_a} - \text{klar\_b}) \\ &\quad -\text{klar\_a} \cdot (\text{geheim\_a} - \text{geheim\_b})] \cdot \text{inv}(\text{geheim\_a} - \text{geheim\_b}) \bmod m \end{aligned}$$

Also

$$s \equiv [\text{klar\_a} \cdot \text{geheim\_b} - \text{geheim\_a} \cdot \text{klar\_b}] \cdot \text{inv}(\text{geheim\_a} - \text{geheim\_b}) \qquad (10.4)$$

Der Angreifer hat also die Schlüssel s und t herausbekommen und kann mit denen das Kryptogramm entschlüsseln.

BEISPIEL

10.5 Klartext: c h
Geheimtext: Z D S W V M C

Daraus bekommen wir nach Einsetzen in die Formeln (10.2) bis (10.4) und mit Hilfe der Tabelle der Inversen:

$$t \equiv (4-19)\,\text{inv}(3-8) \equiv 11\,\text{inv}\,21 \equiv 11 \cdot 5 \equiv 55 \equiv 3 \bmod 26$$
$$\begin{aligned} s &\equiv (3 \cdot 19 - 4 \cdot 8)\,\text{inv}(4-19) \equiv (5-6)\,\text{inv}(-15) \\ &\equiv 25\,\text{inv}\,11 \equiv 25 \cdot 19 \equiv 7 \bmod 26. \end{aligned}$$

Damit hat man die Schlüssel $t = 3$ und $s = 7$ und als Klartext dann

s c h r i f t ■

Man beachte: Die Formeln zeigen, daß die Klar-Geheim-Pärchen nicht völlig beliebig sein dürfen, sondern nur so, daß die in den Formeln vorkommenden Inversen existieren.

Kommentar

Bei dieser Entschlüsselungsmethode des Angreifers handelt es sich um einen erfolgreichen **Known-Plaintext**-Angriff: Der Angreifer kann den Schlüssel herausbekommen, falls ihm ein Stück von zusammengehörigem Klartext/Geheimtext bekannt ist. Bei der Tauschchiffre reicht dazu schon ein Stück der Länge je 2.

Wir wollen einigen naheliegenden Fragen und Einwänden vorgreifen: Bei der Tauschchiffre kann der Angreifer die Schlüssel s und t leicht herausbekommen, *sofern* er weiß, daß mittels Tauschchiffre verschlüsselt wurde. Also, könnte man meinen, sollten Alice und Bob einfach geheim halten, mit welcher Art Chiffre sie verschlüsseln. Aber diese Forderung ist unrealistisch. In der Praxis wird ein relativ großer Personenkreis einunddenselben Chiffrieralgorithmus benutzen, welcher auch relativ aufwendig wird konstruiert sein müssen, um gewissen Mindestanforderungen an Geheimhaltung zu genügen. Was man allenfalls (für eine Weile) wird geheimhalten können, ist der jeweils benutzte **Schlüssel**.

Das letztere ist das sogenannte **Prinzip von Kerckhoff**: Die Sicherheit des Kryptosystems soll sich nur auf die Geheimhaltung des aktuellen Schlüssels gründen. Die Geheimhaltung des benutzten Chiffrieralgorithmus ist illusorisch. Bei der Tauschchiffre besteht der benutzte Schlüssel aus zwei Zahlen, die wir mit s und t bezeichnet hatten. Bei den in der Praxis benutzten Chiffriersystemen (DES, IDEA, RSA, PGP) bestehen die Schlüssel aus binären Strings mit einigen Dutzend oder einigen Hundert Bits.

Die Tauschchiffre ist ein Beispiel eines **symmetrischen** Kryptosystems:

Bob entschlüsselt mit (im wesentlichen) demselben Schlüssel, mit dem Alice verschlüsselt hat. Später in Abschnitt 10.3 werden wir mit dem RSA-Algorithmus ein unsymmetrisches Kryptosystem kennenlernen, bei dem es schon reicht, wenn einer der Beteiligten einen Schlüssel hat (was unter anderem das Schlüsselmanagement vereinfacht).

Ein naheliegender Einwand gegen symmetrische Kryptosysteme ist: Wenn beide, Alice und Bob, zum Nachrichtenaustausch den gleichen Schlüssel brauchen, so muß der irgendwann ausgetauscht worden sein. Dann hätte man doch bei dieser Gelegenheit statt nur des Schlüssels gleich die ganze geheime Botschaft austauschen können!

Antwort auf diesen Einwand: Die Geheimbotschaften sind in der Regel lang und die Schlüssel kurz, also einfacher auszutauschen. Ferner können Alice und Bob den Termin des Schlüsselaustausches selber bestimmen, während der Termin der Nachrichtenübermittlung oft von äußeren Notwendigkeiten abhängen kann.

AUFGABEN

10.1 Aus [6]
Und Caesar sprach: S B K F S F A F S F Z F. – Was sprach Caesar?

10.2 Wieviele multiplikative Chiffrierungen besitzt ein Alphabet mit 25 bzw. 27 Buchstaben?

10.3 Sei gegeben der Modul $m = 792$. Ist $t = 89$ bzw. $t = 123$ modular bezüglich m invertierbar? Gegebenenfalls bestimme man die Inverse.

10.4 Man komplettiere den mittels Tauschchiffre verschlüsselten Klartext:

klar:				e		n					
geheim:	N	I	X	S	F	V	E	O	X	S	F

10.5 Der Rechenaufwand beim Euklidischen Algorithmus ist $O(\log m)$, wenn m die größere der beiden beteiligten Zahlen ist. Um dies einzusehen, mache man sich klar: Die Reste halbieren sich spätestens bei jedem zweiten Schritt.

10.6 Chiffrierungen wurden bisher durch Klartext-Geheimtext-Tabellen dargestellt. Beispielsweise führte die Multiplikation mit $t = 3$ auf folgende Tabelle:

Klarbuchstabe: a b c d e f g h i j k l m n o p q r s t u v w x y z
Geheimbuchstabe: C F I L O R U X A D G J M P S V Y B E H K N Q T W Z

Die Alternative zu einer solchen Tabelle ist die Zyklenschreibweise:

(a c i)(b f r)(d l j)(e o s)(g u k)(h x t)(m)(n p v)(q y w)(z)

In der Tabelle erkennt man: a geht über in C, c geht über in I und i geht wieder über in A, wodurch also der erste Dreierzyklus zustande kommt. Man notiere die beiden folgenden Tabellen in Zyklenschreibweise. Was fällt auf?

Klarbuchstabe: a b c d e f g h i j k l m n o p q r s t u v w x y z
Geheimbuchstabe: D E F G H I J K L M N O P Q R S T U V W X Y Z A B C

Klarbuchstabe: a b c d e f g h i j k l m n o p q r s t u v w x y z
Geheimbuchstabe: Z O Q E D N X M L K J I H F B W C V U Y S R P G T A

10.2 Lineare Schieberegister

Bei der Tauschchiffre besteht der Schlüssel aus den beiden Zahlen s und t. Bei den in der Praxis benutzten Kryptosystemen werden Schlüssel benutzt, die Dutzende oder Hunderte von Bits enthalten. Ein Kryptosystem ist natürlich umso sicherer, je länger das Schlüsselwort ist. Am besten hätte das Schlüsselwort die Länge Unendlich. Solche Kryptosysteme existieren und werden benutzt. Ein typischer Vertreter ist das „One-Time-Pad“:

One-Time-Pad
Klartext und Geheimtext sind binäre Strings. Der Schlüsselstring ist ebenfalls ein binärer String, welcher zufällig gewählt wird und genausolang ist wie der Klartext. (Im Prinzip ist der Schlüsselstring also unbeschränkt lang.)
Verschlüsselt wird bitweise mittels Boolescher Addition, also gemäß

$$\text{Klartextbit} \oplus \text{Schlüsselbit} = \text{Geheimtextbit} \qquad (10.5)$$

Boolesche Addition geht dabei folgendermaßen:

$$1 \oplus 1 = 0, \quad 0 \oplus, 0 = 0, \quad 1 \oplus 0 = 1, \quad 0 \oplus 1 = 1 \tag{10.6}$$

One-Time-Pads haben eine Analogie zum Abreißkalender: Jeder Zettel wird genau einmal benutzt und dann weggeworfen. One-Time-Pads sind prinzipiell unangreifbar: Da der Schlüsselstring zufällig gewählt ist, haben keinerlei statistische Methoden Aussicht auf Erfolg. Andererseits ist das One-Time-Pad natürlich unhandlich, da der unbegrenzt lange Schlüssel vorher auf einem sicheren Kanal übertragen werden muß.

Eine Bemerkung am Rande: An Stelle eines quasi unendlich langen Schlüsselwortes könnte man die Buchstaben eines dicken Romans nehmen. Dann bräuchte Alice nicht den ganzen Roman an Bob zu schicken, sondern es würde eine Botschaft reichen wie: Eco, Pendel, ab S.51 oben links. (Wenn in stimmungsvollen Spionagebüchern mittels geheimer Stellen noch geheimerer Romane verschlüsselt wird, so handelt es sich ziemlich sicher um eine Chiffrierung dieser Sorte.)

BEISPIEL

10.6 Für das One-Time-Pad:

Klartext:	01100 10001 1001 ...	]
Schlüssel:	10100 11001 1010 ...	] $\oplus$
Geheimtext:	11000 01000 0011 ...	

Beim One-Time-Pad ist das Entschlüsseln für Bob besonders einfach. Er entschlüsselt genauso, wie Alice verschlüsselt hat, nämlich

$$\text{Schlüssel} \oplus \text{Geheimtext} = \text{Klartext} \tag{10.7}$$

Beispiel: (obige Daten)

Geheimtext:	11000 01000 0011 ...	]
Schlüssel:	10100 11001 1010 ...	] $\oplus$
Klartext:	01100 10001 1001 ...	

■

Chiffrierungen wie das One-Time-Pad, bei denen Chiffrierschritt und Dechiffrierschritt übereinstimmen, werden **involutorisch** genannt.

Beim One-Time-Pad ist der Schlüssel ein zufälliger binärer String, der genauso lang sein muß wie die Nachricht. Das Problem für Bob und Alice ist das Übermitteln dieses beliebig langen Schlüssels. Ein praktikabler Ausweg ist, statt zufälliger nur **pseudo**-zufällige binäre Strings als Schlüssel zu benutzen. Diese pseudozufälligen Bits könnte man sich durch einen Zufallsgenerator erzeugen lassen, und Alice und Bob bräuchten nur die (wenigen) Kenngrößen dieses Generators übermitteln. (Die Frage stellt sich natürlich, ob der Angreifer hinter das Bildungsgesetz dieser Pseudozufallszahlen kommen kann.)

Lineare Schieberegister
sind ein einfacher Mechanismus zur Erzeugung von pseudozufälligen Bits. Bei diesen Schieberegistern hat man n Zellen, jede Zelle enthält ein Bit. Bei jeder Iteration werden die Bits um eine Zelle nach rechts geschoben. Das „rechts herausfallende“ Bit ist das nächste Bit des Schlüssels.
Die links leergewordene Zelle muß neu gefüllt werden. Dies geschieht durch Boolesche Addition der Inhalte der (siehe Bild 10.1) markierten Zellen. Solche Schieberegister heißen **linear**, da lediglich Additionen vorgenommen werden. Zum Starten des Schieberegisters braucht man eine Initialisierung. Dies sind die in den Zellen stehenden Zahlen (Bild 10.1).

BEISPIEL

10.7 An zwei linearen Schieberegistern der Länge $n = 4$ soll der Mechanismus demonstriert werden.

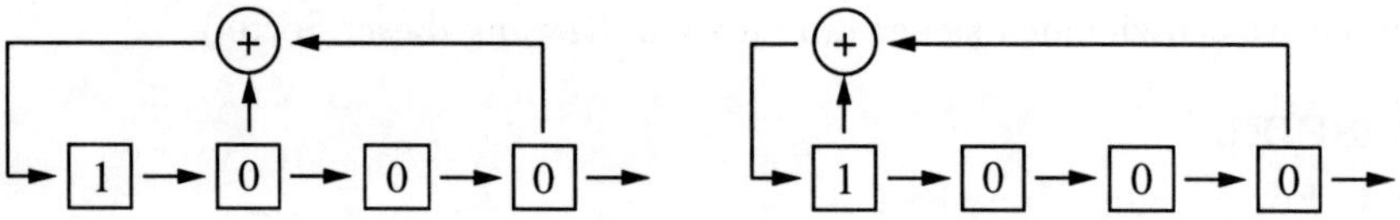

Bild 10.1

Die resultierenden Zustände sind nun der Reihe nach:

1 0 0 0		1 0 0 0	
0 1 0 0		1 1 0 0	
1 0 1 0		1 1 1 0	
0 1 0 1		1 1 1 1	
0 0 1 0		0 1 1 1	
0 0 0 1	Periode 6	1 0 1 1	
1 0 0 0		0 1 0 1	
⋮		1 0 1 0	
		1 1 0 1	
		0 1 1 0	
		0 0 1 1	
		1 0 0 1	
		0 1 0 0	
		0 0 1 0	
		0 0 0 1	Periode 15
		1 0 0 0	
		⋮	

Die Schlüsselbits sind jeweils die Zahlen der rechten Kolonne, im ersten Beispiel also

0 0 0 1 0 1 0 ...

und dann periodisch so weiter. ∎

Das Schieberegister kann nur endlich viele unterschiedliche Zustände haben, in diesen Beispielen höchstens $2 \cdot 2 \cdot 2 \cdot 2 = 16$ Stück. Es ist also klar, daß der Zustand des Schieberegisters (und damit die Schlüsselfolge) sich periodisch wiederholen muß. Im ersten Beispiel sind 6 Zustände verschieden, im zweiten Beispiel sind dies 15. Letzteres ist gleichzeitig die maximal mögliche Zahl unterschiedlicher Zustände.

Man sollte also nach solchen Schieberegistern suchen, die die maximal mögliche Anzahl unterschiedlicher Zustände haben. Für Schieberegister beispielsweise der Länge $n = 10$ hätte man dann

$$2^{10} - 1$$

unterschiedliche Zustände des Schieberegisters. Das bedeutet, daß die Bitfolge des Schlüsselstrings sich erst ab der Nummer 1024 wiederholt. Man sollte meinen, dies ist Zufall genug und der Angreifer hat nicht die geringste Chance, hinter das Bildungsgesetz dieses Pseudozufallsstrings zu kommen.

Dies ist ein Trugschluß! Es wird sich nämlich zeigen, daß lineare Schieberegister einem **Known-Plaintext**-Angriff (siehe 10.1) keinen ernsthaften Widerstand entgegensetzen können. Genauer gilt:

Known-Plaintext-Angriff (gegen lineare Schieberegister)
Hat das Schieberegister die Länge n (z. B. $n = 4$), so genügt es dem Angreifer schon, $2 \cdot n (= 2 \cdot 4 = 8)$ Geheimtextbits nebst zugehörigen Klartextbits zu kennen, um das benutzte Schieberegister komplett auszurechnen.

Am Beispiel linearer Schieberegister der Länge $n = 4$ wollen wir diesen Known-Plaintext-Angriff vorführen: Der Angreifer kennt die ersten 8 Klartextbits und die zugehörigen 8 Geheimtextbits. Gemäß

$$\text{Schlüssel} = \text{Klartext} \oplus \text{Geheimtext}$$

berechnet er zunächst die ersten 8 Bits der Schlüsselfolge, also eine Bitsequenz, die wir mit

a b c d A B C D

bezeichnen wollen.

Wir halten fest:

Die a b c d bilden die erste Besetzung der Registerzellen und
die A B C D bilden die zweite Besetzung der Registerzellen.

Die Startsituation ist also

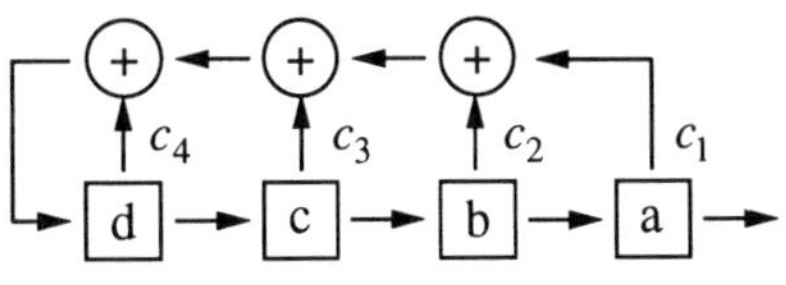

Bild 10.2

und der Endzustand der Zellen ist

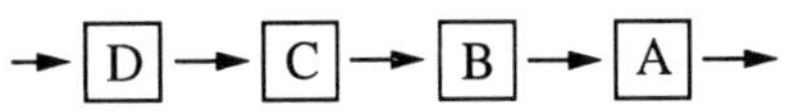

Was der Angreifer nun herausbekommen muß, ist die Schaltung des Registers. Dazu führen wir für jede Zelle i (die ja zur Neuberechnung des Wertes in der linken Zelle beiträgt oder auch nicht) eine provisorische $\{0; 1\}$-Variable c_i ein:

$c_i = 1$ bedeutet: die Zelle i trägt zur Summe bei
$c_i = 0$ bedeutet: die Zelle i trägt zur Summe nicht bei

Man weiß nicht, ob die i-te Zelle zur Summe beiträgt oder nicht. Dies wird dadurch realisiert, daß man den Inhalt der i-ten Zelle unter Benutzung der Regeln der **Booleschen Multiplikation** mit c_i multipliziert und dann erst zur Summe dazuaddiert.

Boolesche Multiplikation geht folgendermaßen:

$$1 \circledast 1 = 1, \quad 0 \circledast 0 = 0, \quad 1 \circledast 0 = 0, \quad 0 \circledast 1 = 0 \tag{10.8}$$

Regeln für die Boolesche Arithmetik:

$$x \oplus x = 0, \quad x \circledast x = x \tag{10.9}$$

Nun wird das Schieberegister viermal nacheinander mit allgemeinen c_i iteriert (das Ergebnis am Ende kennt man ja, es sind die letzten vier bereits berechneten Schlüsselbits A, B, C, D).
Nach einer Iteration ist der Zustand der Zellen

$$\boxed{x_1} \to \boxed{\mathrm{d}} \to \boxed{\mathrm{c}} \to \boxed{\mathrm{b}}$$

Für x_1 gilt

$$x_1 = \mathrm{d} \cdot c_4 + \mathrm{c} \cdot c_3 + \mathrm{b} \cdot c_2 + \mathrm{a} \cdot c_1$$

Nach zwei Iterationen ist der Zustand der Zellen

$$\boxed{x_2} \to \boxed{x_1} \to \boxed{\mathrm{d}} \to \boxed{\mathrm{c}}$$

Für x_2 gilt

$$x_2 = x_1 \cdot c_4 + \mathrm{d} \cdot c_3 + \mathrm{c} \cdot c_2 + \mathrm{b} \cdot c_1$$

Nach drei Iterationen ist der Zustand der Zellen

$$\boxed{x_3} \to \boxed{x_2} \to \boxed{x_1} \to \boxed{\mathrm{d}}$$

Für x_3 gilt

$$x_3 = x_2 \cdot c_4 + x_1 \cdot c_3 + \mathrm{d} \cdot c_2 + \mathrm{c} \cdot c_1$$

Nach vier Iterationen ist der Zustand der Zellen

$$\boxed{x_4} \to \boxed{x_3} \to \boxed{x_2} \to \boxed{x_1}$$

Für x_4 gilt

$$x_4 = x_3 \cdot c_4 + x_2 \cdot c_3 + x_1 \cdot c_2 + \mathrm{d} \cdot c_1$$

Dieser Endzustand ist aber die bekannte zweite Besetzung des Registers, also

$$x_1 = \mathrm{A}, \quad x_2 = \mathrm{B}, \quad x_3 = \mathrm{C}, \quad x_4 = \mathrm{D}$$

Setzt man ein und sortiert, so erhält man das Gleichungssystem

$$\left|\begin{array}{l} a\cdot c_1 + b\cdot c_2 + c\cdot c_3 + d\cdot c_4 = A \\ b\cdot c_1 + c\cdot c_2 + d\cdot c_3 + A\cdot c_4 = B \\ c\cdot c_1 + d\cdot c_2 + A\cdot c_3 + B\cdot c_4 = C \\ d\cdot c_1 + A\cdot c_2 + B\cdot c_3 + C\cdot c_4 = D \end{array}\right|$$

mit den bekannten Größen a b c d A B C D und den Unbekannten c_1, c_2, c_3, c_4. Aus diesem Booleschen Gleichungssystem kann man mit einer angepaßten Variante des Gaußschen Algorithmus die Unbekannten c_i ausrechnen. (Das Gleichungssystem ist nicht notwendigerweise eindeutig lösbar. Was bedeutet es, wenn keine Lösung existiert oder mehr als eine?)

BEISPIEL

10.8

Klartext	:	1 1 1 1 1 1 1 1
Geheimtext	:	1 1 1 0 0 0 0 1
also Schlüssel	:	0 0 0 1 1 1 1 0
		a b c d A B C D

Also ist unser Boolesches Gleichungssystem

$$\begin{array}{cccc|c} c_1 & c_2 & c_3 & c_4 & \\ 0 & 0 & 0 & 1 & 1 \\ 0 & 0 & 1 & 1 & 1 \\ 0 & 1 & 1 & 1 & 1 \\ 1 & 1 & 1 & 1 & 0 \end{array}$$

mit der Lösung $(c_1; c_2; c_3; c_4) = (1; 0; 0; 1)$.

Also haben wir das gesuchte Schieberegister und Initialisierung ausgerechnet:

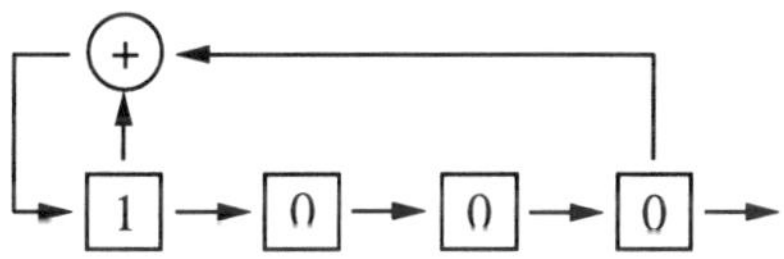

Bild 10.3 ■

Das letzte Resultat ist eher enttäuschend. Lineare Schieberegister können nicht einmal einem simplen Known-Plaintext-Angriff standhalten. Ein Ausweg ist es, **nichtlineare** Schieberegister zu nehmen. Bei solchen Registern wird der Wert der linken Zelle nicht nur durch Boolesche Addition aktualisiert, sondern es werden kompliziertere (eben nichtlineare) Berechnungsfunktionen zugelassen. Solche Register sind für den Angreifer natürlich viel schwieriger zu enträtseln als lineare.

BEISPIEL

10.9

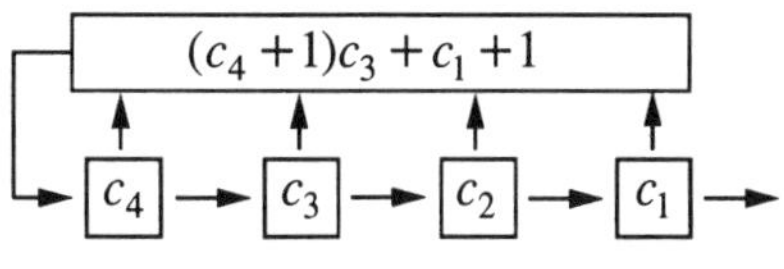

Bild 10.4

„Plus" und „Mal" in $(c_4 + 1)c_3 + c_1 + 1$ sind dabei boolesch gemeint.
Wählt man sich die gleiche Initialisierung wie bei den früheren Beispielen, so erhält man der Reihe nach die Zustände:

1 0 0 0 (Initialisierung)
1 1 0 0
1 1 1 0
1 1 1 1
0 1 1 1
1 0 1 1
0 1 0 1
1 0 1 0
1 1 0 1
0 1 1 0
0 0 1 1
0 0 0 1
0 0 0 0 (!)
1 0 0 0
und zyklisch weiter

Man beachte: Bei **linearen** Schieberegistern darf der Nullzustand nie vorkommen, da man von dem nie wieder „wegkommt". Bei nichtlinearen Schieberegistern ist das nicht so, wie unser Beispiel zeigt. ■

AUFGABEN

10.7 Für den One-Time-Pad gilt:

Schlüssel $\oplus$ Geheimtext = Klartext

Warum gilt das?

10.8 Konstruieren Sie ein lineares Schieberegister der Länge 4, das einen Nicht-Null-Zustand in den Nullzustand überführt.

10.9 Konstruieren Sie ein lineares Schieberegister der Länge 3 mit maximaler Periode.

10.10 Die folgende Outputfolge wurde von einem linearen Schieberegister der Länge 5 erzeugt:

0 0 0 0 1 0 0 0 1 1

Rekonstruieren Sie das Schieberegister.

10.11 Jemand behauptet, der folgende String wäre von einem linearen Schieberegister der Länge 4 erzeugt worden:

0 0 0 0 1 0 0 0

Kommentieren Sie diese Behauptung.

10.3 Schwer interpretierbare Funktionen, RSA-Algorithmus

Die bisher besprochenen Chiffriersysteme waren symmetrisch. Das Prinzip **symmetrischer** Kryptosysteme ist: Alice und Bob benutzen einen öffentlich bekannten Algorithmus. Will Alice eine Nachricht an Bob senden, so benutzen beide den gleichen geheimen Schlüssel (Alice zum Verschlüsseln und Bob zum Entschlüsseln). Dieser Schlüssel wurde vorher über einen sicheren Kanal zwischen beiden ausgetauscht.

Das Prinzip des **unsymmetrischen** RSA-Algorithmus ist: Der Algorithmus ist öffentlich bekannt (wir werden ihn im folgenden erläutern). Bob (der Adressat der Botschaft) hat einen geheimen Schlüssel zum Entschlüsseln von Alices Nachricht. Alice hingegen verschlüsselt nicht mit einem geheimen, sondern mit einem öffentlichen Schlüssel, also mit einem Schlüssel, den Bob öffentlich bekannt gegeben hat (den er sozusagen ins Telefonbuch geschrieben hat).
Diese fast unwahrscheinlich klingenden unsymmetrischen Kryptosysteme beruhen auf der Existenz „schwer invertierbarer Funktionen". Wir wollen zunächst erläutern, was es damit auf sich hat. Die gängigen mathematischen Funktionen sind leicht invertierbar:

BEISPIEL

10.10 Es ist leicht, eine gegebene Zahl x zu quadrieren. Es ist ebenso leicht, die Wurzel zu ziehen, also von einer gegebenen Zahl y festzustellen, von welcher Zahl x sie das Quadrat ist. Sei beispielsweise $y = 49$. Wir benutzen die Halbierungsmethode:

$x = 16 : x^2 = 256$ zu groß

$x = 8 : x^2 = 64$ zu groß

$x = 4 : x^2 = 16$ zu klein

$x = 6 : x^2 = 36$ zu klein

$x = 7 : x^2 = 49$ stimmt

Dieses Verfahren geht offensichtlich schnell (was vor allem daran liegt, daß die Quadratfunktion monoton ist). Ebenso wie die Quadratfunktion sind andere Funktionen wie Potenzfunktion, Exponentialfunktion etc. leicht invertierbar. ■

Schwer invertierbare Funktionen begegnen uns nicht selten im täglichen Leben.

BEISPIEL

10.11 Es ist leicht, die Telefonnummer einer bestimmten Person im Telefonbuch zu finden (da die Namen der Personen im Telefonbuch alphabetisch geordnet sind). Es ist aber schwer, im gleichen Telefonbuch die zu einer bestimmten Nummer gehörende Person zu identifizieren. (Für das letzte Problem ist keine andere Lösung erkennbar, als das ganze Telefonbuch durchzugehen. Im Schnitt wird man das halbe Telefonbuch durchgeschaut haben, bis man die Nummer findet.) ■

Die oben als leicht invertierbar erkannten Potenz- und Exponentialfunktionen werden schwer invertierbar, wenn man „modulo n" rechnet, wobei n eine feste natürliche Zahl ist.

BEISPIEL

10.12 Wir wählen den Modul $n = 22$ und untersuchen die dritte modulare Potenz, also

$m \longmapsto m^3 \bmod 22$

Beispielsweise ist $5^3 = 25 \cdot 5 \equiv 3 \cdot 5 \equiv 15 \bmod 22$. ■

Diese dritte modulare Potenz hat folgende tabellarische Darstellung:

m	:	0	1	2	3	4	5	6	7	8	9	10	11	12	13	14	15	16	17	18	19	20	21
m^3	:	0	1	8	5	20	15	18	13	6	3	10	11	12	19	16	9	4	7	2	17	14	21

und die graphische Darstellung, vgl. Bild 10.5.

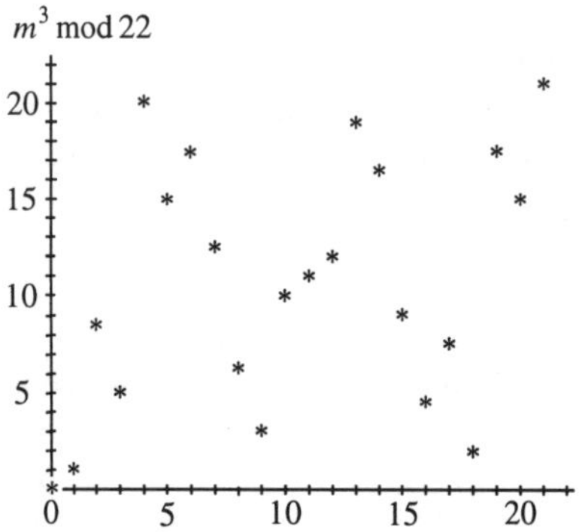

Bild 10.5

Man erkennt zunächst: Potenzierung mit $e = 3$ liefert eine umkehrbare Abbildung für die Restklassen modulo 22. Die dritte modulare Potenz ist leicht berechenbar (man braucht lediglich je zwei Multiplikationen und Reduktionen modulo 22).
Die dritte modulare Potenz ist aber schwer invertierbar: Es ist mühsam, von einer gegebenen Zahl y festzustellen, von welcher Zahl x sie die dritte Potenz modulo 22 ist.
Die oben beschriebene Halbierungsmethode funktioniert nicht, da die dritte modulare Potenz nicht monoton ist, sondern ein völlig unregelmäßiges Verhalten hat. Um diese dritte modulare Wurzel von y zu finden, ist keine andere Methode erkennbar, als die Liste der dritten modularen Potenzen durchzugehen, bis man y antrifft:

```
Read y
x: = 1
While x^3 ≠ y
Do
   x: = x + 1
End
Return x
```

Dieses Programm funktioniert natürlich, und es hat Rechenaufwand $O(n)$. Das Programm ist aber völlig ineffizient. Effizient hingegen wäre der Aufwand $O(\log n)$: Der Rechenaufwand sollte wohl von der Bitlänge des binär dargestellten Moduls abhängen dürfen, nicht hingegen von der schieren Größe des Moduls!
Wir geben ein weiteres Beispiel einer schwer invertierbaren Operation:

BEISPIEL

10.13 Es ist leicht (dauert auf gängigen Rechnern weniger als eine Sekunde), zweitausend Bit lange Primzahlen zu multiplizieren. Es ist jedoch schwer (dauert auf den größten Rechnern mehr als 100.000 Jahre), aus dem Produkt die beiden Primzahlen wieder zu rekonstruieren. ■

Der RSA-Algorithmus (benannt nach seinen Erfindern Ronald Rivest, Adi Shamir und Leonard Adleman) gründet sich auf die beiden letztgenannten schwer invertierbaren Funktionen, also modulare Potenz und Multiplikation von Primzahlen. Sowohl Verschlüsseln als auch Entschlüsseln geht bei diesem Algorithmus mittels modularer Potenzierung. Wir wollen die Funktionsweise der RSA-Chiffre zunächst an einem kleinen Beispiel demonstrieren.

BEISPIEL

10.14 Der Klartext besteht aus einer Sequenz natürlicher Zahlen, die alle kleiner sind als der vorgewählte Modul. Für das Beispiel wählen wir
Bobs Schlüssel (öffentlich):

der Modul $n = 22$

der vorgewählte Exponent $e = 3$ (e: Encrypt)

Der Klartext, den Alice an Bob schicken will (alle Zahlen kleiner n):

$m = 3, 7, 2, 17, 3, 4$ (m: Message)

Zum Verschlüsseln sucht Alice im „Telefonbuch" Bobs Schlüssel und potenziert jede Zahl ihres Klartextes mit dem Exponenten $3(= e)$ und reduziert modulo 22 ($\bmod n$). Sie erhält als Geheimtext, den sie an Bob schickt:

$c = 5, 13, 8, 7, 5, 20$ (c: Cipher-text)

(Man kann sich leicht vorstellen, daß es für den Angreifer aussichtslos ist, den Geheimtext zu entschlüsseln, wenn der Modul hunderte von Bits lang ist. Allerdings denkt man: Die gleiche Schwierigkeit hat doch auch Bob!)
Bob kennt jedoch ein Geheimnis seines Moduls n. Als Konsequenz dieses Geheimnisses hat er den Exponenten

$d = 7$ (d: Decrypt)

mit der er (im Prinzip also genau wie Alice) jede Zahl des empfangenen Geheimtextes potenziert. Bob erhält

$3, 7, 2, 17, 3, 4$

(z. B. $5^7 = 25 \cdot 25 \cdot 25 \cdot 5 \equiv 3 \cdot 3 \cdot 3 \cdot 5 = 27 \cdot 5 \equiv 5 \cdot 5 = 25 \equiv 3 \bmod 22$
oder $7^7 = 49 \cdot 49 \cdot 49 \cdot 7 \equiv 5 \cdot 5 \cdot 5 \cdot 7 = 25 \cdot 35 \equiv 3 \cdot 13 = 39 \equiv 17 \bmod 22$)
Man vergleicht und muß zugeben, daß dies in der Tat der Klartext von Alice ist. ■

Ein methodischer Einwand ist an dieser Stelle naheliegend: Wenn der Algorithmus öffentlich ist, wenn ferner Verschlüsselungsexponent und Modul öffentlich sind und wenn schließlich Bob es schafft, zu seinem „geheimen" Entschlüsselungsexponenten d kommen, wieso kann ein Angreifer das dann nicht?
Die Antwort ist: Er kann es, aber er braucht dazu (bei derzeitiger mathematischer Kenntnislage) eine Ewigkeit, und das selbst bei Einsatz der potentesten vorhandenen und absehbaren Rechenanlagen.
Wir wollen nun darangehen, die exotisch anmutenden Einzelheiten des RSA-Algorithmus zu verstehen:

Alice verschlüsselt durch Potenzieren mit e. Bob entschlüsselt durch Potenzieren mit d.

Insgesamt wird also mit $e \cdot d$ potenziert und es soll wieder der Klartext herauskommen:
$$(m^e)^d = m^{e \cdot d} \equiv m \bmod n$$
Das Problem ist die letzte Gleichung: Wie ist e und d zu wählen, daß $m^{e \cdot d} = m^1$? Zunächst wäre es interessant zu wissen, wie überhaupt die modulare Arithmetik im Exponenten funktioniert. Wir wissen: Bei Addition und Multiplikation darf man beliebig modulo n reduzieren.

Frage: Darf man das auch beim Exponenten?

Wir probieren das aus. Sei der Modul $n = 22$. Unsere Frage ist: Darf man im Exponenten modulo 22 reduzieren, gilt also beispielsweise
$$2^{25} \overset{?}{\equiv} 2^3 \bmod 22.$$
Wir prüfen:
$$\begin{aligned}\text{Linke Seite} &= 2^6 \cdot 2^6 \cdot 2^6 \cdot 2^6 \cdot 2 \equiv 64 \cdot 64 \cdot 64 \cdot 64 \cdot 2 \equiv (-2) \cdot (-2) \cdot (-2) \cdot (-2) \cdot 2 \\ &\equiv 16 \cdot 2 = 32 \equiv 10 \bmod 22\end{aligned}$$
Rechte Seite = 8 und damit Rechte Seite $\neq$ Linke Seite mod 22, die Vermutung war falsch.

Hingegen ist es eine Tatsache, daß man bei $n = 22$ im Exponenten modulo 10 reduzieren darf (warum ausgerechnet modulo 10?):
$$2^{25} \overset{?}{\equiv} 2^5 \bmod 22$$
Wir prüfen:

LS $\equiv 10 \bmod 22$ (wie oben), RS $= 32 \equiv 10 \bmod 22$.

Um diese immer eigenartiger werdenden Verhältnisse verstehen zu können, ist es erforderlich, sich an einige Grundtatsachen aus Zahlentheorie und (mathematischer) Gruppentheorie zu erinnern.

Wir erinnern daran (vgl. Abschn. 2.5), daß durch die Kongruenzrelation modulo n die Menge der ganzen Zahlen $\mathbf{Z}$ in das Restklassensystem $\mathbf{Z}_n$ eingeteilt wird, welches z. B. durch die Zahlen $0, 1, 2, \ldots, n-1$ repräsentiert wird. Von denen interessieren uns einige besonders:

Prime Restklasse

Für eine natürliche Zahl n ist $\mathbf{Z}'_n$ die Menge der Zahlen, die bezüglich der modularen Multiplikation invertierbar sind. Wegen 10.1 sind das gerade die Zahlen, die teilerfremd zu n sind.

Die zugehörigen Restklassen sind die **primen Restklassen** modulo n.

Die Anzahl der Elemente von $\mathbf{Z}'_n$ ist die **Eulersche Funktion** $\Phi(n)$.

BEISPIEL

10.15 Für $n = 22$ erhält man (vgl. 10.1)

$\mathbf{Z}'_n$	= { 1;	3;	5;	7;	9;	13;	15;	17;	19;	21}
Inverse:	1	15	9	19	5	17	3	13	7	21

Die modulare Inverse beispielsweise von 9 ist 5, denn $9 \cdot 5 = 45 \equiv 1 \bmod 22$.

Für $n = 22$ hat $\mathbf{Z}'_n$ 10 Elemente, also $\Phi(22) = 10$. ■

Von der Menge $\mathbf{Z}'_n$ wissen wir (siehe Abschn. 7.2.2), daß sie bezüglich der modularen Multiplikation eine mathematische Gruppe bildet.
In Gruppen gilt: Jedes Element potenziert mit der Gruppenordnung liefert das Eins-Element der Gruppe (siehe Abschn. 7.3.3).
Die letzte Tatsache angewandt auf die Gruppe der primen Restklassen $\mathbf{Z}'_n$ liefert den folgenden Satz:

Satz von Euler
Sind die natürlichen Zahlen x und n teilerfremd, so gilt

$$x^{\Phi(n)} \equiv 1 \bmod n$$

Die Gleichung $x^{\Phi(n)} \equiv 1 \bmod n$ bedeutet $x^{\Phi(n)} \equiv x^0 \bmod n$.
Die letzte Gleichung klärt unsere oben aufgeworfene Frage nach der modularen Arithmetik im Exponenten: Ist n der Modul, so darf man im Exponenten modulo $\Phi(n)$ reduzieren (dies jedenfalls für teilerfremde x und n).

BEISPIEL

10.16 Sei $n = 22$. Hier ist $\Phi(n) = 10$.

Für $x = 2$ bekommen wir

$$x^{\Phi(n)} = 2^{10} = 2^5 \cdot 2^5 = 32 \cdot 32 = 10 \cdot 10 = 100 \equiv 12 \not\equiv 1 \bmod 22$$

In der Tat ist $x = 2$ nicht teilerfremd zu $n = 22$.

Für $x = 3$ bekommen wir

$$x^{\Phi(n)} = 3^{10} = 3^3 \cdot 3^3 \cdot 3^3 \cdot 3 = 27 \cdot 27 \cdot 27 \cdot 3 \equiv 5 \cdot 5 \cdot 5 \cdot 3 = 25 \cdot 5 \cdot 3$$
$$\equiv 3 \cdot 5 \cdot 3 = 45 \equiv 1 \bmod 22$$

In der Tat ist $x = 3$ teilerfremd zu $n = 22$ ■

Wir werden die eulersche Funktion für zwei Spezialfälle später konkret brauchen:
Für eine Primzahl p gilt:

$$\Phi(p) = p - 1 \tag{10.10}$$

Für ein Produkt $n = p \cdot q$ von Primzahlen mit $p \neq q$ gilt

$$\Phi(n) = (p-1) \cdot (q-1) \tag{10.11}$$

Beweis:
Zu (10.10): Da alle Zahlen $1, 2, \ldots, p-1$ teilerfremd zu p sind.
Zu (10.11): Nicht teilerfremd zu $p \cdot q$ sind die Zahlen

$p, 2p, \ldots, (q-1)p$ ferner

$q, 2q, \ldots, (p-1)q$

dazu die Zahl n selbst, also $(q-1) + (p-1) + 1$ Zahlen. Die übrigen sind zu n teilerfremd.
Das ergibt $n - (q-1) - (p-1) - 1 = (p-1) \cdot (q-1)$ Zahlen.
Das letzte Ergebnis gibt nähere Einsicht beim Satz von Euler. Ist dort $n = p \cdot q$ das Produkt von zwei Primzahlen, so gilt die Aussage des Satzes zwar nicht für alle $p \cdot q$

möglichen x, aber doch für die allermeisten Kandidaten, nämlich für $(p-1)\cdot(q-1)$ Stück.

Nun sind fast alle Einzelheiten für den RSA-Algorithmus versammelt:
Alice verschlüsselt durch Potenzieren mit e.
Bob entschlüsselt durch Potenzieren mit d.

Insgesamt wird also mit $e\cdot d$ potenziert und es soll wieder der Klartext herauskommen:

$$m^{e\cdot d} \equiv m \bmod n$$

Für teilerfremde m und n darf man wegen des Satzes von Euler im Exponenten modulo $\Phi(n)$ rechnen:

$$m^{\alpha\cdot\Phi(n)+1} \equiv m \bmod n \quad \text{für } \alpha \in \mathbf{N}$$

Die Analogie der letzten beiden Kongruenten legt folgende Idee für die Wahl der Exponenten e und d nahe: Wähle e teilerfremd zu $\Phi(n)$ und d invers zu e bezüglich $\Phi(n)$. Macht man das, so erhält man

$$e\cdot d \equiv 1 \bmod \Phi(n) \quad \text{oder}$$

$$e\cdot d = 1+\alpha\cdot\Phi(n) \quad \text{für ein natürliches } \alpha$$

Daraus resultiert die gewünschte Dechiffrierung:

$$m^{e\cdot d} \equiv m^{1+\alpha\cdot\Phi(n)} \equiv m \bmod n$$

für **teilerfremde** m und n.
Damit ist die Korrektheit des Chiffrier-Dechiffrier-Mechanismus für teilerfremde m und n schon bewiesen. Um die Korrektkeit des Algorithmus lückenlos zu bekommen, werden wir (erst hier) die spezielle Form der Zahl $n = p\cdot q$ als Produkt zweier Primzahlen ausnutzen. Was wir brauchen, ist der folgende Hilfssatz:

Sei n das Produkt zweier verschiedener Primzahlen p und q. Dann gilt $x^{\alpha\cdot\Phi(n)+1} \equiv x \bmod n \quad \text{für alle } x \quad (\alpha \in \mathbf{N})$

Beweis:
Wir haben einige Fälle zu unterscheiden.

(i) x ist teilerfremd zu n. Dann ist der Satz von Euler anwendbar. Die linke Seite der Gleichung reduziert sich zu $1\cdot x$, also die Gleichung stimmt.

(ii) Sei x nicht teilerfremd zu n. Dann könnte sein

(iia) x ist Vielfaches von n. Dann gilt die Gleichung, weil beide Seiten nämlich kongruent zu 0 sind.

(iib) Ist x nicht Vielfaches von $n = p\cdot q$, aber auch nicht teilerfremd zu n, so gilt

x ist teilerfremd zu der einen Primzahl (etwa p) aber (∗)

x ist Vielfaches der anderen Primzahl (dann q). (∗∗)

Nun wird die explizite Formel für $\Phi(n)$ benutzt und es wird zunächst modulo p (und nicht modulo n) weitergerechnet:

$$x^{\alpha\cdot\Phi(n)+1} = \left(x^{\Phi(n)}\right)^{\alpha}\cdot x = \left(x^{p-1}\right)^{\alpha(q-1)}\cdot x = 1^{\alpha(q-1)}\cdot x \equiv x \bmod p$$

(Die vorletzte Gleichung der letzten Kette folgt aus dem Satz von Euler mit p an Stelle von n unter Beachtung von (*) und der Formel $\Phi(p) = p - 1$.)
Die Gleichung des Satzes gilt also modulo p.
Wegen (**) gilt sie sowieso modulo q (modulo q sind beide Seiten 0). Dann muß die Gleichung aber auch modulo $p \cdot q$, d. h. modulo n gelten.

Wir haben damit die Korrektheit des RSA-Algorithmus in allen Einzelheiten bewiesen.

RSA-Chiffrierung
Bob wählt zwei verschiedene Primzahlen p und q und berechnet

$$n = p \cdot q$$

(n: mindestens 500 Bit lang). Er berechnet dann

$$\Phi(n) = (p-1) \cdot (q-1)$$

Er bestimmt eine zu $\Phi(n)$ teilerfremde Zahl e und ferner deren Inverse d modulo $\Phi(n)$ (mit dem euklidischen Algorithmus). Bob veröffentlicht n und e.
Alice will eine aus Zahlen bestehende Klartextnachricht m an Bob senden. Die Zahlen liegen alle zwischen 0 und n. Alice sucht sich n und e aus Bobs Schlüssel im öffentlichen Verzeichnis. Sie potenziert jede der Zahlen des Klartextes m mit e modulo n und erhält so ihre Geheimnachricht c, die sie an Bob schickt.
Bob potenziert jede der Zahlen der empfangenen Geheimbotschaft c mit d modulo n und erhält damit Alices Klartext m zurück.

Wenn umgekehrt **Bob** eine Nachricht an **Alice** schicken will, dann bedient sich Bob Alices öffentlichen Schlüssels, d. h., die beiden vertauschen einfach ihre Rollen.

BEISPIEL

10.17 Dieses Rechenbeispiel zum RSA-Algorithmus stammt von [W. Diffie: The First Ten Years of Public-Key Cryptography, Proceedings of the IEEE 76 (5), 1988, 560 77]

Bob wählt die Primzahlen $p = 17$, $q = 31$
Dann errechnet er: $n = 17 \cdot 31 = 527$
$\Phi(n) = 16 \cdot 30 = 480$
Als Schlüssel e
kann er wählen: $e = 7$ (ist teilerfremd zu $\Phi(n)$)

Für die Inverse d zu $e = 7$ modulo $\Phi(n)$ erhält Bob $d = 343$.
(Kontrolle: $7 \cdot 343 = 2401 = 5 \cdot 480 + 1 \equiv 1 \bmod 480$)
Bob gibt n und e öffentlich bekannt.

Alice hat eine Klartextnachricht $m = 2$. Sie berechnet $c = 2^e = 2^7 = 128$ und schickt $c = 128$ an Bob.

Bob entschlüsselt. Er berechnet $128^{343} \bmod 527$:

$$\begin{aligned} 128^{343} &= 128^{256} \cdot 128^{64} \cdot 128^{16} \cdot 128^{4} \cdot 128^{2} \cdot 128^{1} \bmod 527 \\ &= 35 \cdot 256 \cdot 35 \cdot 101 \cdot 47 \cdot 128 \bmod 527 \\ &= 2 \bmod 527 \end{aligned}$$

Also Bob hat den Klartext richtig rekonstruiert. (*Man beachte*: Mit wenigen, nämlich $8 + 5 = 13$ Multiplikationen) ■

Geht man die Einzelheiten des Verfahrens durch, so erkennt man: Verschlüsseln für Alice und Entschlüsseln für Bob ist leicht, und dies auch noch bei Moduln, die aus 500 Bits bestehen. Ist das Verfahren aber auch sicher? Der Angreifer kennt die (öffentlichen) Schlüssel n und e. Er könnte versuchen vorzugehen wie Bob. Als erstes hätte er den Modul n in die beiden Primzahlen $n = p \cdot q$ zu zerlegen, und genau das ist das große Problem: Die Faktorisierung einer aus zwei Primzahlen zusammengesetzten Zahl n in die beiden Faktoren p und q ist ein anerkannt schwieriges Problem. Nach dem derzeitigen Wissensstand in der Komplexitätstheorie ist es für den Angreifer ein aussichtsloses Unterfangen, von n auf p und q zu schließen, wenn n tausend oder mehr Bits lang ist.
Der Angreifer könnte auch direkt versuchen, die Verschlüsselungsfunktion

$$x \longmapsto x^e \bmod n$$

umzukehren, d. h. die e-te modulare Wurzel zu ziehen. Aber bei der modularen Potenz handelt es sich um eine schwer invertierbare Funktion, die in der Praxis (nach derzeitigem Wissensstand) nicht umkehrbar ist.
Trotz seiner allgemein anerkannten Attraktivität ist der RSA-Algorithmus in der Praxis noch wenig verbreitet. Woran liegt das? Es liegt vor allem daran, daß der RSA-Code hinsichtlich Schnelligkeit mit konventionellen Codes wie DES, IDEA nicht konkurrieren kann. Die besten RSA-Implementierungen verschlüsseln einige Tausend Bits pro Sekunde. DES verschlüsselt einige hundert- oder tausendmal soviele Bits in der gleichen Zeit. Die Folge ist, daß RSA nicht zum Verschlüsseln großer Datenmengen eingesetzt wird, wohl aber zum **Schlüsselmanagement**. Damit ist gemeint: Im Prinzip benutzen die Teilnehmer des Datennetzes eine traditionelle symmetrische Chiffrierung. Aber die notwendigen vielen Schlüsselaustausche werden mit RSA bewerkstelligt. Genau diese hybride Strategie benutzt der immer populärer werdende PGP-Algorithmus („Pretty good privacy") von Philip Zimmermann.

AUFGABEN

10.12 a) Man bestimme eine Zahl s mit $s^2 \equiv 34 \bmod 55$. Diese Zahl ist die **modulare Quadratwurzel** von 34 modulo 55.
b) Man bestimme eine Zahl n mit $7^n \equiv 10 \bmod 31$. Diese Zahl ist der **diskrete Logarithmus** von 10 zur Basis 7 modulo 31.

10.13 Was ist der größte gemeinsame Teiler von 2166 und 6099?

10.14 Man bestimme ganze Zahlen x und y mit $1 = 17 \cdot x + 55 \cdot y$.

10.15 Wieviele Multiplikationen reichen, um m^{21} auszurechnen?

10.16 Aus [6]: Man faktorisiere die Zahl $x = 14803$, wenn man weiß, daß
i) x das Produkt von zwei Primzahlen ist und daß
ii) $\Phi(x) = 14560$ gilt.

10.17 Sei $n = 22$ ein RSA-Modul. Der öffentliche Schlüssel sei $e = 7$. Man berechne den zugehörigen „geheimen" Schlüssel d und entschlüssele den folgenden Geheimtext:
klar :
geheim : 3 , 4 , 6 , 7

Lösungen

1.1 $\{x \mid x = p^2,\ p \text{ Primzahl}\}$, $\{x \mid x = 4n - 1,\ n \in \mathbf{N}\}$,
$\{x \mid x = 1 \cdot 2 \cdot 3 \cdot \ldots \cdot n,\ n \in \mathbf{N}\}$, $\{x \mid 1 + 10^{-n},\ n \in \mathbf{N}\}$

1.2 $\{x \mid x = 6n,\ n \in \mathbf{N}\}$, $\{x \mid x = 2n,\ n \neq 3m,\ m, n \in \mathbf{N}\}$,
$\{x \mid x = 3(2n - 1),\ n \in \mathbf{N}\}$, $\mathbf{N}$, B, $\{x \mid x = 2n - 1,\ n \in \mathbf{N}\}$, $\emptyset$

1.3 a) $\emptyset$, Gerade, Streifen, Rechteck, Parallelogramm
b) ein oder zwei Streifen, Kreuz aus zwei Streifen

1.4 $\emptyset$, $\{a\}$, $\{b\}$, $\{c\}$, $\{d\}$, $\{a; b\}$, $\{a; c\}$, $\{a; d\}$, $\{b; c\}$, $\{b; d\}$, $\{c; d\}$, $\{a; b; c\}$,
$\{a; b; d\}$, $\{a; c; d\}$, $\{b; c; d\}$, $\{a; b; c; d\}$

1.5 a) $\{(a; x), (b; x), (c; x), (a; y), (b; y), (c; y)\}$

1.7 falsch wird nur 1.6 d).

1.8 R_1 symmetrisch, R_4 reflexiv, transitiv, R_2 und R_3 reflexiv, symmetrisch, transitiv, daher Äquivalenzrel.; Äquivalenzklasse von
R_2: $\{x \mid z \leqq x < z + 1,\ z \in \mathbf{Z}\}$,
R_3: Kreis um O mit Radius $r = |OP|$

1.9 Funktionen sind nur R_1, R_3 und R_4

1.10 f_1: $D = \mathbf{R} \backslash \{-3\}$, $W = \mathbf{R} \backslash \{-1\}$, f_2: $D = \mathbf{R}$, $W = \mathbf{R}$,
f_3: $D = \mathbf{R}$, $W = \mathbf{R}$, f_4: $D = \{x \mid -5 \leqq x \leqq 5\}$, $W = \{y \mid -5 \leqq y \leqq 0\}$,
f_5: $D = \mathbf{R}$, $W = \{y \mid -1 < y,\ y \in \mathbf{R}\}$, f_6: $D = \mathbf{R}$, $W = \{y \mid 0 \leqq y,\ y \in \mathbf{R}\}$

1.11 bijektiv: f_3, $f_3^{-1}(x) = \begin{cases} \sqrt[3]{2(x+4)} & \text{für } x \geqq -4 \\ -\sqrt[3]{2|x+4|} & \text{für } x < -4, \end{cases}$

injektiv: f_1, f_3, f_5

surjektiv: f_2, f_3

1.12 a) $(f \circ g)(x) = \sqrt[3]{x^2 + 1}$ $(g \circ f)(x) = x^{2/3} + 1$
b) $(f \circ g)(x) = 4 \cdot 2^x - 18$ $(g \circ f)(x) = 2^{4x-2} - 4$

1.13 (1 2 3), (1 3 2), (2 1 3), (3 2 1), (2 3 1), (3 1 2) für die ersten vier gilt $p = p^{-1}$, sonst $p_5^{-1} = p_6$ und $p_6^{-1} = p_5$

1.14 a) $f(z) = \begin{cases} 2z & \text{für } z \geqq 0 \\ -2z - 1 & \text{für } z < 0 \end{cases}$
b) $f(x) = 1/x$ für $x \geqq 1$, $x \in \mathbf{R}$

1.15 a) $x_1 + x_2 + x_3 = 0$
b) $\alpha = 15{,}79°$
c) g_S: $x = \begin{pmatrix} 3 \\ 0 \\ -3 \end{pmatrix} + s \begin{pmatrix} 1 \\ -1 \\ 0 \end{pmatrix}$

1.16 b) $V = 10$ c) $A = 20 + 6\sqrt{30} = 52{,}9$

1.17 a) $AE = \begin{pmatrix} 1 \\ 1 \\ 8 \end{pmatrix}$, $BF = \begin{pmatrix} 1 \\ -3 \\ 6 \end{pmatrix}$

1.18 a) $E_1\colon 5x_1 - 3x_2 - 4x_3 = -5$ oder $x = \begin{pmatrix} 1 \\ 2 \\ 1 \end{pmatrix} + \lambda \begin{pmatrix} 1 \\ -1 \\ 2 \end{pmatrix} + \mu \begin{pmatrix} 0 \\ -4 \\ 3 \end{pmatrix}$,

$g\colon x = \begin{pmatrix} 1 \\ 0 \\ 0 \end{pmatrix} + s \begin{pmatrix} 1 \\ 1 \\ 8 \end{pmatrix}$,

$E_2\colon x = \begin{pmatrix} 1 \\ 0 \\ 0 \end{pmatrix} + t \begin{pmatrix} 0 \\ 2 \\ 1 \end{pmatrix} + u \begin{pmatrix} 1 \\ 1 \\ 3 \end{pmatrix}$

b) $\sqrt{2}$, $\dfrac{\sqrt{30}}{3}$

1.19 a) $\varphi_{AB,AC} = 47{,}6°$, $\varphi_{AB,AD} = 90°$, $\varphi_{AC,AD} = 47{,}6°$
b) $\alpha_B = 56{,}6°$, $\alpha_C = 15{,}2°$, $\alpha_D = 34{,}3°$, $\beta = 31{,}5°$
c) $39{,}2°$

1.20 $S(4/3; 1/3; 8/3)$, $g_2\colon x = \begin{pmatrix} 1 \\ 0 \\ 0 \end{pmatrix} + v \begin{pmatrix} 1 \\ -1 \\ 2 \end{pmatrix}$

2.1 etwa $(2^3)^2 = 8^2 = 64 \neq 2^{(3^2)} = 2^9 = 512$, $2^3 = 8 \neq 9 = 3^2$

2.2 Skalarprodukt: nur Kommutativ- und Distributivgesetz gültig, Vektorprodukt: nur Abgeschlossenheit und Distributivgesetz gültig; alle anderen Axiome gelten nicht!

2.3 i) $b = 0 \Rightarrow a \circledast b = 0$: $a \circledast 0 \oplus a \circledast 0 = a \circledast (0 \oplus 0) = a \circledast 0$
$\Rightarrow a \circledast 0 \oplus a \circledast 0 \oplus (-a \circledast 0) = a \circledast 0 - a \circledast 0 \Rightarrow a \circledast 0 = 0$
ii) $a \circledast b = 0$ und $a \neq 0 \Rightarrow b = 0$: $a^{-1} \circledast a \circledast b = a^{-1} \circledast 0 \Rightarrow b = 0$

2.4 Hinweise:
a) mit rechter Seite anfangen, D, $K\cdot$, $A\cdot$, $I\cdot$, $N\cdot$ benutzen,
b) Potenzdefinition, $A\cdot$ anwenden,
c) mehrmals D, $K+$, $K\cdot$, $A+$, $A\cdot$ anwenden

2.5 zu K_1: Abgeschlossenheit und Existenz der multiplikativen Inversen (Ergebnis: $(a + b \cdot \sqrt{5})^{-1} = (a - b \cdot \sqrt{5})/(a^2 - 5b^2)$) muß gezeigt werden, die anderen Axiome aus $\mathbf{R}$ übernehmen, zu K_2: bez. Multiplikation nicht abgeschlossen, Gegenbeispiel.

2.6 a) $3\sqrt{5}$ und $-3\sqrt{5} \in \mathbf{Q}(\sqrt{5})$

b) 3 und $-1 \in \mathbf{Q}, \mathbf{Q}(\sqrt{2}), \mathbf{Q}(\sqrt{5})$

c) $-3 + 2\sqrt{2}$ und $-3 - 2\sqrt{2} \in \mathbf{Q}(\sqrt{2})$

2.7 $5 + 25\,\mathrm{i}$, $(24 - 18\,\mathrm{i})/25$, $65 + 142\,\mathrm{i}$

2.8 $-3+2\,\mathrm{i}$ und $-3-2\,\mathrm{i}$

2.10 $1, \quad -0,5+0,5\cdot\sqrt{3}\,\mathrm{i}, \quad -0,5-0,5\cdot\sqrt{3}\,\mathrm{i}$

2.11 $n=7$

2.12 Ausmultiplizieren, alle Koeffizienten, die wegfallen, enthalten 5 als Faktor

2.13 In $\mathbf{Z}_6$ hat z. B. 3 kein multiplikatives Inverses

2.14

+	0	1	2
0	0	1	2
1	1	2	0
2	2	0	1

·	0	1	2
0	0	0	0
1	0	1	2
2	0	2	1

2.15 a) $x \equiv 2 \bmod 5$
b) $x \equiv 4 \bmod 5$
c) $x \equiv 0 \bmod 5$

2.16 lösbar nur in $\mathbf{Z}_7$ mit 3 und 4

2.17 Lösung in $\mathbf{Z}_7$: $x=3$, $y=2$, in $\mathbf{Q}$: $x=\frac{1}{5}$, $y=\frac{3}{5}$, unlösbar in $\mathbf{Z}_5$, da sich $5x \equiv 1 \bmod 5$ ergibt

2.18 Nur Distibutivgesetz ungültig (Gegenbeispiel!)

2.20 $0 \to Id$, $1 \to Dr$, $a \to Sx$, $b \to Sy$

3.1 $0\cdot\boldsymbol{a} = (0+0)\boldsymbol{a} \overset{(D2)}{=} 0\cdot\boldsymbol{a}+0\cdot\boldsymbol{a} \overset{(A3)}{\Rightarrow} 0\cdot\boldsymbol{a} = \boldsymbol{o}$

3.2 $(\lambda\boldsymbol{a})+(-\lambda)\boldsymbol{a} \overset{(D2)}{=} (\lambda-\lambda)\boldsymbol{a} = 0\cdot\boldsymbol{a} \overset{(3.1)}{=} \boldsymbol{o}$.
Es folgt $(-\lambda)\boldsymbol{a}$ ist das inverse Element zu $(\lambda\boldsymbol{a})$, also $(-\lambda)\boldsymbol{a} = -(\lambda\boldsymbol{a})$.

3.3 $\Leftarrow$: Es gilt $\lambda_1=\lambda_2 \Rightarrow \lambda_1\boldsymbol{a}=\lambda_2\boldsymbol{a}$ für alle $\boldsymbol{a}$ aus V.
$\Rightarrow$: Es gilt $\lambda_1\boldsymbol{a}=\lambda_2\boldsymbol{a}$. Die Addition des Inversen von $\lambda_1\boldsymbol{a}$, nämlich von $-(\lambda_1\boldsymbol{a})=(-\lambda_1)\boldsymbol{a}$ ergibt: $\boldsymbol{o}=\lambda_2\boldsymbol{a}+(-\lambda_1)\boldsymbol{a}=(\lambda_2+(-\lambda_1))\boldsymbol{a}$. Da $\boldsymbol{a}\neq\boldsymbol{o}$, folgt $\lambda_2+(-\lambda_1)=0$ und λ_2 ist invers zu $-\lambda_1$, d. h. $\lambda_1=\lambda_2$.

3.4 a) linearer Teilraum,
b) kein linearer Teilraum

3.5 a) $\begin{pmatrix}0\\0\\0\end{pmatrix}, \begin{pmatrix}0\\0\\e\end{pmatrix}, \begin{pmatrix}0\\e\\0\end{pmatrix}, \begin{pmatrix}e\\0\\0\end{pmatrix}, \begin{pmatrix}0\\e\\e\end{pmatrix}, \begin{pmatrix}e\\0\\e\end{pmatrix}, \begin{pmatrix}e\\e\\0\end{pmatrix}, \begin{pmatrix}e\\e\\e\end{pmatrix}$

b) $-\boldsymbol{a}_1=\begin{pmatrix}e\\e\\0\end{pmatrix}, \quad -\boldsymbol{a}_2=\begin{pmatrix}0\\e\\e\end{pmatrix}, \quad -\boldsymbol{a}_3=\begin{pmatrix}e\\0\\e\end{pmatrix}$
(alle Elemente aus K^3 sind zu sich selbt invers)

c) $L(\boldsymbol{a}_1)=\left\{\begin{pmatrix}0\\0\\0\end{pmatrix}, \begin{pmatrix}e\\e\\0\end{pmatrix}\right\}$

3.7 $\boldsymbol{d}_1 = \boldsymbol{a} + \boldsymbol{b}, \quad \boldsymbol{d}_2 = \boldsymbol{a} - \boldsymbol{b}$

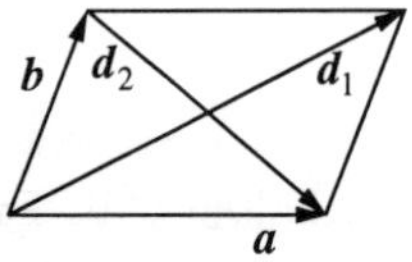

Bild L 3.1

Zu zeigen: $\frac{1}{2}\boldsymbol{d}_1 + \frac{1}{2}\boldsymbol{d}_2 = \boldsymbol{a}$!

$$\frac{1}{2}\boldsymbol{d}_1 + \frac{1}{2}\boldsymbol{d}_2 = \frac{1}{2}(\boldsymbol{d}_1 + \boldsymbol{d}_2) = \frac{1}{2}(\boldsymbol{a} + \boldsymbol{b} + \boldsymbol{a} - \boldsymbol{b}) = \boldsymbol{a}$$

3.8 $\boldsymbol{a} + \boldsymbol{b} + \boldsymbol{c} + \boldsymbol{d} = \boldsymbol{o} \Leftrightarrow \boldsymbol{d} = -\boldsymbol{a} - \boldsymbol{b} - \boldsymbol{c}$

$$\boldsymbol{u} = \frac{1}{2}\boldsymbol{a} + \frac{1}{2}\boldsymbol{b}, \quad \boldsymbol{v} = \frac{1}{2}\boldsymbol{b} + \frac{1}{2}\boldsymbol{c}, \quad \boldsymbol{w} = \frac{1}{2}\boldsymbol{c} + \frac{1}{2}\boldsymbol{d}, \quad \boldsymbol{z} = \frac{1}{2}\boldsymbol{d} + \frac{1}{2}\boldsymbol{a}$$

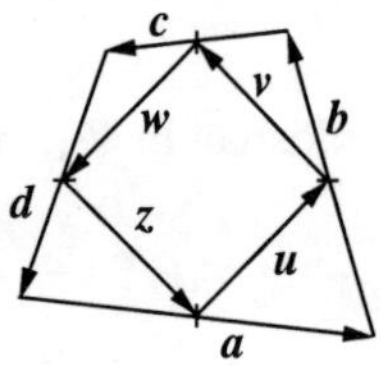

Bild L 3.2

Zu zeigen: $\boldsymbol{w} = -\boldsymbol{u}, \quad \boldsymbol{z} = -\boldsymbol{v}$!

$$\boldsymbol{w} = \frac{1}{2}(\boldsymbol{c} + \boldsymbol{d}) = \frac{1}{2}(\boldsymbol{c} - \boldsymbol{a} - \boldsymbol{b} - \boldsymbol{c}) = -\frac{1}{2}(\boldsymbol{a} + \boldsymbol{b}) = -\boldsymbol{u},$$

$$\boldsymbol{z} = \frac{1}{2}(\boldsymbol{d} + \boldsymbol{a}) = \frac{1}{2}(-\boldsymbol{a} - \boldsymbol{b} - \boldsymbol{c} + \boldsymbol{a}) = -\frac{1}{2}(\boldsymbol{b} + \boldsymbol{c}) = -\boldsymbol{v}.$$

3.9 $\boldsymbol{u} = \boldsymbol{a} + \frac{1}{2}(\boldsymbol{b} - \boldsymbol{a}) = \frac{1}{2}(\boldsymbol{a} + \boldsymbol{b})$, analog: $\boldsymbol{v} = \frac{1}{2}\boldsymbol{b} - \boldsymbol{a}, \quad \boldsymbol{w} = \frac{1}{2}\boldsymbol{a} - \boldsymbol{b}$

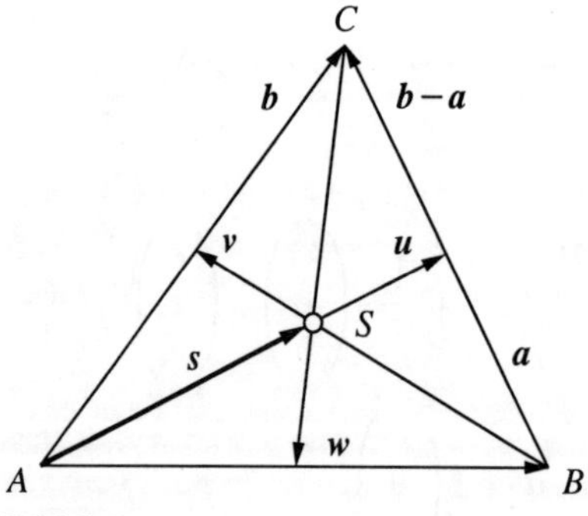

Bild L 3.3

Schnittpunkt der Seitenhalbierenden $\boldsymbol{u}$ und $\boldsymbol{v}$:

$$\lambda \boldsymbol{u} = \boldsymbol{a} + \mu \boldsymbol{v}$$

$$\frac{\lambda}{2}(\boldsymbol{a} + \boldsymbol{b}) = \boldsymbol{a} + \mu\left(\frac{1}{2}\boldsymbol{b} - \boldsymbol{a}\right) \Rightarrow \left(1 - \lambda - \frac{\mu}{2}\right)\boldsymbol{a} + \left(\frac{\lambda}{2} - \frac{\mu}{2}\right)\boldsymbol{b} = \boldsymbol{o}$$

Für bel. $\boldsymbol{a}, \boldsymbol{b}$ folgt: $1 - \lambda - \frac{\mu}{2} = 0$ und $\frac{\lambda}{2} - \frac{\mu}{2} = 0$ und damit

$\lambda = \mu = \frac{2}{3} \Rightarrow \boldsymbol{s} = \frac{2}{3}\boldsymbol{u} = \frac{1}{3}(\boldsymbol{a} + \boldsymbol{b})$

Zu zeigen: $\boldsymbol{s} = \boldsymbol{b} + \frac{2}{3}\boldsymbol{w}$!

$$\boldsymbol{b} + \frac{2}{3}\boldsymbol{w} = \boldsymbol{b} + \frac{2}{3}\left(\frac{1}{2}\boldsymbol{a} - \boldsymbol{b}\right) = \frac{1}{3}(\boldsymbol{a} + \boldsymbol{b}) \stackrel{!}{=} \boldsymbol{s}$$

$AB = \boldsymbol{a}, \quad AC = \boldsymbol{b}$

$$OS = OA + \boldsymbol{s} = OA + \frac{1}{3}(AB + AC) = OA + \frac{1}{3}(OB - OA + OC - OA)$$

$$OS = \frac{1}{3}(OA + OB + OC)$$

3.10 $G\colon OX = \begin{pmatrix} 1 \\ 2 \\ -1 \end{pmatrix} + \lambda \begin{pmatrix} 1 \\ 1 \\ 2 \end{pmatrix}, \lambda \in \mathbf{R}; \quad P_1 \in G, P_2 \notin G$

3.11 $G_1 \cap G_2 = S(0; 3; 2)$

3.12 $G\colon OX = (1, 1, -1, 3)^{\mathrm{T}} + \lambda(1, -3, 4, -2), \lambda \in \mathbf{R}; \quad P_1 \notin G, P_2 \notin G.$

3.13 A_1, A_2 sind keine linearen Teilräume, A_3, A_4, A_5 sind lineare Teilräume.

3.14 $\boldsymbol{a} = \frac{9}{4}\boldsymbol{b}_1 + \frac{3}{2}\boldsymbol{b}_2 - \frac{17}{4}\boldsymbol{b}_3$

3.15 $f(x) = 1 + e^{-x} - 2\,e^{x} - 3\cos 2x$

3.16 U_1 und U_2 sind linear unabhängig.
$U_3' = \{(1, -2, 8)^{\mathrm{T}}; (4, 5, -3)^{\mathrm{T}}\} \subset U_3, \ U_4' = \{(1, -2, 8)^{\mathrm{T}}; (4, 5, -3)^{\mathrm{T}}\}$.

3.17 a) $\{(1, 0, 1, 0)^{\mathrm{T}}, (1, 1, 1, 1)^{\mathrm{T}}, (2, 0, -1, 0)^{\mathrm{T}}\}$
b) c) linear unabhängig

3.18 Aus $\lambda_1 \sin x + \lambda_2 \cos x = 0 \ \forall x \in [-\pi, \pi]$ folgt:
$x = 0 \ : \ \lambda_2 = 0$
$x = \frac{\pi}{2} \ : \ \lambda_1 = 0$
und damit die Behauptung.

3.19 a) Aus $\lambda_1 \cdot 1 + \lambda_2\,\mathrm{e}^{ax} + \lambda_3\,\mathrm{e}^{bx} = 0 \ \forall x \in \mathbf{R}$ folgt z. B. für $x = 0, 1, -1$: $\lambda_1 = \lambda_2 = \lambda_3 = 0$, d. h. lineare Unabhängigkeit.
b) linear unabhängig,
c) linear abhängig, denn $\cosh x = \frac{1}{2}\,\mathrm{e}^{x} + \frac{1}{2}\,\mathrm{e}^{-x}$,
d) linear abhängig, denn $\cos 2x = 1 + (-2)\sin^2 x$,
e) linear unabhängig.

3.20 a) Sei $\boldsymbol{a} \in U \Rightarrow \boldsymbol{a} = 1 \cdot \boldsymbol{a} \Rightarrow \boldsymbol{a} \in L(U) \Rightarrow U \subseteq L(U)$.
b) Sei $\boldsymbol{a} \in L(U) \Rightarrow \boldsymbol{a} = \lambda_1\boldsymbol{a}_1 + \ldots + \lambda_n\boldsymbol{a}_n$ mit $\{\boldsymbol{a}_1; \ldots; \boldsymbol{a}_n\} = U$, $\lambda_i \in K$, $i = 1, 2, \ldots, n$.

Wegen $U \subseteq W$ folgt $\boldsymbol{a}_i \in W$ und wegen der Vektorraumeigenschaft von W liegt jede Linearkombination der $\boldsymbol{a}_i$ in W, d. h.

$\lambda_1 \boldsymbol{a}_1 + \ldots \lambda_n \boldsymbol{a}_n = \boldsymbol{a} \in W \Rightarrow L(U) \subseteq W.$

c) $\boldsymbol{a} \in L(U \cap W) \Rightarrow \boldsymbol{a} = \lambda_1 \boldsymbol{a}_1 + \ldots + \lambda_r \boldsymbol{a}_r$, mit $\boldsymbol{a}_i \in U, W;\ i = 1, \ldots r \Rightarrow$ $\boldsymbol{a} \in L(U), \boldsymbol{a} \in L(W) \Rightarrow \boldsymbol{a} \in L(U) \cap L(W) \Rightarrow$ Behauptung

3.21 Die Vektoren $\boldsymbol{a}_1 = \begin{pmatrix} 1 \\ -1 \\ 1 \end{pmatrix}, \boldsymbol{a}_2 = \begin{pmatrix} 2 \\ -1 \\ 1 \end{pmatrix}, \boldsymbol{a}_3 = \begin{pmatrix} 0 \\ -1 \\ 2 \end{pmatrix}$

sind linear unabhängig. Es folgt nach Rechnung

$\boldsymbol{b}_1 = -8\boldsymbol{a}_1 + 5\boldsymbol{a}_2 + \boldsymbol{a}_3, \quad \boldsymbol{b}_2 = -3\boldsymbol{a}_1 + 3\boldsymbol{a}_2 + 2\boldsymbol{a}_3.$

Austausch von $\boldsymbol{a}_1$ gegen $\boldsymbol{b}_1$:

$\boldsymbol{b}_1 \in L(U) \Rightarrow L(\boldsymbol{b}_1, \boldsymbol{a}_1, \boldsymbol{a}_2, \boldsymbol{a}_3) = L(U).$

$\boldsymbol{a}_1 = -\frac{1}{8}\boldsymbol{b}_1 + \frac{5}{8}\boldsymbol{a}_2 + \frac{1}{8}\boldsymbol{a}_3 \Rightarrow \boldsymbol{a}_1 \in L(\boldsymbol{b}_1, \boldsymbol{a}_2, \boldsymbol{a}_3) \Rightarrow$

$L(\boldsymbol{b}_1, \boldsymbol{a}_1, \boldsymbol{a}_2, \boldsymbol{a}_3) = L(\boldsymbol{b}_1, \boldsymbol{a}_2, \boldsymbol{a}_3) = L(U)$

Austausch von $\boldsymbol{a}_2$ gegen $\boldsymbol{b}_2$:

$\boldsymbol{a}_2 = \frac{1}{3}\boldsymbol{b}_2 + \boldsymbol{a}_1 - \frac{2}{3}\boldsymbol{a}_3 \Rightarrow \boldsymbol{a}_2 = \frac{8}{9}\boldsymbol{b}_2 - \frac{1}{3}\boldsymbol{b}_1 - \frac{13}{9}\boldsymbol{a}_3$

Es folgt $L(\boldsymbol{b}_1, \boldsymbol{a}_2, \boldsymbol{a}_3) = L(\boldsymbol{b}_1, \boldsymbol{b}_2, \boldsymbol{a}_3) = L(U)$.

3.22 $U = \left\{ \boldsymbol{x} \mid \boldsymbol{x} = r \begin{pmatrix} 1 \\ 1 \\ 0 \end{pmatrix} + s \begin{pmatrix} 0 \\ 0 \\ 1 \end{pmatrix},\ r, s \in \mathbf{R} \right\}$, $\dim U = 2$

3.23 $\{\boldsymbol{a}_1, \ldots, \boldsymbol{a}_n\}$ sei eine Basis von U

$\Rightarrow L(\boldsymbol{a}_1, \ldots, \boldsymbol{a}_n) = U$, $\dim U = n$.

Wegen $U \subseteq V$ folgt $\boldsymbol{a}_1, \ldots, \boldsymbol{a}_n \in V$. Da die $\boldsymbol{a}_i$ linear unabhängig sind und $\dim V = n$ gilt, folgt

$U = L(\boldsymbol{a}_1, \ldots, \boldsymbol{a}_n) = V.$

3.24 $\boldsymbol{b} = \begin{pmatrix} 1 \\ 3 \\ 0 \end{pmatrix} = -2 \begin{pmatrix} 1 \\ 0 \\ 0 \end{pmatrix} + 3 \begin{pmatrix} 1 \\ 1 \\ 0 \end{pmatrix} + 0 \begin{pmatrix} 1 \\ 1 \\ 1 \end{pmatrix}$

$= -\frac{2}{5} \begin{pmatrix} 2 \\ -1 \\ 2 \end{pmatrix} + \frac{1}{15} \begin{pmatrix} 1 \\ 0 \\ -1 \end{pmatrix} + \frac{13}{15} \begin{pmatrix} 2 \\ 3 \\ 1 \end{pmatrix}$

3.25 Sei $\{\boldsymbol{a}_1, \ldots, \boldsymbol{a}_n\}$ eine Basis von $\mathbf{R}^n \Rightarrow \mathbf{R}^n = L(\boldsymbol{a}_1, \ldots, \boldsymbol{a}_n)$.
Annahme: $\{\boldsymbol{b}_1, \ldots, \boldsymbol{b}_n, \ldots, \boldsymbol{b}_m\}$ sei linear unabhängig. Nach dem Satz von Steinitz können $\boldsymbol{a}_1, \ldots, \boldsymbol{a}_n$ durch n Vektoren $\boldsymbol{b}_i$ ausgetauscht werden. Es folgt (eventuell nach Umnumerierung)

$\mathbf{R}^n = L(\boldsymbol{a}_1, \ldots, \boldsymbol{a}_n) = L(\boldsymbol{b}_1, \ldots, \boldsymbol{b}_n)$ und

$\boldsymbol{b}_i \in L(\boldsymbol{b}_1, \ldots, \boldsymbol{b}_n)$ für $i > n$, d. h.,

$\{\boldsymbol{b}_1, \ldots, \boldsymbol{b}_n, \ldots, \boldsymbol{b}_m\}$ ist linear abhängig im Widerspruch zur Annahme.

3.26 Aus $\lambda_1 \boldsymbol{a}_1 + \lambda_2 \boldsymbol{a}_2 + \lambda_3 \boldsymbol{a}_3 = \boldsymbol{o}$, $\lambda_i \in \{0, e\}$ folgt

$$\lambda_1 \begin{pmatrix} e \\ e \\ 0 \end{pmatrix} + \lambda_2 \begin{pmatrix} 0 \\ e \\ e \end{pmatrix} + \lambda_3 \begin{pmatrix} e \\ 0 \\ e \end{pmatrix} = \begin{pmatrix} 0 \\ 0 \\ 0 \end{pmatrix} \Rightarrow \begin{array}{rcrcrl} e\lambda_1 & & & + & e\lambda_3 & = 0 \\ e\lambda_1 & + & e\lambda_2 & & & = 0 \\ & & e\lambda_2 & + & e\lambda_3 & = 0 \end{array}$$

$\lambda_1 = \lambda_2 = \lambda_3 = e$ ist eine Lösung, d. h., die Vektoren sind linear abhängig. $\{\boldsymbol{a}_1, \boldsymbol{a}_2\}$ sind linear unabhängig, denn aus

$$\lambda_1 \begin{pmatrix} e \\ e \\ 0 \end{pmatrix} + \lambda_2 \begin{pmatrix} 0 \\ e \\ e \end{pmatrix} = \begin{pmatrix} 0 \\ 0 \\ 0 \end{pmatrix} \text{ folgt } \lambda_1 = \lambda_2 = 0.$$

$L(\boldsymbol{a}_1, \boldsymbol{a}_2, \boldsymbol{a}_3) = L(\boldsymbol{a}_1, \boldsymbol{a}_2)$, $\quad \dim(L(\boldsymbol{a}_1, \boldsymbol{a}_2)) = 2$.

3.27 a) $p_1, p_2 \in U \Rightarrow p_1(0) = p_2(0) = 0$

$\lambda_1 p_1(0) + \lambda_2 p_2(0) = 0 \Rightarrow \lambda_1 p_1 + \lambda_2 p_2 \in U$

U ist Untervektorraum von $\boldsymbol{P}_m$.

Basis von $\boldsymbol{P}_m$: $\boldsymbol{B} = \{x^0, x^1, x^2, \ldots, x^m\}$. $\boldsymbol{B}$ ist auch Basis von U, $\dim U = m$,

b) und c) $\dim U = m$,

d) $\dim U = \begin{cases} \dfrac{m}{2} + 1, & m \text{ gerade} \\ \dfrac{m+1}{2}, & m \text{ ungerade} \end{cases}$

e) $\dim U = \begin{cases} \dfrac{m}{2}, & m \text{ gerade} \\ \dfrac{m+1}{2}, & m \text{ ungerade} \end{cases}$

f) $\dim U = m$

3.28 $C = \left\{ \boldsymbol{A} = a_1 \begin{pmatrix} 1 & 0 \\ 0 & 1 \end{pmatrix} + a_2 \begin{pmatrix} 0 & -1 \\ 1 & 0 \end{pmatrix}, \; a_1, a_2 \in \mathbf{R} \right\}$

$\Rightarrow \dim C = 2$

3.29 a) nicht lösbar,
b) lösbar

3.30 a) $L = \left\{ \boldsymbol{x} \mid \boldsymbol{x} = C_1 \begin{pmatrix} 1 \\ 1 \\ 0 \end{pmatrix} + C_2 \begin{pmatrix} -1 \\ 0 \\ 2 \end{pmatrix}, \; C_1, C_2 \in \mathbf{R} \right\}$,

b) $L = \left\{ \boldsymbol{x} \mid \boldsymbol{x} = C_1 \begin{pmatrix} -7 \\ -6 \\ 2 \end{pmatrix}, \; C_1 \in \mathbf{R} \right\}$,

c) $L = \left\{ \boldsymbol{x} \mid \boldsymbol{x} = C_1 \begin{pmatrix} 3 \\ -4 \\ 1 \\ 0 \end{pmatrix} + C_2 \begin{pmatrix} -4 \\ 5 \\ 0 \\ 1 \end{pmatrix}, \; C_1, C_2 \in \mathbf{R} \right\}$.

3.31 a) $L = \left\{ \boldsymbol{x} \mid \boldsymbol{x} = \begin{pmatrix} 1 \\ 2 \\ 0 \end{pmatrix} + C_1 \begin{pmatrix} 9 \\ -6 \\ 2 \end{pmatrix},\ C_1 \in \mathbf{R} \right\}$,

b) $L = \left\{ \boldsymbol{x} \mid \boldsymbol{x} = \begin{pmatrix} 2 \\ 2 \\ 0 \end{pmatrix} + C_1 \begin{pmatrix} -1 \\ 2 \\ 1 \end{pmatrix},\ C_1 \in \mathbf{R} \right\}$,

c) $L = \left\{ \boldsymbol{x} \mid \boldsymbol{x} = \begin{pmatrix} 0 \\ 0 \\ 50 \\ 28 \\ 10 \end{pmatrix} + C_1 \begin{pmatrix} 1 \\ 0 \\ -17 \\ -10 \\ -3 \end{pmatrix} + C_2 \begin{pmatrix} 0 \\ 1 \\ -20 \\ -11 \\ -4 \end{pmatrix},\ C_1, C_2 \in \mathbf{R} \right\}$.

4.1 Linear sind a), d), e), f), i), l). Im Fall $\begin{pmatrix} a \\ b \\ c \end{pmatrix} = \begin{pmatrix} 0 \\ 0 \\ 0 \end{pmatrix}$ ist auch g) linear.

4.2 a) etwa wegen $\boldsymbol{\Phi}(\pi) = \arcsin(\sin \pi) = 0 = \boldsymbol{\Phi}\left(2 \cdot \frac{\pi}{2}\right) \neq 2 \cdot \boldsymbol{\Phi}\left(\frac{\pi}{2}\right) = \pi$

b) etwa wegen $\boldsymbol{\Phi}(2) = \boldsymbol{\Phi}(-2) = \sqrt{4} = 2 \neq -\boldsymbol{\Phi}(2) = -2$.

Es ist $\tan(\arctan x) = x$ für alle $x \in \mathbf{R}$, also $\boldsymbol{\Phi}(x) = x$ linear.

4.3 a) $Kern\, \boldsymbol{\Phi} = \left\{ \begin{pmatrix} x_1 \\ x_2 \end{pmatrix} \,\middle|\, bx_1 + ax_2 = 0 \right\}$, $Bild\, \boldsymbol{\Phi} = \mathbf{R}$ für $\begin{pmatrix} a \\ b \end{pmatrix} \neq \begin{pmatrix} 0 \\ 0 \end{pmatrix}$ bzw. $Bild\, \boldsymbol{\Phi} = \{0\}$ sonst.

d) $Kern\, \boldsymbol{\Phi} = \mathbf{R} \begin{pmatrix} a \\ b \\ c \end{pmatrix}$, $\quad Bild\, \boldsymbol{\Phi} = \left\{ \begin{pmatrix} y_1 \\ y_2 \\ y_3 \end{pmatrix} \in \mathbf{R}^3 \,\middle|\, \begin{pmatrix} y_1 \\ y_2 \\ y_3 \end{pmatrix} \cdot \begin{pmatrix} a \\ b \\ c \end{pmatrix} = 0 \right\}$

e) $Kern\, \boldsymbol{\Phi} = \left\{ \mathbf{R} \begin{pmatrix} a \\ b \\ c \end{pmatrix} \right\} \cap \left\{ \mathbf{R} \begin{pmatrix} e \\ f \\ g \end{pmatrix} \right\}$,

$Bild\, \boldsymbol{\Phi} = \left\{ \begin{pmatrix} y_1 \\ \vdots \\ y_6 \end{pmatrix} \in \mathbf{R}^6 \,\middle|\, \begin{pmatrix} y_1 \\ y_2 \\ y_3 \end{pmatrix} \cdot \begin{pmatrix} a \\ b \\ c \end{pmatrix} = 0,\ \begin{pmatrix} y_4 \\ y_5 \\ y_6 \end{pmatrix} \cdot \begin{pmatrix} e \\ f \\ g \end{pmatrix} = 0 \right\}$

f) $Kern\, \boldsymbol{\Phi} = \left\{ \mathbf{R} \begin{pmatrix} a \\ b \\ c \end{pmatrix} \right\} + \left\{ \mathbf{R} \begin{pmatrix} e \\ f \\ g \end{pmatrix} \right\}$, $Bild\, \boldsymbol{\Phi} = \mathbf{R}$ für $\begin{pmatrix} a \\ b \\ c \end{pmatrix} \neq \alpha \begin{pmatrix} e \\ f \\ g \end{pmatrix}$,
$\alpha \in \mathbf{R}$ bzw. $Kern\, \boldsymbol{\Phi} = \mathbf{R}^3$, $Bild\, \boldsymbol{\Phi} = \{0\}$ sonst.

i) $Kern\, \boldsymbol{\Phi} = \left\{ \begin{pmatrix} x_1 \\ \vdots \\ x_6 \end{pmatrix} \in \mathbf{R}^6 \,\middle|\, \begin{pmatrix} x_1 \\ x_2 \\ x_3 \end{pmatrix} \cdot \begin{pmatrix} a \\ b \\ c \end{pmatrix} = 0,\ \begin{pmatrix} x_4 \\ x_5 \\ x_6 \end{pmatrix} = \begin{pmatrix} x_1 \\ x_2 \\ x_3 \end{pmatrix} \right\}$,

$Bild\, \boldsymbol{\Phi} = \mathbf{R}^4$ für $\begin{pmatrix} a \\ b \\ c \end{pmatrix} \neq 0$, bzw.

$$Bild\,\boldsymbol{\Phi} = \left\{ \begin{pmatrix} 0 \\ y_2 \\ y_3 \\ y_4 \end{pmatrix} \in \mathbf{R}^4 \mid y_2, y_3, y_4 \in \mathbf{R} \right\} \text{ sonst.}$$

l) $$Kern\,\boldsymbol{\Phi} = \left\{ \begin{pmatrix} x_1 \\ \vdots \\ x_n \end{pmatrix} \in \mathbf{R}^n \mid x_1 = 0 \right\},\ Bild\,\boldsymbol{\Phi} = \mathbf{R}$$

4.4 Das Spatprodukt $\boldsymbol{\Psi} \circ \boldsymbol{\Phi}(\boldsymbol{x}) = [\boldsymbol{x} \times \boldsymbol{a}] \cdot \boldsymbol{b}$.

4.5 Etwa $U = V = W = \mathbf{R}^2$ und $\boldsymbol{\Psi}\begin{pmatrix} x_1 \\ x_2 \end{pmatrix} = \begin{pmatrix} x_1 \\ 0 \end{pmatrix}$, $\boldsymbol{\Phi}\begin{pmatrix} x_1 \\ x_2 \end{pmatrix} = \begin{pmatrix} 0 \\ x_2 \end{pmatrix}$.

4.6 Der Spezialfall ergibt $\boldsymbol{\Phi}(\boldsymbol{v}) = \boldsymbol{v} \times \boldsymbol{a}$!

4.7 $Kern\,\boldsymbol{\Phi}^n$ bzw. $Bild\,\boldsymbol{\Phi}^n$ können als Unterräume von V nicht beliebig hohe bzw. niedrige Dimensionen haben!

4.8 Es ist $\boldsymbol{\Phi}^n(\boldsymbol{b}_k) = \boldsymbol{b}_{n+k}$ für $n + k \leqq m$ und $\boldsymbol{\Phi}^n(\boldsymbol{b}_k) = \boldsymbol{0}$ für $n + k > m$. Insbesondere ist $\boldsymbol{\Phi}^m = \boldsymbol{0}$!

4.9 Man erhält

$$\begin{aligned}
\boldsymbol{\Phi}(\boldsymbol{b}_1) &= \boldsymbol{\Phi}(\boldsymbol{e}_1 - 2\boldsymbol{e}_2 + 3\boldsymbol{e}_3) \\
&= \boldsymbol{\Phi}(\boldsymbol{e}_1) - 2\boldsymbol{\Phi}(\boldsymbol{e}_2) + 3\boldsymbol{\Phi}(\boldsymbol{e}_3) \\
&= \left(7\boldsymbol{e}_1 - \frac{5}{2}\boldsymbol{e}_2 + \frac{5}{2}\boldsymbol{e}_3\right) - 2\left(-\frac{13}{2}\boldsymbol{e}_1 + \frac{1}{2}\boldsymbol{e}_3\right) + 3\left(-\frac{13}{2}\boldsymbol{e}_1 + \frac{1}{2}\boldsymbol{e}_2\right) \\
&= \frac{1}{2}\boldsymbol{e}_1 - \boldsymbol{e}_2 + \frac{3}{2}\boldsymbol{e}_3 \\
&= \frac{1}{2}\boldsymbol{b}_1,
\end{aligned}$$

und analog $\boldsymbol{\Phi}(\boldsymbol{b}_2) = -\frac{1}{2}\boldsymbol{b}_2, \quad \boldsymbol{\Phi}(\boldsymbol{b}_3) = 7\boldsymbol{b}_3$.

4.10 Wir setzen $\boldsymbol{\Psi}(\boldsymbol{v}) = \boldsymbol{v} + \boldsymbol{l}(\boldsymbol{v})\boldsymbol{b}_1$, zu zeigen ist $\boldsymbol{\Psi} = \boldsymbol{\Phi}$.
Dazu genügt $\boldsymbol{\Phi}(\boldsymbol{e}_k) = \boldsymbol{\Psi}(\boldsymbol{e}_k)$, $k = 1, 2, 3$. Es ist aber

$$\begin{aligned}
\boldsymbol{\Psi}(\boldsymbol{e}_1) &= \boldsymbol{e}_1 + \boldsymbol{l}(\boldsymbol{e}_1)\boldsymbol{b}_1 = \boldsymbol{e}_1 + \frac{1}{3}\boldsymbol{b}_1 \\
&= \boldsymbol{e}_1 + \frac{1}{3}(\boldsymbol{e}_1 - 2\boldsymbol{e}_2 + 3\boldsymbol{e}_3) \\
&= \frac{4}{3}\boldsymbol{e}_1 - \frac{2}{3}\boldsymbol{e}_2 + \boldsymbol{e}_3 \\
&= \boldsymbol{\Phi}(\boldsymbol{e}_1),
\end{aligned}$$

und analog $\boldsymbol{\Phi}(\boldsymbol{e}_2) = \boldsymbol{\Psi}(\boldsymbol{e}_2), \quad \boldsymbol{\Phi}(\boldsymbol{e}_3) = \boldsymbol{\Psi}(\boldsymbol{e}_3)$.

4.11 Man erhält

$$\begin{aligned}
\boldsymbol{\Phi}(\boldsymbol{b}_1) &= \boldsymbol{\Phi}(\boldsymbol{e}_1 - 2\boldsymbol{e}_2 + 3\boldsymbol{e}_3) \\
&= \boldsymbol{\Phi}(\boldsymbol{e}_1) - 2\boldsymbol{\Phi}(\boldsymbol{e}_2) + 3\boldsymbol{\Phi}(\boldsymbol{e}_3)
\end{aligned}$$

$$= \boldsymbol{e}_1 - 2(-\boldsymbol{e}_1 + 3\boldsymbol{e}_2 - 3\boldsymbol{e}_3) + 3(-\boldsymbol{e}_1 + 2\boldsymbol{e}_2 - 2\boldsymbol{e}_3)$$
$$= \mathbf{0},$$
$$\boldsymbol{\Phi}(\boldsymbol{b}_2) = \boldsymbol{\Phi}(\boldsymbol{e}_2 - \boldsymbol{e}_3)$$
$$= \boldsymbol{\Phi}(\boldsymbol{e}_2) - \boldsymbol{\Phi}(\boldsymbol{e}_3)$$
$$= (-\boldsymbol{e}_1 + 3\boldsymbol{e}_2 - 3\boldsymbol{e}_3) - (-\boldsymbol{e}_1 + 2\boldsymbol{e}_2 - 2\boldsymbol{e}_3)$$
$$= \boldsymbol{e}_2 - \boldsymbol{e}_3 = \boldsymbol{b}_2,$$

und analog $\boldsymbol{\Phi}(\boldsymbol{b}_3) = \boldsymbol{b}_3$.

4.12 Klar ist $\boldsymbol{Dr}(-30°, \boldsymbol{b}_1)\boldsymbol{b}_1 = \boldsymbol{b}_1$. Weiter

$$\boldsymbol{\Phi}(\boldsymbol{b}_1) = \frac{1}{\sqrt{14}}[\boldsymbol{\Phi}(\boldsymbol{e}_1) - 2\boldsymbol{\Phi}(\boldsymbol{e}_2) + 3\boldsymbol{\Phi}(\boldsymbol{e}_3)]$$
$$= \frac{1}{\sqrt{14}}\left[\frac{1}{84}\left[\left((6+39\sqrt{3})\boldsymbol{e}_1 + (-12+6\sqrt{3}+9\sqrt{14})\boldsymbol{e}_2 + (18-9\sqrt{3}+6\sqrt{14})\boldsymbol{e}_3\right)\right.\right.$$
$$- 2\left((-12+6\sqrt{3} - 9\sqrt{14})\boldsymbol{e}_1 + (24+30\sqrt{3})\boldsymbol{e}_2 + (-36+18\sqrt{3}+3\sqrt{14})\boldsymbol{e}_3\right)$$
$$\left.\left. + 3\left((18-9\sqrt{3}-6\sqrt{14})\boldsymbol{e}_1 + (-36+18\sqrt{3}-3\sqrt{14})\boldsymbol{e}_2 + (54+15\sqrt{3})\boldsymbol{e}_3\right)\right]\right]$$
$$= \frac{1}{84\sqrt{14}}(84\boldsymbol{e}_1 - 168\boldsymbol{e}_2 + 252\boldsymbol{e}_3)$$
$$= \boldsymbol{b}_1.$$

Sodann ist

$$\boldsymbol{Dr}(-30°, \boldsymbol{b}_1)\boldsymbol{b}_2 = \frac{1}{2}\sqrt{3}\boldsymbol{b}_2 - \frac{1}{2}\boldsymbol{b}_2 \times \boldsymbol{b}_1 = \frac{1}{2}\sqrt{3}\boldsymbol{b}_2 + \frac{1}{2}\boldsymbol{b}_3$$
$$= \frac{1}{2}\sqrt{3}\left(\frac{1}{\sqrt{3}\sqrt{14}}(5\boldsymbol{e}_1 + 4\boldsymbol{e}_2 + \boldsymbol{e}_3)\right) + \frac{1}{2}\left(\frac{1}{\sqrt{3}}(-\boldsymbol{e}_1 + \boldsymbol{e}_2 + \boldsymbol{e}_3)\right)$$
$$= \left(\frac{5}{2\sqrt{14}} - \frac{1}{2\sqrt{3}}\right)\boldsymbol{e}_1 + \left(\frac{2}{\sqrt{14}} + \frac{1}{2\sqrt{3}}\right)\boldsymbol{e}_2 + \left(\frac{1}{2\sqrt{14}} + \frac{1}{2\sqrt{3}}\right)\boldsymbol{e}_3$$
$$= \frac{210\sqrt{3} - 42\sqrt{14}}{84\sqrt{3}\sqrt{14}}\boldsymbol{e}_1 + \frac{168\sqrt{3} + 42\sqrt{14}}{84\sqrt{3}\sqrt{14}}\boldsymbol{e}_2 + \frac{42\sqrt{3} + 42\sqrt{14}}{84\sqrt{3}\sqrt{14}}\boldsymbol{e}_2.$$

$$\boldsymbol{\Phi}(\boldsymbol{b}_2) = \frac{1}{\sqrt{3}\sqrt{14}}[5\boldsymbol{\Phi}(\boldsymbol{e}_1) + 4\boldsymbol{\Phi}(\boldsymbol{e}_2) + \boldsymbol{\Phi}(\boldsymbol{e}_3)]$$
$$= \frac{1}{\sqrt{3}\sqrt{14}}\left[5\frac{1}{84}\left((6+39\sqrt{3})\boldsymbol{e}_1 + (-12+6\sqrt{3}+9\sqrt{14})\boldsymbol{e}_2 + (18-9\sqrt{3}+6\sqrt{14})\boldsymbol{e}_3\right)\right.$$
$$+ 4\frac{1}{84}\left((-12+6\sqrt{3}-9\sqrt{14})\boldsymbol{e}_1 + (24+30\sqrt{3})\boldsymbol{e}_2 + (-36+18\sqrt{3}+3\sqrt{14})\boldsymbol{e}_3\right)$$
$$\left. + \frac{1}{84}\left((18-9\sqrt{3}-6\sqrt{14})\boldsymbol{e}_1 + (-36+18\sqrt{3}-3\sqrt{14})\boldsymbol{e}_2 + (54+15\sqrt{3})\boldsymbol{e}_3\right)\right]$$
$$= \frac{1}{84\sqrt{3}\sqrt{14}}\left[(210\sqrt{3}-42\sqrt{14})\boldsymbol{e}_1 + (168\sqrt{3}+42\sqrt{14})\boldsymbol{e}_2 + (42\sqrt{3}+42\sqrt{14})\boldsymbol{e}_3\right]$$
$$= \boldsymbol{Dr}(-30°, \boldsymbol{b}_1)\boldsymbol{b}_2$$

Analog rechnet man $\boldsymbol{\Phi}(\boldsymbol{b}_3) = \boldsymbol{Dr}(-30°, \boldsymbol{b}_1)\boldsymbol{b}_3$ nach.

4.13 Wegen des Homomorphiesatzes muß im Fall a) $Kern\,\boldsymbol{\Phi}$ von $\{0\}$ und im Fall b) $Bild\,\boldsymbol{\Phi}$ von W verschieden sein!

4.14 a) $\boldsymbol{\Phi}$ ist injektiv, aber nicht surjektiv; $\boldsymbol{\Psi}$ ist surjektiv, aber nicht injektiv.
b) klar!
c) $\boldsymbol{\Phi}\circ\boldsymbol{\Psi}(\{x_1,x_2,x_3,\ldots\}) = \{0,x_2,x_3,\ldots\}$, also $\boldsymbol{\Phi}\circ\boldsymbol{\Psi}\neq\mathbf{1}$

$(\boldsymbol{\Phi}\circ\boldsymbol{\Psi})^2 = \boldsymbol{\Phi}\circ\boldsymbol{\Psi}$,

$\boldsymbol{\Phi}^n(\{x_1,x_2,x_3,\ldots\}) = \{0,\ldots,0,x_1,x_2,x_3,\ldots\}$, (mit n Nullen),

$\boldsymbol{\Psi}^n(\{x_1,x_2,x_3,\ldots\}) = \{x_{n+1},x_{n+2},x_{n+3},\ldots\}$.

4.15 4.1a) $\begin{pmatrix} b & a \end{pmatrix}$,

d) $\begin{pmatrix} 0 & c & -b \\ -c & 0 & a \\ b & -a & 0 \end{pmatrix}$,

e) $\begin{pmatrix} 0 & c & -b \\ -c & 0 & a \\ b & -a & 0 \\ 0 & g & -f \\ -g & 0 & e \\ f & -e & 0 \end{pmatrix}$,

f) $\begin{pmatrix} bg-fc & ce-ag & af-be \end{pmatrix}$,

i) $\begin{pmatrix} a & b & c & 0 & 0 & 0 \\ 1 & 0 & 0 & -1 & 0 & 0 \\ 0 & 1 & 0 & 0 & -1 & 0 \\ 0 & 0 & 1 & 0 & 0 & -1 \end{pmatrix}$,

l) $\begin{pmatrix} -8 & 0 & 0 & \ldots & 0 & 0 \end{pmatrix}$.

4.16 Es ist

$$\mathbf{1}[\boldsymbol{E},\boldsymbol{B}] = \begin{pmatrix} 1 & 0 & 3 \\ -2 & 1 & -1 \\ 3 & -1 & 1 \end{pmatrix} \quad\text{und}\quad \mathbf{1}[\boldsymbol{B},\boldsymbol{E}] = \begin{pmatrix} 0 & 1 & 1 \\ \frac{1}{3} & \frac{8}{3} & \frac{5}{3} \\ \frac{1}{3} & -\frac{1}{3} & -\frac{1}{3} \end{pmatrix}.$$

Mit den Ergebnissen von Aufg. 4.9-11 ergibt sich:

$$\text{Aufg. 4.9:}\quad \boldsymbol{\Phi}[\boldsymbol{E},\boldsymbol{E}] = \begin{pmatrix} 7 & -\frac{13}{2} & -\frac{13}{2} \\ -\frac{5}{2} & 0 & \frac{1}{2} \\ \frac{5}{2} & \frac{1}{2} & 0 \end{pmatrix} \text{ und } \boldsymbol{\Phi}[\boldsymbol{B},\boldsymbol{B}] = \begin{pmatrix} \frac{1}{2} & 0 & 0 \\ 0 & -\frac{1}{2} & 0 \\ 0 & 0 & 7 \end{pmatrix}$$

$$\text{Aufg. 4.10:}\quad \boldsymbol{\Phi}[\boldsymbol{E},\boldsymbol{E}] = \begin{pmatrix} \frac{4}{3} & \frac{8}{3} & \frac{5}{3} \\ -\frac{2}{3} & -\frac{13}{3} & -\frac{10}{3} \\ 1 & 8 & 6 \end{pmatrix} \text{ und } \boldsymbol{\Phi}[\boldsymbol{B},\boldsymbol{B}] = \begin{pmatrix} 1 & 1 & 0 \\ 0 & 1 & 0 \\ 0 & 0 & 1 \end{pmatrix}$$

Aufg. 4.11: $\boldsymbol{\Phi}[\boldsymbol{E},\boldsymbol{E}] = \begin{pmatrix} 1 & -1 & -1 \\ 0 & 3 & 2 \\ 0 & -3 & -2 \end{pmatrix}$ und $\boldsymbol{\Phi}[\boldsymbol{B},\boldsymbol{B}] = \begin{pmatrix} 0 & 0 & 0 \\ 0 & 1 & 0 \\ 0 & 0 & 1 \end{pmatrix}$

4.17 Man erhält

$\boldsymbol{Dr}(\alpha,\boldsymbol{n})[\boldsymbol{E},\boldsymbol{E}] =$

$$\begin{pmatrix} n_1^2(1-\cos\alpha)+\cos\alpha & n_1n_2(1-\cos\alpha)+n_3\sin\alpha & n_1n_3(1-\cos\alpha)-n_2\sin\alpha \\ n_1n_2(1-\cos\alpha)-n_3\sin\alpha & n_2^2(1-\cos\alpha)+\cos\alpha & n_2n_3(1-\cos\alpha)+n_1\sin\alpha \\ n_1n_3(1-\cos\alpha)+n_2\sin\alpha & n_2n_3(1-\cos\alpha)-n_1\sin\alpha & n_3^2(1-\cos\alpha)+\cos\alpha \end{pmatrix}$$

4.18 a) Es ist

$$\begin{pmatrix} -7 \\ 1 \\ 9 \\ -1 \end{pmatrix} = \boldsymbol{b}_1 + \boldsymbol{b}_2 + \boldsymbol{b}_3 + \boldsymbol{b}_4, \quad \begin{pmatrix} -5 \\ 1 \\ 2 \\ 11 \end{pmatrix} = \boldsymbol{b}_1 - \boldsymbol{b}_4, \quad \begin{pmatrix} 2 \\ 2 \\ 7 \\ 0 \end{pmatrix} = \boldsymbol{b}_2 + \boldsymbol{b}_3,$$

also jeweils $\boldsymbol{v}[\boldsymbol{B}] = \begin{pmatrix} 1 \\ 1 \\ 1 \\ 1 \end{pmatrix}, \begin{pmatrix} 1 \\ 0 \\ 0 \\ -1 \end{pmatrix}, \begin{pmatrix} 0 \\ 1 \\ 1 \\ 0 \end{pmatrix}$

b) Es ist $\mathbf{1}[\boldsymbol{B},\boldsymbol{E}] = \dfrac{1}{106}\begin{pmatrix} -6 & -36 & 12 & 8 \\ -32 & 232 & -42 & -28 \\ 27 & -156 & 52 & 17 \\ -5 & -30 & 10 & -11 \end{pmatrix}$.

4.19 a) $\boldsymbol{\Phi}[\boldsymbol{B},\boldsymbol{B}] = \begin{pmatrix} 1 & 0 & 0 & 0 \\ 0 & 1 & 0 & 0 \\ 0 & 0 & 1 & 0 \\ 0 & 0 & 0 & 0 \end{pmatrix}$, b) $\boldsymbol{\Phi}[\boldsymbol{B},\boldsymbol{B}] = \begin{pmatrix} 1 & 1 & 0 & 0 \\ 0 & 1 & 0 & 0 \\ 0 & 0 & 0 & 0 \\ 0 & 0 & 0 & 0 \end{pmatrix}$,

c) $\boldsymbol{\Phi}[\boldsymbol{B},\boldsymbol{B}] = \begin{pmatrix} -1 & 0 & 0 & 0 \\ 0 & 2 & 0 & 0 \\ 0 & 0 & -3 & 0 \\ 0 & 0 & 0 & 0 \end{pmatrix}$.

4.20 a) Unter dem Koordinatenisomorphismus $\boldsymbol{w} \to \boldsymbol{w}[\boldsymbol{B}_2]$ von W nach K^m wird der Unterraum $Bild\,\boldsymbol{\Phi}$ auf den von den Spalten der Matrix $\boldsymbol{\Phi}[\boldsymbol{B}_2,\boldsymbol{B}_1]$ erzeugten Unterraum von K^m isomorph abgebildet. Dessen Dimension ist aber definitionsgemäß gleich $r(\boldsymbol{\Phi}[\boldsymbol{B}_2,\boldsymbol{B}_1])$.

b) folgt aus a) und dem Homomorphiesatz.

4.21 Ist $\boldsymbol{\Phi}$ injektiv, so sind bei beliebiger Basis $\boldsymbol{B}_1 = \{\boldsymbol{b}_1,\ldots,\boldsymbol{b}_n\}$ von V die $\boldsymbol{\Phi}(\boldsymbol{b}_1),\ldots,\boldsymbol{\Phi}(\boldsymbol{b}_n)$ linear unabhängig, so daß man sie zu einer Basis $\boldsymbol{B}_2$ von W ergänzen kann. $\boldsymbol{B}_1, \boldsymbol{B}_2$ sind dann wie verlangt. Ist $\boldsymbol{\Phi}$ nicht injektiv, so gibt es eine Basis $\boldsymbol{B}_1 = \{\boldsymbol{b}_1,\ldots,\boldsymbol{b}_r,\boldsymbol{b}_{r+1},\ldots,\boldsymbol{b}_n\}$ von V, so daß $\{\boldsymbol{b}_{r+1},\ldots,\boldsymbol{b}_n\}$ eine Basis von $Kern\,\boldsymbol{\Phi}$ ist. Jetzt sind die $\boldsymbol{\Phi}(\boldsymbol{b}_1),\ldots,\boldsymbol{\Phi}(\boldsymbol{b}_r)$ linear unabhängig, so daß man sie wieder zu einer Basis $\boldsymbol{B}_2$ von W ergänzen kann. $\boldsymbol{B}_1, \boldsymbol{B}_2$ sind dann wie verlangt.

4.22 $\boldsymbol{B} = \{\boldsymbol{b}_1, \boldsymbol{b}_2, \boldsymbol{b}_3\}$ mit $\boldsymbol{b}_1 = \begin{pmatrix} -2 \\ 1 \\ 4 \end{pmatrix}, \boldsymbol{b}_2 = \begin{pmatrix} 6 \\ -1 \\ 3 \end{pmatrix}, \boldsymbol{b}_3 = \begin{pmatrix} 0 \\ 1 \\ 4 \end{pmatrix}$

ist eine Basis von V und $\mathbf{l}$ ist durch Angabe der Werte $\mathbf{l}(\boldsymbol{b}_1) = \mathbf{l}(\boldsymbol{b}_2) = 0$, $\mathbf{l}(\boldsymbol{b}_3) = 3$ eindeutig festgelegt! Es ist $\mathbf{l}[\{1\}, \boldsymbol{B}] = \begin{pmatrix} 0 & 0 & 3 \end{pmatrix}$, gesucht ist

$$\begin{aligned} \begin{pmatrix} l_1 & l_2 & l_3 \end{pmatrix} &= \mathbf{l}[\{1\}, \boldsymbol{E}] \\ &= \mathbf{l}[\{1\}, \boldsymbol{B}]\mathbf{1}[\boldsymbol{B}, \boldsymbol{E}] = \begin{pmatrix} 0 & 0 & 3 \end{pmatrix} \begin{pmatrix} -\frac{1}{2} & -\frac{12}{7} & \frac{3}{7} \\ 0 & -\frac{4}{7} & \frac{1}{7} \\ \frac{1}{2} & \frac{15}{7} & -\frac{2}{7} \end{pmatrix} \\ &= \begin{pmatrix} \frac{3}{2} & \frac{45}{7} & -\frac{6}{7} \end{pmatrix}. \end{aligned}$$

4.23 $\boldsymbol{b}_1 = \begin{pmatrix} -2 \\ 1 \\ 4 \\ -5 \end{pmatrix}, \boldsymbol{b}_2 = \begin{pmatrix} 6 \\ -1 \\ 3 \\ -5 \end{pmatrix}, \boldsymbol{b}_3 = \begin{pmatrix} 0 \\ 1 \\ 4 \\ -5 \end{pmatrix}$ sind linear unabhängig, sie können etwa durch $\boldsymbol{b}_4 = \begin{pmatrix} 0 \\ 1 \\ 0 \\ 0 \end{pmatrix}$ zu einer Basis $\boldsymbol{B} = \{\boldsymbol{b}_1, \boldsymbol{b}_2, \boldsymbol{b}_3, \boldsymbol{b}_4\}$ ausgebaut werden. Es ist dann

$$\mathbf{1}[\boldsymbol{B}, \boldsymbol{E}] = \begin{pmatrix} -\frac{1}{2} & 0 & -3 & -\frac{12}{5} \\ 0 & 0 & -1 & -\frac{4}{5} \\ \frac{1}{2} & 0 & 4 & 3 \\ 0 & 1 & -2 & -\frac{7}{5} \end{pmatrix}$$

Zwei verschiedene Linearformen $\mathbf{l}_1, \mathbf{l}_2$ mit den geforderten Eigenschaften sind gegeben durch $\mathbf{l}_1[\{1\}, \boldsymbol{B}] = \begin{pmatrix} 0 & 0 & 3 & 0 \end{pmatrix}$ und $\mathbf{l}_2[\{1\}, \boldsymbol{B}] = \begin{pmatrix} 0 & 0 & 3 & 1 \end{pmatrix}$. Es ist im ersten Fall

$$\begin{aligned} \begin{pmatrix} l_1 & l_2 & l_3 & l_4 \end{pmatrix} &= \mathbf{l}_1[\{1\}, \boldsymbol{E}] \\ &= \mathbf{l}_1[\{1\}, \boldsymbol{B}]\mathbf{1}[\boldsymbol{B}, \boldsymbol{E}] \end{aligned}$$

$$= \begin{pmatrix} 0 & 0 & 3 & 0 \end{pmatrix} \begin{pmatrix} -\frac{1}{2} & 0 & -3 & -\frac{12}{5} \\ 0 & 0 & -1 & -\frac{4}{5} \\ \frac{1}{2} & 0 & 4 & 3 \\ 0 & 1 & -2 & -\frac{7}{5} \end{pmatrix}$$

$$= \begin{pmatrix} \frac{3}{2} & 0 & 12 & 9 \end{pmatrix}.$$

und im zweiten Fall

$$\begin{aligned} \begin{pmatrix} l_1 & l_2 & l_3 & l_4 \end{pmatrix} &= \mathbf{1}_1[\{1\}, \boldsymbol{E}] \\ &= \mathrm{l}_1[\{1\}, \boldsymbol{B}]\mathbf{1}[\boldsymbol{B}, \boldsymbol{E}] \\ &= \begin{pmatrix} 0 & 0 & 3 & 1 \end{pmatrix} \begin{pmatrix} -\frac{1}{2} & 0 & -3 & -\frac{12}{5} \\ 0 & 0 & -1 & -\frac{4}{5} \\ \frac{1}{2} & 0 & 4 & 3 \\ 0 & 1 & -2 & -\frac{7}{5} \end{pmatrix} \\ &= \begin{pmatrix} \frac{3}{2} & 1 & 10 & \frac{38}{5} \end{pmatrix}. \end{aligned}$$

5.1 (S1):
$$\begin{aligned} s(\boldsymbol{x}, \boldsymbol{x}) &= 2x_1^2 + x_1x_2 + 3x_2^2 \\ &= \frac{1}{2}(x_1 + x_2)^2 + \frac{1}{2}(3x_1^2 + 5x_2^2)^2 \geqq 0 \end{aligned}$$
$$\begin{aligned} s(\boldsymbol{x}, \boldsymbol{x}) = 0 &\Leftrightarrow x_1 + x_2 = 0 \text{ und } 3x_1^2 + 5x_2^2 = 0 \\ &\Leftrightarrow x_1 = x_2 = 0 \Leftrightarrow \boldsymbol{x} = \boldsymbol{o} \end{aligned}$$

(S2), (S3) und (S4) leicht zu zeigen.

5.2 a) (S1), (S2) nicht erfüllt

b) (S3), (S4) nicht erfüllt

c) (S1) nicht erfüllt

d) $s(\boldsymbol{x}, \boldsymbol{y}) = 2\sum_{k=1}^{n} x_k y_k$ (Skalarprodukt, s. (5.6)).

5.3 $\boldsymbol{A} = (a_{ij})$, $\boldsymbol{B} = (b_{ij})$, $\boldsymbol{C} = \boldsymbol{A} \cdot \boldsymbol{B}^{\mathrm{T}} = (c_{ik})$,

$$c_{ik} = \sum_{j=1}^{n} a_{ij} b_{kj}, \qquad i, k = 1, 2, \ldots, m,$$

$$s(\boldsymbol{A}, \boldsymbol{B}) = \operatorname{sp}(\boldsymbol{A}\boldsymbol{B}^{\mathrm{T}}) = \sum_{k=1}^{m} \sum_{j=1}^{n} a_{kj} b_{kj} \in \mathbf{R}.$$

(S1), (S3) und (S4) ergeben sich leicht.
(S2): $s(\boldsymbol{A}, \boldsymbol{B}) = \mathrm{sp}\,(\boldsymbol{A}\boldsymbol{B}^{\mathrm{T}}) = \mathrm{sp}\left((\boldsymbol{A}\boldsymbol{B}^{\mathrm{T}})^{\mathrm{T}}\right) = \mathrm{sp}\,(\boldsymbol{B}\boldsymbol{A}^{\mathrm{T}}) = s(\boldsymbol{B}, \boldsymbol{A})$.

5.4 (S1) bis (S4) klar

$$s(p,q) = \frac{a}{6n}(n+1)(2n+1) + \frac{b}{2}(n+1)$$

5.5 $$|s(\boldsymbol{b},\boldsymbol{e})| = \left|\sum_{k=1}^{n} |x_k| \cdot 1\right| = \sum_{k=1}^{n} |x_k| \leqq \sqrt{s(\boldsymbol{b},\boldsymbol{b})}\sqrt{s(\boldsymbol{e},\boldsymbol{e})}$$

$$= \sqrt{\sum_{k=1}^{n} |x_k|^2}\sqrt{\sum_{k=1}^{n} 1^2} = \sqrt{n\sum_{k=1}^{n} |x_k|^2}$$

5.6 $$|\boldsymbol{x}+\boldsymbol{y}|_s^2 + |\boldsymbol{x}-\boldsymbol{y}|_s^2 = s(\boldsymbol{x}+\boldsymbol{y},\boldsymbol{x}+\boldsymbol{y}) + s(\boldsymbol{x}-\boldsymbol{y},\boldsymbol{x}-\boldsymbol{y})$$

$$= \sum_{k=1}^{n}(x_k+y_k)^2 + \sum_{k=1}^{n}(x_k-y_k)^2$$

$$= \sum_{k=1}^{n} x_k^2 + 2\sum_{k=1}^{n} x_k y_k + \sum_{k=1}^{n} y_k^2 + \sum_{k=1}^{n} x_k^2 - 2\sum_{k=1}^{n} x_k y_k + \sum_{k=1}^{n} y_k^2$$

$$= 2\left(\sum_{k=1}^{n} x_k^2 + \sum_{k=1}^{n} y_k^2\right) = 2(|\boldsymbol{x}|_s + |\boldsymbol{y}|_s)$$

Im $\boldsymbol{E}^2$ bedeutet dies: Im Parallelogramm, das von den Vektoren $\boldsymbol{x}, \boldsymbol{y}$ aufgespannt wird, ist die Summe der Quadrate der Längen beider Diagonalen gleich der Summe der Quadrate der vier Seitenlängen.

5.7 In einem reellen euklidischen Raum $\boldsymbol{E}^n$ gilt mit (5.18):

$$s(\boldsymbol{x},\boldsymbol{y}) = \mathrm{Re}\, s(\boldsymbol{x},\boldsymbol{y}) = \frac{1}{2}\left(|\boldsymbol{x}+\boldsymbol{y}|_s^2 - |\boldsymbol{x}|_s^2 - |\boldsymbol{y}|_s^2\right)$$

Es folgt unmittelbar b).
Wegen $s(\boldsymbol{x},-\boldsymbol{y}) = -s(\boldsymbol{x},\boldsymbol{y})$ und (B3) gilt:

$$2s(\boldsymbol{x},\boldsymbol{y}) = s(\boldsymbol{x},\boldsymbol{y}) - s(\boldsymbol{x},-\boldsymbol{y}) = \frac{1}{2}\left(|\boldsymbol{x}+\boldsymbol{y}|_s^2 - |\boldsymbol{x}-\boldsymbol{y}|_s^2\right).$$

Es folgt a).
c) gilt sogar allgemein, denn mit (S2) und (5.18) folgt:

$$\begin{aligned} s(\boldsymbol{x},\boldsymbol{y}) + s(\boldsymbol{y},\boldsymbol{x}) &= s(\boldsymbol{x},\boldsymbol{y}) + \overline{s(\boldsymbol{x},\boldsymbol{y})} = 2\mathrm{Re}\, s(\boldsymbol{x},\boldsymbol{y}) \\ &= |\boldsymbol{x}+\boldsymbol{y}|_s^2 - |\boldsymbol{x}|_s^2 - |\boldsymbol{y}|_s^2 \end{aligned}$$

5.8 Siehe Lösung zu Aufgabe 3.7. Wegen $s(\boldsymbol{a},\boldsymbol{b}) = s(\boldsymbol{b},\boldsymbol{a})$ gilt:

$$\begin{aligned} s(\boldsymbol{a}+\boldsymbol{b},\boldsymbol{b}-\boldsymbol{a}) &= |\boldsymbol{b}|_s^2 - |\boldsymbol{a}|_s^2 + s(\boldsymbol{a},\boldsymbol{b}) - s(\boldsymbol{b},\boldsymbol{a}) \\ &= |\boldsymbol{b}|_s^2 - |\boldsymbol{a}|_s^2 \Rightarrow \text{Behauptung} \end{aligned}$$

5.9 a) $\boldsymbol{x} = \lambda\begin{pmatrix} -2 \\ 1 \end{pmatrix}$, $\lambda \in \mathbf{R}$

b) $\boldsymbol{x} = \lambda \begin{pmatrix} -2 \\ 1 \\ 0 \end{pmatrix} + \mu \begin{pmatrix} -3 \\ 0 \\ 1 \end{pmatrix}, \lambda, \mu \in \mathbf{R}$

5.10 Es gilt für $n, m \in \mathbf{N}_0$:

$$\frac{1}{\pi} \int_{-\pi}^{\pi} \cos nt \cos mt \, \mathrm{d}t = \begin{cases} 0, & n \neq m \\ 1, & n = m > 0 \\ 2, & n = m = 0 \end{cases},$$

$$\frac{1}{\pi} \int_{-\pi}^{\pi} \sin nt \sin mt \, \mathrm{d}t = \begin{cases} 0, & n \neq m \\ 1, & n = m > 0 \\ 0, & n = m = 0 \end{cases},$$

$$\frac{1}{\pi} \int_{-\pi}^{\pi} \sin nt \cos mt \, \mathrm{d}t = 0.$$

Daraus folgt die Behauptung.

5.11 a) $\left\{ \frac{1}{\sqrt{3}} \begin{pmatrix} 1 \\ 1 \\ 1 \end{pmatrix}; \frac{1}{\sqrt{6}} \begin{pmatrix} 1 \\ -2 \\ 1 \end{pmatrix}; \frac{1}{\sqrt{2}} \begin{pmatrix} 1 \\ 0 \\ -1 \end{pmatrix} \right\}$,

b) $\left\{ \frac{1}{\sqrt{2}} \begin{pmatrix} 0 \\ 1 \\ 1 \end{pmatrix}; \frac{1}{\sqrt{6}} \begin{pmatrix} 2 \\ -1 \\ 1 \end{pmatrix}; \frac{1}{\sqrt{3}} \begin{pmatrix} 1 \\ 1 \\ -1 \end{pmatrix} \right\}$.

5.12 a) $\left\{ \frac{1}{\sqrt{3}} \begin{pmatrix} 1 \\ 0 \\ 1 \\ 1 \end{pmatrix}; \frac{1}{\sqrt{15}} \begin{pmatrix} 1 \\ -3 \\ 1 \\ -2 \end{pmatrix}; \frac{1}{\sqrt{35}} \begin{pmatrix} 4 \\ 3 \\ -1 \\ -3 \end{pmatrix} \right\}$,

b) Wegen $x_4 = x_1 - x_2$ und der linearen Unabhängigkeit von $\{x_1, x_2, x_3\}$ folgt die Orthonormalbasis

$$\left\{ \frac{1}{2} \begin{pmatrix} 1 \\ 1 \\ 1 \\ 1 \end{pmatrix}; \frac{1}{2} \begin{pmatrix} 1 \\ 1 \\ -1 \\ -1 \end{pmatrix}; \frac{1}{2} \begin{pmatrix} 1 \\ -1 \\ -1 \\ 1 \end{pmatrix} \right\}.$$

5.13 klar

5.14 $\left\{ \begin{pmatrix} 1 & 0 \\ 0 & 0 \end{pmatrix}; \frac{1}{\sqrt{3}} \begin{pmatrix} 0 & 1 \\ 1 & 1 \end{pmatrix} \right\}$

5.15 Fortsetzung von Beispiel 5.10 liefert:

$f_3(x) = \frac{1}{2} \sqrt{\frac{7}{2}} (5x^3 - 3x)$

$q(x) = \lambda_0 f_0(x) + \lambda_1 f_1(x) + \lambda_2 f_2(x) + \lambda_3 f_3(x)$ mit

$\lambda_0 = \sqrt{2} \left(a_0 + \frac{1}{3} a_2 \right), \qquad \lambda_1 = \sqrt{\frac{2}{3}} \left(a_1 + \frac{3}{5} a_3 \right)$

$$\lambda_2 = \frac{2}{3}\sqrt{\frac{2}{5}}a_2, \qquad \lambda_3 = \frac{2}{5}\sqrt{\frac{2}{7}}a_3$$

5.16 $\angle_s(u_1, u_1) = \angle_s(u_2, u_2) = \angle_s(u_3, u_3) = 0$

$\angle_s(u_1, u_2) = 0,\ \angle_s(u_1, u_3) = \frac{\pi}{6},\ \angle_s(u_2, u_3) = \frac{\pi}{3}$

5.17 $\|f\|_s = \frac{1}{2}\sqrt{e^2 + 1}$,

$g(x) = b\left(x - \frac{e^2 + 1}{4}\right),\ b \in \mathbf{R}.$

5.18 $f_0(x) = \frac{1}{2}(195 \sin 1 - 300 \cos 1)x + \frac{35}{2}(14 \cos 1 - 9 \sin 1)x^3.$

5.19 $f_0(x) = \frac{1}{2}\ln 3, \quad \|f_0 - f\| = \frac{2}{3} - \frac{1}{2}(\ln 3)^2 \approx 0{,}063.$

5.20 $f_0(x) = \frac{1}{2}(e^2 - 1), \quad \|f_0 - f\| = e^2 - 1 \approx 1{,}718.$

5.21 $f_0(x) = \pi - 2 \sin x.$

5.22 Formmatrix $\boldsymbol{C} = \begin{pmatrix} 1 & 1+i & 2+i \\ 1-i & 3 & i \\ 2-i & i & 15 \end{pmatrix}$. Wegen $\boldsymbol{C} = \boldsymbol{C}^*$ ist $\boldsymbol{C}$ hermitesch.

5.23 a) symmetrisch,
b) keiner der vier Fälle,
c) schiefsymmetrisch,
d) schiefhermitesch.

5.24 $\boldsymbol{A}^T\boldsymbol{A} = \mathbf{1}$ und $\det \boldsymbol{A}^T = \det \boldsymbol{A}$

$$\det(\boldsymbol{A}^T\boldsymbol{A}) = (\det \boldsymbol{A})(\det \boldsymbol{A}^T) = (\det \boldsymbol{A})^2 = \det \mathbf{1} = 1$$
$$\Rightarrow \det \boldsymbol{A} = \pm 1$$

5.25 klar

5.26 a) unitär,
b) orthogonal,
c) unitär

5.27 a) Gegenbeispiel

$$\boldsymbol{A} = \begin{pmatrix} 0 & -1 \\ 1 & 0 \end{pmatrix}, \quad \boldsymbol{B} = \begin{pmatrix} i & 0 \\ 0 & 1 \end{pmatrix}$$

Es gilt $\boldsymbol{A}^*\boldsymbol{A} = \mathbf{1}$, $\boldsymbol{B}^*\boldsymbol{B} = \mathbf{1}$, aber

$$(\boldsymbol{A} + \boldsymbol{B})^*(\boldsymbol{A} + \boldsymbol{B}) = \begin{pmatrix} 2 & 1+i \\ 1-i & 2 \end{pmatrix}.$$

b) $(\boldsymbol{AB})^*(\boldsymbol{AB}) = \boldsymbol{B}^*\boldsymbol{A}^*\boldsymbol{AB} = \boldsymbol{B}^*\mathbf{1}\boldsymbol{B} = \boldsymbol{B}^*\boldsymbol{B} = \mathbf{1}.$

c) Es gilt $\boldsymbol{A}^*\boldsymbol{A} = \mathbf{1}$ und $(\boldsymbol{AB})^*\boldsymbol{AB} = \mathbf{1}$

$\mathbf{1} = (\boldsymbol{AB})^*\boldsymbol{AB} = \boldsymbol{B}^*\boldsymbol{B} \Rightarrow \boldsymbol{B}$ ist unitär.

6.1 a) Es ist

$$B^2 = \begin{pmatrix} ab & 0 \\ 0 & ab \end{pmatrix} = ab\mathbf{1}, \text{ also } B^{2m} = (ab)^m\mathbf{1} \text{ und } B^{2m+1} = (ab)^m B,$$

daher auch $(tB)^{2m} = (ab)^m t^{2m}\mathbf{1}$ und $(tB)^{2m+1} = (ab)^m t^{2m+1} B$.

b) Es ist

$$\begin{aligned}
e^{tB} &= \sum_{n=0}^{\infty} \frac{1}{n!}(tB)^n \\
&= \sum_{m=0}^{\infty} \left[\frac{1}{(2m)!}(tB)^{2m} + \frac{1}{(2m+1)!}(tB)^{2m+1}\right] \\
&= \left[\sum_{m=0}^{\infty} \frac{1}{(2m)!}(ab)^m t^{2m}\right]\mathbf{1} + \left[\sum_{m=0}^{\infty} \frac{1}{(2m+1)!}(ab)^m t^{2m+1}\right] B \\
&= \begin{pmatrix} \sum_{m=0}^{\infty} \frac{1}{(2m)!}(ab)^m t^{2m} & a\left[\sum_{m=0}^{\infty} \frac{1}{(2m+1)!}(ab)^m t^{2m+1}\right] \\ b\left[\sum_{m=0}^{\infty} \frac{1}{(2m+1)!}(ab)^m t^{2m+1}\right] & \sum_{m=0}^{\infty} \frac{1}{(2m)!}(ab)^m t^{2m} \end{pmatrix} \\
&= \begin{pmatrix} c_{11} & c_{12} \\ c_{21} & c_{22} \end{pmatrix} \quad \text{mit}
\end{aligned}$$

$$\begin{aligned}
c_{11} &= \sum_{m=0}^{\infty} \frac{1}{(2m)!}(\pm 1)^m (\sqrt{\pm ab}\, t)^{2m} \\
c_{12} &= \frac{a}{\sqrt{\pm ab}}\left[\sum_{m=0}^{\infty} \frac{1}{(2m+1)!}(\pm 1)^m (\sqrt{\pm ab}\, t)^{2m+1}\right] \\
c_{21} &= \frac{b}{\sqrt{\pm ab}}\left[\sum_{m=0}^{\infty} \frac{1}{(2m+1)!}(\pm 1)^m (\sqrt{\pm ab}\, t)^{m+1}\right] \\
c_{22} &= \sum_{m=0}^{\infty} \frac{1}{(2m)!}(\pm 1)^m (\sqrt{\pm ab}\, t)^{2m}
\end{aligned}$$

6.2 a) Es ist in Matrixschreibweise

$$\dot{x} = Bx, \quad x(0) = \begin{pmatrix} 8 \\ -7 \end{pmatrix}, \quad \text{mit } B = \begin{pmatrix} 0 & -3 \\ -1 & 0 \end{pmatrix} \text{ und daher}$$

$$\begin{aligned}
x(t) &= e^{Bt}x(0) \\
&= \begin{pmatrix} \cosh\sqrt{3}t & -\sqrt{3}\sinh\sqrt{3}t \\ -\frac{1}{\sqrt{3}}\sinh\sqrt{3}t & \cosh\sqrt{3}t \end{pmatrix}\begin{pmatrix} 8 \\ -7 \end{pmatrix} \\
&= \begin{pmatrix} 8\cosh\sqrt{3}t + 7\sqrt{3}\sinh\sqrt{3}t \\ -\frac{8}{3}\sqrt{3}\sinh\sqrt{3}t - 7\cosh\sqrt{3}t \end{pmatrix}
\end{aligned}$$

b) Es ist in Matrixschreibweise

$$\dot{\boldsymbol{x}} = \boldsymbol{B}\boldsymbol{x}, \quad \boldsymbol{x}(0) = \begin{pmatrix} 4 \\ 1 \end{pmatrix}, \quad \text{mit } \boldsymbol{B} = \begin{pmatrix} 0 & -1 \\ 6 & 0 \end{pmatrix} \text{ und daher}$$

$$\begin{aligned} \boldsymbol{x}(t) &= \mathrm{e}^{\boldsymbol{B}t}\boldsymbol{x}(0) \\ &= \begin{pmatrix} \cos\sqrt{6}t & -\frac{1}{\sqrt{6}}\sin\sqrt{6}t \\ \sqrt{6}\sin\sqrt{6}t & \cos\sqrt{6}t \end{pmatrix} \begin{pmatrix} 4 \\ 1 \end{pmatrix} \\ &= \begin{pmatrix} 4\cos\sqrt{6}t - \frac{1}{6}\sqrt{6}\sin\sqrt{6}t \\ 4\sqrt{6}\sin\sqrt{6}t + \cos\sqrt{6}t \end{pmatrix} \end{aligned}$$

6.3 a) H ist – im Koordinatensystem $\boldsymbol{B}$ – die altbekannte Hyperbel „$y_2 = \frac{1}{y_1}$"!

b) Aus $\mathbf{1}[\boldsymbol{E},\boldsymbol{B}] = \begin{pmatrix} \frac{1}{2}\sqrt{2} & -\frac{1}{2}\sqrt{2} \\ \frac{1}{2}\sqrt{2} & \frac{1}{2}\sqrt{2} \end{pmatrix}$ folgt $\mathbf{1}[\boldsymbol{B},\boldsymbol{E}] = \begin{pmatrix} \frac{1}{2}\sqrt{2} & \frac{1}{2}\sqrt{2} \\ -\frac{1}{2}\sqrt{2} & \frac{1}{2}\sqrt{2} \end{pmatrix}$

und damit

$$\begin{aligned} \begin{pmatrix} y_1 \\ y_2 \end{pmatrix} &= \boldsymbol{x}[\boldsymbol{B}] = \mathbf{1}[\boldsymbol{B},\boldsymbol{E}]\,\boldsymbol{x}[\boldsymbol{E}] \\ &= \begin{pmatrix} \frac{1}{2}\sqrt{2} & \frac{1}{2}\sqrt{2} \\ -\frac{1}{2}\sqrt{2} & \frac{1}{2}\sqrt{2} \end{pmatrix} \begin{pmatrix} x_1 \\ x_2 \end{pmatrix} = \begin{pmatrix} \frac{1}{2}\sqrt{2}x_1 + \frac{1}{2}\sqrt{2}x_2 \\ -\frac{1}{2}\sqrt{2}x_1 + \frac{1}{2}\sqrt{2}x_2 \end{pmatrix} \end{aligned}$$

Somit

$$1 = y_1 y_2 = \left(\frac{1}{2}\sqrt{2}x_1 + \frac{1}{2}\sqrt{2}x_2\right)\left(-\frac{1}{2}\sqrt{2}x_1 + \frac{1}{2}\sqrt{2}x_2\right) = \frac{1}{2}x_2^2 - \frac{1}{2}x_1^2,$$

also

$$f(x_1, x_2) = \frac{1}{2}x_1^2 - \frac{1}{2}x_2^2 + 1.$$

6.4 a) H ist – im Koordinatensystem $\boldsymbol{B}$ – die altbekannte Ellipse „$\frac{y_1^2}{4} + \frac{y_2^2}{1} = 1$" mit den Halbachsen 2 bzw. 1!

b) Aus $\mathbf{1}[\boldsymbol{E},\boldsymbol{B}] = \begin{pmatrix} \frac{1}{2}\sqrt{3} & -\frac{1}{2} \\ \frac{1}{2} & \frac{1}{2}\sqrt{3} \end{pmatrix}$ folgt $\mathbf{1}[\boldsymbol{B},\boldsymbol{E}] = \begin{pmatrix} \frac{1}{2}\sqrt{3} & \frac{1}{2} \\ -\frac{1}{2} & \frac{1}{2}\sqrt{3} \end{pmatrix}$ und

damit

$$\begin{aligned} \begin{pmatrix} y_1 \\ y_2 \end{pmatrix} &= \boldsymbol{x}[\boldsymbol{B}] = \mathbf{1}[\boldsymbol{B},\boldsymbol{E}]\,\boldsymbol{x}[\boldsymbol{E}] \\ &= \begin{pmatrix} \frac{1}{2}\sqrt{3} & \frac{1}{2} \\ -\frac{1}{2} & \frac{1}{2}\sqrt{3} \end{pmatrix} \begin{pmatrix} x_1 \\ x_2 \end{pmatrix} \end{aligned}$$

$$= \begin{pmatrix} \frac{1}{2}\sqrt{3}x_1 + \frac{1}{2}x_2 \\ -\frac{1}{2}x_1 + \frac{1}{2}\sqrt{3}x_2 \end{pmatrix}.$$

Somit

$$\begin{aligned} 1 &= \frac{y_1^2}{4} + \frac{y_2^2}{1} \\ &= \frac{1}{4}\left(\frac{1}{2}\sqrt{3}x_1 + \frac{1}{2}x_2\right)^2 + \left(-\frac{1}{2}x_1 + \frac{1}{2}\sqrt{3}x_2\right)^2 \\ &= \frac{7}{16}x_1^2 - \frac{3}{8}\sqrt{3}x_1x_2 + \frac{13}{16}x_2^2, \end{aligned}$$

also

$$f(x_1, x_2) = \frac{7}{16}x_1^2 - \frac{3}{8}\sqrt{3}x_1x_2 + \frac{13}{16}x_2^2 - 1.$$

6.5 Falls $Kern\,\boldsymbol{\Phi}^n = Kern\,\boldsymbol{\Phi}^{n+1}$, so gilt für jedes $\boldsymbol{v} \in Kern\,\boldsymbol{\Phi}^{n+2}$, daß

$$\mathbf{0} = \boldsymbol{\Phi}^{n+2}(\boldsymbol{v}) = \boldsymbol{\Phi}^{n+1}(\boldsymbol{\Phi}(\boldsymbol{v})).$$

Also $\boldsymbol{\Phi}(\boldsymbol{v}) \in Kern\,\boldsymbol{\Phi}^{n+1} = Kern\,\boldsymbol{\Phi}^n$, bzw. $\mathbf{0} = \boldsymbol{\Phi}^n(\boldsymbol{\Phi}(\boldsymbol{v})) = \boldsymbol{\Phi}^{n+1}(\boldsymbol{v})$, d. h. $\boldsymbol{v} \in Kern\,\boldsymbol{\Phi}^{n+1}$. Somit ist $Kern\,\boldsymbol{\Phi}^n = Kern\,\boldsymbol{\Phi}^{n+1} = Kern\,\boldsymbol{\Phi}^{n+2}\ldots$ etc. Da die $Kern\,\boldsymbol{\Phi}^n$ Unterräume von V sind, muß die Inklusionenkette nach spätestens $m = \dim V$ Schritten „stehenbleiben", also $Kern\,\boldsymbol{\Phi}^m = V$, mit anderen Worten $\boldsymbol{\Phi}^m = \mathbf{0}$, sein.

6.6 $\boldsymbol{b}_1$ und $\boldsymbol{\Phi}(\boldsymbol{b}_1)$ sind linear unabhängig, denn $\boldsymbol{\Phi}(\boldsymbol{b}_1) = \lambda\boldsymbol{b}_1$ hätte $\mathbf{0} = \boldsymbol{\Phi}^k(\boldsymbol{b}_1) = \lambda^k\boldsymbol{b}_1$ zur Folge, also $\lambda = 0$, also $\boldsymbol{\Phi}(\boldsymbol{b}_1) = \mathbf{0}$. Wegen Aufgabe 6.5 ist bereits $\boldsymbol{\Phi}^2 = \mathbf{0}$, also $\boldsymbol{\Phi}(\boldsymbol{\Phi}(\boldsymbol{b}_1)) = \mathbf{0}$. Bezüglich der Basis $\boldsymbol{B} = \{\boldsymbol{b}_1, \boldsymbol{\Phi}(\boldsymbol{b}_1)\}$ hat $\boldsymbol{\Phi}$ die angegebene Matrix!

6.7 Man erhält z. B. $\boldsymbol{B} = \left\{\begin{pmatrix}1\\0\end{pmatrix}, \begin{pmatrix}-4\\2\end{pmatrix}\right\}$.

6.8 Im ersten Fall läßt sich $V = K\boldsymbol{b}_2 \oplus Kern\,\boldsymbol{\Phi}$ zerlegen, so daß $\mathbf{0} \neq \boldsymbol{\Phi}(\boldsymbol{b}_2) \in Kern\,\boldsymbol{\Phi}$. Man zerlegt weiter $Kern\,\boldsymbol{\Phi} = K\boldsymbol{b}_1 \oplus K\boldsymbol{\Phi}(\boldsymbol{b}_2)$. Bezüglich der Basis $\boldsymbol{B} = \{\boldsymbol{b}_1, \boldsymbol{b}_2, \boldsymbol{\Phi}(\boldsymbol{b}_2)\}$ hat dann $\boldsymbol{\Phi}$ die angegebene Matrix. Im zweiten Fall wählt man $\boldsymbol{b}_1 \in V$, so daß $\boldsymbol{b}_1 \notin Kern\,\boldsymbol{\Phi}^2$. Dann ist $\boldsymbol{\Phi}(\boldsymbol{b}_1) \in Kern\,\boldsymbol{\Phi}^2$, aber $\boldsymbol{\Phi}(\boldsymbol{b}_1) \notin Kern\,\boldsymbol{\Phi}$ und $\mathbf{0} \neq \boldsymbol{\Phi}^2(\boldsymbol{b}_1) \in Kern\,\boldsymbol{\Phi}$. $\boldsymbol{B} = \{\boldsymbol{b}_1, \boldsymbol{\Phi}(\boldsymbol{b}_1), \boldsymbol{\Phi}^2(\boldsymbol{b}_1)\}$ ist eine Basis (warum?), bezüglich der $\boldsymbol{\Phi}$ die angegebene Matrix hat.

6.9 a) Es ist

$$\boldsymbol{\Phi}(\boldsymbol{b}_1) = \frac{1}{18}\begin{pmatrix} 114 & -30 & -12 & 12 \\ 64 & 94 & 40 & -16 \\ 0 & 36 & 126 & 0 \\ 4 & 106 & 25 & 80 \end{pmatrix}\begin{pmatrix}1\\1\\0\\2\end{pmatrix} = \begin{pmatrix}6\\7\\2\\15\end{pmatrix}$$

$$\boldsymbol{\Phi}(\boldsymbol{b}_2) = \frac{1}{18}\begin{pmatrix} 114 & -30 & -12 & 12 \\ 64 & 94 & 40 & -16 \\ 0 & 36 & 126 & 0 \\ 4 & 106 & 25 & 80 \end{pmatrix}\begin{pmatrix}-1\\0\\2\\1\end{pmatrix} = \begin{pmatrix}-7\\0\\14\\7\end{pmatrix}.$$

Zu zeigen ist die Lösbarkeit der Gleichungssysteme $\boldsymbol{\Phi}(\boldsymbol{b}_1) = x\boldsymbol{b}_1 + y\boldsymbol{b}_2$ und $\boldsymbol{\Phi}(\boldsymbol{b}_2) = u\boldsymbol{b}_1 + v\boldsymbol{b}_2$ oder ausgeschrieben

$$\begin{array}{rl} x - y &= 6 \\ x &= 7 \\ 2y &= 2 \\ 2x + y &= 15 \end{array} \quad \text{und} \quad \begin{array}{rl} u - v &= -7 \\ u &= 0 \\ 2v &= 14 \\ 2u + v &= 7. \end{array}$$

Das ergibt $\boldsymbol{\Phi}(\boldsymbol{b}_1) = 7\boldsymbol{b}_1 + \boldsymbol{b}_2$ und $\boldsymbol{\Phi}(\boldsymbol{b}_2) = 7\boldsymbol{b}_2$

b) Aus a) ergibt sich $\boldsymbol{\Phi}_U\,[\boldsymbol{B}_1, \boldsymbol{B}_1] = \begin{pmatrix} 7 & 0 \\ 1 & 7 \end{pmatrix}$

c) $\boldsymbol{\Phi}\,[\boldsymbol{B}, \boldsymbol{B}] = \begin{pmatrix} 7 & 0 & * & \cdots & * \\ 1 & 7 & * & \cdots & * \\ 0 & 0 & * & \cdots & * \\ \vdots & \vdots & \vdots & \ldots & \vdots \\ 0 & 0 & * & \cdots & * \end{pmatrix}$

6.10 Wenn $V = K\boldsymbol{u} \oplus U_2$, so gibt es ein $\boldsymbol{v} \in U_2$ mit $\mathbf{l}(\boldsymbol{v}) \neq \mathbf{0}$, denn sonst wäre $\mathbf{l} = \mathbf{0}$, also $\boldsymbol{T} = \mathbf{1}$. Hierfür ist aber $\boldsymbol{T}(\boldsymbol{v}) = \boldsymbol{v} + \mathbf{l}(\boldsymbol{v})\boldsymbol{u} \notin U_2$!

6.11 Ist $\boldsymbol{v} = \boldsymbol{u}_1 + \boldsymbol{u}_2 \in V$ mit $\boldsymbol{u}_k \in U_k$, so gilt

$$\boldsymbol{\Phi P}(\boldsymbol{v}) = \boldsymbol{\Phi P}(\boldsymbol{u}_1 + \boldsymbol{u}_2) = \boldsymbol{\Phi P}(\boldsymbol{u}_1) = \boldsymbol{\Phi}(\boldsymbol{u}_1)$$

und wegen $\boldsymbol{\Phi}(\boldsymbol{u}_k) \in U_k$ auch

$$\boldsymbol{P\Phi}(\boldsymbol{v}) = \boldsymbol{P\Phi}(\boldsymbol{u}_1 + \boldsymbol{u}_2) = \boldsymbol{P\Phi}(\boldsymbol{u}_1) = \boldsymbol{\Phi}(\boldsymbol{u}_1).$$

6.12 a) Für $\boldsymbol{c}_1 = \boldsymbol{b}_1 + \boldsymbol{b}_2$, $\boldsymbol{c}_2 = \boldsymbol{b}_1 - \boldsymbol{b}_2$ ist offensichtlich $\boldsymbol{\Phi}(\boldsymbol{c}_1) = \boldsymbol{c}_1$ und $\boldsymbol{\Phi}(\boldsymbol{c}_2) = -\boldsymbol{c}_2$. Man hat „also“ (siehe jedoch b)!) die Eigenwerte ± 1, die zugehörigen Eigenräume $K\boldsymbol{c}_1$, $K\boldsymbol{c}_2$ und die Transformationsmatrizen

$$\mathbf{1}\,[\boldsymbol{B}, \boldsymbol{D}] = \begin{pmatrix} 1 & 1 \\ 1 & -1 \end{pmatrix}, \quad \mathbf{1}\,[\boldsymbol{D}, \boldsymbol{B}] = \frac{1}{2}\begin{pmatrix} 1 & 1 \\ 1 & -1 \end{pmatrix}.$$

$\boldsymbol{\Phi}$ ist also diagonalisierbar!

b) Im Fall $1 + 1 = 0$ fallen die unter a) gefundenen Eigenwerte und Eigenvektoren zusammen. Man hat also mit a) nur den Eigenwert 1 und nur den Eigenraum $K\boldsymbol{c}_1$! Es kann aber keine weiteren Eigenwerte geben, das zeigt die Eigenwert-Eigenvektorgleichung $\boldsymbol{\Phi}(\alpha\boldsymbol{b}_1 + \beta\boldsymbol{b}_2) = \lambda(\alpha\boldsymbol{b}_1 + \beta\boldsymbol{b}_2)$, $\alpha\boldsymbol{b}_2 + \beta\boldsymbol{b}_1 = \lambda\alpha\boldsymbol{b}_1 + \lambda\beta\boldsymbol{b}_2$, aus der $\lambda\alpha = \beta$, $\alpha = \lambda\beta$ und damit $\alpha(1-\lambda^2) = 0$ bzw. $\beta(1-\lambda^2) = 0$ folgt. Da α, β nicht beide verschwinden, muß $\lambda = \pm 1 = 1$ sein! $\boldsymbol{\Phi}$ ist also in diesem Fall nicht diagonalisierbar!

6.13 In a) - d) ist $p(\boldsymbol{\Phi}) = \mathbf{0}$.

6.14 a) Der Hinweis ergibt als gesuchtes Polynom $p = a_0 + a_1 t + a_2 t^2 + \ldots + a_{m^2} t^{m^2}$

b) Nach a) gibt es jedenfalls Polynome mit $p(\boldsymbol{\Phi}) = \mathbf{0}$, deshalb gibt es auch welche mit kleinstmöglichem Grad k. Gäbe es unter diesen zwei verschiedene q, r mit höchstem Koeffizienten 1, so wäre $s = q - r \neq 0$ ebenfalls ein Polynom mit $s(\boldsymbol{\Phi}) = \mathbf{0}$, aber s hat höchstens den Grad $k - 1$! Das widerspricht der Minimalität von k!

c) Für $\boldsymbol{\Phi} = \mathbf{0}$ ist $m_{\boldsymbol{B}} = t$, für $\boldsymbol{\Phi} = a\mathbf{1}$ ist $m_{\boldsymbol{\Phi}} = -a + t$. Für eine Projektion $\boldsymbol{\Phi} \neq \mathbf{0}, \mathbf{1}$ ist $m_{\boldsymbol{\Phi}} = -t + t^2$, denn für Polynome $p = a_0 + t$ vom Grad 1 und $\mathbf{0} = p(\boldsymbol{\Phi}) = a_0\mathbf{1} + \boldsymbol{\Phi}$ ergäbe sich $\boldsymbol{\Phi} = -a_0\mathbf{1}$ invertierbar, was nicht sein kann.

d) Nach Polynomdivision ist $p = qm_{\boldsymbol{\Phi}} + r$ mit $\text{grad}(r) < \text{grad}(m_{\boldsymbol{\Phi}})$ und es ist $\mathbf{0} = p(\boldsymbol{\Phi}) = q(\boldsymbol{\Phi})m_{\boldsymbol{\Phi}}(\boldsymbol{\Phi}) + r(\boldsymbol{\Phi}) = r(\boldsymbol{\Phi})$. Demnach muß $r = 0$ sein, sonst widerspricht das der Minimalität von $m_{\boldsymbol{\Phi}}$.

e) Ist $\boldsymbol{\Phi}$ invertierbar und wäre doch $a_0 = 0$, so wäre auch

$$\begin{aligned}\mathbf{0} &= \boldsymbol{\Phi}^{-1}\mathbf{0} = \boldsymbol{\Phi}^{-1}m_{\boldsymbol{\Phi}}(\boldsymbol{\Phi})\\ &= \boldsymbol{\Phi}^{-1}(a_1\boldsymbol{\Phi} + a_2\boldsymbol{\Phi}^2 + \ldots + a_k\boldsymbol{\Phi}^k)\\ &= \boldsymbol{\Phi}^{-1}\boldsymbol{\Phi}(a_1\mathbf{1} + a_2\boldsymbol{\Phi} + \ldots + a_k\boldsymbol{\Phi}^{k-1})\\ &= a_1\mathbf{1} + a_2\boldsymbol{\Phi} + \ldots + a_k\boldsymbol{\Phi}^{k-1},\end{aligned}$$

was der Minimalität von k widerspricht! Ist umgekehrt $a_0 \neq 0$, so folgt aus $\mathbf{0} = m_{\boldsymbol{\Phi}}(\boldsymbol{\Phi}) = a_0\mathbf{1} + a_1\boldsymbol{\Phi} + a_2\boldsymbol{\Phi}^2 + \ldots + a_k\boldsymbol{\Phi}^k$, daß
$\mathbf{1} = a_0^{-1}(a_1\boldsymbol{\Phi} + a_2\boldsymbol{\Phi}^2 + \ldots + a_k\boldsymbol{\Phi}^k) = a_0^{-1}\boldsymbol{\Phi}(a_1\mathbf{1} + a_2\boldsymbol{\Phi} + \ldots + a_k\boldsymbol{\Phi}^{k-1})$,
also $\boldsymbol{\Phi}^{-1} = a_0^{-1}(a_1\mathbf{1} + a_2\boldsymbol{\Phi} + \ldots + a_k\boldsymbol{\Phi}^{k-1})$.

6.15 a) Der Hinweis ergibt $m_{\boldsymbol{\Phi}} = -1 + t^2$
b) $m_{\boldsymbol{\Phi}} = t^m$

6.16 a) Der Hinweis ergibt $m_{\boldsymbol{\Phi}} = (t - \lambda_1)(t - \lambda_2) = t^2 - (\lambda_1 + \lambda_2)t + \lambda_1\lambda_2$
b) vgl. a)

6.17 Sei $m_{\boldsymbol{\Phi}} = p(t-\lambda)+r$ mit einem Polynom p und $r \in K$ nach Polynomdivision. Ist $\lambda \in \mathbf{K}$ ein Eigenwert von $\boldsymbol{\Phi}$ und $\mathbf{0} \neq \boldsymbol{v}$ ein zugehöriger Eigenvektor, so ist $\mathbf{0} = m_{\boldsymbol{\Phi}}(\boldsymbol{\Phi})\boldsymbol{v} = p(\boldsymbol{\Phi})(\boldsymbol{\Phi} - \lambda)\boldsymbol{v} + r\boldsymbol{v} = r\boldsymbol{v}$, also $r = 0$, also $m_{\boldsymbol{\Phi}}(\lambda) = 0$. Ist umgekehrt letzteres der Fall, so ist $r = 0$ und deshalb $\mathbf{0} = m_{\boldsymbol{\Phi}}(\boldsymbol{\Phi}) = p(\boldsymbol{\Phi})(\boldsymbol{\Phi} - \lambda)$. Wäre $\boldsymbol{\Phi} - \lambda$ invertierbar, so auch $\mathbf{0} = p(\boldsymbol{\Phi})(\boldsymbol{\Phi} - \lambda)(\boldsymbol{\Phi} - \lambda)^{-1} = p(\boldsymbol{\Phi})$. Aber p hat kleineren Grad als $m_{\boldsymbol{\Phi}}$, das widerspricht der Minimalität von $\boldsymbol{\Phi}$.

6.18 a) $ch_{\boldsymbol{\Phi}}(\lambda) = \lambda^2 - 6\lambda - 7 = (\lambda + 1)(\lambda - 7)$, also $\boldsymbol{\Phi}[\boldsymbol{B}, \boldsymbol{B}] = \begin{pmatrix} 7 & 0 \\ 0 & -1 \end{pmatrix}$ mit

$$\mathbf{1}[\boldsymbol{E}, \boldsymbol{B}] = \begin{pmatrix} -2\mathrm{i} & 3 \\ 2 - \mathrm{i} & \mathrm{i} \end{pmatrix}, \quad \mathbf{1}[\boldsymbol{B}, \boldsymbol{E}] = \frac{1}{25}\begin{pmatrix} 3 - 4\mathrm{i} & 12 + 9\mathrm{i} \\ 11 + 2\mathrm{i} & -6 + 8\mathrm{i} \end{pmatrix}.$$

b) $ch_{\boldsymbol{\Phi}}(\lambda) = \lambda^2 - 2\lambda + 1 = (\lambda - 1)^2$, also nur ein Eigenwert $\lambda = 1$ und $\boldsymbol{E}(\lambda, \boldsymbol{\Phi}) = \boldsymbol{C}\begin{pmatrix} 3 \\ 4 \end{pmatrix}$.

c) $ch_{\boldsymbol{\Phi}}(\lambda) = \lambda^3 - 9\lambda^2 + 25\lambda - 25 = (\lambda - (2 + \mathrm{i}))(\lambda - (2 - \mathrm{i}))(\lambda - 5)$, also

$$\boldsymbol{\Phi}[\boldsymbol{B}, \boldsymbol{B}] = \begin{pmatrix} 2 + \mathrm{i} & 0 & 0 \\ 0 & 2 - \mathrm{i} & 0 \\ 0 & 0 & 5 \end{pmatrix}, \text{ mit}$$

$$\mathbf{1}[\boldsymbol{E}, \boldsymbol{B}] = \begin{pmatrix} 2 & 1 & 0 \\ 1 & 1 & 0 \\ 0 & -2 & 1 \end{pmatrix}, \quad \mathbf{1}[\boldsymbol{B}, \boldsymbol{E}] = \begin{pmatrix} 1 & -1 & 0 \\ -1 & 2 & 0 \\ -2 & 4 & 1 \end{pmatrix}$$

d) $ch_{\boldsymbol{\Phi}}(\lambda) = \lambda^3$, also einziger Eigenwert $\lambda = 0$ und

$$\boldsymbol{E}(0, \boldsymbol{\Phi}) = Kern\, \boldsymbol{\Phi} = \boldsymbol{C} \begin{pmatrix} -1 \\ 1 \\ 0 \end{pmatrix}$$

e) $ch_{\boldsymbol{\Phi}}(\lambda) = (\lambda + 3)^2(\lambda - i)$ und

$$\boldsymbol{\Phi}\,[\boldsymbol{B}, \boldsymbol{B}] = \begin{pmatrix} -3 & 0 & 0 \\ 0 & -3 & 0 \\ 0 & 0 & \mathrm{i} \end{pmatrix}, \text{ mit}$$

$$\mathbf{1}\,[\boldsymbol{E}, \boldsymbol{B}] = \begin{pmatrix} 2 & 0 & 1 \\ 0 & 0 & \mathrm{i} \\ 1 & \mathrm{i} & \mathrm{i} \end{pmatrix}, \quad \mathbf{1}\,[\boldsymbol{B}, \boldsymbol{E}] = \begin{pmatrix} \frac{1}{2} & \frac{1}{2}\mathrm{i} & 0 \\ \frac{1}{2}\mathrm{i} & -\frac{1}{2} + \mathrm{i} & -\mathrm{i} \\ 0 & -\mathrm{i} & 0 \end{pmatrix}$$

6.19 Das charakteristische Polynom hat ungeraden Grad und hat damit eine reelle Nullstelle!

6.20 Bei Entwicklung

$$\det(\boldsymbol{A} - \lambda\mathbf{1}) = (a_{11} - \lambda) \begin{vmatrix} a_{22} - \lambda & a_{23} & \cdots \\ a_{32} & a_{33} - \lambda & \cdots \\ \vdots & \vdots & \ddots \end{vmatrix} - a_{21} \begin{vmatrix} a_{12} & a_{13} & \cdots \\ a_{32} & a_{33} - \lambda & \cdots \\ \vdots & \vdots & \ddots \end{vmatrix} \pm \cdots$$

nach der ersten Spalte liefert nur der erste Summand die Potenzen λ^n und λ^{n-1}, so daß die Formeln $\alpha_n = (-1)^n$ und $\alpha_n = (-1)^n(a_{11} + \ldots + a_{nn})$ mit Induktion über n folgen!. Die Aussage $\alpha_0 = \det(\boldsymbol{A})$ folgt, wenn man $\lambda = 0$ setzt.

6.21 Es ist

$$\begin{aligned}(\lambda_1\mathbf{1} - \boldsymbol{\Phi})(\lambda_2\mathbf{1} - \boldsymbol{\Phi})(\boldsymbol{b}_2) &= (\lambda_1\mathbf{1} - \boldsymbol{\Phi})(\lambda_2\boldsymbol{b}_2 - \boldsymbol{\Phi}(\boldsymbol{b}_2)) \\ &= (\lambda_1\mathbf{1} - \boldsymbol{\Phi})(\lambda_2\boldsymbol{b}_2 - (a_{12}\boldsymbol{b}_1 - \lambda_2\boldsymbol{b}_2)) \\ &= (\lambda_1\mathbf{1} - \boldsymbol{\Phi})(a_{12}\boldsymbol{b}_1) \\ &= \boldsymbol{o}\end{aligned}$$

und natürlich $(\lambda_1\mathbf{1} - \boldsymbol{\Phi})(\lambda_2\mathbf{1} - \boldsymbol{\Phi})(\boldsymbol{b}_1) = \boldsymbol{o}$. So fortfahrend erhält man

$(\lambda_1\mathbf{1} - \boldsymbol{\Phi}) \cdot \ldots \cdot (\lambda_k\mathbf{1} - \boldsymbol{\Phi})(\boldsymbol{b}_\nu) = \boldsymbol{o}, \quad 1 \leqq \nu \leqq k$, für $k = 1, 2, \ldots, n$.

6.22 a) Es ist $ch_{\boldsymbol{\Phi}}(\lambda) = (\lambda + 4)^2$, also $V = Kern(\boldsymbol{\Phi} + 4 \cdot \mathbf{1})^2$, so daß man $\boldsymbol{B} = \boldsymbol{E}$ setzen kann. Es ist dann

$$\boldsymbol{D}\,[\boldsymbol{E}, \boldsymbol{E}] = \begin{pmatrix} -4 & 0 \\ 0 & -4 \end{pmatrix},$$

$$\mathbf{N}\,[\boldsymbol{E}, \boldsymbol{E}] = \boldsymbol{\Phi}\,[\boldsymbol{E}, \boldsymbol{E}] - \boldsymbol{D}\,[\boldsymbol{E}, \boldsymbol{E}] = \begin{pmatrix} -20 & 8 \\ -50 & 20 \end{pmatrix}.$$

b) Es ist $ch_{\boldsymbol{\Phi}}(\lambda) = (\lambda - (1 + i))^2$, also $V = Kern(\boldsymbol{\Phi} - (1 + \mathrm{i}) \cdot \mathbf{1})^2$, so daß man $\boldsymbol{B} = \boldsymbol{E}$ setzen kann. Es ist dann

$$\boldsymbol{D}\,[\boldsymbol{E}, \boldsymbol{E}] = \begin{pmatrix} 1 + \mathrm{i} & 0 \\ 0 & 1 + \mathrm{i} \end{pmatrix},$$

$$\mathbf{N}[\boldsymbol{E},\boldsymbol{E}] = \boldsymbol{\Phi}[\boldsymbol{E},\boldsymbol{E}] - \boldsymbol{D}[\boldsymbol{E},\boldsymbol{E}] = \begin{pmatrix} -2 & 1 \\ -4 & 2 \end{pmatrix}.$$

c) Es ist $ch_{\boldsymbol{\Phi}}(\lambda) = (\lambda-2)^2(\lambda+3)$, also $V = Kern(\boldsymbol{\Phi}-2\cdot\mathbf{1})^2 \oplus Kern(\boldsymbol{\Phi}+3\cdot\mathbf{1})$. Man errechnet

$$Kern(\boldsymbol{\Phi} - 2\cdot\mathbf{1})^2 = \boldsymbol{C}\begin{pmatrix} 2 \\ 1 \\ 0 \end{pmatrix} \oplus \boldsymbol{C}\begin{pmatrix} 5 \\ 3 \\ -2 \end{pmatrix} \text{ und}$$

$$Kern(\boldsymbol{\Phi} + 3\cdot\mathbf{1}) = \boldsymbol{C}\begin{pmatrix} -2 \\ -1 \\ 1 \end{pmatrix}.$$

Damit ist $\mathbf{1}[\boldsymbol{E},\boldsymbol{B}] = \begin{pmatrix} 2 & 5 & -2 \\ 1 & 3 & -1 \\ 0 & -2 & 1 \end{pmatrix}$, $\mathbf{1}[\boldsymbol{B},\boldsymbol{E}] = \begin{pmatrix} 1 & -1 & 1 \\ -1 & 2 & 0 \\ -2 & 4 & 1 \end{pmatrix}$
und

$$\begin{aligned} \boldsymbol{\Phi}[\boldsymbol{B},\boldsymbol{B}] &= \mathbf{1}[\boldsymbol{B},\boldsymbol{E}]\,\boldsymbol{\Phi}[\boldsymbol{E},\boldsymbol{E}]\,\mathbf{1}[\boldsymbol{E},\boldsymbol{B}] \\ &= \begin{pmatrix} 1 & -1 & 1 \\ -1 & 2 & 0 \\ -2 & 4 & 1 \end{pmatrix}\begin{pmatrix} -8 & 30 & 20 \\ -4 & 16 & 11 \\ 6 & -16 & -7 \end{pmatrix}\begin{pmatrix} 2 & 5 & -2 \\ 1 & 3 & -1 \\ 0 & -2 & 1 \end{pmatrix} \\ &= \begin{pmatrix} 2 & 0 & 0 \\ 2 & 2 & 0 \\ 0 & 0 & -3 \end{pmatrix}. \end{aligned}$$

Damit ist $\boldsymbol{D}[\boldsymbol{B},\boldsymbol{B}] = \begin{pmatrix} 2 & 0 & 0 \\ 0 & 2 & 0 \\ 0 & 0 & -3 \end{pmatrix}$,

$$\boldsymbol{N}[\boldsymbol{B},\boldsymbol{B}] = \boldsymbol{\Phi}[\boldsymbol{B},\boldsymbol{B}] - \boldsymbol{D}[\boldsymbol{B},\boldsymbol{B}] = \begin{pmatrix} 0 & 0 & 0 \\ 2 & 0 & 0 \\ 0 & 0 & 0 \end{pmatrix}$$

d) Es ist $ch_{\boldsymbol{\Phi}}(\lambda) = (\lambda + 2\,\mathrm{i})(\lambda - 2\,\mathrm{i})(\lambda+1)^2$, also
$V = Kern(\boldsymbol{\Phi} + 2\,\mathrm{i}\cdot\mathbf{1}) \oplus Kern(\boldsymbol{\Phi} - 2\,\mathrm{i}\cdot\mathbf{1}) \oplus Kern(\boldsymbol{\Phi} + 1\cdot\mathbf{1})^2$.
Man errechnet

$$Kern(\boldsymbol{\Phi} + 2\,\mathrm{i}\cdot\mathbf{1}) = \boldsymbol{C}\begin{pmatrix} -1 \\ \mathrm{i} \\ 1 \\ \mathrm{i} \end{pmatrix}, \quad Kern(\boldsymbol{\Phi} - 2\,\mathrm{i}\cdot\mathbf{1}) = \boldsymbol{C}\begin{pmatrix} -\mathrm{i} \\ 1 \\ \mathrm{i} \\ 1 \end{pmatrix}, \text{ und}$$

$$Kern(\boldsymbol{\Phi} + 1\cdot\mathbf{1})^2 = \boldsymbol{C}\begin{pmatrix} 0 \\ 0 \\ -1 \\ 1 \end{pmatrix} \oplus \boldsymbol{C}\begin{pmatrix} 1 \\ 1 \\ 0 \\ -1 \end{pmatrix}$$

Damit ist

$$\mathbf{1}\,[\boldsymbol{E},\boldsymbol{B}] = \begin{pmatrix} -1 & -\mathrm{i} & 0 & 1 \\ \mathrm{i} & 1 & 0 & 1 \\ 1 & \mathrm{i} & -1 & 0 \\ \mathrm{i} & 1 & 1 & -1 \end{pmatrix},$$

$$\mathbf{1}\,[\boldsymbol{B},\boldsymbol{E}] = \begin{pmatrix} -1-\frac{1}{2}\mathrm{i} & \frac{1}{2} & -\frac{1}{2}-\frac{1}{2}\mathrm{i} & -\frac{1}{2}-\frac{1}{2}\mathrm{i} \\ \frac{1}{2}+\mathrm{i} & -\frac{1}{2}\mathrm{i} & \frac{1}{2}+\frac{1}{2}\mathrm{i} & \frac{1}{2}+\frac{1}{2}\mathrm{i} \\ -2 & 1 & -2 & -1 \\ -1 & 1 & -1 & -1 \end{pmatrix}$$

und

$$\begin{aligned} \boldsymbol{\Phi}\,[\boldsymbol{B},\boldsymbol{B}] &= \mathbf{1}\,[\boldsymbol{B},\boldsymbol{E}]\,\boldsymbol{\Phi}\,[\boldsymbol{E},\boldsymbol{E}]\,\mathbf{1}\,[\boldsymbol{E},\boldsymbol{B}] \\ &= \begin{pmatrix} -1-\frac{1}{2}\mathrm{i} & \frac{1}{2} & -\frac{1}{2}-\frac{1}{2}\mathrm{i} & -\frac{1}{2}-\frac{1}{2}\mathrm{i} \\ \frac{1}{2}+\mathrm{i} & -\frac{1}{2}\mathrm{i} & \frac{1}{2}+\frac{1}{2}\mathrm{i} & \frac{1}{2}+\frac{1}{2}\mathrm{i} \\ -2 & 1 & -2 & -1 \\ -1 & 1 & -1 & 1 \end{pmatrix} \times \\ &\quad \times \begin{pmatrix} 1 & 0 & 1 & 2 \\ -5 & 2 & -3 & -2 \\ -4 & 1 & -4 & -3 \\ -1 & 1 & 1 & 1 \end{pmatrix} \cdot \begin{pmatrix} -1 & -\mathrm{i} & 0 & 1 \\ \mathrm{i} & 1 & 0 & 1 \\ 1 & \mathrm{i} & -1 & 0 \\ \mathrm{i} & 1 & 1 & -1 \end{pmatrix} \\ &= \begin{pmatrix} -2\mathrm{i} & 0 & 0 & 0 \\ 0 & 2\mathrm{i} & 0 & 0 \\ 0 & 0 & -1 & 0 \\ 0 & 0 & 1 & 1 \end{pmatrix}. \end{aligned}$$

Damit ist $\boldsymbol{D}\,[\boldsymbol{B},\boldsymbol{B}] = \begin{pmatrix} -2\mathrm{i} & 0 & 0 & 0 \\ 0 & 2\mathrm{i} & 0 & 0 \\ 0 & 0 & -1 & 0 \\ 0 & 0 & 0 & -1 \end{pmatrix}$ und

$$\boldsymbol{N}\,[\boldsymbol{B},\boldsymbol{B}] = \boldsymbol{\Phi}\,[\boldsymbol{B},\boldsymbol{B}] - \boldsymbol{D}\,[\boldsymbol{B},\boldsymbol{B}] = \begin{pmatrix} 0 & 0 & 0 & 0 \\ 0 & 0 & 0 & 0 \\ 0 & 0 & 0 & 0 \\ 0 & 0 & 1 & 0 \end{pmatrix}.$$

6.23 Das folgt sofort aus der Bemerkung 3 zu Hauptresultat 1.

6.24 Es ist grundsätzlich – siehe Abschnitt 6.1.1 – $\boldsymbol{x}(t) = \exp(\boldsymbol{A}t)\boldsymbol{x}(0)$. Weiter gilt $\boldsymbol{A} = \boldsymbol{\Phi}\,[\boldsymbol{E},\boldsymbol{E}] = \mathbf{1}\,[\boldsymbol{E},\boldsymbol{B}]\,\boldsymbol{\Phi}\,[\boldsymbol{B},\boldsymbol{B}]\,\mathbf{1}\,[\boldsymbol{B},\boldsymbol{E}]$, wir setzen zur Abkürzung $\mathbf{1}\,[\boldsymbol{B},\boldsymbol{E}] = \boldsymbol{T}$, $\boldsymbol{\Phi}\,[\boldsymbol{B},\boldsymbol{B}] = \boldsymbol{M}$, so daß jetzt $\boldsymbol{A} = \boldsymbol{T}^{-1}\boldsymbol{M}\boldsymbol{T}$.
Damit gilt zunächst $\exp(\boldsymbol{A}t) = \exp(\boldsymbol{T}^{-1}(t\boldsymbol{M})\boldsymbol{T}) = \boldsymbol{T}^{-1}\exp((t\boldsymbol{M}))\boldsymbol{T}$. Nun ist aber $\boldsymbol{M} = \boldsymbol{\Phi}\,[\boldsymbol{B},\boldsymbol{B}] = \boldsymbol{N}\,[\boldsymbol{B},\boldsymbol{B}] + \boldsymbol{D}\,[\boldsymbol{B},\boldsymbol{B}] = \mathbf{R} + \mathbf{S}$, wenn man $\boldsymbol{N}\,[\boldsymbol{B},\boldsymbol{B}] = \mathbf{R}$, $\boldsymbol{D}\,[\boldsymbol{B},\boldsymbol{B}] = \mathbf{S}$ abkürzt.

Also $\exp((t\boldsymbol{M}) = \exp((t\boldsymbol{R} + t\boldsymbol{S})) = \exp(t\boldsymbol{R})\exp(t\boldsymbol{S})$, wobei $\boldsymbol{S}$ Diagonalmatrix und

$\exp(t\boldsymbol{R}) = 1 + (t\boldsymbol{R}) + \frac{1}{2!}(t\boldsymbol{R})^2 + \ldots$

nach endlich vielen Schritten abbricht!

a) Hier ist $\boldsymbol{M} = \boldsymbol{A}$, $\boldsymbol{R} = \begin{pmatrix} -20 & 8 \\ -50 & 20 \end{pmatrix}$, $\boldsymbol{S} = \begin{pmatrix} -4 & 0 \\ 0 & -4 \end{pmatrix}$ und $\boldsymbol{T} = \mathbf{1}$, sowie $\boldsymbol{R}^2 = \mathbf{0}$.

Also $\exp(t\boldsymbol{S}) = \begin{pmatrix} e^{-4t} & 0 \\ 0 & e^{-4t} \end{pmatrix}$ und

$\exp(t\boldsymbol{R}) = 1 + (t\boldsymbol{R}) = \begin{pmatrix} 1-20t & 8 \\ -50 & 1+20t \end{pmatrix}$, so daß schließlich

$$\exp(t\boldsymbol{A}) = \begin{pmatrix} 1-20t & 8 \\ -50 & 1+20t \end{pmatrix}\begin{pmatrix} e^{-4t} & 0 \\ 0 & e^{-4t} \end{pmatrix} = e^{-4t}\begin{pmatrix} 1-20t & 8 \\ -50 & 1+20t \end{pmatrix}.$$

c) Hier ist

$$\boldsymbol{R} = \begin{pmatrix} 0 & 0 & 0 \\ 2 & 0 & 0 \\ 0 & 0 & 0 \end{pmatrix}, \quad \boldsymbol{S} = \begin{pmatrix} 2 & 0 & 0 \\ 0 & 2 & 0 \\ 0 & 0 & -3 \end{pmatrix} \quad \text{und}$$

$$\boldsymbol{T} = \begin{pmatrix} 1 & -1 & 1 \\ -1 & 2 & 0 \\ -2 & 4 & 1 \end{pmatrix}, \quad \boldsymbol{T}^{-1} = \begin{pmatrix} 2 & 5 & -2 \\ 1 & 3 & -1 \\ 0 & -2 & 1 \end{pmatrix},$$

sowie $\boldsymbol{R}^2 = \mathbf{0}$.

Also $\exp(t\boldsymbol{S}) = \begin{pmatrix} e^{2t} & 0 & 0 \\ 0 & e^{2t} & 0 \\ 0 & 0 & e^{-3t} \end{pmatrix}$ und $\exp(t\boldsymbol{R}) = \mathbf{1}+(t\boldsymbol{R}) = \begin{pmatrix} 1 & 0 & 0 \\ 2t & 1 & 0 \\ 0 & 0 & 1 \end{pmatrix}$,

so daß schließlich

$$\exp(t\boldsymbol{A}) = \boldsymbol{T}^{-1}\exp(t\boldsymbol{S})\exp(t\boldsymbol{R})\boldsymbol{T}$$

$$= \begin{pmatrix} 2 & 5 & -2 \\ 1 & 3 & -1 \\ 0 & -2 & 1 \end{pmatrix}\begin{pmatrix} e^{2t} & 0 & 0 \\ 0 & e^{2t} & 0 \\ 0 & 0 & e^{-3t} \end{pmatrix}\begin{pmatrix} 1 & 0 & 0 \\ 2t & 1 & 0 \\ 0 & 0 & 1 \end{pmatrix}\begin{pmatrix} 1 & -1 & 1 \\ -1 & 2 & 0 \\ -2 & 4 & 1 \end{pmatrix}$$

$$= \begin{pmatrix} -3e^{2t}+10e^{2t}t+4e^{-3t} & 8e^{2t}-10e^{2t}t-8e^{-3t} & 2e^{2t}+10e^{2t}t-2e^{-3t} \\ -2e^{2t}+6e^{2t}t+2e^{-3t} & 5e^{2t}-6e^{2t}t-4e^{-3t} & e^{2t}+6e^{2t}t-e^{-3t} \\ -4e^{2t}t+2e^{2t}-2e^{-3t} & 4e^{2t}t-4e^{2t}+4e^{-3t} & -4e^{2t}t+e^{-3t} \end{pmatrix}$$

6.25 a) $\mathbf{1}[\boldsymbol{E},\boldsymbol{B}] = \begin{pmatrix} -\frac{1}{2}i\sqrt{2} & \frac{1}{2}\sqrt{2} \\ \frac{1}{2}\sqrt{2} & -\frac{1}{2}i\sqrt{2} \end{pmatrix}$, $\mathbf{1}[\boldsymbol{B},\boldsymbol{E}] = \begin{pmatrix} \frac{1}{2}\sqrt{2}i & \frac{1}{2}\sqrt{2} \\ \frac{1}{2}\sqrt{2} & \frac{1}{2}\sqrt{2}i \end{pmatrix}$ und

$\boldsymbol{\Phi}[\boldsymbol{B},\boldsymbol{B}] = \begin{pmatrix} 1 & 0 \\ 0 & i \end{pmatrix}$

b) $\mathbf{1}[\boldsymbol{E},\boldsymbol{B}] = \begin{pmatrix} \frac{1}{2}\sqrt{3}i & \frac{1}{2} \\ \frac{1}{2} & \frac{1}{2}\sqrt{3}i \end{pmatrix}$, $\mathbf{1}[\boldsymbol{B},\boldsymbol{E}] = \begin{pmatrix} -\frac{1}{2}i\sqrt{3} & \frac{1}{2} \\ \frac{1}{2} & -\frac{1}{2}i\sqrt{3} \end{pmatrix}$ und

$$\boldsymbol{\Phi}[\boldsymbol{B},\boldsymbol{B}] = \begin{pmatrix} 0 & 0 \\ 0 & \mathrm{i} \end{pmatrix}$$

c) $$\mathbf{1}[\boldsymbol{E},\boldsymbol{B}] = \begin{pmatrix} \frac{1}{2}\mathrm{i} & \frac{1}{2}\sqrt{2} & \frac{1}{2}\mathrm{i} \\ -\frac{1}{2}\mathrm{i} & \frac{1}{2}\sqrt{2} & -\frac{1}{2}\mathrm{i} \\ \frac{1}{2}\sqrt{2} & 0 & -\frac{1}{2}\sqrt{2} \end{pmatrix},$$

$$\mathbf{1}[\boldsymbol{B},\boldsymbol{E}] = \begin{pmatrix} -\frac{1}{2}\mathrm{i} & \frac{1}{2}\mathrm{i} & \frac{1}{2}\sqrt{2} \\ \frac{1}{2}\sqrt{2} & \frac{1}{2}\sqrt{2} & 0 \\ -\frac{1}{2}\mathrm{i} & \frac{1}{2}\mathrm{i} & -\frac{1}{2}\sqrt{2} \end{pmatrix} \quad \text{und } \boldsymbol{\Phi}[\boldsymbol{B},\boldsymbol{B}] = \begin{pmatrix} 0 & 0 & 0 \\ 0 & \mathrm{i} & 0 \\ 0 & 0 & -\mathrm{i} \end{pmatrix}$$

6.26 Für jedes $\boldsymbol{v} = a_1\boldsymbol{b}_1 + \ldots + a_1\boldsymbol{b}_n \in V$ ist $|\boldsymbol{v}|^2 = \sum_{k=1}^{n} |a_k|^2$ und

$$\begin{aligned} |\boldsymbol{\Phi}(\boldsymbol{v})|^2 &= s(\boldsymbol{\Phi}(\boldsymbol{v}), \boldsymbol{\Phi}(\boldsymbol{v})) \\ &= s\left(\boldsymbol{\Phi}\left(\sum_{k=1}^{n} a_k\boldsymbol{b}_k\right), \boldsymbol{\Phi}\left(\sum_{k=1}^{n} a_k\boldsymbol{b}_k\right)\right) \\ &= s\left(\sum_{k=1}^{n} a_k\boldsymbol{\Phi}(\boldsymbol{b}_k), \sum_{k=1}^{n} a_k\boldsymbol{\Phi}(\boldsymbol{b}_k)\right) = \sum_{k=1}^{n} |a_k|^2 \\ &\quad \text{(weil die } \boldsymbol{\Phi}(\boldsymbol{b}_k) \text{ orthonormal!)} \\ &= |\boldsymbol{v}|^2, \end{aligned}$$

also $|\boldsymbol{\Phi}(\boldsymbol{v})| = |\boldsymbol{v}|$, also $\boldsymbol{\Phi}$ unitär nach (6.57)!

6.27 Das gilt (siehe 6.57) wegen der Beziehung $|(\boldsymbol{\Phi\Psi})(\boldsymbol{v})| = |\boldsymbol{\Psi}(\boldsymbol{v})| = |\boldsymbol{v}|$, $(\boldsymbol{v} \in V)$.

6.28 a) Es ist

$$\begin{aligned} \boldsymbol{A} &= \begin{pmatrix} 2 & 1 \\ 1 & 2 \end{pmatrix} \\ &= \begin{pmatrix} \frac{1}{2}\sqrt{2} & \frac{1}{2}\sqrt{2} \\ -\frac{1}{2}\sqrt{2} & \frac{1}{2}\sqrt{2} \end{pmatrix} \begin{pmatrix} 1 & 0 \\ 0 & 3 \end{pmatrix} \begin{pmatrix} \frac{1}{2}\sqrt{2} & -\frac{1}{2}\sqrt{2} \\ \frac{1}{2}\sqrt{2} & \frac{1}{2}\sqrt{2} \end{pmatrix}, \end{aligned}$$

also

$$\begin{pmatrix} x_1 \\ x_2 \end{pmatrix} = \begin{pmatrix} \frac{1}{2}\sqrt{2} & \frac{1}{2}\sqrt{2} \\ -\frac{1}{2}\sqrt{2} & \frac{1}{2}\sqrt{2} \end{pmatrix} \begin{pmatrix} y_1 \\ y_2 \end{pmatrix} = \begin{pmatrix} \frac{1}{2}\sqrt{2}y_1 + \frac{1}{2}\sqrt{2}y_2 \\ -\frac{1}{2}\sqrt{2}y_1 + \frac{1}{2}\sqrt{2}y_2 \end{pmatrix},$$

und

$$f(\begin{pmatrix} x_1 \\ x_2 \end{pmatrix}) = 2\left(\frac{1}{2}\sqrt{2}y_1 + \frac{1}{2}\sqrt{2}y_2\right)^2$$
$$+2\left(\frac{1}{2}\sqrt{2}y_1 + \frac{1}{2}\sqrt{2}y_2\right)\left(-\frac{1}{2}\sqrt{2}y_1 + \frac{1}{2}\sqrt{2}y_2\right)$$
$$+2\left(-\frac{1}{2}\sqrt{2}y_1 + \frac{1}{2}\sqrt{2}y_2\right)^2 + r$$
$$= y_1^2 + 3y_2^2 + r$$

Also ist $H = \begin{cases} \emptyset, & \text{wenn } r > 0 \\ \left\{\begin{pmatrix} 0 \\ 0 \end{pmatrix}\right\}, & \text{wenn } r = 0 \\ \text{Ellipse}, & \text{wenn } r < 0. \end{cases}$

b) Es ist

$$\boldsymbol{A} = \begin{pmatrix} \frac{1}{2} & \frac{3}{2} \\ \frac{3}{2} & \frac{1}{2} \end{pmatrix}$$
$$= \begin{pmatrix} \frac{1}{2}\sqrt{2} & \frac{1}{2}\sqrt{2} \\ -\frac{1}{2}\sqrt{2} & \frac{1}{2}\sqrt{2} \end{pmatrix} \begin{pmatrix} -1 & 0 \\ 0 & 2 \end{pmatrix} \begin{pmatrix} \frac{1}{2}\sqrt{2} & -\frac{1}{2}\sqrt{2} \\ \frac{1}{2}\sqrt{2} & \frac{1}{2}\sqrt{2} \end{pmatrix}$$

also

$$\begin{pmatrix} x_1 \\ x_2 \end{pmatrix} = \begin{pmatrix} \frac{1}{2}\sqrt{2} & \frac{1}{2}\sqrt{2} \\ -\frac{1}{2}\sqrt{2} & \frac{1}{2}\sqrt{2} \end{pmatrix} \begin{pmatrix} y_1 \\ y_2 \end{pmatrix} = \begin{pmatrix} \frac{1}{2}\sqrt{2}y_1 + \frac{1}{2}\sqrt{2}y_2 \\ -\frac{1}{2}\sqrt{2}y_1 + \frac{1}{2}\sqrt{2}y_2 \end{pmatrix},$$

und

$$f(\begin{pmatrix} x_1 \\ x_2 \end{pmatrix}) = \frac{1}{2}\left(\frac{1}{2}\sqrt{2}y_1 + \frac{1}{2}\sqrt{2}y_2\right)^2$$
$$+3\left(\frac{1}{2}\sqrt{2}y_1 + \frac{1}{2}\sqrt{2}y_2\right)\left(-\frac{1}{2}\sqrt{2}y_1 + \frac{1}{2}\sqrt{2}y_2\right)$$
$$+\frac{1}{2}\left(-\frac{1}{2}\sqrt{2}y_1 + \frac{1}{2}\sqrt{2}y_2\right)^2 + r$$
$$= -y_1^2 + 2y_2^2 + r$$

Also ist $H = \begin{cases} \text{Geradenpaar}, & \text{wenn } r = 0 \\ \text{Hyperbel}, & \text{wenn } r \neq 0. \end{cases}$

c) Es ist

$$\boldsymbol{A} = \begin{pmatrix} -\frac{1}{2} & \frac{1}{2} \\ \frac{1}{2} & -\frac{1}{2} \end{pmatrix}$$

$$= \begin{pmatrix} \frac{1}{2}\sqrt{2} & \frac{1}{2}\sqrt{2} \\ -\frac{1}{2}\sqrt{2} & \frac{1}{2}\sqrt{2} \end{pmatrix} \begin{pmatrix} -1 & 0 \\ 0 & 0 \end{pmatrix} \begin{pmatrix} \frac{1}{2}\sqrt{2} & -\frac{1}{2}\sqrt{2} \\ \frac{1}{2}\sqrt{2} & \frac{1}{2}\sqrt{2} \end{pmatrix},$$

also

$$\begin{pmatrix} x_1 \\ x_2 \end{pmatrix} = \begin{pmatrix} \frac{1}{2}\sqrt{2} & \frac{1}{2}\sqrt{2} \\ -\frac{1}{2}\sqrt{2} & \frac{1}{2}\sqrt{2} \end{pmatrix} \begin{pmatrix} y_1 \\ y_2 \end{pmatrix} = \begin{pmatrix} \frac{1}{2}\sqrt{2}y_1 + \frac{1}{2}\sqrt{2}y_2 \\ -\frac{1}{2}\sqrt{2}y_1 + \frac{1}{2}\sqrt{2}y_2 \end{pmatrix},$$

und

$$\begin{aligned} f(\begin{pmatrix} x_1 \\ x_2 \end{pmatrix}) &= -\frac{1}{2}\left(\frac{1}{2}\sqrt{2}y_1 + \frac{1}{2}\sqrt{2}y_2\right)^2 \\ &\quad + \left(\frac{1}{2}\sqrt{2}y_1 + \frac{1}{2}\sqrt{2}y_2\right)\left(-\frac{1}{2}\sqrt{2}y_1 + \frac{1}{2}\sqrt{2}y_2\right) \\ &\quad -\frac{1}{2}\left(-\frac{1}{2}\sqrt{2}y_1 + \frac{1}{2}\sqrt{2}y_2\right)^2 + r \\ &= -y_1^2 + r. \end{aligned}$$

Also ist $H = \begin{cases} \text{Geradenpaar,} & \text{wenn } r > 0 \\ \emptyset, & \text{wenn } r < 0 \\ \text{Gerade,} & \text{wenn } r = 0. \end{cases}$

7.1 $B = \{D_0; D_{90}; D_{180}; D_{270}; S_x; S_y; S_{W1}; S_{W2}\}$, D Drehung mit Gradzahl als Index, S Spiegelung mit Achse als Index, W1 und W2 Winkelhalbierende im 1. bzw. 2. Quadranten; nein, $D_{90} \circ S_{W2} \neq S_{W2} \circ D_{90}$

7.2 $5! = 120$

7.3 a) $\mathbf{Z}_6$ ist abelsch, S_3 nicht,
b) z. B. $f(0) = 1$, $f(1) = 3$, $f(2) = 2$, $f(3) = 6$, $f(4) = 4$, $f(5) = 5$,
c) $f(2^a \cdot 5^b) = a + ib$

7.4 b) $\mathbf{Z}_4$

7.5 alle Permutationen, die eine Zahl, etwa 4, unverändert lassen

7.7 $\mathbf{Z} + \frac{p}{q}$; $p < q$, $p, q \in \mathbf{N}$, p, q teilerfremd

7.8 30; 15; 10; 6; 5; 3; 2; 1 und 31; 1

7.9 a) 4; $U = \{(2\ 3\ 4\ 1); (3\ 4\ 1\ 2); (4\ 1\ 2\ 3); (1\ 2\ 3\ 4)\}$
b) 2

7.11 c) ja

7.13 b) $\left\{\begin{pmatrix} a & b \\ 0 & a \end{pmatrix} \middle| a, b \in \mathbf{Q},\ a \neq 0\right\}$
c) $\{1; -1; i; -i\}$

7.14 $\left\{\begin{pmatrix} 0 & b \\ 0 & 0 \end{pmatrix} \middle| b \in \mathbf{Q}\right\}$

7.16 a) 15
b) $x + 4$

7.17 4; −4; $(x+4)(x-4)(2x^2+9)$

7.18 a) $(x^2+2)(x^2-2)(x+2)(x-2)$,
b) $(x^2+2)(x+\sqrt{2})(x-\sqrt{2})(x+2)(x-2)$,
c) $(x+\mathrm{i}\sqrt{2})(x-\mathrm{i}\sqrt{2})(x+\sqrt{2})(x-\sqrt{2})(x+2)(x-2)$

7.19 a) $\begin{pmatrix} 10 & -30 \\ 12 & -2 \end{pmatrix}$
b) 20; 0; 2

7.20 Nullteiler in $\mathbf{Z}_6$

8.1 A, B, C: $(0, 250, 750)$ kg

8.2 Der Landwirt sollte alles am Ende des zweiten Jahres verkaufen.

8.3

Linker Datensatz:	Eindeutige Optimallösung
Mittlerer Datensatz:	Keine zulässige Lösung
Rechter Datensatz:	Unbeschränkter zulässiger Bereich, keine Optimallösung
Alternative Zielfunktion:	Halbgerade als optimaler Bereich

8.4 Rechter Datensatz:

$$\left|\begin{array}{l} \max 3x + y' + 2z^+ - 2z^- \\ \quad 2x - 3y' - z^+ + z^- + s = 4 \\ \quad 4x + y' + 2z^+ - 2z^- = 7 \\ \quad x, y', z^+, z^-, s \geqq 0 \end{array}\right|$$

8.5 Der Vektor $(2, 2, 0)^{\mathrm{T}}$ ist zulässig und hat den Zielfunktionswert 8. Wegen der ersten Restriktion kann der Zielfunktionswert nicht größer als 8 werden:
$2x + 2y = 2 \cdot (x + y) \leqq 2 \cdot 4 = 8$

8.6 Eindeutige Lösung $(10; 0; 25; 0)$

8.7 $(x; y) = (3; -1)$

8.8 a) Lösung $(13/8; 0; 0; 0; 11/4)$ eindeutig
b) Lösung $(0; 0; 13; 0; 6)$ nicht eindeutig

8.9 Keine zulässige Lösung

8.10 Zielfunktion konstant (mit Wert 50) auf dem ganzen zulässigen Bereich. Optimallösung $(5/2; 5/2; 5/2; 0)$ für die sekundäre Zielfunktion.

8.11 Die Variable x ersetze durch $x + x'$.
Zusätzliche Nebenbedingung $x \leqq x_0$.
Die Variable x bekommt Zielfunktionskoeffizient c_1.
Die Variable x' bekommt Zielfunktionskoeffizient c_2.

8.12 Das Problem ist

$\min_{P_n} \max_k |P_n(x_k) - y_k|$

Das innere Maximum kürze ab durch H:

$\min H, \quad H = \max |P_n(x_k) - y_k|$

Umformuliert:

$\min H, \quad H \geqq |P_n(x_k) - y_k| \quad$ für alle k

Noch einmal umformuliert:

$$\left| \begin{array}{l} \min H \\ -H \leqq P_n(x_k) - y_k \leqq H \text{ für alle } k \end{array} \right|$$

Bei der letzten Formulierung handelt es sich um ein lineares Programm.

8.13 Lösung über das duale Tableau: $(x; y; z) = (12; 4; 0)$

8.14 Die linke Ungleichung wird ersetzt durch die zwei Ungleichungen

$2x - y \leqq \ \ 7$

$2x - y \geqq -7$

Mittlere Ungleichung: Der zulässige Bereich zerfällt in zwei Halbebenen, die getrennt zu behandeln sind.
Rechte Ungleichung: Der zulässige Bereich zerfällt in zwei konvexe Teile (90-Grad-Winkel), die getrennt zu behandeln sind.

9.1 Weil Bäume kreisfrei sind.

9.2

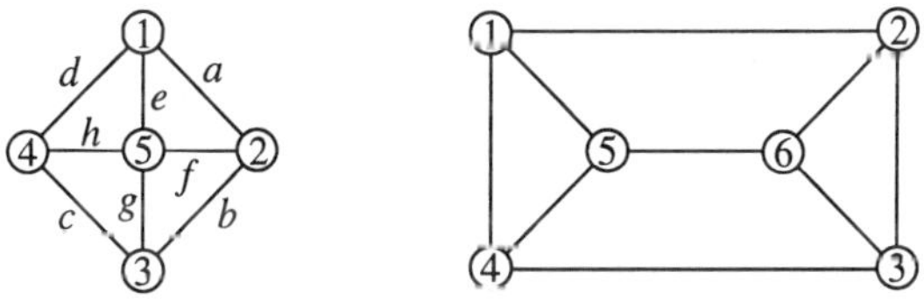

Bild L 9.1

9.3 Rechenaufwand quadratisch in Abhängigkeit der Eckenzahl.

9.5 Bei a) ist Unentschieden möglich, bei b) nicht. Bei den geänderten Spielregeln kann der Anziehende stets gewinnen.

9.6 Wenn sie konsequent „rechts“ geht (oder wenn sie konsequent „links“ geht).

9.7 Wir argumentieren indirekt und benutzen die Formel

$m \leqq 3 \cdot n - 6 = 3 \cdot 11 - 6 = 27$

Speziell für G: $m_G \leqq 27$ und für G': $m_{G'} \leqq 27$, also

$m_G + m_{G'} \leqq 54$

Andererseits fügen sich G und G' zum vollständigen Graphen mit 11 Ecken und $m_G + m_{G'} = \dfrac{1}{2} \cdot 10 \cdot 11 = 55$ Kanten.

9.8 Beispielsweise der Graph von Aufgabe 9.10 (es gibt aber auch kleinere Beispiele).

9.9 Induktion über die Eckenzahl nach dem Muster des Beweises der 6-Färbbarkeit von planaren Graphen.

9.10 Die chromatische Zahl ist 4.

9.11 Der linke Graph in Aufgabe 9.12 ist nicht eulersch. Der mittlere Graph ist eulersch. Er bleibt eulersch (und hat dann 9 Kanten), wenn man eins der inneren Dreiecke entfernt.

9.12

	Links	Mitte	Rechts
paar	ja	nein	nein
planar	nein	ja	ja
eulersch	nein	ja	nein
chrom. Zahl	2	3	3

9.13

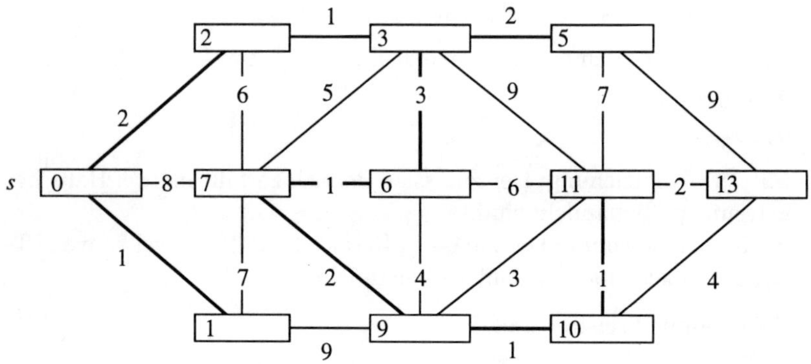

Bild L 9.2

9.14 Nur für den erstgenannten Wert 2 liefert der Dijkstra-Algorithmus das korrekte Ergebnis.

9.15 Man starte den Dijkstra-Algorithmus bei der mittleren Ecke *b*.

9.16 Man logarithmiere die Wahrscheinlichkeiten, kehre die Vorzeichen um (so daß sie positiv werden) und bestimme dann die kürzesten Wege.

9.17 Minimalgerüst für den Graphen von Aufgabe 9.15:

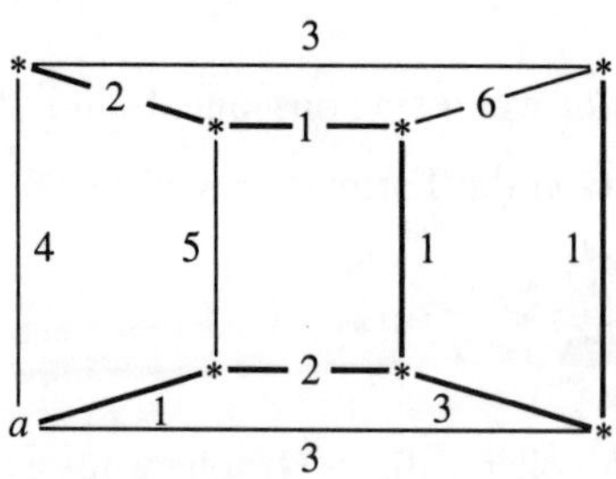

Bild L 9.3

9.18 Man verfahre nach der Methode von Bild 9.28. Ohne Lehrer 3 geht es nicht. Er ist der einzige, der zur Zeit 4 kann.

9.19 Zum Graphen H: Mit dem Ungarischen Algorithmus bestimme man zunächst die Paarung maximaler Kantenzahl im Subgraph der „Einser-Kanten“. Dann nehme man die Zweier-Kanten dazu und schließlich die Dreier-Kanten. Sobald man eine vollständige Paarung bekommt, hat man die Lösung.

9.20

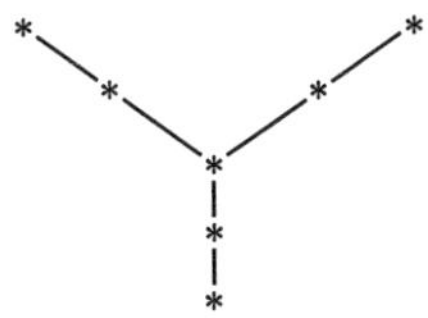

Bild L 9.4

9.21 Von den bereitstehenden Jobs wähle man stets den dringendsten.

10.2 Es gibt 20 bzw. 18 unterschiedliche Möglichkeiten.

10.3 ggT $(792, 89) = 1$, die Inverse zu 89 ist 89 selbst.
ggT $(792, 123) = 3$, es gibt also keine Inverse.

10.4 klar: paternoster

10.5 $r_i = q_{i+1} \cdot r_{i+1} + r_{i+2} \geqq r_{i+1} + r_{i+2}$,
ferner $r_{i+1} \geqq r_{i+2}$.
Also $r_i \geqq 2 \cdot r_{i+2}$ oder $r_{i+2} \leqq \frac{1}{2} \cdot r_i$.

10.6 (a d g j m p s v y b e h k n q t w z c f i l o r u x)

(az) (bo) (cq) (dc) (fn) (gx) (hm) (il) (jk) (pw) (rv) (su) (ty)

10.7 klar $\oplus$ schlüssel = geheim

Addition von schlüssel auf beiden Seiten liefert

klar $\oplus$ schlüssel $\oplus$ schlüssel = geheim $\oplus$ schlüssel

also

klar = geheim $\oplus$ schlüssel

10.8

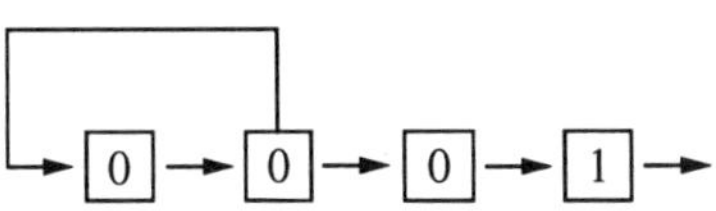

Bild L 10.1

10.9

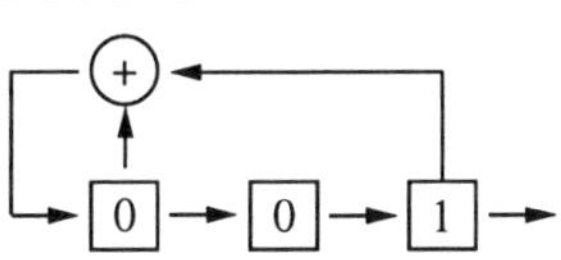

Bild L 10.2

10.10

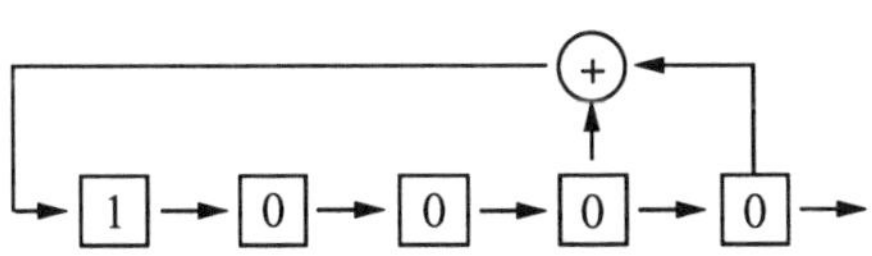

Bild L 10.3

10.11 Das ist unmöglich, denn ein mit Nullen initialisiertes lineares Register der Länge 4 kann nur Nullen liefern.

10.12 $12^2 \equiv 34 \bmod 55, \quad 7^8 \equiv 10 \bmod 31$

10.13 $\text{ggT}\,(6099, 2166) = 57$

10.14 $1 = 13 \cdot 17 - 4 \cdot 55$

10.15 Es reichen 6 Multiplikationen

10.16 $p = 113$, $q = 131$

10.17 $d = 3$, klar: $5, 20, 18, 13$

Literaturverzeichnis

[1] Preuß, W.; Wenisch, G.: Lehr- und Übungsbuch Mathematik, Band 1: Mengen, Zahlen, Funktionen, Gleichungen. Leipzig: Fachbuchverlag 1995

[2] Preuß, W.; Wenisch, G.: Lehr- und Übungsbuch Mathematik, Band 2: Analysis. Leipzig: Fachbuchverlag 1996

[3] Preuß, W.; Wenisch, G.: Lehr- und Übungsbuch Mathematik, Band 3: Lineare Algebra, Stochastik. Leipzig: Fachbuchverlag 1996

[4] Heinhold, J.; Riedmüller, B.: Grundzüge der Linearen Algebra für Fachhochschulen. München: Carl Hanser Verlag 1974

[5] Endl, K.: Analytische Geometrie und Lineare Algebra. Düsseldorf: VDI Verlag 1985

[6] Beutelspacher, A.: Kryptologie. 3. Auflage, Wiesbaden: Vieweg Verlag 1993

[7] Schneier, B.: Applied Cryptographie. 2. Auflage, New York: Wiley 1996

[8] Beutelspacher/Schwenk/Wolfenstetter: Moderne Verfahren der Kryptographie. Wiesbaden: Vieweg Verlag 1995

Sachwortverzeichnis